用于国家职业技能鉴定

国家职业资格培训教程

YONGYU GUOJIA ZHIYE JINENG JIANDING

GUOJIA ZHIYE ZIGE PEIXUN JIAOCHENG

维修电工

（技师 高级技师）

第2版

（上册）

编审委员会

主 任 刘 康

副主任 张亚男

委 员 仇朝东 顾卫东 孙兴旺 陈 蕾 张 伟

编审人员

主 编 沈倪勇

编 者 仲葆文 王照清 张 霓 马 丹 朱建明

主 审 张玉龙

中国劳动社会保障出版社

图书在版编目(CIP)数据

维修电工：技师·高级技师．上册/中国就业培训技术指导中心组织编写．—2版．—北京：中国劳动社会保障出版社，2013

国家职业资格培训教程

ISBN 978-7-5167-0568-1

Ⅰ．①维…　Ⅱ．①中…　Ⅲ．①电工-维修-技术培训-教材　Ⅳ．①TM07

中国版本图书馆CIP数据核字(2013)第283516号

中国劳动社会保障出版社出版发行

（北京市惠新东街1号　邮政编码：100029）

*

三河市华骏印务包装有限公司印刷装订　新华书店经销

787毫米×1092毫米　16开本　31.5印张　532千字

2014年1月第2版　2022年5月第16次印刷

定价：**56.00**元

读者服务部电话：（**010**）**64929211/84209101/64921644**

营销中心电话：（**010**）**64962347**

出版社网址：**http://www.class.com.cn**

前　　言

为推动维修电工职业培训和职业技能鉴定工作的开展，在维修电工从业人员中推行国家职业资格证书制度，中国就业培训技术指导中心在完成《国家职业技能标准·维修电工》(2009 年修订)（以下简称《标准》）制定工作的基础上，组织参加《标准》编写和审定的专家及其他有关专家，编写了维修电工国家职业资格培训系列教程（第 2 版）。

维修电工国家职业资格培训系列教程（第 2 版）紧贴《标准》要求，内容上体现“以职业活动为导向、以职业能力为核心”的指导思想，突出职业资格培训特色；结构上针对维修电工职业活动领域，按照职业功能模块分级别编写。

维修电工国家职业资格培训系列教程（第 2 版）共包括《维修电工（基础知识）（第 2 版）》《维修电工（初级）（第 2 版）》《维修电工（中级）（第 2 版）》《维修电工（高级）（第 2 版）》《维修电工（技师　高级技师）（第 2 版）（上册）》《维修电工（技师　高级技师）（第 2 版）（下册）》6 本。《维修电工（基础知识）（第 2 版）》内容涵盖《标准》的“基本要求”，是各级别维修电工均需掌握的基础知识；其他各级别教程的章对应于《标准》的“职业功能”，节对应于《标准》的“工作内容”，节中阐述的内容对应于《标准》的“技能要求”和“相关知识”。

本书是维修电工国家职业资格培训系列教程（第 2 版）中的一本，适用于对维修电工技师和高级技师的职业资格培训，是国家职业技能鉴定推荐辅导用书，也是维修电工技师和高级技师职业技能鉴定国家题库命题的直接依据。

本书在编写过程中得到上海市职业技能鉴定中心、上海电气自动化设计研究所有限公司等单位的大力支持与协助，在此一并表示衷心的感谢。

中国就业培训技术指导中心

目　录

CONTENTS　国家职业资格培训教程

第 1 章

可编程序控制系统装调与维修

第 1 节　三菱可编程序控制器控制系统分析与编程

学习单元 1　用功能指令进行程序分析和编程

学习目标

➢ 熟悉 FX_{2N} 系列 PLC 常用功能指令的格式、功能及使用方法

➢ 熟悉用功能指令编写应用程序的方法

知识要求

一、FX_{2N} 系列 PLC 功能指令概述

FX_{2N} 系列可编程序控制器（PLC）除了基本逻辑指令和步进指令之外，还有 100 多条功能指令。每一条功能指令实际上就是一个具有相应功能的子程序。

1．功能指令的表示方法

（1）指令格式

FX_{2N} 系列 PLC 采用计算机通用的助记符形式来表示功能指令。一条功能指令应包含功能号（FNC）、操作码、操作数三个部分，如图 1—1 所示。

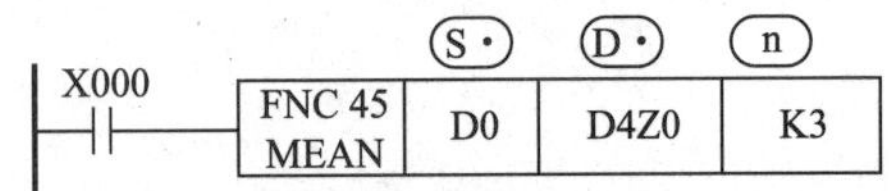

图 1—1　功能指令格式

如图 1—1 所示指令格式中，“FNC 45”即为功能号，表示该功能指令的序号，每一条功能指令对应有一个功能号，为 FNC 00 ~ FNC 246。在使用手持式编程器时，需要用功能号来输入指令，而用计算机编程软件编程时是不需要功能号的，因此在书写功能指令时可省略功能号。

如图 1—1 所示的“MEAN”是以助记符形式表示的操作码，用以表示该指令所实现的功能。例如“MEAN”表示计算平均值、“MOV”表示数据传送、“ADD”表示加法计算等。

在操作码后面的是操作数，表示该指令执行时所使用的操作对象。不同的指令所需的操作对象数不同，因此功能指令中的操作数个数根据指令的不同可以是 0 ~ 5 个。根据操作对象的性质不同，操作数可分为不同的类别，用［S］、［D］、［m］、［n］等符号表示：［S］表示源操作数，［D］表示目的操作数，［m］、［n］都表示数值。［S·］及［D·］表示可以进行变址操作。在编程手册中，各操作数允许选择的元件一般用如图 1—2 所示的形式表示，图中方框内是各种编程元件，箭头及界限线所示范围内为操作数允许选择的编程元件。在实际使用功能指令时，应根据需要给各操作数选择合适的编程元件。

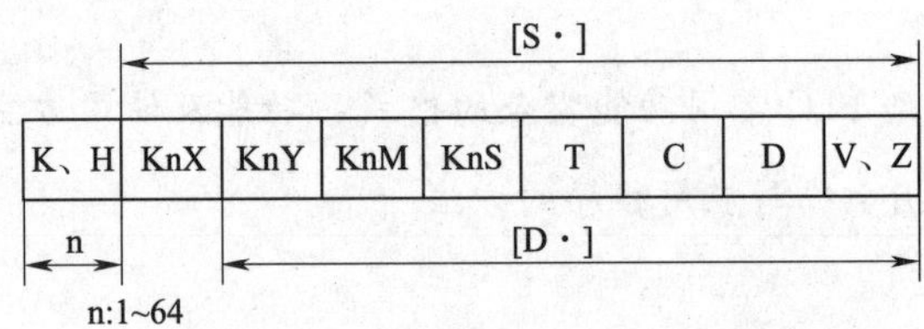

图 1—2　操作数允许选择的范围

（2）位元件的组合使用

在 FX_{2N}系列 PLC 中，X、Y、M、S 为位元件，每一个位元件使用了 PLC 存储器中的一位。而在功能指令中，往往需要对多个位元件同时进行操作。这时就可使用位元件的组合。

位元件组合的表示形式是“KnXm”“KnYm”“KnMm”及“KnSm”。其中 n 表示位元件的组数，每一组固定为 4 位，n 的取值范围为 1 ~ 8；m 表示一批相同类型且连续编号的位元件进行组合时，作为起始位置（位数最低）的一个位元件的编号。例如，“K1X0”即表示 X0 ~ X3 等连续的四个元件，“K2Y10”表示 Y10 ~ Y17 等连续的八个元件，“K4M100”表示 M100 ~ M115 等连续的 16 个元件。在这几个例子中，X0、Y10、M100 分别为这几个组合中的最低位，而 X3、Y17、M115 则分别为最高位。

（3）功能指令的长度及执行方式

功能指令的操作对象可以是 16 位的数据，也可以是 32 位的数据，即操作数可以是 16 位或 32 位。某条功能指令是对 16 位还是 32 位的操作数进行操作，可将该位数称为该指令的长度。

当满足某条功能指令的执行条件时，该指令即可被执行。但执行的方式可以是每个扫描周期都被执行；也可以是仅在执行条件刚满足的这个扫描周期被执行一次，在此后的扫描周期中就不再被执行。前一种执行方式称为连续执行方式，后一种方式称为脉冲执行方式。

在 FX_{2N} 系列 PLC 的功能指令中，若不加特殊标记，则该指令即为 16 位指令，执行方式为连续执行方式。但有一些（注意，不是全部）指令可作为 32 位指令或使用脉冲执行方式。能否作为 32 位指令或能否使用脉冲执行方式，在指令格式中用操作码的前后有无标记［D］及［P］加以表示，如图 1—3a 所示。

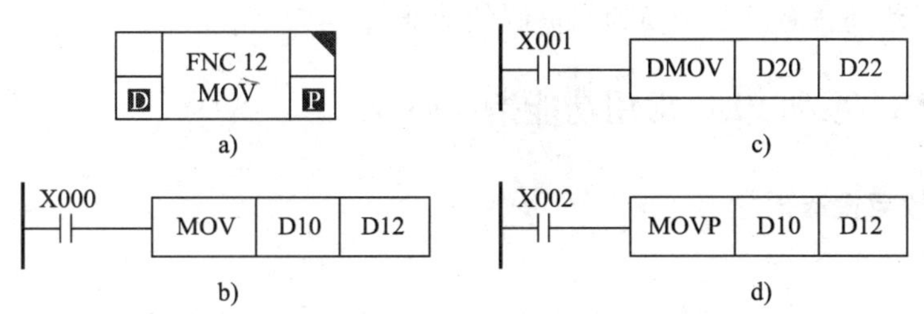

图 1—3　功能指令的长度及执行方式

a）操作码前后的标记　b）功能指令的一般形式

c）32 位指令的表示形式　d）脉冲执行方式的表示形式

如图 1—3b 至图 1—3d 所示是同一条传送指令“MOV”的不同表达形式，如图 1—3b 所示为一般形式，即长度为 16 位、连续执行方式。当执行条件 X0 为 ON 时，在每个扫描周期都会执行一次将 D10 内的数据传送到 D12 中的操作。如图 1—3c 所示是 32 位指令的表达形式，在 X1 = 1 时，执行将 D21D20 中的 32 位数据传送到 D23D22 构成的 32 位数据寄存器中的操作。如图 1—3d 所示是脉冲执行型指令的表达形式，在 X2 从 OFF 变为 ON 的上升沿，执行一次将 D10 中的数据传送到D12的操作，此后即使X2一直为ON也不再执行指令。

2. 变址寄存器的用法

在FX_{2N}系列PLC的编程元件中，V和Z是作为变址寄存器被使用的。FX_{2N}中变址寄存器有V7~V0和Z7~Z0共16个。V和Z与数据寄存器D类似，都是16位的字元件，每一个变址寄存器都可以存储一个16位的数据，也可以把相同编号的V和Z组合起来（例如“V3Z3”或“V1Z1”等）作为32位的寄存器使用。变址寄存器在程序中的作用有两种：改变软元件的地址（变址）及改变常数的大小。

对软元件的地址进行变址，是在软元件后加上变址寄存器，如“MOV K10 D100Z2”。若Z2中的数据为5，则该指令执行后，D105中的数据为10；而若Z2中的数据为8，则该指令将数10送往D108。

欲改变常数的大小，可在常数的后面加上变址寄存器，如“MOV K10V5 D100”。若V5=2，该指令将数12送往D100；而若V5=7，则送往D100的数是17。

使用变址寄存器时应注意，V和Z自身不能被变址，位元件组合中的组数也不能使用变址，因此，“V5Z2”“Z6V0”“K2V0X0”等用法都是错误的。“V5Z5”只是表示将V5和Z5组合成32位的变址寄存器使用，不能作为对V5的变址使用。而“K2Y10Z4”是对Y10进行变址，这是允许的（但要注意对Y10变址后不能超出Y的地址范围，而且要变换为八进制的地址）。

二、FX_{2N}系列PLC常用功能指令简介

1. 比较与传送指令

（1）传送指令

16位传送指令MOV将源操作数传送到指定的目标，其指令格式与操作数的选择范围如图1—4所示。

（2）比较触点指令

在编制程序中，常常需要对两个数据进行比较，并根据比较的结果来判定是否执行某种操作，这时就要用到比较触点指令。

比较触点指令相当于一个常开触点，当两个数据进行比较并符合指定的比较关系时，这个触点就接通，否则触点断开。有六种不同的比较关系：等于、不等于、大于、小于、大于等于、小于等于。对应这六种关系的指令格式及相应的功能如图1—5所示。

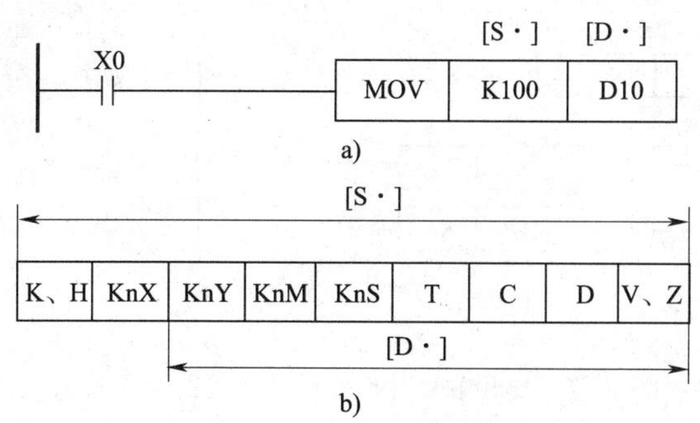

图 1—4　传送指令 MOV

a）MOV 指令的格式　b）MOV 指令中操作数的选择范围

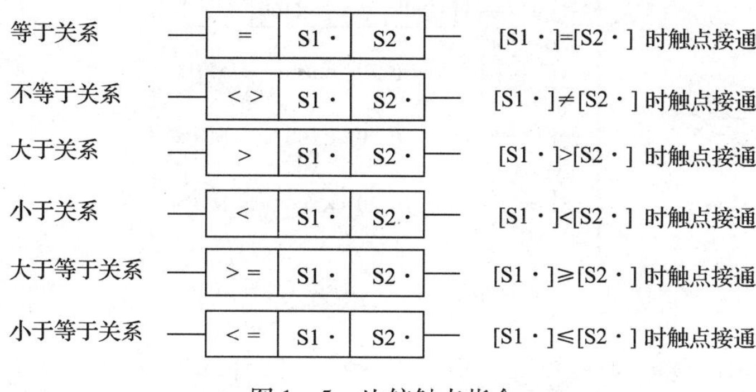

图 1—5　比较触点指令

比较触点指令中的两个操作数都是源操作数，操作数的选择范围如图 1—6 所示。

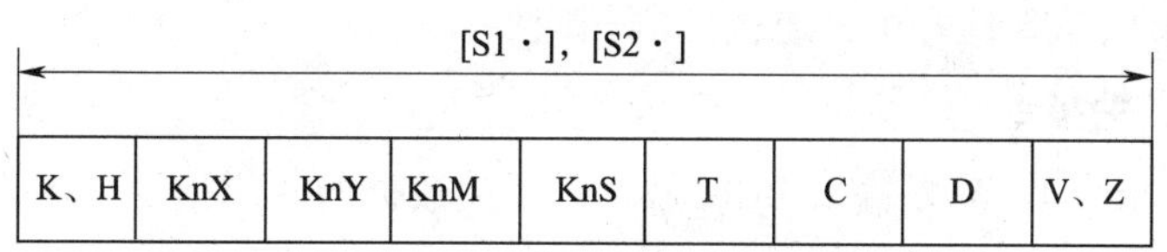

图 1—6　比较触点指令操作数的选择范围

在梯形图中，比较触点可放在不同的位置，相应的指令助记符也不同，可使用 LD =、LD < >、LD >、LD <、LD > =、LD < =；AND =、AND < >、AND >、AND <、AND > =、AND < =；OR =、OR < >、OR >、OR <、OR > =、OR < = 等助记符。比较触点在不同的位置时所对应的指令助记符可参见如图 1—7 所示的示例。

（3）比较指令

比较指令 CMP 将两个数据进行比较，根据比较后的结果来设置相应的标志。比较指令的格式如图 1—8 所示。

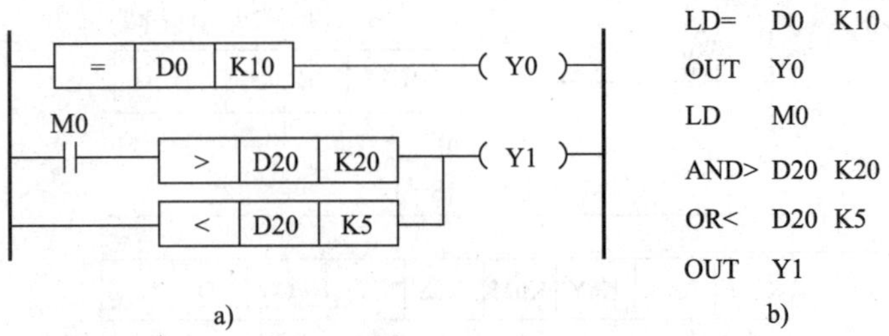

图 1—7　比较触点与操作码助记符的对应关系

a）梯形图　b）对应的语句表

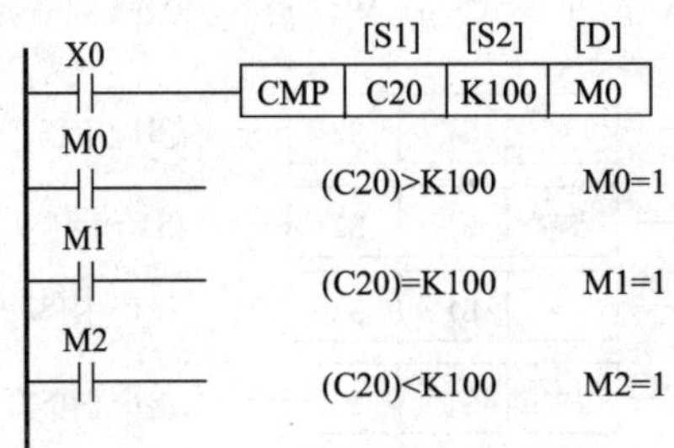

图 1—8　CMP 指令

CMP 指令中的两个源操作数［S1］、［S2］可以选择各种编程元件，而目的操作数［D］只能选用位元件 Y、M、S。在如图 1—8 所示的指令中，把计数器 C20 的当前计数值与十进制数 100 进行比较，若（C20）＞100 就将 M0 置为 1；若（C20）＝100，则将 M1 置为 1；而若（C20）＜100，则 M2＝1。然后在程序中就可利用 M0、M1、M2 这几个标志去控制相应的操作。

2. 数字开关指令

数字开关指令 DSW 是输入 BCD 码拨码开关数据的专用指令，用来读入一组或两组 4 位数字拨码开关的设置值。其梯形图格式如图 1—9 所示，操作数的选择范围见表 1—1。

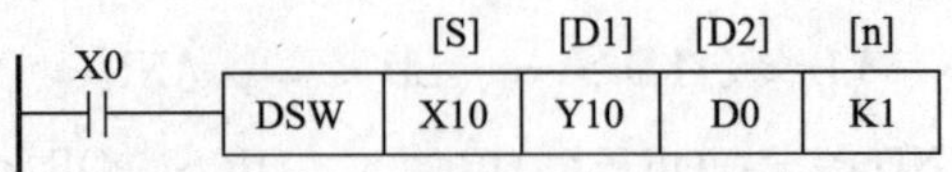

图 1—9　数字开关指令 DSW 的指令格式

表 1—1　　DSW 指令中操作数的选择范围

操作数	［S］	［D1］	［D2］	n	
选择范围	X	Y	T、C、D、V、Z	K、H	n＝1、2

指令中操作数［S］表示拨码开关的数码输出与 PLC 的连接点，［D1］表示 PLC 对拨码开关进行位选的元件，［D2］表示数据的存放元件，［n］表示拨码开关的组数（只能取一组或两组）。

每组拨码开关由四个数码拨盘组成，与 PLC 的接线如图 1—10 所示。

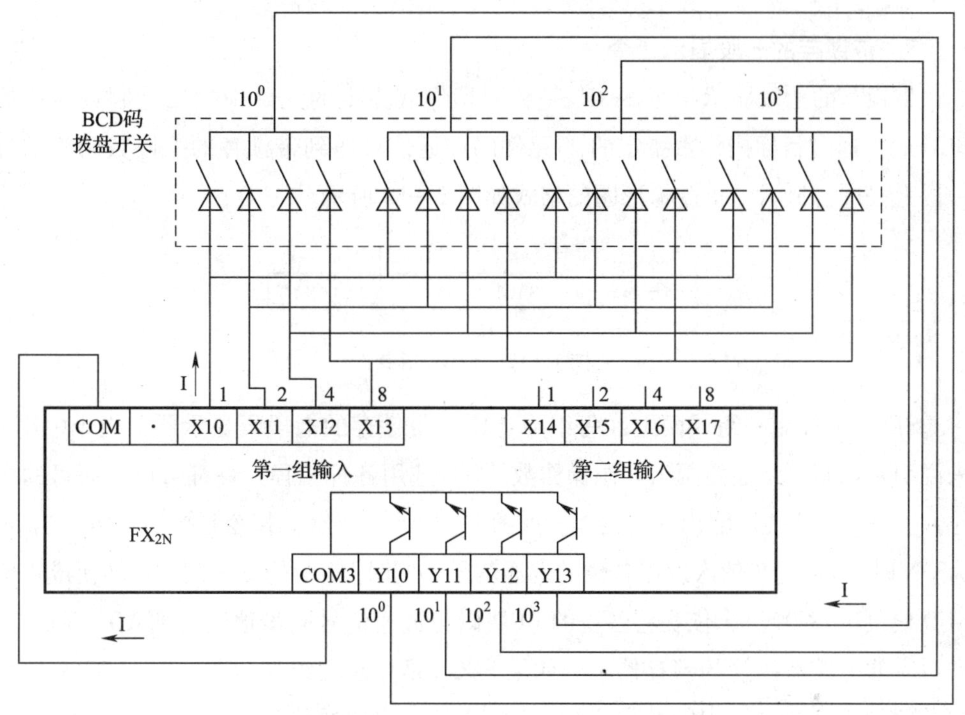

图 1—10　数码拨盘与 PLC 的接线图

数码开关的数据线合并后接到 X10 ~ X13，而数码拨盘的位选通线按权值大小分别接到 Y10 ~ Y13，指令执行时，由 Y10 ~ Y13 顺次发出选通信号，每一位的数字由 X10 ~ X13 端口读入。读入的数字转换成二进制码（BIN 码）形式存入［D2］指定的元件 D0 中，若 n 为 K2，则表示有两组 BCD 码数字开关，第二组数字开关必须接到接续的 X14 ~ X17 上，仍由 Y10 ~ Y13 顺次选通读入，其数据以 BIN 码形式存入 D1 中。

在执行条件 X0 = 1 时，DSW 指令即顺次发出选通信号及读入各位的数字，一遍完成后接着又开始下一遍，不断循环，因此需要使用半导体管输出。当一个循环周期完成后，PLC 的内部标志 M8029 会产生一个脉冲，脉宽为一个扫描周期。利用这一特点，可在一个循环周期完成后使指令不再继续循环执行，从而可使用继电器输出来代替半导体管输出。采用这种方法的梯形图如图 1—11 所示。

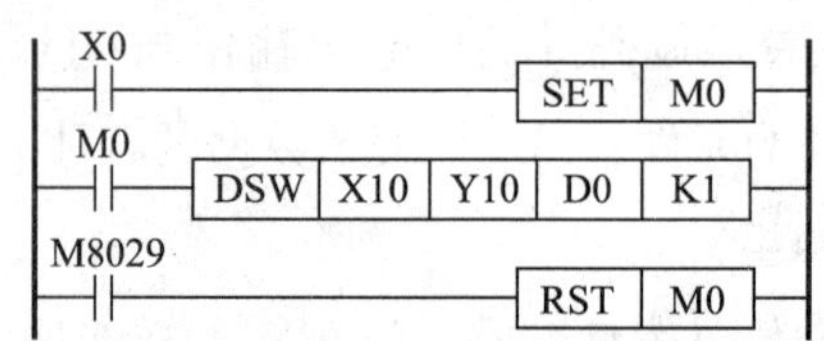

图1—11　只执行一次扫描的数码开关输入程序梯形图

3. 带锁存的七段显示指令

带锁存的七段显示指令SEGL是将源操作数指定的元件中的二进制数转换成BCD码，通过目标操作数指定的Y元件的选通信号送到带锁存的七段数码管的每一位上去进行显示。指令梯形图的格式如图1—12所示。

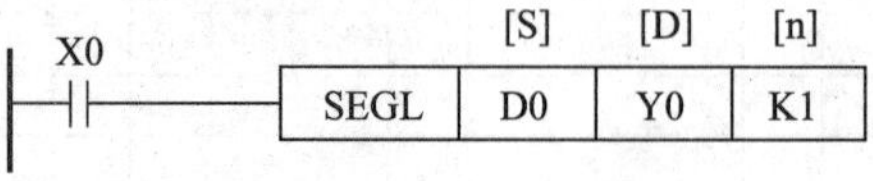

图1—12　SEGL指令

SEGL可控制一组或两组（每组为4位）带锁存的七段码显示器，指令中用n来说明是控制一组还是两组。源操作数［S］选用各种编程元件都可以，而目的操作数［D］只能使用输出继电器Y。如图1—12所示SEGL指令是控制一组，当X0为ON时，Y4～Y7依次发出各位的选通信号，同时D0中的二进制数被转换成4位BCD码（0～9 999），依次将各位的BCD码与选通信号同步地输出到Y0～Y3，送到对应的七段数码管的锁存器中。如果SEGL是控制两组显示器，这时D0中的数据送到Y0～Y3，D1中的数据送到Y10～Y13，位选通信号仍然由Y4～Y7提供，其外部接线图如图1—13所示。当SEGL指令完成一遍4位（一组或两组）的显示输出后，指令结束标志M8029也会发出一个脉冲。

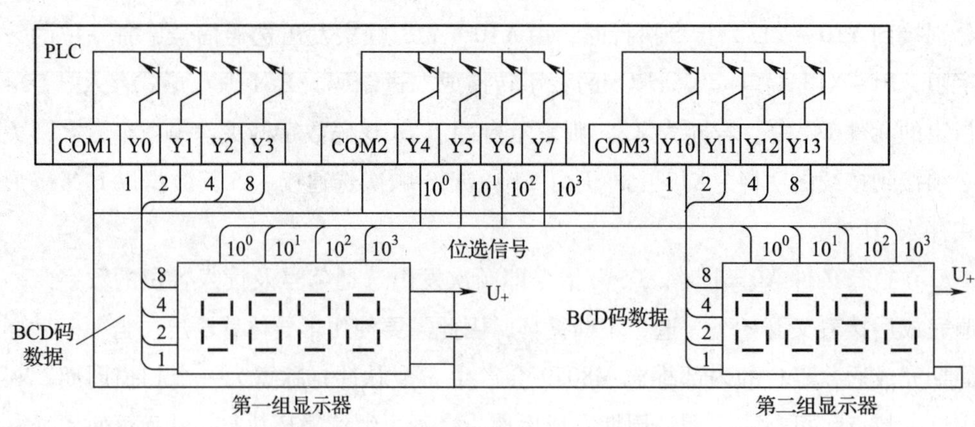

图1—13　带锁存的七段显示接线图

SEGL 指令的输出需使用晶体管输出型 PLC，参数 n 的值由显示器的组数以及 PLC 与七段显示器的逻辑是否相同等来确定。

PLC 的半导体管输出有漏型（集电极输出）和源型（发射极输出）两种，如图 1—14 所示。漏型输出是当输出继电器为 ON 时输出端为低电平，定义为负逻辑；源型输出是当输出继电器为 ON 时输出端为高电平，定义为正逻辑。

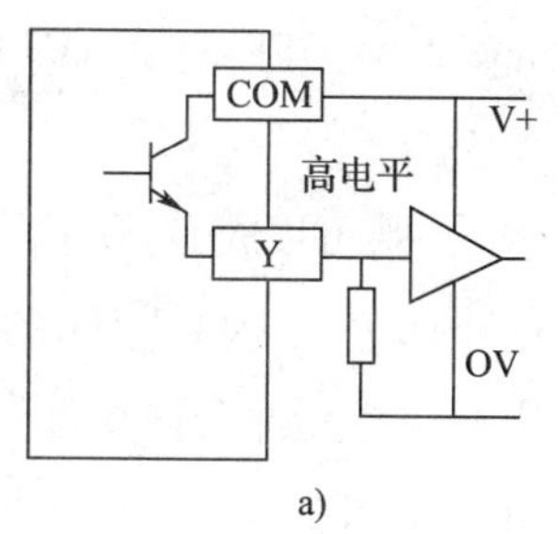

a)

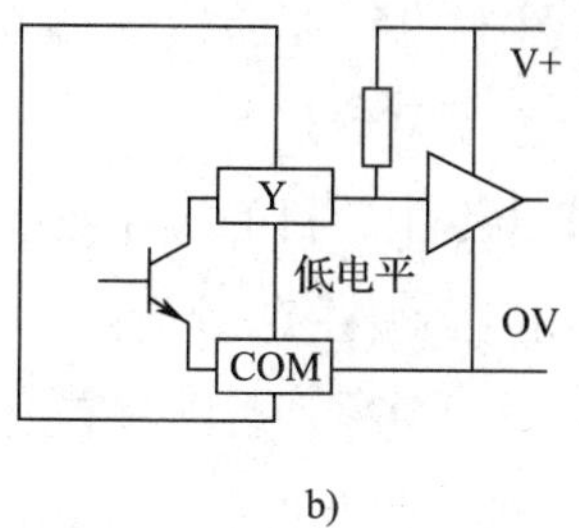

b)

图 1—14　PLC 输出的逻辑
a）源型输出（正逻辑）　b）漏型输出（负逻辑）

七段显示器的数据输入（由 Y0 ~ Y3 和 Y10 ~ Y13 提供）和选通信号（由 Y4 ~ Y7 提供）也有正逻辑和负逻辑之分：若数据输入是高电平表示“1”，则为正逻辑，反之为负逻辑；选通信号若在高电平时锁存数据，则为正逻辑，反之为负逻辑。

在编制程序时，要根据 PLC 和七段显示器的逻辑及显示器的组数来确定参数 n 的值，见表 1—2。

表 1—2　　如何确定 n 的取值

组数	一组				两组			
数据输入与 PLC 逻辑关系	相同		不同		相同		不同	
选通信号与 PLC 逻辑关系	相同	不同	相同	不同	相同	不同	相同	不同
n	0	1	2	3	4	5	6	7

4. 成批复位指令

成批复位指令 ZRST 的指令格式如图 1—15 所示，其操作数的选择范围见表 1—3。

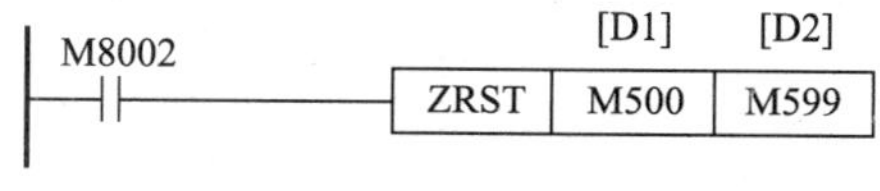

图 1—15　ZRST 指令

表 1—3　　ZRST 指令中操作数的选择范围

操作数	[D1]	[D2]
选择范围	Y、M、S、T、C、D	

ZRST 指令的功能是将［D1］~［D2］所指定的元件号范围内的同类元件成批复位。如图 1—15 所示指令的功能是当 M8002 由 OFF 变为 ON 时，位元件 M500 ~ M599 全部复位。

在 ZRST 指令中，目的操作数［D1］和［D2］既可以是位元件，也可以是字元件，但选用时必须注意两点：一是［D1］和［D2］必须是相同的元件；二是［D1］必须小于［D2］，否则只有［D1］所指定的一个元件会被复位。目的操作数选择范围之外的元件及单个元件或字元件可以用 RST 指令复位。

技能要求

数码拨盘输入及数据处理程序编程

一、操作要求

1. 完成数码拨盘和串行 BCD 码显示器的接线。

2. 编制程序使其能实现用数码拨盘输入数据并加以处理后进行显示。

通过输入按钮 SB1 由数码拨盘任意输入十个 3 位数，输入的数由数码管显示出来，输入完毕按显示按钮 SB2，则数码管显示出十个数中的最大值，按下复位按钮 SB3 后，可以重新输入。

二、操作准备

本项目所需元件清单（见表 1—4）。

表 1—4　　项目所需元件清单

序号	名称	规格型号	数量	备注
1	PLC	三菱 FX_{2N} 型	1 台	带 FX_{2N} –16EYT 半导体管输出模块
2	计算机		1 台	装有 FX_{GP} – WIN 编程软件

续表

序号	名称	规格型号	数量	备注
3	编程电缆	SC－09	1 根	RS232C/422 转换
4	数据输入、显示模板	装有 4 位 BCD 码拨盘开关及 4 位串行 BCD 码七段 LED 数码显示器	1 套	
5	直流电源	24 V，1 A	1 台	BCD 码七段 LED 数码显示器用

三、操作步骤

步骤 1　完成输入/输出端口分配

输入/输出端口分配（见表 1—5）。

表 1—5　　**输入/输出端口分配表**

输入器件	输入端口	输出器件	输出端口
拨码开关数据位 1	X0	拨码开关个位选通	Y0
拨码开关数据位 2	X1	拨码开关十位选通	Y1
拨码开关数据位 4	X2	拨码开关百位选通	Y2
拨码开关数据位 8	X3	拨码开关千位选通	Y3
数据输入按钮 SB1	X10	BCD 码显示器数据位 1	Y20
显示输出按钮 SB2	X11	BCD 码显示器数据位 2	Y21
复位按钮 SB3	X12	BCD 码显示器数据位 4	Y22
		BCD 码显示器数据位 8	Y23
		BCD 码显示器个位选通	Y24
		BCD 码显示器十位选通	Y25
		BCD 码显示器百位选通	Y26
		BCD 码显示器千位选通	Y27

步骤 2　完成数码拨盘和串行 BCD 码显示器的接线

数码拨盘和串行 BCD 码显示器的接线如图 1—16 所示。

步骤 3　画出数码拨盘输入十个数据显示最大数的控制流程图如图 1—17 所示。

步骤 4　用功能指令编写相应程序

根据如图 1—17 所示的控制流程图编写梯形图，如图 1—18 所示。

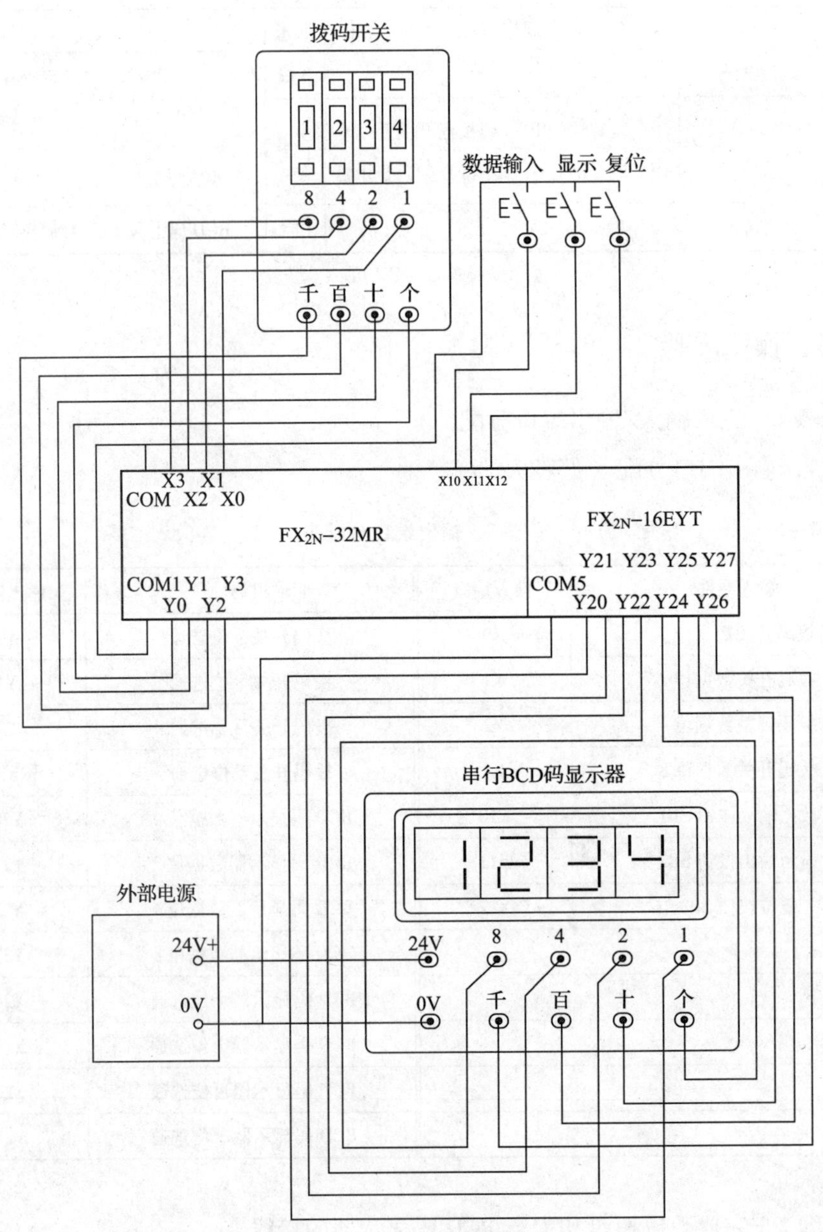

图1—16 数码拨盘和串行BCD码显示器的接线图

步骤5 程序输入并下载

用编程软件输入如图1—18所示程序并下载到PLC。

步骤6 进行调试

按下数据输入按钮SB1，观察BCD码显示器上是否显示此数据。若无显示，

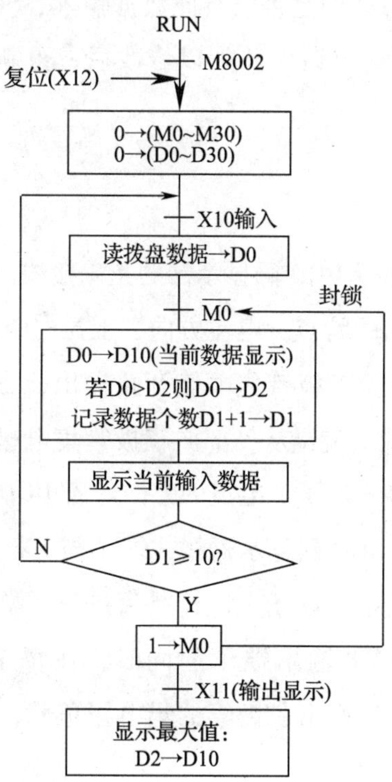

图 1—17 数码拨盘输入数据显示最大数的控制流程图

```
M8002
--| |--+----------------------------[ZRST   M0    M30 ]
X12    |
--| |--+----------------------------[ZRST   D0    D30 ]
X10
--|↑|-------------------------------[ SET   M30 ]
M30
--| |------------[DSW   X0   Y0   D0   K1 ]
M8029
--| |-------------------------------[ RET   M30 ]
M30      M0
--|↓|----|/|---+--------------------[MOV   D0    D10 ]
               +--------------------[ INC  D1 ]
               +-[>  D0  D2 ]-------[MOV   D0    D2  ]
[>=    D1    K10 ]-+----------------(  M0  )
                   |  X11
                   +--| |-----------[MOV   D2    D10 ]
M8000
--| |------------------[SEGL   D10   Y20   K1 ]
------------------------------------[ END ]
```

图 1—18 数码拨盘输入数据显示最大数的梯形图

则使用程序监控功能查看 D0 中是否已有此数据输入、SEGL 指令是否执行、D1 中数据个数是否已增加等，查出错误并加以修改后，重新传送到 PLC 中再次运行，直至正确。

四、注意事项

1. 注意数码拨盘和串行 BCD 码显示器的正确接线。

2. 注意半导体管输出的特点、电流方向、上拉电阻的作用。

FX_{2N} - 16EYT 是 NPN 型三极管集电极开路输出，当输出继电器 Y20 ~ Y27 为 ON 时，三极管导通，负载电流是从外部向三极管集电极流进的，因此必须注意与其相连的 BCD 码显示器接线端子上电流的方向。若 BCD 码显示器接线端子上电流是向外流出的，就可以将 BCD 码显示器接线端子与 FX_{2N} - 16EYT 的输出端子直接相连；而若 BCD 码显示器接线端子上电流是流进显示器的，那就必须在连接显示器接线端子和 FX_{2N} - 16EYT 输出端子的同时，在每个端子上连接一个电阻到 24 V 直流电源正极，以作为输出三极管的集电极负载，同时也向显示器提供输入电流，这个电阻称为上拉电阻。

3. 注意 PLC、数据输入、数位选择三种逻辑的配合，正确选择 SEGL 指令的控制码。使用 SEGL 指令时，应按照 PLC、显示器的数据输入端、位选信号的逻辑关系及显示器的组数来选择控制码。控制码的可选范围是 K0 ~ K7。在本例中，FX_{2N} - 16EYT 在 Y = 1 时输出为低电平，是负逻辑；数据输入也是低电平作为 1；显示器位选信号是高电平有效；使用一组（4 位）BCD 码显示器，故控制码选用 K1。如果实际使用的情况变化时，要按照实际情况改变控制码。

4. 注意用继电器输出实现 DSW 指令的方法。DSW 指令在执行时会轮流高速接通输出继电器，因此应使用晶体管输出。若使用继电器输出，则在四位位选信号依次接通一遍后就停止扫描，以防继电器损坏。这时可利用指令结束标记 M8029 来停止 DSW 指令的重复执行。

5. 注意将辅助继电器作为各种标志的用法。在编制 PLC 程序中，常常需要对某种状态进行记忆。通常可将辅助继电器作为标志来使用（就像继电器逻辑电路中的中间继电器的作用一样）。当所关注的情况未发生时，此标志为“0”；该情况发生了，就将标志置为“1”，然后在程序中就可根据此标志的状态来执行相应的操作。在本例中，就使用了 M0 作为判断输入数据的个数是否已达到十个以及是否需要封锁输入的标志。

学习单元 2　模拟量输入输出模块的使用

学习目标

- 进一步熟悉用功能指令编制应用程序的方法
- 熟悉 FX_{2N} 系列 PLC 模拟量输入输出模块的使用方法
- 通过训练，提高编程和调试技巧

知识要求

一、FX_{2N} 系列 PLC 常用功能指令

1. 算术运算指令

FX_{2N} 系列 PLC 的算术运算指令包括加（ADD）、减（SUB）、乘（MUL）、除（DIV）四条指令，指令格式如图 1—19 所示。

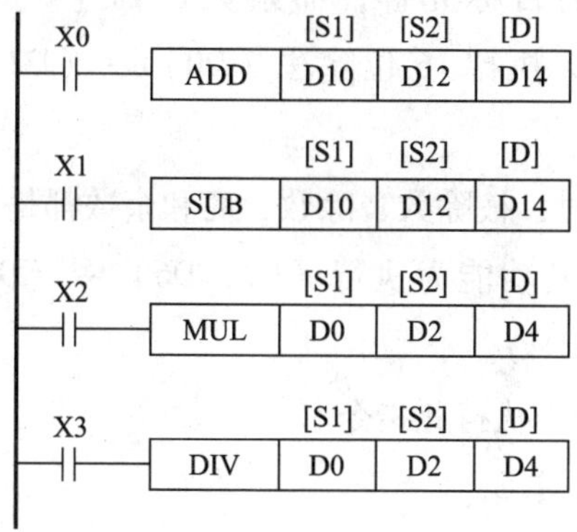

图 1—19　算术运算指令

算术运算指令中的源操作数［S1］、［S2］可以取所有的数据类型，目标操作数可以取 KnY、KnM、KnS、T、C、D、V 和 Z 等数据类型；但使用 32 位乘、除法指令时 V 和 Z 不能用作目标操作数。

在使用算术运算指令时，如果目标操作数与源操作数相同，为避免每个扫描周期都执行一次指令而造成运算结果失控，应采用脉冲执行方式。

（1）加法指令

加法指令ADD将两个源操作数［S1］、［S2］中的二进制数相加，结果送到［D］指定的目标元件。如图1—19所示的X0为ON时，执行（D10）+（D12）→D14。

（2）减法指令

减法指令将源操作数［S1］指定的元件中的数减去［S2］指定的元件中的数，结果送到［D］指定的目标元件。如图1—19所示的X1为ON时，执行（D10）-（D12）→D14。

（3）乘法指令

16位乘法指令将两个源操作数［S1］、［S2］中的二进制数相乘，结果（32位）送到［D］指定的目标元件。如图1—19所示的X2为ON时，执行（D0）×（D2）→（D5，D4）。

使用32位乘法指令时，将两个32位的数相乘，此时乘积为64位。例如执行指令“DMUL D0 D2 D4”时，其功能是执行（D1，D0）×（D3，D2）→（D7，D6，D5，D4）。

（4）除法指令

除法指令将源操作数［S1］指定的元件中的数除以［S2］指定的元件中的数，商送到［D］指定的目标元件，而余数送到［D］的下一个元件。如图1—19所示X3为ON时，执行16位除法（D0）÷（D2），商送到D4，而余数送到D5。

使用32位除法指令时，被除数、除数、商和余数都是32位数。例如执行指令“DDIV D6 D8 D2”时，其功能为执行（D7，D6）÷（D9，D8），商送到（D3，D2），而余数送到（D5，D4）。

若除数为0则出错，不执行此指令。

2. 二进制加1、减1指令

加1指令（INC）及减1指令（DEC）的目标操作数［D］均可以取KnY、KnM、KnS、T、C、D、V和Z等数据类型。如图1—20所示的控制触点X0每次由OFF变为ON时，D10中的数增加1；而在X1每次由OFF变为ON时，D11中的数减小1。这两条指令均应使用脉冲执行指令（即在指令的操作码后加上P），否则会在每个扫描周期中都将D10（或D11）中的数增加1（或减小1），造成结果无法预料。

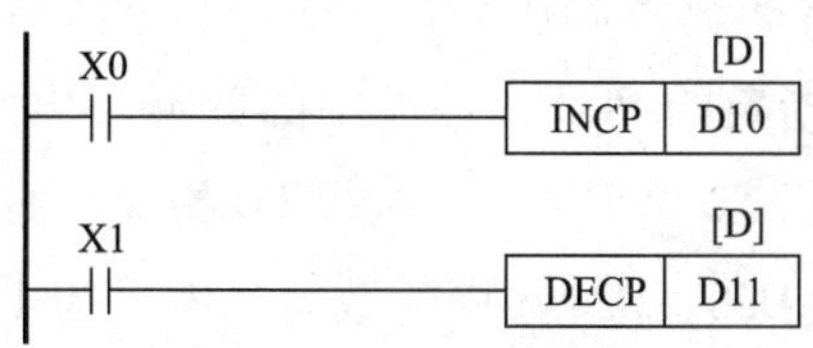

图 1—20　加 1 及减 1 指令

3. 特殊功能模块缓冲寄存器 BFM 读写指令

FX 系列 PLC 的每个特殊功能模块中都有一个存储器的区域（32 个 16 位的存储单元），专门用于 CPU 和特殊功能模块之间进行信息交换，被称为缓冲寄存器（BFM）。BFM 共有 32 个，其编号为 BFM#0 ~ BFM#31。在使用特殊功能模块时，CPU 和特殊功能模块之间所有信息的交换都必须通过 BFM 来进行。

对 BFM 的访问，要使用缓冲寄存器读指令 FROM 和缓冲寄存器写指令 TO，指令格式如图 1—21 所示。

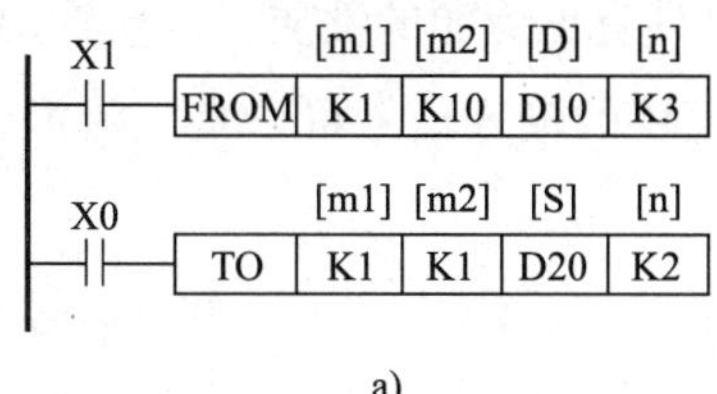

a)

m1	m2	S	D	n
K，H	K，H	K，H，KnX，KnY，KnM，KnS，T，C，D，V，Z	KnY，KnM，KnS，T，C，D，V，Z	K，H

b)

图 1—21　FROM_ TO 指令

a）指令格式　b）操作数的选取范围

如图 1—21a 所示的指令格式中，［m1］是特殊功能模块的编号。在基本单元右边可以安装扩展单元、扩展模块及特殊功能模块，从最靠近基本单元右边的那一个特殊功能模块开始编号，最多可连接八个功能模块，对应的模块编号是 0 ~ 7，扩展单元和扩展模块不计在内。［m2］是缓冲寄存器 BFM 的编号，m2 = 0 ~ 31。［S］是执行 TO 指令时从 PLC 中读取数据的首元件号；［D］是执行 FROM 指令时指定存入到 PLC 中的数据存储单元的首元件号；［n］是指定功能模块与 PLC 之间传递的字数，n = 1 ~ 32（16 位操作）或 1 ~ 16（32 位操作）。各操作数可选取的范围如图 1—21b 所示。

FROM 指令的功能是从功能模块中的 BFM 读入数据，保存到指定的 PLC 存储区中。如图 1—21a 所示，当 X1 为 ON 时，执行 FROM 指令，将编号为 1 的功能模块中，自 BFM#10 开始的三个缓冲寄存器（BFM#10 ~ BFM#12）的数据读入 PLC 并存入从 D10 开始的三个数据寄存器中（D10 ~ D12）。

TO 指令的功能是将指定的 PLC 存储区中的数据写出到功能模块中的 BFM 中去。如图 1—21a 所示，当 X0 为 ON 时，执行 TO 指令，将 PLC 基本单元中从 D20 开始的两个数据寄存器（D20、D21）中的数写到编号为 1 的功能模块中，存入该功能模块中从 BFM#1 开始的两个缓冲寄存器中（BFM#1 ~ BFM#2）。

二、FX_{2N}系列 PLC 模拟量输入输出模块的应用

1. 模拟量输入模块 FX_{2N} -2AD 的应用

（1）模拟量输入模块的主要技术指标

模拟量是一个连续变化的物理量，此物理量可以是电量（电流或电压等），也可以是非电量（如速度、温度等），一般都是通过传感器来检测出实际的物理量，再通过变送器转换成标准的直流电流或直流电压信号，然后送到 PLC 模拟量输入模块经 A/D 转换变为数字量供 PLC 处理。

变送器分为电流输出型和电压输出型，电流输出具有恒流源的性质，电压输出具有恒压源的性质。因此，对应的 PLC 模拟量输入模块的输入信号可以是电流型，也可以是电压型。

PLC 模拟量输入模块的输入信号在实际应用中是采用电流信号还是电压信号，取决于变送器送出信号的类型；另一方面由于 PLC 模拟量输入模块电压输入端的输入阻抗很高，如果变送器距离 PLC 较远，通过线路间的分布电容和分布电感所感应的干扰信号电流在模块的输入阻抗上将产生较高的干扰电压，所以对远程传送不适宜采用模拟量电压信号而应采用模拟量电流信号。

模拟量输入模块的主要技术指标有通道数、分辨率及转换时间。

FX_{2N} -2AD 模块有两个通道，每个通道都可以指定为电压输入或电流输入。

PLC 模拟量输入模块的分辨率用转换后的二进制数的位数来表示，FX_{2N} -2AD 是 12 位高精度模拟量输入模块，转换后的数字量范围为 0 ~ 4 096，为简便起见，取其整数为 0 ~ 4 000。分辨率与所转换的信号量程有关，FX_{2N} -2AD 的输入信号有三种可选量程：0 ~ +5 V、0 ~ +10 V 及 4 ~ 20 mA。若选用输入电压信号为 0 ~ 10 V，对应于数字为 0 ~ 4 000，则分辨率为：10 V/4 000 = 2.5 mV。

转换速度是指当输入端加入信号到转换成稳定的相应数码所需的时间。FX_{2N} -2AD 每个通道的转换速度为 2.5 ms。

（2）模拟量输入模块 FX_{2N} -2AD 的接线

FX_{2N} -2AD 的端子接线如图 1—22 所示。

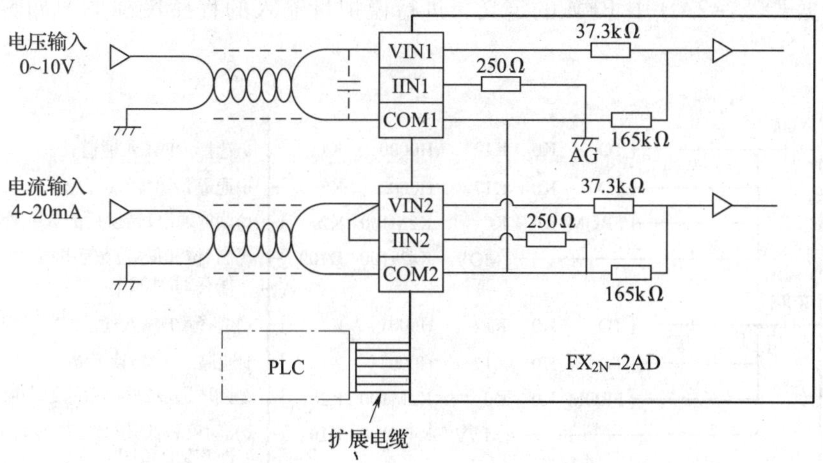

图 1—22　FX_{2N} －2AD 的端子接线图

模拟量输入端口均通过双绞线屏蔽电缆线来接收信号，电缆应远离电力线和其他可能产生电磁感应噪声的导线。电压输入时或电流输入时接线不一样，电流输入时需将 VIN 和 IIN 端短接。

（3）FX_{2N} －2AD 中缓冲寄存器的设置及应用程序

FX_{2N} －2AD 定义了三个缓冲寄存器：BFM#0、BFM#1 和 BFM#17，见表 1—6。

表 1—6　　FX_{2N} －2AD 缓冲寄存器分配表

BFM	b15 ~ b8	b7 ~ b4	b3	b2	b1	b0
#0	备用	输入数据的当前值（低 8 位）				
#1	备　用		输入数据的当前值（高 4 位）			
#2 ~ #16	备　用					
#17	备　用				启动转换 （0→1 启动）	选择转换通道 0—通道 1 1—通道 2
#18 ~ #31	备　用					

BFM#0 中保存的是按 BFM#17 指定的通道进行转换后的数字量的低 8 位，按二进制数格式储存，而转换后数字量的高 4 位保存在 BFM#1 中。

BFM#17 中只使用 2 位：b0 和 b1。b0 的值指定所要转换的通道，b0 = 0 选择 CH1，b0 = 1 选择 CH2。b1 是启动转换的控制命令，当 b1 位由 0 变为 1 时，所选择的通道即开始转换过程。

根据 FX_{2N} -2AD 中 BFM 的定义，进行模拟量输入的程序段梯形图如图 1—23 所示。

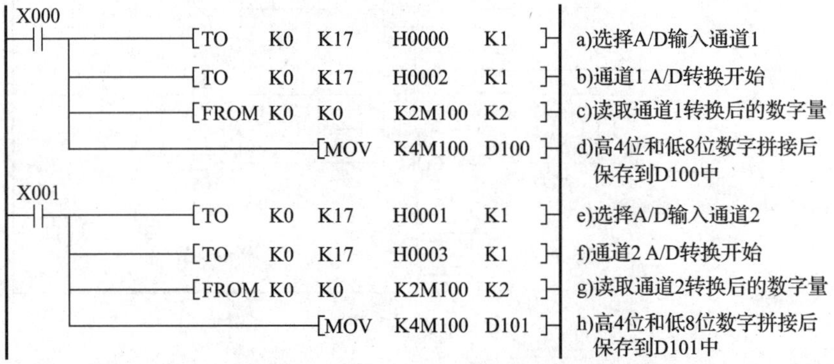

```
X000
┤├──[TO    K0   K17   H0000   K1  ]   a)选择A/D输入通道1
    ├──[TO    K0   K17   H0002   K1  ]   b)通道1 A/D转换开始
    ├──[FROM  K0   K0    K2M100  K2  ]   c)读取通道1转换后的数字量
    └──[MOV   K4M100     D100        ]   d)高4位和低8位数字拼接后保存到D100中
X001
┤├──[TO    K0   K17   H0001   K1  ]   e)选择A/D输入通道2
    ├──[TO    K0   K17   H0003   K1  ]   f)通道2 A/D转换开始
    ├──[FROM  K0   K0    K2M100  K2  ]   g)读取通道2转换后的数字量
    └──[MOV   K4M100     D101        ]   h)高4位和低8位数字拼接后保存到D101中
```

图 1—23　FX_{2N} -2AD 应用梯形图

FX_{2N} -2AD 模拟输入量的类型是由接线端子的连接形式决定的，因而在程序中不需要考虑其输入模拟量是电压型还是电流型。

（4）模拟量输入模块的校准

模拟量输入模块在实际使用中，需对模块的偏移量和增益进行校准。FX_{2N} -2AD 采用硬件校准法，即使用电位器来进行调整。

偏移量是指通道的数字量输出为 0 时，对应模拟输入量的值（例如模拟量电流的测量范围为 4 ~ 20 mA 时偏移量为 4 mA）。增益是指通道的数字量输出为 4 000 时对应的模拟输入量的值（例如输入为 4 ~ 20 mA 电流时增益为 20 mA）。

FX_{2N} -2AD 中有两个调整偏移量和增益的电位器如图 1—24 所示，面板上标注为“OFFSET”的是偏移量；标注为“GAIN”的是增益。选择不同的量程时，应相应地调整偏移量和增益。以输入 4 ~ 20 mA 电流为例，使用可调电流源作为模拟量输入信号，先将电流调为 4 mA，并在 PLC 中运行模拟量输入的程序（可参照如图 1—23 所示程序），利用监控观察转换后的模拟值，同时调整“OFFSET”电位器，直至转换值为 0。然后将可调电流源调到 20 mA，再观察转换后的模拟值，同时调整“GAIN”电位器，直至转换值为 4 000。重复将可调电流源调到 4 mA 和 20 mA，微调偏移量和增益电位器，直到完全准确为止。

需注意的是，FX_{2N} -2AD 的模拟量输入通道有两个，但偏移量和增益调整电位器却只有一对，因此两个通道只能使用相同的偏移量和增益，即两个通道的转换特性是相同的。一般希望两个通道所转换的模拟量是相同的类型和量程，但如果两个通道的类型和量程不一样，只能按其中的一种来调整偏移量和增益；而另一个通道

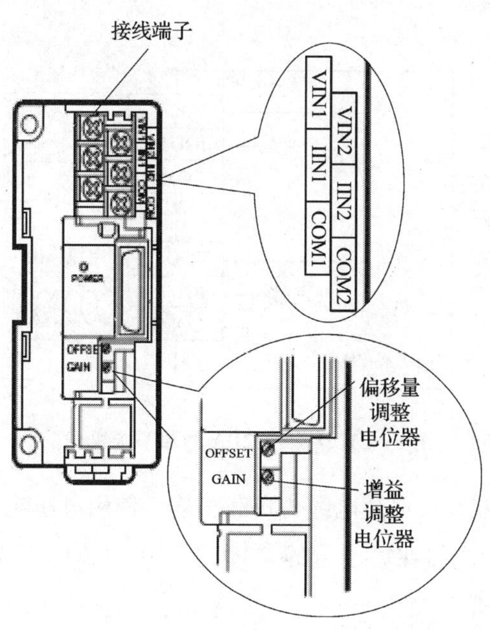

图 1—24　FX_{2N} -2AD 的偏移量和增益调整电位器

中所转换的不同类型和量程的模拟量信号，只能转换后在程序中进行修正。例如 FX_{2N} -2AD 在出厂时是按 0 ~ 10 V 进行调整的，现在通道 1 输入 0 ~ 10 V 电压，而通道 2 需输入 4 ~ 20 mA 电流信号。此时仍可按 0 ~ 10 V 电压的转换特性进行转换，由于按照电流输入时的接线方法，在模块内部电流输入端与 COM 端之间连接有一个 250 Ω 的电阻，当输入 4 ~ 20 mA 电流时，在电压输入端得到的是 1 ~ 5 V 的电压信号，按 0 ~ 10 V 电压的转换特性进行转换后得到的是数字量 400 ~ 2 000，因此可看出 1 mA 电流对应的数字量是 100，按此比例就可对转换值进行计算。

2. 模拟量输出模块 FX_{2N} -2DA 的应用

模拟量输出模块是将数字量转换成模拟量（电压模拟量或电流模拟量）输出的 D/A 转换模块，其技术指标、偏移量及增益调整等都与模拟量输入模块相仿。

（1）模拟量输出模块 FX_{2N} -2DA 的主要技术指标

FX_{2N} -2DA 具有两个 D/A 转换输出通道，可将 12 位数字信号转换为模拟量电压或电流输出，每个通道都可指定为独立的电压输出或电流输出。模拟量输出可有 DC0 ~ 10 V 电压、DC0 ~ 5 V 电压和 4 ~ 20 mA 电流这三种输出量程供选择。转换速度为每通道 4 ms。

（2）模拟量输出模块 FX_{2N} -2DA 的接线

FX_{2N} -2DA 的端子接线如图 1—25 所示。

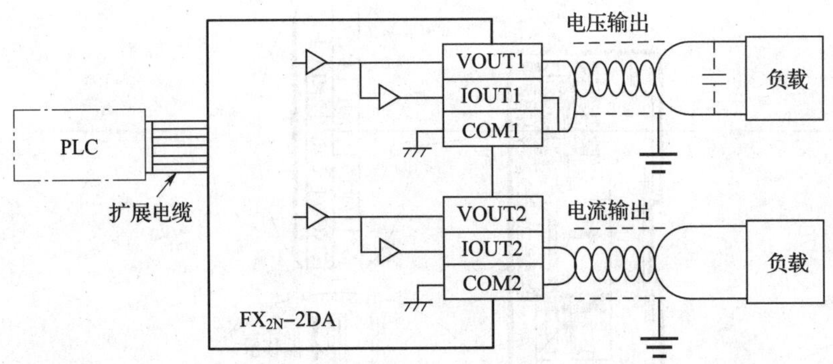

图1—25　FX_{2N}－2DA的端子接线图

模拟输出端通过双绞线屏蔽电缆与负载相连，使用电压输出时，负载的一端接在“VOUT”端，另一端接在短接后的“IOUT”和“COM”端；电流型负载接在“IOUT”和“COM”端。

为了减少输出线路上干扰信号对负载的影响，可以在电压输出的负载端并上一个0.1～0.47 μF/25 V的小电容。

（3）FX_{2N}－2DA中缓冲寄存器的设置及应用程序

FX_{2N}－2DA定义了两个缓冲寄存器：BFM#16和BFM#17，见表1—7。

表1—7　　FX_{2N}－2DA缓冲寄存器分配表

BFM	b15～b8	b7～b3	b2	b1	b0
0#～15#	备用				
#16	备用	输出数据的当前值（低8位）			
#17	备用		D/A数据被锁存	通道1（CH1）D/A转换开始	通道2（CH2）D/A转换开始
#18～#31	备用				

要进行D/A转换的12位数字量分两次保存在BFM#16中：先输入数据的低8位，按BFM#17的规定进行锁存；然后再输入数据的高4位存放在BFM#16中。

BFM#17中定义b0位从“1”变为“0”时，通道2的D/A转换开始；b1位从“1”变为“0”时，通道1的D/A转换开始。而b2位是用来锁存转换数据的低8位，当b2位从“1”变为“0”时，D/A转换的低8位数据被锁存。

根据FX_{2N}－2DA中BFM的定义，进行模拟量输出的程序段如图1—26所示。程序中FX_{2N}－2DA是安装在基本单元右边的第一个功能模块，模块编号为0。转换数据低 8 位的锁存及 D/A 转换的启动都是在 BFM#17 中的控制位从“1”变为“0”时起作用的。

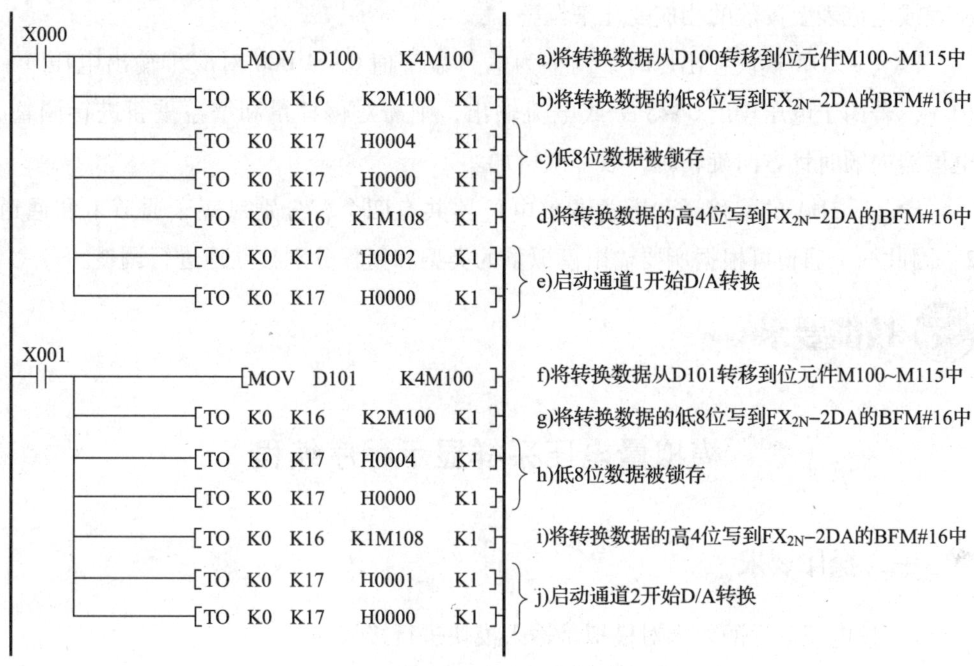

图 1—26　FX_{2N} - 2DA 应用梯形图

FX_{2N} - 2DA 模拟输出量的类型是由接线端子的连接形式决定的，因而在程序中不需要考虑是输出电压还是输出电流。

（4）模拟量输出模块的校准

FX_{2N} - 2DA 模块的偏移量和增益调整是通过面板上的电位器调节来进行的，偏移量和增益调整电位器在模块面板上的位置如图 1—27 所示。

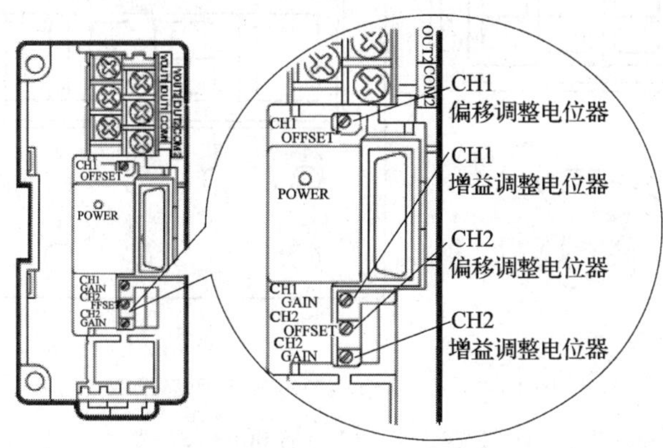

图 1—27　FX_{2N} - 2DA 模块的偏移量和增益调整电位器

FX_{2N} -2DA 偏移量与增益调整的方法同 FX_{2N} -2AD 类似，也是先调偏移量然后再调增益，在程序监控中改变送到模块的数字量，通过观察连接在输出端口上电压表或电流表上读数的相应变化来调整。

FX_{2N} -2DA 模块在出厂时，调整为输入数字值 0 ~ 4 000 对应于输出电压 0 ~ 10 V，若用于电压输出 0 ~ 5 V 或电流输出，则需对偏移量和增益重新进行调整。电位器向顺时针方向旋转时，数字值增加。

FX_{2N} -2DA 的偏移量和增益调整电位器共有四个，分别对应于通道 1 和通道 2，因此两个通道可根据所要输出模拟量的类型和量程分别独立地进行调整。

模拟量电压采样显示程序编程

一、操作要求

1. 按电压采样的要求对模拟量输入模块进行接线。

2. 编制程序实现对信号电压定时采样及通过串行 BCD 码显示器显示电压值。

使用可调电压源，在 0 ~ 10 V 的范围内任意设定电压值，在按了启动按钮 SB1 后，PLC 每隔 10 s 对设定的电压值采样一次，同时在串行 BCD 码显示器上显示采样值。按停止按钮 SB2 后，停止采样，并可重新启动（显示电压值的单位为 0. 1 V）。可调电压源与 BCD 码显示器如图 1—28 所示。

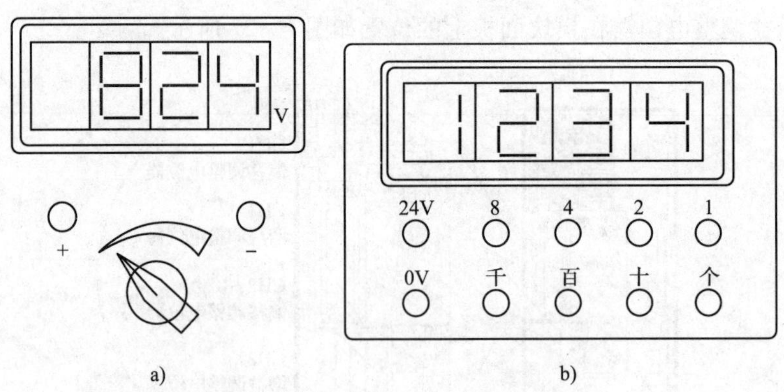

图 1—28　可调电压源与 BCD 码显示器

a）可调电压源　b）串行 BCD 码显示器

二、操作准备

本项目所需元件清单（见表 1—8）。

表 1—8　　项目所需元件清单

序号	名称	规格型号	数量	备注
1	PLC	三菱 FX_{2N}型	1 台	
2	半导体管输出模块	FX_{2N} – 16EYT	1 台	
3	模拟量输入模块	FX_{2N} – 2AD	1 台	
4	计算机		1 台	装有 FX_{GP} – WIN 编程软件
5	编程电缆	SC – 09	1 根	RS232C/422 转换
6	信号源	0 ~ 10 V 电压源	1 套	
7	模拟调试板	装有八个按钮、八个钮子开关、八只 LED 指示灯	1 套	
8	数据显示模板	装有 4 位串行 BCD 码七段 LED 数码显示器	1 套	
9	直流电源	24 V，1 A	1 台	BCD 码七段 LED 数码显示器用

三、操作步骤

步骤 1　写出输入/输出端口的分配表

输入/输出端口分配（见表 1—9）。

表 1—9　　输入/输出端口分配表

输入设备	输入端口编号	考核箱对应端口
启动按钮 SB1	X0	SB1
停止按钮 SB2	X1	SB2
FX_{2N} – 2AD	CH1 通道	可调电压源 +、– 端口
输出设备	输出端口编号	考核箱对应端口
BCD 码显示管数 1	Y20	BCD 码显示器 1
BCD 码显示管数 2	Y21	BCD 码显示器 2
BCD 码显示管数 4	Y22	BCD 码显示器 4
BCD 码显示管数 8	Y23	BCD 码显示器 8
显示数位数选通个	Y24	BCD 码显示器个
显示数位数选通十	Y25	BCD 码显示器十
显示数位数选通百	Y26	BCD 码显示器百

步骤 2　对电压源、模拟量输入模块 FX_{2N} – 2AD 和串行 BCD 码显示器进行接线

根据设备情况和输入/输出端口的分配表，按如图 1—29 所示进行接线。

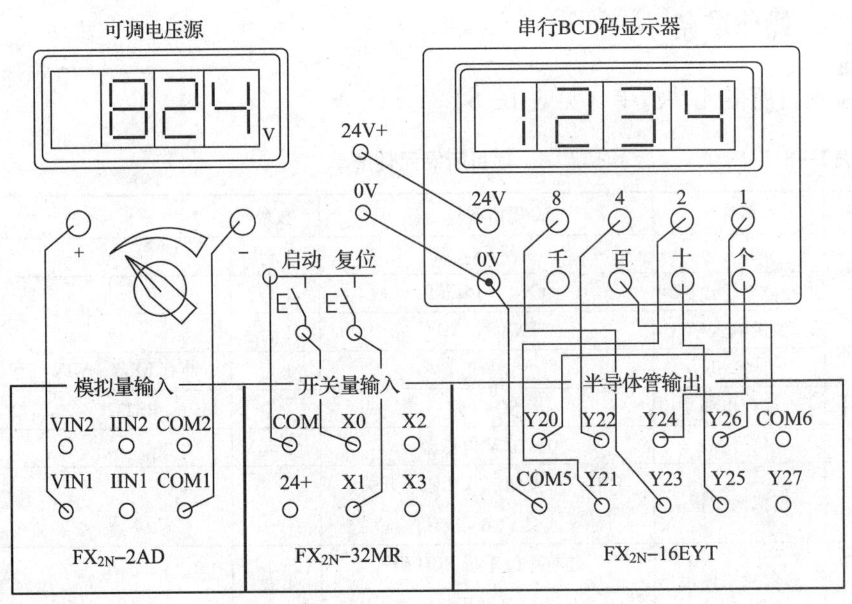

图 1—29　模拟量电压采样接线图

步骤 3　按工作要求画出模拟量电压定时采样显示的控制流程图

模拟量电压定时采样显示的控制流程图如图 1—30 所示。

在控制流程中，开始是初始化处理，用初始脉冲 M8002 将程序中所要用到的元件清零，如果在运行过程中按停止按钮 X1，也立即进入初始化处理，再按启动按钮可重新开始采样。初始化中将 H00FF 送到 Y20 ~ Y27 从而使 BCD 码显示器熄灭。

流程中的显示数据计算是将 A/D 转换后得到的数字量换算成所要显示的电压值。FX_{2N} - 2AD 已被校准为 0 ~ 10 V 电压对应的数字量 0 ~ 4 000，即 1 V 对应数字量 400，现要求显示时最小单位是 0. 1 V，则每个单位（0. 1 V）对应的数字量是 40。将 A/D 转换得到的数值除以 40 即可得到所要显示的电压数值。

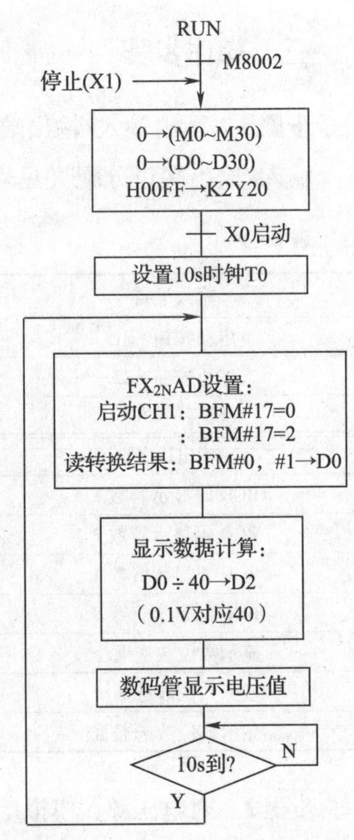

图 1—30　电压采样控制流程图

步骤 4　根据控制要求用功能指令编制模拟量

电压定时采样显示程序

模拟量电压定时采样的显示梯形图如图 1—31 所示。

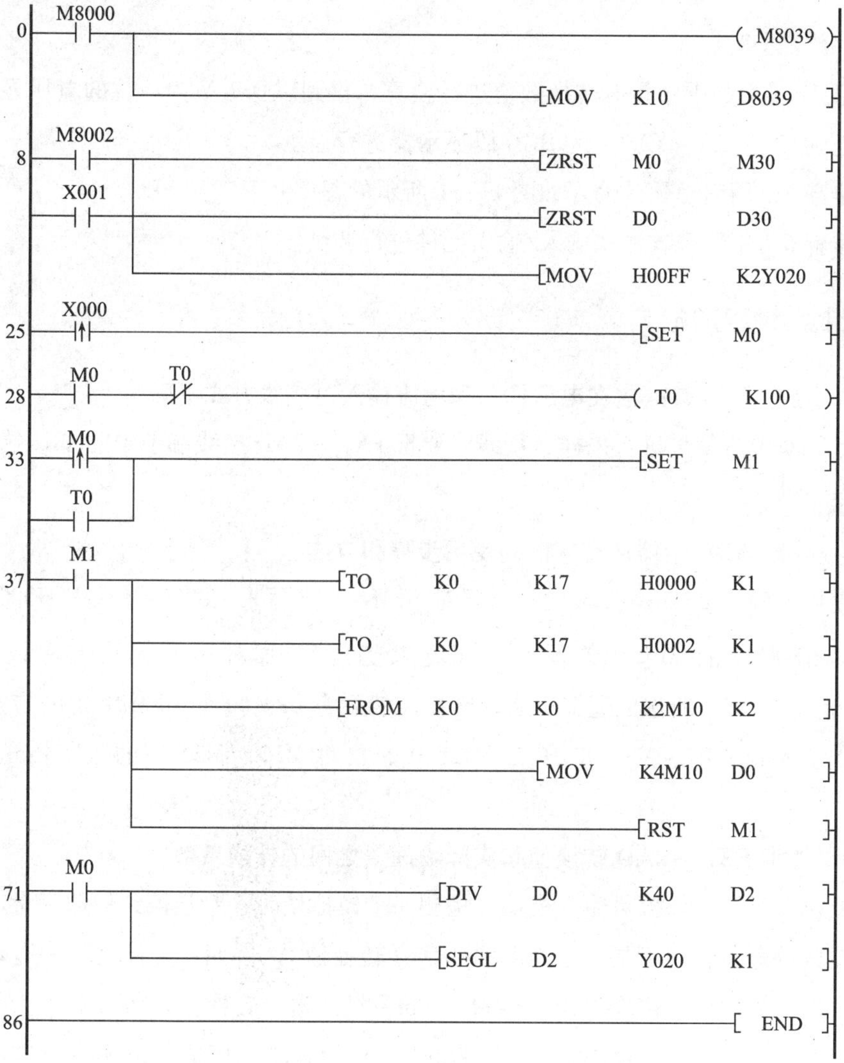

```
0   M8000 ─┤ ├─┬──────────────────────( M8039 )
               └──────────────[MOV   K10    D8039 ]
8   M8002 ─┤ ├─┬──────────────[ZRST  M0     M30   ]
    X001  ─┤ ├─┼──────────────[ZRST  D0     D30   ]
               └──────────────[MOV   H00FF  K2Y020]
25  X000  ─┤↑├────────────────[SET   M0           ]
28  M0    ─┤ ├── T0 ─┤/├──────( T0   K100 )
33  M0    ─┤↑├─┬──────────────[SET   M1           ]
    T0    ─┤ ├─┘
37  M1    ─┤ ├─┬───[TO    K0   K17   H0000  K1 ]
               ├───[TO    K0   K17   H0002  K1 ]
               ├───[FROM  K0   K0    K2M10  K2 ]
               ├───[MOV   K4M10  D0 ]
               └───[RST   M1 ]
71  M0    ─┤ ├─┬───[DIV   D0   K40   D2 ]
               └───[SEGL  D2   Y020  K1 ]
86  ──────────────────────────────[ END ]
```

图 1—31　电压定时采样显示梯形图

在梯形图中，开始的一个梯级是使 PLC 的扫描周期为固定的时间（10 ms），M8039＝1 时恒定扫描周期有效，扫描周期即为 D8039 中的数值（单位是 ms）。这样处理是因为指令 SEGL 执行时，为保证显示的稳定性，要求采用恒定的扫描周期，且扫描周期不小于 10 ms。

第 25～32 步的程序是制作一个定时器，在启动后每隔 10 s 发出一个 A/D 转换的启动信号（T0 的常开触点）。第 33 步中 M0 的上升沿触点是在按启动按钮时进行第一次启动，以后就由 T0 的常开触点每隔 10 s 来启动一次 A/D 转换。

第 37 ~ 70 步是进行 A/D 转换，FX_{2N} - 2AD 的模块编号为 0，转换后得到的数字量存放在 D0 中。

第 71 步后的程序是对转换数值进行换算，得到以 0.1 V 为单位的电压显示值，然后送到接在 Y20 ~ Y27 上的 BCD 码显示器进行显示。

步骤 5　用编程软件输入如图 1—31 所示的程序并下载到 PLC。

步骤 6　用编程软件和输入/输出元件进行调试。

四、注意事项

1. 注意 A/D 转换器在电压输入和电流输入时接线方式不同

如要对电流信号进行采样，接线时要把 FX_{2N} - 2AD 接线端子中的 VIN 端和 IIN 端短接。

2. 注意 ADC 中缓冲寄存器的使用步骤和方法

使用 FX_{2N} - 2AD 进行转换时，要对 BFM#17 先写入 H0000 再写入 H0002，实际是对 BFM#17 的 b0 位始终写入 0，即选择通道 1。而对 b1 位是写入一个上升沿（先 0 后 1），即对所选的通道 1 启动转换。然后将 BFM#0 和 BFM#1 中的转换结果分两次读入到 M10 ~ M17 和 M18 ~ M25 中，再将 M10 ~ M25 中的数字传送到 D0 中。

3. 注意 FX_{2N} - 2AD 转换值和实际物理量之间的转换系数

当用调整好的模拟量输入模块去检测一个模拟量时，希望得到的数字量就是实际测得的物理量，而不是一个抽象的数字（转换值）。例如，要检测某一电动机的转速，电动机的转速范围为 0 ~ 1 400 r/min，经变送器转换输出信号对应为 DC0 ~ 5 V，选择 FX_{2N} - 2AD 的模拟输入量为 0 ~ 5 V 的直流电压值，转换后对应的数字量为 0 ~ 4 000，如某时刻 FX_{2N} - 2AD 测得的模拟量转换后输出的转换值为 1 000，将这 1 000 显示出来，仍然不知道电动机此时的转速为多少，此时应将 1 000 转化为实际的电动机转速（350 r/min）显示出来。

设经 A/D 转换后得到的转换值为 N，则电动机转速转化的计算公式为：$n = 1\,400/4\,000 \times N$。

因此在编制程序时，为了能显示实际测得的物理量，需要编制转化程序，根据转换特性中实际物理量与转换值的比例关系，得到实际物理量。

学习单元 3　触摸屏的使用

学习目标

- 进一步熟悉用功能指令编制应用程序的方法
- 了解触摸屏的使用方法
- 通过训练，提高编程和调试技巧

知识要求

一、FX_{2N}系列 PLC 常用功能指令

1. 循环和移位指令

（1）循环移位指令

FX_{2N}系列 PLC 有两条将数据进行循环移位的指令：ROR 和 ROL。其中 ROR 为循环右移指令，ROL 为循环左移指令。循环移位指令的格式和指令中操作数的选择范围如图 1—32 所示。

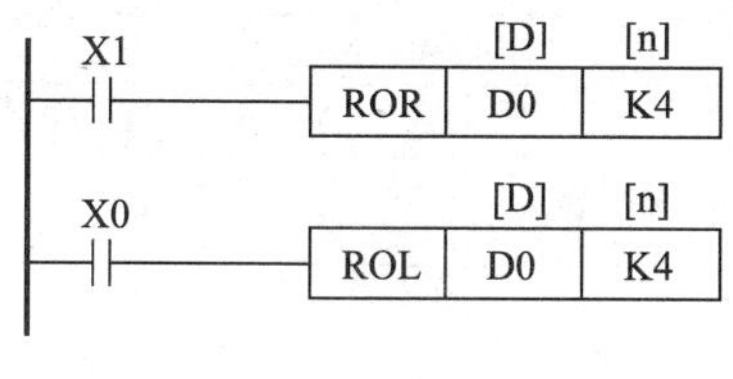

a)

操作数范围	
[D]	n
KnY、KnM、KnS T、C、D、V、Z	K、H n≤16(16位指令) n≤32(32位指令)

b)

图 1—32　循环移位指令

a）指令格式　b）操作数选择范围

循环移位指令的功能是将目标操作数［D］所指定的数向右或向左循环移动［n］位。这两条指令的功能和工作过程是基本相同的，仅仅是移位的方向不同。以如图 1—32a 所示指令“ROL D0 K4”的执行过程为例，假设移位之前（D0）= HFF00，当 X0 变为 ON 时，D0 中的数据向左移动了 4 位，从最高位（MSB）

移出的位被移入最低位（LSB），同时，最后移动的1位被复制到进位标志M8022中。执行一次之后（D0）＝HF00F。指令“ROL D0 K4”的执行过程如图1—33所示。

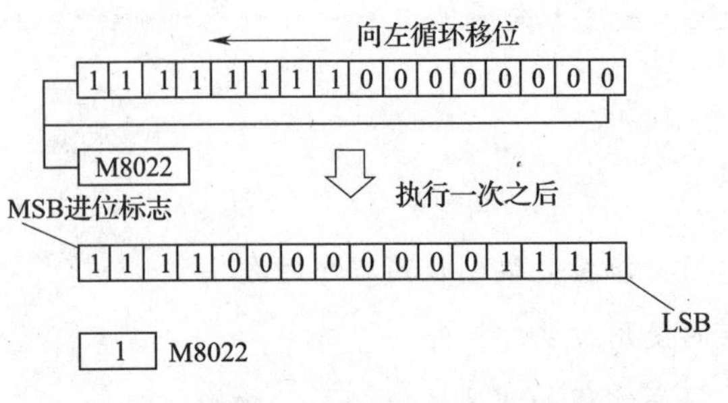

图1—33　“ROL D0 K4”的执行过程

循环移位指令一般采用脉冲执行方式，如果用连续执行方式，则只要控制条件满足就会在每个扫描周期都执行一次，而使结果无法控制。

若目标操作数［D］指定为位组合元件，其组数只有K4（16位指令）和K8（32位指令）有效，如K4Y0和K8M0。

（2）位右移指令和位左移指令

位右移指令SFTR和位左移指令SFTL是属于非循环的线性移位指令，数据移出部分丢失、移入部分从其他数据获得，其指令格式和操作数选择范围如图1—34所示。

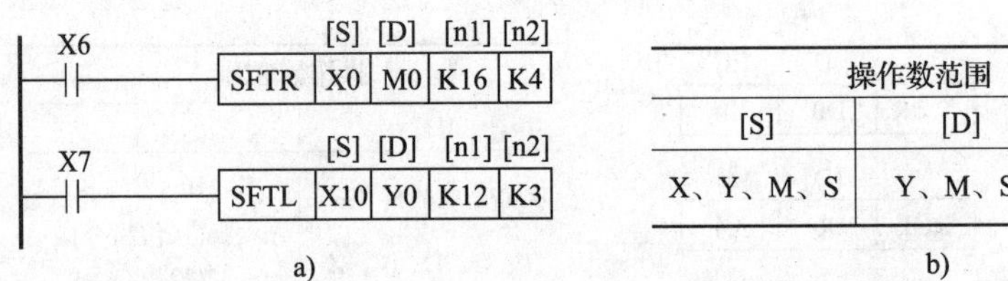

操作数范围		
[S]	[D]	n1、n2
X、Y、M、S	Y、M、S	K、H

b)

图1—34　位移位指令及其操作数选择范围

a）指令格式　b）操作数选择范围

位移位指令的功能是将由［D］所指定的位元件所构成的n1位移位寄存器中的数向右（或向左）移动n2位，从最低位（或最高位）移出的数位丢失，然后将［S］所指定的n2位数填入最高位（或最低位）。以如图1—34a所示的位左移指令“SFTL X10 Y0 K12 K3”的执行过程为例（见图1—35），当X7由OFF变为ON时，Y0～Y7和Y10～Y13所组成的12位移位寄存器中的内容向左移动3位，执行过程为：①Y11～Y13向左移出并丢失；②Y6～Y10左移到Y11～

Y13；③Y3～Y5 左移到 Y6～Y10；④Y0～Y2 左移到 Y3～Y5；⑤X10～X12 移入到 Y0～Y2。

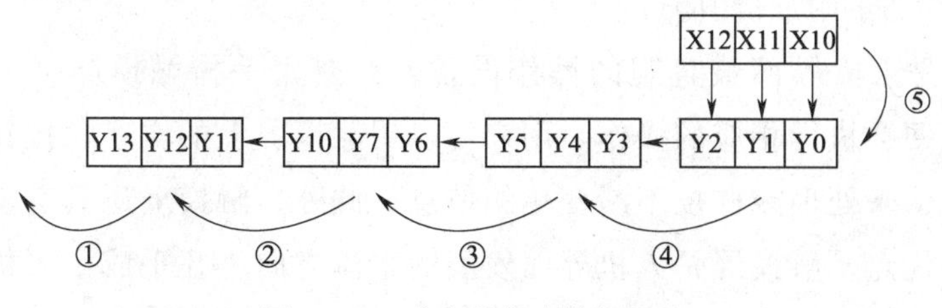

图 1—35　位左移指令执行过程

位移位指令一般采用脉冲执行方式，如用连续执行方式，则移位指令是每个扫描周期都执行一次。

2. 交替输出指令

交替输出指令 ALT 的操作元件只能为 Y、M、S，其指令格式和功能如图 1—36 所示，图中的 ALT 指令采用了脉冲执行方式，每当 X0 由 OFF 变为 ON 时，M0 的状态改变一次（若用连续指令 ALT 时，M0 的状态会在每个扫描周期都改变一次）。用此功能可实现 2 分频的效果，即在 X0 端输入频率为 f_1 的方波信号时，可在 M0 上得到频率为 $f_1/2$ 的方波序列。也可使用 ALT 指令来控制外部设备的启动和停止，例如在 X0 端接一个按钮，而将指令中的 M0 换成 Y0，在 Y0 端口接上电源和一盏灯，则可实现用一个按钮来控制灯的亮和灭，按一下按钮灯亮，再按一下按钮灯灭。

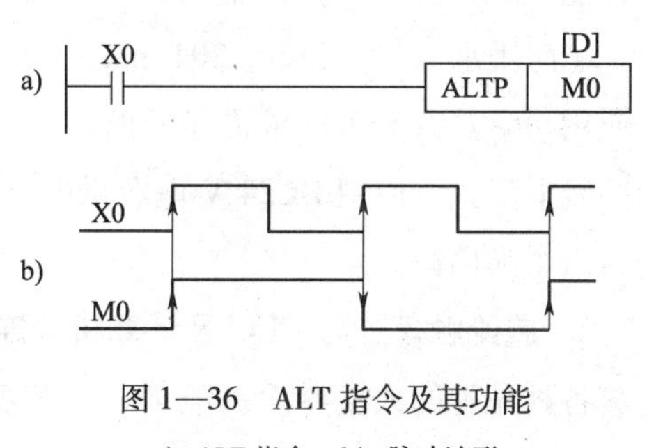

图 1—36　ALT 指令及其功能

a）ALT 指令　b）脉冲波形

二、威纶触摸屏 MT506 的简单应用

1. 触摸屏简介

人机界面（HMI）是操作人员和机械设备之间双向沟通的桥梁，用户可以自由地组合文字、按钮、图形、数字等来处理或监控管理，以应付随时可能变化信息的多功能显示屏幕。随着机械设备的飞速发展，以往的操作界面需由熟练的操作员才能操作，而且操作困难，无法提高工作效率。但是使用人机界面能够明确指示并告知操作员机械设备的目前状况，使操作变得简单，并且可以减少操作上的失误，即使是新手也可以很轻松地操作整个机械设备。

使用人机界面还可以使机器的配线标准化、简单化，同时也能减少 PLC 控制器所需的 I/O 点数，降低生产成本，同时由于面板控制的小型化及高性能，相对地提高了整套设备的附加价值。

触摸屏是人机界面最直观的操作设备，只要用手指触摸屏幕上的图形对象，计算机便会执行相应的操作。用户可以用触摸屏上的文字、按钮、图形和数字信息等，来处理或监控不断变化的信息。此外，触摸屏还具有坚固耐用和节省空间等优点。触摸屏是人机界面发展的主流方向，几乎成了人机界面的代名词。

主要控制设备生产厂商（例如西门子、AB、施耐德、三菱、欧姆龙等公司）均有各自的人机界面系列产品。此外，还有一些专门生产 HMI 产品的公司，它们的产品与常用的 PLC 都能相连接，如日本 DIGITAL 公司的 GP 系列，HIKKO 公司的 V 系列，我国台湾 EV 公司的 EB 系列等。

我国台湾威纶公司（WinView）的 MT500 系列触摸屏是专门面向 PLC 应用的，可以和绝大多数主流 PLC 直接连接。它和 PLC 相同，是依据工厂应用环境而设计的工业产品，可靠性高，能在 0～45℃的工业环境中稳定工作，前面板防护等级为 IP65（防溅水），外形尺寸 204 mm×150 mm×48 mm，可安装在电气控制柜前面板上使用。它具有 5.7 in 液晶显示面板，256 色，分辨率为 320×240 dpi，触摸面板为四线电阻式，使用 DC24 V 电源供电，窗口数量最多为 1 999 个，最多可以同时开启六个弹出窗口。

2. 威纶触摸屏与 PLC 及计算机的连接

各种品牌的人机界面一般都可以和各主要生产厂商的 PLC 通信，用户不用编写 PLC 和人机界面的通信程序，只需要在 PLC 的编程软件和人机界面的组态软件中对通信参数进行简单的设置，就可以实现人机界面和 PLC 的通信。

以我国台湾威纶公司生产的 MT500 系列触摸屏中的 MT506 为例，MT506 具有 RS232C 和 RS485 接口，可通过通信电缆与 PLC 或编程计算机（PC）连接。MT506 有两个串口：PLC/PC［RS－485/RS－232］和 PLC［RS－232］。PLC/PC［RS－485/RS－232］接口一般连接到计算机，由于 RS－232 和 RS－485 共用一个 COM 接口，可使用专用的 MT5_ PC 电缆连接线，把共用的 COM 接口分成两个独立的串口使用，分别连接 PLC 和编程计算机，如图 1—37 所示。MT506 上的 PLC［RS－232］接口可直接连接到 PLC 上。

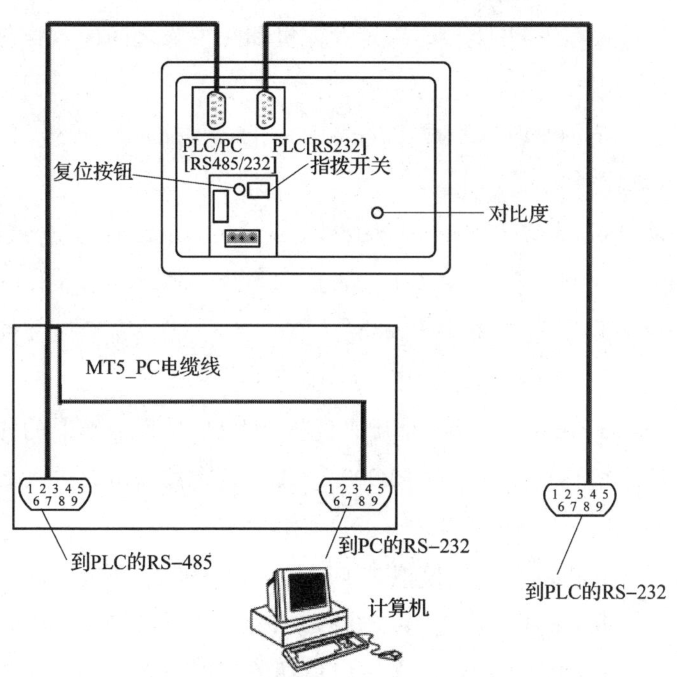

图 1—37　MT506 与 PLC 及 PC 的连接

3. 触摸屏编程软件 EB500 的使用方法

在使用人机界面时，需要解决画面设计与 PLC 通信的问题，人机界面生产厂家用组态软件很好地解决了这两个问题。组态软件易学易用，使用组态软件可以很容易地生成人机界面的画面，还可以实现某些动画功能，人机界面用文字或图形动态地显示 PLC 中开关量的状态和数字量的数值，通过各种输入方式将操作人员的开关量命令和数字量设定值传送到 PLC。

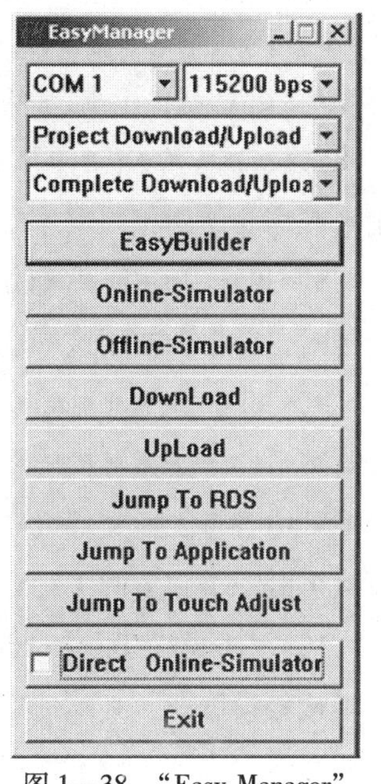

图 1—38　“Easy Manager”对话框

MT500 系列人机界面使用的组态软件是 Easy Builder 500。在个人计算机上安装 Easy Builder 500 软件包后，桌面上出现 图标，双击该图标，在桌面上就会弹出“Easy Manager”对话框窗口，如图 1—38 所示。

（1）“Easy Manager”对话框

在“Easy Manager”对话框上部的通信参数是计算机和触摸屏之间的通信参数，需对通信口和通信速率进行选择。

通信口选择：选择计算机和触摸屏实际连接的计算机串口号。

通信速率选择：在下载/上传时决定计算机和触摸屏之间的数据传输速率，建议选择 115 200 b/s。

1）Project Download/Upload 或 Recipe Download/Upload：下载/上传工程或下载/上传配方资料数据。

2）Complete Download/Upload 或 Partial Download/Upload：完全或部分下载/上传。选择 Complete 时将工程文件（＊.eob）和系统文件（＊.bin）一起下载；选择 Partial 时则仅下载工程文件（＊.eob）。在上传时只上传工程文件（＊.eob），选择“Complete”和“Partial”是一样的。

3）Easy Builder：Easy Builder 是用来配置 MT500 系列触摸屏的元件的综合设计软件，或者称为组态软件（简称 EB500）。按下这个按钮可以进入 EB500 组态软件的编辑画面。

4）OnLine－Simulator：在线模拟。工程经由 EB500 编译后（其编译后的文件为＊.eob 文件），Simulator 可经由 MT500 读取 PLC 的数据，并在 PC 屏幕上直接模拟 MT500 操作。在调试过程中使用在线模拟功能可以节省大量程序重复下载的时间。

5）Offline－Simulator：离线模拟。这种模式不需要连接触摸屏和 PLC，可以离线模拟程序运行，但其读取的数据都是触摸屏内部的静态数据。

6）DownLoad：下载。将编译过的程序下载到 MT500。

7）UpLoad：上传。从 MT500 上传工程文件到一个存档文件（后缀名为＊.eob），这个存档文件并不能用 EB500 打开，但可以传送到其他的 HMI。还可以用来在需要使用相同程序的 HMI 之间传送文件。

8）Jump To RDS（远端在线转移）模式：用于在线模拟或远端侦错，下载或上传时也会自动使用这一模式。

9）Jump To Application（应用程序状态转移）模式：这是触摸屏的正常操作模式。按下这个按钮触摸屏将首先显示下载的工程文件中所设定的起始窗口。如果在触摸屏中没有工程文件（或工程文件损坏），开机后会自动切换到 RDS 模式，这时可以下载一个完整的工程到触摸屏中，然后再返回操作模式状态。

10）Jump To Touch Adjust（触控校准转移）模式：用于校准触摸屏。更换主机板或触摸屏时，必须使用这一模式来校准触摸屏，MT500 系列将会显示相关向导说明引导完成这一校准操作。

11）Exit：退出 Easy Manager。

（2）EB500 界面

在“Easy Manager”对话框中按“Easy Builder”按钮，将弹出 EB500 界面，如图 1—39 所示。图中各项的名称及功能解释如下：

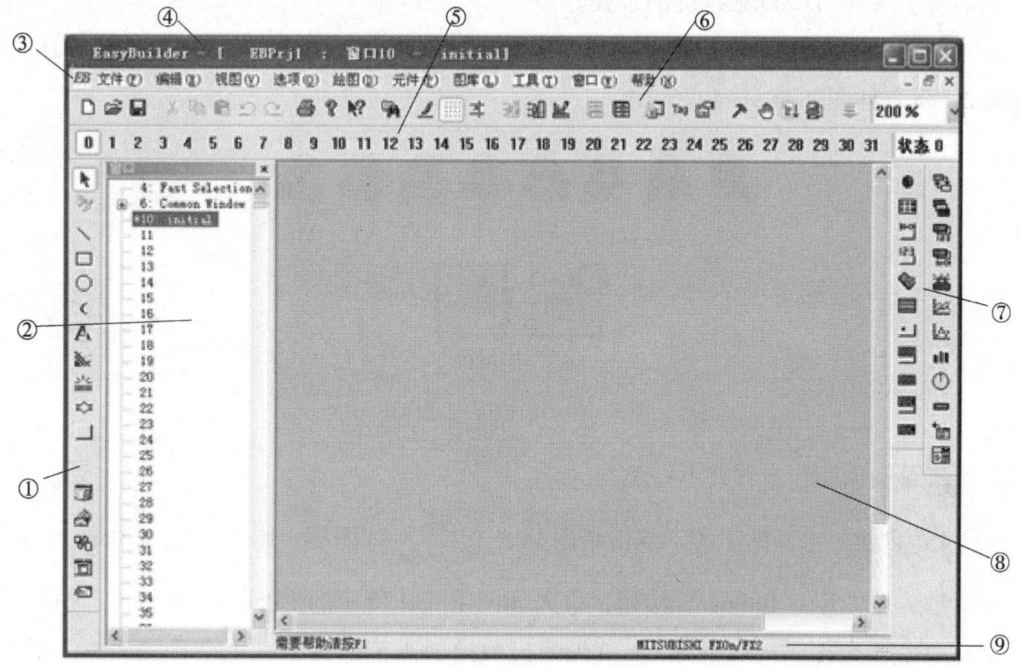

图 1—39　EB500 界面

①绘图工具条：每个图标分别代表它们所显示的绘图工具。所提供的绘图工具包括线段、矩形、椭圆/圆、弧形、多边形、刻度、位图和向量图等。

②窗口/元件选择列表框：在这里可以很方便地选择一个窗口或元件。

③菜单栏：用来选择 Easy Builder 各项命令的菜单。选择这些菜单会弹出相应的下拉菜单，每一个下拉菜单执行一项操作命令。

④标题栏：显示工程的名称、窗口编号和窗口名称。

⑤状态选择框：可以切换屏幕上的所有元件到指定的状态。

⑥标准工具条：显示文件、编辑、图库、编译、模拟和下载等功能的相应按钮。

⑦元件工具条：每个图标代表一个元件，单击任何一个图标会弹出对应元件的属性设置对话框，并可以在对话框里设定元件的属性，然后把这些元件配置到屏幕上。

⑧画面编辑窗口：编辑设计画面的区域。

⑨状态条：显示目前鼠标所在的位置及辅助说明。

（3）制作一个工程项目（应用实例）

通过一个工程项目的制作，来了解如何通过 Easy Builder 组态软件来制作监控画面及下载到 MT500 触摸屏的过程。

例题：在人机界面/屏幕上设置八只指示灯对应 Y0 ~ Y7，设置两只按钮 SB1、SB2。屏幕样图如图 1—40 所示。

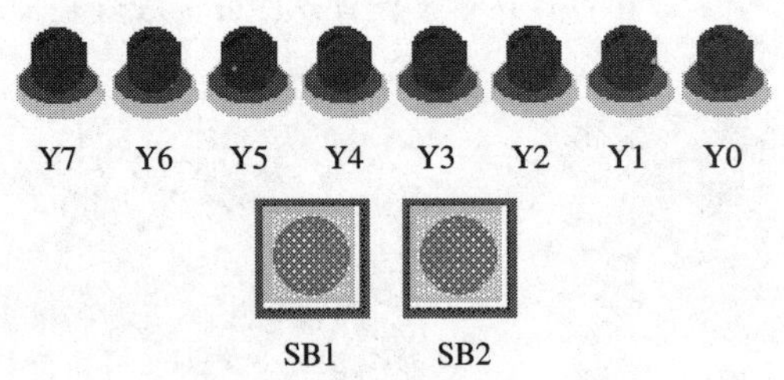

图 1—40　触摸屏例题样图

屏幕画面制作步骤如下：

1）创建一个新的工程。双击桌面上“ ”图标，弹出“Easy Manager”对话框，按“Easy Builder”按钮，进入如图 1—39 所示的 EB500 编辑画面。执行菜单命令［文件］—［新建］，首先弹出触摸屏类型选择对话框图如图 1—41 所示。在这里选择“MT506T［320 × 240］”（按实际使用的人机界面类型设定），单击“确认”按钮，这时弹出一个空白的工程编辑画面。

2）选择 PLC 型号。设置好选定的 PLC 型号才能保证触摸屏与 PLC 的正常通信，执行菜单命令［编辑］—［系统参数］，将出现对话框如图 1—42 所示。在此对话框中有七个选项卡，分别为“PLC 设置”“一般”“指示灯”“安全等级”“编辑器”“硬件”“辅助设备设置”。当仅使用一台触摸屏时，只需对“PLC 设置”进行设定。

在“PLC 设置”选项卡下，需设置“PLC 类型”，可以从 PLC 选择列表中选择合适的 PLC 类型，如三菱的 FX_{2N}。

“人机类型”：选择合适的触摸屏类型，如图 1—41 所示的 MT506T［320 × 240］。

“通信口类型”：选择触摸屏和 PLC 的通信方式，可选用 RS－232 或 RS－485 4W。

“传输速率”“检验位”“数据位”和“停止位”：选择和 PLC 匹配的通信参数。

自“人机站号”起，以下几个项目在只使用一台触摸屏时不须设定：

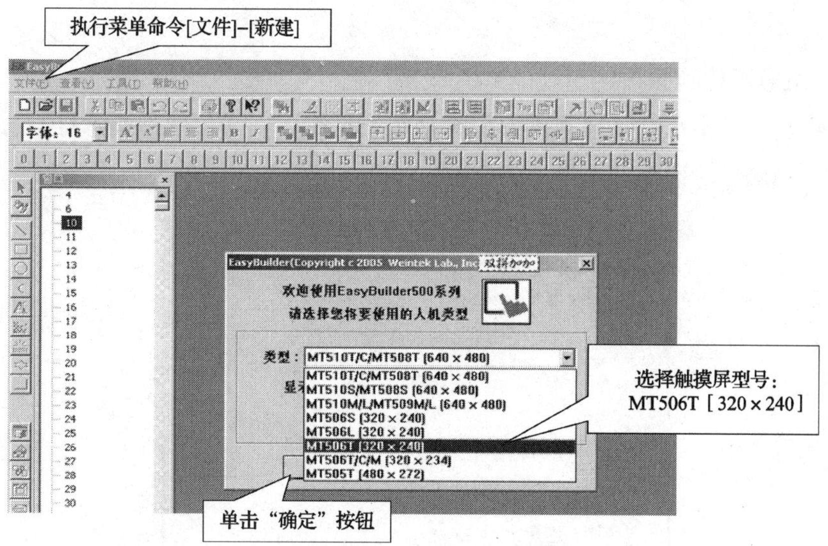

图 1—41　触摸屏类型选择对话框

设置系统参数

PLC 设置 | 一般 | 指示灯 | 安全等级 | 编辑器 | 硬件 | 辅助设备设置

PLC 类型：MITSUBISHI FX2n

人机类型：MT506T (320 x 240)

通讯口类型：RS-485 4W　波特率：9600

数据位：7 位　校验位：偶校验

停止位：1 位

参数 1：0　参数 2：0

参数 3：0　参数 4：0

参数 5：0　参数 6：0

人机站号：0　PLC 站号：0

多台人机互连：主站　人机互连通讯速率：115200

互连接口：串行口

本地 IP 地址：0 0 0 0

服务器 IP 地址：0 0 0 0

子网掩码：0 0 0 0

路由器 IP 地址：0 0 0 0

PLC 超时常数(秒)：3.0　PLC 数据包：3

确定　取消　应用(A)　帮助

图 1—42　“设置系统参数”对话框

“PLC 超时常数（s）”：这个参数决定了触摸屏等待 PLC 响应的时间。当 PLC 与触摸屏通信时延时的时间超过超时常数的时间时，触摸屏将出现系统信息（PLC NO RESPONSE）。通常超时常数应设置为 3.0（s）。

PLC 类型设置好以后，触摸屏将会自动地根据 PLC 的型号与 PLC 中的元件进行通信。

3）组态监控画面

①组建一只指示灯元件。执行菜单命令［元件］—［位状态指示灯］，此时出现该元件的属性对话框如图 1—43 所示。

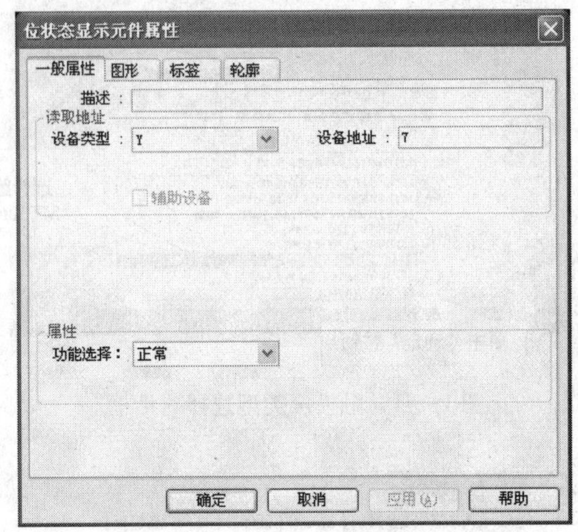

图 1—43　“位状态显示元件属性”对话框

在对话框“一般属性”选项卡下的“读取地址”中，设置“设备类型”和“设备地址”，对于本例题设备类型选择 Y，设备地址为 7。

在“图形”选项卡下，如图 1—44 所示选“使用向量图”，然后单击“向量图库”按钮，弹出如图 1—45 所示对话框。

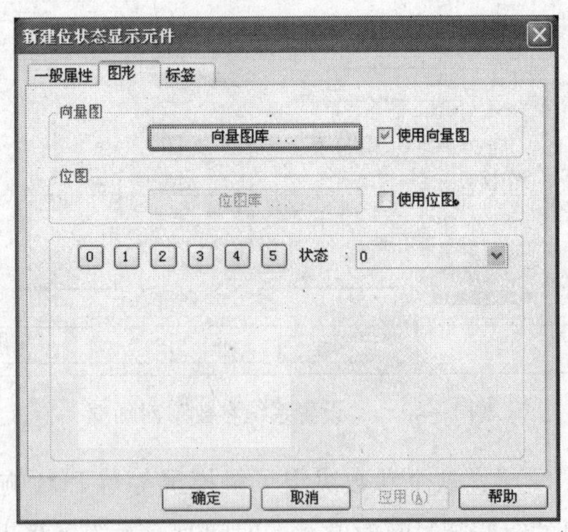

图 1—44　位状态指示灯“图形”选项卡

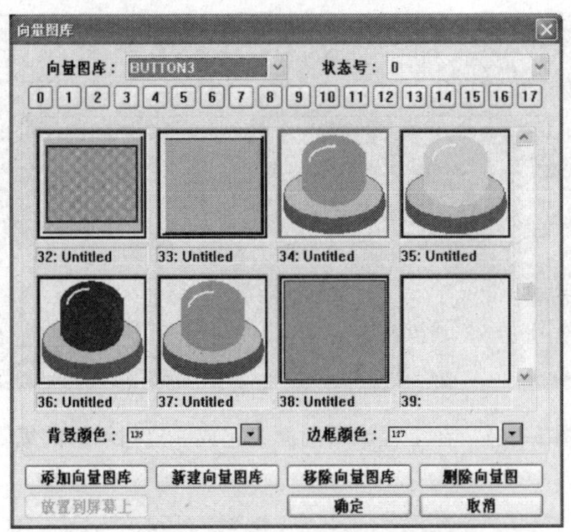

图 1—45 向量图库

在弹出的对话框中选择一个向量图并单击“确定”按钮，回到如图 1—44 所示页面，但在图中已选定了一只指示灯的图形，如图 1—46 所示。再单击“确定”按钮，该指示灯元件就出现在工程编辑画面上。先在屏幕上单击并按住，再把该元件拖移到设定的位置上放开，并可调节图形的大小，如图 1—47 所示。

图 1—46 确认一只指示灯的图形

②用“多重复制”功能来绘制八只指示灯。“多重复制”可以用来把一个元件复制为多个，并按一定方式排列。首先把已组建的第一个元件放在编辑画面的左上方，选中这个元件，然后执行菜单命令［编辑］—［多重复制］，弹出如图 1—48 所示的对话框，对话框中各项说明如下：

图1—47　在工程编辑画面上完成一只指示灯的编辑

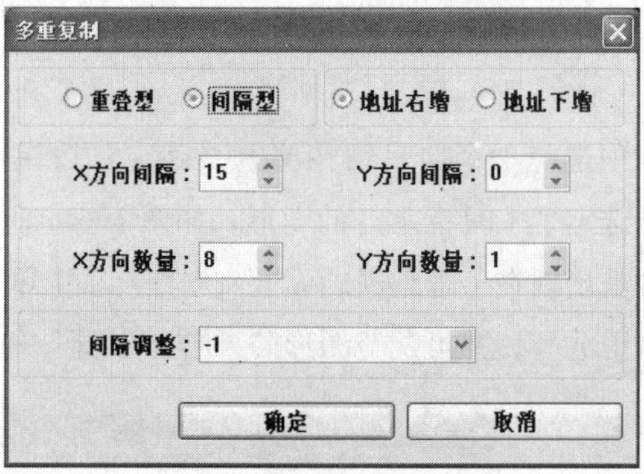

多重复制
重叠型　间隔型　地址右增　地址下增
X方向间隔：15　Y方向间隔：0
X方向数量：8　Y方向数量：1
间隔调整：-1
确定　取消

图1—48　多重复制参数设定

重叠型：复制的多个元件重叠在一起。

间隔型：复制的多个元件有间隔地排列在一起。

地址右（下）增：复制的多个元件的地址是按向右（或向下）增加的方式递加排列的。其递加值为“地址间隔”所设置的内容。

X（Y）方向间隔：复制的多个元件排列在一起时的X（Y）方向元件之间的间隔（像素的点数）。

X（Y）方向数量：复制的元件在X（Y）方向的数量。

间隔调整：复制的多个元件的地址排列间隔。

按照本例题，可设置为：间隔型、地址右增、X方向间隔为15、Y方向间隔为0、X方向数量为8、Y方向数量为1，间隔调整为-1。

单击“确认”按钮，复制后的效果图如图1—49所示，查看每个元件属性，将会发现其地址分别为Y7、Y6、Y5、Y4、Y3、Y2、Y1、Y0。共八只指示灯（BL0～BL7）。

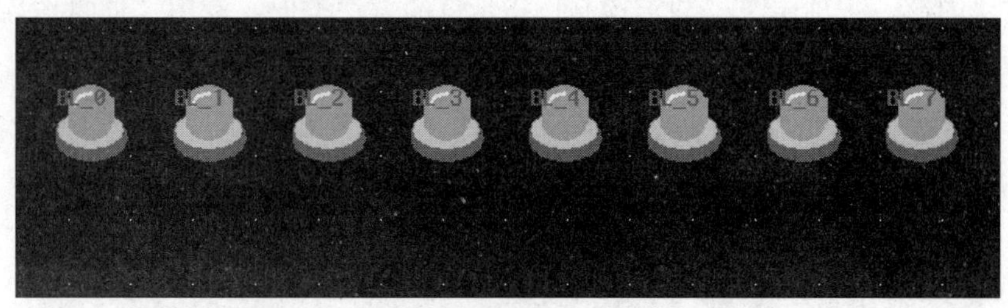

图 1—49　完成八只指示灯的画面

③组建一只按钮。执行菜单命令［元件］—［位状态设定］，出现如图 1—50 所示的属性对话框。

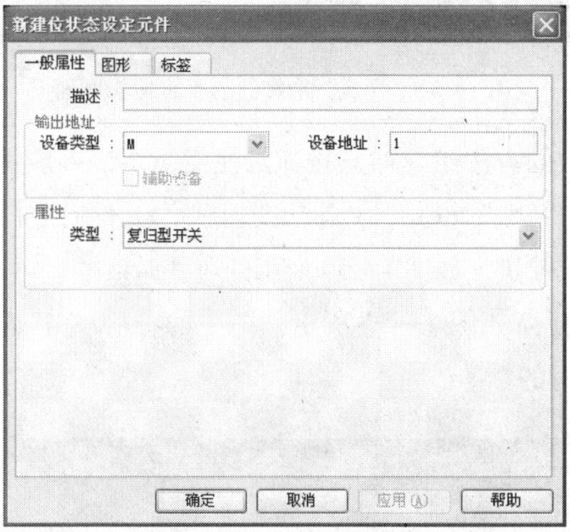

图 1—50　新建“位状态设定元件”对话框

在“一般属性”选项卡下，输出地址中设置与此按钮关联的 PLC 元件地址，此处设为用辅助继电器 M1，即“设备类型”设为 M，“设备地址”设为 1。

开关类型有四种，见表 1—10。

表 1—10　　　　开关类型及其说明

类型	说　明
ON	当元件被按下后，指定的 PLC 的位地址置为 ON，放开后状态不变
OFF	当元件被按下后，指定的 PLC 的位地址置为 OFF，放开后状态不变
切换开关	每按下一次元件，指定的 PLC 位地址状态改变一次（ON→OFF→ON）
复归型开关	当元件被按住时，PLC 位地址状态置为 ON，而放开后，又变为 OFF，相当于复归型开关

按照本例题，对输出地址设为 M1，开关类型设为复归型开关。

在“图形”选项卡下，与上述制作指示灯的方法类似，使用“向量图库”，在图库中选择所需的按钮图形，确定后在工程编辑画面屏幕上单击并按住，将元件拖到需要的位置上放开，并可调节图形的大小，如图 1—51 所示，完成一个按钮的制作。

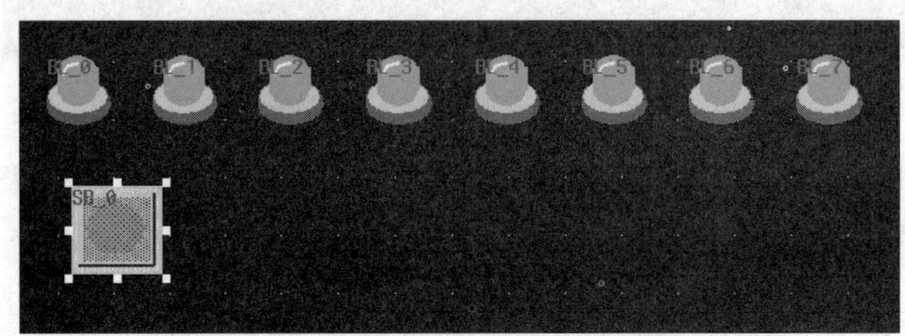

图 1—51　完成一个按钮的工程编辑画面

④用复制、粘贴的方法组建两只按钮。使用 Windows 应用软件中通用的“复制”（Ctrl + C）和“粘贴”（Ctrl + V），可选中一个元件后进行复制和粘贴的操作，然后双击所复制的元件进入如图 1—50 所示的属性对话框，对设备地址和图形进行修改，最后创建的画面如图 1—52 所示。图中的标牌文字是执行菜单命令［绘图］—［文本］书写的。

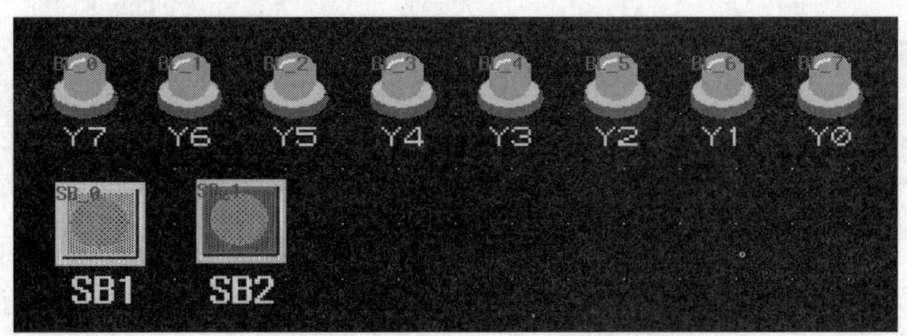

图 1—52　完成指示灯和按钮的编辑画面

4）编译和下载。工程项目创建好后，执行菜单命令［文件］—［保存］可保存该工程。然后执行菜单命令［工具］—［编译］，这时将弹出编译工程对话框如图 1—53 所示，单击“编译”按钮，编译完毕后，单击“关闭”按钮，关闭“编译”对话框。

在“编译”对话框中可以看到工程文件的后缀是（ ＊. epj），而编译文件名称的后缀为（ ＊. eob）。

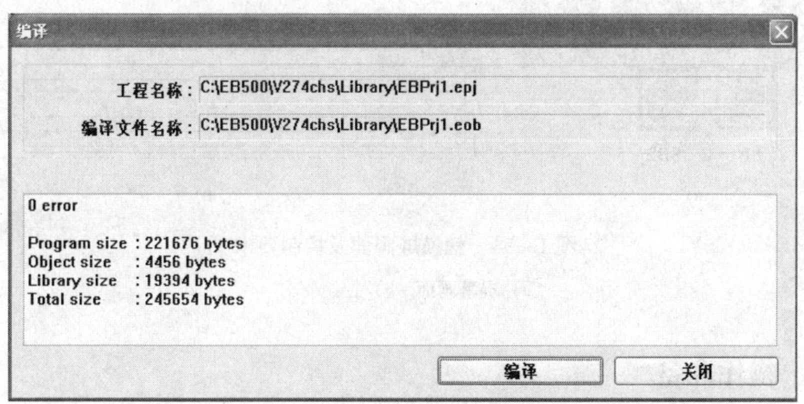

图 1—53　“编译”对话框

编译完成后，关闭“编译”对话框，接着执行菜单命令［工具］—［下载］，将弹出反映下载过程的进度条，完成后单击“确认”按钮，这样就完成了一个工程的下载。

5）运行。把触摸屏电源关闭后重新通电，在连接 PLC 并且 PLC 已装载应用程序的情况下，屏幕上会出现所设计的画面，此后即可以通过触摸屏运行 PLC 程序。

技能要求

用触摸屏控制彩灯的循环移位显示

一、操作要求

1. 用通信电缆对触摸屏和 PLC 及计算机进行连接。
2. 在触摸屏上编制控制画面。
3. 对 PLC 编制控制程序实现触摸屏上指示灯的循环移位显示。

在人机界面屏幕上设置八只指示灯对应为 Y0 ~ Y7，设置两只按钮 SB1、SB2。要求按启动按钮 SB1 后，八只指示灯按两亮两熄的顺序由 Y0 ~ Y7 循环移位 10 s，然后再由 Y7 ~ Y0 循环移位 10 s，如此反复（每 1 s 移位一次）直到按停止按钮 SB2 则全部熄灭。屏幕画面和控制要求如图 1—54 所示。

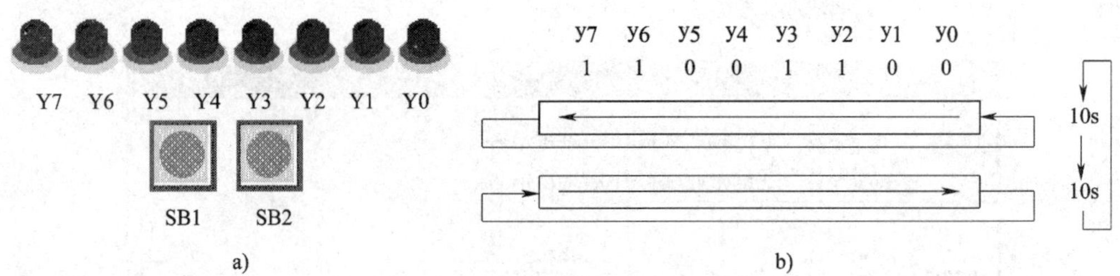

图 1—54 触摸屏画面及控制要求

a）屏幕画面 b）控制要求

二、操作准备

1. FX_{2N}型 PLC 实训工作台（带威纶触摸屏 MT506）。

2. 已安装有 FX_{GP} - WIN 和 EB500 编程软件的计算机。

本项目所需元件清单见表 1—11。

表 1—11　　项目所需元件清单

序号	名称	规格型号	数量	备注
1	PLC	三菱 FX_{2N}型	1 台	带 RS485BD 扩展串口板
2	计算机		1 台	装有 FX_{GP} - WIN 编程软件和 EB500 编程软件
3	编程电缆	SC - 09	1 根	RS232C/422 转换
4	信号电缆	MT5_ PC	1 根	RS485/RS232C 双头
5	触摸屏	Win View MT506T	1 台	
6	直流电源	24 V、2 A	1 台	触摸屏用

三、操作步骤

步骤 1 画出用触摸屏控制彩灯的循环移位显示程序的 PLC 控制流程图

触摸屏上的指示灯及按钮是与 PLC 关联的，八只指示灯分别用 Y0 ~ Y7 来控制，而两个按钮则与辅助继电器关联，定义启动按钮 SB1 与 M1 关联，停止按钮 SB2 与 M2 关联。PLC 程序中考虑使用 M0 作为运行标记，按下 SB1 时 M0 = 1，按下 SB2 时 M0 = 0。

按照题意，指示灯为两亮两熄，因此初始化时要将 HCCCC（十六进制数 C 即为二进制数 1 100）置入移位寄存器 D0 中。并用定时器 T0 和 T1 构成方波发生器，用 T0 的状态作为移位方向的标志，每隔 10 s 将 T0 的状态翻转一次。

移位寄存器 D0 每隔 1 s 循环移位一位，而移位寄存器的内容总是送到输出继电器中控制 Y0 ~ Y7，与其关联的触摸屏中的指示灯即相应进行显示，直到按下停止按钮 SB2 后 M0 = 0，则将 Y0 ~ Y7 清零，此时指示灯全部熄灭。

根据上述设计思路，画出用触摸屏控制彩灯进行循环移位显示的 PLC 控制程序流程图如图 1—55 所示。

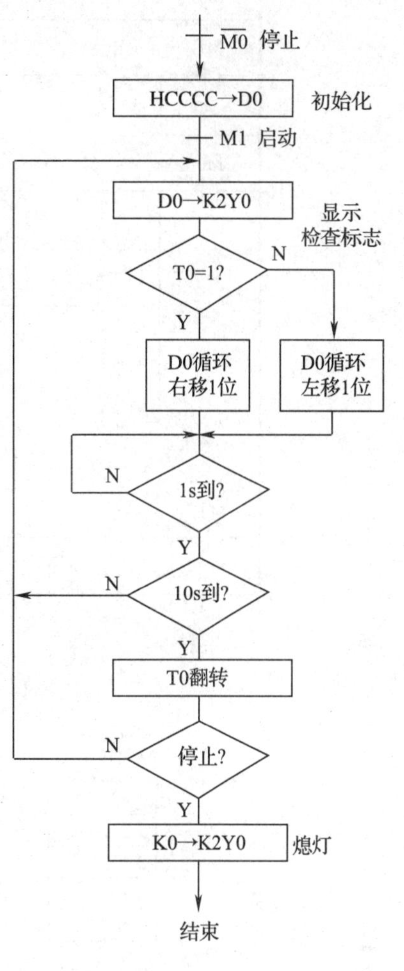

图 1—55　彩灯循环移位流程图

步骤 2　根据控制要求用功能指令编制 PLC 程序

按照如图 1—55 所示的流程图，可使用 FX_{2N}系列 PLC 的指令写出梯形图程序，如图 1—56 所示。程序中 M1 和 M2 的状态与触摸屏中的按钮操作相关联，位元件组合 K2Y0 即 Y0 ~ Y7，用于控制触摸屏上的指示灯。移位的触发脉冲是由定时器 T2 组成的自激振荡器产生的，由于 T2 的常开触点每次只接通一个扫描周期，因此移位指令 ROL（循环左移）或 ROR（循环右移）不需要使用脉冲执行形式。

步骤 3　连接触摸屏、PLC 和计算机

参照如图 1—37 所示用 Win View MT506T 触摸屏配套的 MT5_ PC 专用信号电缆连接触摸屏、PLC 和编程计算机。其中 RS232 的九针 COM 接口（D 形阴头）连接到编程计算机的串口 COM1 上，RS485 的九针 COM 接口（D 形阳头）连接到 PLC 扩展通信模板上的 485 接口。由于 FX_{2N} - 485 - BD 板上提供的 485 接口是接线端子排，因此它与 MT5_ PC 电缆上的九针 COM 接口不能直接插接，需要从 BD 板的接线端子上事先接出一个九针 D 形阴头插座，插座与 BD 板接线端子的具体连接方法可参见图 1—57。

步骤 4　按控制要求用编程软件 EB500 编制触摸屏控制界面并编译下载到触摸屏

参照本单元［知识要求］中“3．触摸屏编程软件 EB500 的使用方法”及编程实例中所述，编制触摸屏控制界面并编译、下载到触摸屏中。

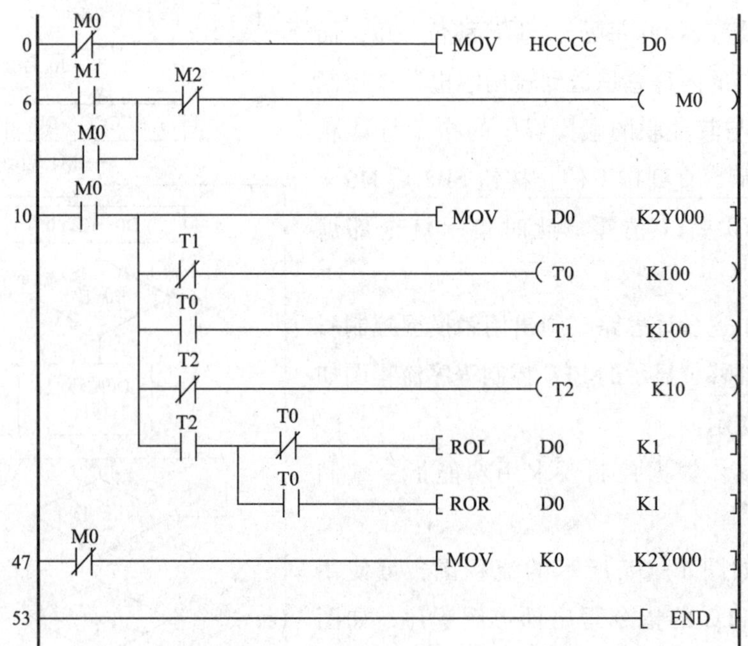

图 1—56　彩灯循环移位梯形图

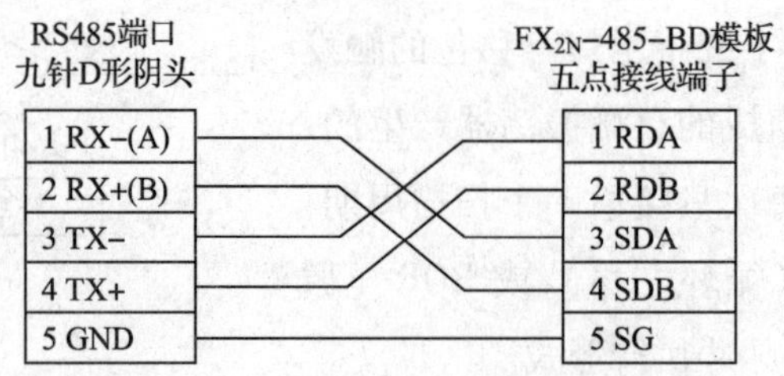

图 1—57　485 - BD 板加接九针 D 形阴头插座

步骤 5　用 FX_{GP} - WIN 和 EB500 编程软件及触摸屏进行调试

在将触摸屏界面和 PLC 程序分别下载到触摸屏和 PLC 中后，就可进行调试。在 PLC 处于运行状态下工作，且触摸屏电源也在已关闭后重新通电的情况下，首先观察触摸屏屏幕上方左端的三只指示灯是否全亮，特别关注最左边的“通信”指示灯是否常亮；屏幕中画面是否能正常显示。若屏幕中画面未正常显示，中间有一个长条方框中提示“Attach Fail Suggest Reset PLC”，则表示触摸屏无法和 PLC 通信。此时应检查触摸屏与 PLC 之间的连接是否正确、通信参数是否正确（在 EB500 中执行菜单命令［编辑］—［系统参数］，选好 PLC 类型后其他通信参数应使用默认）。如画面正常显示，可将 PLC 的编程软件选在梯形图窗口中，打开监控，在触摸屏上依次按下 SB1 和 SB2 两个按钮，观察梯形图中 M1 和 M2 的常开触点是否接通；当按钮释放时 M1 和 M2 的常开触点是否复位。若不正确，应检查控制界面中按钮的参数设置。在 M0 = 1 的情况下，观察指示灯是否按照两亮两熄进行显示，若不是就检查程序中程序段“LDI M0，MOV HCCCC D0”有无错误及指示灯的设置是否正确。在屏幕上指示灯、按钮能与 PLC 中 Y0 ~ Y7 及 M1、M2 对应动作的情况下，若运行状况与控制要求不符，则是 PLC 程序中的问题，可利用程序监控来检查程序中的错误并加以排除。

四、注意事项

1. 注意 EB500 的使用方法。

2. 注意触摸屏、PLC 及计算机之间通信接口的连接方法。

3. 注意启动 EB500 时，“Easy Manager”窗口中串行通信端口 COM 的正确选择，应按照触摸屏通信电缆实际接插在计算机上的串口号来选择。

4. 注意在 EB500 中对 PLC 类型、触摸屏类型、通信参数、语言类型的选择，其中通信参数在选好 PLC 类型后直接使用系统默认，但若触摸屏与 PLC 连接时是采用 RS232 接口，则在选好 PLC 类型后还需在同一个对话框中选择“通信口类型”为 RS232。新建工程项目时“语言类型”应选“东方语言”。

5. 注意位控制指示元件、位状态设定类型的设置，特别注意按钮的开关类型应选“复归型开关”。

第 2 节　松下可编程序控制器控制系统分析与编程

学习单元 1　用功能指令进行程序分析和编程

学习目标

➢ 熟悉松下 FP0 系列 PLC 常用功能指令的格式、功能及使用方法

➢ 熟悉用功能指令编制应用程序的方法

知识要求

一、FP0 系列 PLC 常用应用指令

松下 FP0 系列 PLC 的指令系统分为基本指令和应用指令两大类，其中基本逻辑指令和步进指令已分别在中级及高级维修电工教材中进行了介绍，本节中主要介绍应用指令，FP0 的应用指令共有 148 条。本节中通过对应用指令的表示方法和常用应用指令的简介，使学员对应用指令的使用有所掌握。

1. 应用指令的表示方法

（1）指令格式

FP0 系列 PLC 采用计算机通用的助记符形式来表示应用指令。一条应用指令应包含功能号（Fn）、操作码、操作数三个部分，如图 1—58 所示。

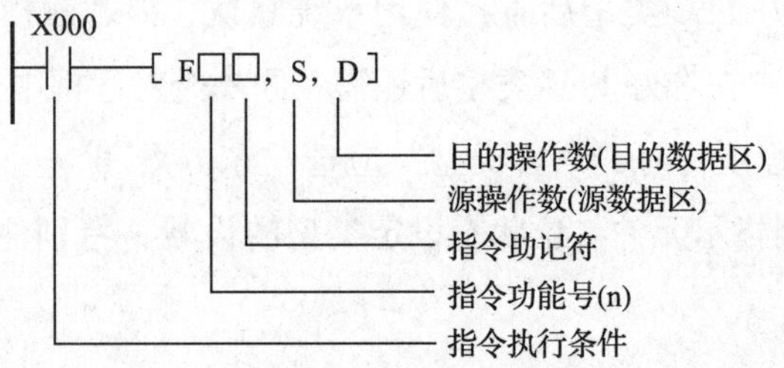

图 1—58　应用指令的格式

按如图 1—58 所示的指令格式，可书写应用指令，如“F0 MV，K3，DT2”。此指令中，“F0”即为功能号，表示该应用指令的序号，每一条应用指令对应一个功能号，其范围为 F0 ~ F355（这是所有 FP 系列 PLC 中应用指令的功能号范围，有些功能号所代表的指令是 FP0 不能实现的）。在使用编程软件时，可用功能号来输入指令。在“F0”后的“MV”则为以助记符形式表示的指令操作码，用以表示该指令所实现的功能，如“MV”表示数据传送、“CMP”表示数据比较、“+”表示加法计算等。

在操作码后面的是操作数，表示该指令执行时所使用的操作对象。不同的指令所需的操作对象数不同，因此功能指令中的操作数个数根据指令的不同可以是 1 ~ 4 个。根据操作对象的性质不同，操作数可分为不同的类别，用 S、D、n 等符号加以区分：S 表示为源操作数；D 表示为目的操作数；n 是数值，在指令中表示数量关系或操作方式等。在 PLC 编程手册中，各操作数允许选择的元件一般用如图 1—59 所示的形式加以表示，图中列出了继电器等各种编程元件，方格内 A 表示操作数允许选择该编程元件，如是 N/A 则表示操作数不允许使用此元件。在实际使用功能指令时，应根据需要对各操作数选择合适的编程元件。

操作数	继电器			定时器/计数器		数据寄存器	索引寄存器		常数		索引
	WX	WY	WR	SV	EV	DT	IX	IY	K	H	变址
S	A	A	A	A	A	A	A	A	A	A	A
D	N/A	A	A	A	A	A	A	A	N/A	N/A	A

图 1—59　操作数允许选择的元件

（2）应用指令的长度及执行方式

应用指令的操作对象可以是 16 位的数据，也可以是 32 位的数据，即操作数可以是 16 位或 32 位。某条应用指令是对 16 位还是 32 位的操作数进行操作，将该位数称为该指令的长度。在 FP0 系列 PLC 的应用指令中，有一部分指令可在操作码前标上字符 D，表示该指令为 32 位指令，如“F1 DMV，WR1，DT2”；操作码前不标 D 的表示为 16 位指令。

当某条功能指令的执行条件满足时，该指令即可被执行。但执行的方式可以是每个扫描周期都被执行；也可以是仅在执行条件刚满足的这个扫描周期被执行一次，在此后的扫描周期中就不再被执行。前一种执行方式称为每次扫描执行型，而后一种方式称为微分执行型。在 FP0 系列 PLC 的应用指令中，功能号一般记为 Fn，表示该指令为每次扫描执行方式。而有一部分指令还可使用 Pn 作为功能号，表示该指令为微分执行方式。例如，“F0 MV，K5，DT2”为每次扫描执行型，而“P0 MV，K5，DT2”即为微分执行型。

2．索引寄存器的用法

在 FP0 系列 PLC 的编程元件中，有两个寄存器 IX 和 IY 是作为变址寄存器被使用的。IX 和 IY 与数据寄存器 D 类似，都是 16 位的字元件，每一个变址寄存器都可以存储一个 16 位的数据，也可以把 IY 和 IX 组合起来作为 32 位的寄存器使用。变址寄存器在程序中的作用有两种：改变软元件的地址（变址）及改变常数的大小。

对软元件的地址进行变址时，是在软元件前加上变址寄存器，如“MOV K10 IXDT10”。若 IX 中的数据为 5，则该指令执行后，DT15 中的数据为 10；而若 IX 中数据为 8，则该指令将数 10 送往 DT18。

欲改变常数的大小，可在常数的前面加上变址寄存器，如“MOV IXK10 DT100”。若 IX =2，该指令将数 12 送往 DT100；而若 IX =7，则送往 DT100 的数是 17。

使用变址寄存器时，应注意 IX 和 IY 自身不能被变址，因此“IXIX”“IYIX”

等用法都是错误的。

当执行32位指令的变址操作时，在软元件前只需指定IX，但此时IY会自动与IX组合在一起成为32位的变址寄存器并对软元件进行变址。例如，“F1 DMV，K123，IXDT100”，若（IX）=15，（IY）=0，则此指令执行时将数123送到DT115中去。

二、FP0系列PLC常用应用指令简介

1. 比较与传送指令

（1）传送指令MV

16位传送指令MV将源操作数传送到指定的目标，其指令格式与操作数的选择范围如图1—60所示。图中，当R0=1时，执行MV指令，将DT10中保存的数据送到DT20中去。

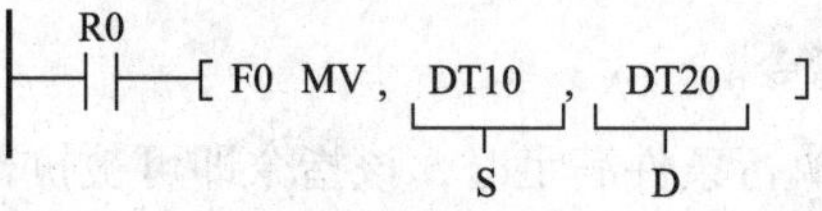

```
   R0
|--| |--[ F0 MV, DT10 , DT20 ]
                 S      D
```

a)

操作数	继电器			定时器/计数器		数据寄存器	索引寄存器		常数		索引变址
	WX	WY	WR	SV	EV	DT	IX	IY	K	H	
S	A	A	A	A	A	A	A	A	A	A	A
D	N/A	A	A	A	A	A	A	A	N/A	N/A	A

b)

图1—60 传送指令MV

a）MV指令的格式 b）MV指令中操作数的选择范围

（2）块复制指令

使用块复制指令COPY，可以将数据复制到某一个数据区域中，一般可用于程序初始化操作时设置初始数据。块复制指令的格式如图1—61所示。

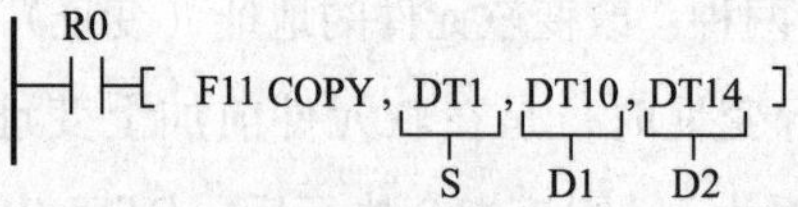

```
   R0
|--| |--[ F11 COPY, DT1 , DT10, DT14 ]
                    S     D1    D2
```

图1—61 块复制指令的格式

COPY指令的功能是将S中的数据复制到从D1开始到D2为止的全部区域中。如图1—61所示的例子，当R0接通时，DT1中的数据被复制到从DT10 ~ DT14的数据块中。例如DT1中的数为K11，则此指令执行后，DT10 ~ DT14中的数据全部为K11。

在使用此指令时，要注意 D1 和 D2 必须是同一类元件，而且 D1 必须小于 D2。若 D1 > D2，则执行此指令时会发生错误；若 D1 与 D2 指定的编号相同，则执行时 S 中的数据只被复制到该编号的一个元件中。

（3）比较触点指令

在编制程序中，常常需要对两个数据进行比较，并根据比较的结果来确定是否执行某种操作。这时就要用到比较触点指令。

比较触点指令相当于一个常开触点，当两个数据进行比较并符合指定的比较关系时，这个触点就接通，否则触点断开。比较关系有六种：等于、不等于、大于、小于、大于等于、小于等于，对应这六种关系的指令格式及相应的功能如图 1—62 所示。

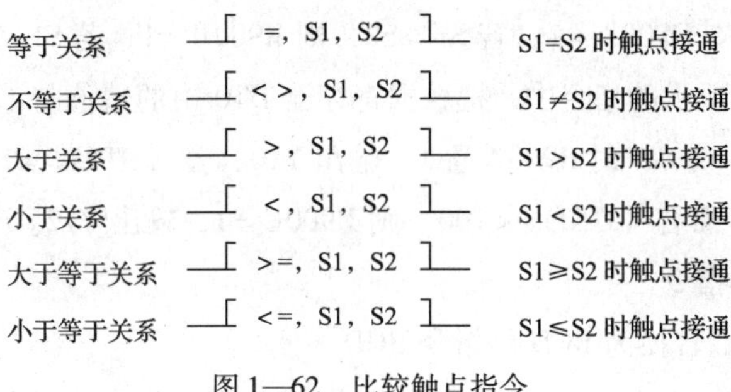

图 1—62　比较触点指令

比较触点指令中的两个操作数都是源操作数，操作数的选择范围为所有的编程元件，且允许变址操作。

在梯形图中，比较触点可放在不同的位置，相应的指令助记符也不同，可使用 ST =、ST < >、ST >、ST <、ST > =、ST < =；AN =、AN < >、AN >、AN <、AN > =、AN < =；OR =、OR < >、OR >、OR <、OR > =、OR < = 等助记符。比较触点在不同的位置时，所对应的指令助记符如图 1—63 所示。

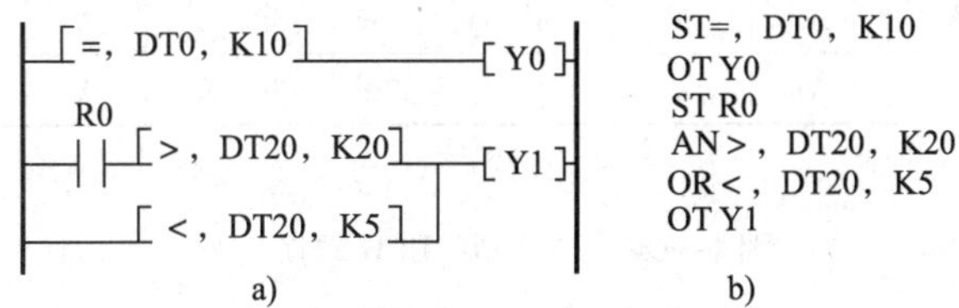

图 1—63　比较触点与操作码助记符的对应关系

a）梯形图　b）对应的语句表

（4）比较指令 CMP

比较指令 CMP 是将两个数据进行比较，并根据比较后的结果来设置相应的标志。比较指令的格式如图 1—64 所示。

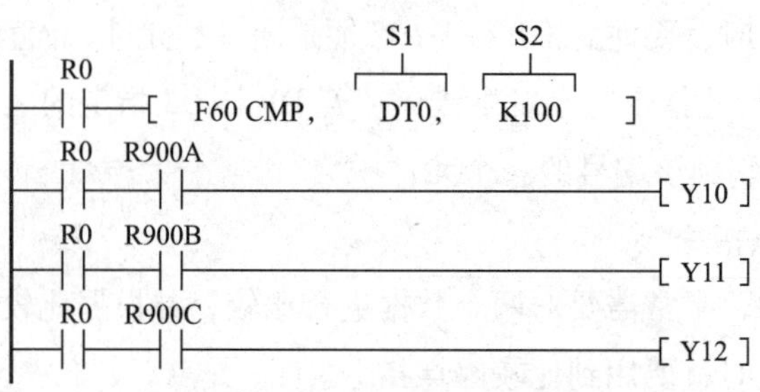

图 1—64　CMP 指令格式

CMP 指令中的两个源操作数 S1、S2 可以选择各种编程元件，而目的操作数在指令中是隐含的。实际使用的目的操作数是特殊内部继电器 R900A、R900B 和 R900C，这三个特殊内部继电器被定义为在执行比较指令时，如果两个源操作数的关系是 S1 > S2，则 R900A = 1；若 S1 = S2，则 R900B = 1；若 S1 < S2，则 R900C = 1。在如图 1—64 所示的指令中，把数据寄存器 DT0 中的数值与十进制数 100 进行比较，若（DT0）>100 时 R900A 置 1，输出 Y10；若（DT0）=100，则 R900B 置为 1，输出 Y11；而若（DT0）<100，则 R900C = 1，输出 Y12。

2. 数据转换指令

（1）二进制数转换为 BCD 码指令 BCD

F80 BCD 是将 16 位二进制数转换为 4 位 BCD 码的指令。指令格式和操作数选择范围如图 1—65 所示。

R0　[F80 BCD　DT10　DT20　]

S　D

a)

操作数	继电器			定时器/计数器		数据寄存器	索引寄存器		常数		索引变址
	WX	WY	WR	SV	EV	DT	IX	IY	K	H	
S	A	A	A	A	A	A	A	A	A	A	A
D	N/A	A	A	A	A	A	A	A	N/A	N/A	A

b)

图 1—65　二进制 - BCD 转换指令

a）指令格式　b）操作数选择范围

BCD 指令的功能是把 S 中的 16 位二进制数转换成 4 位 BCD 码存放到 D 中。如图 1—65 所示，当执行条件 R0 的常开触点接通时，执行 BCD 指令。若 DT10 中的 16 位二进制数是“0000 0000 0001 0011”，则执行 BCD 指令后，DT20 中的数为“0000 0000 0001 1001”，即转换为 4 位 BCD 码 0019。

执行此指令时，必须注意 S 中的数值不能大于 K9999，否则转换时会出现错误。

（2）BCD 码转换为二进制数指令 BIN

与 BCD 指令的功能相反，F81 BIN 指令是将 4 位 BCD 码转换成 16 位二进制数。BIN 指令的指令格式和操作数选择范围如图 1—66 所示。

R0 ─┤├─[F81 BIN DT10 DT20]（DT10：S；DT20：D）

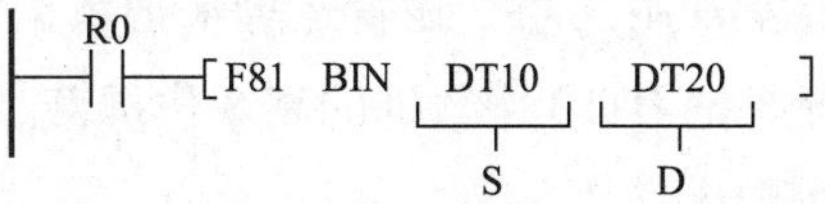

a)

操作数	继电器			定时器/计数器		数据寄存器	索引寄存器		常数		索引变址
	WX	WY	WR	SV	EV	DT	IX	IY	K	H	
S	A	A	A	A	A	A	A	A	A	A	A
D	N/A	A	A	A	A	A	A	A	N/A	N/A	A

b)

图 1—66　BCD－二进制转换指令

a）指令格式　b）操作数选择范围

如图 1—66 所示，指令 BIN 的功能是把 DT10 中的 BCD 码转换成二进制数送到 DT20 中，若（DT10）＝0000 0000 0001 0101，则执行此指令后，DT20 中的数为 0000 0000 0000 1111，即把十进制的 15 转换成十六进制的 000F。

（3）16 位数据求反指令 INV

16 位数据求反指令 INV 的格式如图 1—67 所示。

R20 ─┤├─[F84 INV DT0]（DT0：D）

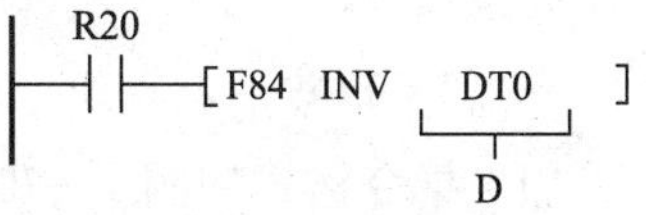

图 1—67　16 位数据求反指令格式

16 位数据求反指令 INV 的功能是对 D 指定的 16 位数据的各位（0 或 1）求反。如图 1—67 所示，若（DT0）中原先保存的数据是二进制数 0010 1001 1110 0001，则当 R20＝1 时，DT0 中数据的各位被求反而变为 1101 0110 0001 1110。

本指令可适用于控制使用负逻辑运算的外围设备（如七段显示器）。

3．逻辑运算指令

（1）16 位数据与运算指令 WAN

16 位数据与运算指令的格式如图 1—68 所示。

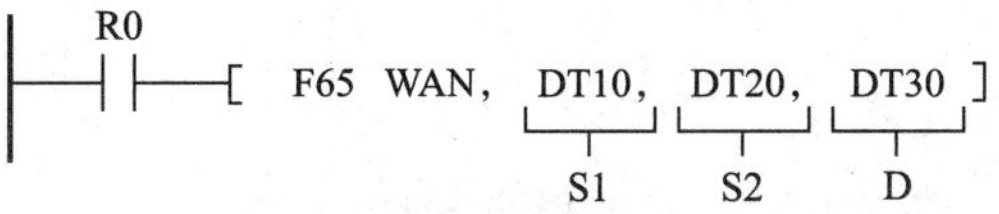

R0 ─┤├─[F65 WAN, DT10, DT20, DT30]（DT10：S1；DT20：S2；DT30：D）

图 1—68　16 位数据与运算指令格式

16位数据与运算指令的功能是将两个源操作数S1和S2按位进行“与”运算，并将运算结果保存在D中。如图1—68所示的示例中，当触发信号R0接通时，将DT10和DT20中的每一位进行逻辑与运算。如（DT10）=0100 1010 0001 1110B，（DT20）=0000 0000 1111 1111B，则运算结果（DT30）=0000 0000 0001 1110B。

在实际控制程序中，常常用“与”逻辑运算来把数据中不需要的位进行屏蔽。如图1—68示例中，实际是把DT10中数据的高8位屏蔽，只留下低8位数字存放在DT30中，供后续处理使用。

（2）16位数据或运算指令WOR

16位数据或运算指令的格式如图1—69所示。

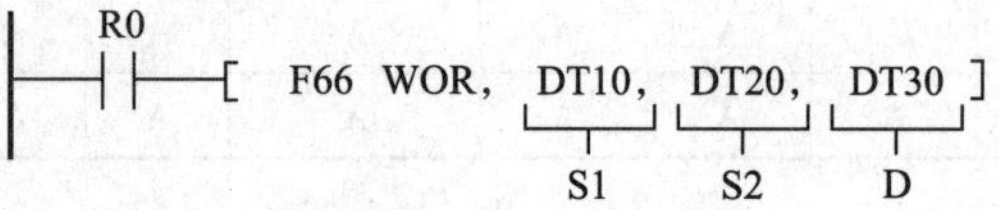

图1—69　16位数据或运算指令格式

16位数据或运算指令的功能是将两个源操作数S1和S2按位进行“或”运算，并将运算结果保存在D中。如图1—69所示的示例中，当触发信号R0接通时，将DT10和DT20中的每一位进行逻辑或运算。如（DT10）=0000 0000 0000 1101B，（DT20）=0000 0000 1001 0000B，则运算结果（DT30）=0000 0000 1001 1101B。图1—68示例中实际是起到将DT10中的b0～b3和DT20中的b4～b7拼接起来的作用。

4．加1指令

加1指令格式如图1—70所示。

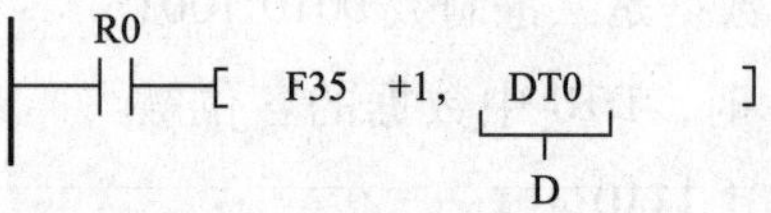

图1—70　加1指令格式

加1指令的功能是将目的操作数D中的数增大1。例如，如图1—70所示的指令每执行一次，就会将DT0中的数据增加1。使用此指令时，应注意当触发信号R0接通时，只能使指令执行一次，否则将使数据变为无法预料。因此，应使用微分指令来保证这一点。

5．数据循环和移位指令

（1）16位数据右移（左移）n位指令SHR（SHL）

16位数据右移（左移）n位指令的格式如图1—71所示。

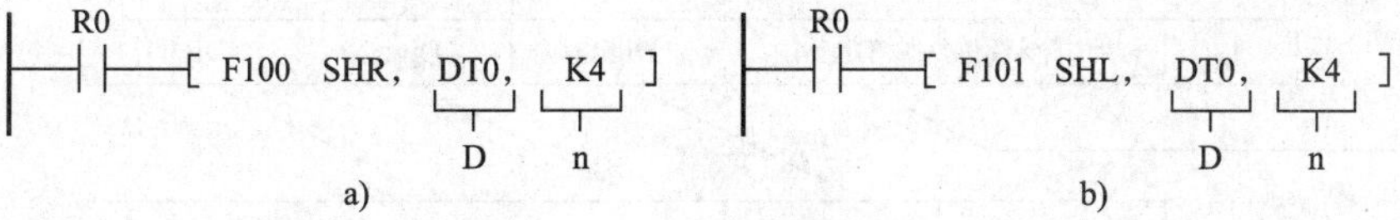

图 1—71　16 位数据移位指令

a）右移指令　b）左移指令

如图 1—71 所示，当触发信号接通时，目的操作数 D 指定的 16 位数据向右（或向左）移 n 位。当右移（或左移）n 位后，第 n 位的数据被传送到特殊继电器 R9009（进位标志）中，若该位数据为 1 时，则 R9009 瞬间为 ON，即发出一个脉冲。在 D 中数据右移时，高位以 0 填充；而在左移时，D 中数据的低位以 0 填充。

（2）16 位数据左移一个十六进制位指令 BSL

16 位数据左移一个十六进制位指令 BSL 的指令格式如图 1—72 所示。

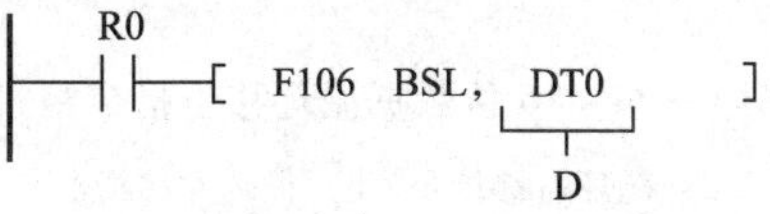

图 1—72　16 位数据左移一个十六进制位指令

如图 1—72 所示，当 R0 = 1 时，将 D 指定的 16 位数据（DT0）向左移位一个十六进制位（即 4 bit，记为 1 digit）。当左移一个 digit（4 位）时，D 中第四个 digit（数据位 12 ~ 15）中的数据将被移出，并且被传输到特殊数据寄存器 DT9014 的最低 digit（数据位 0 ~ 3）中；而 16 位数据的第一个 digit（数据位 0 ~ 3）以 0 填充。指令执行的过程如图 1—73 所示。

（3）16 位数据循环右移（左移）指令 ROR（ROL）

16 位数据循环右移（左移）n 位指令的格式如图 1—74 所示。

如图 1—74 所示，当触发信号接通时，目的操作数 D 指定的 16 位数据向右（或向左）循环移 n 位。当循环移 n 位后，第 n 位的数据被传送到特殊继电器 R9009（进位标志）中，若该位数据为 1，则 R9009 瞬间为 ON，即发出一个脉冲。在 D 中数据右移时，高位以低位移出的数填充；而在左移时，D 中数据的低位以从高位移出的数填充。执行如图 1—74a 所示的循环移位过程如图 1—75 所示。

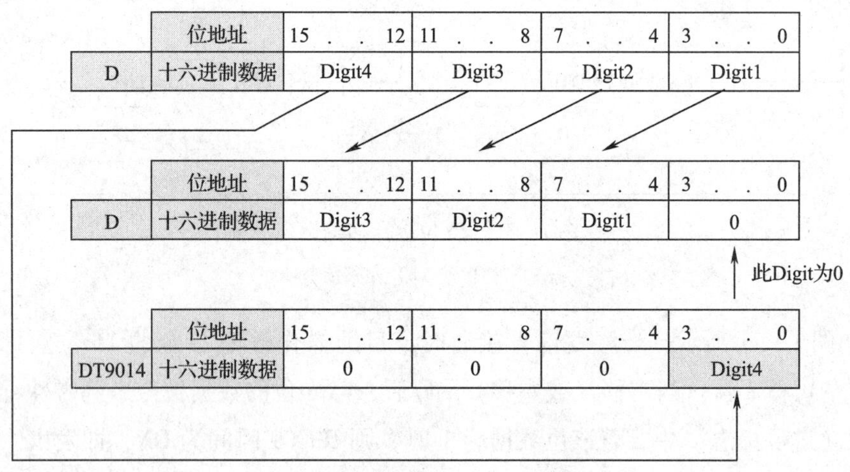

图 1—73　16 位数据左移一个十六进制位过程

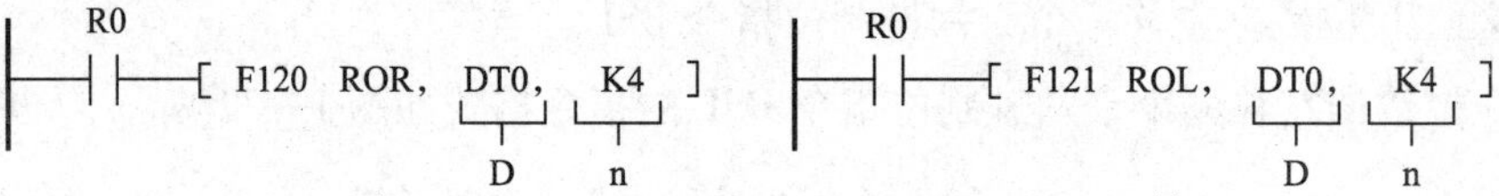

R0 ─┤ ├─[F120 ROR, DT0, K4]　（D　n）

a)

R0 ─┤ ├─[F121 ROL, DT0, K4]　（D　n）

b)

图 1—74　16 位数据循环移位指令格式

a）循环右移指令　b）循环左移指令

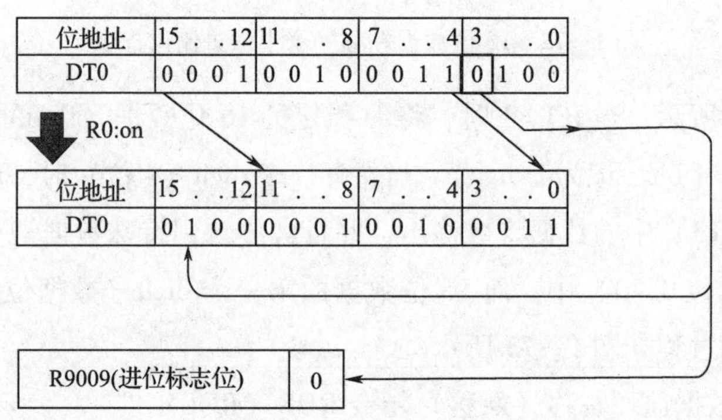

图 1—75　DT0 中数据循环右移 4 位的过程

三、数字输入输出部件的连接

1. 数字拨盘与 PLC 的连接

由四个 BCD 码数码拨盘组成一组，各个拨码开关的数据输出端对应接在一起，可节省 PLC 输入端子的数量。但这样的接法需要接上二极管，以防止各位数据的串扰，二极管的方向要根据电流的方向来确定。本例中，由于 FP0 C32T 的输出端口采用了 NPN 型半导体管集电极输出，因此拨码开关中电流方向应为从数据输入端流向公共端，外部电源的极性也应与此配合。拨码开关与松下 PLC 的接线如图 1—76 所示。

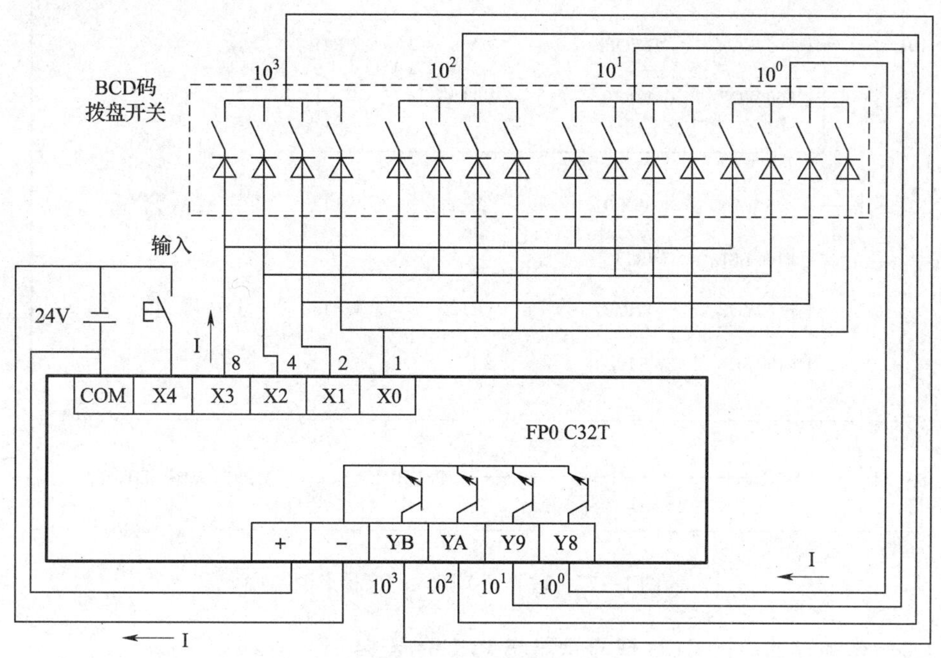

图 1—76　数码拨盘与松下 PLC 的接线

数码开关的数据线合并后接到 X0 ~ X3，而数码拨盘的位选通线按权值大小分别接到 Y8 ~ YB，执行程序时，由 Y8 ~ YB 顺次发出选通信号，每一位的数字由 X0 ~ X3 端口读入。读入的数字转换成二进制码（BIN 码）形式存入指定的元件中。读入拨码开关数据的梯形图如图 1—77 所示。

如图 1—77 所示的程序中，当输入按钮 X4 接通时，R0 被置位，同时将位选信号初始值 H800 送入 WR10 中（即先选中千位 YB)。程序第 10 步开始的两条指令 F65、F66 为从 Y8 ~ YB 输出位选信号而不改变其他输出端的状态。程序第 32 步开始的指令 F65 为取出从 X0 ~ X3 输入的拨码开关某一位数的 BCD 码并屏蔽掉 WX0 中的 X4 ~ X15；F106 是将暂存单元 WR13 中的数据左移一个十六进制位，腾出最低 4 位的位置后，由 F66 将读入的 1 位 BCD 码（在暂存单元 WR12 中）拼接到 WR13 的最低 4 位上；然后 F100 将位选信号右移 1 位。F65 ~ F100 这四条指令是每隔 0. 1 s 执行一次，从千位开始执行四次，依次读入千、百、十、个 4 位 BCD 码（已保存在 WR13 中）后，位选信号 WR10 中最低位的“1”被移到 R107 中。R107 将 R0 复位，停止读数过程，并用 R0 的下降沿执行 F81，把读入的 4 位拨码开关的 BCD 码转换为二进制数保存在 DT0 中。

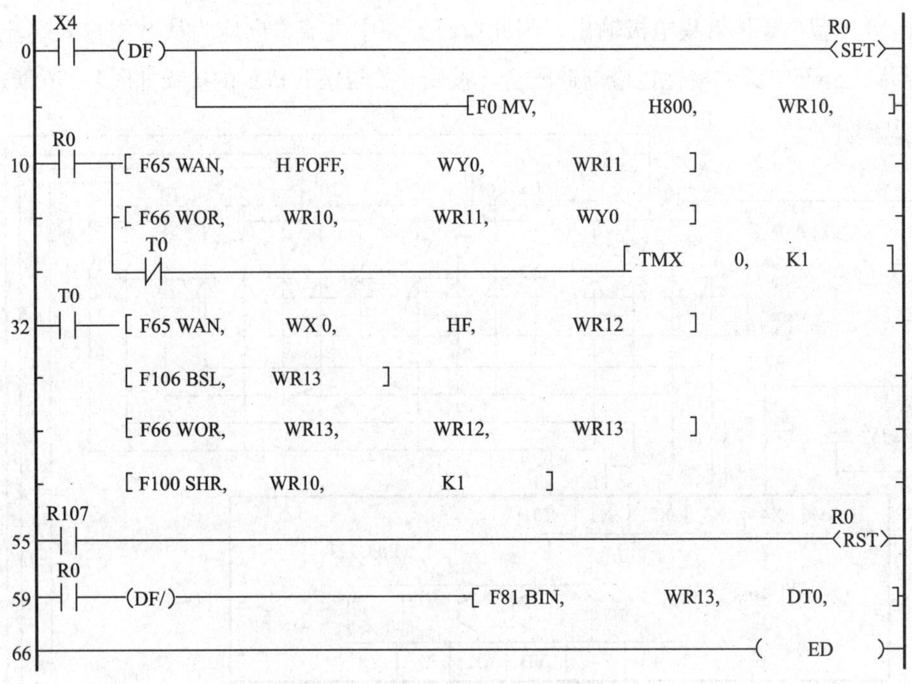

图1—77　数码开关输入程序梯形图

2. 带锁存的串行BCD码显示器与PLC的连接

带锁存的BCD码显示器内部已有数据锁存器和BCD—七段码译码器，外部有DC24V电源、四个BCD码数据输入及四个位选信号输入接线端，数据输入和位选信号都是高电平有效。使用时只需依次在BCD码数据输入端上送入个、十、百、千位的数据，并相应地在四个位选信号输入端依次发出位选信号，就能在四个数码管上显示一个四位数。显示器与PLC的接线如图1—78所示。

如图1—78所示，R1～R8是上拉电阻，这是由于PLC的三极管输出端为集电极开路输出，需接电阻后才能保证三极管的正常截止或导通，得到可靠的高、低电平。将PLC中的数据输出到BCD码显示器中进行显示的控制程序梯形图如图1—79所示。在程序中，按下启动按钮使X5接通，运行标志R100＝1并自保。同时启动周期为0.1 s的振荡器，T0的常开触点每隔0.1 s会接通一个扫描周期。程序第9步开始的四条应用指令利用R100的上升沿，进行初始化处理：指令F80将存储在DT0中二进制形式的显示数据转换为BCD码暂存在WR1中，并由指令F84将此数据的各位求反；指令F0是将位选信号HEEEE（即H1111的反码）送到WR8，同时在计数单元WR6中设置初始值为1。程序中将显示数据及位选信号求反是因为PLC的输出端为负逻辑——当Yn＝1时，输出端上为低电平。而显示器要求是信号高电平有效，为了满足显示器的逻辑要求，故将信号求反后输出。

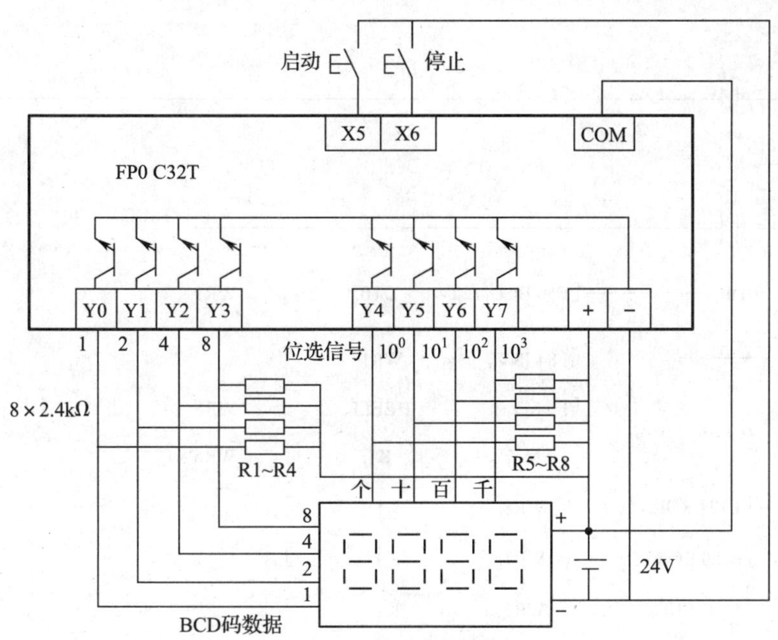

图 1—78　带锁存的 BCD 码显示器接线图

指令第 46 步后的五条应用指令是将 1 位 BCD 码和位选信号拼接起来送到Y0 ~ Y7，从而使显示器可显示 1 位数字。其中第一条指令 F65 是取出位选信号到 R24 ~ R27，第二条指令 F65 是取出 1 位显示数据到 R30 ~ R33，第三条指令 F66 是将 R24 ~ R27 和 R30 ~ R33 拼接起来送到 WR4，第四条指令 F65 是将 Y0 ~ Y7 清零而 Y8 ~ YF 保持不变，第五条指令 F66 则是将拼接好的显示数据和位选信号输出到 Y0 ~ Y7。

指令第 30 步后的三条应用指令是每隔 0. 1 s 执行一次移位操作，将位选信号 WR8 循环左移 1 位、显示数据 WR1 循环右移 4 位（即 1 位 BCD 码）、计数单元 WR6 左移 1 位。这样可使送到显示器的数据位和位选信号保持同步。移位四次后，4 位 BCD 显示数据都已送到显示器，此时计数单元 WR6 中的标志位也已移到 R64 中，则用 R64 的常开触点执行一次初始化，以便重新开始新的一轮循环。

当停止按钮按下后，运行标志 R100 被复位，此时执行程序第 82 步，使显示器的所有位选信号端都为高电平，即选中所有位；同时四个数据输入端也全为高电平，即输入一个非法数据（1111 不是 BCD 码），这时显示器的各位即被熄灭。

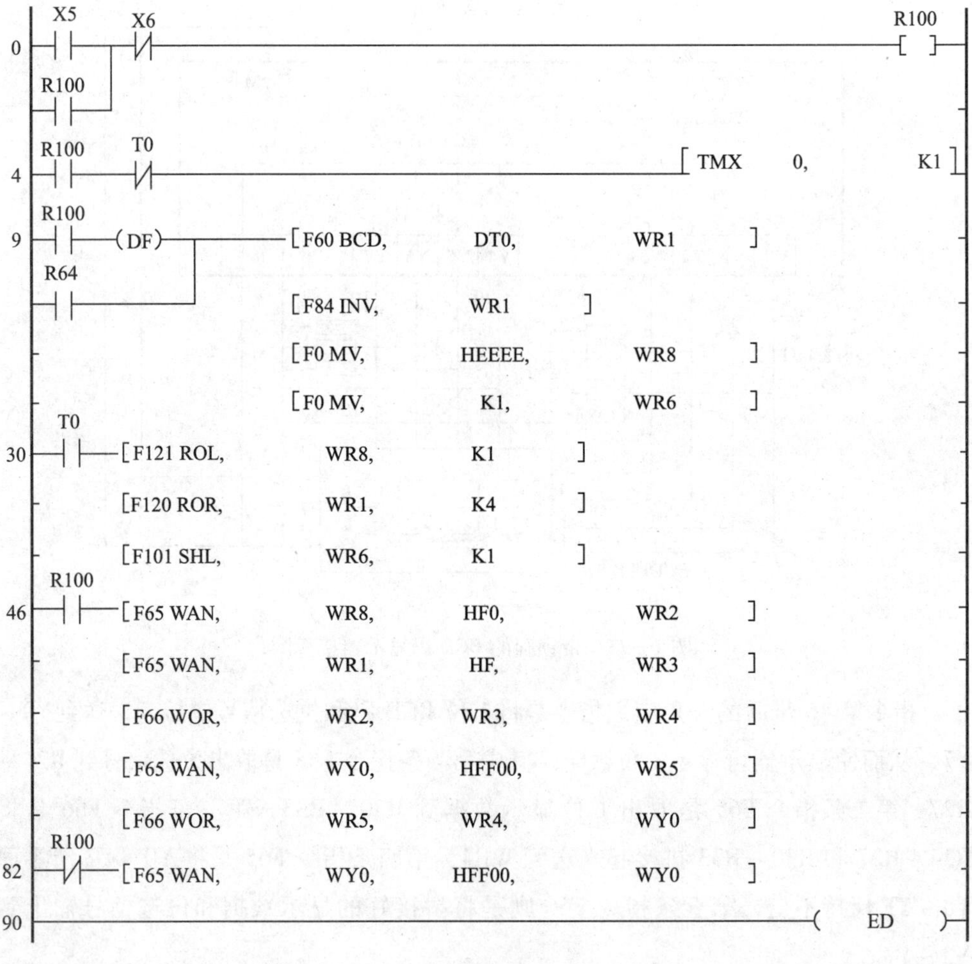

```
   X5      X6                                                      R100
0 ─┤ ├──┬──┤/├────────────────────────────────────────────────────[  ]─
   R100 │
  ─┤ ├──┘
   R100    T0
4 ─┤ ├────┤/├──────────────────────────────────[ TMX     0,          K1 ]
   R100
9 ─┤ ├───(DF)─┬────[F60 BCD,        DT0,           WR1      ]
   R64        │
  ─┤ ├────────┘    [F84 INV,        WR1       ]
                   [F0 MV,          HEEEE,         WR8      ]
                   [F0 MV,          K1,            WR6      ]
    T0
30 ─┤ ├───[F121 ROL,      WR8,        K1        ]
          [F120 ROR,      WR1,        K4        ]
          [F101 SHL,      WR6,        K1        ]
    R100
46 ─┤ ├───[F65 WAN,       WR8,        HF0,          WR2     ]
          [F65 WAN,       WR1,        HF,           WR3     ]
          [F66 WOR,       WR2,        WR3,          WR4     ]
          [F65 WAN,       WY0,        HFF00,        WR5     ]
          [F66 WOR,       WR5,        WR4,          WY0     ]
    R100
82 ─┤/├───[F65 WAN,       WY0,        HFF00,        WY0     ]
90 ─────────────────────────────────────────────────────────(    ED    )─
```

图 1—79　BCD 码显示器控制程序梯形图

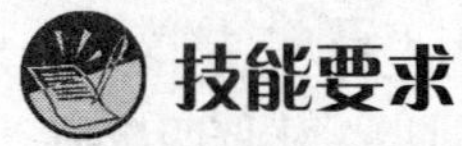

数码拨盘输入及数据处理程序编程

一、操作要求

1．完成数码拨盘和串行 BCD 码显示器的接线。

2．编制程序使其能实现用数码拨盘输入数据，对数据处理后输出，用串行 BCD 码显示器显示其中的最大数。

通过输入按钮 SB1 由数码拨盘任意输入十个 3 位数，输入的数由数码管显示出来，输入完毕后按显示按钮 SB2，则数码管显示出十个数中的最大值，按下复位按钮 SB3 后，可以重新输数。

二、操作准备

本项目所需元件清单（见表 1—12）。

表 1—12　　项目所需元件清单

序号	名称	规格型号	数量	备注
1	PLC	松下 FP0 型	1 台	
2	计算机		1 台	装有 FP_{WIN} - GR 编程软件
3	编程电缆	USB - AFC8513 编程电缆	1 根	RS232C/USB 转换
4	模拟调试板	装有八个按钮、八个钮子开关、八只 LED 指示灯	1 套	
5	数据输入、显示模板	装有 4 位 BCD 码拨盘开关及 4 位串行 BCD 码七段 LED 数码显示器	1 套	
6	直流电源	24 V，1 A	1 台	BCD 码七段 LED 数码显示器用

三、操作步骤

步骤 1　完成输入/输出端口分配

输入/输出端口分配（见表 1—13）。

表 1—13　　输入/输出端口分配表

输入器件	输入端口	输出器件	输出端口
拨码开关数据位 1	X0	BCD 码显示器数据位 1	Y0
拨码开关数据位 2	X1	BCD 码显示器数据位 2	Y1
拨码开关数据位 4	X2	BCD 码显示器数据位 4	Y2
拨码开关数据位 8	X3	BCD 码显示器数据位 8	Y3
数据输入按钮 SB1	X4	BCD 码显示器个位选通	Y4
显示输出按钮 SB2	X5	BCD 码显示器十位选通	Y5
复位按钮 SB3	X6	BCD 码显示器百位选通	Y6
		BCD 码显示器千位选通	Y7

续表

输入器件	输入端口	输出器件	输出端口
		拨码开关个位选通	Y8
		拨码开关十位选通	Y9
		拨码开关百位选通	YA
		拨码开关千位选通	YB

步骤 2　完成数码拨盘和串行 BCD 码显示器的接线

数码拨盘和串行 BCD 码显示器接线如图 1—80 所示。

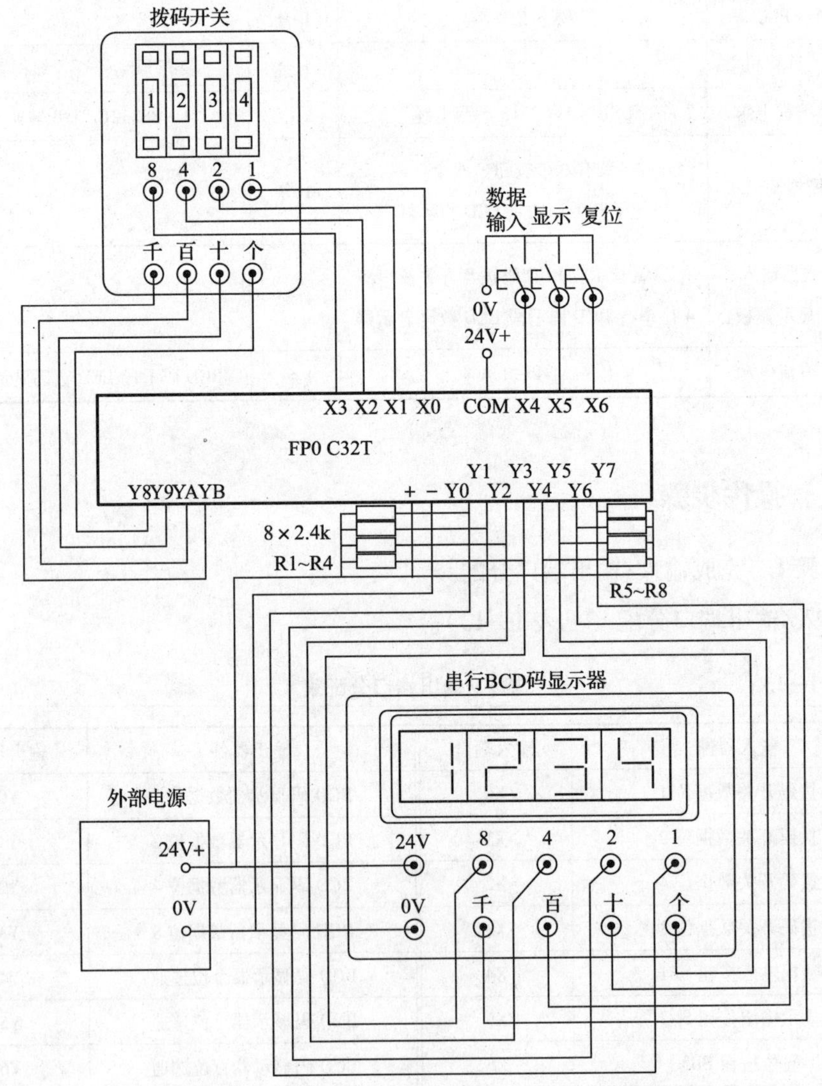

图 1—80　数码拨盘和串行 BCD 码显示器的接线图

步骤 3　画出用数码拨盘输入十个数据然后显示其中最大数的控制流程图

数码拨盘输入数据显示最大数的控制流程图如图 1—81 所示。

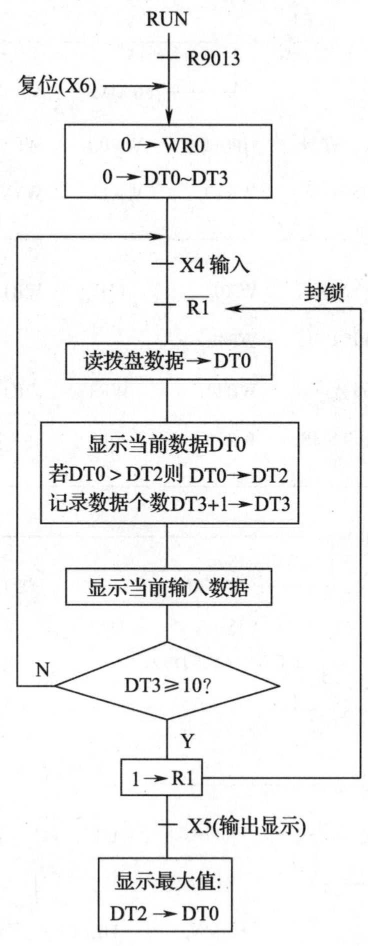

图 1—81　数码拨盘输入数据显示最大数的控制流程图

步骤 4　用功能指令编写相应程序

根据如图 1—81 所示控制流程图编写的梯形图如图 1—82 所示。

步骤 5　用编程软件输入如图 1—82 所示程序并下载到 PLC

步骤 6　用编程软件和输入/输出元件进行调试

按数据输入按钮，观察 BCD 码显示器上是否显示此数据。若无显示，则使用程序监控功能查看 DT0 中是否已有此数据输入、DT3 中数据个数是否已增加等，待查出错误之处加以修改后，重新传送到 PLC 中再次运行，直至正确。

```
     R9013
0    ─┤├─┬─[F0 MV,      K0,     WR0   ]
     X6  │
     ─┤├─┴─[F11 COPY,   K0,     DT0,     DT3  ]
     X4              R1                                    R0
16   ─┤├───(DF)───┤/├─┬──────────────────────────────────<SET>
                      └─[F0 MV,   H800,WR10  ]
     R0
27   ─┤├─┬─[F65 WAN,    HF0FF,    WY0,     WR11  ]
         ├─[F66 WOR,    WR10,     WR11,    WY0   ]
         │  T0
         └─┤/├────────────────────────────[TMX   0,  K1]
     T0
49   ─┤├───[F65 WAN,    WX0,      HF,      WR12  ]
           [F106 BSL,   WR13   ]
           [F66 WOR,    WR13,     WR12,    WR13  ]
           [F100 SHR,   WR10,     K1     ]
     R107                                                  R0
72   ─┤├─────────────────────────────────────────────────<RST>
     R0                                                    R2
76   ─┤├───(DF/)─┬───────────────────────────────────────<SET>
                 └─[F81 BIN,    WR13,     DT0  ]
                   [F35 +1,     DT3   ]
     R0
89   ─┤├───(DF/)─[ >DT0,    DT2 ]─[F0 MV,   DT0,   DT2 ]
     R2        T1
101  ─┤├─────┤/├─────────────────────[ TMX     1,     K1  ]
     R2
106  ─┤├─┬─(DF)─┬─[F80 BCD,    DT0,     WR1  ]
     R64 │      │
     ─┤├─┴──────┘ [F84 INV,    WR1  ]
                  [F0 MV,     HEEEE,   WR8  ]
                  [F0 MV,     K1,      WR6  ]
     T1
127  ─┤├───[F121 ROL,    WR8,     K1   ]
           [F120 ROR,    WR1,     K4   ]
           [F101 SHL,    WR6,     K1   ]
     R2
143  ─┤├───[F65 WAN,     WR8,     HF0,      WR2  ]
           [F65 WAN,     WR1,     HF,       WR3  ]
           [F66 WOR,     WR2,     WR3,      WR4  ]
           [F65 WAN,     WY0,     HFF00,    WR5  ]
           [F66 WOR,     WR5,     WR4,      WY0  ]
```

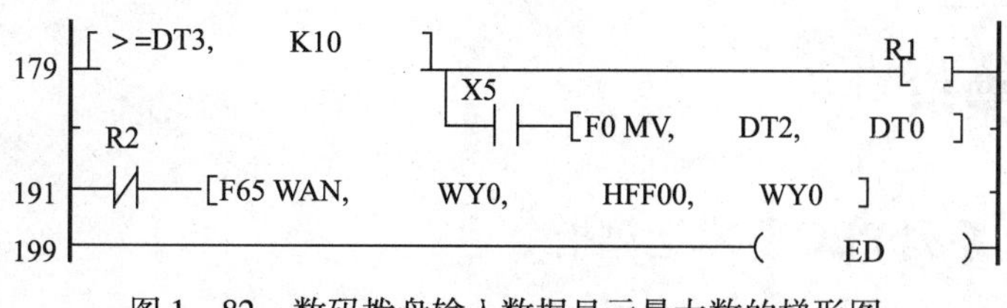

图 1—82　数码拨盘输入数据显示最大数的梯形图

四、注意事项

1．注意数码拨盘和串行 BCD 码显示器的正确接线。

2．注意半导体管输出的特点、电流方向和上拉电阻的作用。

FP0 C32T 的输出端口是 NPN 型三极管集电极开路输出，当输出继电器 Y0 ~ Y7 为 ON 时，三极管导通，负载电流从外部向三极管集电极流进，因此必须注意与其相连的 BCD 码显示器接线端子上电流的方向。若 BCD 码显示器接线端子上电流是向外流出的，就可以将 BCD 码显示器接线端子与 FP0 C32T 的输出端子直接相连；而若 BCD 码显示器接线端子上电流是流进显示器的，那就必须在连接显示器接线端子和 PLC 输出端子的同时，在每个端子上连接一个电阻到 24 V 直流电源正极，以作为输出三极管的集电极负载，同时也要向显示器提供输入电流，这个电阻称为上拉电阻。

3．注意用内部继电器作为各种标志的用法。

在编制 PLC 程序时，常常需要对某种状态进行记忆。通常可使用内部继电器来作为标志使用（就像继电器逻辑电路中的中间继电器的作用一样）。当所关注的情况未发生时，此标志为“0”；若该情况发生时，就将标志置为“1”，然后在程序中就可根据此标志的状态来执行相应的操作。本例中就使用了 R1 作为判断输入数据的个数是否已达到十个，是否需要封锁输入的标志。

学习单元 2　模拟量输入/输出模块的使用

学习目标

➢ 进一步熟悉用功能指令编制应用程序的方法

➢ 熟悉 FP 系列 PLC 模拟量输入/输出模块的使用方法

➢ 通过训练，提高编程和调试技巧

知识要求

一、FP 系列 PLC 算术运算指令

FP 系列 PLC 的算术运算指令有十六进制数据算术运算和 BCD 数据算术运算两类，本单元中只对十六进制数据算术运算指令进行介绍。十六进制数据算术运算指令中包括加（+）、减（-）、乘（*）、除（%），指令格式如图 1—83 所示。

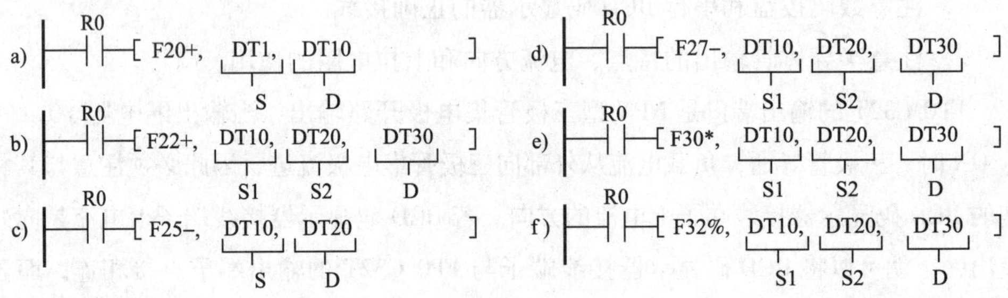

a) R0 ─┤├─[F20+, DT1, DT10]　（DT1: S，DT10: D）

b) R0 ─┤├─[F22+, DT10, DT20, DT30]　（DT10: S1，DT20: S2，DT30: D）

c) R0 ─┤├─[F25−, DT10, DT20]　（DT10: S，DT20: D）

d) R0 ─┤├─[F27−, DT10, DT20, DT30]　（DT10: S1，DT20: S2，DT30: D）

e) R0 ─┤├─[F30*, DT10, DT20, DT30]　（DT10: S1，DT20: S2，DT30: D）

f) R0 ─┤├─[F32%, DT10, DT20, DT30]　（DT10: S1，DT20: S2，DT30: D）

图 1—83　十六进制数据算术运算指令格式

a)、b) 加法　c)、d) 减法　e) 乘法　f) 除法

算术运算指令中的源操作数［S1］、［S2］可以取所有的数据类型，目标操作数可以取 WY、WR、SV、EV、DT 和 IX、IY 的数据类型，但使用乘法指令和 32 位指令时索引寄存器 IY 不能用作目标操作数。

在使用算术运算指令时，如果目标操作数与源操作数相同，为避免每个扫描周期都执行一次指令而造成运算结果失控，应采用脉冲执行方式，对 FP0 系列 PLC 应使用微分指令。

1. 加法指令

16 位加法指令“F20 +”是将目的操作数 D 和源操作数 S 中的数相加，结果送到目的操作数［D］指定的目标元件中。而指令“F22 +”是将两个源操作数［S1］、［S2］中的二进制数相加，结果送到［D］指定的目标元件中。如图 1—83 所示的 R0 为 ON 时，“F20 +”执行（DT10）+（DT1）→DT10；而“F22 +”执行（DT10）+（DT20）→DT30。

当数据的数值较大且运算结果可能超出 16 位数据寄存器的数值范围时，可相应分别改用 32 位加法指令“F21 D +”或“F23 D +”。

2. 减法指令

16 位减法指令“F25 -”是将目的操作数 D 和源操作数 S 中的数相减，结果送到目的操作数［D］指定的目标元件中。而指令“F27 -”是将两个源操作数

［S1］、［S2］中的二进制数相减，结果送到［D］指定的目标元件中。如图 1—83 所示的 R0 为 ON 时，“F25 -”执行（DT20）-（DT10）→DT20；而“F27 -”执行（DT10）-（DT20）→DT30。

当数据的数值较大且运算结果可能超出 16 位数据寄存器的数值范围时，可相应分别改用 32 位减法指令“F26 D -”或“F28 D -”。

3. 乘法指令

16 位乘法指令是将两个源操作数［S1］、［S2］中的二进制数相乘，乘积（32 位）送到［D］指定的目标元件中。如图 1—83 所示的 R0 为 ON 时，执行（DT10）×（DT20）→（DT31，DT30）。

使用 32 位乘法指令时，将两个 32 位的数相乘，此时乘积为 64 位。例如执行指令“F31 D *，DT10，DT20，DT30”时，其功能是执行（DT11，DT10）×（DT21，DT20）→（DT33，DT32，DT31，DT30）。

4. 除法指令

16 位除法指令是将源操作数［S1］指定的元件中的数除以［S2］指定的元件中的数，商送到［D］指定的目标元件中，而余数送到特殊数据寄存器 DT9015 中。如图 1—83 所示 R0 为 ON 时，执行 16 位除法（DT10）÷（DT20），商送到 DT30，而余数送到 DT9015。例如，（DT10）=15，（DT20）=4，则指令被执行后，（DT30）=3，（DT9015）=3。

使用 32 位除法指令时，被除数、除数、商和余数都是 32 位数。例如，执行指令“F33 D%，DT10，DT20，DT30”时，其功能为执行（DT11，DT10）÷（DT21，DT20），商送到（DT31，DT30），而余数送到（DT9016，DT9015）。

二、FP0 系列 PLC 模拟量输入/输出模块的使用方法

FP0 系列 PLC 可配用模拟量 I/O 模块 FP0 - A21、模拟量输入模块 FP0 - A80、模拟量输出模块 FP0 - A04 等，本单元中介绍模拟量输入/输出模块 FP0 - A21。

1. 模拟量 I/O 模块 FP0 - A21 的主要技术指标

模拟量 I/O 模块的主要技术指标有通道数、转换精度及转换时间。

FP0 - A21 模块有两个模拟量输入通道和一个模拟量输出通道，每个通道都可以指定为电压输入（输出）或电流输入（输出）。

PLC 模拟量模块的分辨率用转换后的二进制数的位数来表示，FP0 - A21 是 12 位的模拟量模块，数字量范围为 0 ~ 4 096，为简便起见，取其整数为 0 ~ 4 000。分辨率与所转换的信号量程有关，例如 FP0 - A21 的模拟量输入信号有三种可选量

程：0～+5 V、-10～+10 V及0～20 mA。假如选用输入电压信号为0～+5 V，对应于数字为0～4 000，则分辨率为：5 V/4 000=1.25 mV。

转换时间是指当输入端加入信号到转换成稳定的相应输出量所需的时间。FP0-A21中模拟量输入通道的转换速度为1 ms，而模拟量输出通道的转换速度为500 μs。

2. 模拟量I/O模块FP0-A21的安装和接线

FP0-A21模块与控制单元（或扩展单元）之间采用堆叠方式安装，不需要安装底板或连接电缆。只要把控制单元（或扩展单元）右侧的扩展连接器上的盖板撬掉，然后把FP0-A21模块叠在控制单元（或扩展单元）右侧压紧即可，如图1—84所示。此时FP0-A21模块左侧的扩展连接插头便插入控制单元（或扩展单元）右侧的扩展连接器内，模块就安装完成。

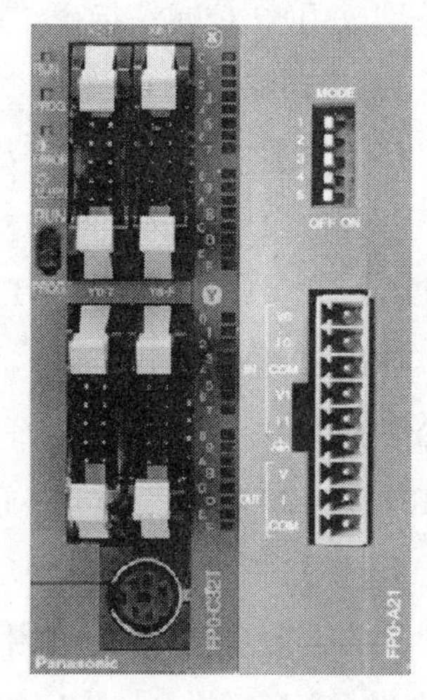

图1—84　FP0-A21与控制单元的安装

模拟量信号接在FP0-A21的接线端子台上。FP0-A21的接线端子台上共有九个端子，其排列及接线方式如图1—85所示。

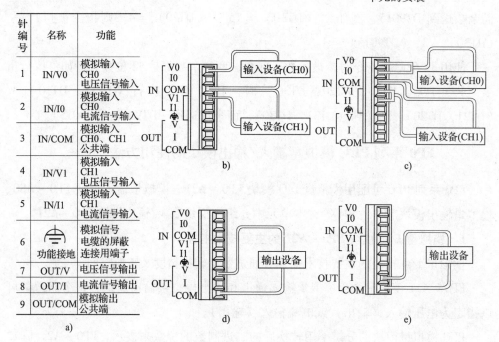

针编号	名称	功能
1	IN/V0	模拟输入 CH0 电压信号输入
2	IN/I0	模拟输入 CH0 电流信号输入
3	IN/COM	模拟输入 CH0、CH1 公共端
4	IN/V1	模拟输入 CH1 电压信号输入
5	IN/I1	模拟输入 CH1 电流信号输入
6	功能接地	模拟信号电缆的屏蔽连接用端子
7	OUT/V	电压信号输出
8	OUT/I	电流信号输出
9	OUT/COM	模拟输出公共端

a)

b)　c)　d)　e)

图1—85　模拟输入/输出端子台及其接线

a）端子台的排列　b）模拟量电压输入　c）模拟量电流输入

d）模拟量电压输出　e）模拟量电流输出

注意：在模拟量电流输入接线时，要将电压输入端和电流输入端短接。

3. 输入/输出范围的设定

FP0－A21 可设定多种模拟量输入/输出范围：模拟量输入可设置为 0～＋5 V、－10～＋10 V、0～20 mA；模拟量输出可设置为－10～＋10 V 和 0～20 mA。输入/输出范围的设定是用 FP0－A21 面板上的设定开关来设置的，如图 1—86 所示。在图中，模拟量输入的无平均处理是指各通道每次进行 A/D 转换时，在固定的输入映像区域及时刷新转换数据。而有平均处理是指各通道每次进行 A/D 转换时，都从过去十次的数据中删除最大值和最小值，并将剩余八次数据的平均值送到固定的输入映像区域。

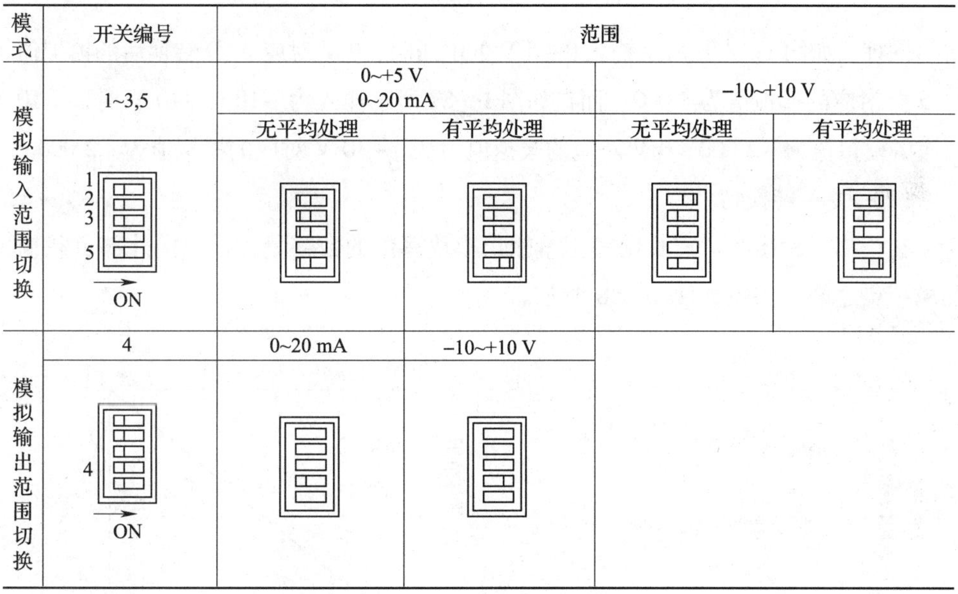

模式	开关编号	范围			
模拟输入范围切换	1~3,5	0~+5 V 0~20 mA		−10~+10 V	
		无平均处理	有平均处理	无平均处理	有平均处理
	1 2 3 5 ON				
模拟输出范围切换	4	0~20 mA	−10~+10 V		
	4 ON				

图 1—86　输入/输出范围设定开关

4. 转换特性

（1）A/D 转换特性

对模拟输入量进行模拟/数字（A/D）转换时，外部输入的模拟量和转换后 PLC 得到的数字量（称为模拟值）之间的关系如图 1—87 所示。

如图 1—87a 所示，输入电流量为 0 mA 时，转换模拟值为 0；输入模拟量为 20 mA 时，模拟值为 4 000；输入量为 0～20 mA 时模拟值按比例计算。当模拟输入量小于 0 mA 时模拟值始终为 0，在模拟输入量大于 20 mA 时模拟值始终为 4 000。

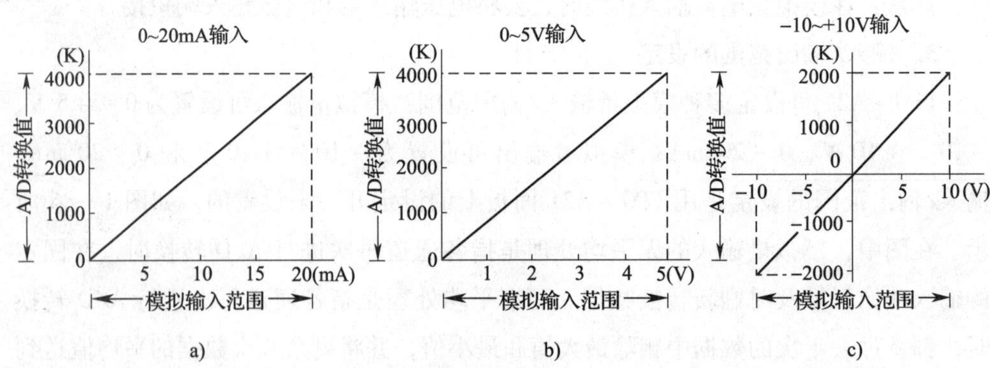

图1—87　A/D转换特性

a）0～20 mA输入　b）0～5 V输入　c）-10～+10 V输入

同理，如图1—87b所示输入0～5 V的电压时，0 V对应A/D转换后的模拟值为0，5 V对应的模拟值为4 000。而在如图1—87所示输入为-10～+10 V时，-10 V对应的模拟值为-2 000，0 V对应的模拟值为0，+10 V对应的模拟值为+2 000。

（2）D/A转换特性

在模拟量输出时，PLC向模拟量输出模块写出的数字量和模块向外部负载输出的模拟量之间的关系如图1—88所示。

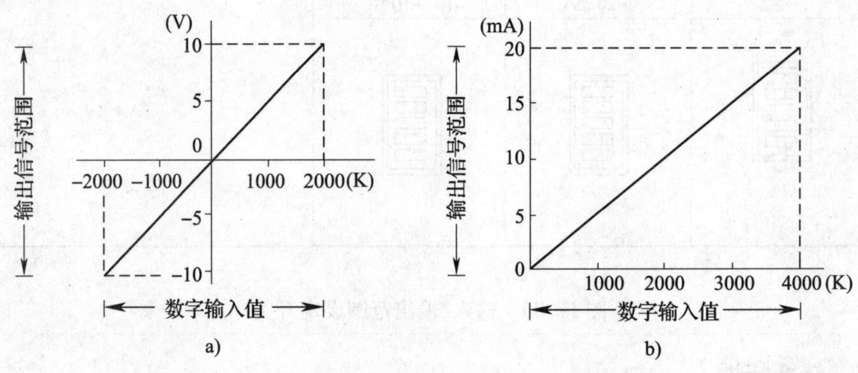

图1—88　D/A转换特性

a）-10～+10 V输出　b）0～20 mA输出

如图1—88a所示，输入数字量为-2 000时，输出到负载的电压为-10 V；输入数字量为0时输出电压为0 V；输入数字量为+2 000时输出电压为+10 V。数字量在-2 000～+2 000之间时输出电压按比例计算。当输入数字量小于-2 000时输出电压始终保持为-10 V，而在输入数字量大于+2 000时输出电压始终保持为+10 V。

同理，如图 1—88b 所示输入数字量为 0～4 000 时，数字量 0 对应 D/A 转换后的输出电流为 0 mA，数字量 4 000 对应的输出电流为 20 mA。

5. 转换程序

使用模拟量输入/输出模块 FP0－A21 进行模拟量转换时，程序中只需使用传送指令“F0 MV”即可。例如在进行模拟量输入时，输入电压接在 FP0－A21 的输入 CH1，则可使用如图 1—89 所示的程序梯形图。

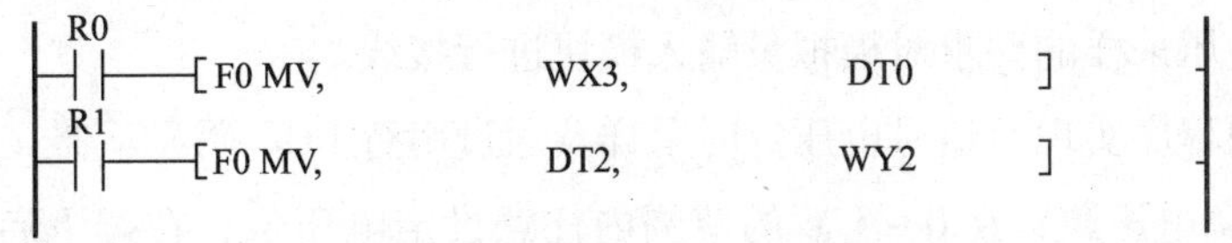

图 1—89　模拟量输入输出的程序梯形图

如图 1—89 所示，当 R0 接通时，程序从 WX3 取出 16 位带符号的转换数据存放在数据寄存器 DT0 中，此数据是对接在输入通道 CH1 上的输入电压值进行 A/D 转换后的结果。而在 R1 接通时，程序是将 DT2 中的数据送到 WY2 中去输出，而 WY2 对应的是 FP0－A21 的输出通道，此时接在输出通道上的负载便得到由模拟量输出通道输出的电压或电流（根据设定开关和在输出通道上的接线来确定）。例如，设定开关设置为 0～20 mA 输出，负载连接在电流输出端 I 和 COM 之间，（DT2）＝K3000，则在接通 R1 后，负载中得到（20 mA/4 000）×3 000＝15 mA 的电流。

模拟量输入/输出通道对应的 I/O 地址与模块所安装的位置有关，如图 1—90 所示为模拟量转换模块的 I/O 地址分配。

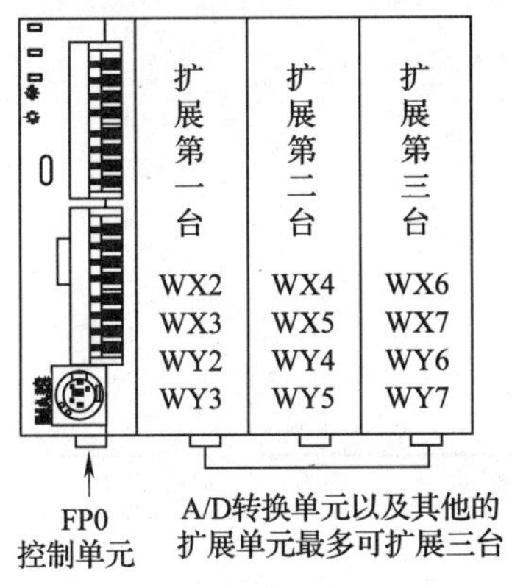

a)

每台转换模块WX、WY各分配2个字(2×16位)

A/D转换单元 输入通道	扩展 第一台	扩展 第二台	扩展 第三台
CH0	WX2 (X20~X2F)	WX4 (X40~X4F)	WX6 (X60~X6F)
CH1	WX3 (X30~X3F)	WX5 (X50~X5F)	WX7 (X70~X7F)
D/A转换单元 输出通道	WY2 (Y20~Y2F)	WY4 (Y40~Y4F)	WY6 (Y60~Y6F)

b)

图 1—90　模拟量转换模块的 I/O 地址分配

a）模拟量转换模块安装的位置　b）不同位置所分配的 I/O 地址

技能要求

模拟量电压采样显示程序编程

一、操作要求

1. 按电压采样的要求对模拟量输入模块进行接线。

2. 编制程序实现对信号电压定时采样及通过串行 BCD 码显示器显示电压值。

使用可调电压源，在 0 ~5 V 的范围内任意设定电压值，在按下启动按钮 SB1 后，PLC 每隔 10 s 对设定的电压值进行一次采样，同时在串行 BCD 码显示器上显示采样值。按下停止按钮 SB2 后，停止采样，并可重新启动（显示电压值的单位为 0.1 V）。可调电压源与 BCD 码显示器面板如图 1—91 所示。

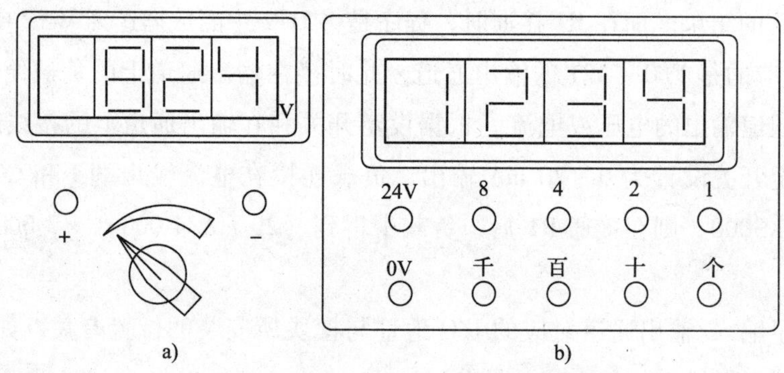

图 1—91 可调电压源与 BCD 码显示器面板

a）可调电压源 b）串行 BCD 码显示器

二、操作准备

本项目所需元件清单（见表 1—14）。

表 1—14 **项目所需元件清单**

序号	名称	规格型号	数量	备注
1	PLC	松下 FP0 C32T	1 台	
2	模拟量输入/输出模块	FP0 - A21	1 套	
3	计算机		1 台	装有 FP_{WIN} - GR 编程软件

续表

序号	名称	规格型号	数量	备注
4	编程电缆	USB - AFC8513 编程电缆	1 根	RS232C/USB 转换
5	信号源	0 ~ 5 V 电压源及 0 ~ 20 mA 电流源	各 1 套	附有电压表和电流表
6	模拟调试板	装有八个按钮、八个钮子开关、八只 LED 指示灯	1 套	
7	数据输入、显示模板	装有 4 位 BCD 码拨盘开关及 4 位串行 BCD 码七段 LED 数码显示器	1 套	
8	直流电源	24 V，2 A	1 台	BCD 码七段 LED 数码显示器用

三、操作步骤

步骤 1　写出输入/输出端口的分配表

输入/输出端口分配见表 1—15。

表 1—15　　**输入/输出端口分配表**

输入设备	输入端口编号	考核箱对应端口
启动按钮 SB1	X0	SB1
停止按钮 SB2	X1	SB2
FP0 - A21	IN - CH0 通道	可调电压源 +、 - 端口
输出设备	输出端口编号	考核箱对应端口
BCD 码显示管数 1	Y0	BCD 码显示器 1
BCD 码显示管数 2	Y1	BCD 码显示器 2
BCD 码显示管数 4	Y2	BCD 码显示器 4
BCD 码显示管数 8	Y3	BCD 码显示器 8
显示数位数选通个	Y4	BCD 码显示器个
显示数位数选通十	Y5	BCD 码显示器十
显示数位数选通百	Y6	BCD 码显示器百
显示数位数选通千	Y7	BCD 码显示器千

步骤 2　对电压源、模拟量输入/输出模块 FP0 - A21 和串行 BCD 码显示器进行接线

根据设备情况和输入/输出端口的分配表，按如图 1—92 所示进行接线。

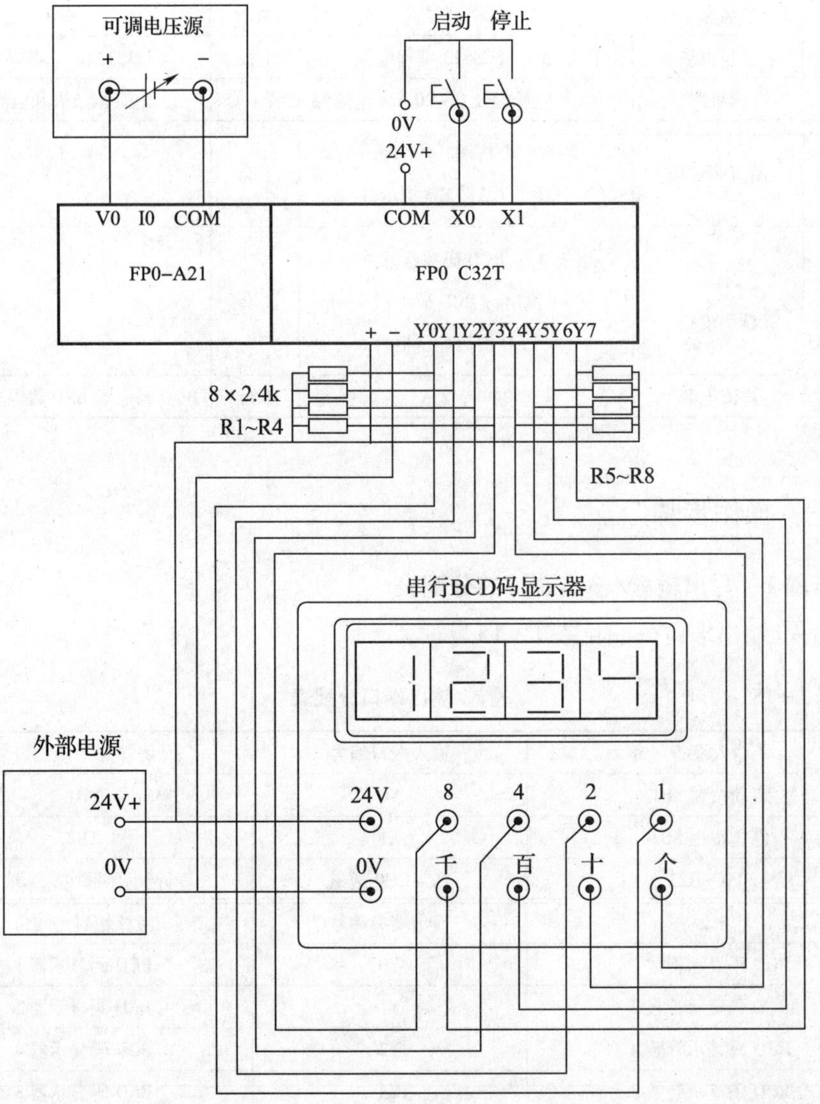

图 1—92　模拟量电压采样接线图

步骤 3　设置 FP0 - A21 输入/输出范围

对 FP0 - A21 模块面板上的输入/输出范围设定开关按如图 1—93 所示进行设置，使模拟量输入范围为 0 ~ 5 V，并且选用八次平均值进行计算。由于 FP0 - A21 模块被安装在控制单元旁第一个扩展模块的位置，因此分配给输入通道 CH0 的输入端口地址为 WX2。

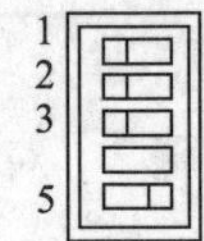

图 1—93　输入范围设定

步骤 4　按工作要求画出模拟量电压定时采样显示的控制流程图

模拟量电压采样的控制流程图如图 1—94 所示。

在控制流程中，开始是初始化处理，用初始脉冲 R9013 将程序中所要用到的元件清零，如果在运行过程中按停止按钮 X1，也会立即进入初始化处理，再按启动按钮可重新开始采样。初始化中将 0 送到 Y0 ~ Y7 是为了使 BCD 码显示器熄灭。

图 1—94 所示流程中的显示数据计算是将 A/D 转换后得到的数字量换算成所要显示的电压值。FP0 - A21 已被设定为 0 ~5 V 电压对应为数字量 0 ~ 4 000，即 1 V 对应数字量为 800。现要求显示时最小单位是 0.1 V，则每个单位（0.1 V）对应的数字量是 80，将 A/D 转换得到的数值除以 80 即可得到所要显示的电压数值。

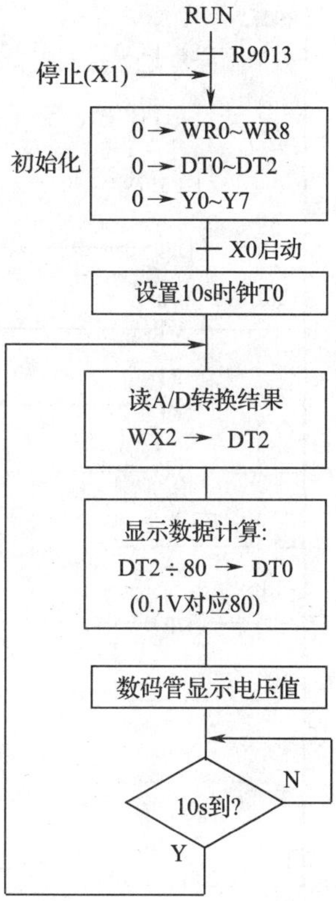

图 1—94　电压采样控制流程图

步骤 5　根据控制要求用功能指令编制模拟量电压定时采样显示程序

模拟量电压定时采样显示的梯形图如图 1—95 所示。

梯形图中，第 0 ~25 步的程序是在启动或停止按钮按下时进行初始化处理，显示器熄灭。第 31 ~41 步的程序是制作两个定时器，在启动后每隔 10 s 发出一个 A/D 转换的启动信号（T0 的常开触点）及显示器的时钟脉冲（T1 的常开触点每隔 0.1 s 接通一次）。第 42 步中 R0 的上升沿触点是在按启动按钮时可立即读入 A/D 转换结果，以后就由 T0 的常开触点每隔 10 s 读取一次 A/D 转换结果。

A/D 转换后得到的数字量存放在 DT2 中，经倍率计算，得到以 0.1 V 为单位的电压显示值，然后送到 DT0。

第 57 步后的程序是把 DT0 中的数据送到接在 Y0 ~ Y7 上的 BCD 码显示器中进行显示。

步骤 6　用编程软件输入程序并下载到 PLC

步骤 7　用编程软件和输入输出器件进行调试

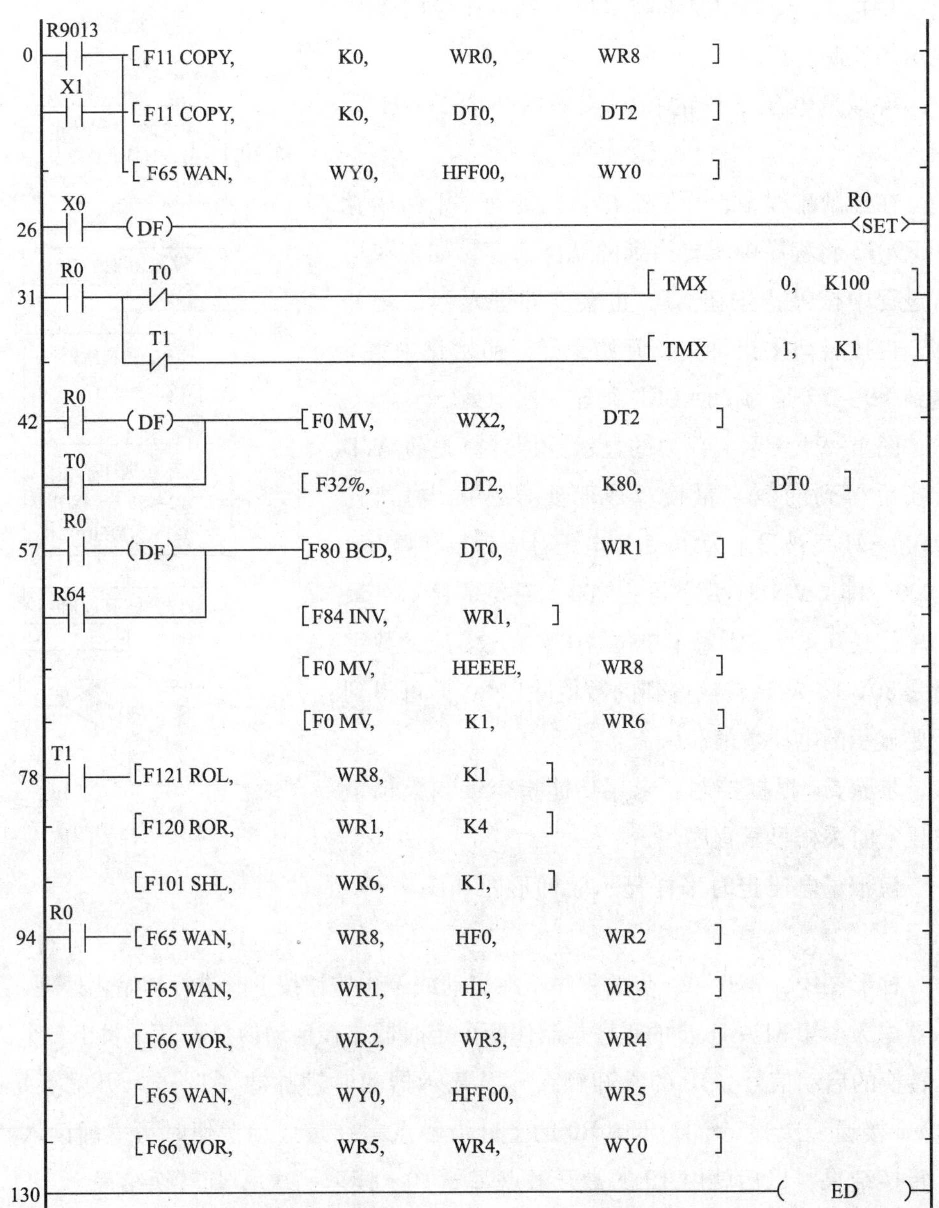

图1—95　电压定时采样显示梯形图

四、注意事项

1．注意A/D转换器在电压输入和电流输入时不同的接线方式。

如要对电流信号进行采样，接线时要把FP0－A21输入接线端子中的Vn端和In端短接（n＝0或n＝1）。

2. 在进行 A/D 转换前应根据输入量是电压还是电流以及模拟量变化的范围对设定开关进行设定。

3. 注意 FP0 - A21 转换值和实际物理量之间的转换系数。

当用调整好的模拟量输入模块去检测一个模拟量时，希望得到的数字量就是代表实际测得的物理量，而不是一个抽象的数字（转换值）。例如，要检测某一电动机的转速，电动机的转速范围为 0 ~ 1 400 r/min，经变送器转换输出信号对应为直流 DC0 ~ 5 V，选择 FP0 - A21 的模拟输入量为 0 ~ 5 V 的直流电压值，转换后对应的数字量为 0 ~ 4 000，如某时刻 FP0 - A21 测得的模拟量转换后输出的转换值为 1 000，将这 1 000 显示出来，仍然不知道电动机此时的转速为多少，此时则应将 1 000 转化为实际的电动机转速（350 r/min）显示出来。

设经 A/D 转换后得到的转换值为 N，则电动机转速转化的计算公式为：$n = 1\ 400/4\ 000 \times N$。

因此在编制程序时，为了能显示实际测得的物理量，需要编制转化程序，根据转换特性中实际物理量与转换值的比例关系得到实际物理量。

学习单元 3　触摸屏的使用

- 进一步熟悉用功能指令编制应用程序的方法
- 了解威纶触摸屏的使用方法
- 通过训练，提高编程和调试技巧

本处可参见第 1 节学习单元 3 “知识要求” 中的相关内容。在 FP0 系列 PLC 中应用威纶触摸屏时，触摸屏画面的设计方法与应用于三菱 FX_{2N} 时基本相同，除了在对元件（如指示灯、按钮等）的读写地址进行设置时，“设备类型” 必须使用松下 FP0 系列 PLC 中的编程元件，如输入继电器 X、输出继电器 Y、内部继电器 R、数据寄存器 DT 等，而不能再使用三菱 PLC 中的编程元件。

技能要求

用触摸屏控制彩灯的循环移位显示

一、操作要求

1．用通信电缆对触摸屏和 PLC 及计算机进行连接。

2．在触摸屏上编制控制画面。

3．对 PLC 编制控制程序实现触摸屏上指示灯的循环移位显示。

人机界面屏幕上设置八只指示灯对应于 Y0 ~ Y7，再设置两只按钮 SB1、SB2。当按下启动按钮 SB1 后，指示灯按如图 1—96 所示开关 K01 设定的状态进行循环移位显示。按停止按钮 SB2 后，指示灯停于原处（每隔 1 s 移位一次）。

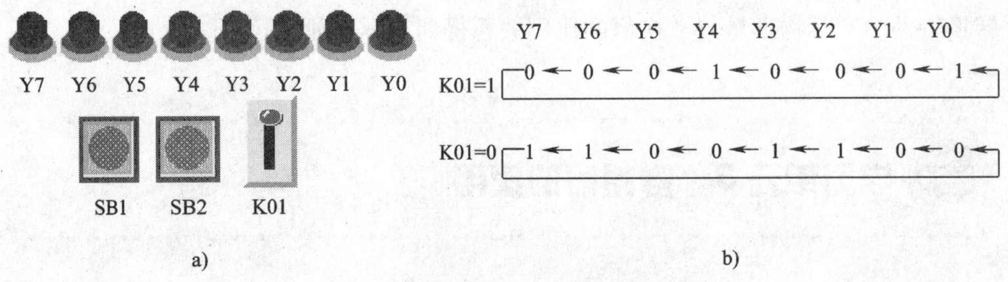

图 1—96　触摸屏画面及控制要求

a）屏幕画面　b）控制要求

二、操作准备

1．松下 FP0 型 PLC 实训工作台（带威纶触摸屏 MT506）。

2．已安装 FP_{WIN} - GR 和 EB500 编程软件的计算机。

3．项目所需元器件清单。

本项目所需元器件清单见表 1—16。

表 1—16　　　　**项目所需元器件清单**

序号	名称	规格型号	数量	备注
1	PLC	松下 FP0 C32T	1 台	带 RS232 串口
2	计算机		1 台	装有 FP_{WIN} - GR 编程软件 和 EB500 编程软件

续表

序号	名称	规格型号	数量	备注
3	编程电缆	USB - AFC8513 编程电缆	1 根	RS232C/USB 转换
4	信号电缆	RS232C	2 根	一根连接触摸屏和计算机，另一根连接触摸屏和 PLC
5	触摸屏	Win View MT506S	1 台	
6	直流电源	24 V，2 A	1 台	触摸屏用

三、操作步骤

步骤 1　画出用触摸屏控制彩灯的循环移位显示程序的 PLC 控制流程图

触摸屏上的按钮、切换开关及指示灯是与 PLC 关联的，八只指示灯分别用 Y0 ~ Y7 来控制，而切换开关和按钮则与内部继电器关联，定义启动按钮 SB1 与 R1 关联，停止按钮 SB2 与 R2 关联，切换开关与 RA 关联。PLC 程序中使用 R0 作为运行标记，按下 SB1 时 R0 = 1，按下 SB2 时 R0 = 0。

按照题意，在切换开关 K01 = 0 时指示灯为两亮两熄，K01 = 1 时指示灯为一亮三熄，因此初始化时若 K01 = 0 时将 HCCCC（十六进制数 C 即为二进制数 1 100）置入移位寄存器 DT0 中；当 K01 = 1 时则将 H1111（十六进制数 1 即为二进制数 0001）置入移位寄存器 DT0 中，并用定时器 T0 构成脉冲发生器，用 T0 的常开触点作为移位脉冲，每隔 1 s 将 DT0 移位一次。

移位寄存器 DT0 每隔 1 s 循环向左移 1 位，而移位寄存器的内容总是送到输出继电器 Y0 ~ Y7 中，与其关联的触摸屏中的指示灯即相应地进行显示，直到按下停止按钮 SB2 后 R0 = 0，则使 T0 停止工作，DT0 便不再移位，指示灯状态保持原状，直到再次启动。

根据上述设计思路，画出用触摸屏控制彩灯进行循环移位显示的 PLC 控制程序流程图如图 1—97 所示。

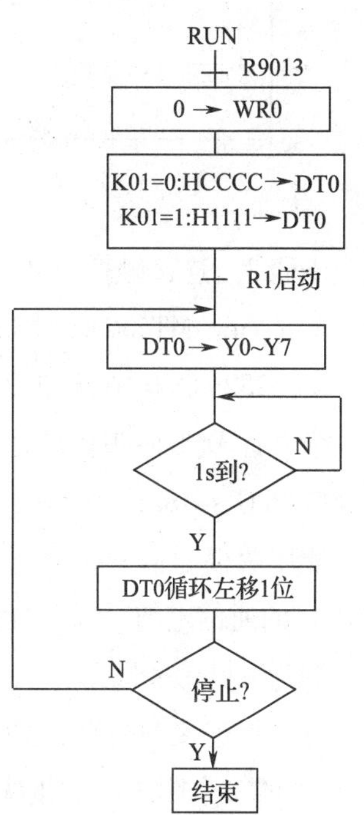

图 1—97　彩灯循环移位流程图

步骤 2　根据控制要求用功能指令编制 PLC

程序

按照如图1—97所示的流程图，可使用FP0系列PLC的指令写出梯形图程序，如图1—98所示。程序中R1、R2和RA的状态与触摸屏中的按钮及切换开关操作相关联。程序第24～53步是将DT0中的高8位屏蔽，WY0中的低8位分别屏蔽后再组合起来送到WY0，则既达到用Y0～Y7控制触摸屏上的指示灯的目的，又不会影响Y8～YF的原有状态。程序第54步是每隔1 s将DT0中的数据循环左移1位。

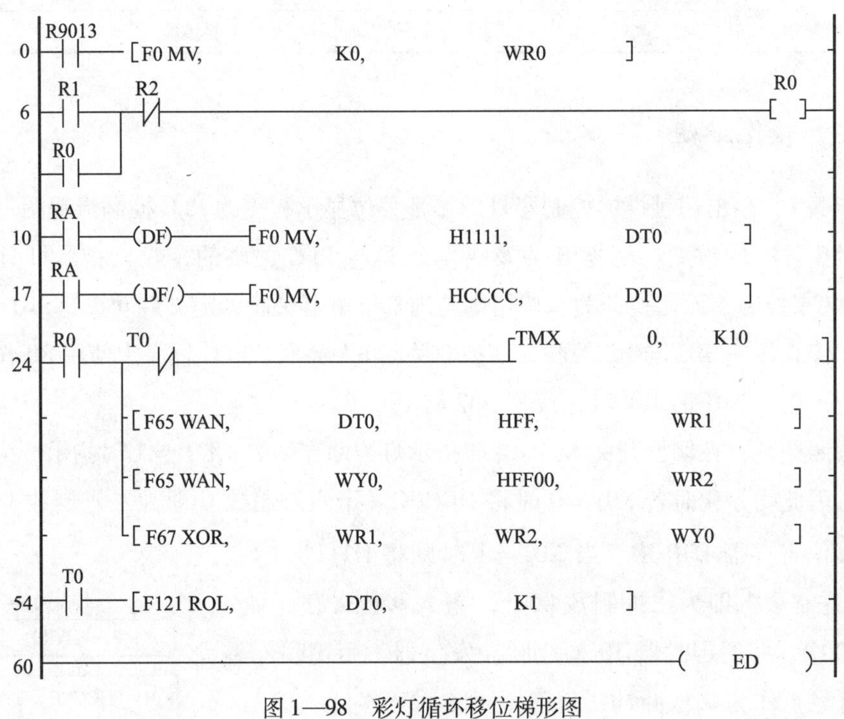

图1—98　彩灯循环移位梯形图

步骤3　连接触摸屏和PLC、计算机

Win View MT506T触摸屏上有两个通信接口：PLC（RS485）/PC（RS232）和PLC（RS232）。其中接口PLC（RS485）/PC（RS232）由RS485和RS232共用，是一个九针D型阳头接口，一般用其中的PC（RS232）连接编程计算机上的串口；而接口PLC（RS232）是一个九针D型阴头接口，一般用它与PLC的编程端口连接。使用两根通信电缆分别连接触摸屏与计算机及触摸屏与PLC，其中连接触摸屏与PLC的通信电缆一端为九针D型阳头，连接在触摸屏的PLC（RS232）端口上，另一端为五针Din圆形阳头。连接在FP0系列PLC的编程端口上，如图1—99所示。另一根连接触摸屏与PLC的通信电缆两端均为阴头，但其中插在触摸屏PLC/PC口上的一个阴头端的接线要将2、3端改接到7、8端，插在计算机串口上的阴头端接线不变。

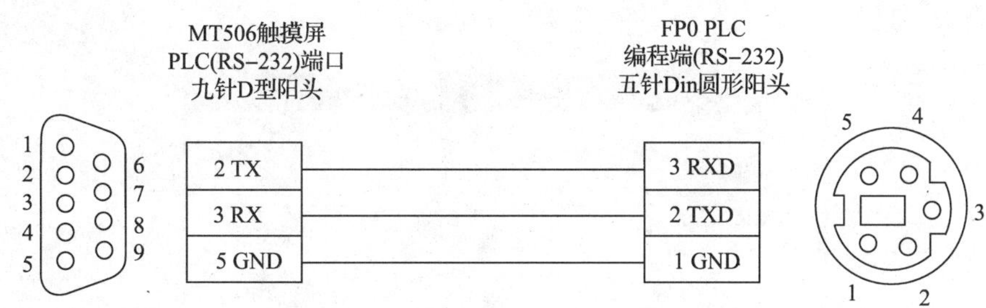

图 1—99　触摸屏与 FP0 的连接

步骤 4　按控制要求用编程软件 EB500 编制触摸屏控制界面并编译下载到触摸屏

参照第 1 节学习单元 3［知识要求］中“3、触摸屏编程软件 EB500 的使用方法”及编程实例中所述，编制触摸屏控制界面并编译、下载到触摸屏中。与第 1 节有所不同的是，在新建工程项目选择 PLC 类型时，应选择“Matsushita FP”，即松下 FP 系列 PLC，如图 1—100 所示。此时通信口类型会自动改为“RS－232”。

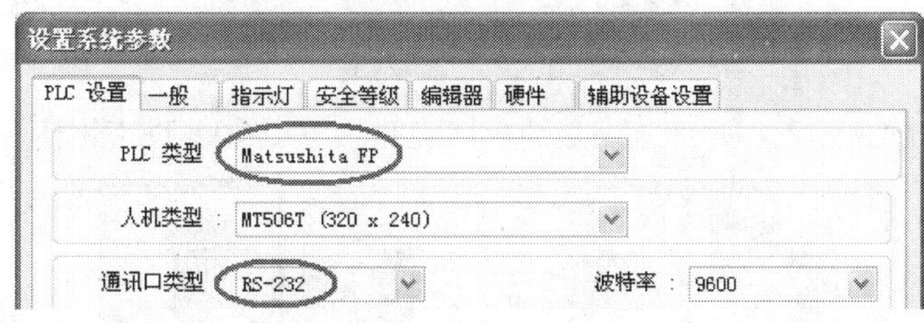

图 1—100　PLC 类型的选择

本例画面的制作要求除了编程实例中所述内容外，尚需在画面上放置切换开关。切换开关的制作方法与按钮、指示灯的做法类似，但在元件中应选用“位状态切换开关”，此时出现切换开关元件属性对话框如图 1—101 所示。

如图 1—101 所示的对话框中，在“一般属性”选项卡下的“读取地址”和“输出地址”中应设置相同的编程元件，本例中选用 PLC 的内部继电器 RA（与程序中对应相同）。在“图形”选项卡下仍选用“向量图库”中的图形，在“向量图库”中，选用图库“button2”，并在其中选择所需的切换开关图形，如图 1—102 所示。

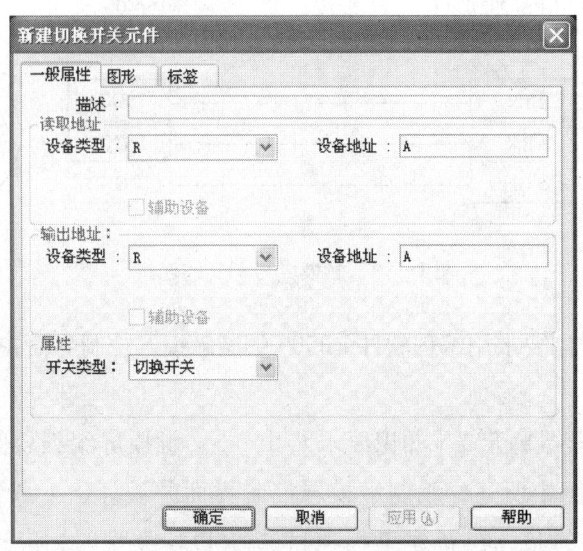

图 1—101　位状态切换开关属性

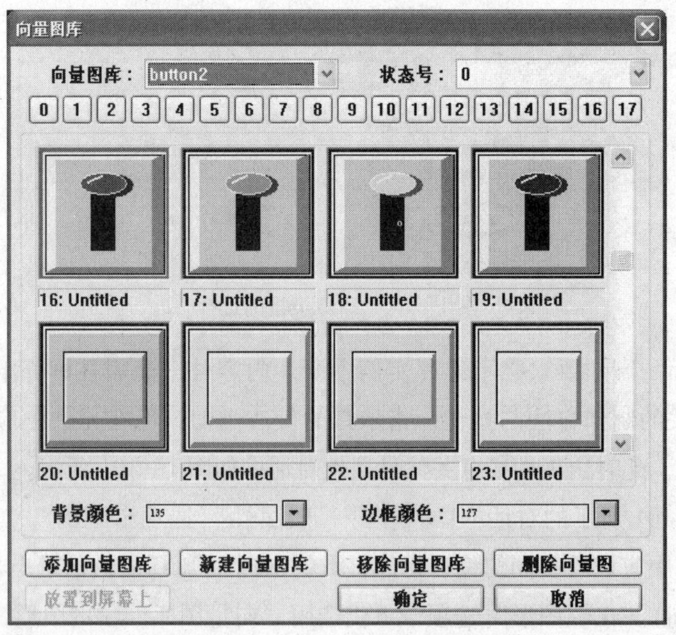

图 1—102　选择切换开关图形

步骤 5　用 FP_{WIN} - GR 和 EB500 编程软件及触摸屏进行调试

在将触摸屏界面和 PLC 程序分别下载到触摸屏和 PLC 中后，就可进行调试。

在 PLC 处于运行状态下工作，且触摸屏电源已关闭后重新通电的情况下，首先观察触摸屏屏幕上方左端的三只指示灯是否全亮，同时特别关注最左边的“通信”指示灯是否常亮；屏幕中画面是否能正常显示。若屏幕中画面未正常显示，中间有一个长条方框中提示“Attach Fail Suggest Reset PLC”时，表示触摸屏无法和 PLC 通信，此时应检查触摸屏与 PLC 之间的连接是否正确以及通信参数是否正确（在 EB500 中执行菜单命令［编辑］－［系统参数］中，选好 PLC 类型后其他通信参数应使用默认）。

如画面正常显示，可将 PLC 的编程软件选在梯形图窗口，打开监控，在触摸屏上依次按下 SB1 和 SB2 两个按钮，观察梯形图中 R1 和 R2 的常开触点是否接通；当按钮释放时，R1 和 R2 的常开触点是否复位。若不正确应检查控制界面中按钮的参数设置。触碰切换开关，观察触摸屏画面上的切换开关图形中扳键位置会不会随之上下变化，观察梯形图中对应 RA 的触点是否会相应接通或断开。在 R0 = 1 的情况下，观察指示灯是否按照切换开关的状态对应进行两亮两熄或一亮三熄显示，否则就检查程序中程序段“ST RA、DF、F0（MV）H1111 DT0”和“ST/RA、DF/、F0（MV）HCCCC DT0”有无错误及指示灯的设置是否正确。在屏幕上指示灯、按钮、切换开关能与 PLC 中 Y0 ~ Y7 及 R1、R2、RA 对应动作的情况下，若运行状况与控制要求不符，即是 PLC 程序中的问题，可利用程序监控来检查程序中的错误并加以排除。

四、注意事项

1. 注意 EB500 的使用方法，特别是切换开关的设置方法。

2. 注意触摸屏、PLC 及计算机之间通信接口的连接方法。

3. 注意启动 EB500 时，“Easy Manager”窗口中串行通信端口 COM 的正确选择，应按照触摸屏通信电缆实际接插在计算机上的串口号来选择。

4. 注意在 EB500 中对 PLC 类型、触摸屏类型、通信参数、语言类型的选择，其中通信参数在选好 PLC 类型后直接使用系统默认。新建工程项目时“语言类型”选“东方语言”。

5. 注意“位控制指示元件”“位状态设定”“位状态切换开关”类型的设置，特别注意按钮的开关类型应选“复归型开关”；切换开关的“读取地址”和“输出地址”中应设置相同的编程元件，开关类型选“切换开关”。

第3节　西门子可编程序控制器工作原理与编程

学习单元1　西门子S7－300 PLC的认识和简单程序编制

学习目标

➢ 初步认识西门子S7－300系列PLC

➢ 了解S7－300 PLC的结构和信号模块（SM）

➢ 了解S7－300 PLC的地址分配

➢ 了解S7－300 PLC的存储器及数据类型

➢ 了解S7－300 PLC的梯形图指令，学会编制简单的控制程序

知识要求

一、S7－300 PLC的硬件和地址分配

西门子（SIMATIC）自动化系统由一系列部件组合而成，包括PLC、工业控制网络、分布式I/O、人机界面（HMI）、标准工具STEP 7等。在SIMATIC系列PLC产品中，又可根据性能及用途分为S7、M7、C7、WINAC等几大系列。其中S7系列是传统意义的PLC产品，它包括针对低性能要求的紧凑的微型PLC S7－200、针对中等性能要求的模块式中小型PLC S7－300及用于高性能要求的模块式大型PLC S7－400。S7－300是通用型的PLC，适合自动化工程中的各种应用场合，尤其是生产制造过程中的应用。模块化、无风扇结构，易于实现分布式的配置以及易于掌握等特点，使得S7－300在各种工业领域中实施各种控制任务时，成为一种优选的解决方案。

1. S7－300 PLC 的硬件结构

S7－300 采用紧凑的、无槽位限制的模块结构，电源模块（PS）、CPU、信号模块（SM）、功能模块（FM）、接口模块（IM）和通信处理器（CP）都安装在导轨上。如图 1—103 所示。电源模块总是安装在机架的最左边，CPU 模块紧靠电源模块。如果有接口模块，就把接口模块放在 CPU 的右边。再右边就可安装其他的各种模块。电源模块为 CPU 模块和其他模块提供 DC24 V 电源。

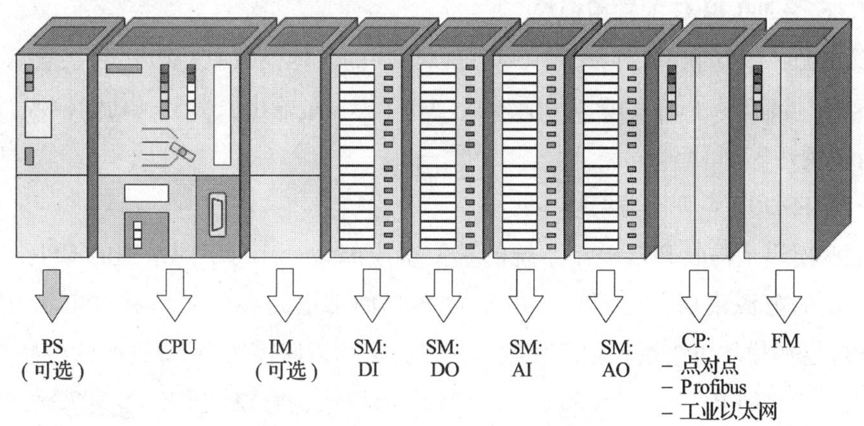

图 1—103　S7－300 PLC 的模块结构

S7－300 用背板总线将除了电源模块之外的各个模块互相连接起来。背板总线集成在模块上，模块之间通过 U 形总线连接器相连，每个模块都有一个总线连接器接插在模块的背后，安装时先将总线连接器插在 CPU 模块上，并用固定螺钉把模块固定在导轨上，然后依次安装各个模块，如图 1—104 所示。

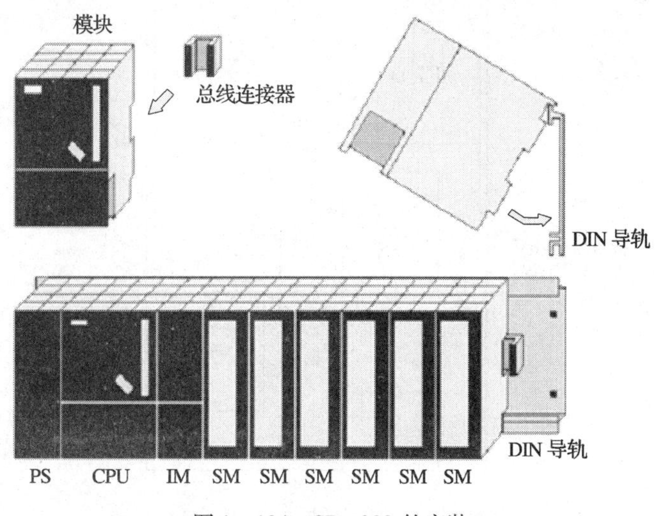

图 1—104　S7－300 的安装

外部接线接在信号模块和功能模块的前连接器的端子上，前连接器有20针和40针两种，可根据模块规格选用。前连接器被安装在模块前门盖内的插座上。

每一台S7－300 PLC最多可使用四个机架，其中装有CPU模块的导轨为中央机架，其他的导轨上可安装除CPU之外的各种模块，称为扩展机架。每个机架最多可以安装八个信号模块、功能模块或通信处理器模块。机架之间用接口模块和专用电缆进行连接。

2. S7－300 PLC的常用模块

除电源、CPU和IM外，S7－300可以选择的其他模块有：DI（数字量输入）、DO（数字量输出）、AI（模拟量输入）、AO（模拟量输出）、FM（功能模块）、CP（通信模块）等。

（1）PS 30X系列电源模块

电源模块是构成PLC控制系统的重要组成部分，针对不同系列的CPU，西门子有匹配的电源模块与之对应，用于对PLC内部电路和外部负载供电。有多种S7－300电源模块可为可编程序控制器供电，也可以向需要24 V直流的传感器/执行器供电，比如PS 305、PS 307。PS 305电源模块是直流供电，PS 307是交流供电。如图1—105所示是PS 307电源模块示意图。

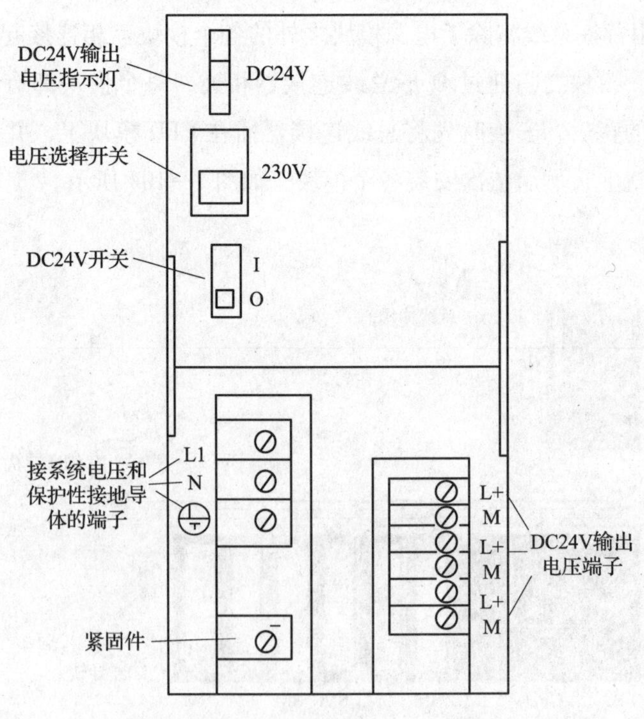

图1—105　PS 307电源模块示意图

PS 307 电源模块具有以下特性：

1）输出电流 2 A（或 5 A、10 A）。

2）输出电压 DC24 V，防短路和开路保护。

3）连接单相交流系统（输入电压 AC120/230 V，50/60 Hz）。

4）可用作负载电源。

（2）CPU 模块

CPU 是 PLC 系统的运算控制核心。它根据系统程序的要求完成以下任务：接收并存储用户程序和数据；接收现场输入设备的状态和数据；诊断 PLC 内部电路工作状态和编程过程中的语法错误；完成用户程序规定的运算任务；更新有关标志位的状态和输出状态寄存器的内容；实现输出控制或数据通信等功能。

S7 - 300 CPU 模块有 20 多种不同型号，各种 CPU 按性能等级划分，可以涵盖各种应用范围。除了标准型的 CPU 之外，还有紧凑型的 CPU。紧凑型 CPU 具有集成的 DI/DO、AI/AO 等。它没有集成的装载存储器，运行时需插入 MMC 卡（Flash EPROM），通过 MMC 卡执行程序和保存数据。如图 1—106 所示为紧凑型 CPU 314C - 2DP。

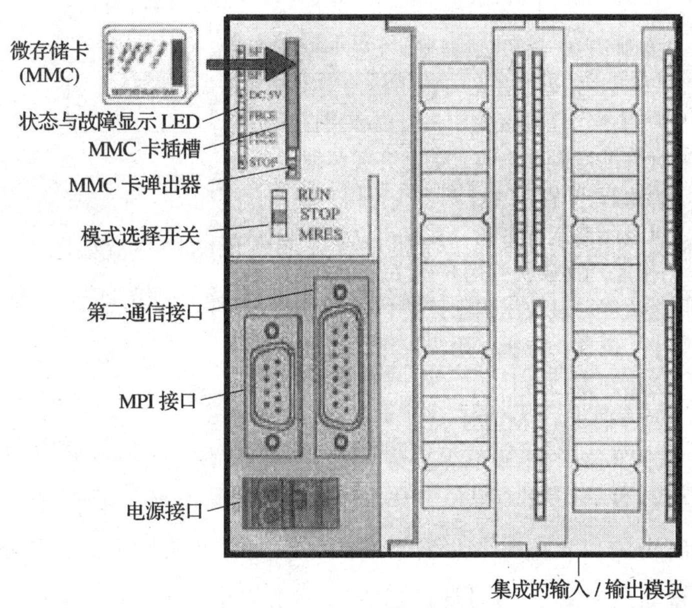

图 1—106　紧凑型 CPU

（3）接口模块

接口模块负责主架导轨和扩展导轨之间的总线连接，有 IM365、IM360、IM361

等。其中IM365只能扩展一个机架，电缆线长度只有1 m。IM360、IM361可扩展三个机架，电缆线长度有10 m，IM360安装于主机架，IM361安装于扩展机架，IM360和IM361之间用专用的368电缆连接。

（4）信号模块

信号模块也叫输入/输出模块，是CPU模块与现场输入/输出元件和设备连接的桥梁，用户可根据现场输入/输出设备选择各种用途的I/O模块。

1）数字量输入模块SM321。数字量输入模块有直流输入方式和交流输入方式两种。对现场输入元件，仅要求提供开关触点即可。输入信号进入模块后，一般都经过光电隔离和滤波，然后才送至输入缓冲器等待CPU采样。采样时，信号经过背板总线进入到输入映像区。数字量输入模块的接口电路如图1—107所示。

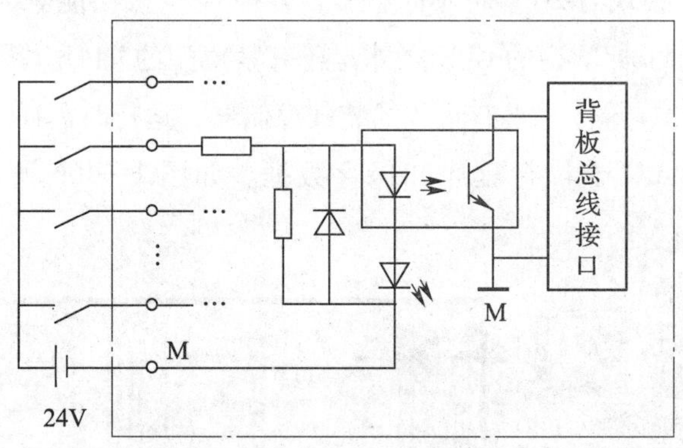

图1—107　数字量输入模块的接口电路

数字量输入模块需由外部电源供电，外部电源的极性应如图1—107中所示。每个输入点有一只绿色发光二极管显示输入状态，输入开关闭合（即有输入电压）时二极管点亮。

2）数字量输出模块SM322。数字量输出模块SM322将S7－300内部信号电平转换成所要求的外部信号电平，可直接用于驱动电磁阀、接触器、小型电动机、灯和电动机启动器等。按负载回路使用的电源不同，它可分为直流输出模块、交流输出模块和交直流两用输出模块。按输出开关元件的种类不同，它又可分为半导体管输出方式、晶闸管输出方式和继电器触点输出方式。半导体管输出方式的模块只能带直流负载，属于直流输出模块；晶闸管输出方式属于交流输出模块；继电器触点输出方式的模块属于交直流两用输出模块。从响应速度上看，半导体管响应最快，继电器响应最慢；从安全隔离效果及应用灵活性角度来看，以继电器触点输出型最佳。半导体管输出的接口电路如图 1—108 所示。

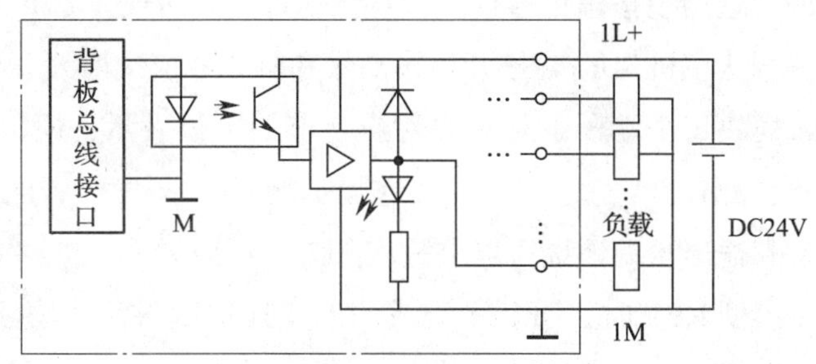

图 1—108　数字量输出模块的接口电路

3）模拟量输入模块 SM331。S7 - 300 模拟量输入模块的输入测量范围很宽，它可以直接输入电压、电流、电阻、热电偶等信号。SM331 主要由 A/D 转换部件、模拟切换开关、补偿电路、恒流源、光电隔离部件、逻辑电路等组成。A/D 转换部件是模块的核心，其转换原理采用积分方法。

4）模拟量输出模块 SM332。S7 - 300 模拟量输出模块可以输出 0 ~ 10 V，1 ~5 V，-10 ~ 10 V，0 ~20 mA，4 ~ 20 mA 等模拟信号。模拟量输出模块 SM332 目前有三种规格型号，即 4AO ×12 位模块、2AO ×12 位模块和 4AO ×16 位模块，分别为四通道的 12 位模拟量输出模块、两通道的 12 位模拟量输出模块、四通道的 16 位模拟量输出模块。其中具有 12 位输入的模块除通道数不一样外，其工作原理、性能、参数设置等各方面都完全一样。

（5）功能模块

功能模块主要用于对实时性和存储容量要求高的控制任务，如计数器模块、快速/慢速进给驱动位置控制模块、电子凸轮控制器模块、步进电动机定位模块、伺服电动机定位模块、闭环控制模块、接口模块、称重模块、位置输入模块、超声波位置解码器等。

（6）通信处理器模块

S7 - 300 系列 PLC 有多种用途的通信处理器模块，可用于组态网络，如 CP340、CP341、CP342、CP343 等，可以实现点对点通信（Point to Point，PTP——用 CP340、CP341 模块）、Profibus（用 CP342 模块）、工业以太网（用 CP343 模块）等通信连接。

3. S7 - 300 PLC 的地址分配

S7 - 300 PLC 信号模块中的每个端口或模拟量信号的每个通道，都必须有唯一的地址供编程使用。地址的分配既可使用默认的地址，也可自行定义。

使用默认地址时，S7－300 为每个槽分配了 4 个字节的地址给数字量信号模块；16 个字节的地址给模拟量信号模块。默认地址分配的规律如下：

（1）地址编号从主机架的 4#槽开始按槽号和机架号依次增大。

（2）数字量模块每个端子的地址以对应字节的 1 位表示；模拟量模块每个通道的地址用 1 个字表示。

（3）输入量和输出量的地址可以重叠。

（4）使用紧凑型 CPU 时，CPU 中集成的 I/O 地址默认为 3#机架 11 槽上分配的地址。

数字量信号的地址分配如图 1—109 所示。

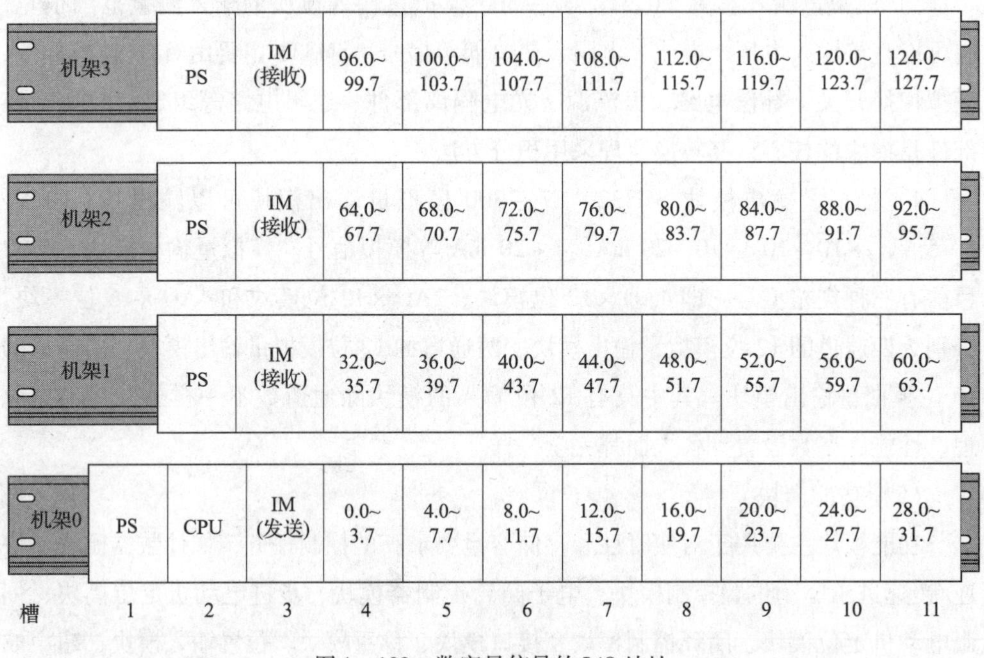

图 1—109　数字量信号的 I/O 地址

数字量模块每个端子的地址以对应字节的 1 位表示，如图 1—110 所示。

模拟量信号的地址分配如图 1—111 所示。

模拟量模块每个通道的地址用一个字表示，例如当使用紧凑型的 CPU 313C 时，CPU 中集成有四路模拟量输入，二路模拟量输出，则这四路模拟量输入通道的地址分别为 PIW752、PIW754、PIW756、PIW758，而二路模拟量输出通道的地址则分别为 PQW752 和 PQW754。

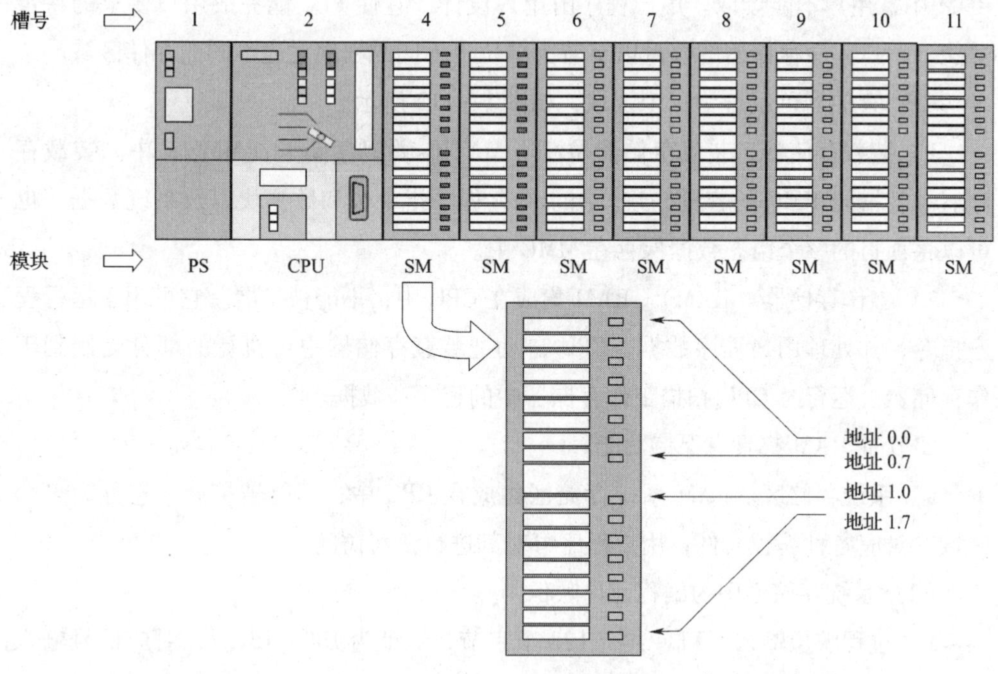

图 1—110　数字量模块的地址

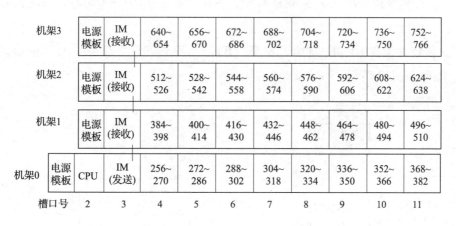

机架											
机架3		电源模板	IM（接收）	640~654	656~670	672~686	688~702	704~718	720~734	736~750	752~766
机架2		电源模板	IM（接收）	512~526	528~542	544~558	560~574	576~590	592~606	608~622	624~638
机架1		电源模板	IM（接收）	384~398	400~414	416~430	432~446	448~462	464~478	480~494	496~510
机架0	电源模板	CPU	IM（发送）	256~270	272~286	288~302	304~318	320~334	336~350	352~366	368~382
槽口号		2	3	4	5	6	7	8	9	10	11

图 1—111　S7－300 模拟量信号的 I/O 地址

二、S7－300 PLC 的存储器及数据类型

1. CPU 存储器的区域及系统存储区

（1）CPU 的存储器区域

PLC 的系统程序相当于个人计算机的操作系统，它使 PLC 具有基本的智能，能够完成 PLC 设计者规定的各种工作。系统程序由 PLC 生产厂家设计并固化在

ROM中，用户不能读取。用户程序由用户设计，它使PLC能完成用户要求的特定功能。用户程序存储器的容量以字节为单位，不同的程序对应不同的存储区域。

CPU存储器可以分为三个区域，如图1—112所示。

1）装载存储器。装载存储器位于SIMATIC微型存储卡（MMC）中。装载存储器的容量与MMC的容量一致。用于保存程序指令块和数据块以及系统数据，也可以将项目的整个组态数据保存在MMC中。

2）工作存储器（RAM）。RAM集成在CPU中，不能被扩展。它可用于运行程序指令，并处理用户程序数据。CPU自动把装载存储器中可执行的部分复制到工作存储器，运行时CPU扫描工作存储器中的程序和数据。

CPU的RAM都具有保持功能。

3）系统存储区。RAM系统存储区集成在CPU中，不能被扩展。它分为多个区域，对应各种编程元件，用户程序可对其进行读写访问。

（2）系统存储区中的编程元件映像

1）过程映像输入（I）。共有128个字节，地址为IB0～IB127，对应信号输入端口的地址。

2）过程映像输出（Q）。共有128个字节，地址为QB0～QB127，对应信号输出端口的地址。

I和Q在编程中可用“位”“字节（B）”“字（W）”“双字（D）”的形式表示，如图1—113所示。

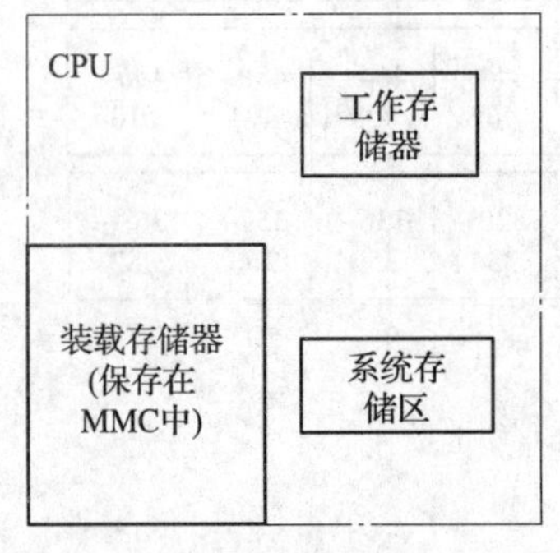

图1—112　CPU的存储器区域

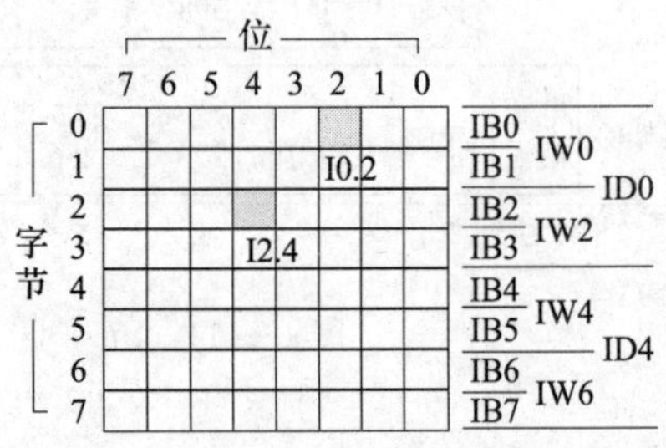

图1—113　过程映像输入/输出地址的表示形式

注意：以字或双字形式存储数据时，高位字节是放在地址小的字节中的。

3）外设I/O存储区（PI和PQ）。直接保存外部输入/输出端口的数据。

读写外设I/O存储区时只能用“字节（B）”“字（W）”“双字（D）”的形式，如PIW0、PQB2等，不能用“位”的形式表示。

4）位存储区（M）。共有 256 个字节（即 2 048 位），地址范围为 MB0 ~ MB255，可用“位”“字节（B）”“字（W）”“双字（D）”的形式表示，如 M10.0、MB12、MW8、MD32 等。

5）定时器（T）。共有 256 个 16 位定时器，地址为 T0 ~ T255。

6）计数器（C）。共有 256 个 16 位计数器，地址为 C0 ~ C255。

2. S7 -300 PLC 的数据类型

在编制 PLC 程序时，不可避免地会用到各种数据，这需要用规定的形式来加以表示，因此就必须了解 PLC 中的数据类型。S7 -300 PLC 的数据类型有三类：基本数据类型、复合数据类型及参数数据类型。此处仅对基本数据类型进行介绍。

基本数据类型有以下几种：

（1）位（BOOL）

数据长度 1 位，对应数值为“0”和“1”。

（2）字节（BYTE）

数据长度 8 位，数据格式为“B#16#”，数值范围为 B#16#0 ~ B#16#FF。

（3）字（WORD）

数据长度 16 位，有四种表达形式：

1）二进制：2#**，如 2#101。

2）十六进制：W#16#****，如 W#16#90F，数值范围为 W#16#0 ~ W#16#FFFF。

3）BCD 码：C#***，如 C#354，数值范围为 C#0 ~ C#999。

4）无符号十进制：B#（*，*），如 B#（12，254），取值范围为 B#（0，0）~ B#（255，255）。括号中的数字是用十进制的 0 ~ 255 来表示二进制中 1 个字节的内容，则 16 位的数就要用两个 0 ~ 255 的数来表示。B#（12，254）即为 2#00001100 11111110。

这四种表达形式中，STEP 7 中常用十六进制格式，即 W#16#****。

（4）双字（Double Word）

数据长度为 32 位，同样有二进制、十六进制、BCD、无符号十进制四种表达形式，通常用十六进制格式：DW#16#********。数值范围为 DW#16#0 ~ DW#16#FFFFFFFF。

（5）整数（INT）

数据长度 16 位，带符号，最高位是符号位：0 为正数，1 为负数。后面 15 位表示数值，以补码表示。

（6）双整数（Double INT）

数据长度32位，最高位表示符号，后面31位表示数值，以补码表示。常数前需加上L#以表示双整数，如L#27648表示32位的整数+27648（十进制）；L#-9764表示32位的整数-9764。

（7）浮点数（REAL）

数据长度32位，格式为*．****e±**，如3.524e+3表示$3.524\times10^{3}=3\,524$，1.051 3e-2表示$1.051\,3\times10^{-2}=0.010\,513$。浮点数用于表示带小数的数值、很大的数值及很小的数值，数值范围为$\pm1.175\,495\times10^{-38}\sim\pm3.402\,823\times10^{38}$。

（8）S5TIME（SIMATIC时间）

在定时器指令中表示时间，数据长度16位，包括时基和时间常数两个部分。时间常数采用BCD码，占12位，取值范围0～999；时基占2位，表示时间单位。其时间格式如图1—114所示，图中即为定时439 s，最高2位不用。

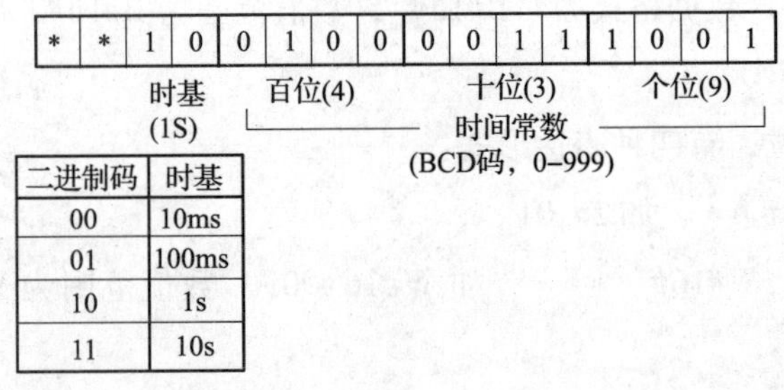

二进制码	时基
00	10ms
01	100ms
10	1s
11	10s

图1—114　S5TIME时间格式

在定时器指令中，用直接设置方式表示时间时可写为“S5T#439 s”或“S5T#7 m19 s”；用间接设置方式时，存储定时时间的存储单元内必须为如图1—114所示的格式。

三、S7-300 PLC的梯形图指令

1. S7-300 PLC的指令概述

（1）S7-300 PLC的编程语言

对S7-300进行编程时，可使用多种编程语言，如STL（语句表）、LAD（梯形图）、FBD（功能块图）、Graph（顺序功能图）、SCL（结构化控制语言）、Hi-Graph（图形编程语言）、CFC（连续功能图）等。不同的编程语言可供不同知识背景的人员使用，但最基本的编程语言是STL、LAD、FBD。

梯形图是一种图形语言，形象直观，容易掌握。梯形图与继电控制电路图的表达方式极为相似，适合于熟悉继电器控制电路的工程人员使用，特别适用于数字量逻辑控制。

梯形图按自上而下、从左到右的顺序排列，最左边的竖线为左母线，然后按一定的控制要求和规则连接各个触点，最后以线圈（或指令）结束，最右边再加上一根竖线，称为右母线。通常一个梯形图中由若干个网络（Network）即梯级组成。

（2）S7 - 300 的寻址方式

寻址方式即是程序中对编程元件进行访问的方式。S7 - 300 编程时可使用的寻址方式有立即寻址、直接寻址及间接寻址三种，用梯形图编程时，一般只使用立即寻址和直接寻址方式。

1）立即寻址。立即寻址是指在指令中直接提供操作数，如 L 276（276 装入累加器）。

2）直接寻址。直接寻址也称为绝对地址寻址，是指直接在指令中指定绝对地址——即所访问的存储区域、访问形式及地址数据。绝对地址由地址标识符和存储器位置组成。其中地址标识符的形式为指定存储区（如 I、Q、M）加上描述数据大小的符号（如 B、W、D）；或指定软元件（如 T、C）或块（如 FC、DB、SFC）加上软元件或块的编号。

在编程时，可采用四种直接寻址的方式。

①位寻址

格式：地址标识符 + 字节地址 + 位地址（0 ~ 7）。例如，I4.0，Q20.3，M100.1，DBX0.0 等。

②字节寻址

格式：存储区关键字 + B + 字节地址（存储区关键字 + B 即为地址标识符）。例如，MB0，IB10，QB2，DBB1 等。

③字寻址

格式：存储区关键字 + W + 第 1 字节地址（存储区关键字 + W 即为地址标识符）。例如，MW0，IW10，PIW752，DBW12 等。

④双字寻址

格式：存储区关键字 + D + 第 1 字节地址（存储区关键字 + D 即为地址标识符）。例如，MD50，DBD20 等。

在使用直接寻址时应注意：1 个字包括 2 个字节，如 MW10 中包括了 MB10、MB11。若再使用 MW11，则 MW11 中包括了 MB11、MB12。这样 MB11 就被重复使用而会造成数据的错乱。同样1个双字包括4个字节，如MD50中包括了MB50、MB51、MB52、MB53。应尽量避免地址重叠情况的发生，使用字寻址时，尽量采用偶数地址；使用双字寻址时，采用加4寻址。

2. 位逻辑指令

位逻辑指令是对位信号进行逻辑处理的指令，使用位逻辑指令对触点的组合进行逻辑运算，当逻辑运算结果（RLO）为“1”时可执行其后的功能。

常用的位逻辑指令有：

（1）常开触点　——┤ ├——

（2）常闭触点　——┤/├——

（3）输出线圈　——( )——

（4）线圈置位　——(S)——

（5）线圈复位　——(R)——

上述有关线圈操作的指令中，输出线圈指令无保持功能，而线圈置位和线圈复位指令都有保持功能。使用位逻辑指令的例子如图1—115所示。注意其中的触点和线圈均采用位寻址方式来加以表示。

常用的位逻辑指令还有上升沿脉冲和下降沿脉冲指令。

（6）RLO上升沿检测　——(P)——

（7）RLO下降沿检测　——(N)——

脉冲指令的使用实例如图1—116所示。

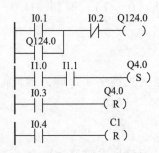

图1—115　位逻辑指令的使用实例

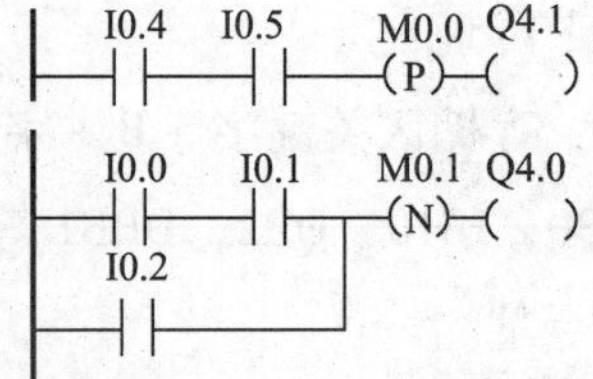

图1—116　脉冲指令的使用实例

在脉冲指令中，“边沿存储位”地址（即如图1—116所示的M0.0及M0.1）在每个扫描周期中记忆逻辑运算结果RLO的状态。RLO上升沿检测指令可以检测从“0”到“1”的信号变化，并将RLO的当前信号状态与“边沿存储位”地址中的信号状态进行比较。如果指令执行之前“边沿存储位”地址的信号状态（即上一个扫描周期的RLO状态）为“0”，若当前的RLO变为“1”，则在执行本指令后，指令后的线圈（Q4.1）产生一个脉宽为 1 个扫描周期的脉冲。

RLO 下降沿检测指令的功能与其类似，但检测的是 RLO 的下降沿变化。

3. 定时器指令

S7－300 PLC 中有 256 个定时器 T0～T255，任何一个都可按照所使用的定时器指令作为不同类型的定时器使用。

在 S7－300 中，有五种不同的定时器指令：

脉冲定时器　　　　——(SP)

扩展脉冲定时器　　——(SE)

开通延时定时器　　——(SD)

保持型开通延时定时器　——(SS)

关断延时定时器　　——(SF)

（1）脉冲定时器指令（SP）

SP 指令是产生指定时间宽度脉冲的定时器指令。脉冲定时器指令的使用如图 1—117 所示，程序中定时器 T1 的定时值为 2 s。

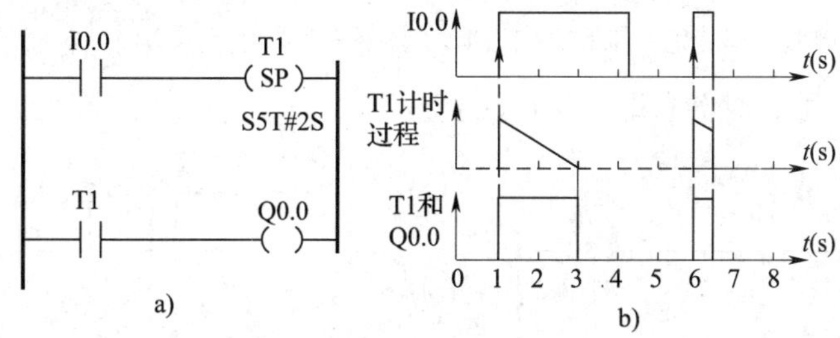

图 1—117　脉冲定时器指令

a）梯形图　b）时序图

如图 1—117a 所示的程序中，T1 接点控制 Q0.0 线圈，因此 T1 接点的状态与 Q0.0 的状态一致。由如图 1—117b 所示的时序图可以看出，脉冲定时器启动的条件是控制信号 I0.0 接通，在定时器启动计时的同时，T1 接点开始输出高电平“1”；定时器定时时间到则 T1 接点输出低电平“0”。在定时器计时的过程中，控制信号 I0.0 的状态若变为“0”则定时器立即停止计时，且 T1 接点输出立即被复位为“0”。因此，脉冲定时器输出的高电平的宽度小于或等于所定义的时间值。

（2）扩展脉冲定时器指令（SE）

SE 指令与 SP 指令相似，但 SE 指令具有保持功能。如图 1—118 所示为扩展脉冲定时器指令的使用。

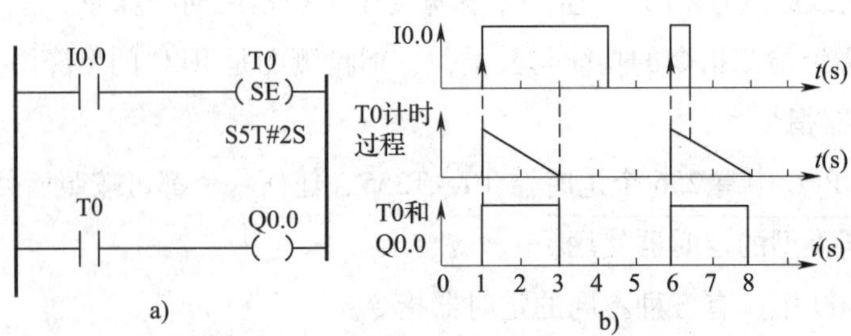

图1—118 扩展脉冲定时器指令的使用

a）梯形图 b）时序图

由图1—118b时序图可看出，如果定时时间尚未到达，控制信号I0.0的状态就由“1”变为“0”（$t=6.5$ s处），这时定时器仍然继续运行，直到计时完成。这是SE指令与SP指令的不同之处。

（3）开通延时定时器指令（SD）

SD相当于继电器控制系统中的通电延时时间继电器。通电后延时一段时间触点动作。直到控制信号触点断开时，定时器触点被复位为“0”。如图1—119所示为开通延时定时器指令的使用情况。在定时器计时的过程中，控制信号I0.0的状态若变为“0”则定时器立即停止计时。

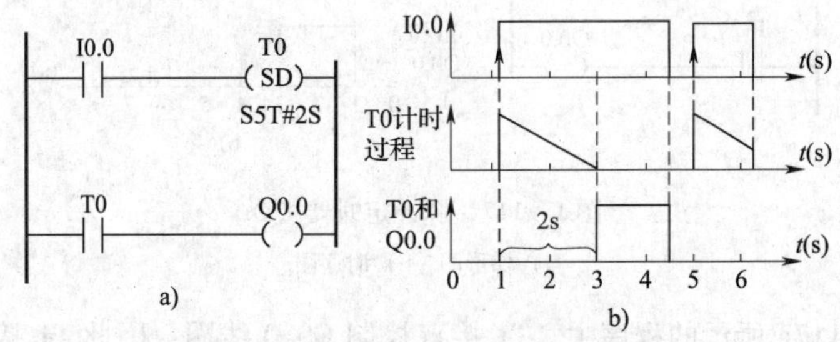

图1—119 开通延时定时器指令的使用

a）梯形图 b）时序图

（4）保持型开通延时定时器指令（SS）

SS指令与SD指令类似，但SS指令有保持功能。如图1—120所示为保持型开通延时定时器指令的使用情况。从如图1—120b所示波形图中可看出，一旦定时器SS指令被启动开始计时，即使控制信号I0.0的状态变为“0”，定时器SS指令仍然继续计时，定时时间到时定时器触点动作。但正是因为如此，只要定时器被启动，其触点就会接通并且不能由控制信号I0.0对其复位，因此需要使用复位指令来对定时器进行复位。

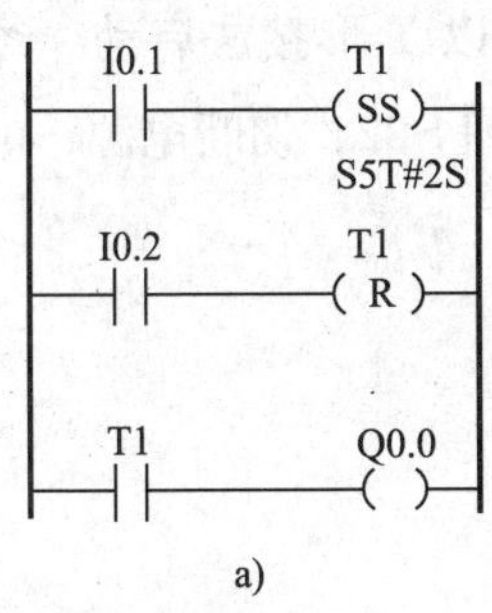

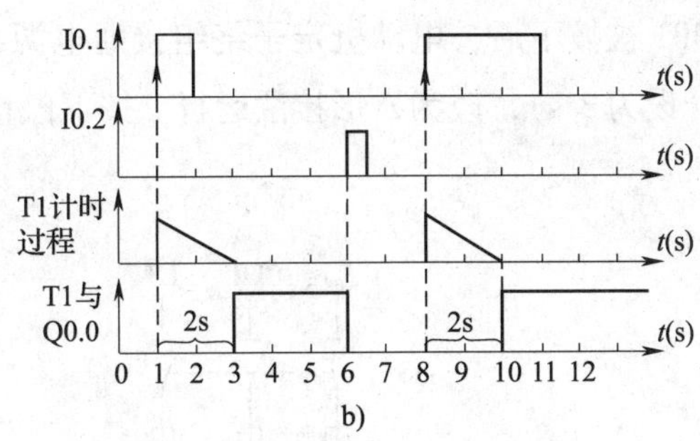

图 1—120　保持型开通延时定时器指令的使用

a）梯形图　b）时序图

（5）关断延时定时器指令（SF）

SF 指令相当于继电器控制系统中的断电延时时间继电器。也是定时器指令中唯一的一个由下降沿启动的定时器指令。关断延时定时器的工作情况如图 1—121 所示。

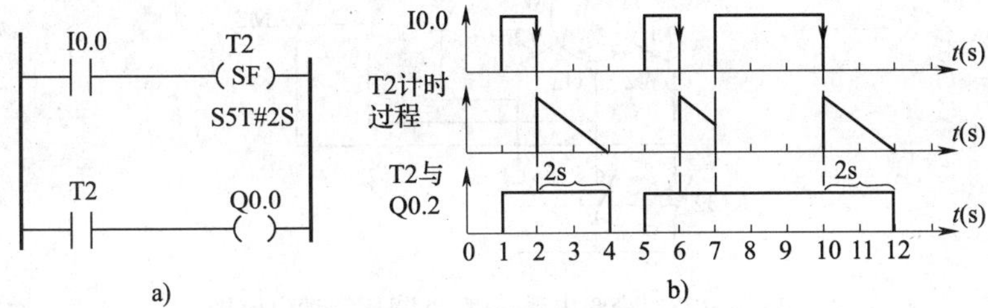

图 1—121　关断延时定时器指令的使用

a）梯形图　b）时序图

在关断延时定时器中，当控制信号 I0.0 接通时，定时器的触点立即动作，但定时器的计时要等到控制信号 I0.0 断开时才开始，等计时结束时定时器的触点被复位。若计时过程中控制信号 I0.0 又被接通，则立即停止计时，等控制信号 I0.0 断开时重新开始计时。

技能要求

使用 S7－300 PLC 的电动机 Y/△启动程序编程

一、操作要求

用 S7－300 PLC 梯形图指令编制电动机的 Y/△启动程序。

交流笼型电动机采用 Y/△降压启动的电路原理图如图 1—122 所示，要求当启动按钮 SB1 被按下后，电动机定子绕组接通电源，并以 Y 形接法启动。经过一段时间后（设为 3 s），改为△形接法运行。按下停止按钮 SB2，切断电源，电动机停止运行。

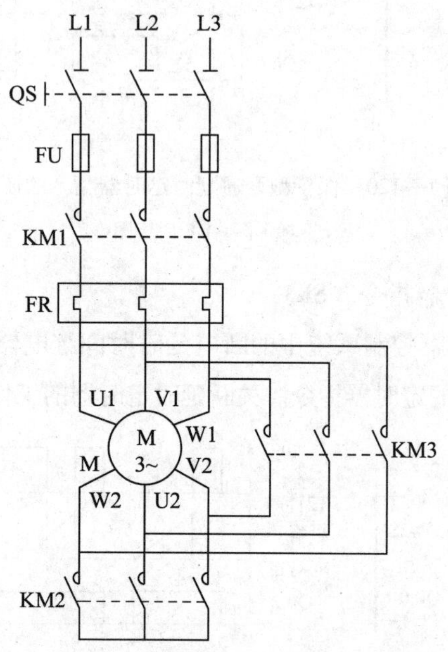

图 1—122　交流电动机 Y/△降压启动电路图

二、操作准备

本项目所需元器件清单见表 1—17。

表 1—17　　　　项目所需元器件清单

序号	名称	规格型号	数量	备注
1	PLC	西门子 S7 CPU 313C	1 台	
2	计算机		1 台	装有 STEP 7 编程软件
3	PC 适配器	PC Adapter	1 套	RS－232C/MPI 转换

三、操作步骤

步骤 1　在 S7－300 型 PLC 实训工作台上认识电源、CPU、输入/输出等模块

PLC 实训工作台、CPU 313C－2DP、电源模块 PS307－2A 和 MPI/RS－232 适配器等分别如图 1—123、图 1—124 和图 1—125 所示。

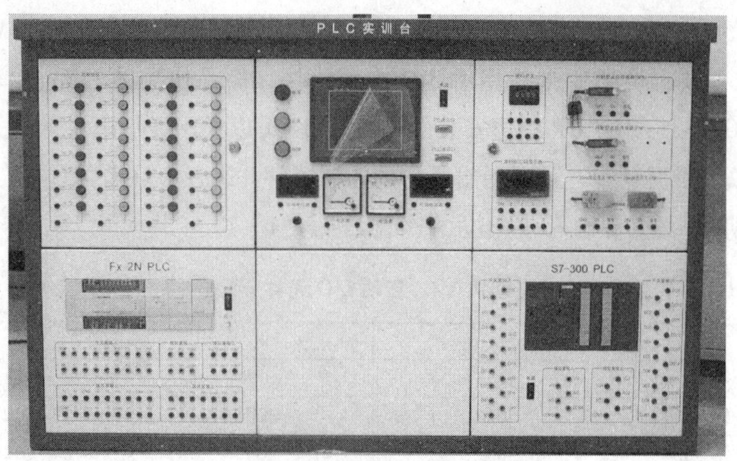

图 1—123　PLC 实训工作台

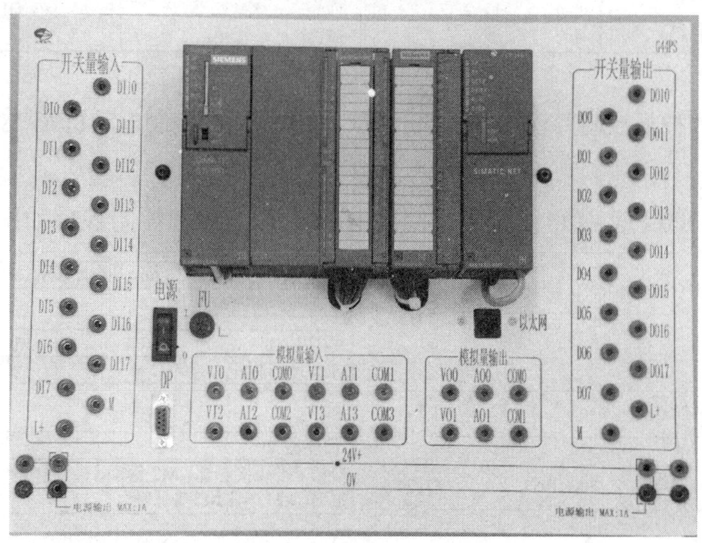

图 1—124　CPU 313C－2DP

a)

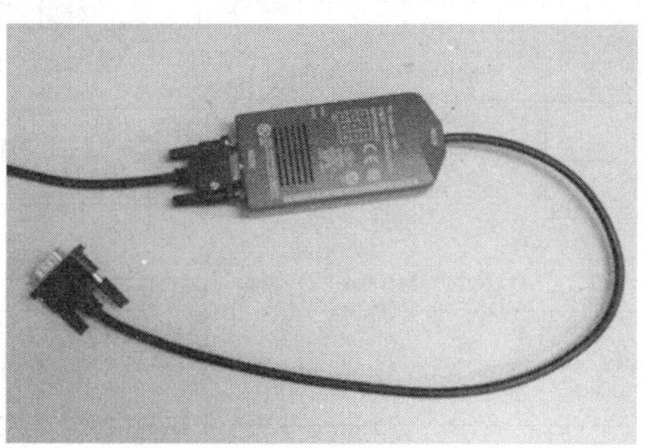

b)

图 1—125　电源模块和 MPI/RS－232 适配器

a）电源模块 PS307－2A　b）MPI/RS－232 适配器

在如图 1—124 所示紧凑型 CPU 313C－2DP 中集成有 DI16/DO16、AI4/AO2 等输入/输出模块，机架中未使用 PS307 电源模块，而是使用的外部 DC24 V 电源。另外，在 CPU 313C－2DP 右边安装的是 CP343－1 以太网通信模块。

步骤 2　根据电气电路图列出所需的控制器件并进行 I/O 分配

电动机 Y/△启动输入/输出元件分配法见表 1—18。

表 1—18　　**电动机 Y/△启动 I/O 元件分配表**

输入		输出	
元件	地址	元件	地址
启动按钮 SB1	I0.0	KM1	Q124.0
停止按钮 SB2	I0.1	KM2	Q124.1
热继电器 FR（接常闭触点）	I0.2	KM3	Q124.2

步骤 3　根据控制要求用 S7－300 PLC 梯形图指令编制电动机 Y/△启动控制程序

用 S7－300 PLC 梯形图指令编制的电动机 Y/△启动控制程序如图 1—126 所

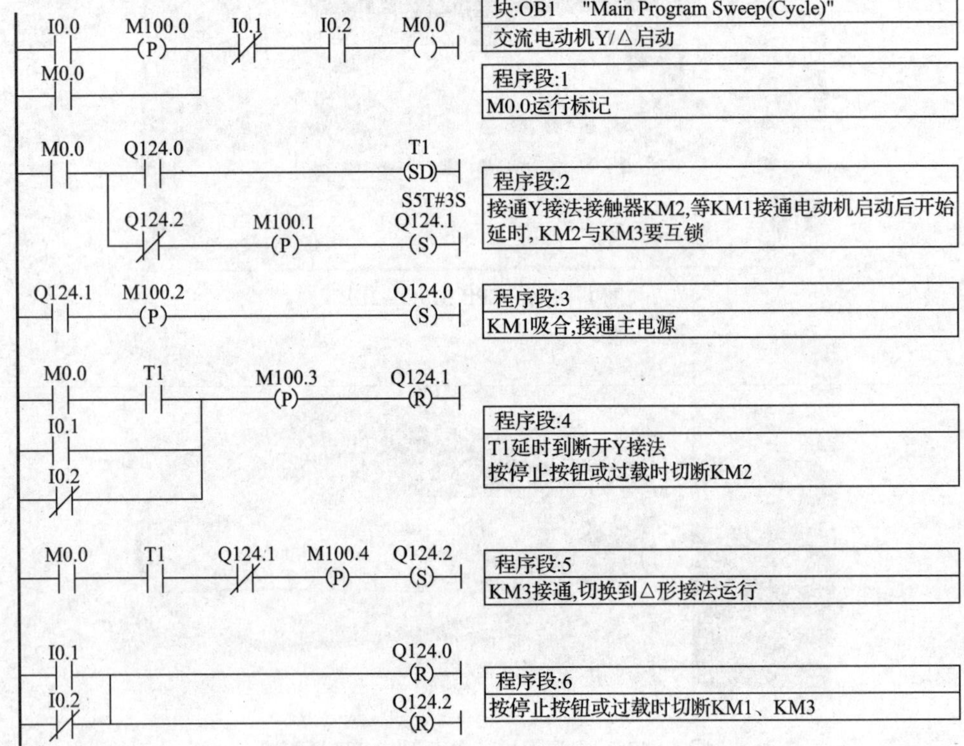

图 1—126　电动机 Y/△启动控制程序梯形图

示。在程序中，M0.0 为运行标记，为了防止按下停止按钮电动机停转，但停止按钮释放又自行启动的情况（启动按钮按下未放或被卡住时）发生，在 I0.0 常开触点后加了一个上升沿脉冲检测指令。在使用置位指令（S）或复位指令（R）时，为了防止线圈被闭锁［即（S）或（R）指令在控制条件未被释放时处于一直被执行的状态］，通常应使用脉冲检测指令。但注意在整个程序中，各个脉冲检测指令上的“边沿存储位”的地址不能重复。

四、注意事项

1．注意实物和教材说明的对照。

2．注意 S7 -300 梯形图指令的形式和用法。

3．注意定时器的种类和时间常数的设置形式。

4．注意西门子 PLC 和三菱、松下等 PLC 梯形图程序的异同。注意在 S7 -300 的程序结束时，不需要用程序结束指令（在三菱 FX_{2N} PLC 程序中要用“END”指令、松下 FP0 PLC 程序中要用“ED”指令）。

学习单元 2　S7 -300 PLC 顺序控制程序的编制

学习目标

- 进一步熟悉 S7 -300 PLC 的梯形图指令，学会编制顺序控制程序的方法
- 通过训练，提高编程技巧

知识要求

一、S7 -300 PLC 的梯形图指令

1．比较指令

在 S7 -300 PLC 程序中经常使用比较指令，这里的比较指令实际是触点比较指令，即把指令本身看作一个常开触点，指令执行时对两个源数据（IN1 和 IN2）进行比较，如果条件满足，则比较触点接通；条件不满足，则比较触点断开。

在比较指令中，进行比较的源数据可以是两个整数（I），也可以是两个双整数

（DI），或是两个实数（R）。

进行比较的关系有以下几种类型：

等于（EQ）：IN1 等于（ = = ）IN2；

不等于（NQ）：IN1 不等于（ < > ）IN2；

大于（GT）：IN1 大于（ > ）IN2；

小于（LT）：IN1 小于（ < ）IN2；

大于或等于（GE）：IN1 大于或等于（ > = ）IN2；

小于或等于（LE）：IN1 小于或等于（ < = ）IN2。

例如，如图 1—127 所示为比较两个整数是否相等的指令。

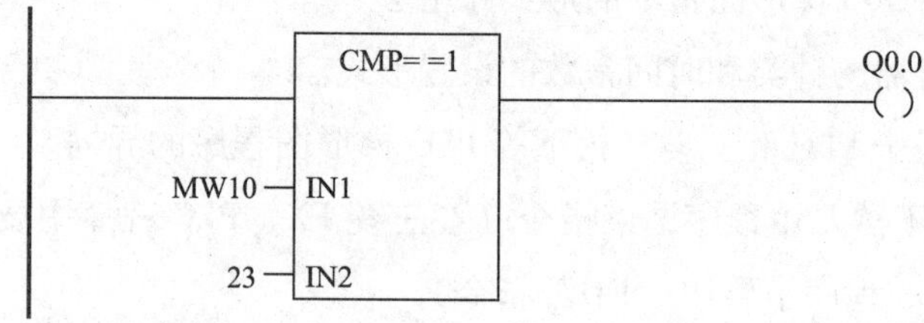

图 1—127　整数等于比较指令格式

如图 1—127 所示的整数等于比较指令中，“CMP = = ” 是指令的操作码，关键字为“I ”表示参与比较的两个源数据是整数（双整数的关键字是“DI”、实数是“R”）。整数等于比较指令是判断 IN1 和 IN2 处的两个整数是否相等，如果相等，则逻辑结果 RLO 为“1”，比较触点接通；如果两个数不相等则逻辑结果 RLO 为“0”，比较触点断开。如图 1—127 所示的程序中，当 MW10 中的内容等于 23 时，Q0. 0 的状态为“1”，否则，Q0. 0 的状态为“0”。

又如图 1—128 所示的是两个双整数大于比较的指令。

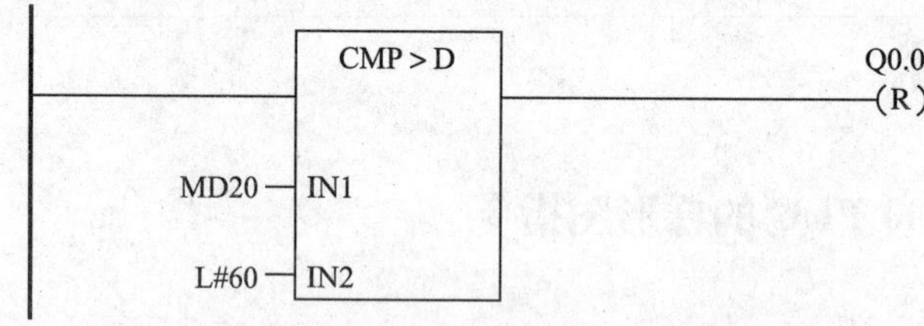

图 1—128　双整数大于比较指令格式

如图 1—128 所示，将 MD20 中的数据与双整数 60 进行比较，若（MD20） > 60，则比较触点接通，执行复位指令。若 MD20 中的数据不大于 60，则不执行复位指令。

各种比较关系的比较指令只是操作码中的比较符号不同，而指令格式和功能都是类似的。如图 1—129 所示的是六种不同关系的整数比较指令。

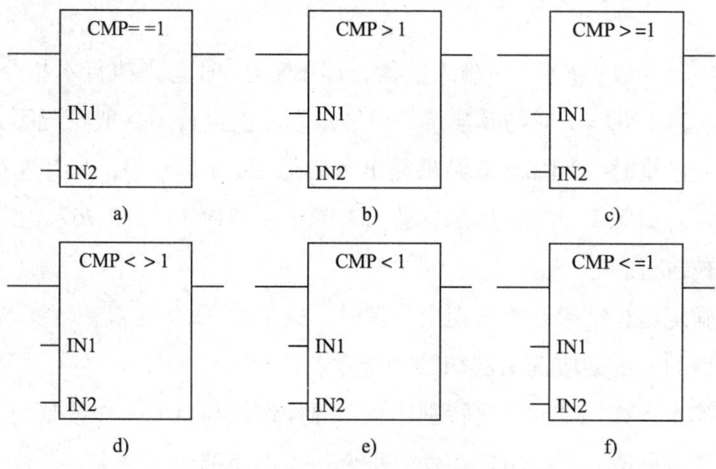

图 1—129　六种不同关系的整数比较指令

a）等于　b）大于　c）大于或等于　d）不等于　e）小于　f）小于或等于

注意：比较指令实际相当于一个触点指令，因此比较指令不能放在梯级的最后，在比较指令右边必须要有线圈或其他指令，如图 1—130 所示。

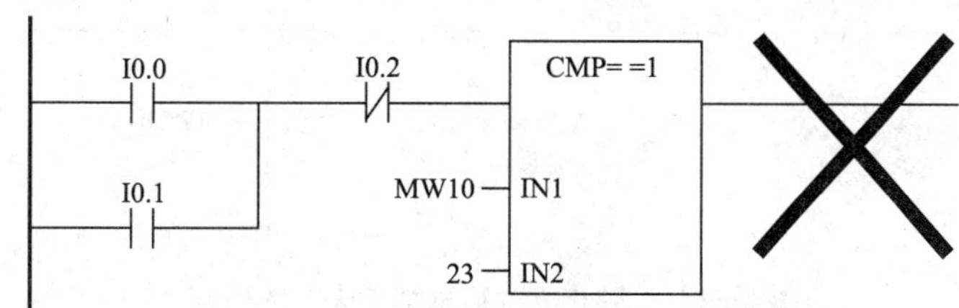

图 1—130　使用比较指令时的错误

2. 算术运算指令

S7 - 300 中的 16 位整数算术运算指令如图 1—131 所示。

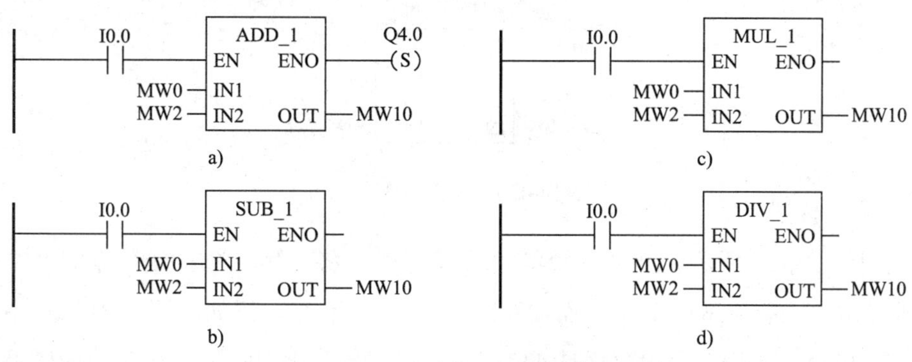

图 1—131　整数算术运算指令格式

a）加法指令　b）减法指令　c）乘法指令　d）除法指令

如图1—131所示的四条指令中，当控制触点I0.0接通时，对源操作数MW0和MW2分别进行加、减、乘、除的运算，所得到的运算结果分别被送到目的操作数MW10中。

在指令中，参数“EN”为输入使能，即EN=1时允许执行本指令；“ENO”为输出使能，当ENO=1时与其连接的后续指令可被执行。一般情况下ENO=EN，但在指令执行出错时（例如运算结果超出数值范围）ENO=0，与其连接的后续指令不再被执行。如图1—131a所示，若（MW0）+（MW2）>32 767，则对Q4.0的置位指令不被执行。

在不能确定运算结果是否会超出范围时，应采用32位的双整数算术运算指令，此时操作码后的关键字应选用“DI”的指令。

在使用算术运算指令时，要特别注意当源操作数与目的操作数是同一个存储单元的情况。在这种情况下，可能会发生每个扫描周期都运算一次，导致运算结果无法预料。为防止失控，应在算术运算指令前加上脉冲边沿检测指令，以保证在控制条件满足时只会执行一次运算，如图1—132所示。

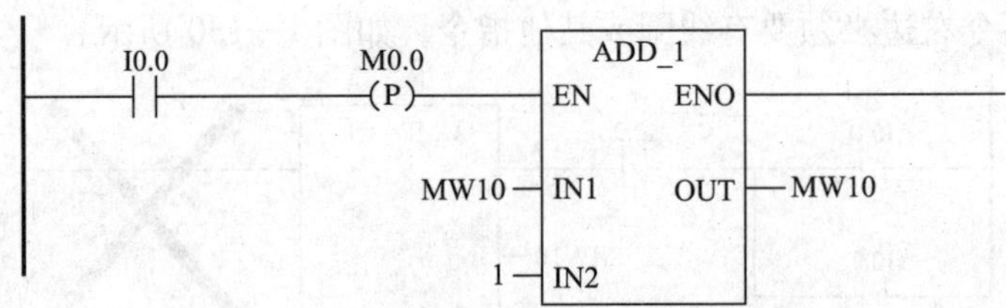

图1—132　防止算术运算结果失控的措施

3. 传送指令

将源操作数复制到目的操作数的指令称为传送指令，其格式如图1—133所示。

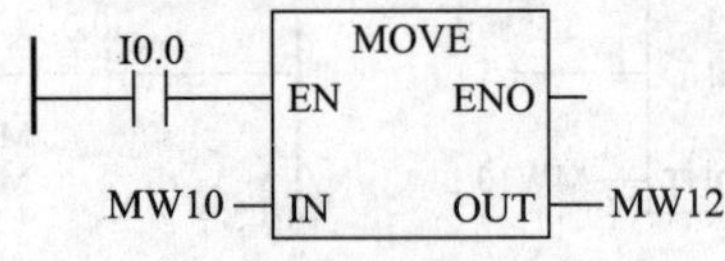

图1—133　传送指令格式

如图1—133所示，当控制触点I0.0接通时，将“IN”端的源数据MW10传送到“OUT”端的MW12中，而MW10中的数据不变。例如，原来MW10中的数据是1234，MW12中的数据是4321，指令执行后MW10和MW12中的数据都是1234。

用 MOVE 指令传送的数据类型可以是字节（Byte）、字（Word）或双字（Double Word），如图 1—134 所示。

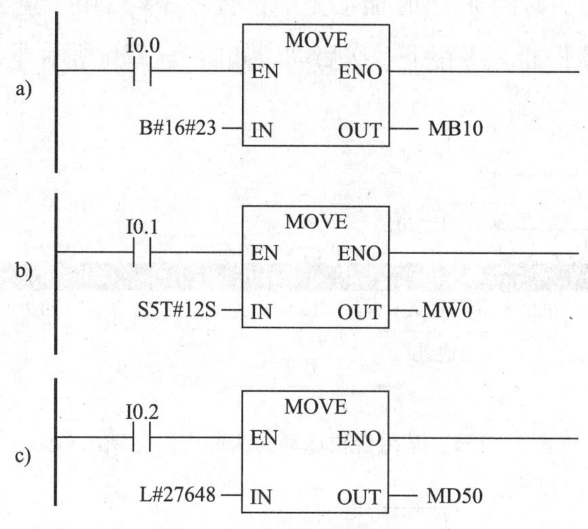

图 1—134　MOVE 指令可传送的数据类型

二、用 S7 -300 PLC 的梯形图指令编制顺序控制程序的方法

顺序控制就是按照生产工艺预先规定的顺序，在各个输入信号的作用下，根据内部状态和时间的顺序，各个执行机构自动地进行操作。

顺序控制设计法最基本的设计思想是将系统的一个工作周期划分为若干个顺序相连的阶段（步，Step），用编程元件（例如存储器位 M）来代表各步。步是根据输出量的 ON/OFF 状态的变化来划分的，在任何一步内输出量的状态不变（ON 或 OFF），而在各步中可执行不同的输出。

使系统由当前步进入下一步的信号称为转换条件。顺序控制设计法用转换条件控制代表各步的编程元件，让它们的状态按一定的顺序变化，然后用代表各步的编程元件去控制输出。

使用顺序控制设计法时，应首先根据工艺过程画出顺序功能图，然后根据顺序功能图画出梯形图。

1. 顺序功能图

顺序功能图是描述控制系统的控制过程、功能和特性的一种图形，是设计 PLC 顺序控制程序的有力工具。它并不涉及所描述的控制功能的具体技术，而只是描述控制系统顺序工作的过程。

顺序控制功能图由①步、②动作、③有向连线、④转换、⑤转换条件这五个基本要素组成。例如，某组合机床动力头的进给运动示意图如图1—135所示，按下启动按钮I0.0动力头快进；当碰到I0.1（行程开关），动力头由快进变为工进（加工工件）；动力头碰到I0.2时加工完毕；暂停3 s后由工进变为快退；退回原点动力头碰到I0.3停止，等待下一次启动。如图1—136所示即为此控制系统的顺序功能图。

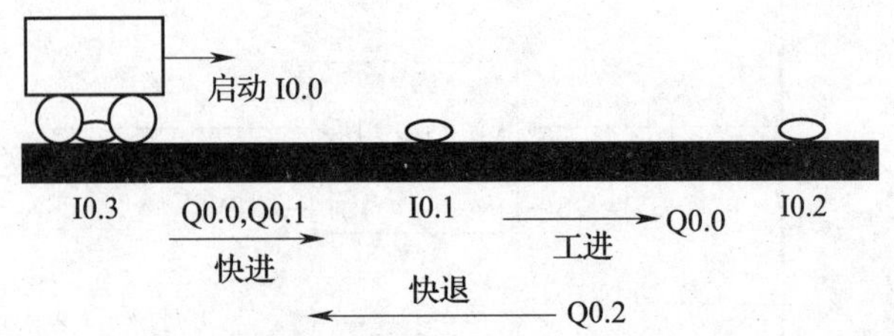

图1—135 某组合机床动力头的进给运动示意图

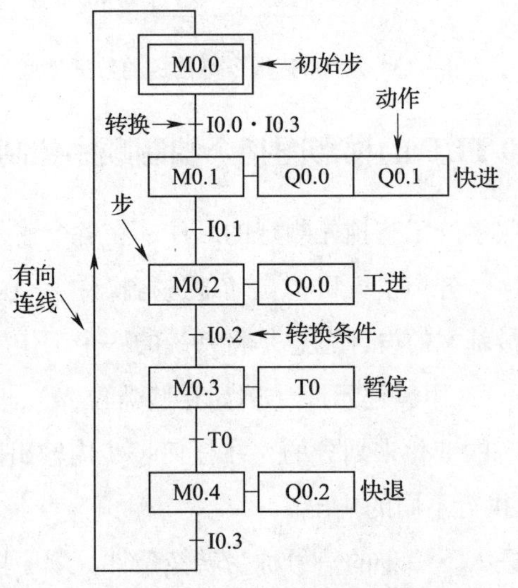

图1—136 某组合机床动力头进给运动的顺序功能图

顺序功能图有四种基本类型。

（1）单流程

从头到尾只有一个分支的流程称为单流程。单流程一般做成循环单流程，如图1—136所示即为单流程。

（2）选择分支流程

流程中存在多条路径，但只能选择其中的一条路径来走，这种分支方式称为选择性分支。选择性分支结构中，在某一步后面不止有一步，而是由两步（或两步以上的步）组成，这些后续步分别由与该步对应的不同的转换条件来选择。当这些后续步及其所属序列完成后，根据相应的转换条件又汇合到一起，如图 1—137a 所示为选择性分支。

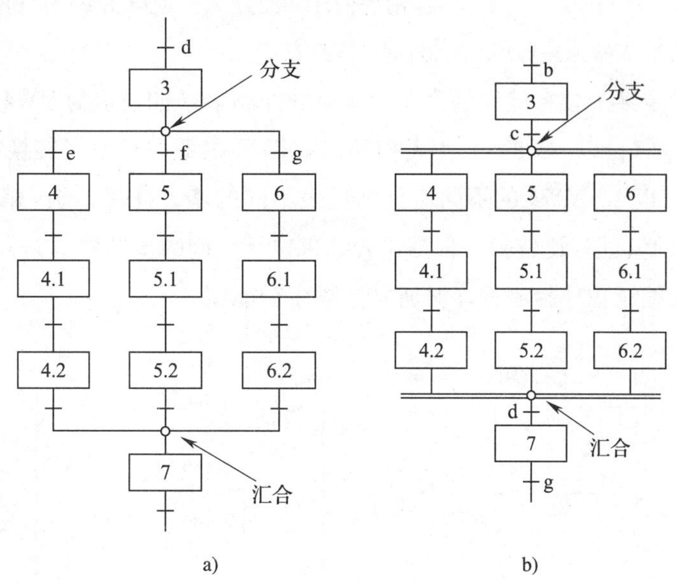

图 1—137　选择性分支和并行性分支
a）选择性分支　b）并行性分支

（3）并行分支流程

流程中若有多条路径，并且这些路径必须同时执行，这种分支方式称为并行分支流程。对于并行性分支，在某一步之后只有一个转换，而这一转换条件的满足会使该步后面的两步（或两步以上的步）同时变成活动步。当这些活动步及其所属分支全部完成，且转换条件满足后，汇合到一起，然后转换到后续步，如图 1—137b 所示即为并行性分支。为了强调转换的同步实现，并行性分支结构中的水平连线用双线表示。

（4）多流程

若在一个控制系统中，存在多个相互独立的工艺流程，则为多流程。这种结构主要用于处理复杂的顺序控制任务。

2. 用触点比较指令和步序控制字 MW 编制顺序控制程序

设计顺序控制程序时，对于 S7－300/400 PLC，可以用 S7 Graph 顺序功能图编程语言，但使用 S7 Graph 需要单独的许可证密钥，学习使用 S7 Graph 也需要花费一定的时间和精力。对于没有 S7 Graph 许可证密钥的情况或使用其他没有顺序功能图编程语言的PLC（如S7－200 PLC）时，就需手工画出顺序功能图，然后根据顺序功能图来设计顺序控制梯形图。在根据顺序功能图来设计顺序控制梯形图时，关键是如何实现步的转换。顺序功能图中转换的实现可采用多种方法，例如使用启停保电路的编程方法或使用置位复位指令的编程方法。此处介绍一种用触点比较指令和步序控制字MW编制顺序控制梯形图的方法。

首先需设定某个位存储区的字作为转换的控制字（如设定为MW4），在初始化时将MW4置为1，以MW4＝1代表初始步。以后在每一步中当转换条件满足时，将MW4＋1→MW4。MW4的不同值分别代表不同的步，在每一步中都用触点比较指令对MW4的值进行比较，并根据比较结果执行相应的步，如图1—138所示即为采用这种方法编制顺序控制程序时所画的顺序功能图。

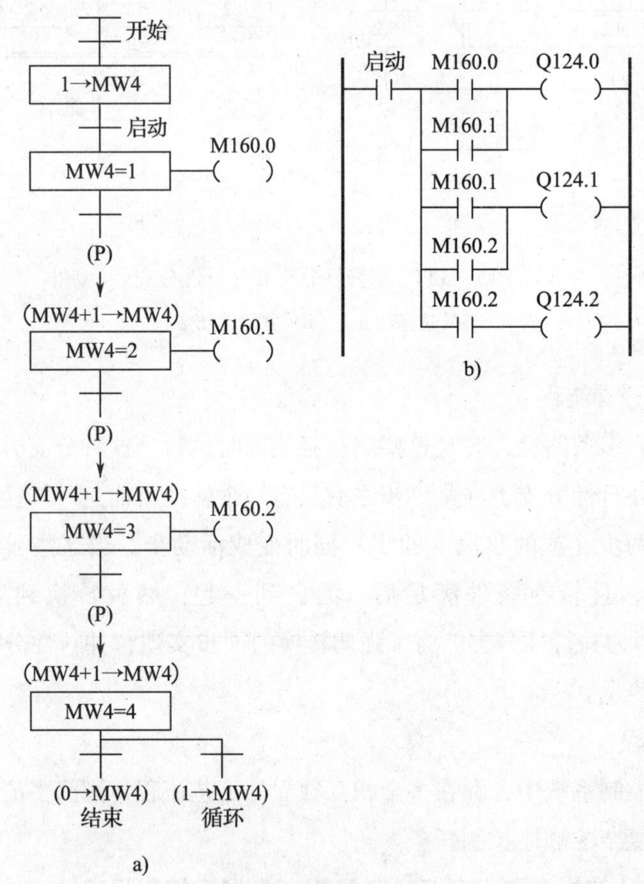

图1—138　用触点比较指令和步序控制字MW编制顺序控制程序

a）顺序功能图　b）输出电路梯形图

技能要求

用 S7－300 PLC 的运料小车控制程序编程

一、操作要求

用 S7－300 PLC 梯形图指令编制控制程序，实现运料小车按工艺流程运行。

如图 1—139 所示为运料小车控制的组态画面，用启动按钮 SB1 来启动运料小车，停止按钮 SB2 用来手动停止运料小车。选择开关 SA1 可选择两种工作方式：SA1＝0 时为方式一；SA1＝1 时为方式二。

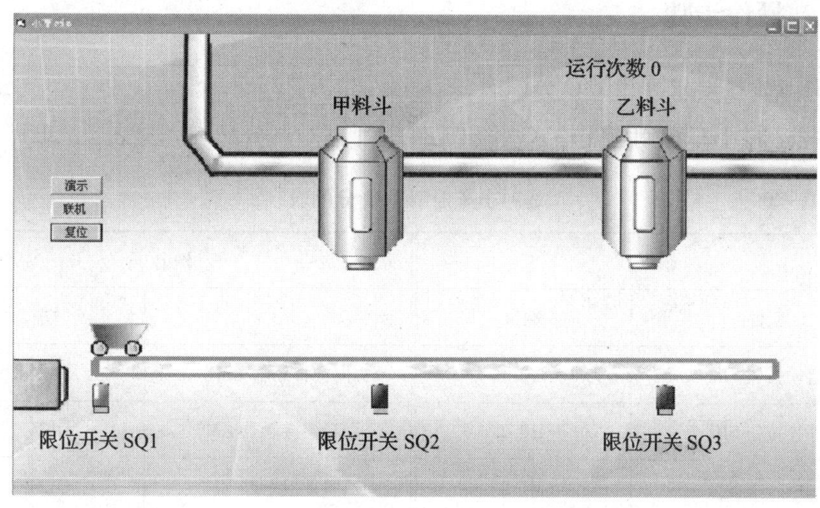

图 1—139　运料小车控制组态画面

按 SB1 按钮小车从原点启动，KM1 接触器吸合使小车向前运行，直到压下 SQ2 限位开关后。

方式一：小车停，KM2 接触器吸合使甲料斗装料 5 s，然后小车继续向前运行，直到压下限位开关 SQ3 停车，KM3 接触器吸合使乙料斗装料 3 s。

方式二：小车停，KM2 接触器吸合使甲料斗装料 3 s，然后小车继续向前运行，直到压下限位开关 SQ3 停车，KM3 接触器吸合使乙料斗装料 5 s。

完成以上任何一种方式后，KM4 接触器吸合，小车返回原点，直到压下开关 SQ1 后停车，KM5 接触器吸合使小车卸料 5 s 后完成一次循环。在此循环过程中如果按下SB2按钮，则小车完成一次循环后停止运行；否则小车完成三次循环后自动停止。

二、操作准备

本项目所需元器件清单见表1—19。

表1—19　　项目所需元器件清单

序号	名称	规格型号	数量	备注
1	PLC	西门子S7－313C	1台	
2	计算机		1台	装有STEP 7编程软件
3	PC适配器	PC Adapter	1套	RS－232C/MPI转换

三、操作步骤

步骤1　按要求列出I/O分配表

根据运料小车控制所需输入/输出元件，列出I/O分配表（见表1—20）。

表1—20　　运料小车控制I/O分配表

输入		输出	
元件	端口	元件	端口
启动按钮SB1	I10.1	向前接触器KM1	Q124.0
停止按钮SB2	I10.2	甲料斗接触器KM2	Q124.1
限位开关SQ1	M1.2	乙料斗接触器KM3	Q124.2
限位开关SQ2	M1.3	向后接触器KM4	Q124.3
限位开关SQ3	M1.4	小车卸料接触器KM5	Q124.4
工作方式开关SA1	I11.3	计数单元	MW2

步骤2　按要求写出运料小车控制流程图

运料小车控制流程图如图1—140所示。

步骤3　根据控制要求用S7－300 PLC梯形图指令编制运料小车控制程序

根据运料小车控制流程图，编制该程序梯形图如图1—141所示。

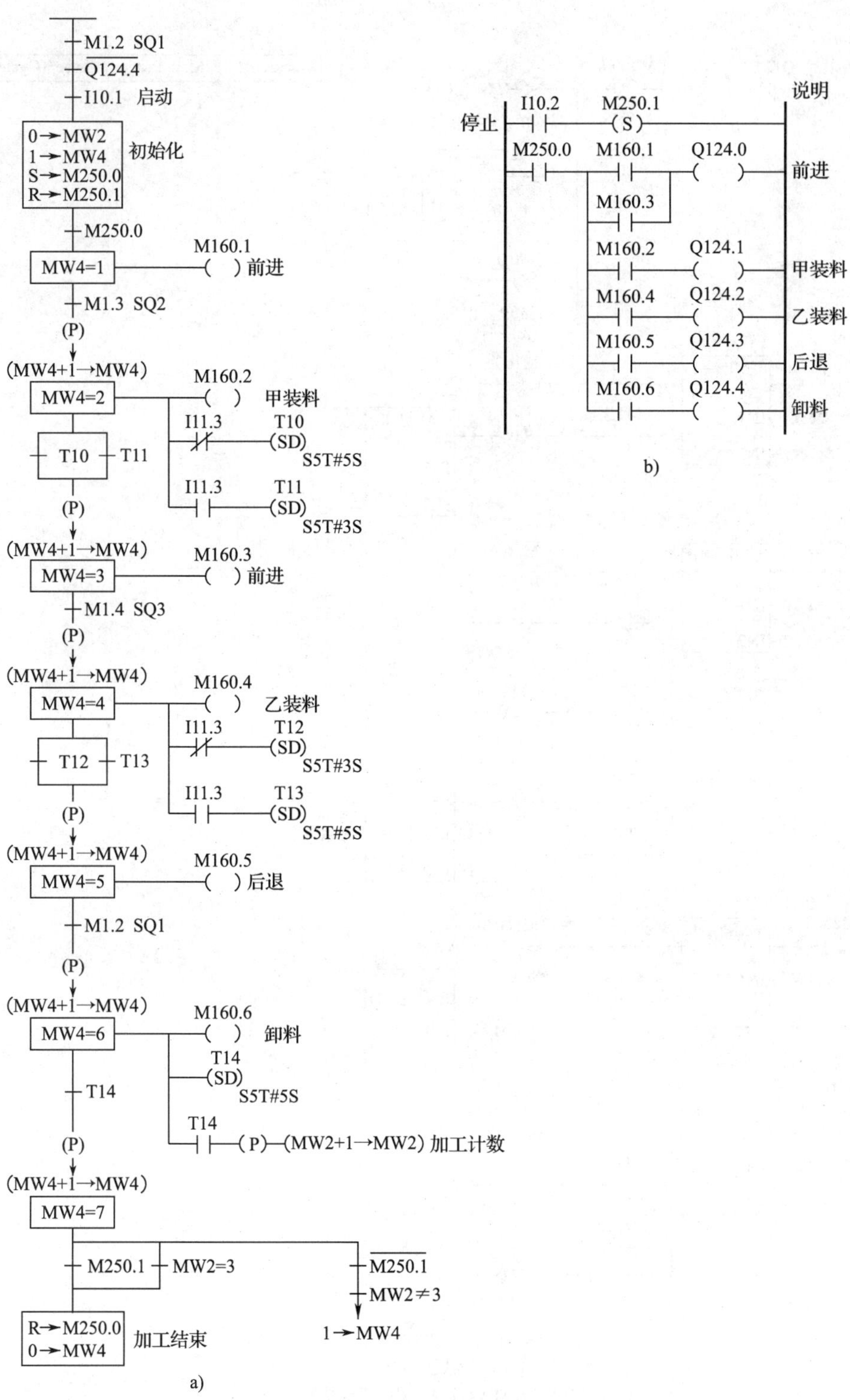

图 1—140　运料小车控制流程图

a）控制流程图　b）辅助电路梯形图

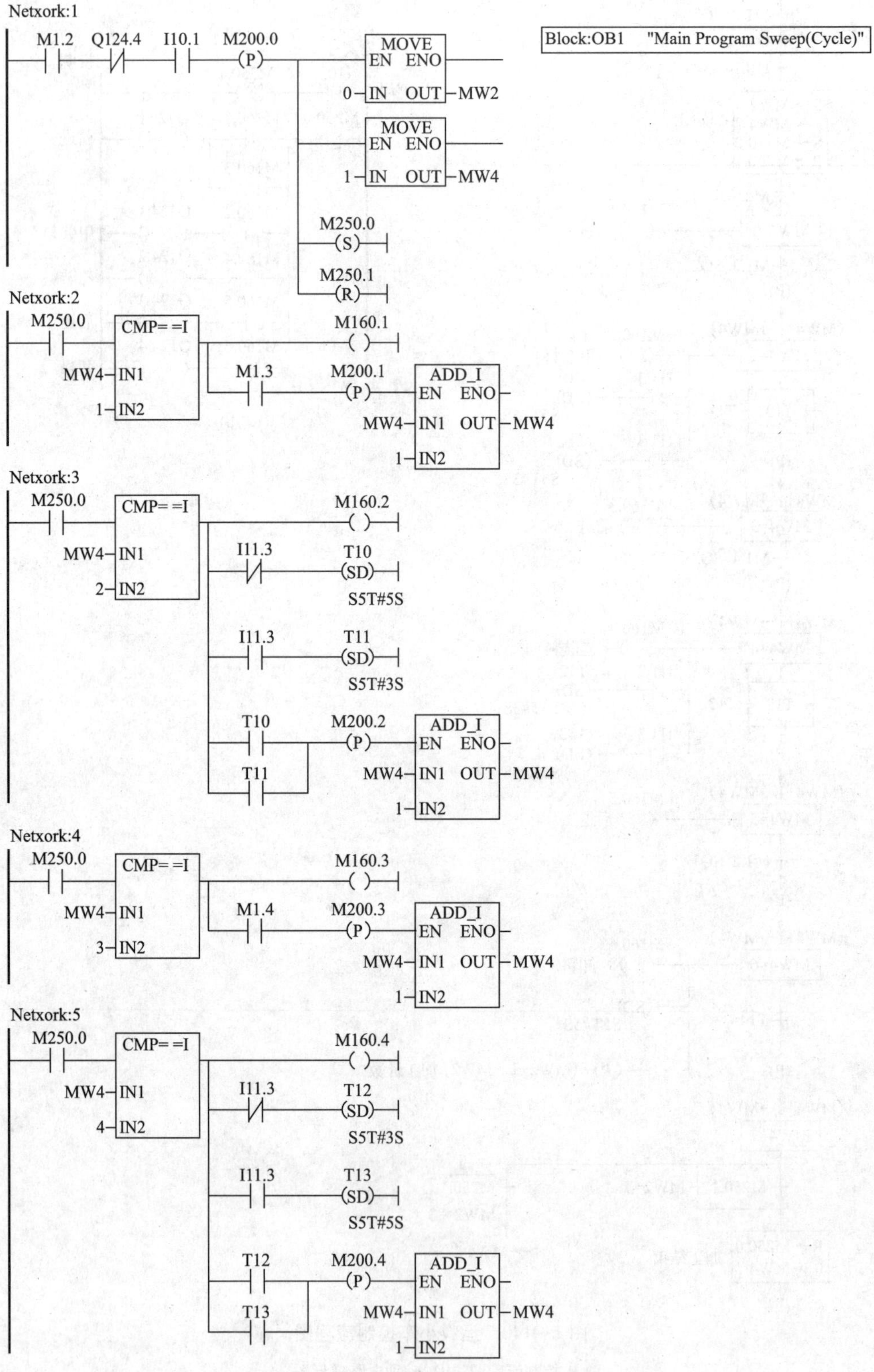

Block:OB1 "Main Program Sweep(Cycle)"
Netxork:1
M1.2 Q124.4 I10.1 M200.0 (P)
MOVE EN ENO 0-IN OUT-MW2
MOVE EN ENO 1-IN OUT-MW4
M250.0 (S)
M250.1 (R)
Netxork:2
M250.0 CMP= =I MW4-IN1 1-IN2
M160.1 ( )
M1.3 M200.1 (P)
ADD_I EN ENO MW4-IN1 OUT-MW4 1-IN2
Netxork:3
M250.0 CMP= =I MW4-IN1 2-IN2
M160.2 ( )
I11.3 T10 (SD) S5T#5S
I11.3 T11 (SD) S5T#3S
T10 T11 M200.2 (P)
ADD_I EN ENO MW4-IN1 OUT-MW4 1-IN2
Netxork:4
M250.0 CMP= =I MW4-IN1 3-IN2
M160.3 ( )
M1.4 M200.3 (P)
ADD_I EN ENO MW4-IN1 OUT-MW4 1-IN2
Netxork:5
M250.0 CMP= =I MW4-IN1 4-IN2
M160.4 ( )
I11.3 T12 (SD) S5T#3S
I11.3 T13 (SD) S5T#5S
T12 T13 M200.4 (P)
ADD_I EN ENO MW4-IN1 OUT-MW4 1-IN2

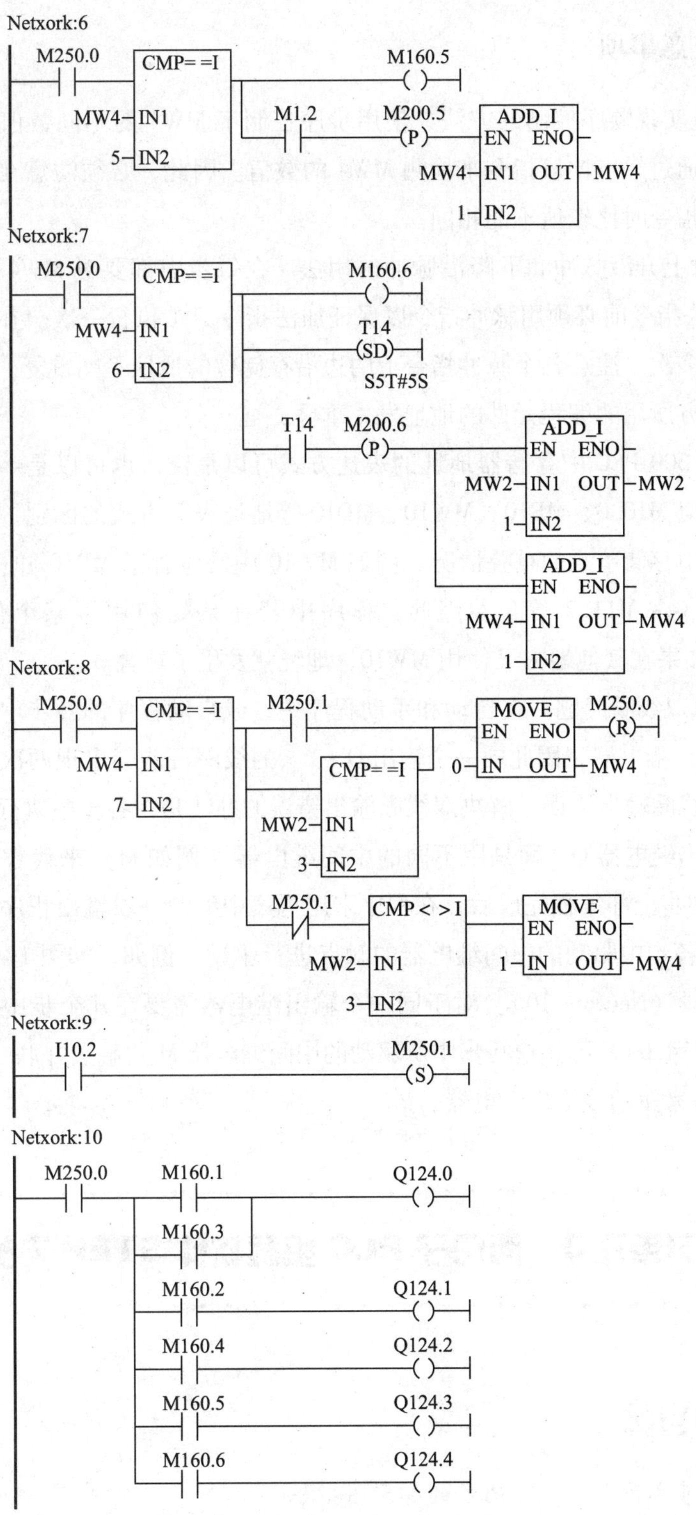

图 1—141　运料小车控制程序梯形图

四、注意事项

1．注意实现顺序控制的方法，使用步序控制字 MW4 的不同数值来代表不同的步，同时通过触点比较指令来检测 MW4 的数值。因此，必须注意在不同的步中用触点比较指令时比较值不能相同。

2．注意上升沿脉冲和下降沿脉冲的用法。在每步中都要对 MW4 中的数值加上 1，在加法指令前必须用脉冲指令以保证加法指令只被执行一次。在程序中脉冲指令要用到多次。注意各个脉冲指令上的边沿存储位的地址不能重复，也不能与程序中其他地方所用的编程元件的地址发生重叠。

3．S7－300 PLC 中存储器地址的表达方式可以是位，也可以是字节、字及双字。注意类似 M10.0、MB10、MW10、MD10 等地址表示方式的区别，以及各种地址表示方式中存储单元的重叠情况。例如 MW10 中已包含了 MB10 和 MB11，当然包含了 M10.0 ~ M11.7 等位。因此，程序中若在某处使用了某个位地址例如 M11.1，则如果在其他地方又使用 MW10，地址就发生了重叠。

4．注意双线圈问题。在自动和手动程序中，或自动程序的各步中，都需要控制 PLC 的输出继电器，因此同一个输出 Q＊.＊的线圈可能会出现两次或多次被激励，造成双线圈输出错误。解决双线圈输出错误的办法是在各步中执行输出时，不直接驱动输出继电器 Q，而是用不同的中间继电器（例如 M）来代替输出继电器 Q。在所有的步全部编程完成后，在程序末尾再集中编制一段输出程序，将输出继电器 Q 用在各步中驱动的中间继电器的触点进行驱动。例如，如图 1—141 所示最后一个程序段（Network 10）。对于同一个输出继电器需要在几个步中都要输出的情况（如 Q124.0），可将这几步中所驱动的中间继电器 M 的触点并联（如 M160.1 和 M160.3）来驱动该输出继电器。

学习单元 3　西门子 PLC 编程软件 STEP 7 的使用

- 进一步熟悉 S7－300 PLC 的梯形图指令
- 掌握 CPU 的各种状态及复位操作方法

➢ 学会西门子 PLC 编程软件 STEP 7 的使用方法

➢ 通过训练，提高编程和调试技巧

知识要求

一、西门子 PLC 编程软件 STEP 7 的安装和使用

1. STEP 7 编程软件概况

STEP 7 是对 S7－300/400 可编程序逻辑控制器进行组态和编程的标准软件包，是 SIMATIC 工业软件的组成部分。习惯上把 STEP 7 称为编程软件，但实际上 STEP 7 的功能已经远远超过了编程软件的范畴，它可用于对整个控制系统（包括 PLC、远程 I/O、人机界面、驱动装置和通信网络等）进行组态、编程和监控。

STEP 7 采用 SIMATIC 软件的集成统一架构，提供了一个功能强大、风格一贯的软件平台。STEP 7 以 S7－300/400 CPU 为平台，除了支持 STL/LAD/FBD 编程语言之外，可以安装使用文本格式的高级编程语言 S7－SCL、顺序功能图 S7－Graph、图形化的编程语言 S7－HiGraph、连续功能图 S7－CFC 等，还可安装使用调试仿真软件 PLCSIM、组态软件 Wincc 及人机界面组态软件 Wincc Flexible 等。

2. STEP 7 的安装

在使用 STEP 7 之前，首先要在西门子专用编程器（PG）或编程计算机（PC）中安装 STEP 7 软件。安装 STEP 7 的条件和步骤如下：

（1）安装 STEP 7 的硬件、软件要求

1）硬件要求。专用编程器（PG）或计算机（PC）的 CPU 性能内存在 600 MHz 以上、256 MB 以上，剩余硬盘空间 900 MB 以上、XGA 显示器，支持 1 024×768 分辨率。

2）软件要求。Windows 2000 或 MS Windows XP（专业版）或 Windows Server 2003 。从 STEP 7 V5.4 SP3 开始，也支持 MS Windows Vista 32 Business 和 Ultimate 操作系统；STEP 7 V5.5 支持 Windows 7。

（2）安装 STEP 7 软件包

以在 Windows XP 中安装 STEP 7 V5.4 中文版为例介绍安装步骤。

在 Windows 2000/XP 操作系统中必须具有管理员（Administrator）权限才能进行 STEP 7 的安装。

双击 STEP 7 安装光盘上的“Setup.exe”开始安装。STEP 7 V5.4 的安装界面同大多数 Windows 应用程序相似。在整个安装过程中，安装向导一步一步地指导用

户如何进行。在安装的任何阶段，用户都可以切换到下一步或上一步。

在安装过程中，有一些选项需要用户选择。下面是部分选项的说明。

1）如图1—142所示为选择安装语言和安装程序。安装语言可选择“简体中文”；对安装程序，STEP 7 V5.4软件包提供了三个可选的安装程序。

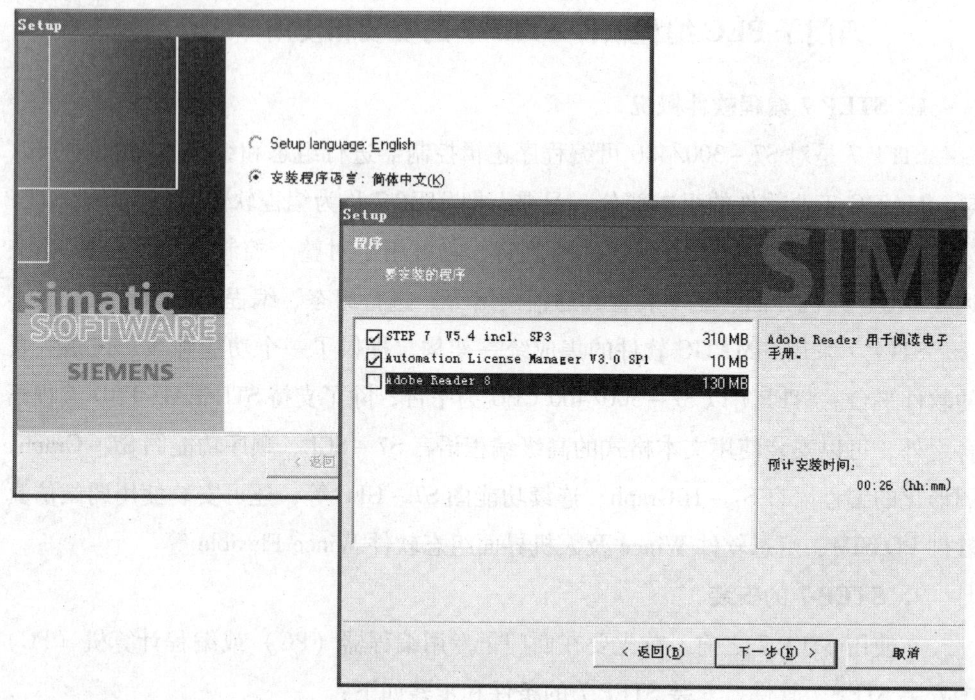

图1—142　选择安装语言和安装程序

①Adobe Reader 8：PDF文件阅读器，如果用户的编程计算机上已经安装了该软件，可不必选择；

②STEP 7 V5.4 incl. SP3：STEP 7 V5.4集成软件包，必选；

③Automation License Manager V3.0 SP1：自动许可证管理器，必选。

2）如图1—143所示为选择安装方式。安装方式有三种可选。

①典型的：安装所有语言、所有应用程序、项目示例和文档，常选择此项；

②最小：只安装一种语言和STEP 7程序，不安装项目示例和文档；

③自定义：用户可选择希望安装的程序、语言、项目示例和文档。

安装路径一般应选择默认的路径。

3）在安装过程中，安装程序将检查硬盘上是否有授权（License Key）。如果没有发现授权，会提示用户安装授权。这可以选择在安装程序的过程中安装授权（见图1—144），或者稍后再执行授权程序。在前一种情况中，应插入授权盘。

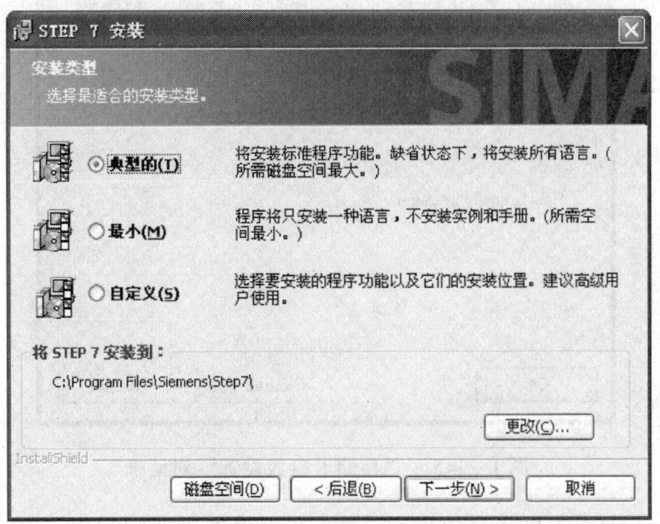

图 1—143　选择安装方式

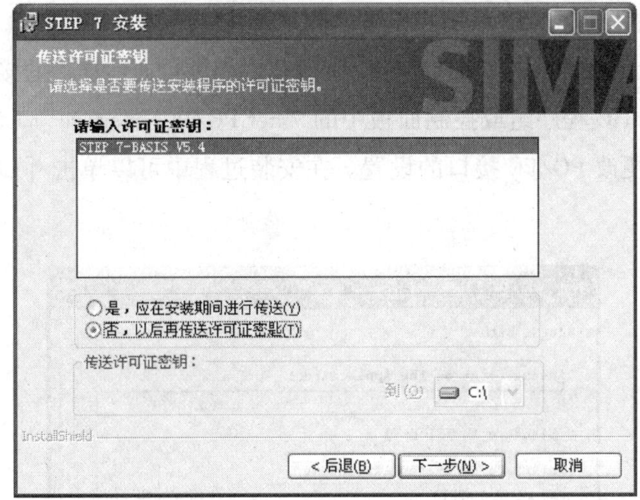

图 1—144　提示安装授权

4）安装结束后，有时会出现一个对话框（见图 1—145），提示用户为存储卡配置参数。

①如果用户没有存储卡读卡器，则选择“None”；

②如果使用内置读卡器，请选择“Internal programming device interface”。该选项仅针对 PG，对于 PC 来说是不可选的；

③如果用户使用的是 PC，则可选择使用外部读卡器“External prommer”。在这里，用户必须定义哪个接口用于连接读卡器（如 LPT1）。

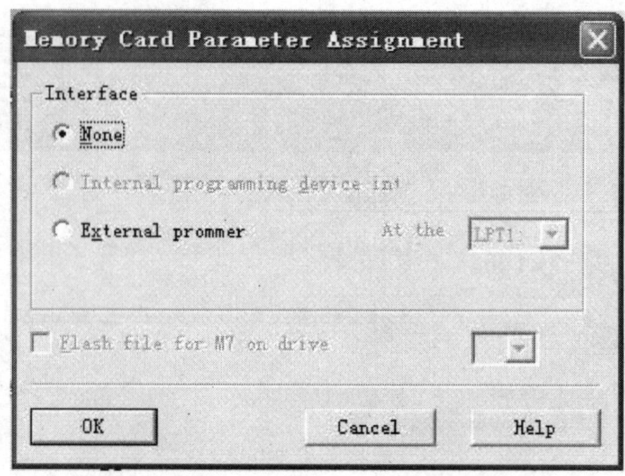

图 1—145　“存储卡参数设置”对话框

在安装完成之后，用户还可通过 STEP 7 程序组或控制面板中的“Memory Card Parameter Assignment”（存储卡参数赋值）修改这些设置参数。

5）安装过程中，会提示用户设置“PG/PC 接口”（Set PG/PC Interface），如图 1—146 所示。PG/PC 接口是 PG/PC 和 PLC 之间进行通信连接的接口。安装完成后，通过 SIMATIC 程序组或控制面板中的“Set PG/PC Interface”（设置 PG/PC 接口）随时可以更改 PG/PC 接口的设置。在安装过程中可以单击［Cancel］按钮忽略这一步骤。

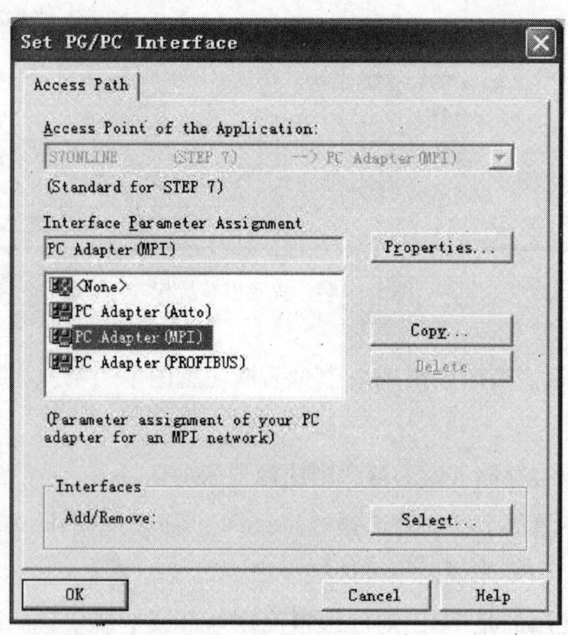

图 1—146　“设置 PG/PC 接口”对话框

安装完毕后，在桌面上会出现 STEP 7 和许可证管理器的两个应用程序快捷方式图标，如图 1—147 所示。

图 1—147　STEP 7 和许可证管理器的快捷方式图标

（3）STEP 7 V5.4 的授权管理

授权是使用 STEP 7 软件的“钥匙”，只有在硬盘中找到相应的授权才可以正常地使用 STEP 7，否则就会提示用户安装授权。在购买 STEP 7 软件时会附带一张授权盘，可以在安装过程中将授权转移到硬盘上，也可以在安装完毕后的任何时间内使用许可证管理器完成授权的转移。

购买 STEP 7 软件时得到的授权是有用户数量限制的，如果是单用户的授权，只能安装到一台编程计算机中。如果需要在另一台计算机中也安装 STEP 7，则可使用许可证管理器将授权从原先安装的计算机中转移到移动存储介质（如移动硬盘）中，然后将授权再转移到另一台计算机的硬盘中。但这时原先的计算机中 STEP 7 就不能正常运行了。在对已经装有授权的硬盘进行磁盘检查、优化、压缩、格式化等操作之前，应记得先把授权转移到其他磁盘中，以免造成授权不可恢复的损坏。

3. 使用 STEP 7 的基本步骤

使用 STEP 7 对 S7－300 PLC 进行组态与编程时，应依次进行下列步序的操作：

（1）建立一个项目。

（2）插入 SIMATIC 300 工作站。

（3）进行硬件组态。

（4）编制主程序（OB1 中）和其他程序块。

（5）下载和调试程序。

4. STEP 7 编程界面的 SIMATIC 管理器

STEP 7 安装完成后，在桌面上双击 STEP 7 的快捷方式图标，可启动 SIMATIC 管理器。在 SIMATIC 管理器中可进行项目的编程和组态。SIMATIC 管理器的运行界面如图 1—148 所示，在其中可同时打开多个项目，每个项目的视图由两部分组成，左侧视图显示整个项目的层次结构；右侧视图显示左侧视图当前选中的目录下所包含的对象。

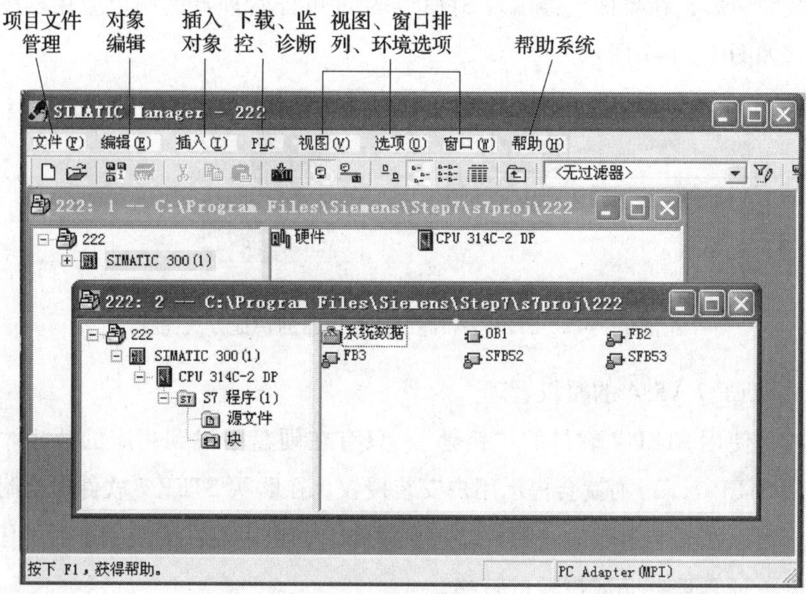

图 1—148 “SIMATIC 管理器 - 222” 的运行界面

5. 建立项目、工作站及硬件组态

（1）建立项目

执行 SIMATIC Manager 的菜单命令［文件］—［新建…］，将出现如图 1—149 所示的对话框，在该对话框中分别输入“文件名称”“存储位置（路径）”等内容，并单击［确定］按钮，完成一个名为“S7300_ 1”的新项目的创建工作。

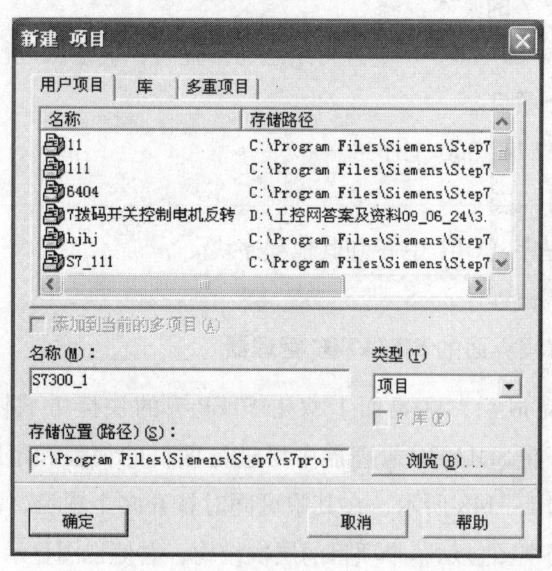

图 1—149 “新建项目”对话框

（2）插入 SIMATIC 300 工作站

执行菜单命令［插入］—［站点］—［SIMATIC 300 站点］，就可在项目下插入一个工作站，如图 1—150 所示。

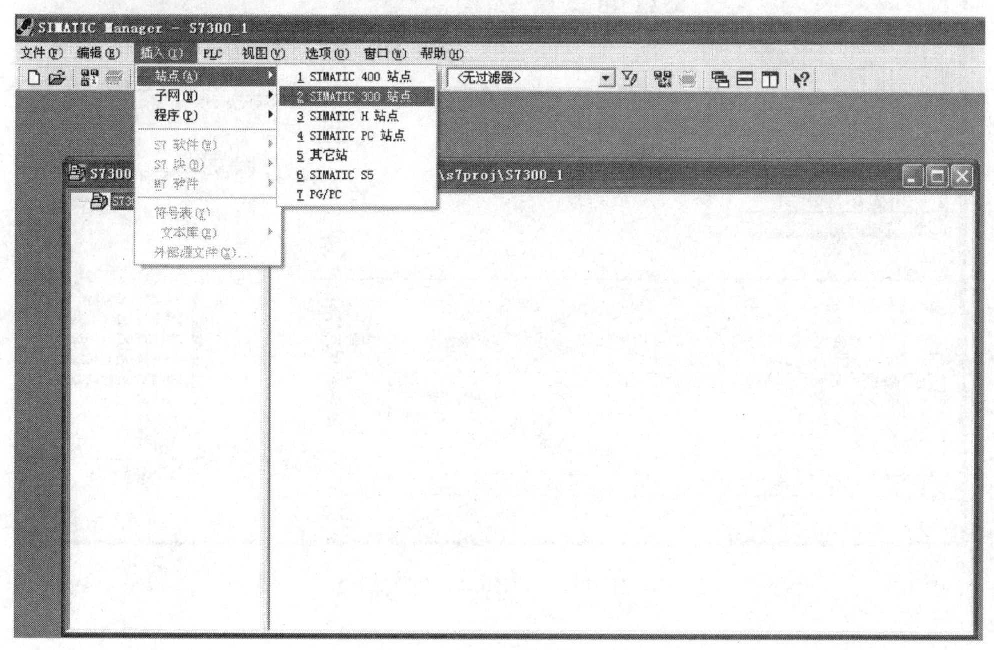

图 1—150　插入 SIMATIC 300 工作站

（3）硬件组态

硬件组态的任务就是在 STEP 7 中生成一个与实际的硬件结构完全相同的系统，并对各硬件组成部分设置参数、确定输入/输出变量的地址，为设计用户程序打下基础。

工作站建立好后，在 SIMATIC 管理器左边的目录树中选择“SIMATIC 300”站点，双击工作区中的“硬件”图标，进入“HW Config”窗口。

“HW Config”窗口的左上部是一个组态简表，左下部的窗口中列出了各模块的详细信息，例如订货号、MPI 地址和 I/O 地址等。右边是硬件目录窗口，可以执行菜单命令［查看］—［目录］打开或关闭它。左下部窗口的上方有向左和向右的箭头，用来切换导轨。“HW Config”窗口各部分如图 1—151 所示。

组态时用组态表来表示导轨，可以用单击按住将右边硬件目录中的元件“拖放”到组态表的某一行中，就好像将真正的模块插入导轨上的某个槽位一样。也可以双击硬件目录中选择的硬件，它将放置到组态表中预先被光标选中的槽位上。通常 1 号槽放电源模块，2 号槽放 CPU，3 号槽放接口模块（如为单机架安装则保留不用），4 ~ 11 号槽则安放信号模块及其他模块（如 SM、FM、CP）等。

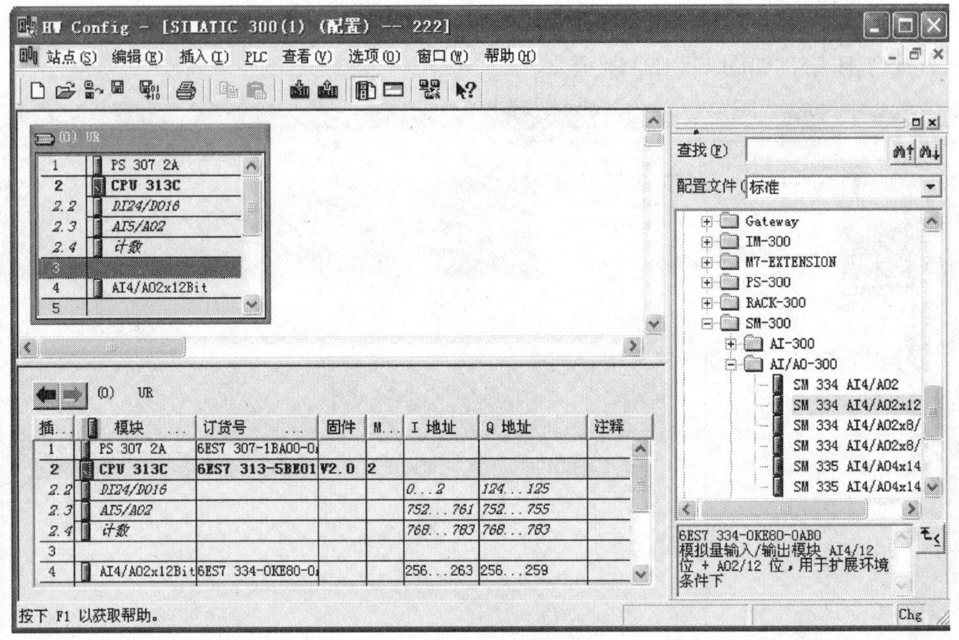

图 1—151　“HW Config”窗口

模块放置好后，可双击各模块（或下部信息表中的各对应项），在打开的对话框中设置有关参数、地址等。例如，如图 1—151 所示 2 号槽安放的紧凑型 CPU 模块的数字量输入端口字节地址被设为 0～2，数字量输出端口字节地址被设为 124～125。

最后执行菜单命令［站点］—［保存并编译］，即可完成硬件组态。

组态完成后，应将硬件组态下载到 CPU 中，在下载之前应先在“设置 PG/PC 接口”对话框中设置 PC 和 PLC 之间传递信息的接口。

PG/PC 接口是 PG/PC 和 PLC 之间进行通信连接的接口。PG/PC 支持多种类型的接口，每种接口都需要进行相应的参数设置（如通信传输速率）。因此，要实现 PG/PC 和 PLC 设备之间的通信连接，必须正确地设置 PG/PC 接口。

在 SIMATIC 管理器窗口中，执行菜单命令［选项］—［设置 PG/PC 接口］可打开设置 PG/PC 接口的对话框，如图 1—152a 所示。设置步骤如下：

1）将“应用程序访问点”设置为“S7 ONLINE（STEP 7）”。

2）在“为使用的接口分配参数”的列表中，选择所需的接口类型。在第一次下载硬件组态时，必须选择 MPI 接口。如果所需的类型找不到，可以通过单击“选择”按钮来添加相应的模块或协议。

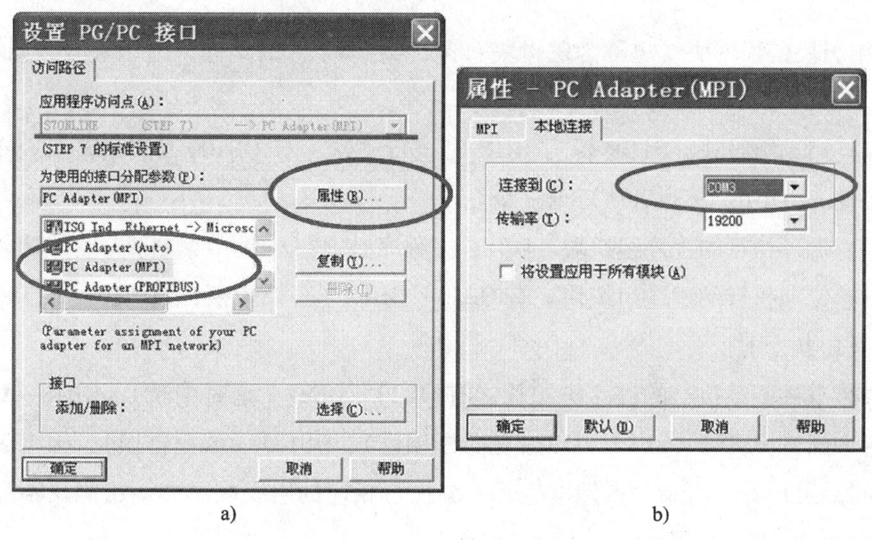

a)　　　　　　　　　　　　b)

图 1—152　PG/PC 接口的设置

a)“设置 PG/PC 接口”对话框　b)“属性”对话框

3）选中 MPI 接口后，单击“属性”按钮，在弹出的“属性”对话框中对该接口的参数进行设置。如图 1—152b 所示，图中设置的“COM3”表示 PLC 的 MPI 接口与编程计算机的串口 COM3 通过通信线相连接。

设置好 PG/PC 接口参数，并通过 S7 PLC 的“MPI/PC”适配器将 CPU 模块上的 MPI 接口与编程计算机上的串口 COM3 连接，就可执行硬件组态窗口中的菜单命令［PLC］—［下载］，将硬件组态下载到 CPU 模块中。

6. STEP 7 中的块

硬件组态完成后，即可着手编制用户程序。在 S7－300 PLC 中，程序和数据都是保存在各个“块”中的，CPU 按照执行的条件是否成立来决定是否执行相应的程序块或访问对应的数据块。

STEP 7 中主要有以下几种类型的块：

- 组织块：OB（Organization Block）
- 功能：FC（Function）
- 功能块：FB（Function Block）
- 系统功能：SFC（System Function）
- 系统功能块：SFB（System Function Block）
- 背景数据块：DB（Instance Data Block）
- 共享数据块：DB（Share Data Block）

（1）组织块 OB

组织块是程序块（也称为逻辑块），根据启动条件的不同，组织块分为以下几类：

1）启动组织块。STOP 转为 RUN 时执行一次，有 OB100（暖启动）、OB101（热启动）、OB102（冷启动）这三个。

2）循环执行的程序组织块。OB1，主程序必须在 OB1 中编制。

3）定期执行的程序组织块。有 OB10 ~ OB17（日期中断）、OB30 ~ OB38（循环中断）共十七个。

4）事件驱动执行的程序组织块。有 OB20 ~ OB27（延时中断）、OB40 ~ OB47（硬件中断）、OB80 ~ OB87（OB82 为诊断错误）、OB121（编程错误）、OB122（I/O 访问错误）等。当某一事件发生时，会执行相应的组织块。如该组织块不存在，CPU 将进入 STOP（停止）。

（2）功能和功能块

功能（FC）和功能块（FB）都是由用户编写的程序块，在主程序或其他功能、功能块中调用，相当于子程序。

FC 和 FB 的主要区别为：

1）FC 没有自己的存储区，FB 有自己专用的存储区——背景数据块 DB。

2）在调用 FB 时，必须指定一个背景数据块（如 DB10）。

3）在调用 FC 时，必须指定变量的实际参数；而调用 FB 时可以指定变量的实际参数，也可不指定，此时 FB 在背景数据块 DB 中自动读取参数。

（3）系统功能（SFC）和系统功能块（SFB）

SFC 和 SFB 是系统预先编好可供用户调用的程序块，已固化在 CPU 中。SFC 和 SFB 之间的区别类似于 FC 与 FB。

（4）背景数据块和共享数据块

数据块是为用户提供的一个保存数据的区域，分为背景数据块和共享数据块两类。

背景数据块 DB 是和某个 FB 或 SFB 相关联的专用的数据块，其内部的数据结构和与其对应的 FB 或 SFB 内部的变量是一致的。背景数据块不是由用户编辑的，而是在调用 FB 或 SFB 时由编辑器自行生成的。

共享数据块 DB 用于存储全局数据（即在整个用户程序范围内都能使用的数据），所有程序块（OB、FC、FB）都可以访问共享数据块内存储的信息。它的大小和数据结构是由用户自行定义的。

根据 STEP 7 中块的性质，在编制用户程序时，主程序必须编制在 OB1 中。而具有独立功能的程序或需多次重复执行的子程序可编写为 FC 或 FB，在 OB1 中或其他程序中调用。初始化处理可以编写在 OB100 中，也可编写在 OB1 中。对于某些特定的功能，可在 STEP 7 的编程手册或一些参考书中查阅有无相应的系统功能 SFC 或系统功能块 SFB 可供使用。各类数据可分别制作不同的数据块进行分类存储。

二、S7－300 PLC 与编程计算机之间的通信

1. MPI 接口和 RS－232、RS－485 通信协议

（1）MPI 接口

在 S7－300 PLC 的 CPU 模块中，都有一个编程接口。通过这个接口，PLC 可与编程器或编程计算机连接，将用户程序及组态设置传送到 PLC，并可对 PLC 的运行状况进行监控，这个接口叫 MPI 接口。

多点接口（Multi Point Interface，MPI）是当传输速率要求不高、通信数据量不大时，可以采用的一种简单经济的通信方式。在这个接口上，不仅可以连接编程器或编程计算机，还可以连接人机界面（HMI）及其他 SIMATIC S7、M7 和 C7 系列的 PLC，组成一个小型的通信网络。

为了实现设备之间的通信，国际标准化组织（ISO）提出了开放系统互连（OSI）模型，作为通信网络国际标准化的参考模型。它详细描述了软件功能的七个层次，如图 1—153 所示。这七个层次大致上可分为两部分：面向用户的第 5 ~ 7 层和面向网络的第 1 ~ 4 层。其中最底层的是物理层，两台设备之间的通信线就是直接连接在物理层上的。在物理层中，为用户提供建立、保持和断开物理连接的功能。每个 S7－300 的 CPU 中都集成了 MPI 通信协议和 MPI 的物理层 RS－485 接口。

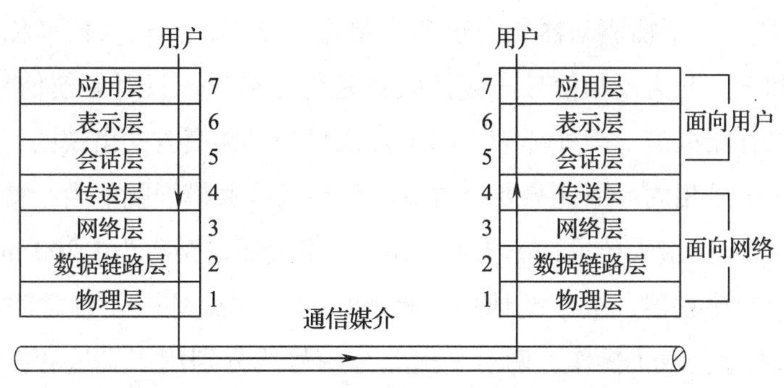

图 1—153　开放系统互连模型

（2）RS－485和RS－232通信协议

对类似于“RS－485、RS－232接口”等称呼，其准确的叫法应是RS－485或RS－232通信协议。在设备之间进行数据的串行异步通信时，通信双方要先对通信的方式、接口的类型等进行约定，这种约定就是通信协议。美国电子工业联合会（EIC）对串行异步通信制定了统一的标准，常用的串行异步通信协议有RS－232C、RS－422、RS－485等。

1）RS－232C通信协议。RS－232C是由美国EIC于1969年公布的通信协议。该协议规定采用负逻辑，用－15～－5V表示逻辑“1”，＋5～＋15 V表示逻辑“0”。使用9针和25针DB型连接器。当通信距离较近时，通信双方可直接连接。

使用RS－232C以最简单的方式进行通信时，在通信中不需要控制联络信号，只需要三根线（发送线、接收线、信号地线）便可实现全双工异步串行通信，如图1—154所示。

RS－232C广泛地用于计算机与终端或外围设备之间的近距离通信，但由于RS－232C采用如图1—155所示的共地传送方式，容易引起共模干扰，因此，RS－232C最大通信距离为15 m，最高传输速率为19.2 kb/s，且只能进行一对一的通信，单端驱动、单端接收。

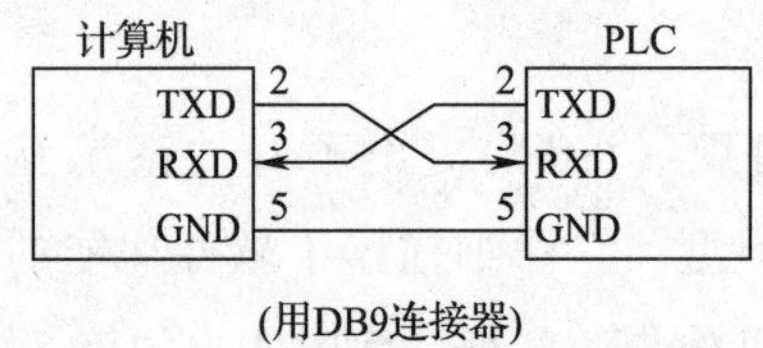

图1—154　RS－232C的信号线连接

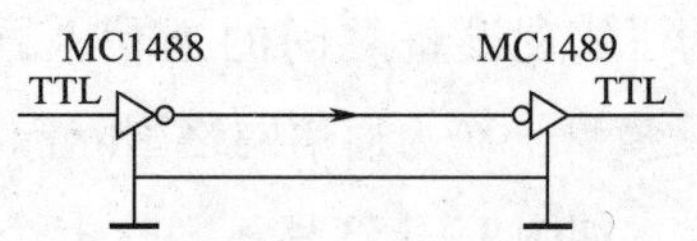

图1—155　RS－232C的共地传送方式

2）RS－422A通信协议。RS－422A也是一种异步串行通信协议，但与RS－232C不同，它采用平衡驱动、差分接收电路（见图1—156），因而共模信号可以互相抵消。它从根本上取消了信号地线，从而消除了由公共地线引入的干扰。如图1—156所示，平衡驱动器相当于两个单端驱动器，其输入信号相同，两个输出信号（A和B）互为反相信号。而接收器是差分输入，只对差模信号进行处理，共模信号可以互相抵消。因外部输入的干扰信号是以共模方式出现的，两根传输线上的共模干扰信号相同，因此只要接收器有足够的抗共模干扰能力，就能克服外部干扰。RS－422A的最大传输速率为10 Mb/s，最大通信距离为1 200 m，一台驱动器可以连接十台接收器，被广泛地用于计算机与终端或外围设备之间的远距离通信。RS－422A是全双工操作，两对平衡差分信号线分别用于发送和接收，数据通过四根导线传送（四线操作），如图1—157所示。

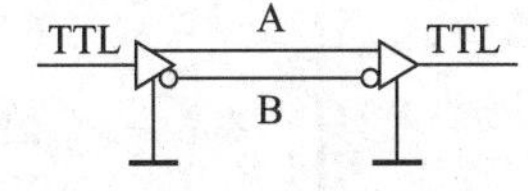

图 1—156 RS－422A 的传送方式

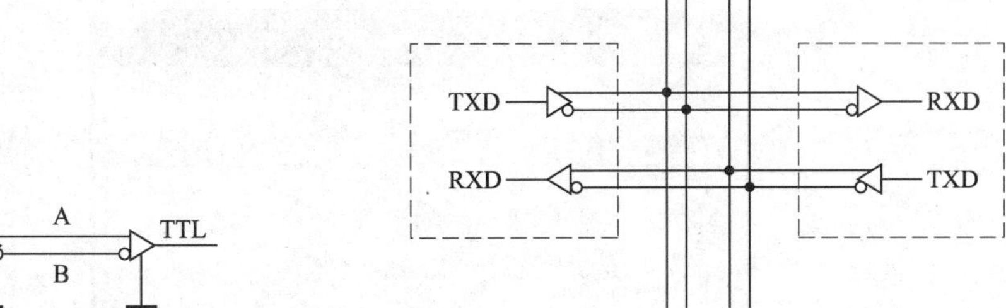

图 1—157 RS－422A 通过四根导线传送

3）RS－485 通信协议。RS－485 是 RS－422A 的变形。RS－422A 是全双工，而 RS－485 为半双工，只有一对平衡差分信号线，不能同时发送和接收，如图 1—158 所示。使用 RS－485 通信接口和双绞线可以组成串行通信网络，构成分布式系统。在一个 RS－485 网络段中可以有 32 个站，若采用新型的接口元件可允许连接多达 128 个站。

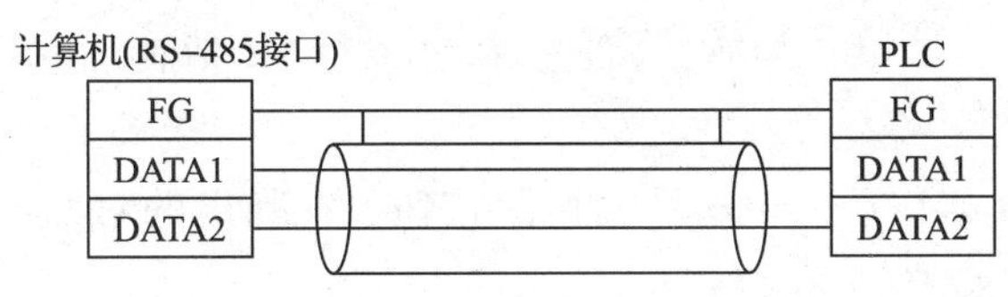

图 1—158 RS－485 信号连接

2. MPI 接口的参数设置

在使用 MPI 接口进行通信之前，要对 MPI 接口的有关参数进行设置。对 MPI 接口的设置是在 STEP 7 的 SIMATIC 管理器窗口中进行的。执行命令菜单［选项］—［设置 PG/PC 接口］，则进入“设置 PG/PC 接口”对话框，如图 1—159 所示。PG/PC 接口是指 PG（编程器）/PC（编程计算机）和 PLC 之间进行通信连接的接口。PG/PC 支持多种类型的接口，每种接口都需要进行相应的参数设置（如通信传输速率）。因此，要实现 PG/PC 和 PLC 设备之间的通信连接，必须正确地设置 PG/PC 接口。

如图 1—159 所示的“设置 PG/PC 接口”对话框中，进行 MPI 接口的参数设置步骤如下：

（1）将“应用访问节点”设置为“S7 ONLINE STEP 7”。

（2）在“为使用的接口分配参数”的列表中，选择接口类型为“PC Adapter（MPI）”，如果列表中没有 MPI 接口，可以通过单击“接口”框中的“选择”按钮安装相应的模块“PC Adapter”，即可在列表中添加 MPI 接口类型。

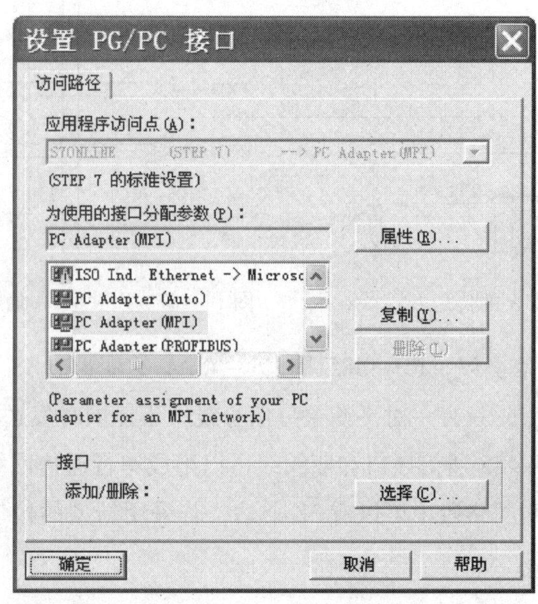

图1—159 “设置PG/PC接口”对话框

（3）选中MPI接口后，单击“属性”按钮，在弹出的对话框中对MPI接口的参数进行设置，如图1—160所示。

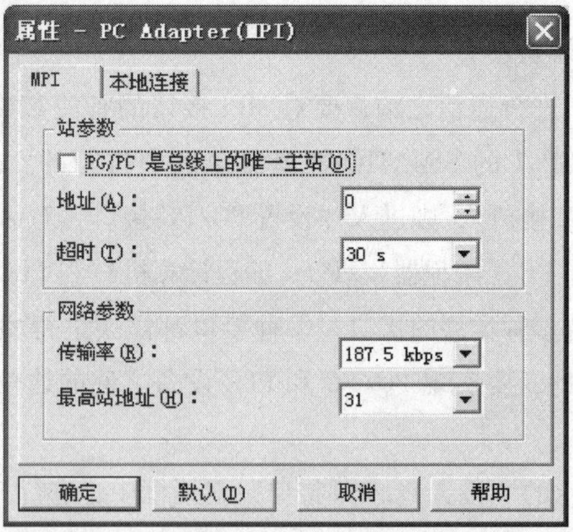

图1—160 “PC Adapter（MPI）属性”对话框

“PC Adapter（MPI）属性”对话框中有两个选项卡：“MPI”和“本地连接”。如图1—160所示的“MPI”选项卡下，对于只是用MPI接口连接编程计算机和PLC的情况下，不需要设置其中的各个参数，都使用默认值即可。而在“本地连接”选项卡下，如图 1—161 所示，必须按照实际连接在计算机上的接口，在“连接到:”后设置接口和相应的传输率。图中即表示编程计算机中是通过串口 COM3 连接到 PLC 的 MPI 接口上的，计算机与 PLC 之间通信时的传输速率是 19 200 b/s，即每秒传输 19 200 位。

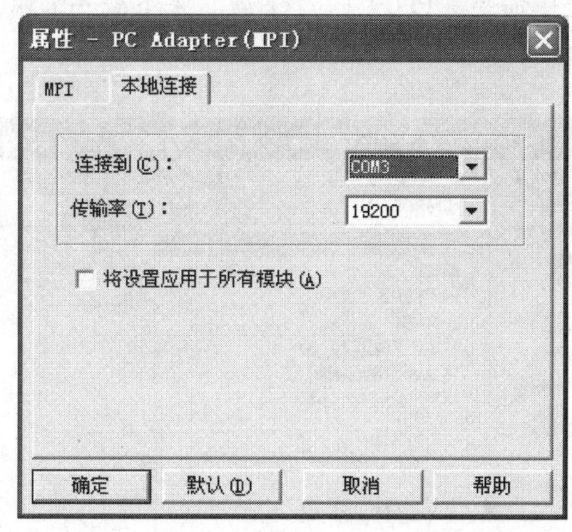

图 1—161　“本地连接”选项卡

“PC Adapter（MPI）属性”对话框中的参数设置好后，单击“确定”按钮，即可完成设置。

三、程序的下载和调试

在 STEP 7 中所做的硬件组态和编制的程序块及数据块，都需要传送到 PLC 的 CPU 模块中后才能在 PLC 中使用。从编程计算机向 PLC 进行的传送过程称为“下载”，而反过来的传送过程则称为“上传”。

当 PG/PC 接口设置好，并且通过“MPI/PC”适配器用通信电缆连接好编程计算机的串口“COM3”与 PLC CPU 模块的 MPI 接口以后，便可进行下载。

1. 系统参数和程序的下载

应用 S7 - 300 PLC 来控制一个实际系统时，应在 STEP 7 中建立一个项目，然后在项目中建立工作站。对于一台 S7 - 300 PLC，在项目中就对应有一个 SIMATIC 300 的站。一般情况下，在工作站中应包含以下内容：硬件组态（保存并编译后即生成系统数据块）、各种程序块（包括各种组织块、功能、功能块、系统功能、系统功能块等）及数据块（背景数据块、共享数据块）。所有这些站下面的内容都应下载到 CPU 模块中，下载的方法可以是分步下载，也可以总体下载。总体下载时，只要在 SIMATIC 管理器窗口中左边的项目结构目录中选中站后，执行菜单命令［PLC］—［下载］即可，如图 1—162 所示。而分步下载是在先后进行组态、创建块并分块编辑程序时，每做一项工作就下载一次。例如，硬件组态完成后即在硬件组态的窗口中执行菜单命令［PLC］—［下载］来下载组态参数；编辑一个块就在编辑窗口中执行菜单命令［PLC］—［下载］来下载一个块，直至所有的块全部编辑完成并被下载。

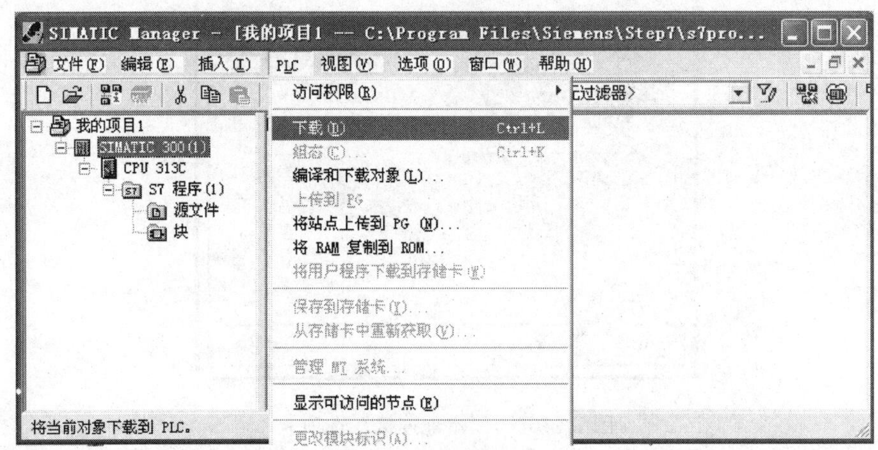

图 1—162　下载站下面的全部内容

下载时应注意，编程计算机与 PLC 之间是通过何种接口连接的（如 MPI 接口或以太网通信模块中的 RJ45 接口），就应于下载之前在“设置 PG/PC 接口”中设置成该种接口，并设置好对应的接口参数。但第一次下载硬件组态所产生的系统数据时，必须用 MPI 接口。

2. 使用梯形图编辑器进行程序的调试

当项目全部下载到 PLC 后，就可对项目进行调试。调试的任务主要有两项：系统错误的检查及纠正和程序是否存在逻辑错误并加以改正。

系统错误包括组态中硬件设置错误或 STEP 7 块的错误，其中只要存在一个错误，就会使 CPU 模块面板上的 SF（系统错误）报警指示灯（红色）点亮。因此在下载之后，要时刻关注 CPU 及其他各个模块上的红色报警指示灯是否点亮。如果发现 CPU 面板上的 SF 灯和其他模块上的红色报警灯同时点亮，则说明是模块设置引起的硬件错误。可能是组态中模块的型号、订货号选择错误；也可能是组态中模块的参数设置错误或发生冲突（例如以太网通信模块中的 IP 地址与局域网中的其他设备 IP 地址设置相同而发生冲突）；也可能是模块本身有故障。如果只有 CPU 上的 SF 灯点亮，则可能是 CPU 本身设置错误（例如 CPU 的型号、订货号与实际不符，MPI 地址与其他模块重复，MPI 子网重复设置等)，也可能是 STEP 7 块中的问题。对于系统错误，用 CPU 中的诊断信息可帮助用户了解错误的性质。CPU 中的诊断信息可在 PLC 运行的状态下，在硬件组态窗口中单击“离线 <—> 在线”工具图标（如图 1—163 所示左上方圆圈处）使 STEP 7 与 CPU 联机，然后双击导轨中 2 号槽上的 CPU 模块，在弹出的“模块信息”对话框中选择“诊断缓冲区”选项卡，观察“事件”及“关于事件的详细资料”方框中的有关信息，可以帮助用户了解系统错误的性质及错误之处。例如，如图 1—163 所示的“事件”中提示“由编程错误引起的 STOP 模式”“没有装载 DB”等信息，选择“没有装载 DB”这一行文字，在下方的“关于事件的详细资料”方框中就出现“没有装载 DB、DB 编号 10、OB 编号 1”等文字，即提示错误是因为 OB1 的程序中所用到的数据块 DB10 在 CPU 中未装载而引起的，这就是一种由块的错误所引起的系统错误。针对所找到的错误，只要在“块”文件夹中创建一个数据块 DB10 并下载到 CPU，即可纠正这个系统错误。

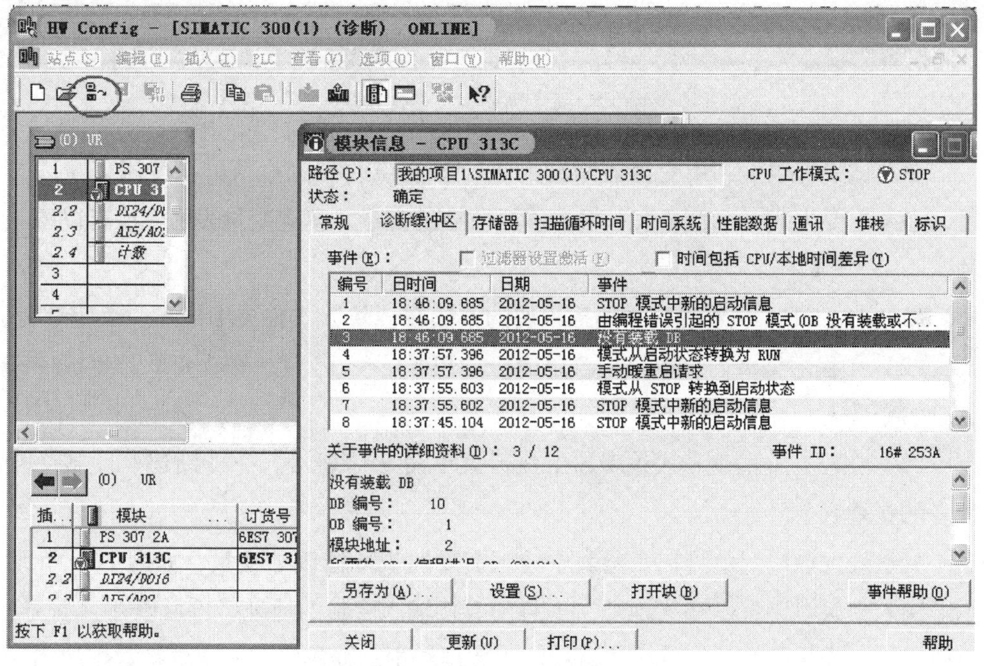

图 1—163　由“模块信息”了解系统错误情况

在未发生系统错误的情况下，即可进行程序的调试。在程序运行过程中，可在程序编辑窗口中执行菜单命令［调试］—［监视］来对梯形图程序进行调试。这时，在梯形图编辑窗口下方的状态条中状态 RUN 处呈现绿色长条，在编辑窗口中间的梯形图梯级上出现表示能流的绿色线条。梯级中的直线、触点、线圈等符号上绿色表示状态为“ON”、虚线表示状态为“OFF”，如图1—164所示。利用能流的情况可帮助了解程序运行情况，进行调试。

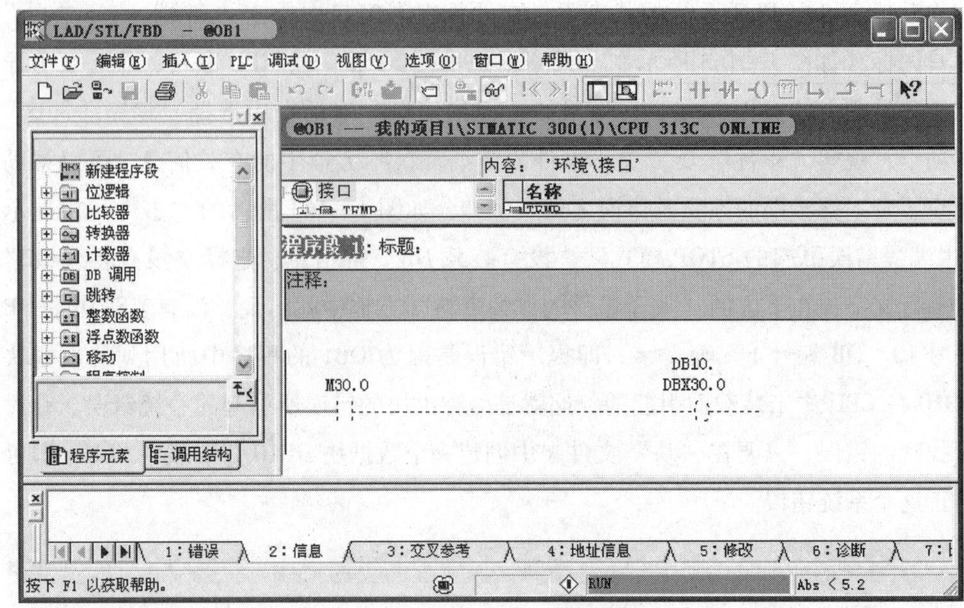

图1—164　梯形图的监视功能

在调试中，也可利用变量表来帮助进行监视或改变变量值。在使用变量表之前，必须先要生成一个变量表并输入需要监视的变量。建立变量表的方法有以下三种：

（1）在SIMATIC管理器中用插入块的方法在“块”文件夹中插入一个变量表。

（2）在程序编辑窗口中执行菜单命令［PLC］—［监控/修改变量］生成一个无名的变量表。

（3）在已打开的变量表编辑器中执行菜单命令［表格］—［新建］生成一个无名的变量表。

变量表生成后，就可在变量表中输入需要监视或修改的变量，如图1—165所示。输入变量时，可以在“地址”一栏中直接输入变量的地址，也可以在“符号”一栏中输入变量的符号。但应注意：输入数据块中的变量时，一定要把数据块名一起输入，例如“DB10. DBW2”；而用符号输入时，输入的符号只能是已在符号表中定义过的符号，例如输入“启动”。

利用变量表进行调试需在在线状态下进行，可在梯形图编辑器窗口中执行菜单命令［PLC］—［与已组态CPU建立连接］进行联机，也可在变量表编辑器窗口中执行菜单命令［PLC］—［连接到］—［组态的CPU］进行联机。

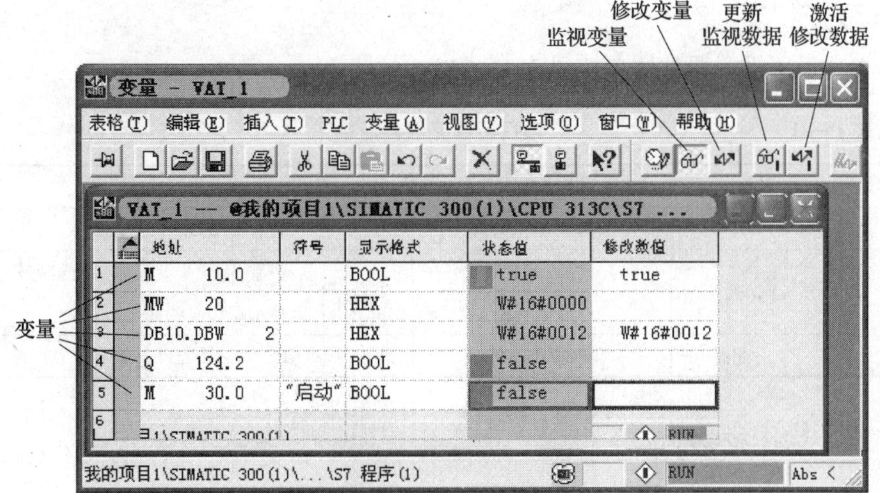

图 1—165　“变量”表页面

在联机状态下，单击变量表编辑器上方的“监视变量”工具图标，则会在窗口中各个变量后的“状态值”一栏中显示各个变量的当前值。若要修改变量值，可在窗口中“修改数值”一栏中对应某个变量处输入要修改的值，然后单击“激活修改数据”工具图标，即可将该变量值修改。

技能要求

用 STEP 7 对运料小车控制程序进行编程和模拟调试

一、操作要求

1. 能对 I/O 端口正确接线。
2. 新建一个项目并进行硬件组态。
3. 在梯形图编辑器窗口中输入梯形图程序，并下载到 PLC。
4. 在梯形图编辑器中进行模拟调试。

具体控制要求见本节学习单元 2 中的技能要求，根据对运料小车的控制要求列出的 I/O 分配表参见表 1—20，所编制的顺序控制程序如图 1—141 所示。

二、操作准备

本项目所需元器件清单（见表 1—21）。

表 1—21　　项目所需元器件清单

序号	名称	规格型号	数量	备注
1	PLC	西门子 S7 - 313C	1 台	装有 CP343 - 1 通信模块
2	计算机		1 台	装有 STEP 7 编程软件及组态软件和运料小车仿真画面
3	PC 适配器	PC Adapter	1 套	RS - 232C/MPI 转换

三、操作步骤

步骤 1　按 I/O 分配表在 PLC 的数字量输入/输出端口上接线

接线时，注意按钮及选择开关都只使用其常开触点。触点的一端按照 I/O 分配表连接，其中启动按钮 SB1 和停止按钮 SB2 接在 CPU 集成的数字量输入前连接器 IN1 上，工作方式开关 SA1 接在数字量输入前连接器 IN2 上。而按钮及开关的触点的另一端接在公共线上，公共线连接到外部 DC 24 V 电源的正极上，24 V 电源的负极接到 IN1 和 IN2 前连接器的 M 端子上，如图 1—166 所示。由于本实例中运料小车的动作是以组态画面来模拟运行，所有行程开关及驱动元件均无须另行接线。

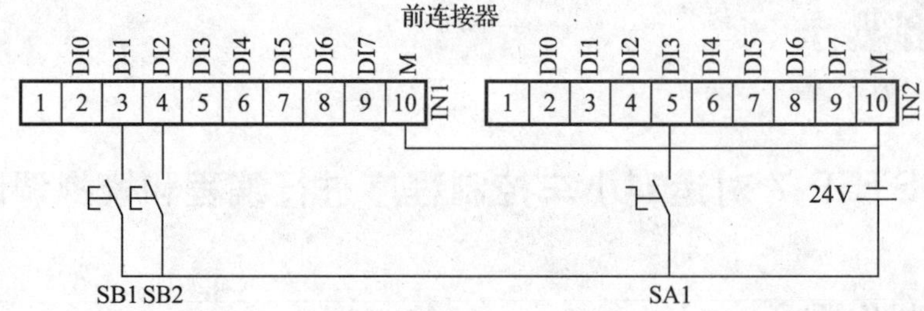

图 1—166　运料小车 I/O 接线图

组态画面与 PLC 之间变量数据的交换通过以太网进行通信，故 PLC 的机架上需安装 CP343 - 1 通信模块，在运行程序之前用网络线将 CP343 - 1 与运行组态的计算机中的网卡连接；CPU 模块上的 MPI 接口与编程计算机上的串口（COM3）之间通过 MPI/PC 适配卡用通信线连接。

步骤 2　接通电源，将 CPU 复位

复位的操作方法是 CPU 通电后将 CPU 面板上的模式开关扳键先扳到“STOP”位置，然后从“STOP”位置扳到“MRES”位置并按住不放，“STOP” LED 熄灭

1 s，亮 1 s，再熄灭 1 s 后保持长亮。此时放开开关，使它回到“STOP”位置，紧接着在 3 s 之内再次扳到“MRES”，“STOP”LED 先以 2 Hz 的频率闪动，表示正在执行复位，5 s 后变为以 0.5 Hz 的频率慢闪，再经 3 s 后“STOP”LED 变为长亮，表示复位结束，这时就可释放开关返回“STOP”位置。

步骤 3　启动 STEP 7，新建一个项目，进行硬件组态

在新建项目（项目名称为“运料小车”）后，插入一个 SIMATIC 300 站点，双击“硬件”图标，进行硬件组态。

按照本学习单元知识要求中介绍的硬件组态方法进行组态，导轨上 CPU 模块为 CPU 313C，其中集成的数字量输入模块开始字节地址设置为 10，数字量输出模块开始字节地址设置为 124。在 4#槽中放置以太网通信模块 CP343－1，其中 IP 地址可自行根据局域网的 IP 地址设置，本例中 IP 地址设为“10.163.227.71”；子网掩码设为“255.255.224.0”。注意：勿忘记要新建子网。设置完成的硬件组态窗口如图 1—167 所示。

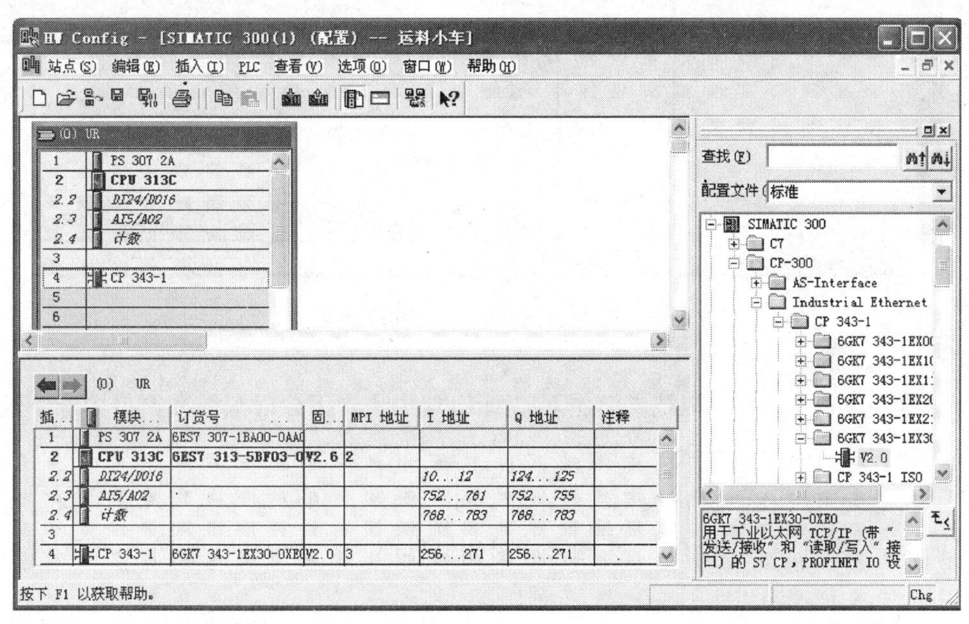

图 1—167　运料小车的硬件组态

硬件组态设置好后“保存并编译”，然后进行下载。注意，下载之前应先在 SIMATIC 管理器窗口中执行菜单命令［选项］—［设置 PG/PC 接口］将接口设为 MPI，并在 MPI 的“属性”窗口中将 PC 中的接口设为 COM3。

步骤 4　在 OB1 中创建运料小车控制程序

硬件组态完成后，SIMATIC 管理器中的目录结构已经建立，在“块”文件夹

中已有“系统数据”和 OB1 等块。为了防止在以后运行程序的过程中因偶发因素而引起 CPU 停止工作，需要在“块”文件夹中建立 OB82（诊断错误）、OB121（编程错误）、OB122（I/O 访问错误）等几个中断处理组织块，这些可在选中“块”文件夹后执行菜单命令［插入］—［S7 块］—［组织块］来逐一建立，建立过程如图 1—168 所示。这几个块建立后，可以对其编制中断处理的程序，也可不编程。

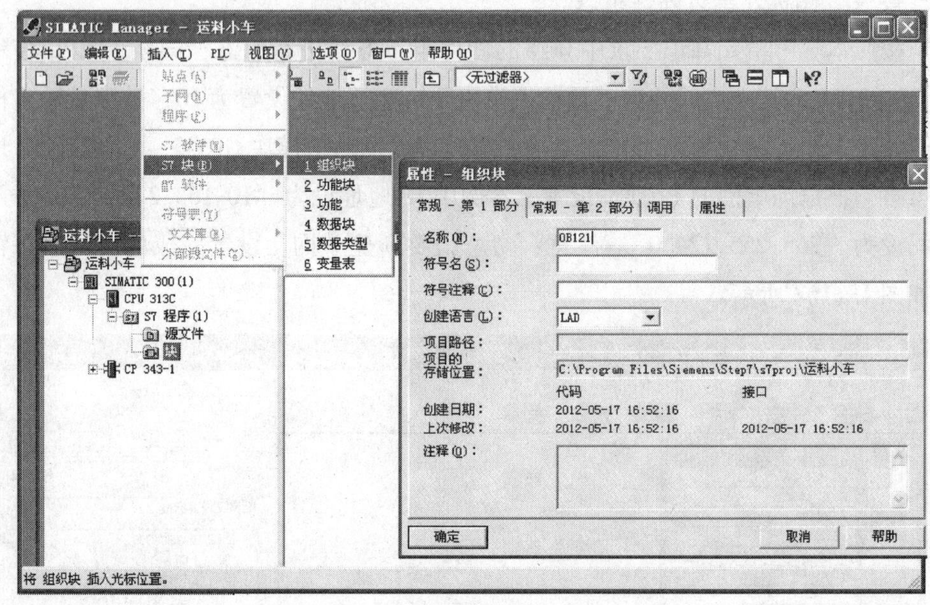

图 1—168　组织块的插入

这些块建立后，可以把它们先下载到 CPU 中去。下载时只要在窗口中选中这几个块，然后执行菜单命令［PLC］—［下载］即可。

接着就可对 OB1 进行编程。双击“OB1”图标，弹出程序编辑界面，执行菜单命令［视图］—［LAD］，选择梯形图编辑界面。在其中输入如图 1—141 所示的运料小车梯形图程序。

梯形图编辑界面如图 1—169 所示。其左边是“指令树”，各种指令以及一些系统块都可在此找到；右上部分窗口是变量声明表，在编辑功能（FC）或功能块（FB）时要把程序中的变量在变量声明表中进行登记；右下部分窗口是程序指令部分，以块标题和块注释开始。下面的程序指令代码区，被划分为多个“程序段”（Network），每个“程序段”就是梯形图中的一个梯级。

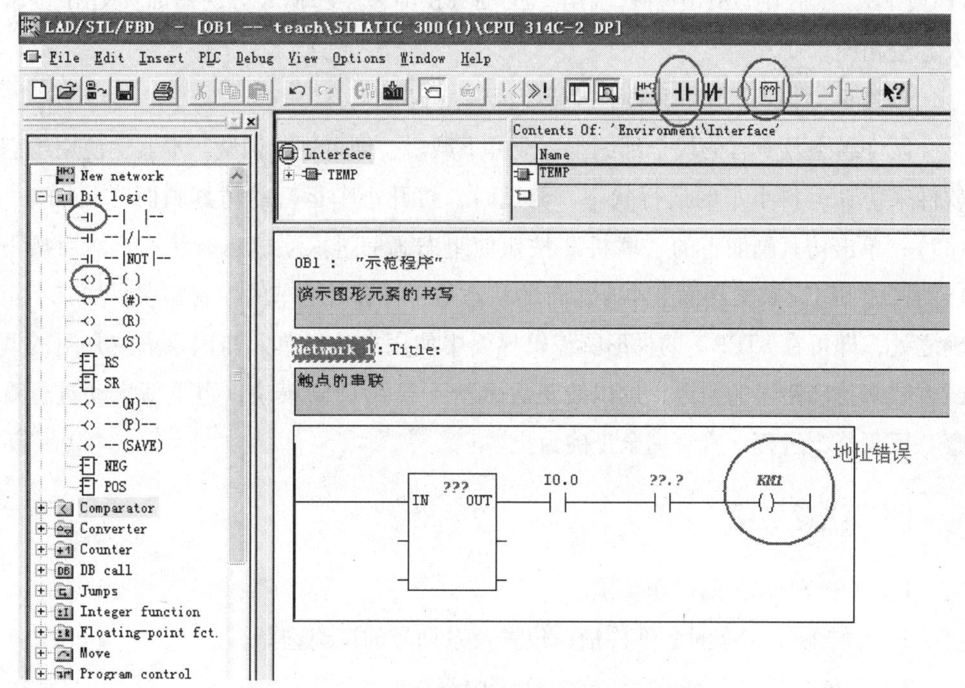

图 1—169　梯形图编辑界面

输入程序时，以光标选中“程序段”中的直线处，单击工具条上的触点图标或方框指令图标，或从左边窗口的“指令树”中选择并双击触点或线圈，就会在网络中光标处加上触点或线圈。触点或线圈被放置到梯级上后，在编程元件上方或旁边会出现红色的“??”或“…”，在此处输入地址或参数，回车即可。输入完一条指令或一个图形元素后，STEP 7 会自动检查，发现错误会立即以红色斜体字符显示。

单击带箭头的转折线图标，可以生成分支电路或并联电路。

一个梯级输入完后，单击工具条上“新程序段”图标，可以在光标下方插入一个新的“程序段”，继续输入程序。

在编辑梯形图程序时，可以用剪贴板在块内部或块之间“复制”（Ctrl + C）及“粘贴”（Ctrl + V）程序段、编程元件、分支等。

步骤 5　保存程序并下载到 PLC

程序输入完成后，执行菜单命令［文件］—［保存］，并执行菜单命令［PLC］—［下载］把 OB1 下载到 CPU 后，就可执行程序。

由于本例的程序较短，因此采用线性化编程，全部程序都集中在一个程序块中。如果程序较大时，要采用模块化或结构化的程序结构，这时就需要另外建立

FC 或 FB，然后在 OB1 中进行调用。FC 或 FB 中程序的输入方法与前述 OB1 的输入方法相同。

步骤 6 在梯形图编辑器中进行模拟调试

硬件组态及所有的块全部编制完成并下载后，即可进行调试。本实例使用组态软件来仿真运料小车的运行状态，调试时，打开小车运行的仿真画面（见图 1—139），单击仿真画面上的“联机”按钮使组态画面进入联机运行状态，然后按下启动按钮 SB1，观察画面上小车运行的状态是否符合对小车的控制要求。如有不正确之处，即可在 STEP 7 的梯形图编辑界面中使用本学习单元知识要求中介绍的调试方法来找出错误的原因，加以改正后重新下载到 CPU 模块，再重新启动进行观察。反复这个过程，直到完全正确为止。

四、注意事项

1. 注意 STEP 7 的操作步骤。
2. 注意硬件组态时各部件槽口位置及系列号的正确选择。
3. 循环执行的主程序只能放在 OB1 中编程。
4. 注意保存程序和系统数据的重要性。

学习单元 4 西门子 PLC 串口通信

- 了解数据通信的概念
- 掌握西门子 PLC 通信模块的选择方法
- 掌握使用通信功能指令编写程序及调试程序

一、串口通信的基本知识

串口是计算机上一种非常通用的用于设备通信的接口（不要与通用串行总线 Universal Serial Bus，即 USB 混淆）。大多数计算机包含两个基于 RS－232 的串口。

串口同时也是仪器仪表设备通用的通信协议；很多 GPIB 兼容的设备也带有 RS－232 口。同时，串口通信协议也可以用于获取远程采集设备的数据。

串口通信的概念非常简单，串口按位（bit，b）发送和接收字节。尽管比按字节（byte，B）的并行通信慢，但是串口可以在使用一根线发送数据的同时用另一根线接收数据。它很简单并且能够实现远距离通信。比如 IEEE488 定义并行通信状态时，规定设备线总长不得超过 20 m，并且任意两个设备间的长度不得超过 2 m；而对于串口而言，长度可达 1 200 m。

使用串口通信时，通信双方必须遵循相同的通信协议。常用的串行异步通信协议有 RS－232C、RS－422、RS－485 等。关于这些通信协议的介绍可参见本节学习单元 3 知识要求中的相关内容。

二、西门子 S7－300 系列 PLC 串口模块的分类

在西门子 S7－300 系列 PLC 通信模块中，为串口通信提供了两大类模块，即 CP340 和 CP341，可以使用这些通信模块实现 S7－300 系统与其他串行通信设备的数据交换，例如打印机、扫描仪、智能仪表、第三方 MODBUS 主从站、Data Highway、变频器、USS 站等。

1. CP340 通信模块

CP340 通信模块属于经济型串口通信模块，具有一个串行通信接口，模块外形如图 1—170 所示。CP340 通信模块根据不同的串行接口又分为 RS－232、20 mA－TTY 和 RS－485/RS－422 三种，技术规格见表 1—22。

图 1—170　CP340 通信模块

表 1—22　　CP340 技术规格

项目	接口类型		
	RS－232C（V. 24）	20 mA（TTY）	RS－422/485（X. 27）
接口			
• 数量	一个，隔离	1 个，隔离	1 个，隔离
• 传输速率，最大（kb/s）	19. 2	9. 6	19. 2
• 传输速率，最大（kb/s）	2. 4	2. 4	2. 4
• 电缆长度，最长（m）	15	100 m/1 000（主动/被动）	1 200

续表

项目	接口类型		
	RS－232C（V. 24）	20 mA（TTY）	RS－422/485（X. 27）
ASCII： • 帧长，最大（B） • 传输速率，最大（kb/s）	 1 024 9. 6	 1 024 9. 6	 1 024 9. 6
3 964（R）： • 帧长，最大（B） • 传输速率，最大（kb/s）	 1 024 19. 2	 1 024 19. 2	 1 024 19. 2
打印机驱动软件： • 传输速率，最大（kb/s） • 支持的打印机 • 处理块所需的内存，约（B）	 9. 6 HP－Deskjet. HP－Laserjeet. IBM－Proprinter，用户定义的打印机 2 007（数据通信，发送和接收）	 9. 6 HP－Deskjet. HP－Laserjeet. IBM－Proprinter，用户定义的打印机 2 007（数据通信，发送和接收）	 9. 6 HP－Deskjet. HP－Laserjeet. IBM－Proprinter，用户定义的打印机 2 007（数据通信，发送和接收）
电流消耗，典型（mA）	165	220	165
功率损耗（W）	0. 85	0. 85	0. 85
尺寸（W×H×D），（mm）	40×125×120	40×125×120	40×125×120
质量，约（g）	300	300	300

2. CP341 通信模块

CP341 通信模块在功能上要优于 CP340 通信模块，传输速率高、支持的通信协议均比 CP340 多，且在插入 MODBUS 硬件狗后可以轻松地实现 MODBUS 主从站通信，模块外形如图 1—171 所示。CP341 通信模块根据不同的串行接口也可分为 RS－232、20 mA－TTY 和 RS－485/422 三种，技术规格见表 1—23。

图 1—171 CP341 通信模块

表 1—23　**CP341 技术规格**

项目	接口类型		
	RS－232C（V. 24）	20 mA（TTY）	RS－422/485（X. 27）
接口			
• 数量 • 传输速率，最大（kb/s） • 传输速率，最小（kb/s） • 电缆长度，最长（m） • 连接技术	一个，隔离 76. 8 0. 3 15 9 针：Sub－D 型插头	一个，隔离 19. 2 0. 3 1 000 9 针：Sub－D 型插头	一个，隔离 76. 8 0. 3 1 200 15 针：Sub－D 型插头
可实现的通信协议	ASCII：3 964（R），RK 512，用户指定的协议	ASCII：3 964（R），RK 512，用户指定的协议	ASCII：3 964（R），RK 512，用户指定的协议
ASCII： • 帧长，最大（B） • 传输速率，最大（kb/s）	1 024 76. 8（半双工）/38. 4（全双工）	1 024 76. 8（半双工）/38. 4（全双工）	1 024 76. 8（半双工）/38. 4（全双工）
3 964（R）： • 帧长，最大（B） • 传输速率，最大（kb/s）	 1 024 76. 8	 1 024 76. 8	 1 024 76. 8
RK 512： • 帧长，最大（B） • 传输速率，最大（kb/s）	 1 024 76. 8	 1 024 76. 8	 1 024 76. 8
处理块所需的内存，约（B）	5 500（数据通信，发送和接收）	5 500（数据通信，发送和接收）	5 500（数据通信，发送和接收）
外部电源	DC24 V（三个螺钉型端子；L＋，M，GND）	DC24 V（三个螺钉型端子；L＋，M，GND）	DC24 V（三个螺钉型端子；L＋，M，GND）
电流消耗，典型（mA） • 背板总线，最大（mA）	200 70	200 70	200 70
功率损耗（W）	4. 8	4. 8	5. 8
尺寸（W×H×D），mm	40×125×120	40×125×120	40×125×120
质量，约（g）	300	300	300

三、西门子 S7-300 系列 PLC 串口模块的参数化

CP340 和 CP341 通信模块均可以通过集成在 STEP 7 中的参数赋值工具进行方便和简单的参数化，现以 CP340 模块为例，介绍参数赋值过程。

首先在计算机上安装 STEP 7 软件和 CP340/CP341 模块的软件（SIMATIC S7-CP PtP Param V5.1）驱动程序，模块驱动程序包括：对 CP340/CP341 进行参数化的组态界面（在 STEP 7 的硬件组态界面下可以打开）、用于串行通信的功能块以及模块不同应用方式的例子程序。

在 STEP 7 中建立新的项目，插入 S7-300 工作站，并进入硬件组态界面。在硬件组态窗口中组态中央机架、电源模块、CPU 模块和 CP340 模块；双击添加在中央机架上的 CP 模块，打开 CP 模块的属性窗口，如图 1—172 所示。

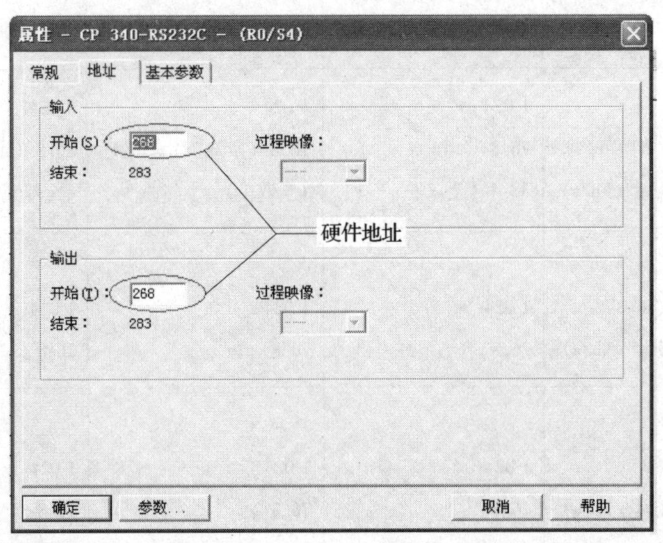

图 1—172　“CP 模块属性”窗口

在属性窗口中可以看到三个选项卡，分别是“常规”“地址”和“基本参数”，“地址”中显示了模块的默认输入/输出地址，这个地址在编程中需要使用。

单击窗口左下方的“参数”按钮（如果用户计算机未安装 SIMATIC S7-CP PtP Param V5.1 驱动软件，则“参数”按钮为灰色不可用按钮），进入到参数设定窗口，如图 1—173 所示。

本例中选用的是 CP340 RS-232 模块，有两种可选择的通信协议：3 964（R）和 ASCII，这里选择 ASCII 协议。然后双击信封图标，弹出 ASCII 协议通信设置窗口如图 1—174 所示窗口。

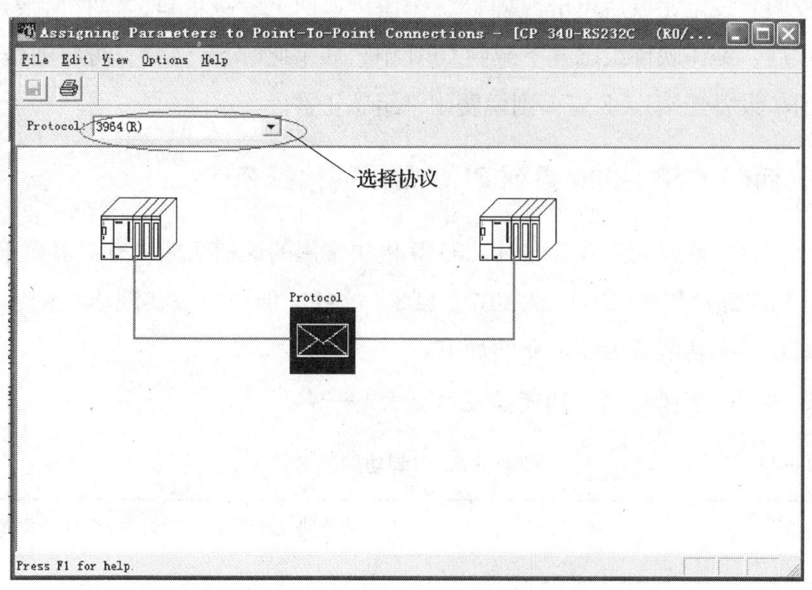

图 1—173　“CP340 参数设定”窗口

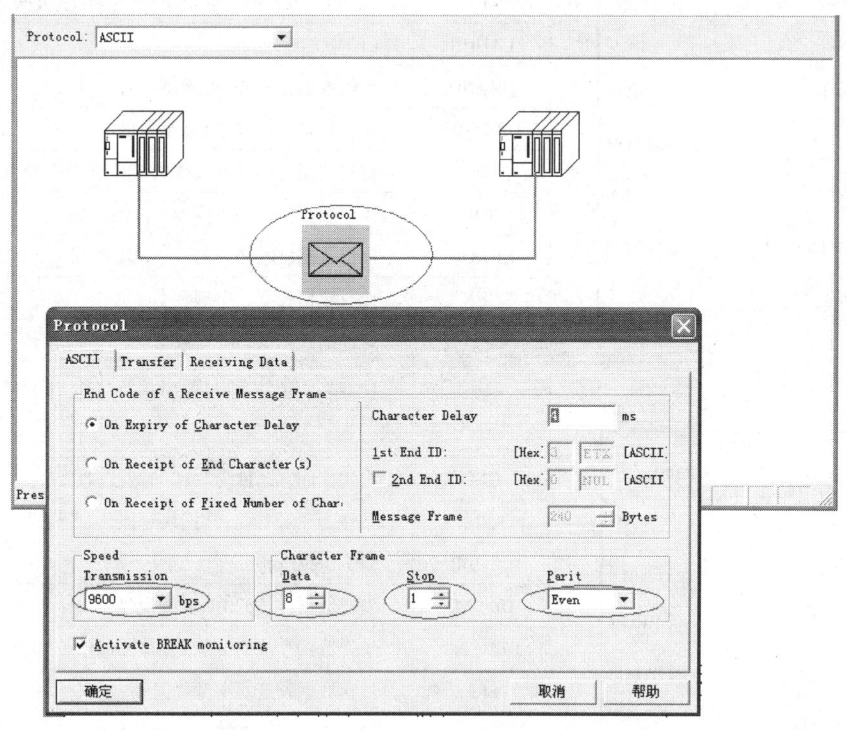

图 1—174　“ASCII 协议通信参数设置”窗口

在此窗口中可以对通信传输速率、数据位、停止位、奇偶校验这些基本的串口参数进行设定，本例中使用默认参数：传输速率 9 600 b/s、数据位 8 位、停止位 1

位、偶校验。设定完成后单击“确定”按钮，返回上一级窗口，保存所设定的 CP 模块参数后，编译硬件组态并下载到 CPU 中，如果此时 SF 灯亮，可将通信接口和另外的通信设备连接，SF 灯灭则说明硬件组态正常。

四、西门子 S7－300 系列 PLC 常用通信指令

在 S7－300 系列 PLC 中，使用 CP340 模块常用的通信功能块有：适用于 CP340 的 FB2、FB3 和适用于 CP341 的 FB7、FB8，这些功能块可以实现串口的字符收发功能，对这几个功能块做简单介绍如下：

FB2 和 FB3 引脚排列，功能及说明见表 1—24。

表 1—24　　FB2、FB3 引脚功能及说明

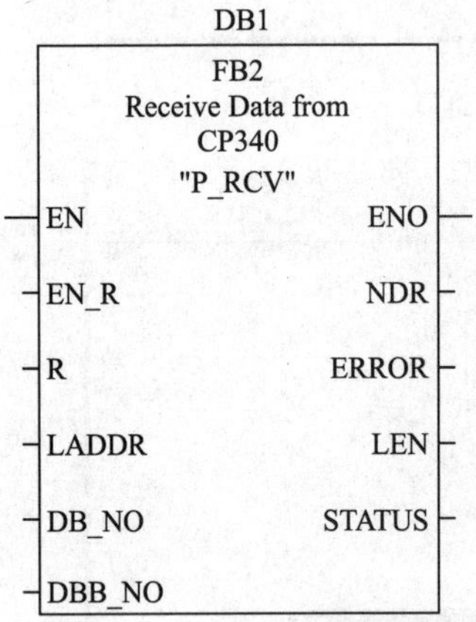 DB1 FB2 Receive Data from CP340 "P_RCV" EN　ENO EN_R　NDR R　ERROR LADDR　LEN DB_NO　STATUS DBB_NO	EN	使能端，条件为“1”时执行“P_ RCV”功能块
	EN_R	接收使能，条件为“1”时接收数据
	R	条件为“1”时，功能块复位，接收数据停止
	LADDR	CP340 的地址
	DB_NO	接收数据存放的 DB 数据块号
	DBB_NO	接收数据存放的 DB 数据块的起始位置
	ENO	输出使能，该功能块被执行时为“1”
	NDR	串口数据接收完成信号，位型数据
	ERROR	串口数据接收错误信号，位型数据
	LEN	接收数据长度，字型数据
	STATUS	返回的状态值，字型数据
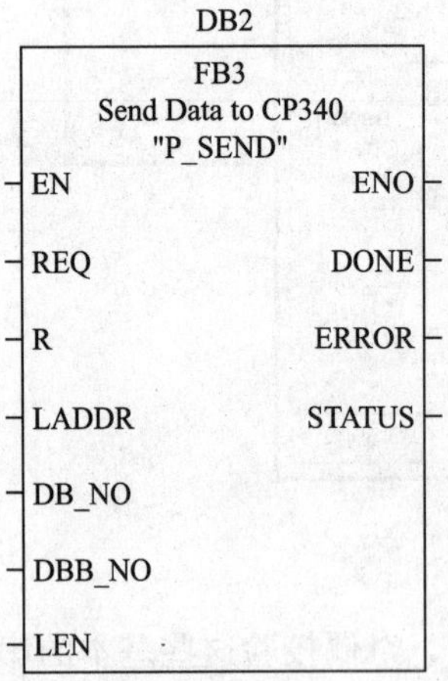 DB2 FB3 Send Data to CP340 "P_SEND" EN　ENO REQ　DONE R　ERROR LADDR　STATUS DB_NO DBB_NO LEN	EN	使能端，条件为“1”时执行“P_SEND”功能块
	REQ	发送使能，条件为“1”时发送数据
	R	条件为“1”时，功能块复位，发送数据停止
	LADDR	CP340 的地址
	DB_NO	发送数据存放的 DB 数据块号
	DBB_NO	发送数据存放的 DB 数据块的起始位置
	LEN	发送数据长度，字型数据
	ENO	输出使能，该功能块被执行时为“1”
	DONE	串口发送完成信号，位型数据
	ERROR	串口发送错误信号，位型数据
	STATUS	返回的状态值，字型数据

技能要求

使用西门子 CP340 模块与计算机串口进行数据交换

一、操作要求

1. 设置 CP340 模块参数。
2. 利用 STEP 7 功能块进行串口数据读写。

二、操作准备

本项目所需元器件清单见表 1—25。

表 1—25　　项目所需元器件清单

序号	名称	规格型号	数量	备注
1	带有串口通信模块的西门子 S7－300 系列 PLC	CPU314C－2DP CP340－1	1 套	
2	带串口的计算机	兼容机	1 台	
3	STEP 7 编程软件	V5.4 中文版	1 套	
4	串口模块驱动软件	SIMATIC S7－CP PtP Param V5.1	1 套	

三、操作步骤

步骤 1　通信电缆的制作

使用九针 D 型插头制作连接 CP340 和计算机串口的通信电缆，由于 CP340 与计算机串口都是九针阳头，所以选用九针的阴头制作，如图 1—175 所示。

标准九针插头的各引脚定义为：1——载波检测（DCD）；2——接收数据（RXD）；3——发出数据（TXD）；4——数据终端准备好（DTR）；5——信号地线（SG）；6——数据准备好（DSR）；7——请求发送（RTS）；8——清除发送（CTS）；9——振铃指示（RI）。

本例中所制作的串口线只使用三个引脚：2——接收数据（RXD）；3——发出数据（TXD）；5——信号地线（SG）。两个插头的引脚接法如下：2—3；3—2；5—5。

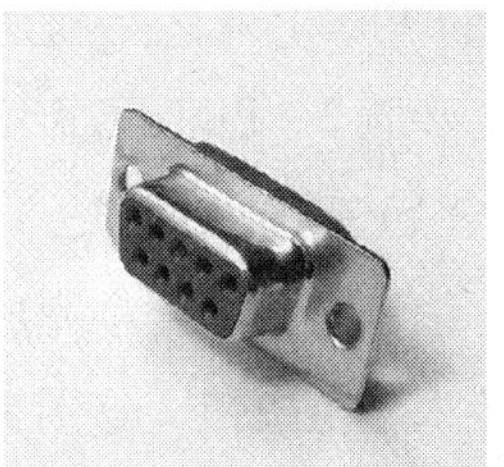

图 1—175　九针阴接头

步骤2　PLC硬件组态，串口参数设定

（1）新建S7项目

打开SIMATIC管理器，执行菜单命令［文件］—［新建］，在名称栏内输入“DP - MM440”作为文件名，单击“确定”按钮创建一个新项目。

（2）插入S7 - 300工作站

执行菜单命令［插入］—［站点］—［SIMATIC 300站点］，插入“S7 - 300”工作站。

（3）硬件组态

单击“SIMATIC 300（1）”，在右视图中双击“硬件”图标，进入硬件配置窗口。

1）插入机架。单击“SIMATIC 300”左侧的 ⊞ 符号展开目录，并双击“RACK - 300”子目录下的 Rail 图标插入一个S7 - 300机架。

2）插入电源模块。选中1#槽，然后在硬件目录内展开PS - 300子目录，双击 PS 307 2A 图标插入电源模块。

3）添加CPU模块。选中2#槽，然后在硬件目录内展开CPU - 300子目录，再展开CPU 314C - 2 DP子目录，双击 6ES7 314-6CF00-0AB0 图标插入CPU模块。

4）添加CP340模块。插入CP340模块到中央机架的4 #槽，系统默认的I/O地址为268 ~ 283。双击CP模块，打开CP模块的属性窗口，单击“参数”按钮进入串口参数设置界面。选择ASCII协议，再双击 Protocol 信封图标，在弹出对话框中对串口参数进行配置，传输速率设置为9 600 b/s，数据位8位，停止位1位，校验选择None（无校验）。修改完成后，单击“确定”按钮，关闭参数设置界面并保存参数。

组态完成后的界面如图1—176所示。

组态完成后，单击 按钮，编译并保存组态数据。单击 按钮，将组态下载到CPU内。

步骤3　PLC程序编制、下载

（1）程序要求

编制简单的程序完成CP340串口发送数据的功能。I/O分配见表1—26。输入点接入三个按钮，分别为“SB1”“SB2”和“SB3”；输出接点接三只指示灯，分别为“HL1”“HL2”和“HL3”。该控制要求如下：按下“SB1”按钮，CP340串

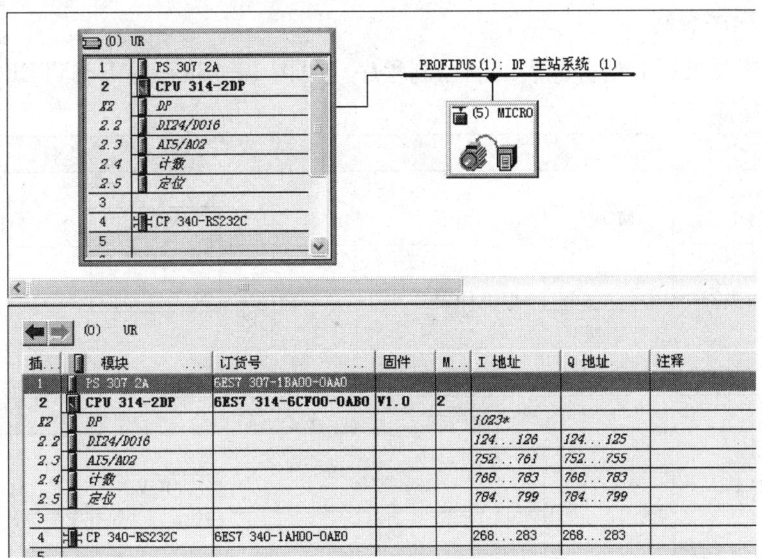

图 1—176　组态完成界面

表 1—26　　I/O 分配表

输入		输出	
元件	地址	元件	地址
SB1	I124.0	HL1	Q124.0
SB2	I124.1	HL2	Q124.1
SB3	I124.2	HL3	Q124.2

口向计算机发送“1234”，计算机收到后回复相同的数据，CP340 收到回复后输出点亮 HL1，另两只灯熄灭；按下“SB2”后发送“5678”，收到回复后点亮 HL2，另两只灯熄灭；按下“SB3”后发送“2468”，收到回复后点亮 HL3，另两只灯熄灭。

（2）接线要求

CPU314C－2DP 模块接线如图 1—177 所示。

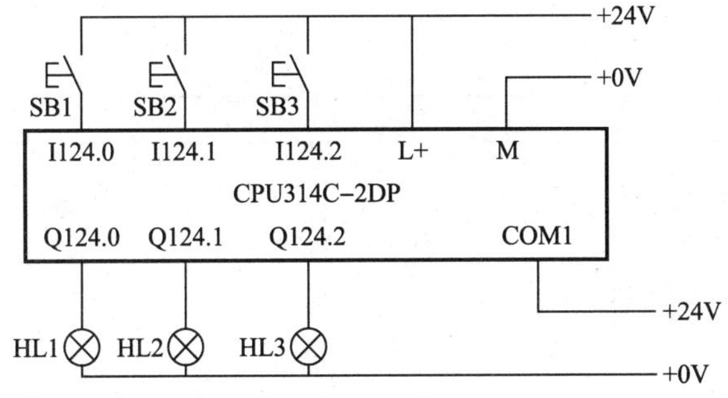

图 1—177　系统接线图

（3）程序编制

按程序要求和 I/O 分配表编制控制程序（见图 1—178）并下载到 CPU。

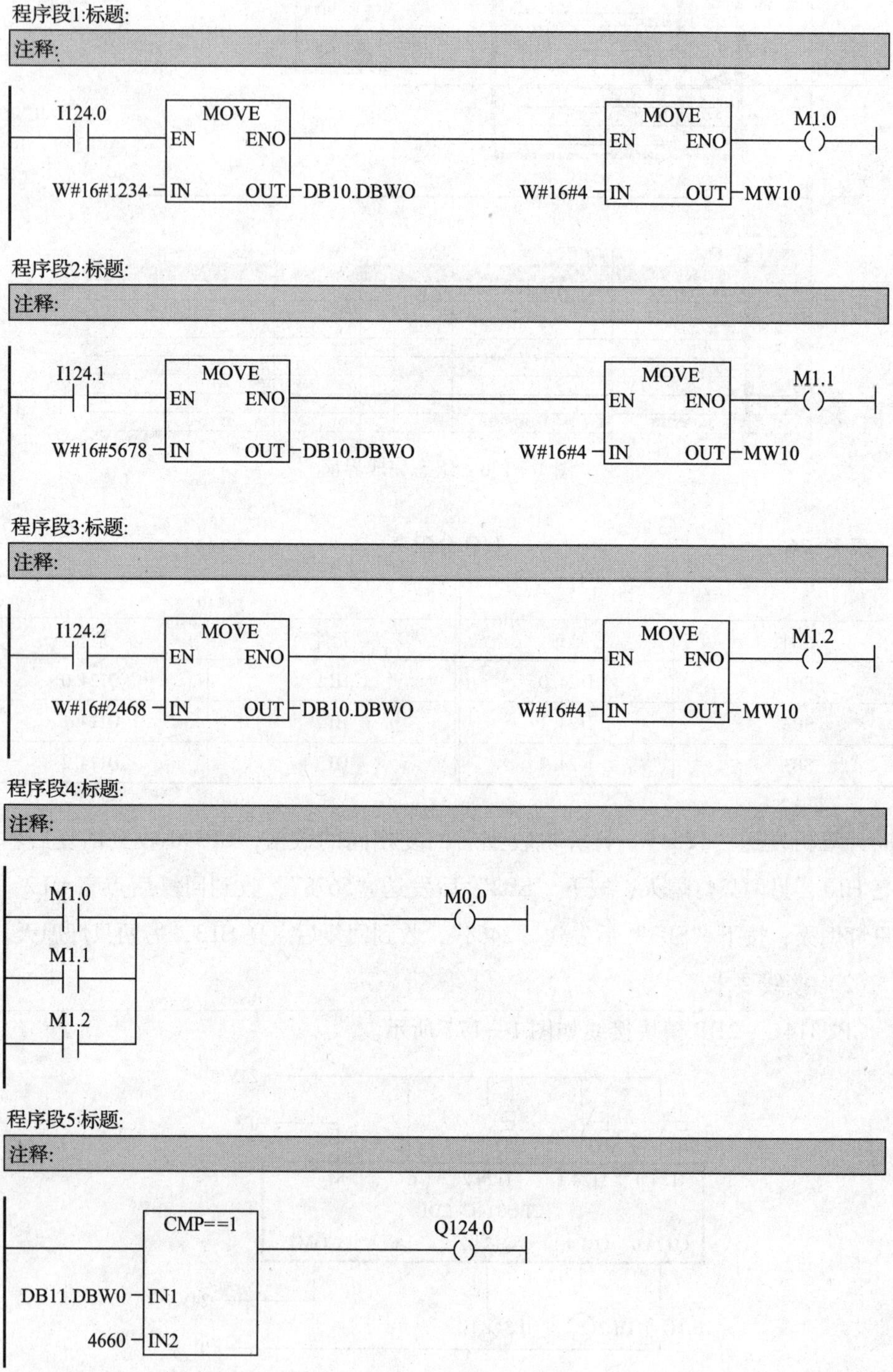

程序段1:标题:

注释:

I124.0 MOVE EN ENO W#16#1234 IN OUT DB10.DBWO MOVE EN ENO W#16#4 IN OUT MW10 M1.0 ( )

程序段2:标题:

注释:

I124.1 MOVE EN ENO W#16#5678 IN OUT DB10.DBWO MOVE EN ENO W#16#4 IN OUT MW10 M1.1 ( )

程序段3:标题:

注释:

I124.2 MOVE EN ENO W#16#2468 IN OUT DB10.DBWO MOVE EN ENO W#16#4 IN OUT MW10 M1.2 ( )

程序段4:标题:

注释:

M1.0 M1.1 M1.2 M0.0 ( )

程序段5:标题:

注释:

CMP==1 DB11.DBW0 IN1 4660 IN2 Q124.0 ( )

程序段6:标题:

注释:

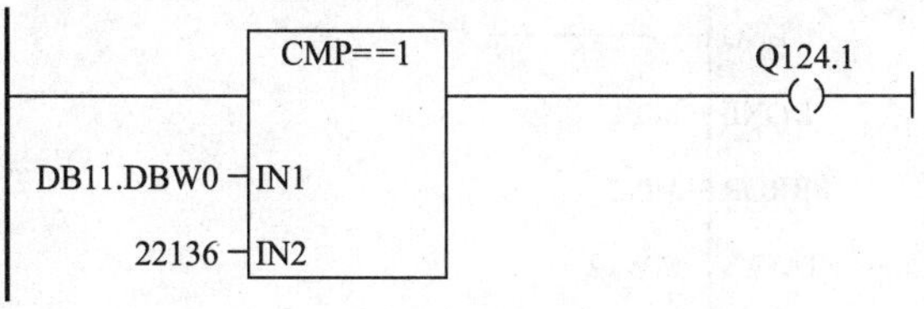

CMP==1
Q124.1
DB11.DBW0 – IN1
22136 – IN2

程序段7:标题:

注释:

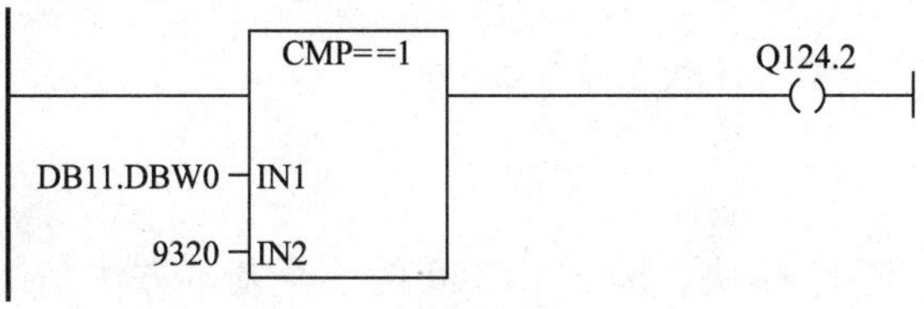

CMP==1
Q124.2
DB11.DBW0 – IN1
9320 – IN2

程序段8:标题:

注释:

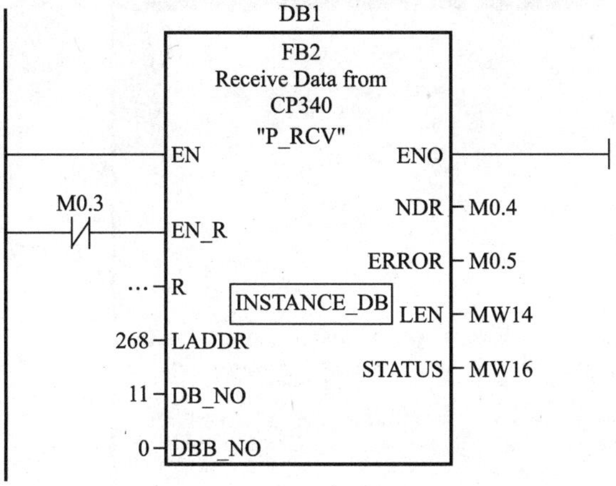

DB1
FB2
Receive Data from
CP340
"P_RCV"
EN　ENO
M0.3
EN_R　NDR – M0.4
ERROR – M0.5
… – R　INSTANCE_DB　LEN – MW14
268 – LADDR
STATUS – MW16
11 – DB_NO
0 – DBB_NO

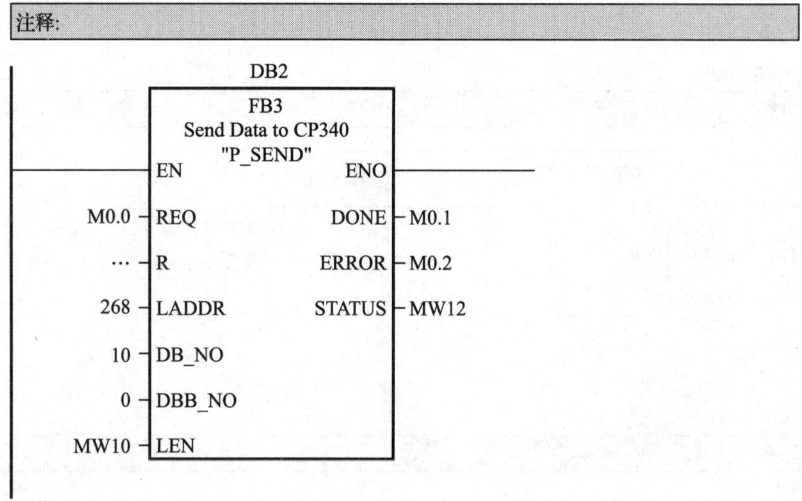

图 1—178　串口通信程序梯形图

步骤 4　系统联机及调试

使用串口线连接 PC 机和 CP340 模块。调试 CP340 的一个基本方法是使用 PC 机上的串口通信调试软件。本例使用一款串口调试器 SSCOM 的软件，打开软件如图 1—179 所示。

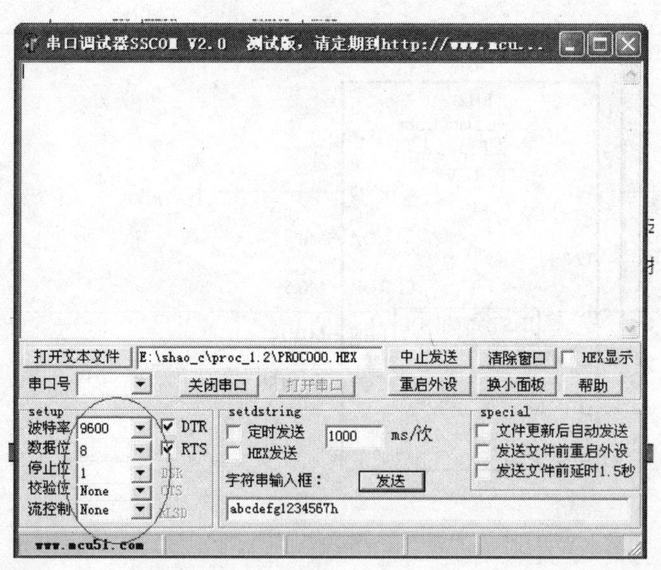

图 1—179　“串口调试器”界面

在串口调试器中串口参数的设置应注意必须与 CP340 参数的设置保持一致。选择相应的串口号后，单击“打开串口”按钮，等待 CP340 发送数据。

按下 SB1 按钮，在串口调试器中会接受到“1234”表示 CP340 串口模块工作正常；然后在“字符串输入框”内同样填写“1234”，并单击“发送”按钮将信息传送，CP340 接收到信息后进行对比，符合要求则 HL1 灯点亮。

依次按下 SB2 和 SB3，观察串口调节器的界面从而进行调试。

步骤 5　系统故障排除

观察 CP340 模块上 TX 和 RX 两只指示灯在发送数据的时候会交替闪烁，若指示灯不闪则表明通信未建立，这时首先检查连接的通信线是否插牢固是否有断线；然后检查硬件组态时串口模块的参数设置是否正确；监控 PLC 的程序是否有误。

四、注意事项

1. 各模块、器件供电电压的区别。
2. 通信电缆各针脚的定义。

学习单元 5　西门子 PLC 控制系统调试维修

学习目标

➢ 能判断 PLC 各模块的故障并进行更换
➢ 了解触摸屏和 PLC 之间通信参数的设置，能恢复正确参数

知识要求

一、PLC 模块故障的排除

1. 模块故障的判断

当系统发生故障时，在 CPU 模块的面板上“系统错误”指示灯 SF（红色）点亮，此时应找出故障原因并加以排除。

首先可在 PLC 装置上进行直观的检查，例如检查 CPU 状态是否已自动从 RUN 状态变为 STOP 状态；CPU 面板上的“总线错误”指示灯 BF（红色）是否闪亮；是否有模块的外部电源断电、各模块面板上的状态指示灯中 SF 灯（红色）有无点亮等。对可见的错误可进一步检查并直接加以排除，例如外部电源断电即可加以修复。“总线错误”指示灯BF（红色）闪亮时，检查在DP插座上的插头，若松脱即予以紧固，检查插头上的终端电阻有无拨错，正常时应为通信电缆的两个终端处终端电阻拨为ON，中间位置的所有终端电阻均应拨为OFF，若有错即加以改正。

SF灯亮及CPU状态自动从RUN变为STOP的原因既可能是硬件故障，也可能是软件故障，因此可以将总电源切断后重新通电，或将CPU模式选择开关扳到STOP后再扳回RUN位置试试。若为编程错误或运行时突然断电所引起的SF灯亮，在总电源切断后重新通电或扳动CPU模式选择开关后即会恢复正常。

在装有以太网通信模块CP343的PLC系统中，有时也会发生因其他设备上IP地址设置错误而与本系统发生冲突的情况，这种情况下也会产生CPU模块与CP343模块上SF灯亮。这时应通过与PLC联机的编程计算机了解所有联机设备的IP地址，观察IP地址有无相同，找出IP地址冲突的设备并更换IP地址。

所有联机设备的IP地址可在STEP 7中进行检查。在检查前应先将编程计算机通过以太网网线连接到PLC的以太网通信模块上，并启动STEP 7，打开与PLC系统所对应的工程项目，在SIMATIC管理器中设置PG/PC接口为TCP/IP接口。执行SIMATIC管理器窗口中的菜单命令［PLC］—［Ethernet］—［编辑Ethernet节点］，在弹出的“编辑以太网节点”对话框中，单击“以太网节点”区域下的“浏览”按钮（见图1—180），即可看到所有与此PLC联网设备的IP地址。

编辑以太网节点(E)
以太网节点
可在线访问的节点
MAC 地址(A)：
浏览(B)...
设置 IP 组态

图1—180　查找联网设备的IP地址

对于未能通过上述方法排除故障的情况，可利用STEP 7的故障诊断功能来发现故障原因。当故障发生后，S7－300/400可以识别CPU及其他模块中的系统错误或CPU中的程序错误，并将这些通过内部诊断所得到的错误识别信息记录下来，保存在 CPU 的诊断缓冲器内。通过查看 CPU 诊断缓冲器内的错误信息，即可帮助用户了解故障原因和故障发生的模块。

STEP 7 的故障诊断功能必须在在线状态下进行，因此在诊断之前应先将编程计算机通过编程电缆连接到 CPU 的 MPI 接口上，并启动 STEP 7，打开与发生故障的 PLC 系统所对应的工程项目，在 SIMATIC 管理器中设置 PG/PC 接口为 MPI 接口，单击 SIMATIC 管理器窗口中的“在线”工具 图标，即会弹出一个此项目的在线窗口，使 STEP 7 处于在线状态。

在 SIMATIC 管理器的在线窗口或进入在线的硬件组态窗口中，可观察到 CPU 和各模块的诊断符号图标如图 1—181 所示。只要存在模块的诊断信息，在模块符号上就会出现一个诊断符号，通过对诊断符号的观察，可以形象直观地了解到各模块的运行模式和模块的故障状态。

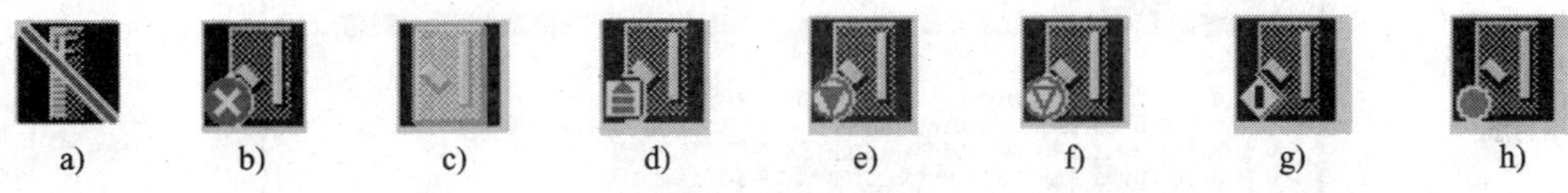

图 1—181　模块诊断符号图标

a）设定组态与实际组态不一致　b）模块故障　c）不能进行诊断

d）启动　e）停止　f）多机运行模式中被另一 CPU 触发停止　g）运行　h）保持

为进一步了解模块的诊断信息，找出故障原因，可以在 SIMATIC 管理器窗口中执行菜单命令［PLC］—［诊断/设置］—［硬件诊断］，打开“硬件诊断—快速查看”对话框，如图 1—182 所示。

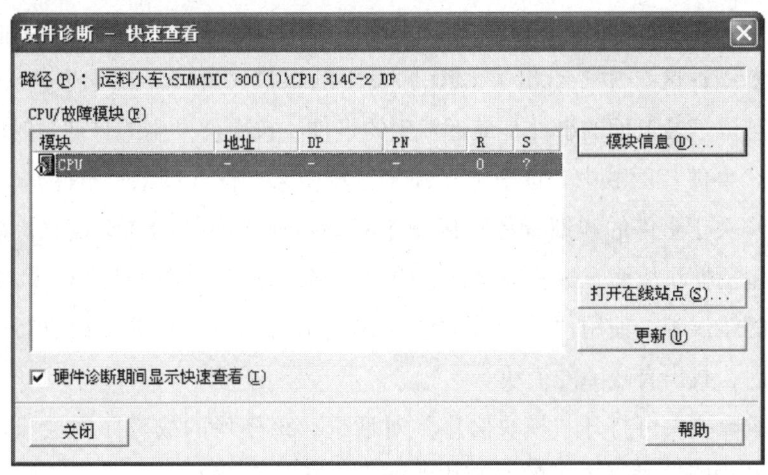

图 1—182“硬件诊断—快速查看”对话框

在“硬件诊断—快速查看”对话框中，给出在线连接的 CPU 的数据和诊断符号，CPU 检查到有故障的模块的诊断符号（如诊断中断、I/O 访问错误等），模块类型和地址，DP 总线系统中的站号（DP），模块所在的机架号（R）和槽号（S）。如图 1—182 所示的“快速查看”对话框中，未找到故障模块，因此只显示了 CPU，没有故障模块的信息。若存在故障模块，则可在“快速查看”对话框中选中某个有故障的模块后，单击“模块信息”按钮，即可进入如图 1—183 所示的“模块信息”对话框，获得该模块的有关信息（“模块信息”也可从在线的硬件组态窗口中双击各模块来打开）。

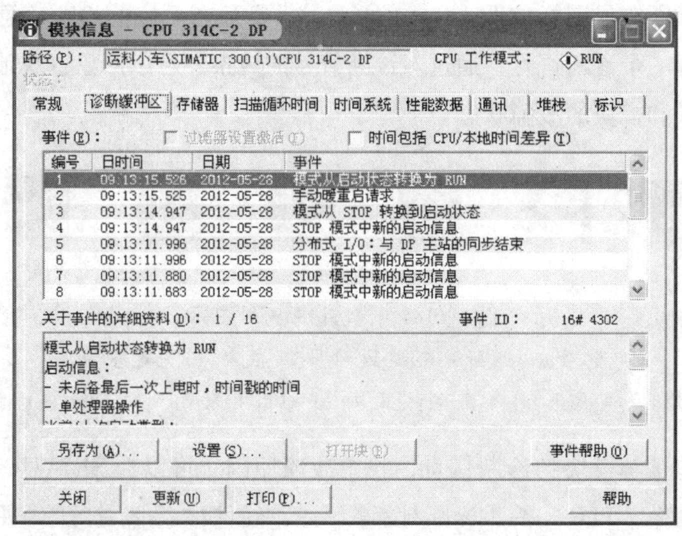

图 1—183　“模块信息”对话框

如图 1—183 所示为选择 CPU 而打开的“模块信息”对话框。在该对话框的选项卡“诊断缓冲区”中，给出了 CPU 中发生的事件一览表。在“事件”区域中，编号为 1 且位于最上面的事件是最近发生的事件，按事件发生的日期、时间顺序依次显示在“事件”区域中。选中“事件”区域中某一行（即某一事件），在下面灰色背景的“关于事件的详细资料”区域中将显示所选事件的详细信息。事件的诊断信息中包括模块故障、过程写错误、CPU 中的系统错误、CPU 运行模式的切换、用户程序的错误等。使用“诊断缓冲区”选项卡可以对系统的错误进行分析，查找停机原因，找出有故障的模块。

选中故障模块可打开“模块信息”对话框，该模块的故障原因会显示在该对话框“诊断中断”选项卡下的“模块的标准诊断”区域中。

根据“模块信息”对话框中关于“事件的详细资料”表，可采取相关措施排除产生故障的因素，使系统恢复正常。如果是因为硬件损坏而产生的故障，则需更换模块才能解决。

2. 模块硬件的更换

更换模块操作中较多的是更换数字量 I/O、模拟量 I/O 等信号模块。

当开关量 I/O 模块中损坏的端子较多，或模拟量 I/O 模块中损坏的 I/O 通道较多，通过更换空余端子或空余通道已不能正常使用时，就必须更换信号模块。更换信号模块的步骤如下：

（1）把 CPU 的模式开关切换到 STOP 状态。

（2）切断负载供电电源。

（3）打开信号模块的前盖。

（4）旋松前连接器的固定螺钉，并将前连接器连同原来的接线一并从信号模块中取下。

（5）松开信号模块上的紧固螺钉。

（6）从导轨上取下信号模块。

（7）把新的信号模块插入到原位置，拧紧紧固螺钉，把模块固定在导轨上。

（8）把先前拆下的前连接器插入到新模块上，放到正常工作位置。

（9）关上前盖，重新接通负载电源。

（10）CPU 的模式开关切换到 RUN 状态，执行一次 CPU 的再启动。

注意：当正在通过 MPI 交换数据时不能更换任何模板。如果不能确定 MPI 是否正在交换数据，应拔下 CPU 的 MPI 口上的连接器。

二、触摸屏和 PLC 之间的通信

触摸屏和 PLC 之间的通信是采用异步串行通信协议进行的，一般使用 RS－232 或 RS－485 协议。每个数据帧都由起始位、数据、校验位与停止位组成。要使触摸屏能与 PLC 正确通信，就需要在触摸屏和 PLC 上分别设置相同的通信参数，如接口类型、传输速率、数据位（7 位或 8 位）、停止位（1 位或 2 位）、校验位类型（奇校验、偶校验或无校验）等。由于不同的生产厂家对各自生产的 PLC 都已设置了默认的通信参数，为了便于使用，触摸屏的生产厂家往往会针对各种品牌的 PLC 编制各种相应的 PLC 通信驱动程序，安装在触摸屏的编程软件中。在进行触摸屏组态设计时，只要选择好要和触摸屏连接的 PLC 类型，该通信驱动程序就会自动执行，对应的通信参数就会被自动设置。

各种 PLC 通信驱动程序均安装在触摸屏编程软件中的安装目录下。以威纶公司生产的 WinView MT500 系列触摸屏为例，开发好的 PLC 通信驱动程序是以（＊. pds）为文件后缀的动态连接文件，被安装在编程软件 EB500 安装目录下的“Drivers”目录下。EB500 软件在每次启动时都会自动去“Drivers”目录下确认是否存在驱动程序文件（＊. pds）。如果有就会自动把该 PLC 类型加到 EB500 系统中，并且可以在编辑窗口的“系统参数”对话框中的“PLC 类型”下拉列表框中找到该 PLC 类型。

对在编程软件中未找到的 PLC 类型，用户可自行开发驱动程序文件，或从网络上下载厂商新开发完成的驱动程序文件，然后将开发好的 pds 文件复制到“Drivers”目录下，再重新启动 EB500，那么在“系统参数”对话框中的“PLC 类型”下拉列表框中就有刚添加的 PLC 类型。

启动 EB500 后，在编辑窗口的“系统参数”对话框中，从“PLC 类型”下拉列表框中找到并选择 PLC 类型，相应的通信参数就会出现在对话框中，这些默认的通信参数和对应的 PLC 中的通信参数相一致，可直接单击“确定”按钮即可。对应于西门子 S7－300 系列 PLC 的通信参数如图 1—184 所示。

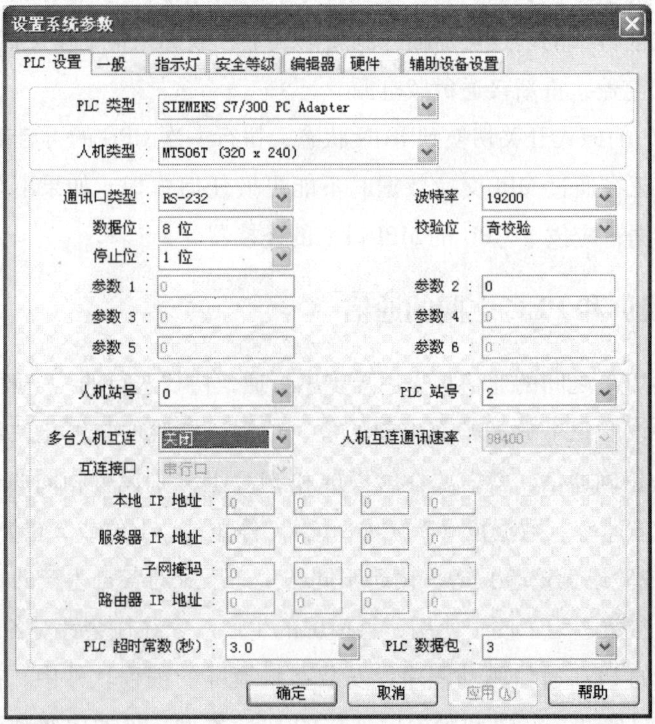

图 1—184　西门子 S7－300 系列 PLC 的“设置系统参数”页面

技能要求

触摸屏和 PLC 之间通信参数的设置

一、操作要求

1. 了解可编程序控制器和触摸屏之间通信参数的对应关系。
2. 学会恢复正确通信参数的方法。

二、操作准备

本项目所需元器件清单见表 1—27。

表 1—27　　项目所需元器件清单

序号	名称	规格型号	数量	备注
1	PLC	西门子 S7－313C	1 台	
2	计算机		1 台	装有 STEP 7 编程软件和 EB500 编程软件
3	PC 适配器	PC Adapter	1 套	RS－232C/MPI 转换
4	信号电缆	MT5_ PC	1 根	RS－485/RS－232C 双头，触摸屏用
5	触摸屏	Win View MT506S	1 台	
6	直流电源	24 V，2 A	1 台	触摸屏用

三、操作步骤

步骤 1　启动 STEP 7，输入并向 PLC 下载所提供的彩灯移位显示程序

彩灯移位显示的控制要求如下：

在人机界面屏幕上设置八只指示灯（对应设备地址 M0.0～M0.7），设置两只按钮 SB1、SB2（对应设备地址 M10.0 和 M10.1）。要求按下启动按钮 SB1 后，八只指示灯按两亮两熄的顺序由小到大循环移位 10 s，然后再由大到小循环移位 10 s，如此反复（每 1 s 移位一次）直到按停止按钮 SB2 时全部熄灭。

启动 STEP 7，建立一个项目，插入 SIMATIC 300 站，硬件组态中在机架中放

置电源模块PS307和CPU模块CPU313C，将如图1—185所示梯形图程序输入到OB1中，然后将项目下载到CPU模块中。

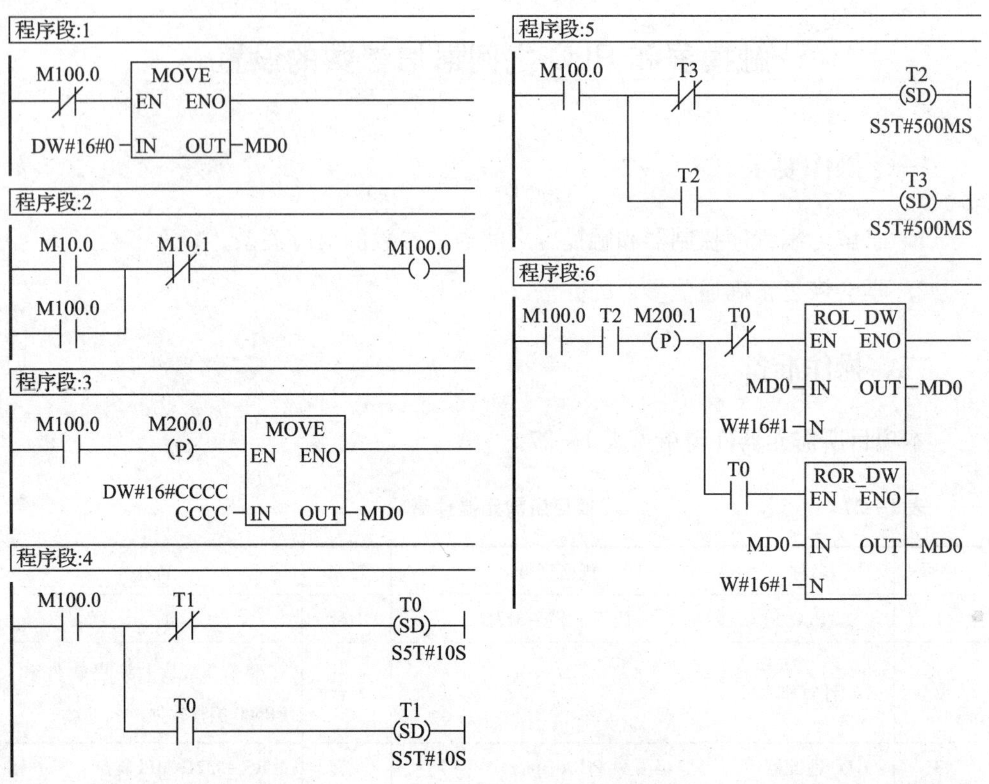

图1—185　彩灯移位显示控制程序梯形图

如图1—185所示的指令“ROL_DW”和“ROR_DW”分别是循环左移和循环右移指令，其功能是将“IN”端的双字数据向左（或向右）循环移位n位（位数由“N”处参数所规定）后，送到“OUT”端的元件中去。这两条指令都是双字指令，但“N”处参数是字元件。在图中程序段6的程序表示：每隔1 s T2的常开触点接通瞬间，若T0的常闭触点接通则ROL指令被执行，MD0中的数据向左循环移动1位后仍然保存在MD0中；而若T0的常开触点接通，则ROR指令被执行，MD0中的数据向右循环移动1位后仍然保存在MD0中。则触摸屏上的八只指示灯跟随MB0中数据的移位而同步进行亮、暗交替。

步骤2　用EB500编程软件从触摸屏上传已有的彩灯控制和显示画面

屏幕画面和控制要求如第1节中的图1—54所示，可参照第1节单元3［知识要求］中“3．触摸屏编程软件EB500的使用方法”及［技能要求］中的编程实例所述及第2节单元3［技能要求］中关于切换开关的制作方法，编制触摸屏控制界面并编译、下载到触摸屏中。与第 1 节有所不同的是，在新建工程项目选择 PLC 类型时，应选择“Siemens S7/300 PC Adapter”，即西门子 S7－300 系列 PLC，此时通信口类型会自动改为“RS－232”，相应通信参数也被自动选取。

制作触摸屏画面并编译、下载完成，且 S7－300 中 CPU 的硬件组态及程序块也已完成且下载后，将触摸屏电源关闭后重新接通，触摸屏窗口即会出现所设计的画面。通过触摸屏画面上元件的操作，就可在画面上看到相应的动作。

步骤 3　将原设置的触摸屏通信参数搞乱

在触摸屏编程软件 EB500 中执行菜单命令［编辑］—［系统参数］，在打开的对话框中将原来默认的通信参数搞乱，例如将“数据位”改为 7 位；将“停止位”改为 2 位；将“传输速率”改为 38 400；将“通信口类型”改为 RS－485 等。这样，触摸屏与 PLC 之间原来默认选择好的通信参数就变得不一致了。

步骤 4　连接触摸屏和 PLC，观察触摸屏上画面显示的情况

将搞乱通信参数的触摸屏画面进行编译、下载后，将触摸屏重新通电，这时可看到触摸屏的屏幕上始终不能正常显示所设计好的画面，而且在不断与 PLC 联络时得不到 PLC 的响应，触摸屏画面显示如图 1—186 所示。画面上的提示为“PLC 无响应”。

图 1—186　通信参数设错时触摸屏不能与 PLC 联机

步骤 5　查阅 PLC 默认的串口通信参数并按此参数对触摸屏的通信参数重新设置

为恢复正确的通信参数，查阅 EB500 说明书中关于触摸屏与西门子 S7－300 连接的说明，正确通信参数的表格见表 1—28。

表 1—28　　与 S7－300 连接的通信参数

（Easy Builder500 软件设备）

参数项	推荐设置	可选设置	注意事项
PLC 类型	SIEMENS S7/300 HMI adapter	SIEMENS S7/300 HMI adapter SIEMENS S7/300 PC adapter	使用不同的通信适配器时，应当选择对应的类型*
通信口类型	RS－232	RS－232/RS－485	
数据位	8	7 或 8	此协议数据位固定为 8 位
停止位	1	1 或 2	必须与 PLC 通信口设定相同

续表

参数项	推荐设置	可选设置	注意事项
传输速率（b/s）	9 600/19 200	9 600/19 200/38 400/57 600/115 200	必须与 PLC 通信口设定相同
校验	奇校验	偶校验/奇校验/无	必须与 PLC 通信口设定相同
人机站号	0	0 ~ 255	对此协议不需要设定
PLC 站号	2	0 ~ 255	必须采用推荐设置
多台人机互连	关闭	关闭/主机/副机	仅用于多台人机互连
人机互连通信传输速率（b/s）	38 400	38 400/115 200	仅用于多台人机互连
PLC 超进常数（s）	3.0	1.5 ~ 5.0	采用默认设定
PLC 数据包	0	0 ~ 10	建议在 0 ~ 10 范围内设置

按照表 1—28 所提供的通信参数，在“系统参数”对话框中对搞乱的通信参数进行重新设置，将“数据位”改为 8 位；将“停止位”改为 1 位；将“传输速率”改为 19 200；将“通信口类型”改为 RS – 232 等。这样，触摸屏与 PLC 之间的通信参数就重新恢复一致。

步骤 6　再次连接触摸屏和 PLC，观察触摸屏上画面显示的情况

将恢复正确通信参数的触摸屏画面进行编译、下载后，将触摸屏重新通电，这时可看到触摸屏的屏幕上能正常显示所设计的画面，如图 1—187 所示。

图 1—187　通信参数恢复后显示正确画面

步骤 7　运行 PLC 程序，观察触摸屏画面上指示灯的显示情况

按启动按钮 SB1，八只指示灯就按照两亮两熄的方式进行移位显示，并且 10 s

左移，10 s 右移，循环运行。按下停止按钮 SB2，指示灯就停止显示，说明触摸屏已与 PLC 在进行正常通信。

四、注意事项

1．注意实际系统中各部件使用计算机中串行通信 COM 口的情况。

编程计算机向触摸屏及 PLC 下载程序或调试，都要通过连接在计算机串口上的通信电缆来进行通信。此时应注意触摸屏或 PLC 的通信电缆连接到哪个串口，便应在相应的编程软件上进行设置，不能搞错，否则就不能通信。

2．注意默认的串口通信参数是与所选的 PLC 匹配的，自行更改可能导致不能正常通信。

第 2 章

交直流传动及伺服系统的调试与维修

第 1 节　直流传动系统

学习单元 1　转速、电流双闭环直流调速系统读图分析

学习目标

- ➢ 掌握转速、电流双闭环直流调速系统及工作原理
- ➢ 熟悉转速、电流双闭环调速系统的静态及动态特性分析
- ➢ 熟悉转速、电流双闭环调速系统调试
- ➢ 熟悉转速、电流双闭环直流调速系统实例主要单元电路及其系统读图分析

知识要求

一、转速、电流双闭环直流调速系统的组成及工作原理

1. 比例积分调节器及比例积分控制规律

比例积分调节器简称 PI 调节器，PI 调节器的电路图如图 2—1 所示。

图 2—1 中，A 点为“虚地”。

$$i_0 \approx i_1 = \frac{U_{in}}{R_0}$$

$$\begin{aligned} U_{ex} &= -\left(R_1 i_1 + \frac{1}{C_1}\int i_1 \mathrm{d}t\right) \\ &= -\left(\frac{R_1}{R_0}U_{in} + \frac{1}{R_0 C_1}\int U_{in}\mathrm{d}t\right) \\ &= -\left(K_{pi}U_{in} + \frac{1}{\tau}\int U_{in}\mathrm{d}t\right) \end{aligned}$$

式中　$K_{pi} = \frac{R_1}{R_0}$——PI 调节器的比例系数；

$\tau = R_0 C_1$——PI 调节器的积分时间常数。

负号表示输出电压 U_{ex}与输入电压 U_{in}反相。

由上式可见，PI 调节器的输出电压 U_{ex}由两部分组成，即比例部分 $K_{pi}U_{in}$和积分部分 $\frac{1}{\tau}\int U_{in}\mathrm{d}t$。在输出电压 U_{ex}为零初始状态和输入电压 U_{in}为阶跃时，输出电压 U_{ex}为：

$$U_{ex} = -\left(K_{pi}U_{in} + \frac{1}{\tau}U_{in}t\right)$$

PI 调节器的输入、输出特性如图 2—2 所示。

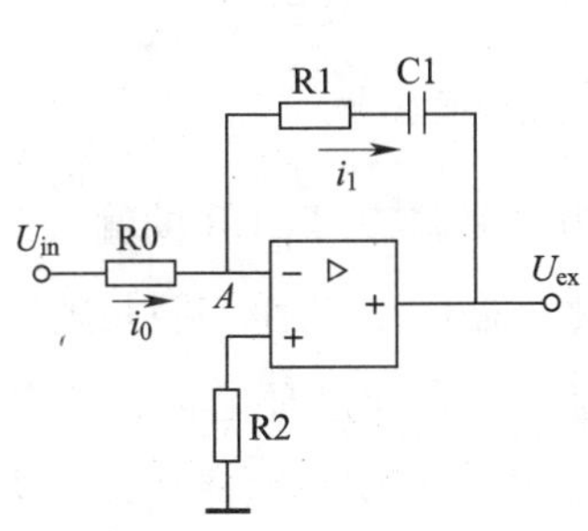

图 2—1　PI 调节器的电路图

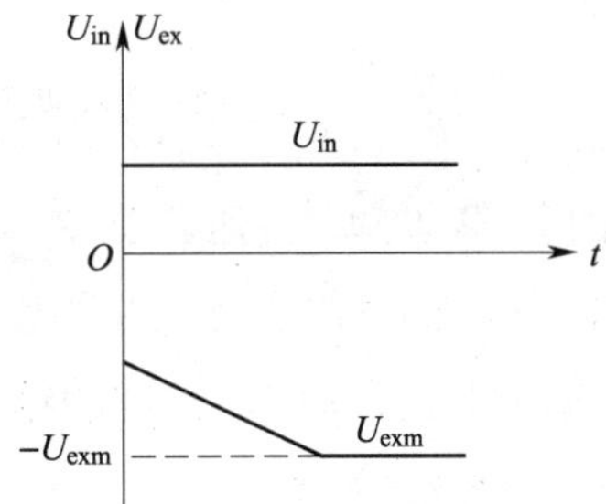

图 2—2　PI 调节器的输入、输出特性

在 $t=0$ 时刻突加 U_{in}瞬间，电容 C 相当于短路，反馈回路只有电阻 R1，此时相当于放大系数为 $K_p = \frac{R_1}{R_0}$的 P 调节器，输出电压 $U_{ex} = -K_p U_{in}$。此后，随着电容 C 被充电开始积分，输出电压 U_{ex}不断线性增加，直到稳态。稳态时，C1 两端电压等于 U_{ex}，R1 已不起作用，和积分调节器一样，稳态等效放大倍数很大。只要输入电压 U_{in}继续存在，U_{ex}就会一直增加到饱和值（或限幅值）为止。

由此分析可知，PI 调节器既具有积分调节器对输入电压的积累和记忆保持作用，可实现稳态无静差，又具有比例调节器的快速性等特点。PI 调节器具有动态等效放大系数小、静态等效放大系数大的特点，保证了系统的稳态无静差以及动态的快速性和稳定性。所以 PI 调节器在调速系统和其他控制系统中得到广泛应用。

2．转速、电流双闭环直流调速系统的组成及工作原理

转速、电流双闭环直流调速系统中设置了两个调节器，即转速调节器和电流调节器，分别调节转速和电流，二者之间实行串级控制，如图 2—3 所示。

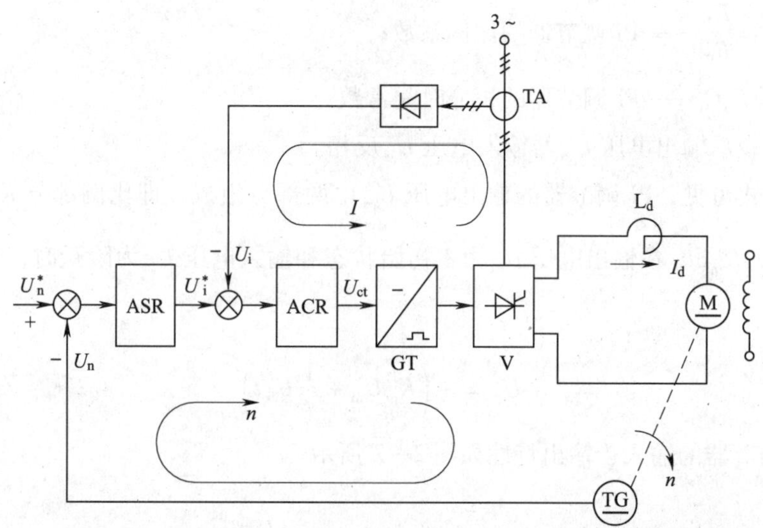

图 2—3　转速、电流双闭环直流调速系统

由图 2—3 可知，转速调节器 ASR 的输出作为电流调节器 ACR 的输入，再用电流调节器 ACR 的输出去控制晶闸管整流装置的触发器 GT，从而控制晶闸管整流装置 V 的输出电压。从闭环控制的结构上看，电流环处在速度环之内，故电流环又称为内环，转速环称为外环。这样就形成了转速、电流双闭环调速系统。该调速系统是把转速调节器 ASR 作为主调节器，通过电流调节器 ACR 来控制电流。为了获得良好的静、动态性能，系统的转速调节器 ASR 和电流调节器 ACR 一般都采用带限幅电路的 PI 调节器。

图 2—3 中，转速给定电压 U_n^* 与转速负反馈电压 U_n 比较后，得到转速偏差信号 $\Delta U_n = U_n^* - U_n$，送到转速调节器 ASR 的输入端，转速调节器 ASR 的输出 U_i^* 作为电流调节器 ACR 的电流给定信号，与电流负反馈电压 U_i 比较后，得到电流偏差信号 ΔU_i 送到电流调节器 ACR 的输入端，电流调节器的输出电压 U_{ct} 作为触发器 GT 的控制电压，用以改变晶闸管变流器的控制角 α，相应改变晶闸管变流器的直流输

出电压，以保证电动机在给定的转速下运行。

转速调节器 ASR 和电流调节器 ACR 都带有限幅电路。转速调节器 ASR 的输出限幅电压是 U_{im}^*，它决定了电流调节器 ACR 给定电压的最大值，即主回路（电动机电枢电路）中的最大电流，故其限幅值 U_{im}^* 整定的大小取决于电动机电枢电路的允许最大电流值。电流调节器 ACR 的输出限幅电压是 U_{ctm}^*，它限制了晶闸管变流器直流输出电压的最大值。

二、转速、电流双闭环调速系统的静态及动态特性分析

一个调速系统性能好坏可用静态特性和动态特性两个方面综合来评价，下面分别对静态特性和动态特性作一分析说明。

1. 转速、电流双闭环调速系统的静态特性

由于转速、电流双闭环调速系统中转速调节器 ASR 和电流调节器 ACR 采用带限幅电路的 PI 调节器，因此在分析转速、电流双闭调速系统的静态特性时，关键要掌握带限幅电路的 PI 调节器的稳态特征。它一般存在两种状态：一是不饱和状态，此时调节器输出电压未达到限幅值，调节器起调节作用，稳态输入偏差电压为零。二是饱和状态，此时调节器输出电压达到限幅值，输入信号的变化不再影响输出，此状态相当于使该调节环开环，只有当输入信号反向时才能使调节器退出饱和状态，重新起调节作用。

对于转速、电流双闭环调速系统来说，正常运行时，电流调节器 ACR 是不会达到饱和状态的，而转速调节器 ASR 根据运行状况不同，有不饱和和饱和两种状态。因此分析转速、电流双闭环调速系统静态特性时，可分成转速调节器不饱和和饱和两种状态。

（1）转速调节器 ASR 不饱和时

此时，转速调节器 ASR 和电流调节器 ACR 都不饱和，它们的输入偏差电压均为零，即

ASR 的输入偏差电压 ΔU_n 为

$$\Delta U_n = U_n^* - U_n = 0,\ U_n^* = U_n = \alpha n$$

ACR 的输入偏差电压 ΔU_i 为

$$\Delta U_i = U_i^* - U_i = 0,\ U_i^* = U_i = \beta I_d$$

由上面第一个关系式可得到

$$n = \frac{U_n^*}{\alpha} = n_0$$

上式即为转速、电流双闭环系统的静态特性方程式，从而可得到图2—4所示静态特性的 n_0-A 水平段。由于转速调节器ASR不饱和，其输出电压 $U_i^* < U_{im}^*$。由上面第二个关系式可知，此时 $I_d < I_{dm}$。由图2—4可知，当转速调节器ASR不饱和时，静态特性是很硬的，转速是无静差的。当转速反馈系数 a 一定时，转速只与给定电压 U_n^* 有关。此时，转速、电流双闭环系统为无静差调速系统。

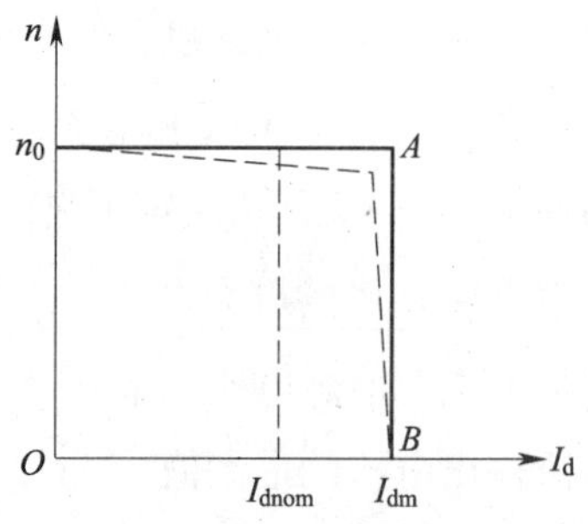

图2—4　转速、电流双闭环调速系统的静态特性

（2）转速调节器ASR饱和时

当电动机发生严重过载或堵转时，$I_d \geqslant I_{dm}$，ASR输出达到限幅值 U_{im}^*，转速环呈开环状态，转速的变化对系统不再产生影响。此时，转速、电流双闭环系统变成一个恒值电流无静差单闭环调节系统，从而获得极好的下垂特性，如图2—4中的 $A-B$ 段所示。

稳态时，$I_d=\dfrac{U_{im}^*}{\beta}=I_{dm}$

式中最大电流 I_{dm} 取决于电动机的允许过载能力和拖动系统允许的最大加速度。

由以上分析可知，转速、电流双闭环调速系统的静态特性在负载电流 $I_d < I_{dm}$ 时，转速调节器ASR和电流调节器ACR都不饱和，系统表现为转速无静差，此时转速调节器ASR和转速负反馈起主要调节作用，电流调节器ACR和电流负反馈使电流 I_d 跟随其给定 U_i^* 而变，协助转速调节，起从属作用。当负载电流达到 I_{dm} 后，转速调节器ASR饱和，电流调节器ACR和电流负反馈起主要调节作用，系统表现为电流无静差，起到过电流的自动保护。显然，转速、电流双闭环调速系统的静态特性比带电流截止负反馈的单闭环调速系统的静态特性好，这就是采用了两个PI调节器分别形成内、外两个闭环的效果。实际上，由于PI调节器的静态放大系数不是无穷大，转速、电流双闭环系统的实际静态特性与上述的静态特性略有差异，如图2—4中虚线所示。

2．转速、电流双闭环调速系统的稳态结构图

转速、电流双闭环调速系统的稳态结构图可以根据图2—3所示转速、电流双闭环调速系统的系统原理图画出，如图2—5所示。由于系统的转速调节器ASR和电流调节器ACR采用带限幅电路的PI调节器，因此在图2—5中用带限幅的PI调节器输出特性来表示转速调节器ASR和电流调节器ACR。

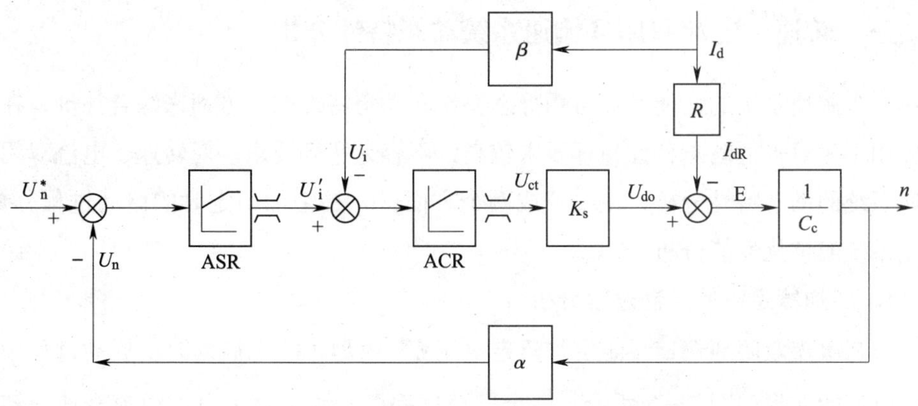

图 2—5　转速、电流双闭环调速系统的稳态结构图

3. 转速、电流双闭环调速系统稳态参数的计算

由图 2—5 可知，转速、电流双闭调速系统在稳态工作中，当转速调节器 ASR、电流调节器 ACR 都不饱和时，各变量之间有下列关系：

$$U_n^* = U_n = \alpha n = \alpha n_0$$

$$U_i^* = U_i = \beta I_d = \beta I_{dL}$$

$$U_{ct} = \frac{U_{do}}{K_s} = \frac{C_e \cdot n + I_d R_\Sigma}{K_s} = \frac{C_e U_n^* / \alpha + I_{dL} R_\Sigma}{K_s}$$

由上述关系式可以看出，在稳态工作时，转速 n 是由给定电压 U_n^* 决定的，转速调节器 ASR 的输出电压 U_i^* 是由负载电流 I_{dL}决定的，而控制电压 U_{ct}则同时取决于 n 和 I_d（或 I_{dL}）。

转速、电流双闭环调速系统稳态参数的计算和单闭环无静差调速系统稳态参数的计算相似，可根据转速调节器、电流调节器的给定与反馈值计算转速反馈系数、电流反馈系数。

$$转速反馈系数\ \alpha = \frac{U_{nm}^*}{n_{max}}$$

式中　U_{nm}^*——最大转速给定电压；

n_{max}——电动机的最高转速。

$$电流反馈系数\ \beta = \frac{U_{im}^*}{I_{dm}^*}$$

式中　U_{im}^*——ASR 的输出电压限幅值；

I_{dm}^*——最大电流值，其值由设计者选定，取决于电动机的允许过载能力和拖动系统允许的最大加速度。一般 $I_{dm}^* = (1.5 \sim 2.0)\ I_{nom}$。

三、转速、电流双闭环调速系统动态特性分析

一个调速系统的性能好坏可用静态特性和动态特性两个方面来综合评价，在实际应用中相对来说动态特性指标要求较高，不容易达到要求。对转速、电流双闭环调速系统的动态特性分析，主要分成两个方面：一是突加给定时的启动过程分析，二是系统的抗扰性能分析。

1．突加给定时的启动过程分析

转速电流双闭环调速系统突加给定电压 U_n^* 由静止状态启动时，启动过程中转速和电流的波形如图2—6所示。整个启动过程可分为电流上升、恒流升速及转速调节三个阶段，在图中分别标以Ⅰ、Ⅱ、Ⅲ。

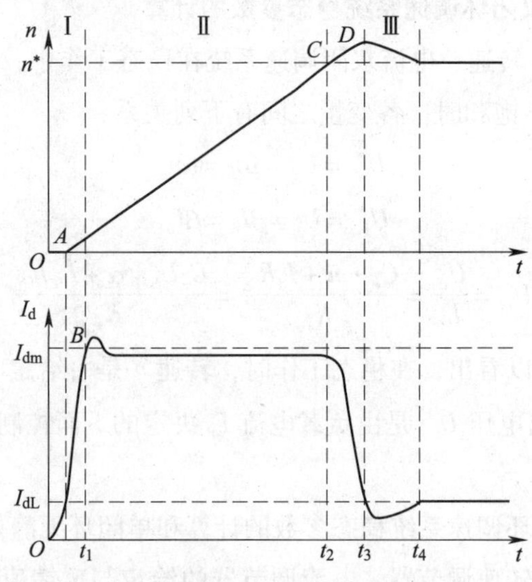

图2—6　转速、电流双闭环调速系统突加给定电压启动过程中转速和电流的波形

（1）第Ⅰ阶段为电流上升阶段（$0\sim t_1$）

系统突加转速给定电压 U_n^* 后，由于电动机的机电惯性较大，转速 n 和转速反馈电压 U_n 增长较慢，只有当 $I_d>I_{dL}$时（图中 A 点为 $I_d=I_{dL}$），转速 n 才从零开始逐步增加，转速负反馈电压 U_n也只能从零开始逐步增加，因而偏差信号 $\Delta U_n=U_n^*-U_n$ 的数值较大，使转速调节器ASR的输出电压 U_i^* 很快达到限幅值 U_{im}^*。这个电压 U_{im}^*加到电流调节器ACR输入端，作为最大的电流给定值，使ACR的输出电压 U_{ct}迅速上升，晶闸管变流器输出电压 U_{d0}也迅速上升，电枢电流 I_d迅速从零开始上升，直到 I_{dm}（B 点为 $I_d=I_{dm}$）。

（2）第Ⅱ阶段为恒流升速阶段（$t_1 \sim t_2$）

从 t_1 时刻电流上升到最大值 I_{dm}（图中 B 点为 $I_d = I_{dm}$）开始一直到 t_2 转速 n 上升到给定转速 n^*（图中 C 点为 $n = n^*$）为止的这一阶段是启动的主要阶段。在这个阶段中，由于 $n < n^*$，转速调节器 ASR 一直处于饱和状态，其输出电压 U_i^* 一直处于限幅最大值 U_{im}^* 不变，转速环相当于开环状态，系统表现为在恒值电流给定值 U_{im}^* 作用下的电流单闭环调节系统，基本保持电枢电流 I_d 恒定，电动机以最大的启动转矩等加速度线性上升。随着电动机转速 n 上升，电动机反电动势 E 也相应升高，E 的升高使 I_d 下降，通过电流调节器 ACR 的调节作用使晶闸管变流器输出电压 U_{do} 上升，力图使电流 I_d 又回到最大值 I_{dm}。随着转速 n 的上升，电流调节器 ACR 就一直按照上述的调节规律，力图使电流 I_d 保持在最大值 I_{dm}，使电动机以最大启动转矩等加速度线性上升。从 t_1 到 t_2 的过程中，U_i^*、I_d、U_i 基本不变，U_{ct}、U_{d0}、n、U_n 基本线性上升。由以上分析可知，恒流升速阶段速度调节器 ASR 一直处于饱和（限幅）状态，转速环相当于开环状态，而电流调节器 ACR 的作用是力图使 I_d 保持在 I_{dm} 状态，系统表现为恒值电流调节系统。

（3）第Ⅲ阶段为转速调节阶段（$t_2 \sim t_3 \sim t_4$）

当电动机转速 n 经过恒流升速到给定转速 n^* 以后，就进入启动的最后阶段，即转速调节阶段。在 t_2 时，转速 n 上升到给定转速 n^* 时，$n = n^*$、$\Delta U_n = 0$，转速调节器 ASR 的输出电压 U_i^* 仍然不变，电流仍然维持 I_{dm}，故电动机仍在最大电流下加速，必然使转速超调。转速超调后，即 $n > n^*$，$\Delta U_n < 0$，使转速调节器 ASR 退出饱和限幅状态，其输出电压 U_i^*（即电流给定值）立即从限幅值 U_{im}^* 降下来，电枢电流 I_d 也随之下降。在 $t_2 \sim t_3$ 阶段，由于 $I_d > I_{dL}$，电动机转速 n 仍继续上升。在 t_3 时，$I_d = I_{dL}$，转速 n 上升到最高点，即图中 D 点。在 $t_3 \sim t_4$ 阶段，由于 $I_d < I_{dL}$，电动机转矩小于负载转矩，使电动机在负载转矩阻力作用下减速，直到稳定运行。$t_3 \sim t_4$ 阶段取决于系统的动态性能，转速 n 可能出现数次振荡后进入稳定运行。由以上分析可知，转速调节阶段转速调节器 ASR 和电流调节器 ACR 同时起调节作用，由于转速环是外环，转速调节器 ASR 的输出是电流调节器 ACR 的电流给定，ASR 处于主导作用，ACR 的作用是力图使电流 I_d 跟随电流给定变化，因而电流环是一个电流随动系统，所以转速环起主导作用，电流环起从属作用。

综上所述，突加给定的启动过程中第Ⅰ阶段、第Ⅱ阶段即电流上升、恒流升速阶段，转速调节器 ASR 处于饱和限幅状态，转速环相当于开环运行，不起调节作用，而仅由电流调节器 ACR 起恒流调节作用，电动机以最大允许电流等加速启动。

在启动过程第Ⅲ阶段转速调节阶段转速调节器 ASR 才退出饱和限幅状态参与转速调节作用。在启动过程中电流调节器 ACR 处于不饱和状态。

2. 动态抗扰过程分析

（1）转速、电流双闭环调速系统的动态结构图

根据转速、电流双闭环调速系统的原理图可画出转速、电流双闭环调速系统的动态结构图，如图 2—7 所示。

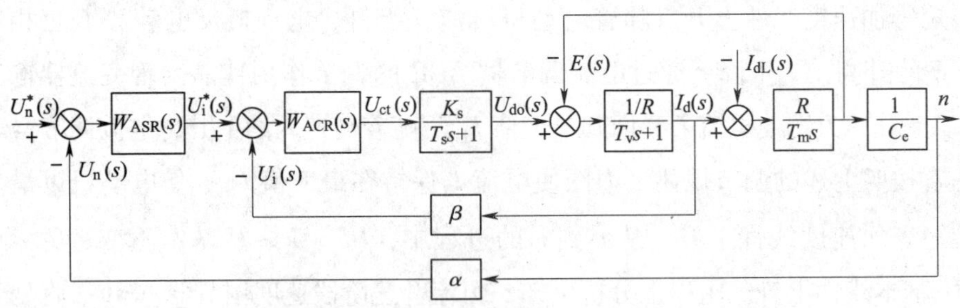

图 2—7　转速、电流双闭环调速系统的动态结构图

图 2—7 中，W_{ASR}（s）和 W_{ACR}（s）分别表示转速调节器 ASR 和电流调节器 ACR 的传递函数。

（2）动态抗扰过程分析

对于调速系统来说，负载变化起主要扰动作用，除此以外，交流电源电压波动、电动机励磁电流变化、放大器的放大倍数的变化、由温度变化而引起电枢回路电阻的变化等因素都和负载变化一样会影响被调量转速变化，因而都起扰动作用。下面分析说明负载变化和电源（电网）电压波动等两种典型扰动的动态抗扰过程。

1）抗负载扰动。负载扰动即拖动系统负载转矩变化，相当于电动机负载电流变化。由图 2—7 所示转速、电流双闭环调速系统的动态结构图可知，负载电流作用在电流环之后，它将直接引起转速的变化，只能通过转速调节器 ASR 来产生抗扰作用。它的动态调节过程与单闭环调速系统负载变化时的动态调节过程相似。突加负载时，双闭环调速系统的动态调节过程可分为转速下降、转速回升及转速调节 3 个阶段，如图 2—8 所示。

转速、电流双闭环调速系统在突加负载时，转速调节器 ASR 和电流调节器 ACR 均参与调节作用，但转速调节器 ASR 处于主导作用，ASR 的输出电压 U_i^* 增加使 ACR 输出电压 U_{ct} 和晶闸管变流器输出电压 U_{d0} 相应增加来补偿主回路中负载电流增加所引起的电压降，保证在新的稳定状态时，电动机的转速仍能维持原来的给定

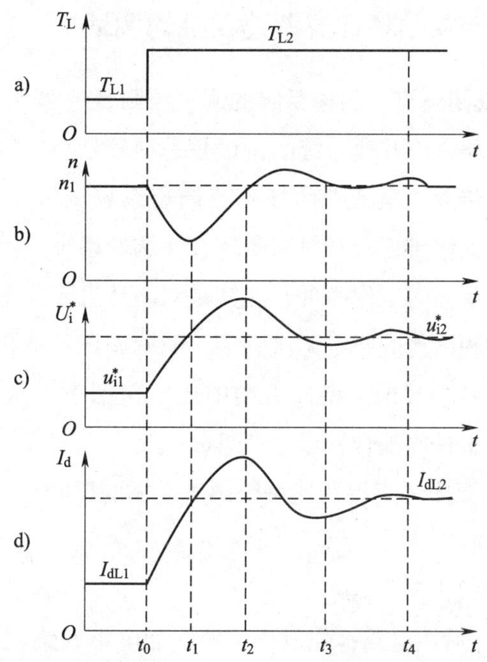

图 2—8　突加负载时，双闭环调速系统的动态调节过程

转速 n_1。突加负载的动态过程和突加给定的动态过程不同，一般情况下突加负载的调节过程中是一个线性调节过程，不存在 ASR 饱和状态。

2）抗电源（电网）电压扰动。由图 2—7 所示转速、电流双闭环调速系统的动态结构图可知，电源（电网）电压扰动被包围在电流环内。当电源（电网）电压波动时可以通过电流负反馈及电流调节器 ACR 得到及时调节，维持电枢电流不变。由于电流环的惯性远小于转速环的惯性，整个调节过程很快，不必等到转速变化才调节，使电动机转速几乎不受电源（电网）电压波动的影响。而在单闭环调速系统中只有一个转速环，当电源（电网）电压波动使转速变化时才能通过转速调节器进行调节。因此，在转速、电流双闭环调速系统中，由电源（电网）电压波动引起的动态转速下降要比单闭环调速系统小得多。

综上所述，对于转速、电流双闭环调速系统来说，扰动对系统的影响与扰动的作用点有关。例如，电源（电网）电压扰动作用于电流内环的主通道（前向通道）中，可以通过电流调节器 ACR 及时调节，不会明显地影响转速；负载扰动作用于转速外环的主通道（前向通道）中，必须通过转速调节器 ASR 调节才能克服扰动引起的影响。

四、转速、电流双闭环直流调速系统的调试

1. 转速、电流双闭环直流调速系统的调试原则及步骤

转速、电流双闭环直流调速系统的调试是一项较复杂的工作，需要做好调试前的各种准备工作。在转速、电流双闭环直流调速系统调试前应对系统进行详细分析，熟悉生产设备的工作流程及其对双闭环直流调速系统的控制要求，掌握并熟悉调速系统及其各控制单元的工作原理，尤其是双闭环直流调速系统调试中需要整定的各种参数。在系统调试前应制定调试大纲，明确调试步骤和方法，确定调速系统调试中需要整定的各种参数值。调试大纲中还应包括生产试车工艺条件、安全措施、连锁保护以及各工种的配合，以避免事故损失。

（1）转速、电流双闭环直流调速系统调试遵循的原则

1）先查线，后通电。

2）先单元，后系统。

3）先控制回路，后主电路；先励磁回路，后电枢回路。

4）先开环，后闭环；先内环，后外环；先静态，后动态。

5）通电调试时，先用电阻负载，后用电动机负载。

6）电动机投入运行时，先轻载，后重载；先低速，后高速。

在双闭环直流调速系统调试前应准备好必要的仪表，如高内阻（20 kΩ）万用表、双线示波器、慢扫描示波器或光线示波器等。在双闭环直流调速系统调试前重点检查测速发电机及其安装情况（同心度等），否则测速发电机安装不良将直接影响双闭环直流调速系统的性能。

（2）转速、电流双闭环直流调速系统的一般调试步骤及内容

1）查线和绝缘检查。按图纸要求对系统进行查线，检查各接线尤其是系统外围接线是否正确、牢靠。在查线的同时进行绝缘检查，有否损伤和受潮，如发现有损伤和受潮，应先进行修复后干燥处理，再进行绝缘检查。

2）继电控制回路空操作。按控制要求对调速系统继电控制回路进行空操作，检查接触器、继电器等动作是否正确，电器有无故障，接触是否良好。空操作是在主回路不通电的情况下，对继电控制回路进行通电调试。

3）测定交流电源相序。晶闸管变流器主电路相序和触发电路同步电压的相序应一致，否则将可能造成晶闸管主电路与触发电路同步电压不同步。使晶闸管变流装置不能正常工作。

4）控制系统控制单元检查与调试。首先检查各类电源输出电压幅值是否满足

要求，然后按要求对控制单元进行检查与调试，重点对各控制单元中的整定参数进行整定。

5）主电路通电及定相试验。核对主电路及触发电路同步电压相位，调整晶闸管装置触发脉冲的初始相位 α_0，以及整定 α_{min}、β_{min}。

6）主电路电阻负载调试。重点检查晶闸管装置输出的直流电压 U_d 和触发脉冲，随着控制角 α 的变化，观察输出直流电压 U_d 波形和电压值是否正常，对于不正常情况应进行检查与调整。

7）电流环调试。电流环调试分为静态调试和动态调试两部分内容。静态调试包括电流反馈极性检查、电流反馈值整定、过电流保护整定等内容。动态调试主要是电流环动态特性整定、电流调节器 PI 参数整定。

8）转速环调试。转速环调试分成静态调试和动态调试两部分内容。静态调试包括转速反馈极性检查、转速反馈值整定、超速保护整定等内容。动态调试主要是转速环动态特性整定、转速调节器 PI 参数整定。

9）带负载调试。重点检查系统带负载运行时的各种性能指标，进一步对系统尤其是转速调节器 PI 参数进行调试，使转速、电流双闭环调速系统性能指标满足生产工艺要求。

2. 转速、电流双闭环直流调速系统调试要点及方法

（1）测定三相进线交流电源相序

晶闸管装置主电路的相序和触发电路同步电压的相序应一致，否则将可能使晶闸管装置主电路和触发脉冲不能同步，造成晶闸管装置不能正常工作，所以系统调试前应进行三相进线交流电源相序测定工作，测定三相进线交流电源相序可采用相序测试器或示波器。

1）相序测试器。最简单的相序测试器可由一个电容器和两只白炽灯组成，具体如图 2—9 所示。三个端点分别接到三相交流电源，假定电容器所接的一相为 A 相，则灯泡亮的一相为 B 相，灯泡暗的一相就是 C 相。

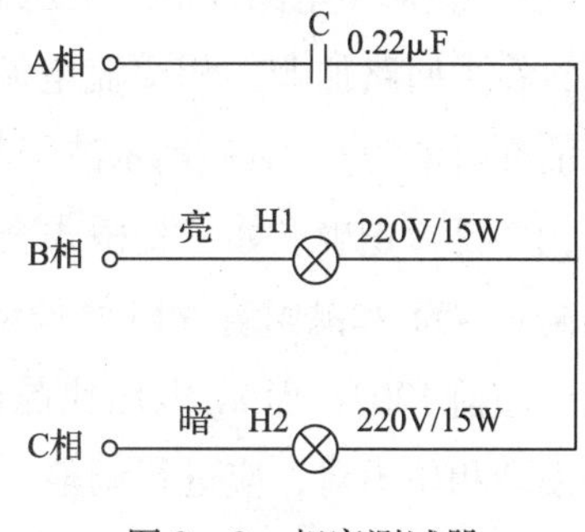

图 2—9　相序测试器

2）示波器。示波器可采用双踪示波器。可任意指定一相电压为 A 相电压 u_A，测量该 A 相电压波形 u_A。测量时示波器 Y 轴探头接 A 相线，示波器 Y 轴探头公共端接三相交流电源中性点，调整示波器使 A 相电压波形稳定，一个周波在 X 轴上占整数格，并计算出每格代表的角度。在实际调试中，一般可将一个周波调节成六大格，每大格为 60°。然后依次测量另两相相电压的波形，滞后 A 相相电压 120°的相电压为 B 相，滞后 A 相相电压 240°的相电压为 C 相，如图 2—10 所示。

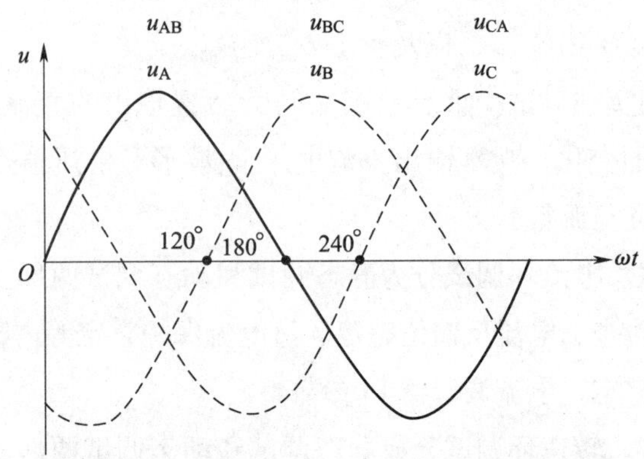

图 2—10　用示波器测量三相交流电源相序

如果三相交流进线电源没有中性线，则可测量线电压 u_{AB}、u_{BC}、u_{CA} 的相位，测量方法与上面测量相电压的方法相同，线电压 u_{AB}、u_{BC}、u_{CA} 的相位仍依次相差 120°，如图 2—10 所示。如果测出三相交流进线电源相序不对，则可将三相交流进线电源中的任意两相调换，再重新测定。

使用示波器时应注意以下几点：

①双踪示波器 Y1、Y2 两个探头的地端与示波器外壳相连，所以测量时必须将 Y1、Y2 两个探头的地端接在电路的同一电位中，否则会造成被测电路短路事故。测量时示波器的外壳有被测电压而带电，要注意安全。

②被测电压幅值不能超过示波器允许范围。当被测电压过高时，应采用分压电路测量。测量时要注意 Y 探头衰减比例及 *Y* 轴增幅旋钮衰减开关比例，使被测电压波形有一合适大小。

（2）主电路通电及定相试验

1）核对主电路及同步变压器回路相序及相位关系。晶闸管装置直流输出端开路，在主回路加上三相交流电源（当晶闸管装置额定电压较高时，应加上一个低压的交流电源），然后用示波器测量晶闸管装置主电路的相序及各晶闸管阳极电压的相序是否正确。如三相桥式全控整流电路 a 相、b 相和 c 相之间是否相差 120°，晶闸管 VT1 和晶闸管 VT3 之间的 u_{ab} 电压应比晶闸管 VT3 和晶闸管 VT5 之间的 u_{bc} 电压超前 120°，而 u_{bc} 电压比晶闸管 VT1 和晶闸管 VT5 之间的 u_{ca} 电压超前 120°。若发现相位不对，应进行调整。

同理，用示波器测量同步变压器回路相序是否正确，若发现相序不对，也应进行调整。再用示波器测量主电路 u_{ab}（或 u_a）和同步变压器二次电压（同步电压）如 u_{sa} 的相位关系。同步变压器二次电压 u_{sa} 与主电路 u_{ab}（或 u_a）的相位关系应符合调速控制系统所要求的相位关系。若不符合所要求的相位关系，则应分别检查主电路的整流变压器联结组别及其接线是否正确，同步变压器联结组别及其接线是否正确。

2）定相。将电流调节器单元拔掉，使触发电路移相控制电压 $U_c = 0$。三相全控整流电路主电路电压与触发脉冲的相位关系如图 2—11 所示。现以 VT1 晶闸管触发脉冲为例说明定相原理与方法。首先确定 VT1 晶闸管触发脉冲控制角 $\alpha = 0°$ 的具体位置。

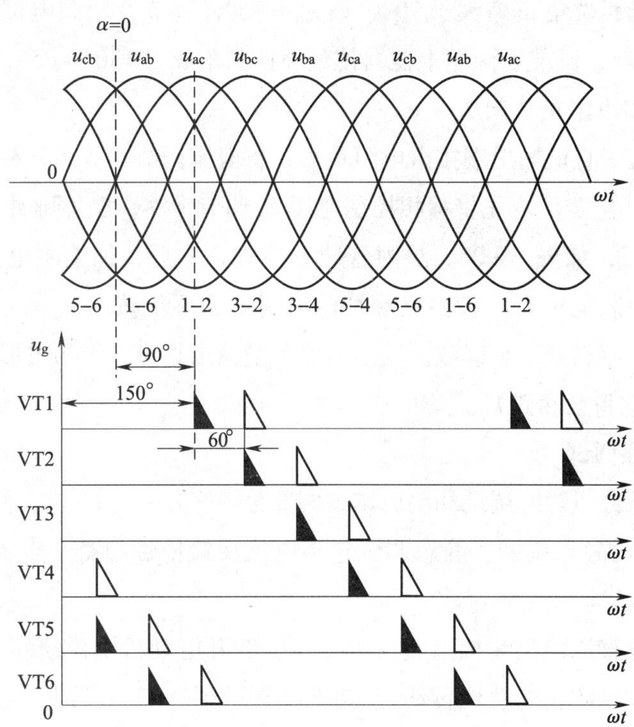

图 2—11　三相全控整流电路主电路电压与触发脉冲相位关系

由图 2—11 可知，VT1 晶闸管触发脉冲控制角 $\alpha = 0°$ 距 u_{ab} 电压过零点为 60°。实际调试中也经常采用 u_{ab} 电压来判别触发脉冲的控制角 α。由图 2—11 可知，控制角 $\alpha = 0°$ 位置对应于 u_{ac} 电压过零点，因而可直接采用距离 u_{ac} 电压过零点的角度来判别触发脉冲的控制角 α。

用上面方法确定 VT1 晶闸管触发脉冲控制角 $\alpha = 0°$ 的具体位置后，调节偏移电压使 VT1 晶闸管触发脉冲的初始相位角 α_0 符合调速控制系统所要求的控制角 α，

如 $\alpha_0=90°$。

实际调试中，经常采用下面的方法调节 VT1 晶闸管触发脉冲的初始相位角 α_0 进行定相工作。首先分析三相全控整流电路主电路电压如 u_{ab}电压（或 u_a电压等）和同步变压器二次电压（同步电压）u_{sa}的相位关系，然后用同步变压器二次电压（同步电压）u_{sa}代替主电路电压如 u_{ab}电压（或 u_a电压等）来调节 VT1 晶闸管触发脉冲的初始相位角 α_0，进行定相工作。

对于转速、电流双闭环不可逆直流调速系统，调节 β 限制电位器使最小逆变角 $\beta_{min}=30°\sim35°$，调节 α 限制电位器使最小控制角 $\alpha_{min}=10°\sim15°$。

对于转速、电流双闭环可逆直流调速系统，在实际调试中可调节偏移电位器使触发脉冲的初始相位角 α_0略大于 90°，如 $\alpha_0=95°$，调节 β 限制电位器使最小逆变角 $\beta_{min}=30°\sim35°$，调节 α 限制电位器使最小控制角 $\alpha_{min}=30°\sim35°$。

（3）主回路电阻负载调试

将晶闸管装置直流输出端接入电阻负载，将电流调节器拔出，在触发电路输入端加上移相控制电压 U_c。先将移相控制电压 U_c调节为零，触发脉冲的控制角 α 处于初始相位角 α_0，如 $\alpha_0=90°$。晶闸管装置检查正常后，加上主电路三相交流电源，调节移相控制电压 U_c，使触发脉冲的控制角 α 逐步减小，晶闸管装置的输出直流电压表和电流表开始有读数。用示波器测量输出直流电压的波形，观察示波器上输出电压 U_d波形是否正常。

（4）电流环调试

电流环调试分成静态调试和动态调试两部分内容。

1）电流环的静态调试。静态调试包括电流反馈极性检查、电流反馈值整定、过电流保护整定等。

晶闸管装置直流输出端接上直流电动机，断开电动机励磁绕组（有时需要将直流电动机堵住以防止电动机转动）。将转速调节器 ASR 单元拔出，插入调试板，调试板由一个钮子开关、一个电位器和直流电源组成。先将电位器滑动点调至零位。合上主电路电源，慢慢移动电位器滑动点，使电流给定电压由零慢慢增大，观察测量此时的电动机电枢电流。检查电流反馈的极性是否正确。在电流反馈极性正确的前提下，可继续增大电流给定电压，电动机电枢电流也逐步增大，调节电流反馈值整定电位器，达到调速控制系统所要求的电流给定电压（如 8 V）时，相应的电动机电枢电流为调速控制系统所要求的最大电流值（如 150% 额定值）。电流反馈值整定好后，再进行过电流保护整定工作。

实际调试中也可以在触发电路输入端加上给定电压。先将电位器滑动点调至零位。合上主电路电源，慢慢移动电位器滑动点，使给定电压由零慢慢增大，观察测量此时的电动机电枢电流。检查电流反馈的极性是否正确。在电流反馈极性正确的前提下，可继续增大给定电压，电动机电枢电流也逐步增大，调节电流反馈值整定电位器，达到调速控制系统所要求的电流给定电压（如 8 V）时，相应的电动机电枢电流为调速控制系统所要求的最大电流值（如 150% 额定值）。电流反馈值整定好后，再进行过电流保护整定工作。

电流环的静态调试要特别小心，因为此时直流电动机的励磁绕组断开，电动机处于不转动状态（有时需要将直流电动机堵住以防止电动机转动），晶闸管装置的输出直流电压很低。如果在电流环的静态调试中不注意，晶闸管装置的输出直流电压较高，将产生很大的直流电流，使晶闸管装置损坏，如造成快速熔断器和晶闸管元件的损坏，也可能使直流电动机电枢绕组及换向器损坏。同时电流环的静态调试要尽量快，大电流通电时间不宜过长，以免电动机及其他元件过热。

2）电流环动态调试。电流环静态调试后，还要进一步进行电流环动态调试。动态调试主要是进行电流环动态特性整定和电流调节器 ACR 的 PI 参数整定。具体可在转速调节器输出端突加一个阶跃电压，用慢扫描示波器观察主回路电流上升波形，调节电流调节器比例系数及积分时间常数使电流上升波形达到满意为止，逐步增大给定电压，使主电路电流达到额定值。

（5）转速环调试

转速环调试分成静态调试和动态调试两部分内容。

1）静态调试。静态调试包括转速反馈极性检查、转速反馈值整定、超速保护整定等。

在晶闸管装置直流输出端接上直流电动机，接通电动机励磁绕组。插入转速调节器 ASR 和电流调节器 ACR。将转速调节器 ASR 和电流调节器 ACR 变成 $K=1$ 的反向器，将转速负反馈信号回路断开，在转速调节器的输入端加入可调直流给定电压 U_n^*（用电位器 RP 来调节）。由零逐渐增大给定电压 U_n^*，使电动机在 10% ~ 15% 额定转速下运转，观察电动机的旋转方向是否正确，测量转速反馈信号电压 U_n的极性，然后将电动机停止运转。根据测量转速反馈电压 U_n的极性，将转速反馈信号的连接线接好（转速反馈电压 U_n的极性与转速给定电压 U_n^* 极性相反），使调速系统全部闭环工作，调节转速给定电位器 RP，使 U_n^* 逐渐增大，电动机转速也将逐渐增加，将转速给定电压调节到系统所要求的给定值，如 $U_n^*=8$ V。调节转速反馈值整定电位器 RP 使电动机的转速正好为系统所要求的额定转速，此时转速反馈电压 U_n也为系统所要求的给定值，如 $U_n=8$ V。

在实际调试中也经常采用调速系统全部闭环工作的调试方法，在转速调节器的输入端加入可调直流给定电压 U_n^*（用电位器 RP 来调节），然后转速给定电压从 0 V 开始逐步加大到 $U_n^* = 1$ V，观察电动机转速是否正常，测量转速反馈电压极性是否正确。若电动机转速很快，转速反馈电压极性不正确，则更换一下测速发电机输出反馈电压的两根引出线，使电动机以较低的转速稳定运行。然后调节转速给定电位器 RP，使转速给定电压逐渐增大，电动机转速也将逐渐增加，将转速给定电压调节到系统所要求的给定值，如 $U_n^* = 8$ V。调节转速反馈值整定电位器 RP 使电动机的转速正好为系统所要求的额定转速，此时转速反馈电压 U_n 也为系统所要求的给定值，如 $U_n = 8$ V。

2）动态调试。动态调试主要是转速环动态特性整定、转速调节器 ASR 的 PI 参数整定。转速环动态调试方法和电流环动态调试方法大致相同。具体可在转速调节器输入端突加一个阶跃电压，用慢扫描示波器观察电动机转速及主电路电流的过渡过程波形，调整转速调节器的 P、I 参数，使电动机转速及电流的过渡过程达到较满意的程度。

五、晶闸管—电动机直流调速装置读图分析

1. 晶闸管—电动机直流调速系统概述

晶闸管—电动机直流调速系统在工业生产中获得广泛应用。国内外晶闸管—电动机直流调速装置品种繁多。现以 ZCC1 系列晶闸管—电动机直流调速装置（简称 ZCC1 系列）为例来阐述晶闸管—电动机直流调速装置读图分析的步骤与方法。ZCC1 系列晶闸管—电动机直流调速装置为转速、电流双闭环不可逆直流调速系统，主电路采用三相全控桥，功率范围为 5.5 ~ 200 kW。它是以对 Z2、Z3 系列直流电动机电枢供电为主要用途的、通用的晶闸管—电动机直流调速装置，适用于一般工业生产中单机调速的工作机械，同时也可作为分部传动机械的基本电气传动装置。该装置的基本性能如下：

（1）装置的负荷性质按连续工作制考核。

（2）装置在长期额定负荷下，允许 150% 额定负荷持续 2 min，200% 额定负荷持续 10 s，其重复周期不少于 1 h。

（3）装置在交流进线端的电压为（0.9 ~ 1.05）×380 V 时，保证装置输出端处输出额定电压和额定电流。电网电压下降超过 10% 时输出额定电压同电源电压成正比例下降。

（4）装置在采用转速反馈情况下，调速范围为 20:1，在电动机负载从 10% ~

100% 额定电流变化时，转速偏差为最高转速的 0.5%（最高转速包括电动机弱磁的转速）。转速反馈元件采用 ZYS 型永磁直流测速发电机。

（5）装置在采用电动势反馈（电压负反馈、电流正反馈）时，调速范围为 10:1，电流负载从 10% ~100% 变化时，转速偏差小于最高转速的 5%（最高转速包括电动机弱磁的转速）。

（6）装置在采用电压反馈情况下，调压范围为 20:1，电流负载从 10% ~100% 变化时，电压偏差小于额定电压的 0.5%。

（7）装置给定电源精度，在电源电压下降小于 10% 以及温度变化小于 ±10℃时，其精度为 1%。

ZCC1 系列晶闸管—电动机直流调速装置的原理方框图如图 2—12 所示。

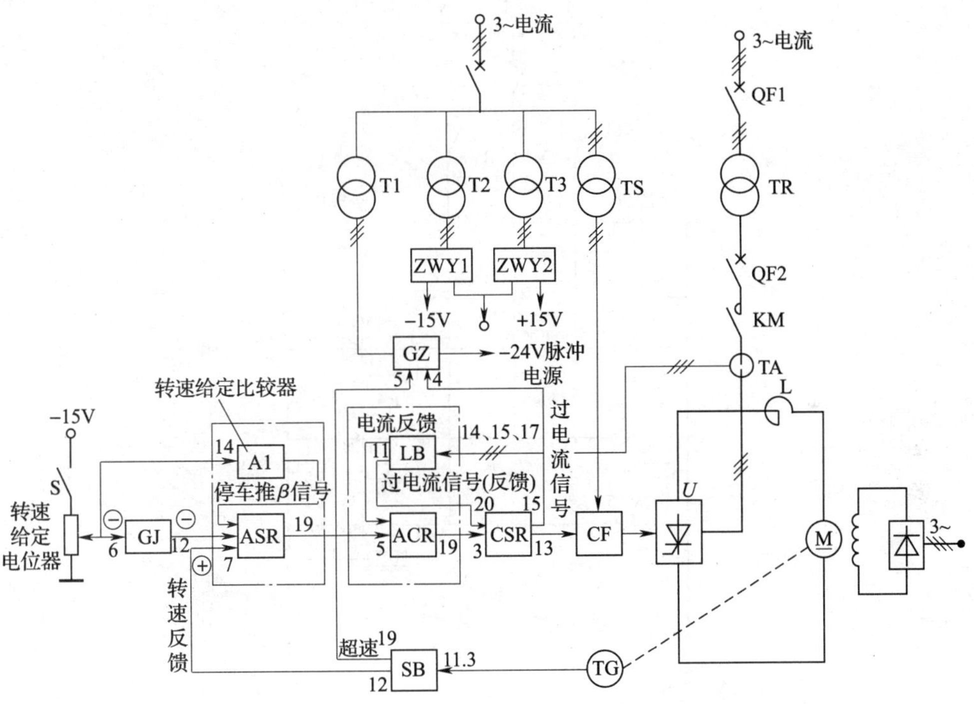

图 2—12　ZCC1 系列晶闸管—电动机直流调速装置的原理方框图

对晶闸管—电动机直流调速系统进行读图分析，首先应了解与熟悉该直流调速系统的整体性能、系统组成及其控制保护功能，然后对晶闸管—电动机直流调速系统的原理图进行读图分析。晶闸管—电动机直流调速系统原理图读图分析的步骤与方法一般可分为以下三步：首先对直流调速系统主电路的结构和原理进行分析；其次对直流调速系统的控制系统及控制单元电路进行分析，搞清各控制单元的工作原理与控制功能；最后将主电路与控制系统结合起来从系统整体上对直流调速系统启动、正转（反转）减速、停机等各种运行状态以及各种故障状态下，系统工作过程及其控制功能进行分析。

2. 晶闸管—电动机直流调速装置主电路的读图分析

ZCC1 系列晶闸管—电动机直流调速装置主电路采用带整流变压器或交流进线电抗器输入的三相全控桥式整流电路，如图 2—13 所示。

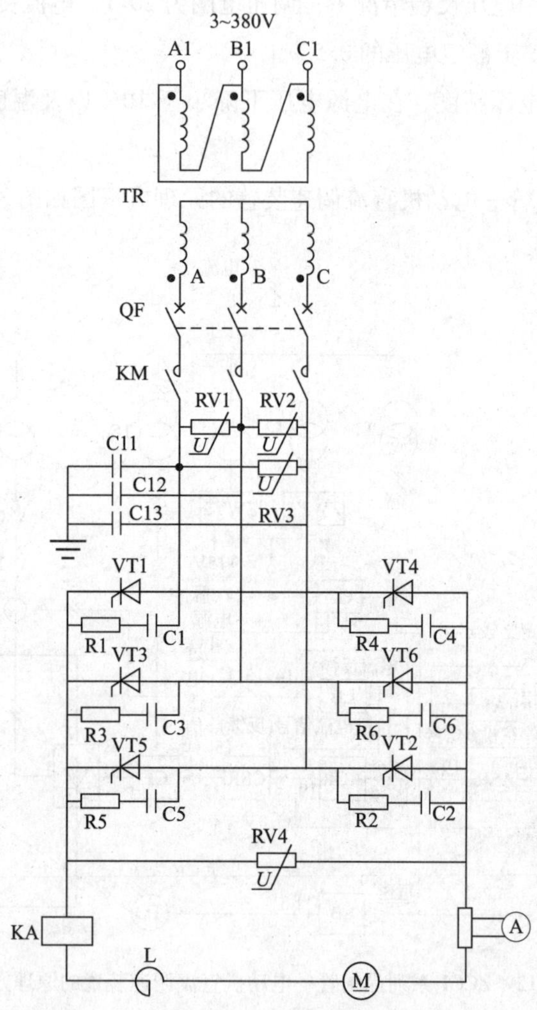

图 2—13　ZCC1 系列晶闸管—电动机直流调速装置主电路

由图 2—13 可知，三相 380 V 电源通过三相整流变压器 TR（或交流进线电抗器）输入，经低压断路器 QF、进线接触器 KM 接到三相全控桥式整流电路。三相全控桥式整流电路输出经平波电抗器 L 给直流电动机供电。整流变压器 TR 接成△/Y－11，采用整流变压器 TR 首先是为了使整流输出电压与电动机工作电压相匹配；其次，也可以减小晶闸管直流调速装置产生的高次谐波对交流电网产生的不良影响；最后可以减小并抑制晶闸管直流调速装置与交流电网之间的相互干扰，还可以起隔离作用，有利人身安全。设置平波电抗器 L 的目的是使直流电动机电枢电流持续并减小电流脉动以改善直流电动机的发热和换向。下面对三相全控桥式整流电路中晶闸管元件的选择和主电路保护作一分析说明。

（1）晶闸管元件的选择

1）额定电压选择。三相全控桥式整流电路中晶闸管元件承受的最大正反向峰值电压为$\sqrt{6}U_{2\varphi}$，$U_{2\varphi}$为整流变压器 TR 的二次侧相电压。

额定电压选择应考虑装置的交直流侧过电压和换相过电压等因素，在选择晶闸管元件额定电压时必须留有一定的安全裕量，电压安全系数一般可取为 2～3 倍。因而晶闸管元件额定电压 U_{TN}可按下式选择：

$$U_{TN} \geqslant (2 \sim 3)\sqrt{6}U_{2\varphi}$$

例如，对于输出额定电压为 220 V 的装置，整流变压器 TR 二次侧相电压为 120 V，因而晶闸管元件额定电压 U_{TN}为：

$$U_{TN} \geqslant (2 \sim 3) \times \sqrt{6}U_{2\varphi} = (2 \sim 3) \times \sqrt{6} \times 120 = 588 \sim 882\ \text{V}$$

故应选用额定电压为 900 V 的晶闸管元件。输出额定电压为 220 V 的 ZCC1 系列装置采用额定电压为 1 000 V 的晶闸管元件。

2）额定电流 $I_{T(AV)}$的选择。晶闸管元件额定电流 $I_{T(AV)}$的选择，严格来说应该按照装置的最大负载电流、过载时间、电流波形和所配用的散热器热阻来计算管芯的最高结温并使之低于元件所允许的最高结温。但这种计算方法非常复杂，一般情况可按直流电动机的最大过载电流并留有一定安全电流裕量（电流安全系数一般可取 1.5～2 倍）来选择晶闸管元件的额定电流。

在电枢电路电感量足够大、电流连续的情况下，可按下式选择：

$$I_{T(AV)} \geqslant (1.5 \sim 2)\ K_{fT} \cdot I_{dmax}$$

式中　K_{fT}——电流计算系数，对于三相全控桥电路可选取 0.367；

I_{dmax}——最大负载电流。

（2）主电路保护

ZCC1 系列装置主电路设有过电压保护和过电流保护。下面对过电压保护和过电流保护作一说明。

1）过电压保护。过电压保护分为交流侧过电压保护、直流侧过电压保护和晶闸管元件换相过电压保护。交流侧过电压保护采用由氧化锌压敏电阻和阻容组成的过电压综合吸收电路，如图2—13中的RV1～RV3、C11～C13所示。直流侧过电压保护采用氧化锌压敏电阻组成的过电压吸收电路，如图2—13中的RV4所示。晶闸管元件换相过电压保护采用阻容过电压吸收电路，如图2—13中的R1～R6、C1～C6所示。

2）过电流保护。过电流保护有快速熔断器、过电流继电器及电子过电流保护等保护措施。快速熔断器起短路和过电流保护作用，具体在每只桥臂晶闸管元件上都设置快速熔断器。快速熔断器的额定电流 I_{RD} 一般可按下式选取：$I_{RD}=(1.2\sim1.5)I_T$。同时在主电路直流侧设有过电流继电器，如图2—13中的KA。过电流继电器的整定值一般可按电动机额定电流的1.5～2倍选取。

ZCC1系列装置主电路除了上述过电压保护和过电流保护外，还在直流电动机励磁回路中设有氧化锌压敏电阻组成过电压保护并且有欠电流继电器组成失磁保护。

3. 晶闸管—电动机直流调速装置控制系统及主要单元电路的读图分析

ZCC1系列晶闸管直流调速装置的控制系统采用转速电流双闭环控制系统，其原理方框图如图2—12所示。由图2—12可知，控制系统主要由给定积分器（GJ）、转速调节器（ASR）、电流调节器（ACR）、触发输入及保护单元（CSR）、触发器（CF）、速度变换器（SB）、电源及故障综合电路（GZ）等控制单元电路组成。转速调节器ASR的输出作为电流调节器ACR的给定电压，电流调节器的输出作为触发器的移相控制电压，转速调节器ASR和电流调节器ACR采用PI调节器。下面对控制单元电路进行分析说明。

（1）给定积分器（GJ）单元电路

给定积分器的作用是把阶跃或快速给定的输入电压变换成具有一定斜率的以时间为函数的线性电压输出，它的输出代表电动机的给定速度，该输出电压作为转速调节器（ASR）的转速给定电压。给定积分器单元电路图如图2—14所示。

由图2—14可知，给定积分器主要由三个集成放大器A1、A2、A3组成的电平检测器（比较器）、积分器和反相器组成。给定积分器输入给定电压从6端输入，给定积分器输出电压从12端（或16端）输出。A1组成的电平检测器（比较器）接受输入给定电压信号并与A3反相器输出电压反馈信号进行比较，在A1输出端得到极性与输入相反、幅值接近于电源电压的输出电压。A1比较器的正、负向输出电压限幅采用三极管反馈限幅方式，调整电位器RP3、RP4可分别调整A1比较器输出电压的正向和负向输出电压的限幅值 U_1。A2组成的积分器，其积分时间常数取决于电阻R13和R14的并联值与电容C1的乘积，即 $\tau=\frac{R_{14}R_{13}}{R_{14}+R_{13}}\cdot C_1$。积分器将

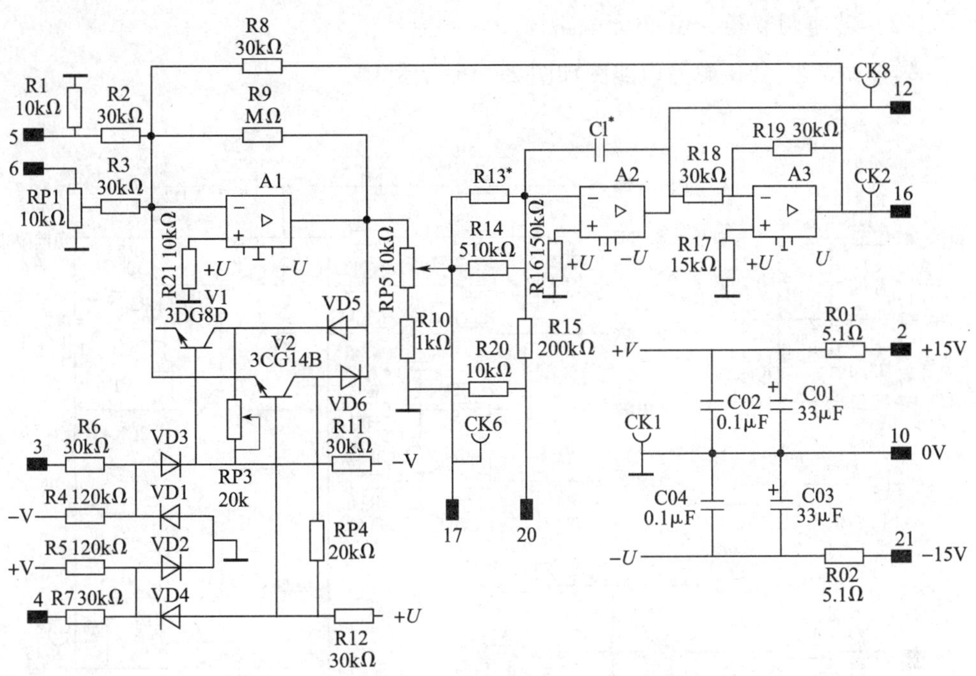

图 2—14　给定积分器单元电路图

输入信号电压变换为以时间为函数的线性电压，即为一个线性变化的斜坡信号电压。A2 积分器的输出电压 $u_2=\dfrac{\alpha U_1}{RC_1}t$，其中 U_1 为 A1 电平检测器（比较器）输出电压的限幅值，α 为电位器 RP5 与电阻 R10 的串联后输出的分压系数，R 为 R3 与 R4 并联后的阻值。A3 为反相器，将 A2 的输出信号电压反相。A3 的输出信号电压 U_3 还通过电阻 R8 反馈至 A1 输入端，以保证其与 A1 的给定输入极性相反而成为负反馈。当 $R_8=R_3=30\ \Omega$ 时，使 A2 和 A3 的输出电压稳态绝对值与 A1 输入给定电压相等。

由以上分析可知，调整 RP5、U_1、R13、R14、C1 都可调整给定积分器的输出电压斜率，实际调试中一般通过改变 R13 和调整 RP5 来调整给定积分器输出电压斜率。给定积分器 GJ 的输入输出特性如图 2—15 所示。

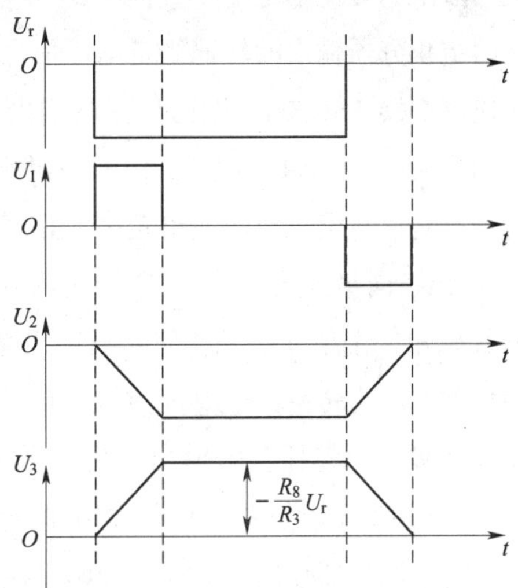

图 2—15　给定积分器 GJ 的输入输出特性

（2）转速调节器 ASR 单元电路

转速调节器 ASR 单元电路图如图 2—16 所示。

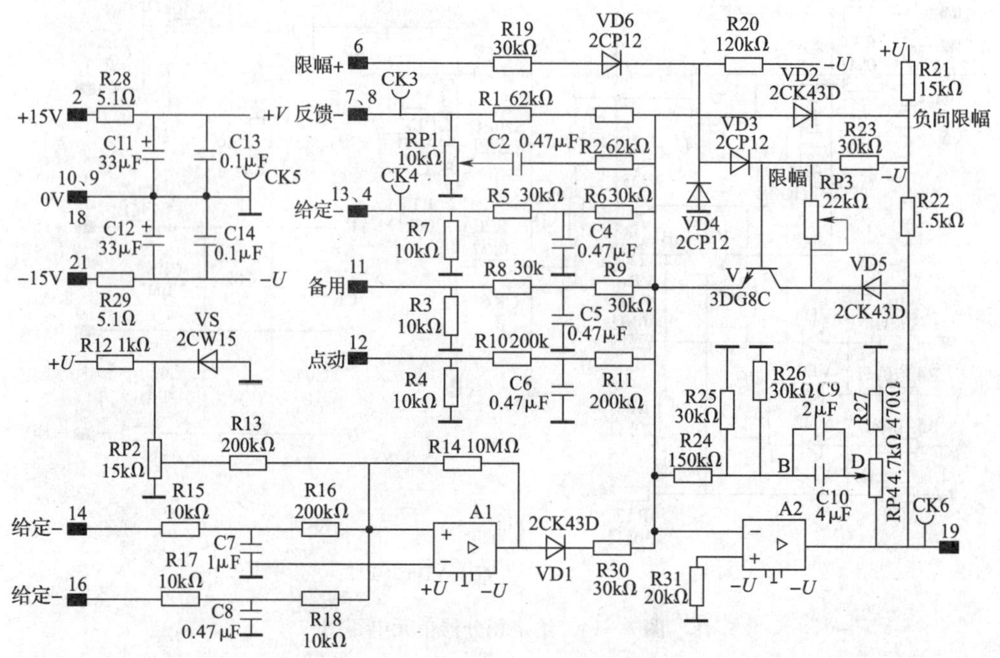

图 2—16　转速调节器 ASR 单元电路图

由图 2—16 可知，转速调节器单元电路包括由集成放大器 A1 组成的电平检测器（比较器）和集成放大器 A2 组成的转速调节器 ASR 两个部分。由转速给定电位器取出的转速给定电压直接送到 14 端（或 16 端），即 A1 电平检测器的输入端，而给定积分器输出的转速给定电压信号则送到 13 端，即 A2 转速调节器的输入端。转速调节器 ASR 输出电压从 19 端输出。电平检测器（比较器）由集成运算放大器 A1 加正反馈（R14）组成，它具有继电回环特性，有一定的回环宽度，用以鉴别是否有转速给定。当转速给定电压信号接近零或等于零（绝对值小于 0.2 V）时，A1 输出正向最大电压，使 A2 转速调节器迅速输出负向限幅电压，通过电流调节器 ACR 输出一个推 β 信号，使晶闸管装置触发脉冲处于 β_{min}，从而使系统处于可靠的停机状态。当转速给定电压信号（负电压）的绝对值大于 0.2 V 时，A1 电平检测器（比较器）迅速翻转输出为负，由于二极管 VD1 的阻挡作用，从而解除封锁，使 A2 转速调节器迅速退出负向饱和，并开始按速度偏差信号进行 PI 调节。

转速调节器输出正向电压限幅采用三极管反馈限幅方式，可以调节电位器 RP3 来改变正向电压限幅值。转速调节器输出负向电压限幅采用二极管反馈限幅方式。

(3) 速度变换器 SB

速度变换器电路图如图 2—17 所示。速度变换器将直流测速发电机电压经分压后向转速调节器提供转速反馈电压信号，同时还提供转速指示仪表所需的信号和超速保护信号。

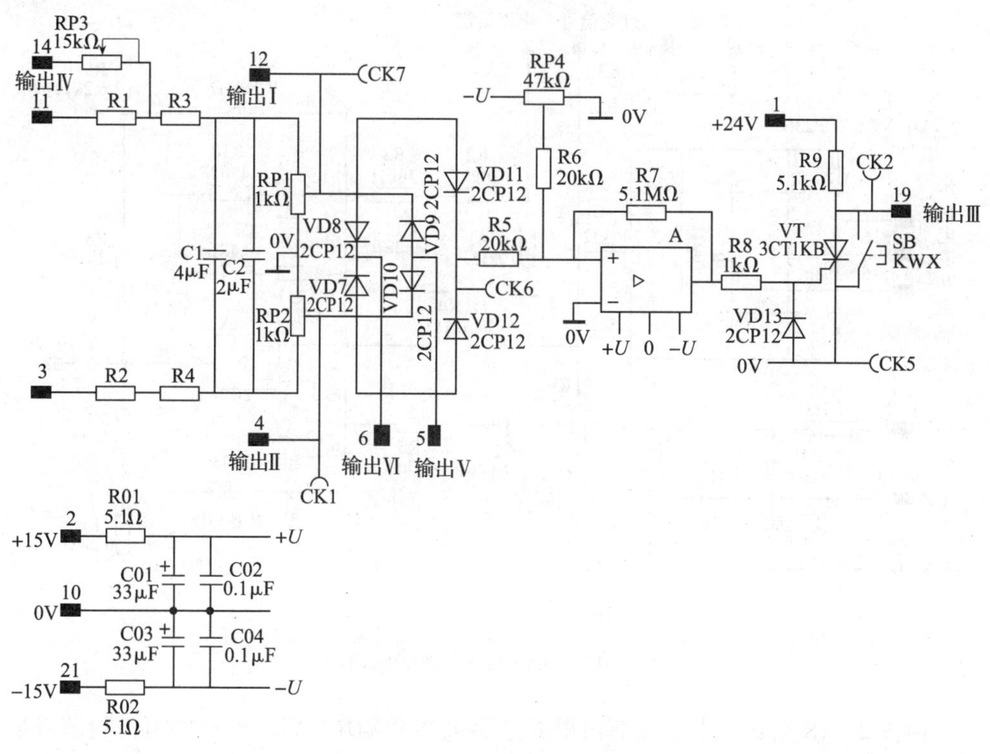

图 2—17　速度变换器电路图

直流测速发电机的电压从 3 端和 11 端输入。输入信号经电阻 R1 ~ R4 降压后，从 12 端（输出Ⅰ）和 4 端（输出Ⅱ）分别可输出相反极性的转速反馈电压，该转速反馈电压的大小可通过调节电位器 RP1、RP2 来调节。具体可根据控制系统要求对转速反馈电压极性进行选择，本系统中选用 12 端输出正极性的转速反馈电压。从 14 端（输出Ⅳ）输出与测速发电机电压成正比例的转速信号电压供转速表用。

超速保护电路由集成放大器 A 组成电平检测器和小晶闸管 VT 组成带有记忆功能的电平检测器电路。转速反馈电压经二极管 VD11、VD12 整流变成正绝对值转速反馈电压，送电平检测器输入端与偏置电压进行比较。正常时转速反馈电压小于电位器 RP4 上取出的偏置值，比较器输出负向电压，小晶闸管 VT 关断，输出Ⅲ为高电平。当转速反馈电压大于电位器 RP4 上取出的偏置值时，则比较器输出正向电压，小晶闸管 VT 导通，输出Ⅲ为低电平，自保并发出超速信号送电源及事故综合单元。由于晶闸管VT一旦导通，即使触发信号消失，它仍能保持导通状态，起到事故记忆作用，因此在事故处理之后，需按复位按钮SB进行复位。

（4）电流调节器ACR单元电路

电流调节器单元电路图如图2—18所示。

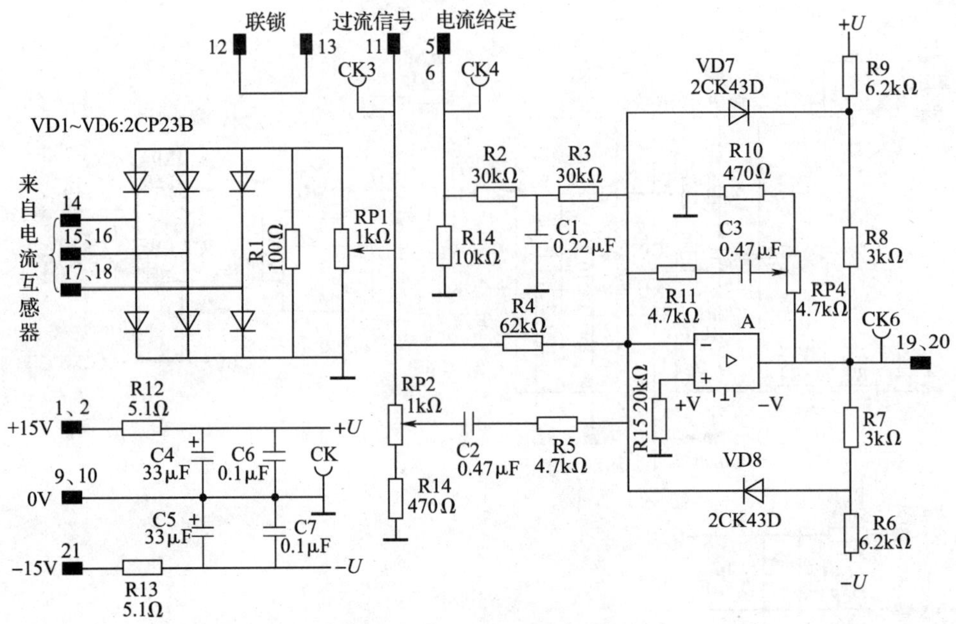

图2—18 电流调节器单元电路图

由图2—18可知，电流调节器单元电路包括由VD1～VD6组成的电流检测变换电路和由集成放大器A组成的电流调节器两个部分。

电流反馈信号由交流电流互感器和三相整流桥组成，交流电流互感器二次侧额定电流为0.1 A，电流互感器的电流反馈信号由14端、15端、17端输入，通过二极管VD1～VD6组成的三相整流桥变换成直流电压，作为电流负反馈电压输出，电流负反馈电压的大小可由调节电位器RP1调节。

转速调节器ASR的输出电压信号由5端输入，作为电流调节器ACR的电流给定信号。电流调节器的输出电压信号由19端、20端输出。该输出电压信号送往触发输入及保护单元CSR单元。电流调节器ACR采用PI调节器，电流调节器输出电压的正、负限幅均采用二极管反馈限幅方式。

（5）触发输入及保护CSR单元电路

触发输入及保护CSR单元电路图如图2—19所示。本单元电路包括过电流保护电路和触发输入电路两个部分。

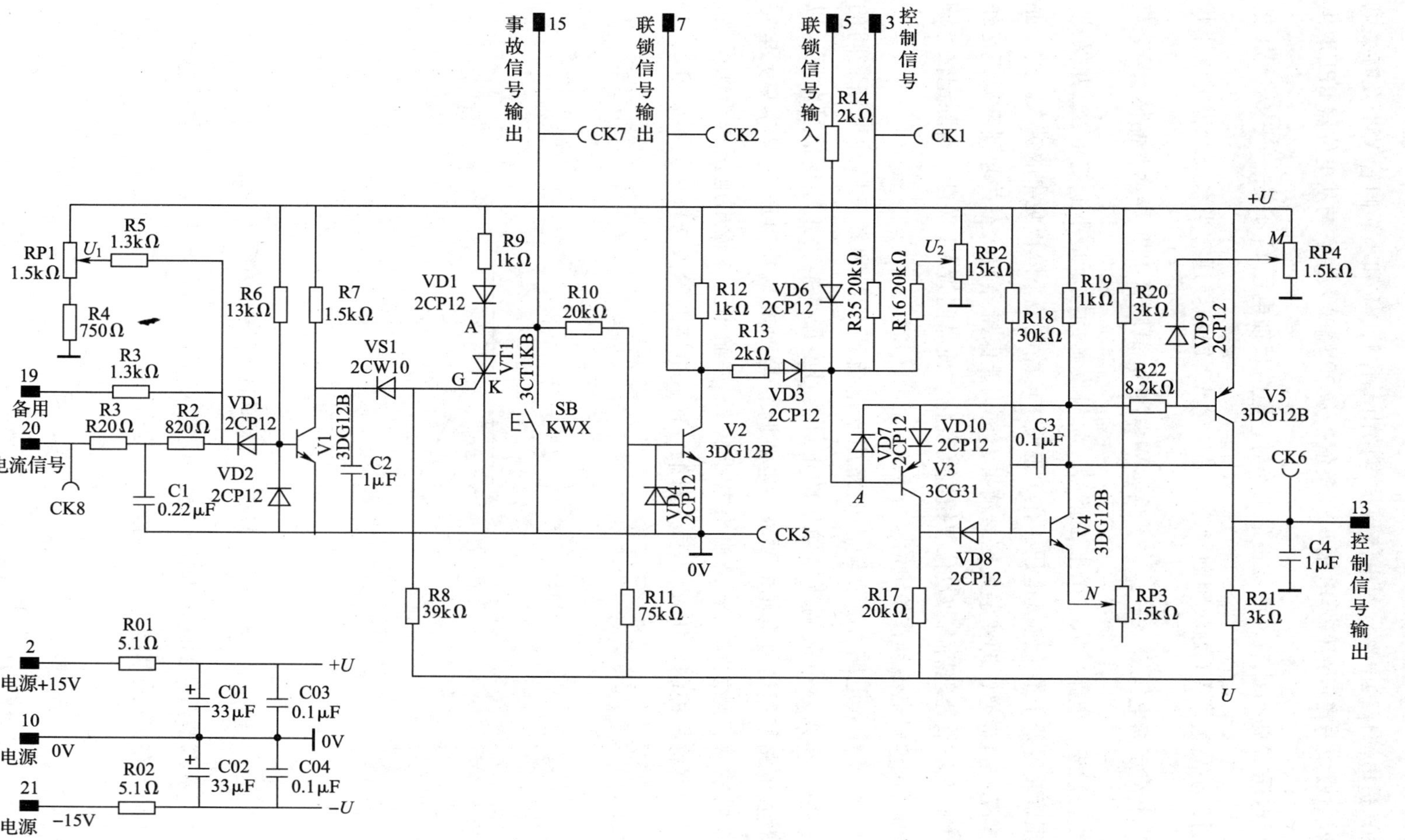

图 2—19　触发输入及保护 CSR 单元电路图

1）过电流保护电路。过电流保护电路由晶体管 V1 和小晶闸管 VT1 及有关电阻电容组成。电流反馈信号电压 U_i（负值）从 20 端输入，它与从电位器 RP1 取出的偏置电压 U_1进行比较。系统正常工作时，电流反馈电压 $U_i < \frac{R_1 + R_2}{R_5} \cdot U_1$，V1 饱和导通，小晶闸管 VT 处于阻断状态，晶体管 V2 饱和导通。当系统产生过电流状态时，电流反馈电压 $U_i > \frac{R_1 + R_2}{R_5} \cdot U_1$，V1 截止，晶闸管 VT1 导通，晶体管 V2 截止，给触发输入电路输入一个推 β 信号，将触发脉冲推至最小逆变角 β_{min} 并保持，使晶闸管装置处于最大逆变电压工作，迫使主电路电流下降以免事故扩大。由于晶闸管 VT1 一旦导通，即使触发信号消失，它仍能保持导通状态并起到事故记忆作用，因此在事故处理后需按复位按钮进行复位，使晶闸管 VT 关断，解除记忆。调整 RP1 可调整过电流动作整定值。

2）触发输入电路。触发输入电路用于电流调节器和触发脉冲电路之间的电平变换，将来自电流调节器输出的正负信号电压变换为正输出信号电压，以适应触发电路移相信号电压的要求。电流调节器 ACR 输出电压 U_K从本单元电路板的 3 端输入，触发输入电路输出电压从 13 端输出。该输出电压送给触发器，作为触发器移相控制电压 U_{ct}。稳态时触发输入电路的输入与输出关系如图 2—20 所示。

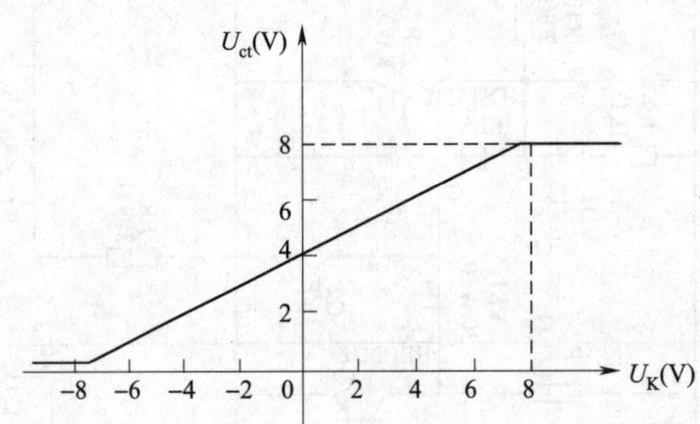

图 2—20　触发输入电路的输入与输出关系

从电流调节器来的输出电压 U_K由 3 端输入，它与电位器 RP2 上取得的电压 U_2进行叠加，在 V3 的基极 A 点得到的电位为：

$$U_A = \frac{R_{16} U_K + R_{15} U_2}{R_{15} + R_{16}}$$

当 $R_{15} = R_{16}$时，$U_A = \frac{1}{2}$（$U_K + U_2$）

当 $U_N < U_A < U_M$ 时，V3、V4、V5 工作在线性放大区，如果忽略三极管发射极和基极的压降以及二极管的正向压降，可得：

$$U_{13} = U_{5b} = U_{3b} = \frac{1}{2}(U_K + U_2)$$

由上式可知，当 3 端输入电压 $U_K = 0$ 时，调节电位器 RP2 上的偏移电压 U_2，可改变触发输入单元输出电压 U_{13}，即触发器移相控制电压 U_{ct}，就可改变系统触发脉冲的初始相位角，使其处于 90°或所要求值，具体可根据系统的控制要求而定。

触发输入电路还具有输出电压 U_{13}（即 u_{ct}）的最小值 $U_{13\min}$ 和最大值 $U_{13\max}$ 限幅功能。输出电压 U_{13} 的最小值 $U_{13\min}$ 对应触发电路的最小控制角 $\alpha_{\min}$。调节电位器 RP3 可改变 $U_{ct\min}$ 的值，即 $\alpha_{\min}$ 的角度。输出电压 U_{13} 的最大值 $U_{13\max}$ 对应触发电路的最小逆变角 $\beta_{\min}$。调节电位器 RP4 可改变 $U_{ct\max}$ 的值，即 $\beta_{\min}$ 的角度。

（6）触发电路（CF）

ZCC1 系统中晶闸管的触发器采用了串联垂直控制的锯齿波同步触发电路，如图 2—21 所示。

该触发电路由同步、锯齿波形成与移相、脉冲形成与整形、双脉冲形成和放大等环节组成。串联控制的锯齿波同步触发电路有关点的工作波形如图 2—22 所示。

1）同步环节。同步电压 U_S 经 R1、C1、RP1、R3 等组成的滤波环节后加至 V1 的基极和发射极。由图 2—22 可知，VD1 和 V1 的工作状态取决于电容 C1 两端的电压，当电容 C1 的上端为正时，VD1 导通，V1 截止。反之当电容 C1 的下端为正时，VD1 截止，V1 导通。滤波环节不仅可以消除电网电压畸变对 V1 的开关作用的影响，并且可利用阻容移相使同步电压 U_S 与主回路电压相适应，以实现同步。调节电位器 RP1 可调节阻容移相角，也可调节各相触发电路的对称度。

2）锯齿波形成与移相环节。锯齿波形成环节由电容 C2、V1、V2、R3、R4、R5、RP2、VD2、VD5、VD4 等组成。V2、R1、R4、R5、RP2、VD2、VD3、VD4 等组成恒流电路。V2 的基极电位由 R4、VD2、VD3、VD4、R5 组成的固定分压电路决定，调节 RP2 阻值就可改变恒流电流值，即改变电容 C2 的充电电流值，从而改变锯齿波电压的斜率。

直流控制信号 U_{ct} 为正电压输入，当滤波后的同步电压 u_s' 为负半周时，V1 导通，B 点电位 U_B 和控制电压 U_{ct} 相同。当滤波后的同步电压 u_s' 为正半周时，V1 截止，通过 V2 对电容 C2 进行充电。电容两端电压 $U_{C2} = \frac{i_{C2}}{C}t$，极性为下正上负。B 点

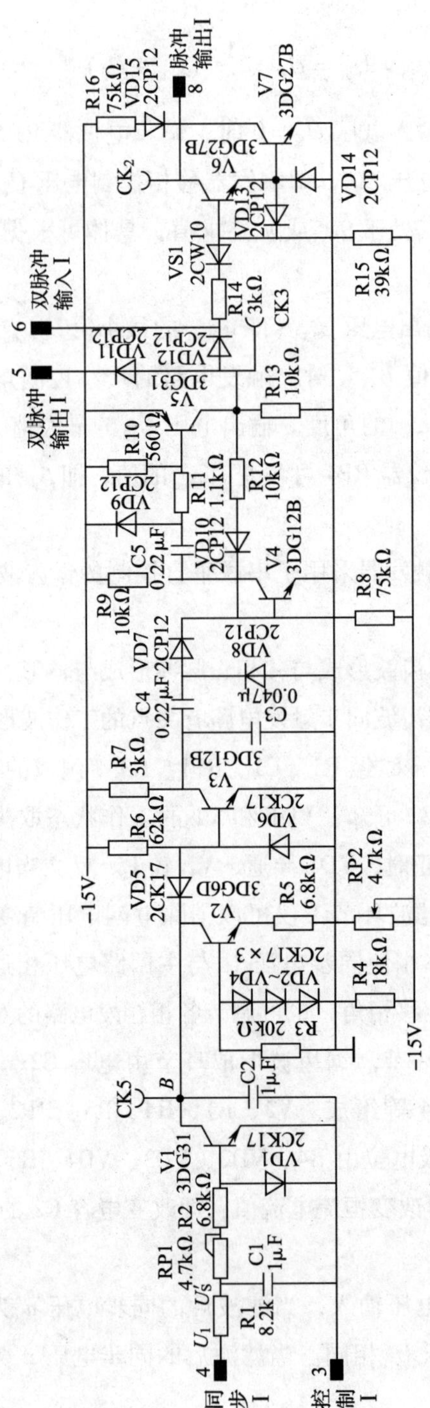

图 2—21　串联垂直控制的锯齿波同步触发电路

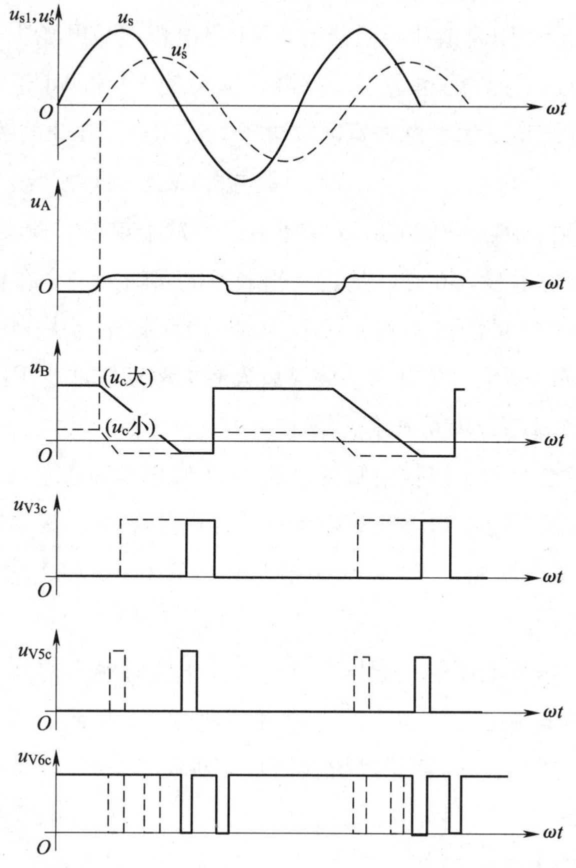

图 2—22　串联控制的锯齿波同步触发电路有关点工作波形

电位 $U_B = U_C - U_{C2}$线性下降，当 $U_B < 0$ 时，VD5 导通，V3 从导通变成截止，输出触发脉冲。改变直流控制电压 U_{ct}的大小即改变了锯齿波电压的起始电位。直流控制电压 U_{ct}越大，锯齿波电压的起始电位越高，C2 的充电时间越长，输出触发脉冲时刻的滞后也就越大，即 U_{ct}增加，控制角 α 也增大。由此可见，改变直流控制电压 U_{ct}，也就改变了 V3 从导通变成截止（输出触发脉冲）的时刻，从而实现脉冲移相控制。

3）脉冲形成与整形环节。该环节主要由 V3、V4、V5 组成，其中 V4、V5 组成单稳态电路。当 V3 从导通变为截止时，V4 由截止变为导通，通过 R11、C5 使 V5 获得基极电流而导通。V5 导通后通过 R12、VD10 对 V4 引进正反馈，使 V4、V5 迅速进入饱和导通。V5 导通时其集电极输出的脉冲经 VD12 送向功放级，由于正反馈的作用使得输出的脉冲前沿变陡。V4 导通后，+15 V 电源经 R10、R11、V4 开始对电容 C5 进行充电，当 C5 上的电压增加到一定值后，V5 的基极电流减小，不再能维持 V5 饱和导通，V5 集电极电位开始下降，由它提供给 V4 的基极电流随之减小使 V4 开始脱离饱和导通状态，V4 集电极电位开始上升，V5 基极电流进一步下降，V5 集电极电位也进一步下降，从而使 V5 和 V4 迅速截止，V5 集电极输出的触发脉冲结束。触发脉冲宽度取决于 C5、R11、R10 的数值。

4）双脉冲形成与放大环节。从 V5 的集电极输出的脉冲，经 VD12 输入脉冲功放级 V6、V7，同时又通过 VD11 从双脉冲输出 5 端给前一相触发电路输出一个补脉冲。同样通过双脉冲输入 6 端，从后一相触发电路输入一个在相位上滞后 60°的补脉冲，因此在 VD12 的阴极得到相位差为 60°的双脉冲。从 VD12 的阴极得到的双脉冲经 R14、VS1、V6、V7 脉冲功放级放大后去驱动脉冲变压器输出触发脉冲。

（7）电源及故障综合单元电路（GZ）

电源及故障综合单元用以供给触发电路 +24 V 电源及综合 ±15 V 低电压、过电流、超速等的故障信号。电源及故障综合单元电路图如图 2—23 所示。

三相交流 22 V 电源经 VD01 ~ VD06 整流，电容 C01、C02 滤波后输出 +24 V，作为触发电路电源。

过电流、超速信号电压经 4 端与 5 端输入，正常时输入均为“1”，三极管 V2 导通，外接继电器 K 吸合。当发生过电流或超速时，4 端或 5 端出现“0”（电压小于 1 V），对应的发光二极管亮以指示出故障种类，同时 V2 截止，继电器 K 释放，发出故障信号。

±15 V 电源接 2 端和 21 端，正常时 V3 导通，V3 集电极电位小于零电位，不影响 V1、V2 工作状态，当 ±15 V 电源中任一个电压过低时，V3 关断使 V1 导通，V2 截止，继电器 K 释放，发出故障信号。

4. 晶闸管—电动机直流调速装置整体分析

下面结合整个系统对不可逆直流调速系统停车、正向启动、减速等各种运行工作过程进行分析。

（1）停车状态

电动机停车时，开关 S 打开，给定电压 $U_n^{*\prime}=0$，转速调节器单元中 A1 速度比较器输出一个大于 +8 V 的推 β 信号电压，使转速调节器 ASR 输出电压为负限幅值 $-U_{im}^*$，电流调节器 ACR 输出电压为正限幅值 U_{Kmax}，通过触发输入单元 CSR、触发器 CF，使晶闸管装置控制角处于最小逆变角 β_{min}，电动机处于停车状态。

（2）电动机正向启动运行（工作过程）

开关 S 闭合，给出负极性的转速给定电压 $U_n^{*\prime}$，当转速给定电压 $|U_n^{*\prime}|>0.2$ V 时，A1 速度比较器迅速翻转输出为负电压，使转速调节器的输出迅速退出负限幅

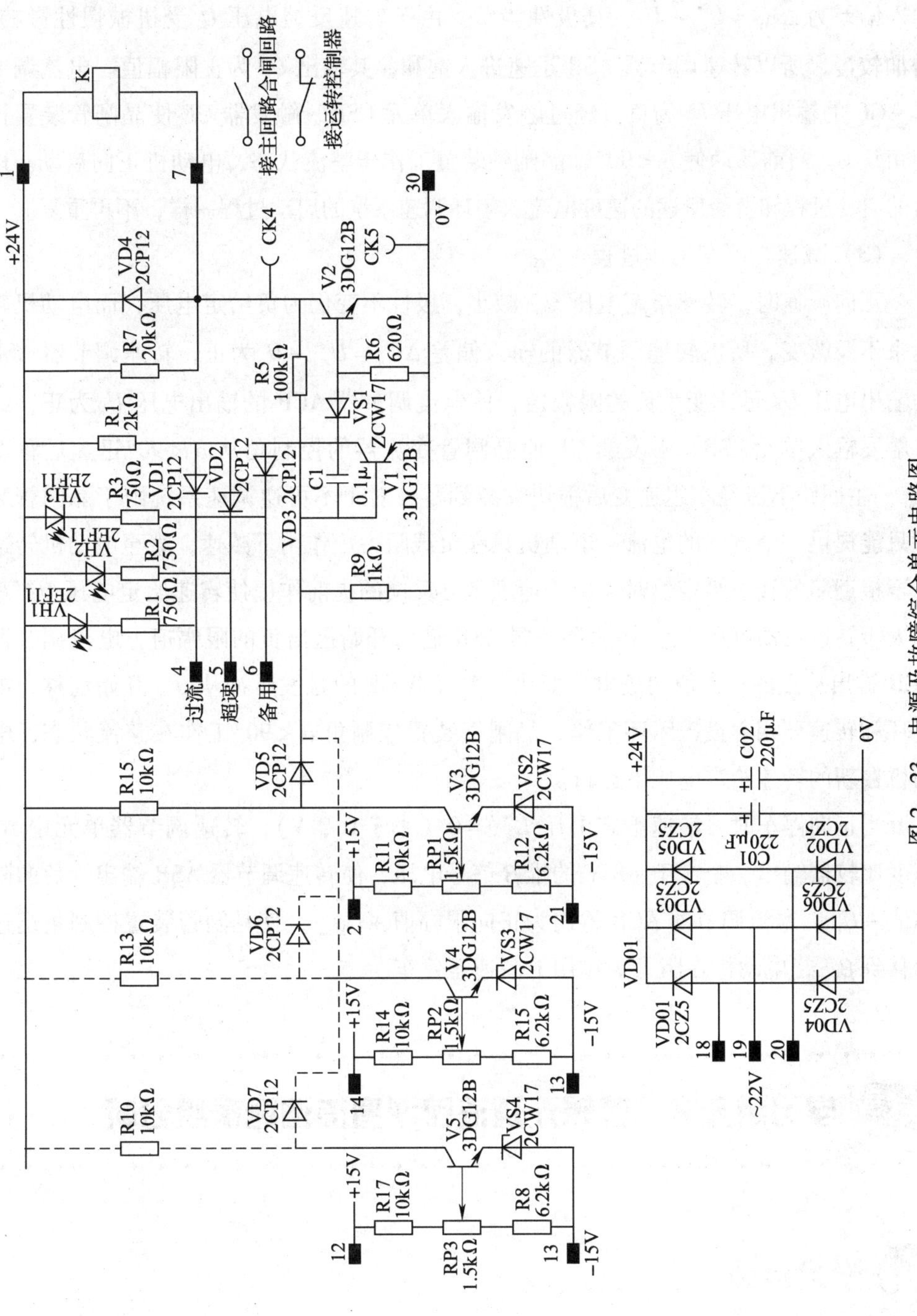

图 2—23　电源及故障综合单元电路图

值 $-U_{im}^{*}$ 并开始按速度偏差信号进行PI调节。经积分给定器GJ使负的转速给定电压 U_n^{*}'变成按线性变化的负转速给定电压 $U_n^{*}{'}$ 送给转速调节器ASR。转速调节器ASR的输入偏差为 $\Delta U_n = U_n^{*} - U_n$，其极性为负。由于转速反馈电压 U_n 受机械惯性影响，增加较慢，所以转速调节器ASR迅速进入饱和，其输出 U_i^{*} 为正限幅值。电流调节器ACR的输出电压 U_K 为负。经过触发输入单元CSR、触发器CF使晶闸管装置控制角从 β_{min} 向前移动使 $\alpha < 90°$，晶闸管装置工作于整流状态，电动机正向启动。以后的启动过程和上面所述的速度电流双闭环调速系统的启动过程一样，不再重复。

（3）减速与停车工作过程

正向减速时，转速给定电压 $U_n^{*}{'}$ 减小，极性不变仍为负给定电压，而电动机转速来不及改变，所以转速调节器的输入偏差 $\Delta U_n = U_n^{*} - U_n$ 为正，转速调节器ASR的输出电压 U_i^{*} 迅速变为负的限幅值，使电流调节器ACR的输出电压 U_K 为正，经过触发输入单元CSR、触发器CF使晶闸管变流器的控制角从 $\alpha < 90°$ 迅速后移至 β_{min}，主回路电流经本组逆变后很快衰减到零。对于不可逆调速系统由于晶闸管装置只能提供一个方向的电流，电动机只在负载阻力矩作用下减速，直至电动机转速降至接近新的转速给定值时，由于速度微分反馈的提前作用使转速给定电压 $U_n^{*}{'}$ 重新大于转速反馈电压 U_n，转速调节器ASR输出开始退出负的限幅值，电流调节器ACR输出从正的最大值向负电压变化，触发器CF的触发脉冲从 β_{min} 开始前移，电流环和转速环相继投入闭环工作，晶闸管装置控制角 $\alpha < 90°$ 工作在整流状态，电动机在新的转速给定电压下运行。

当正向停车时，转速给定电压 $U_n^{*}{'} = 0$（小于0.2 V），转速调节器单元中A1速度比较器输出一个大于 +8 V的推 β 信号电压，使转速调节器ASR输出为负向限幅值 $-U_i^{*}$，电流调节器ACR输出为正向限幅值 $+U_{k\,max}$，使晶闸管装置控制角迅速后移到 β_{min}，电动机在阻力矩作用下减速至停车。

学习单元2　逻辑无环流可逆直流调速系统分析

➢ 熟悉晶闸管—电动机可逆系统的工作状态分析

➢ 熟悉逻辑无环流可逆调速系统的组成

➤ 熟悉可逆系统对无环流逻辑控制器的基本要求

➤ 熟悉逻辑无环流可逆调速系统工作过程分析及逻辑无环流可逆调速系统的改进

知识要求

一、晶闸管—电动机（V－M）系统的可逆电路

晶闸管—电动机（V－M）系统的可逆电路有下面两种形式：一种为电枢可逆电路，另一种是励磁可逆电路。

1. 电枢可逆电路

常用的电枢可逆电路有下面两种形式：一种为接触器切换电枢可逆电路，另一种是两组晶闸管变流器组成的电枢可逆电路。

（1）接触器切换电枢可逆电路

接触器切换电枢可逆电路如图 2—24 所示。由图 2—24 可知，这种电路只用一组晶闸管变流器，利用正、反向接触器 KMF、KMR 来改变电动机电枢电流的方向，从而实现电动机正向与反向运转。当正向接触器 KMF 闭合时（此时 KMR 断开），电动机电枢电压 A 点为正，B 点为负，电枢电流 I_d的方向如图中实线所示，电动机正转。当反向接触器 KMR 闭合时（此时 KMF 断开），电动机电枢电压 A 点为负，B 点为正，电枢电流 I_d的方向如图中虚线所示，电动机反转。

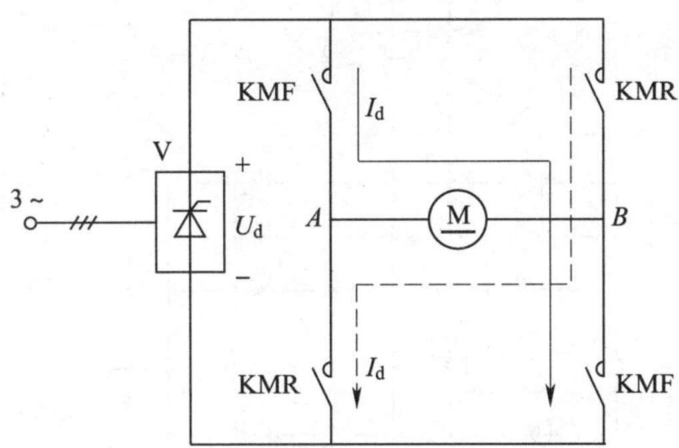

图 2—24　接触器切换电枢可逆电路

这种可逆电路比较简单、经济，是有触点切换的可逆电路，但由于接触器的触点寿命有限且其动作时间长等原因，仅适用于不要求频繁、快速的正反转可逆调速系统。

（2）两组晶闸管变流器组成的电枢可逆电路

两组晶闸管变流器组成的电枢可逆电路如图 2—25 所示。由图 2—25 可知，这种电枢可逆电路有两组晶闸管变流器 VF、VR。正向晶闸管变流器 VF 为电动机提供正向电枢电流，如图中实线所示，实现电动机正转。反向晶闸管变流器 VR 为电动机提供反向电枢电流，如图中虚线所示，实现电动机反转。

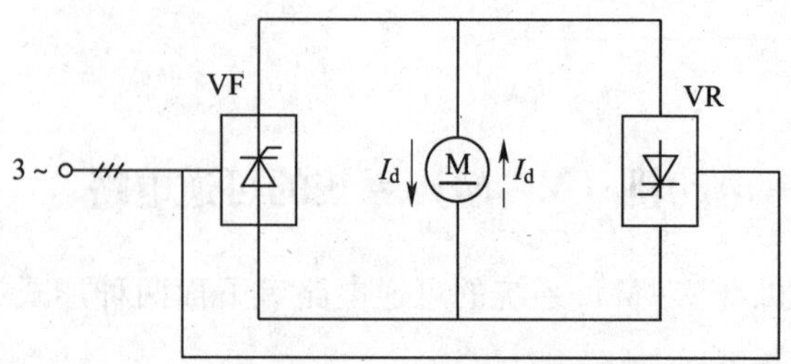

图 2—25　两组晶闸管变流器组成的电枢可逆电路

两组晶闸管变流器组成的电枢可逆电路，又有两种连接方式：一种为反并联连接方式，也称为电枢反并联可逆电路，如图 2—26 所示。另一种为交叉连接方式，如图 2—27 所示。由图 2—26 可知，电枢反并联可逆电路的两组晶闸管变流器由同一交流电源供电。

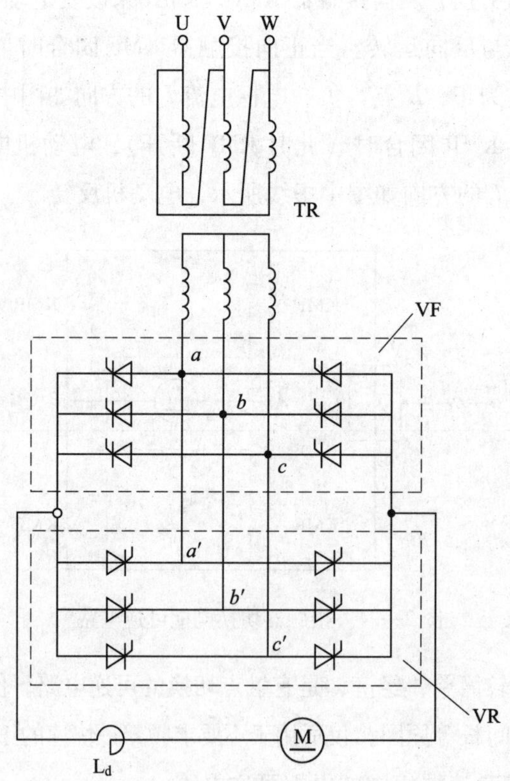

图 2—26　两组晶闸管变流器组成的电枢反并联可逆电路

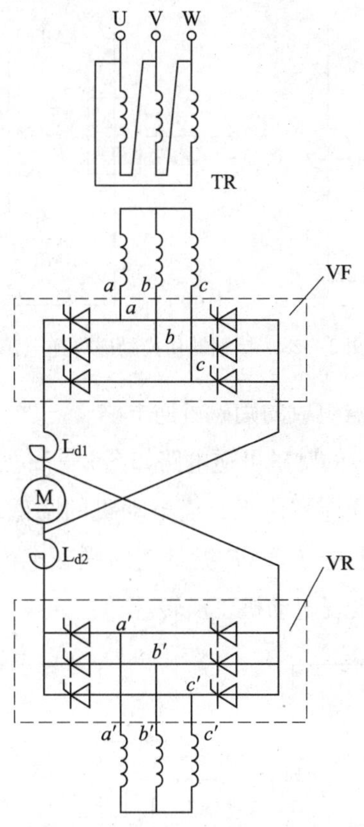

图 2—27　两组晶闸管变流器组成的交叉连接电枢可逆电路

由图 2—27 可知，交叉连接电枢可逆电路中，两组晶闸管变流器的交流电源分别由两个独立的交流电源供电即由整流变压器的两个二次绕组或两台整流变压器供电。

在上述两种连接方式中，电枢反并联可逆电路应用广泛。两组晶闸管变流器组成的电枢可逆电路是无触点切换可逆电路，切换速度快，适用于要求频繁、快速正反转的可逆调速系统。

2. 励磁可逆电路

励磁可逆电路有下面两种形式：一种是接触器切换励磁可逆电路，另一种是两组晶闸管变流器组成的励磁可逆电路。

（1）接触器切换励磁可逆电路

接触器切换励磁可逆电路如图 2—28 所示。由图 2—28 可知，电动机电枢只用一组晶闸管变流器供电，而电动机的励磁绕组也用一组晶闸管变流器供电，采用正、反向接触器 KMF、KMR 来改变电动机励磁绕组中的电流方向，从而实现电动机正反转。

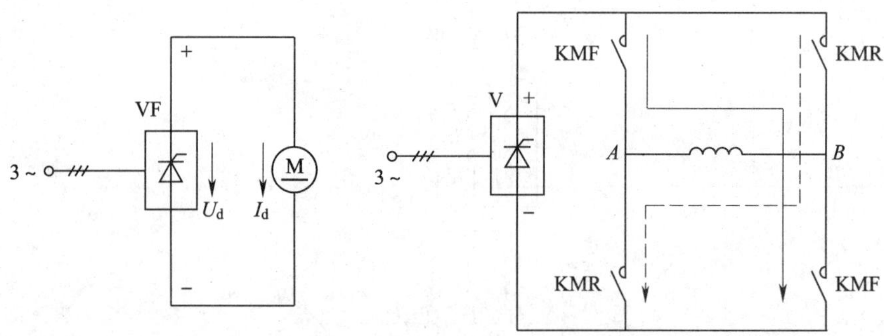

图 2—28　接触器切换励磁可逆电路

（2）两组晶闸管变流器组成的励磁可逆电路

两组晶闸管变流器组成的励磁可逆电路如图 2—29 所示。由图 2—29 可知，电动机电枢只用一组晶闸管变流器供电，而电动机的励磁绕组用两组晶闸管变流器 VF、VR 供电，正向晶闸管变流器 VF 提供正向励磁电流，反向晶闸管变流器 VR 提供反向励磁电流，从而实现电动机正反转。

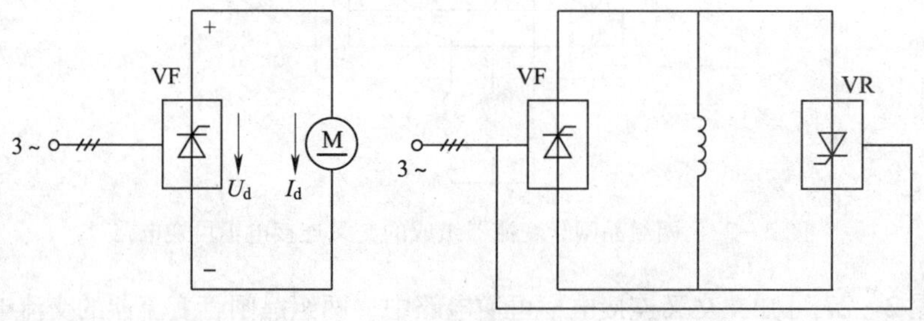

图 2—29　两组晶闸管变流器组成的励磁可逆电路

与电枢可逆电路相比较，励磁可逆电路所需晶闸管变流器容量较小，对于大功率的电动机来说，励磁可逆电路方案投资费用较小，比较经济。但是由于电动机励磁绕组电感大，励磁电流的反向过程要比电枢电流的反向过程慢得多，因此励磁可逆电路的快速性比电枢可逆电路差得多。此外必须采取措施防止在励磁电流的切换过程中发生“失磁飞车”现象，因而励磁可逆电路的控制系统比较复杂。励磁可逆电路适用于电动机容量大而且对快速性要求不高的可逆场合。

二、晶闸管—电动机可逆系统的工作状态分析

1. 晶闸管变流装置和直流电动机的两种工作状态

（1）晶闸管变流装置的工作状态

晶闸管变流装置有下面两种工作状态：

1）整流工作状态。此时晶闸管变流装置的控制角 $\alpha<90°$，整流电压 U_d 与 I_d 方向一致，电源输出能量。

2）逆变工作状态。此时晶闸管变流装置的控制角 $\alpha>90°$（即 $\beta<90°$），整流电压 U_d 与 I_d 方向相反，电源吸收能量。

（2）电动机的工作状态

电动机也有下面两种工作状态：

1）电动工作状态。此时电动机的电磁转矩 T_e 的方向与电动机的转速 n 方向相同，电动机将电网供给的电能转换成机械能。

2）制动工作状态。此时电动机的电磁转矩 T_e 的方向与电动机的转速 n 方向相反，电动机将机械能转换成电能。如果将此电能返送给电网，则这种制动就称为发电回馈制动。

2. 电动机的发电回馈制动及其实现

许多生产机械如龙门刨床的工作台、轧钢机械等都要求做频繁、快速的正、反向可逆工作，这就需要系统具有快速减速或快速停车的功能，最经济有效的办法就是采用发电回馈制动，即让电动机处于发电回馈制动工作状态，它将制动期间释放出来的机械能量变换为电能并通过晶闸管装置回送电网。

要实现发电回馈制动，从电动机方面来看，要么改变转速的方向，要么改变电磁转矩（即电枢电流）的方向。而负载在减速制动过程中，转速方向不变，所以要实现发电回馈制动，必须设法改变电动机电磁转矩的方向，即改变电枢电流的方向。显然以单组晶闸管装置组成的 V－M 系统，由于晶闸管具有单向导电性，不可能改变电枢电流方向，因而不可能实现发电回馈制动。如图 2—30 所示的两组晶闸管装置组成的 V－M 可逆电路就能方便地实现发电回馈制动。

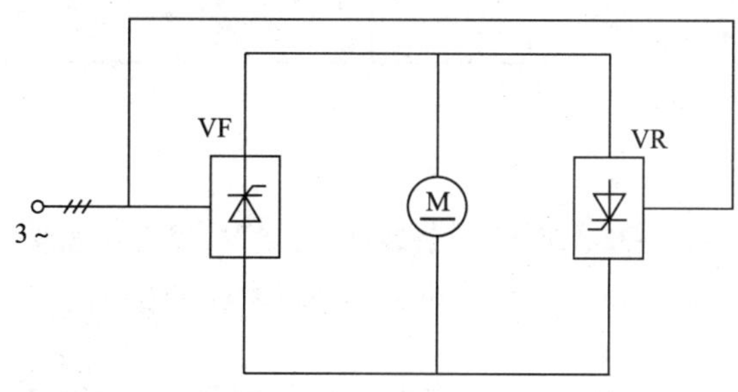

图 2—30　两组晶闸管装置组成的 V－M 可逆电路

现以图 2—30 所示的两组晶闸管装置组成的 V－M 可逆电路为例说明如何实现电动机的发电回馈制动。当电动机以转速 n_1 正向稳定运行时，正向组晶闸管 VF 工作在整流状态，输出上正下负的整流电压 U_{dof}，电动机处于正转电动运行状态，反电动势 E 的极性为上正下负，如图 2—31 所示。这时 $U_{dof} > E$，电动机吸收能量，将电能转换成机械动能拖动负载。

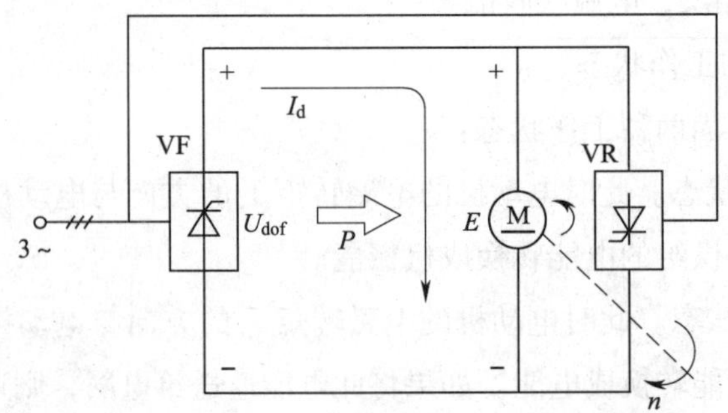

图 2—31　两组晶闸管装置组成的 V－M 可逆电路（正组管整流、电动机电动状态）

当电动机从正转 n_1 运行状态快速停车时，通过控制电路使正向组晶闸管 VF 不工作，而使反向组晶闸管 VR 工作在逆变状态，输出一个上正下负的逆变电压 U_{dor}，此时反电动势 E 极性不变仍为上正下负，如图 2—32 所示。$E > U_{dor}$ 时，将产生反向电流 $-I_d$，使电动机处于发电回馈制动状态，电动机将机械动能变换成电能通过反向组晶闸管 VR 回馈到电网，从而实现发电回馈制动。

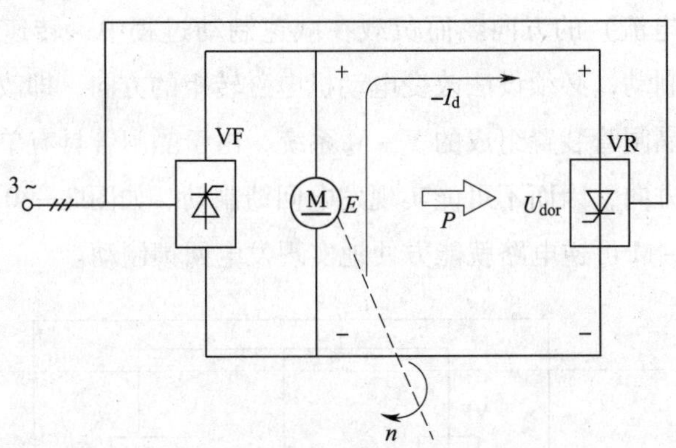

图 2—32　两组晶闸管装置组成的 V－M 可逆电路

（反组管逆变、电动机发电回馈制动状态）

当电动机以转速 $-n_1$ 反向稳定运行时，反向组晶闸管 VR 工作在整流状态，电动机处于反转电动运行状态。当电动机从 $-n_1$ 快速停车时，通过控制电路使反向组晶闸管 VR 不工作，而使正向组晶闸管 VF 工作在逆变状态，电动机便处于发电回馈制动状态，电动机将机械动能变换成电能通过正向组晶闸管 VF 回馈到电网，从而实现回馈制动。

由以上分析可知，对于用两组晶闸管装置组成的 V－M 可逆系统来说，在正转运行时可利用反向组晶闸管实现发电回馈制动，反转运行时同样可以利用正向组晶闸管实现发电回馈制动。

3. 晶闸管—电动机电枢反并联可逆系统的四象限工作状态分析

有些生产设备，如龙门刨床工作台工作时需进行往复直线运动。正向运行时进行工件切削加工，反向运行时不进行切削，只使工件快速退回，准备下一次的切削，在整个工作过程中需要频繁正反转运行，这就要求电动机在四个象限内都能工作。电枢反并联可逆系统四象限运行图如图 2—33 所示。

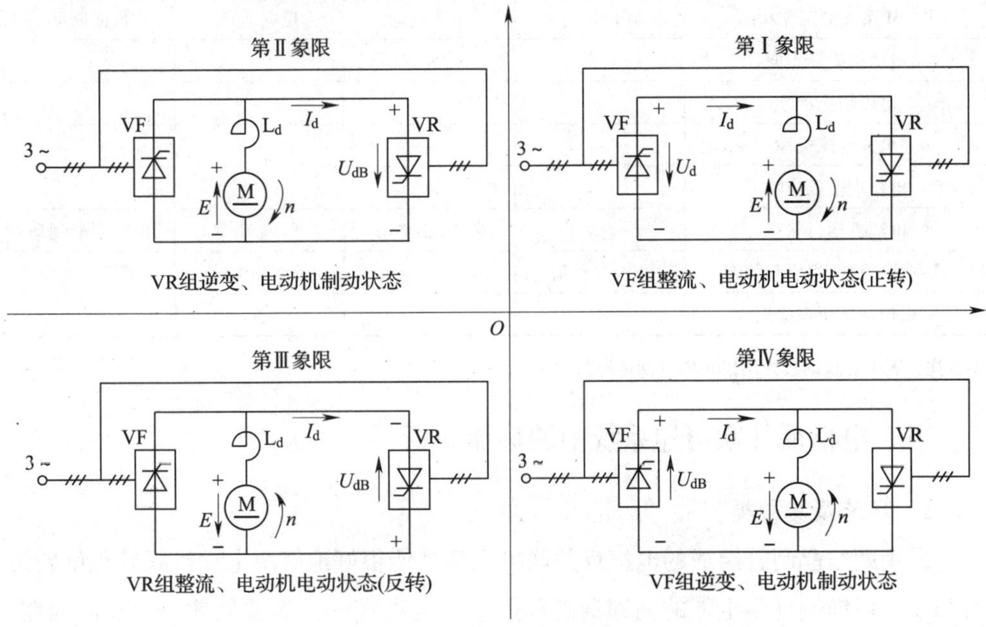

图 2—33　电枢反并联可逆系统的四象限运行

由图 2—33 可知，系统在第Ⅰ象限运行时，正向组晶闸管 VF 的控制角 $\alpha<90°$，工作在整流状态，电动机处于正转电动状态。交流电能通过正向组晶闸管 VF 变换为直流电能供给电动机，电动机将电能变换成机械能带动负载。

系统在第Ⅱ象限运行时，反向组晶闸管 VR 的控制角 $\alpha>90°$（即 $\beta<90°$），处于逆变状态，电动机仍正转，但电流反向，电动机处于发电回馈制动状态。机械能通过电动机变换成电能再经反向组晶闸管 VR 变换成交流电能送回交流电网。

系统在第Ⅲ象限运行时，反向组晶闸管 VR 的控制角 $\alpha<90°$，工作于整流状态，电动机处于反转电动状态。交流电能通过反向组晶闸管 VR 变换成直流电能供

给电动机，电动机将电能变换成机械能带动负载。

系统在第Ⅳ象限运行时，正向组晶闸管 VF 的控制角 $\alpha>90°$（即 $\beta<90°$），处于逆变状态，电动机仍反转，但电流反向，电动机处于发电回馈制动状态。机械能通过电动机变换成电能再经正向组晶闸管 VF 变换成交流电能回送交流电网。

由以上分析可知，电动机从正转到反转是由第Ⅰ象限经第Ⅱ象限到第Ⅲ象限。电动机从反转到正转是由第Ⅲ象限经第Ⅳ象限到第Ⅰ象限。电动机从正转到停止，则由第Ⅰ象限到第Ⅱ象限，电动机从反转到停止，则由第Ⅲ象限到第Ⅳ象限。电枢反并联可逆系统四象限运行工作状态见表2—1。

表2—1　　电枢反并联可逆系统四象限运行工作状态

V－M 系统的工作状态	正向运行	正向制动	反向运行	反向制动
电动机旋转方向	+	+	−	−
电磁转矩极性	+	−	−	+
电枢电流极性	+	−	−	+
电枢端电压极性	+	+	−	−
电动机运行状态	电动	发电回馈制动	电动	发电回馈制动
晶闸管工作的组别和状态	正组、整流	反组、逆变	反组、整流	正组、逆变
机械特性所在象限	Ⅰ	Ⅱ	Ⅲ	Ⅳ

注：表中各量的极性均以正向电动运行为“+”。

三、电枢反并联可逆系统中的环流分析

1. 环流及其种类

采用两组晶闸管组成的电枢反并联可逆系统能很好地解决电动机频繁正反转运行和发电回馈制动中电能的回馈通道问题，但是存在一个重要问题——环流问题。所谓环流是指不流过电动机或其他负载，而直接在两组晶闸管变流器之间流通的短路电流，如图2—34所示电枢反并联可逆电路中的环流 I_c。

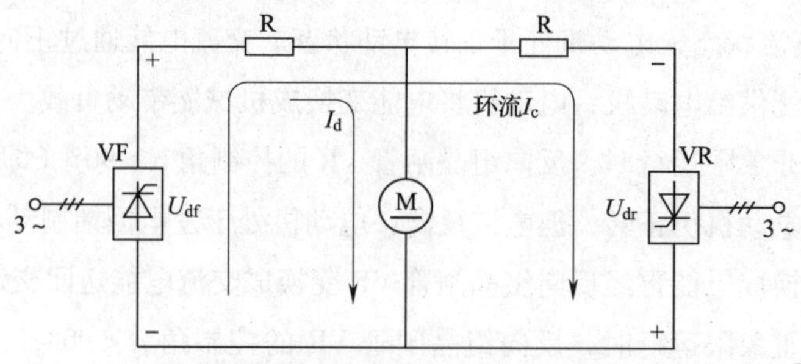

图2—34　电枢反并联可逆电路中的环流

环流的存在会显著地增加晶闸管和变压器的负担，消耗无功功率。环流太大时甚至会导致晶闸管损坏，因此必须加以抑制。通过适当的控制，可以利用环流作为晶闸管的基本负载电流，即在电动机空载或轻载时，由于环流的存在而使晶闸管装置继续工作在电流连续区，避免了电流断续引起的非线性对系统动态和稳态性能的不利影响。而且在可逆系统中存在小量环流，可以实现电流的无间断反向，从而加快反向时的过渡过程。为此有必要对环流问题作一分析。

环流可分为下面两种：

（1）静态环流

所谓静态环流，是指晶闸管装置在某一控制角下稳定工作时，可逆系统中所出现的环流。静态环流又可分为直流平均环流和瞬时脉动环流。

（2）动态环流

所谓动态环流，是指系统在稳态运行时不出现，只在系统处于过渡过程中出现的环流。

在可逆系统中，正确处理环流问题是可逆系统的重要问题，环流不仅影响可逆系统安全工作，还影响可逆系统的性能。根据环流的有无，可逆调速系统可分为有环流可逆调速系统和无环流可逆调速系统。

2. 静态环流的产生及其抑制措施

下面以电枢反并联可逆电路为例，分析静态环流的产生及其抑制措施。静态环流可分为直流平均环流和瞬时脉动环流两种。

（1）直流平均环流的产生及配合控制

由图 2—34 所示电枢反并联可逆电路可知，如果正向组晶闸管 VF 和反向组晶闸管 VR 同时处于整流状态，正向组晶闸管 VF 输出电压 U_{dof} 和反向组晶闸管 VR 输出电压 U_{dor} 形成顺极性串联，这将在两组晶闸管装置中产生很大的短路电流。因此，电枢反并联可逆电路中两组晶闸管不能同时处于整流状态。为了防止产生直流平均环流，当正向组晶闸管 VF 处于整流状态时，输出电压 U_{dof} 为正，这时应让反向组晶闸管 VR 处于逆变状态，输出电压 U_{dor} 为负，而且幅值相等，即 $U_{dof}=U_{dor}$，如图 2—35 所示。

对于三相桥式全控电路来说，$U_{dof}=2.34U_{2\varphi}\cos\alpha_f$，$U_{dor}=2.34U_{2\varphi}\cos\beta_r$。$\alpha_f$ 为正向组晶闸管 VF 的控制角，β_r 为反向组晶闸管 VR 的逆变角。由此可知，如果两组晶闸管的触发脉冲相位 $\alpha_f=\beta_r$，则 $U_{dof}=U_{dor}$，两组晶闸管之间无直流电压差，因而无直流平均环流。另外，如果两组晶闸管的触发脉冲相位为 $\alpha_f>\beta_r$，则 $U_{dof}<U_{dor}$，两组晶闸管之间虽然存在反向直流电压差 $\Delta U_d=U_{dof}-U_{dor}$，由于正向组晶闸

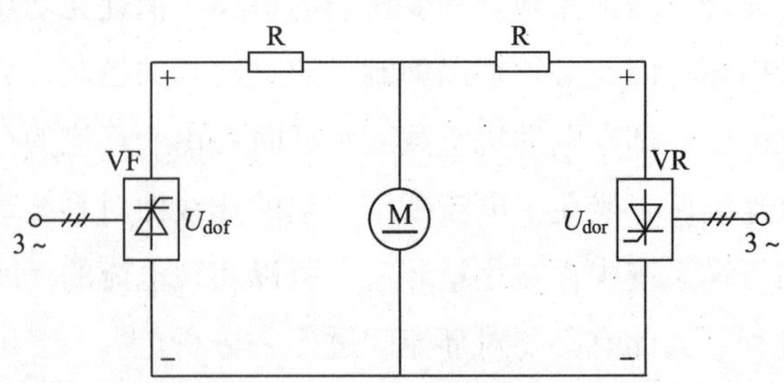

图2—35　电枢反并联可逆电路中的直流平均环流的产生及配合控制

管VF的单向导电性，也不产生直流平均环流。由此分析可知，在采用两组晶闸管组成的可逆系统中消除直流平均环流的条件是$\alpha \geqslant \beta$。

在电枢反并联的可逆系统中，按照$\alpha = \beta$的条件来控制两组晶闸管触发脉冲的相位即可消除直流平均环流，这就称为$\alpha = \beta$工作制的配合控制。$\alpha = \beta$工作制的配合控制的电枢反并联可逆电路如图2—36所示。

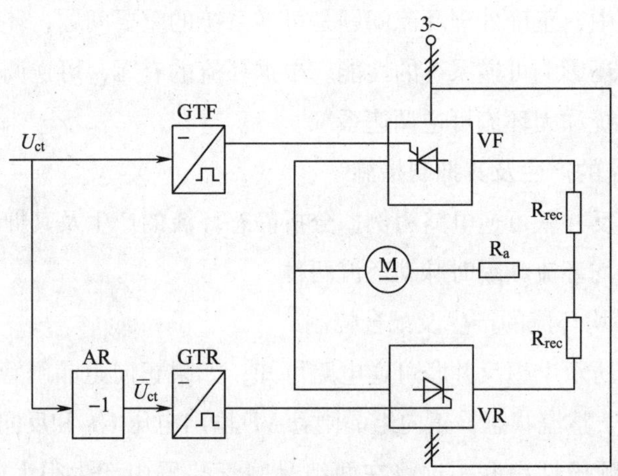

图2—36　$\alpha = \beta$工作制的配合控制的电枢反并联可逆电路

由图2—36可知，用同一控制电压U_{ct}去控制两组触发器，其中正向组触发器GTF由控制电压U_{ct}直接控制，而反向组触发器GTR由反相器AR的输出电压$\overline{U}_{ct}$控制。反相器AR的放大系数为－1，其输出电压$\overline{U}_{ct} = -U_{ct}$。当两组触发器的同步信号为锯齿波时，其移相控制特性如图2—37所示。为了防止晶闸管装置在逆变工作时因逆变角β太小而发生逆变颠覆故障，必须在控制电路中设置限制最小逆变角β_{min}的保护环节，一般取最小逆变角$\beta_{min} = 30°$。为了严格保持$\alpha = \beta$工作制的配合控制，相应最小控制角$\alpha_{min} = \beta_{min} = 30°$。

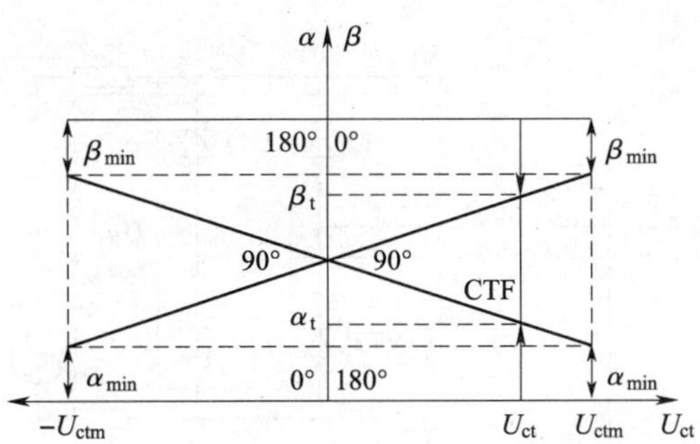

图 2—37　触发器的移相控制特性

（2）瞬时脉动环流的产生及其抑制

现以图 2—38 所示的三相半波反并联可逆电路为例，分析说明瞬时脉动环流的产生。在 $\alpha=\beta$ 配合控制的条件下，整流电压平均值与逆变电压平均值始终相等，因而没有直流平均环流，但这只是就电压的平均值而言。而晶闸管装置输出的瞬时电压是脉动的，当 $\alpha_f=\beta_r=60°$时，正向组晶闸管的输出整流电压 u_{dof}和反向组晶闸管的输出逆变电压 u_{dor}分别如图 2—38b 和图 2—38c 所示。虽然整流电压平均值 U_{dof}与逆变电压平均值 U_{dor}相等，但正向组晶闸管输出整流电压 u_{dof}的瞬时值和反向组晶闸管输出逆变电压 u_{dor}的瞬时值并不相等。当整流电压 u_{dof}的瞬时值大于逆变电压 u_{dor}的瞬时值时，便产生瞬时电压差 Δu_{do}，从而产生瞬时脉动环流 i_{cp}，如图 2—38d 所示。当控制角 α 不同时，瞬时电压差 Δu_{do}和瞬时脉动环流 i_{cp}也不同。

直流平均环流可采用 $\alpha\geqslant\beta$ 配合控制消除，但瞬时脉动环流却始终存在，必须采取措施加以限制。抑制瞬时脉动环流的办法是在环流回路中串入电抗器，该电抗器称为环流电抗器或均衡电抗器，如图 2—38a 中的 L_{c1} 和 L_{c2}。

3. $\alpha=\beta$ 工作制配合控制的有环流可逆调速系统

$\alpha=\beta$ 工作制配合控制的有环流可逆调速系统原理图如图 2—39 所示。图中，主电路采用三相桥式反并联可逆电路，由于有两条环流通路，所以要设置四个环流电抗器 L_{c1}、L_{c2}、L_{c3}、L_{c4}。在电枢回路还设置了平波电抗器 L_d。控制电路采用典型的转速、电流双闭环系统，转速调节器 ASR 和电流调节器 ACR 都采用有限幅输出的 PI 调节器。转速调节器 ASR 的限幅用以限制最大电枢电流，电流调节器 ACR 的限幅用以限制最小逆变角 β_{min} 和最小控制角 α_{min}。正向组触发器 GTF 由电流调节器 ACR 输出 U_{ct}控制，反向组触发器 GTR 由反相器 AR 输出 $\overline{U}_{ct}$控制，$\overline{U}_{ct}=-U_{ct}$，用以保证在任何控制角时都保持 $\alpha=\beta$ 的配合关系。转速反馈信号来自测速发电机，

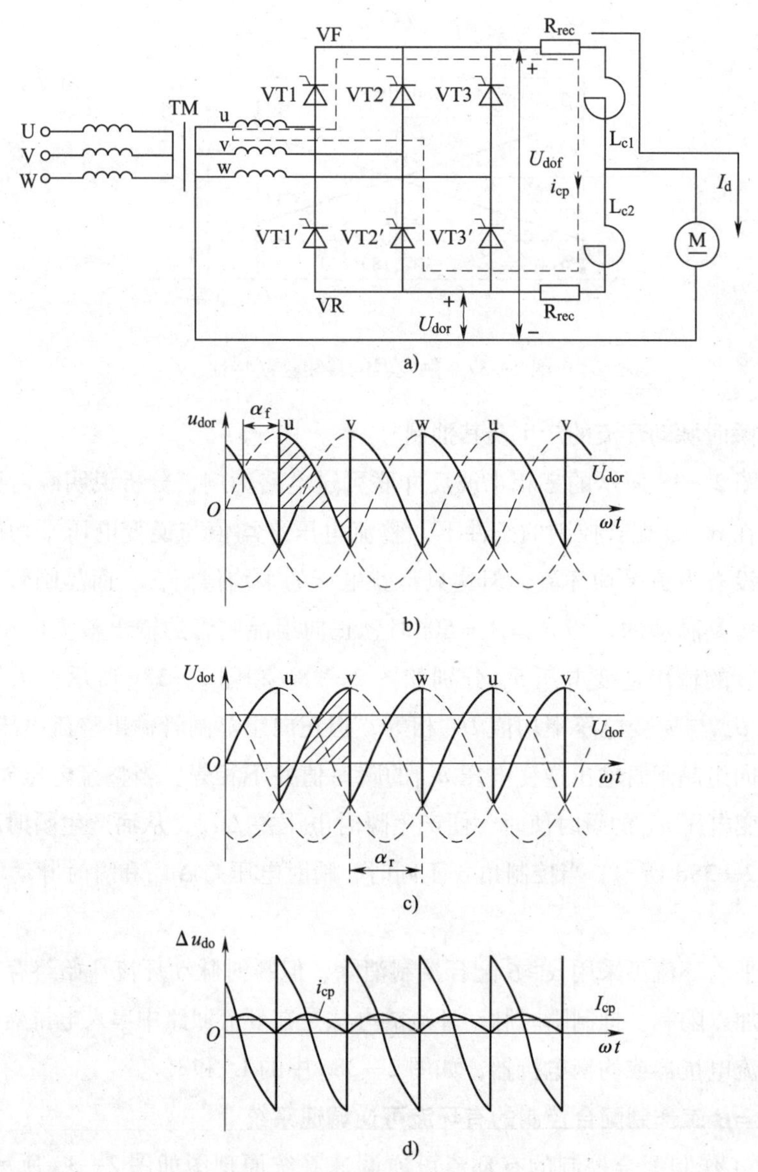

图2—38　$\alpha=\beta$配合控制的三相半波反并联可逆电路的瞬时脉动环流

a）电路　b）u_{dof}　c）u_{dor}　d）Δu_{do}和i_{cp}

它能反映电动机正、反转时的正负极性，电流反馈信号采用霍尔电流变换器，直接检测电枢回路的直流电流，以便能正确反映电流反馈的极性，以满足电流负反馈的要求。为了适应系统正、反向运行的需要，系统的转速给定电压U_n^*采用继电器切换：KF触点闭合时，转速给定电压U_n^*为正，电动机正转；KR触点闭合，转速给定电压U_n^*为负，电动机反转。

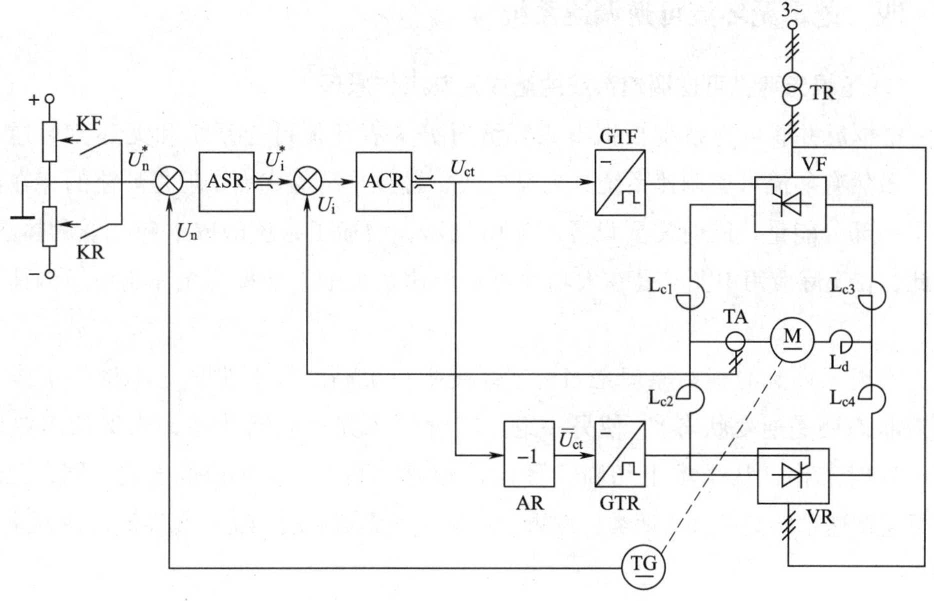

图 2—39　$\alpha = \beta$ 工作制配合控制的有环流可逆调速系统原理图

正向运行时，正向继电器 KF 接通，转速给定电压 U_n^* 为正，经过转速调节器 ASR 和电流调节器 ACR 输出移相控制电压 U_{ct} 为正，正向组触发器 GTF 输出的触发脉冲控制角 $\alpha_f < 90°$，正向组晶闸管 VF 处于整流状态，输出整流电压为 U_{dof}，电动机正向运行。移相控制电压 U_{ct} 经过反相器 AR 输出控制电压 $\overline{U}_{ct}$ 为负，反向组触发器 GTR 输出的触发脉冲控制角 $\alpha_r > 90°$，反向组晶闸管 VF 处于待逆变状态。所谓“待逆变状态”是指该组晶闸管在逆变角控制下等待工作，除流过环流外并不流过负载电流，也就是没有电能回馈电网。

同理，反向运行时，反向继电器 KR 接通，转速给定电压 U_n^* 为负，反向组晶闸管 VF 处于整流状态，正向组晶闸管处于待逆变状态，电动机反向运行。

由以上分析可知，当一组晶闸管处于整流状态时，另一组晶闸管便处于待逆变状态，如正向运行时，正向组晶闸管 VF 处于整流状态，反向组晶闸管 VF 处于待逆变状态，当需要电动机回馈制动时，只要改变控制角，同时降低 U_{dof} 和 U_{dor} 即可。当电动机的反电动势 $E > |U_{dor}|$ 时，反向组晶闸管 VF 将流过反向电流，从待逆变状态转变为有源逆变状态，使电动机产生发电回馈制动，将能量回馈电网。正向组晶闸管 VF 从整流状态转变为待整流状态。所以在 $\alpha = \beta$ 配合控制的有环流调速系统中，负载电流可以按正反两个方向平滑过渡，在任何时间，总是一组晶闸管在工作，另一组晶闸管处于待工作状态。

四、逻辑无环流可逆调速系统

1. 逻辑无环流可逆调速系统的组成及其工作原理

电枢反并联可逆系统根据有无环流可分为有环流可逆系统和无环流可逆系统。虽然有环流可逆调速系统具有反向快、过渡平滑等优点，但是环流的存在消耗了一部分能量，同时需要设置环流电抗器，增加了系统的成本和装置的体积。因此，在实际应用中尤其是在大功率可逆调速系统中，常采用无环流可逆调速系统。

实现无环流的基本原理是当可逆系统中一组晶闸管工作时（不论是工作在整流状态还是逆变状态），使另一组晶闸管处于完全阻断状态，确保两组晶闸管不同时工作，从根本上切断了环流的通路。按实现无环流的方式不同，无环流可逆调速系统又可分为两类：逻辑无环流可逆调速系统和错位无环流可逆调速系统。

逻辑无环流可逆调速系统是当一组晶闸管工作时，用逻辑电路封锁另一组晶闸管的触发脉冲，使它完全处于阻断状态，确保两组晶闸管不同时工作，从根本上切断了环流的通路。错位无环流可逆调速系统是当一组晶闸管工作时，并不封锁另一组晶闸管的触发脉冲，而是巧妙地错开触发脉冲相位，当触发脉冲到来时，它的晶闸管元件处于反向状态，不能导通，从而也不可能产生环流。

在实际应用中，逻辑无环流可逆调速系统是应用最广泛的一种可逆调速系统，为此有必要对逻辑无环流可逆调速系统作进一步分析。

逻辑无环流可逆调速系统的原理框图如图 2—40 所示。主电路采用两组晶闸管 VF 与 VR 反并联连接，由于没有环流，不用再设置环流电抗器，但为了保证电流的连续和抑制电枢电流的脉动，设置了平波电抗器 L_d。控制系统采用上面所介绍的典型的转速、电流双闭环系统。该调速系统设置了两个电流调节器 ACR1 和 ACR2，ACR1 用来控制正向组触发器 GTF，ACR2 控制反向组触发器 GTR，ACR1 的给定信号 U_i^* 经反相器 AR 反相后作为 ACR2 的给定信号 $\overline{U}_i^*$，这样可使电流反馈信号 U_i 的极性在正、反转时都不必改变，从而可采用不反映极性的电流检测器，如图 2—40 中所画交流互感器和整流器组成的电流检测器。系统中设置了无环流逻辑控制器 DLC 对正、反向组晶闸管触发脉冲实施封锁和开放控制，从而实现无环流。由于主电路不设环流电抗器，一旦出现环流将造成严重的短路事故，所以对系统工作时的可靠性要求特别高，为此在逻辑无环流可逆调速系统中无环流逻辑控制器 DLC 是系统中的关键部件，必须保证可靠工作。它按照系统的工作状态，指挥系统进行自动切换，或者允许正向组发出触发脉冲而封锁反向组，或者允许反向组发出触发脉冲而封锁正向组。在任何时候，绝对不允许两组晶闸管同时开放，以确保主电路不产生环流。正、反向组晶闸管触发脉冲的零位仍整定在 $\alpha_{f0}=\alpha_{r0}=90°$，工作时的移相方法和 $\alpha=\beta$ 配合控制的有环流可逆系统一样，只是用了无环流逻辑控制器 DLC 来控制两组触发脉冲的封锁和开放。

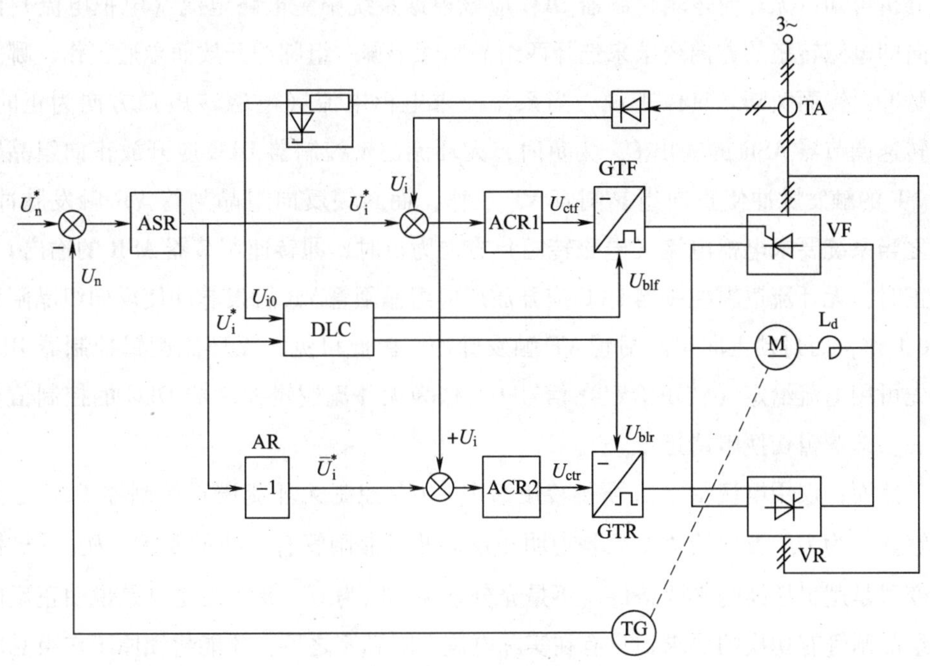

图 2—40　逻辑无环流可逆调速系统的原理框图

2. 可逆系统对无环流逻辑控制器 DLC 的基本要求

无环流逻辑控制器 DLC 的任务是根据可逆系统的运行状态正确选择两组晶闸管中哪一组晶闸管脉冲开放工作，在正向组晶闸管 VF 脉冲开放工作时封锁反向组晶闸管 VR 脉冲，在反向组晶闸管 VR 脉冲开放工作时封锁正向组晶闸管 VF 脉冲。同时在许可条件下对两组晶闸管脉冲进行正确切换，两组晶闸管触发脉冲绝对不允许同时开放。

无环流逻辑控制器 DLC 的核心问题是根据什么条件来选择两组晶闸管中哪一组脉冲开放而导通工作，哪一组脉冲封锁而关断，以及在什么许可条件下两组晶闸管脉冲进行切换？为此就要分析可逆系统中各种运行状态和对应晶闸管变流器的工作状态的关系。由上面分析可知，当系统中电动机正转和反向制动时，系统分别运行在第Ⅰ象限和第Ⅳ象限，正向组晶闸管 VF 分别工作在整流与逆变状态，主电路电流（电枢电流）方向为正，电磁转矩的方向为正（在电动机磁通方向不变时，电磁转矩的方向同电流的方向）。

当电动机反转和正向制动时，系统分别运行在第Ⅲ象限和第Ⅱ象限，反向组晶闸管 VR 分别工作在整流与逆变状态，主电路电流（电枢电流）方向为负，电磁转矩的方向为负（在电动机磁通方向不变时，电磁转矩的方向同电流的方向）。由以上分析可知，无环流逻辑控制器 DLC 应该根据系统中主电路电流（电枢电流）的方向即电磁转矩的方向要求来选择两组晶闸管中哪一组脉冲开放而导通工作，哪一组脉冲封锁而关断。具体来说，当系统要求电枢电流（电磁转矩）方向为正时，即转速调节器 ASR 的输出 U_i^* 为负时，无环流逻辑控制器 DLC 应开放正向组晶闸管 VF 的触发脉冲使正向组晶闸管 VF 工作，而封锁反向组晶闸管 VR 触发脉冲。反之当系统要求电枢电流（电磁转矩）方向为负时，即转速调节器 ASR 的输出 U_i^* 为正时，无环流逻辑控制器 DLC 应开放反向组晶闸管 VR 触发脉冲使反向组晶闸管 VR 工作，而封锁正向组晶闸管 VF 触发脉冲。由此可见，无环流逻辑控制器 DLC 首先可用电流给定（转矩给定）信号 U_i^* 作为无环流逻辑控制器 DLC 的控制信号之一，即逻辑切换申请指令。

然而，仅用电流给定信号（转矩给定）U_i^* 控制无环流逻辑控制器 DLC 还是不够。因为 U_i^* 极性的改变只是说明正反向两组晶闸管有切换的要求，U_i^* 的极性改变只是逻辑切换的必要条件，不是充分条件。因为 U_i^* 极性改变只是说明正反向两组晶闸管有切换的要求，只有在实际电流下降到零之后，才能封锁原工作组晶闸管的触发脉冲。若电流未过零而强行封锁原工作组晶闸管的触发脉冲，则会引起逆变颠覆事故。因此无环流逻辑控制器还需要零电流检测器，对主电路的实际电流进行检测。当测得电流为零发出零电流信号后，才允许对正反两组晶闸管变流器进行切换。零电流检测信号是逻辑切换许可指令，是逻辑切换的充分条件。逻辑控制器 DLC 只有在逻辑切换的必要条件和充分条件都满足的情况下，并经过必要的逻辑判断后才能发出切换指令。

为了保证系统工作可靠，在逻辑切换指令发出后并不立即执行，还需经过“封锁延时 t_{d1}”才允许封锁原工作组晶闸管的触发脉冲，以避免发生逆变颠覆事故。零电流检测器和封锁延时的作用如图 2—41 所示。当未设置封锁延时，逻辑切换指令发出后就封锁原工作组晶闸管的触发脉冲时，可能会发生逆变颠覆事故，如图 2—41a 所示；当设置封锁延时时，逻辑切换指令发出并经过封锁延时后封锁原工作组晶闸管的触发脉冲，就可以避免发生逆变颠覆事故，如图 2—41b 所示。

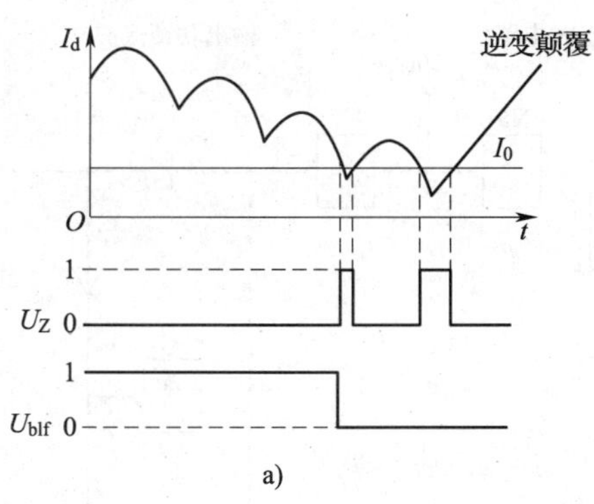

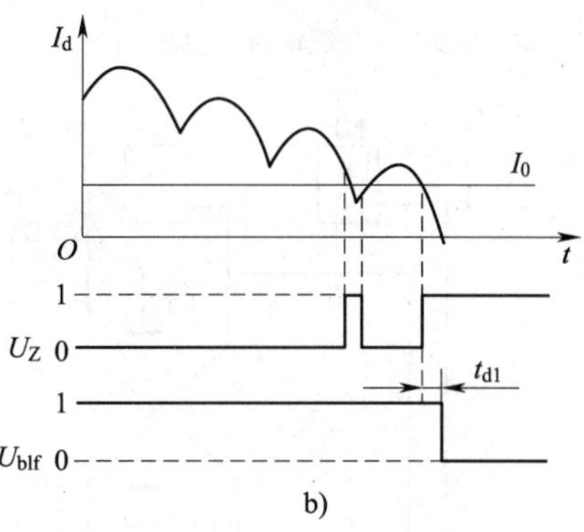

图 2—41　零电流检测器和封锁延时的作用

a）未设置封锁延时　b）设置封锁延时

封锁原工作组晶闸管的触发脉冲后还必须再经过“开放延时 t_{d2}”才可以开放另一待工作组晶闸管的触发脉冲，以避免发生环流短路事故。对于三相桥式电路来说，封锁延时 t_{d1} 一般设置为 2 ~ 3 ms，开放延时 t_{d2} 一般设置为 5 ~ 7 ms。

此外，在逻辑控制器 DLC 中还必须设置输出连锁保护电路，使其输出信号 U_{blf} 和 U_{blr} 不可能同时为“1”状态，以确保两组晶闸管的触发脉冲不能同时开放。

综上所述，可逆系统对逻辑控制器 DLC 的基本要求如下：

（1）在任何情况下，绝对不允许同时开放正反向两组晶闸管变流器的触发脉冲，必须是一组晶闸管变流器触发脉冲开放工作时，另一组晶闸管变流器的触发脉冲封锁而关断。

（2）逻辑控制器由电流给定（转矩给定）信号 U_i^* 的极性和零电流检测信号 U_{io} 共同发出逻辑切换指令。转矩给定 U_i^* 变极性信号是逻辑切换的申请指令，零电流检测信号是逻辑切换的许可指令。当转矩给定信号 U_i^* 改变极性时，必须等到有零电流检测信号后，才能发出逻辑切换指令。

（3）为了系统工作可靠，在发出逻辑切换指令后，必须先经过封锁延时 t_{d1} 才能封锁原工作组晶闸管的触发脉冲，再经过开放延时 t_{d2} 后，才能开放另一待工作组晶闸管的触发脉冲。

3. 无环流逻辑控制器 DLC 的组成及其工作原理

无环流逻辑控制器 DLC 的原理图如图 2—42 所示。该电路可分为电平检测电路、逻辑判断电路、延时电路和输出连锁保护电路四个部分，采用集成运算放大器和具有高抗干扰能力的 HTL 与非门电路组成。

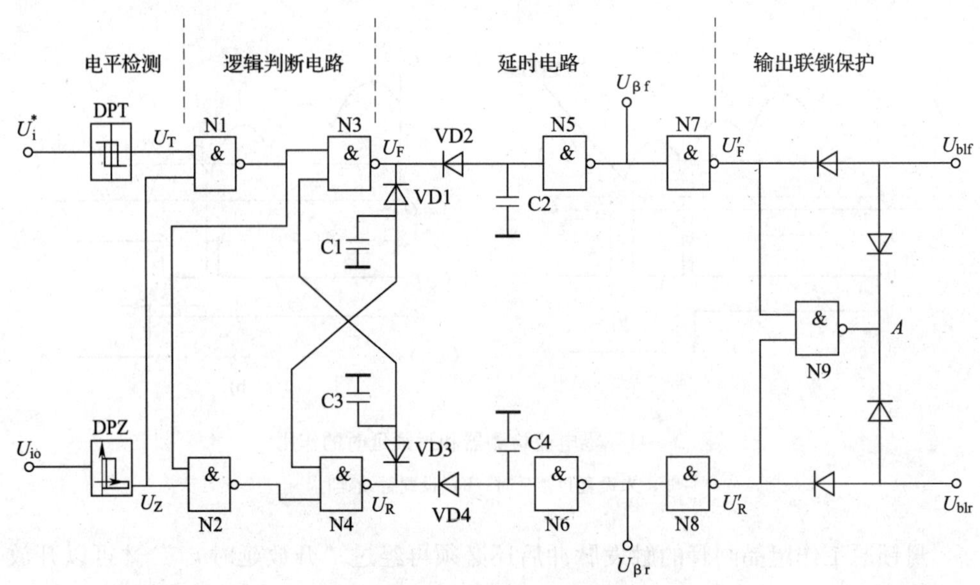

图 2—42　无环流逻辑控制器 DLC 的原理图

DLC 输入端有两个输入信号，分别为反映转矩极性变化的电流给定信号 U_i^* 和零电流检测信号 U_{io}，输出端有两个输出信号，一个是正向组触发脉冲封锁信号 U_{blf}，另一个是反向组触发脉冲封锁信号 U_{blr}。这两个输出信号为“1”和“0”的数字信号，其中“1”表示开放，“0”表示封锁。

（1）电平检测电路

该电路的作用是将控制系统中连续变化的模拟量如电流给定信号 U_i^* 和零电流检测信号 U_{io} 变换成“1”或“0”两种状态的数字量。本电平检测电路设有转矩极性鉴别器 DPT 和零电流检测器 DPZ 两个电平检测器。

转矩极性鉴别器 DPT 的原理图和输入输出特性如图 2—43 所示。

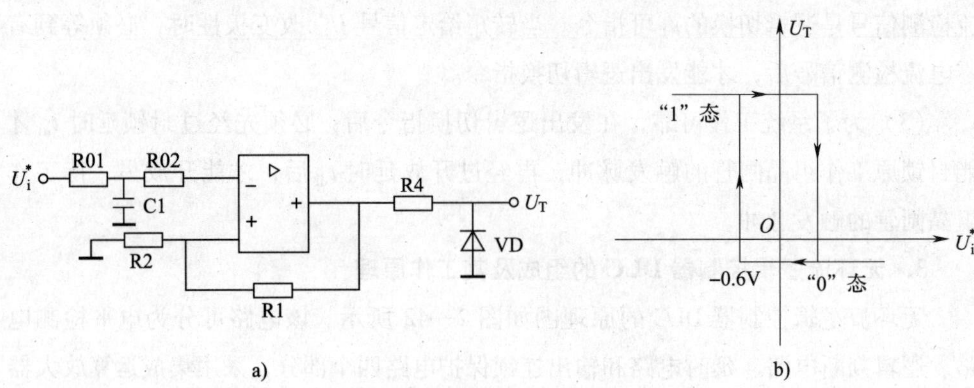

图 2—43　转矩极性鉴别器 DPT 的原理图和输入输出特性

由图 2—43 可知，转矩极性鉴别器 DPT 由带正反馈的运算放大器组成，输入输出特性具有回环特性。电流给定（转矩给定）信号 U_i^* 是转矩极性鉴别器 DPT 的输入信号，其输出端是转矩极性信号 U_T，为数字量“1”或“0”状态。“1”状态表示正向转矩，对应于运算放大器正向饱和值，“0”状态表示负向转矩，对应于运算放大器负向饱和值（图中为 -0.6 V）。转矩极性鉴别器 DPT 的回环宽度一般调整在 0.2 V，回环宽度太宽，切换动作迟钝，容易产生超调，回环宽度太窄，降低了抗干扰能力，切换动作太频繁，容易发生误动作。

零电流检测器 DPZ 的原理图和输入输出特性如图 2—44 所示。

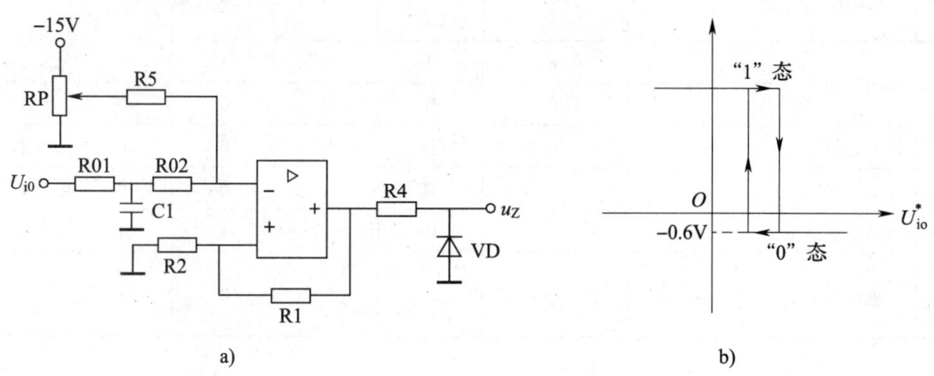

图 2—44　零电流检测器 DPZ 的原理图和输入输出特性

由图 2—44 可知，零电流检测器 DPZ 也是由带正反馈的运算放大器组成，输入输出特性也具有回环特性。电流检测电路中二极管两端输出的零电流信号 U_{i0} 是零电流检测器 DPZ 的输入信号，其输出端是 U_z，为数字量“1”或“0”状态。“0”状态表示主电路有电流，对应于运算放大器负向饱和值（图中为 -0.6 V），“1”状态表示主电路无电流即零电流，对应于运算放大器正向饱和值。由图 2—44 可知，零电流检测器 DPZ 的回环特性偏在纵轴右侧，为此在输入端增设负偏置电路将特性向右偏移。

（2）逻辑判断电路

该电路的任务是根据转矩极性鉴别器输出 U_T 和零电流检测器输出 U_Z 的状态，正确地发出逻辑切换信号 U_F 和 U_R，封锁原工作组晶闸管的触发脉冲，开放另一组晶闸管的触发脉冲。U_F 和 U_R 均有“1”和“0”两种状态，究竟用“1”还是“0”去封锁触发脉冲，取决于触发器中晶体管的类型。本电路中，“0”状态表示封锁触发脉冲，“1”状态表示开放触发脉冲。

可逆系统各种运行状态下逻辑判断电路各量之间的逻辑关系见表 2—2。

表2—2　　可逆系统各种运行状态下逻辑判断电路各量之间的逻辑关系

运行状态		转矩（电流给定）极性 T_e	转矩（电流给定）极性 U_i^*	电枢电流 I_d	逻辑电路输入 U_T	逻辑电路输入 U_Z	逻辑电路输出 U_F	逻辑电路输出 U_R
正向启动		+	—	0	1	1	1	0
正向启动		+	—	有	1	0	1	0
正向运行		+	—	有	1	0	1	0
正向制动	本组逆变	—	+	有	0	0	1	0
正向制动	本组逆变	—	+	0	0	1	0	1
正向制动	他组制动	—	+	有（制动电流）	0	0	0	1
反向启动		—	+	0	0	1	0	1
反向启动		—	+	有	0	0	0	1
反向运行		—	+	有	0	0	0	1
反向制动	本组逆变	+	—	有	1	0	0	1
反向制动	本组逆变结束	+	—	0	1	1	1	0
反向制动	他组制动	+	—	有（制动电流）	1	0	1	0

（3）延时电路

该电路的作用是在逻辑判断电路发出逻辑切换指令 U_F 和 U_R 后设置“封锁延时 t_{d1}”和“开放延时 t_{d2}”两段时间延时。延时电路采用HTL与非门输入端加接二极管VD和电容C组成，如图2—45所示。

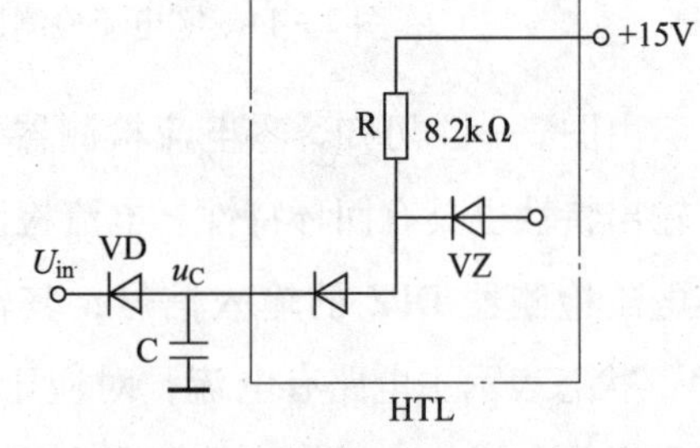

图2—45　HTL与非门组成的延时电路

延时的时间可按下式计算：

$$t = RC\ln\frac{U}{U - U_H}$$

式中　R——充电回路电阻（利用HTL与非门内电阻，一般为8.2 kΩ）；

C——外接电容；

U——电源电压，HTL与非门采用15 V；

U_H——电容充电到HTL与非门的开门电平，一般为8.5 V。

图2—42所示的无环流逻辑控制器DLC的原理图中，VD1（VD3）、C1（C3）组成封锁延时电路，VD2（VD4）、C2（C4）组成开放延时电路。

（4）联锁保护输出电路

该电路是 DLC 输出部分，实际上是多“1”联锁保护电路。系统正常工作时，逻辑判断与延时电路的两个输出信号 U'_F和 U'_R总是一个为“1”状态，而另一个为“0”状态。一旦电路发生故障，如两个输出信号 U'_F和 U'_R同时为“1”状态，将造成两组晶闸管同时开放而导致电源短路。为了避免这种事故发生，设置了多“1”联锁保护输出电路。当电路发生故障，两个输出信号 U'_F和 U'_R同时为“1”状态时，联锁保护输出电路与非门输出 A 点电位立即变为“0”状态，将输出的脉冲封锁信号 U_{blf}、U_{blr}都钳位为“0”状态，使两组晶闸管脉冲同时封锁。

4. 逻辑无环流可逆调速系统的工作过程

现以图 2—40 所示的逻辑无环流可逆调速系统为例，分析逻辑无环流可逆调速系统从正向运行到反向运行的工作过程。逻辑无环流可逆调速系统从正向启动运行到反向运行时 I_d、n 的波形图如图 2—46 所示。

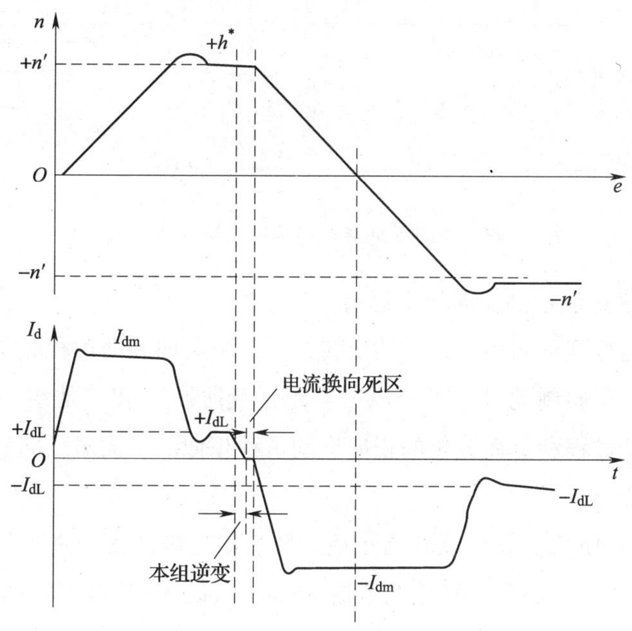

图 2—46　逻辑无环流可逆调速系统从正向启动运行到反向运行时 I_d、n 的波形图

（1）正向启动到稳定运行

正向启动时，在阶跃的转速给定电压 $+U_n^*$ 作用下，由于此时电动机转速尚未建立，转速调节器 ASR 输出负限幅值电压 $-U_{imax}^*$，无环流逻辑控制器 DLC 输出 U_{blf} 为“1”状态，U_{blr}为“0”状态，正向组晶闸管 VF 触发脉冲开放，反向组晶闸管 VR 触发脉冲封锁。转速调节器 ASR 的输出 U_{imax}^*经过电流调节器 ACR，使 ACR 的输出电压 U_{ct}为正，正向组晶闸管 VF 工作于整流状态，电动机正向启动直至稳定

运行。其启动过程和前面所述的转速电流双闭环系统启动过程一样，不再重复。电动机正向运行时系统主电路和控制电路中各物理量的极性如图2—47所示。

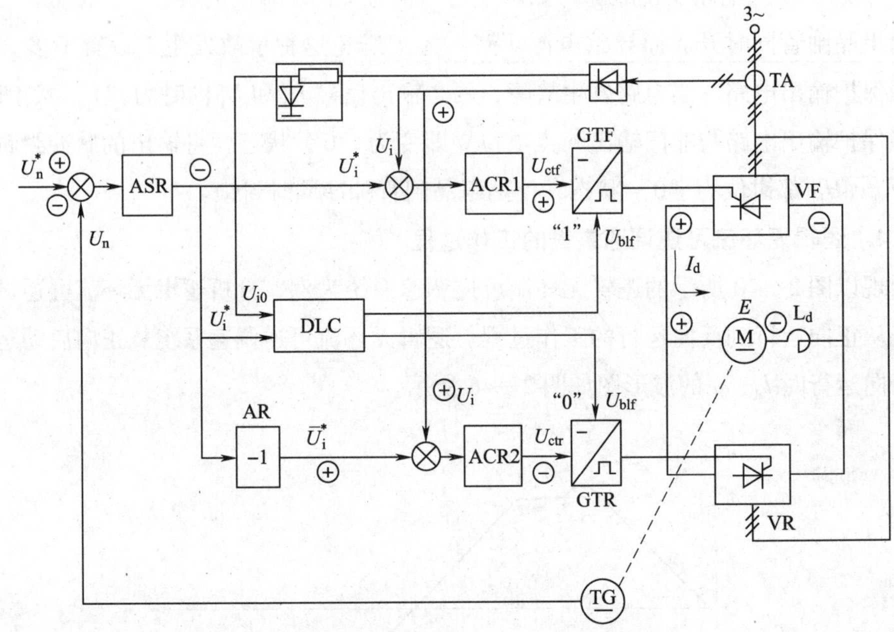

图2—47　逻辑无环流可逆调速系统（正向运行）

（2）正向稳定运行到反向稳定运行

正向稳定运行到反向稳定运行的反转过程是由正向制动过程和反向启动过程两个部分组成的。正向制动过程可分成“本组逆变阶段”和“他组制动阶段”两个阶段。反向启动过程和上面分析的正向启动过程相似。下面对正向启动过程中的两个阶段作进一步分析。

1）本组逆变阶段。发出反转指令后，转速给定电压 U_n^* 突变为负，由于转速负反馈电压 U_n 极性仍为负，转速调节器ASR很快进入正饱和限幅工作，其输出由 $-U_i^*$ 变为 $+U_{im}^*$，无环流逻辑控制器DLC中DPT的输出 U_T 立即由“1”变为“0”，发出切换申请指令信号。但由于这时主电路电流尚未下降到零，DPZ的输出仍为“0”，无环流逻辑控制器DLC的输出仍保持不变。电流反馈电压 U_i 的极性仍为正，电流调节器ACR1在 $+U_{im}^*$ 及电流反馈电压 U_i 作用下，电流调节器ACR1很快进入负饱和限幅工作，其输出 U_{ctf} 变为 $-U_{ctm}$，使正向组晶闸管VF由整流状态很快变成 $\beta=\beta_{min}$ 的逆变状态，迫使电枢电流 I_d 迅速下降。在这一阶段中，投入逆变工作的仍是原来处于整流状态工作的正向组晶闸管VF，故称为本组逆变阶段。本组逆变阶段系统主电路和控制电路中各物理量的极性如图2—48所示。

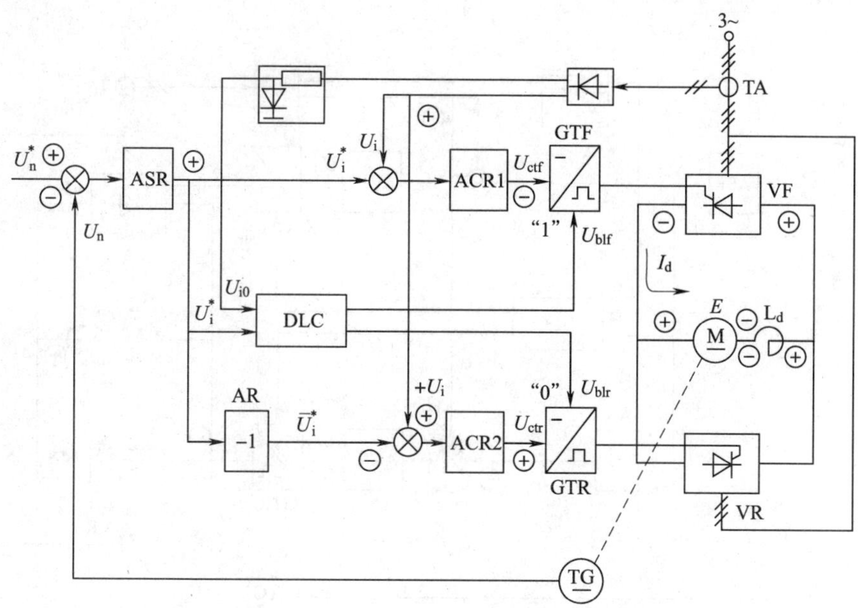

图 2—48　逻辑无环流可逆系统本组逆变阶段

在这一阶段，正向组晶闸管 VF 处于有源逆变工作状态，电动机仍为电动工作状态，由于电流迅速下降，这个阶段所占时间很短，电动机的转速来不及产生明显的变化，主要是电流降落。

2）他组制动阶段。当主回路电流 I_d 下降到零后，本组逆变阶段结束，进入他组制动阶段，他组制动阶段主要是转速降落。他组制动阶段可分为他组建流子阶段和他组逆变子阶段。

①他组建流子阶段 。当主回路电流 I_d 下降到零后，零电流检测器 DPZ 的输出由“0”变为“1”，发出逻辑切换许可指令，经过封锁延时 t_{d1} 与开放延时 t_{d2} 后，无环流逻辑控制器 DLC 输出 U_{blf} 为“0”状态，U_{blr} 为“1”状态，使正向组晶闸管 VF 触发脉冲封锁，反向组晶闸管 VR 触发脉冲开放工作。此时电流调节器 ACR2 的输出为“+”，反向组晶闸管 VR 工作在整流状态，在整流电压 U_{dor} 和电动机反电动势 E 的共同作用下很快地建立起反向电流直至 $-I_{dm}$。在这个子阶段中，反向组晶闸管 VR 处于整流工作状态，电动机处于反接制动状态。这一阶段各物理量的极性如图 2—49 所示。

②他组逆变子阶段。当反向电流达到 $-I_{dm}$ 并略有超调后，使电流调节器 ACR2 的输出 U_{ct2} 由“+”变“-”，反向组晶闸管 VR 进入逆变状态工作。在电流调节器 ACR2 的调节作用下，力图维持接近最大反向电流 $-I_{dm}$，使电动机转速迅速下降。在转速下降过程中电动机把拖动装置所释放的机械动能转换成电能，并通过反

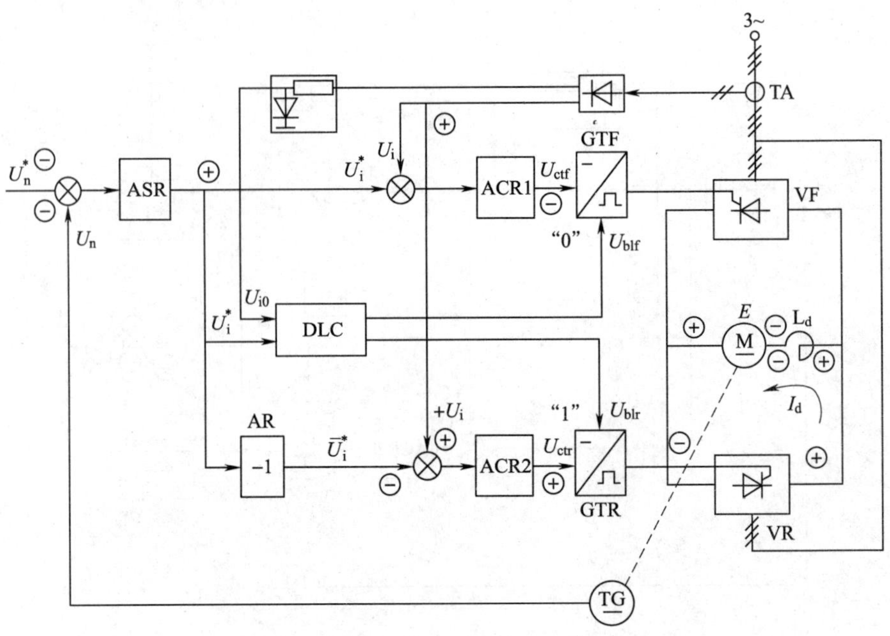

图 2—49 逻辑无环流可逆系统他组建流子阶段

向组晶闸管 VR 逆变回馈至电网。在这个子阶段中，反向组晶闸管 VR 处于逆变工作状态，电动机处于发电回馈制动状态，回馈制动是制动过程的主要阶段，所占时间也长。这一阶段各物理量的极性如图 2—50 所示。

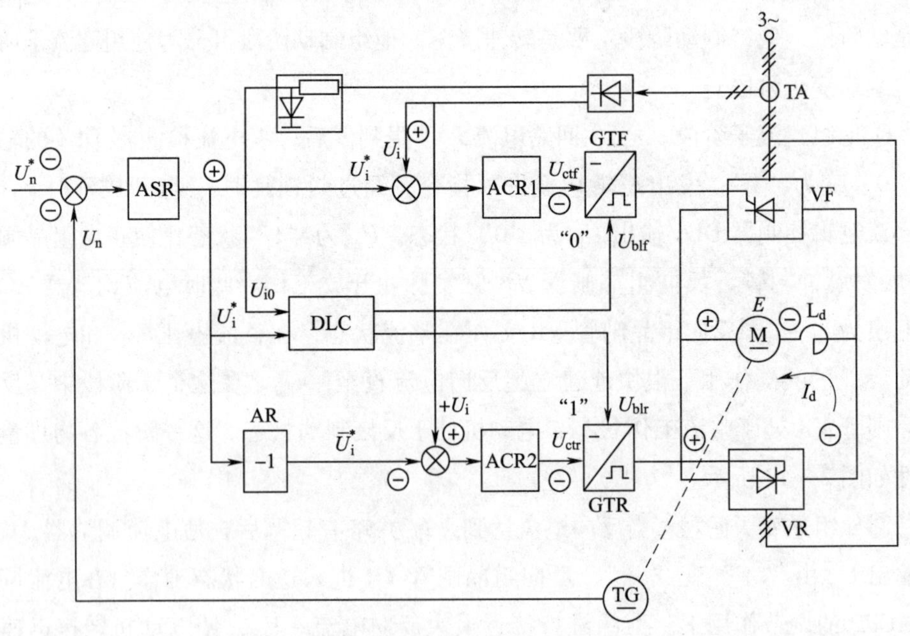

图 2—50 逻辑无环流可逆系统他组逆变子阶段

当电动机转速制动到零时，反向电流仍保持为 $-I_{dm}$，由于转速给定电压 U_n^* 为“-”值，电流调节器 ACR2 的输出 U_{ct2} 由“-”变“+”，反向组晶闸管 VR 从逆变工作状态进入整流工作状态，电动机仍以最大反向电流 $-I_{dm}$ 恒流加速直至反向稳定运行。

5．逻辑无环流可逆调速系统的改进

（1）增设“推 β”环节

由上面逻辑无环流可逆调速系统正向制动过程分析可知，在本组（正向组晶闸管 VF）逆变阶段结束后，其反向组晶闸管 VR（待工作组）的触发脉冲在 $\alpha<90°$ 位置，因此在他组制动建流子阶段，反向组晶闸管 VR 是在整流状态投入工作的，此时反向组晶闸管 VR 的整流电压 U_{dor} 和电动机反电动势 E 同极性相加，电动机进入反接制动状态，造成较大的反向冲击电流。因而，图 2—40 所示的逻辑无环流可逆调速系统存在一个问题——在电流换向时会有较大的反向电流冲击。为了避免换向时的电流冲击，可以人为增设“推 β”环节，使反向组晶闸管 VR 在逆变状态投入工作，使他组制动阶段一开始就进入他组逆变回馈制动子阶段，避开了电动机的反接制动，反向组的逆变电压 U_{dor} 和电动机反电动势 E 极性相反，从而避免了换向时的电流冲击。增设“推 β”环节的逻辑无环流可逆系统如图 2—51 所示。

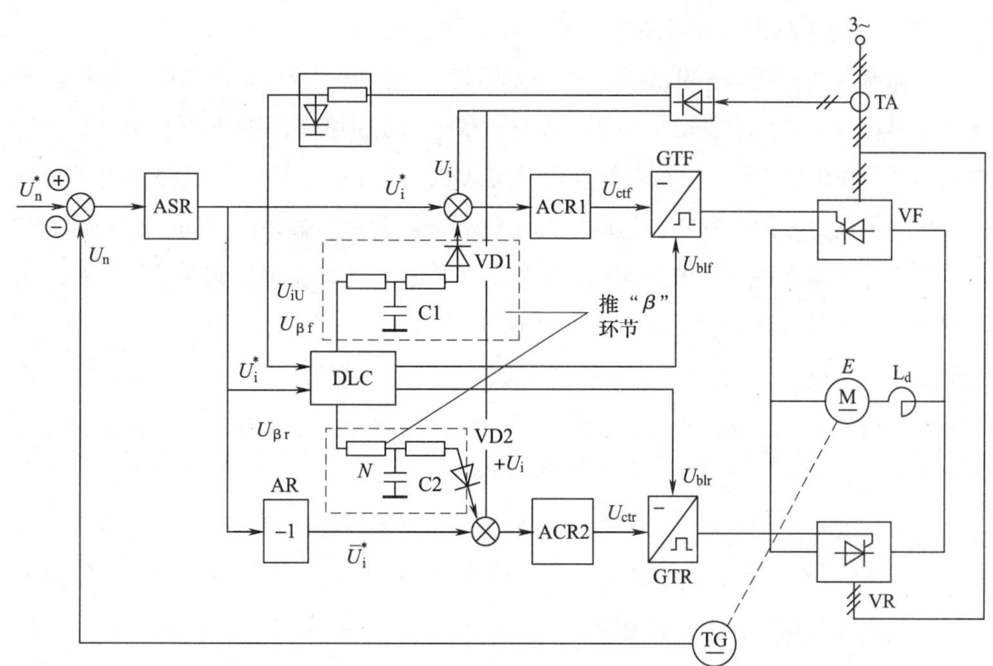

图 2—51　增设“推 β”环节的逻辑无环流可逆系统原理图

“推β”环节的工作原理如下：利用无环流逻辑控制器DLC输出一个“推β”信号U_{β}，如图2—42中$U_{\beta f}$或$U_{\beta r}$，人为地加入在投入工作组的电流调节器ACR1或ACR2的输入端，将投入工作晶闸管组触发脉冲推到β_{min}位置，使投入工作晶闸管组在逆变状态投入工作，使他组制动阶段一开始就进入他组逆变子阶段，避开了电动机反接制动阶段，从而减小换向时的冲击电流。

增设“推β”环节后，虽然避免了冲击电流，但是却加大了电流换向死区，尤其是电动机低速制动时，电流换向死区长达几十甚至一百多毫秒。因为由电动机切换前转速所决定的反电动势一般都低于β_{min}所对应的最大逆变电压，所以切换后并不能立即产生制动电流从而实现回馈制动，必须等控制角由β_{min}点往前移动到所对应的逆变电压低于电动机反电动势以后，才能产生制动电流，从而加大了电流换向死区。

如果想要减小电流换向死区，可采用“有切换准备”的逻辑无环流可逆调速系统。其基本原理是：让待逆变工作晶闸管组的逆变角β在切换前不是等在β_{min}位置，而是等在与原整流工作晶闸管组的控制角α基本相等的位置，即等在与电动机反电动势相适应的位置，当待逆变工作晶闸管组投入工作时，其逆变电压的大小和电动机反电动势基本相等，很快就产生制动电流从而实现回馈制动，减小电流换向死区。

（2）逻辑选触无环流可逆调速系统

上面所介绍的图2—40所示的逻辑无环流可逆调速系统中采用了两个电流调节器（ACR1、ACR2）和两套触发器（GTF、GTR）分别控制正向组晶闸管VF和反向组晶闸管VR。实际上任何时刻只有一组晶闸管在工作，另一组晶闸管由于触发脉冲被封锁而处于阻断状态，这时它的电流调节器和触发器是闲置的。在实际生产中广泛采用逻辑选触无环流可逆调速系统。逻辑选触无环流可逆调速系统的原理图如图2—52所示。该系统采用一个电流调节器ACR和一套触发器GT，无环流逻辑控制器DLC控制电子模拟开关SAF（SAF1、SAF2）和SAR（SAR1、SAR2）实现电流给定信号U_i^*的选择和正、反向组晶闸管触发脉冲的开放或封锁，完成系统各种工作状态转移，该系统中还设有“推β”环节。

现以正向启动到稳定运行为例说明系统工作情况。正向启动时，在阶跃的转速给定电压$+U_n^*$作用下，由于此时电动机转速尚未建立，速度调节器ASR的输出为负限幅值电压$-U_{imax}^*$，无环流逻辑控制器DLC输出U_{blf}为“1”状态，U_{blr}为“0”状态，此时电子模拟开关SAF1、SAF2闭合，SAR1、SAR2断开。速度调节器ASR的

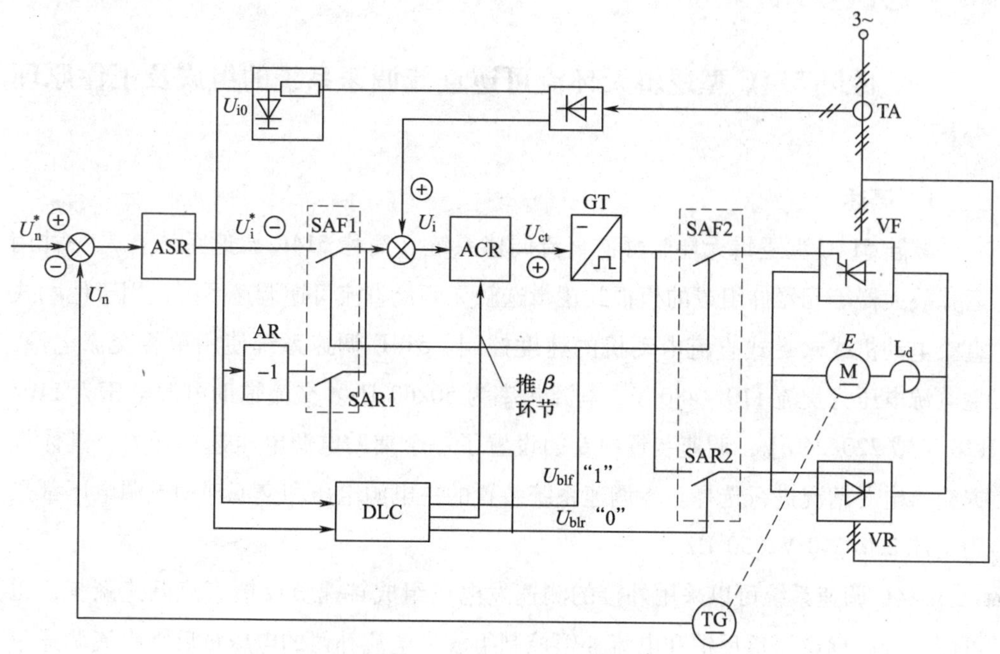

图2—52　逻辑选触无环流可逆调速系统原理图

输出电压 $-U_{imax}^*$ 经SAF1进入电流调节器ACR，输出移相控制电压 U_{ct} 极性为正，触发器GT输出的触发脉冲由90°迅速前移，并且经SAF2加到正向组晶闸管VF，使正向组晶闸管VF工作在整流状态，电动机正向启动直至稳定运行。逻辑选触无环流可逆调速系统的其他工作状态，可根据图2—52逻辑选触无环流可逆调速系统原理图自行分析。

学习单元3　逻辑无环流可逆直流调速系统的调试与维修

学习目标

➢ 掌握逻辑无环流可逆直流调速系统工作原理

➢ 熟悉逻辑无环流可逆直流调速系统安装、接线、调试、运行、测量分析及故障分析与处理

知识要求

一、欧陆514C型逻辑无环流可逆直流调速系统的组成及工作原理分析

1. 概述

欧陆514C型逻辑无环流可逆直流调速系统（简称514C调速系统）是一种用运算放大器等元器件组成的模拟式逻辑选触无环流直流可逆调速系统，用于他励式直流电动机或永磁式直流电动机的速度控制。514C调速系统使用单相交流电源，主电源电压为交流110～480 V，电源频率为50/60 Hz。交流辅助电源电压为110/120 V或220/240 V，调速装置中专门设置了一个辅助电源电压选择开关，具体根据交流电源情况进行选择。本调速系统装置的主电源电压和交流辅助电源电压都采用交流220/240 V，50 Hz。

514C调速系统可以采用外接的测速发电机组成转速负反馈直流调速系统，也可以采用电枢电压负反馈和电流补偿控制组成带电流补偿的电压负反馈直流调速系统，调速装置中专门设置了一个反馈方式选择开关，具体根据调速性能要求等情况进行选择。本调速系统采用外接的测速发电机组成转速负反馈直流调速系统。

514C型调速装置采用了开放式的框架结构，以散热器为基座，两组反并联连接的晶闸管模块直接固定在散热器上，另外一块驱动电源印制电路板、一块控制电路印制电路板和一块面板以层叠式结构叠装在散热器上面，整体尺寸为160 mm×240 mm×130 mm（宽×高×厚）。514C系列调速装置有514C/04、514C/08、514C/16、514C/32 4种不同规格的产品，分别可以提供4 A、8 A、16 A、32 A不同的最大输出电流。

514C型调速装置的主要技术参数如下。

（1）额定输入主电源电压：交流110～480 V±10%，电源频率：50/60 Hz±5 Hz。

（2）辅助电源电压：交流110/120 V（1±10%）或220/240 V（±10%），辅助电源额定电流：3 A（包括接触器线圈电流）。

（3）额定输出电枢电压：交流110/120 V时为直流90 V，交流220/240 V时为直流180 V，交流380/415 V时为直流320 V。

（4）最大电枢电流：直流4 A（1±10%）、8 A（1±10%）、16 A（1±10%）、32 A±10%。

（5）标称电动机功率（电枢电压为320 V时）：1.125 kW、2.25 kW、4.5 kW、

9 kW。

（6）过载能力：150% 额定电流时 60 s。

（7）励磁电流：直流 3 A，励磁电压：0.9 × 主电源电压。

（8）环境要求：运行温度：0 ~ 40℃（40℃以上温度每升高 1℃额定电流降低 1.5%）。

相对湿度：85%（40℃时，无冷凝）。

海拔：1 000 m 以上海拔每升高 100 m 额定电流降低 1%。

2. 514C 型直流调速系统的组成及工作原理

514C 调速系统的原理图如图 2—53 所示。

（1）514C 型直流调速系统主电路

由图 2—53 可知，514C 型调速系统是逻辑选触无环流可逆调速系统，使用单相交流电源。主电源电压为交流 110 ~ 480 V，电源频率为 50/60 Hz。主电路是由正向组晶闸管 VF 和反向组晶闸管 VR 组成的电枢反并联可逆电路。正向组晶闸管 VF 和反向组晶闸管 VR 采用单相桥式全控整流电路。主电路由外部进线接触器 KM 控制，KM 由控制电路中内部继电器 KA 控制。当内部继电器 KA 得电吸合时，外部进线接触器 KM 接通，使主电路电源接通。反之，当内部继电器 KA 断电释放时，外部进线接触器 KM 断电释放，使主电路电源断开。

（2）514C 型直流调速系统控制电路

由图 2—53 可知，514C 型直流调速系统是采用转速、电流双闭环系统的逻辑选触无环流直流可逆调速系统。它既可以采用外接的测速发电机 TG 组成转速负反馈直流调速系统，又可以采用电枢电压负反馈和电流补偿控制（电流正反馈）组成带电流补偿（电流正反馈）的电压负反馈直流调速系统。

图 2—53 中 GI 为给定积分器，电位器 RP1、RP2 分别调节上升时间和下降时间。电位器 RP8 调节电流补偿（电流正反馈）程度，电位器 RP10 调整速度负反馈系数，从而调整电动机的最高转速。电位器 RP11 的作用为零速校正。转速调节器 ASR 采用带限幅电路的 PI 调节器，RP3、RP4 分别为比例系数、积分时间常数调节电位器。转速调节器 ASR 的输出电压 U_i^* 作为电流给定信号，加到电流调节器 ACR 的输入端，以控制电动机电枢电流。最大允许电枢电流值由 ASR 的限幅值以及电流负反馈系数 β 加以确定。ASR 的限幅值可以通过电位器 RP5 或接线端子 X7 上所接的外接电位器来调整。电流调节器 ACR 也采用带限幅电路的 PI 调节器，RP6、RP7 分别为比例系数、积分时间常数调节电位器。电流调节器 ACR 的输出经过选触逻辑电路 XC 和变号器 NB2 送往正向组触发电路 ZCF 和反向组触发电路 FCF。

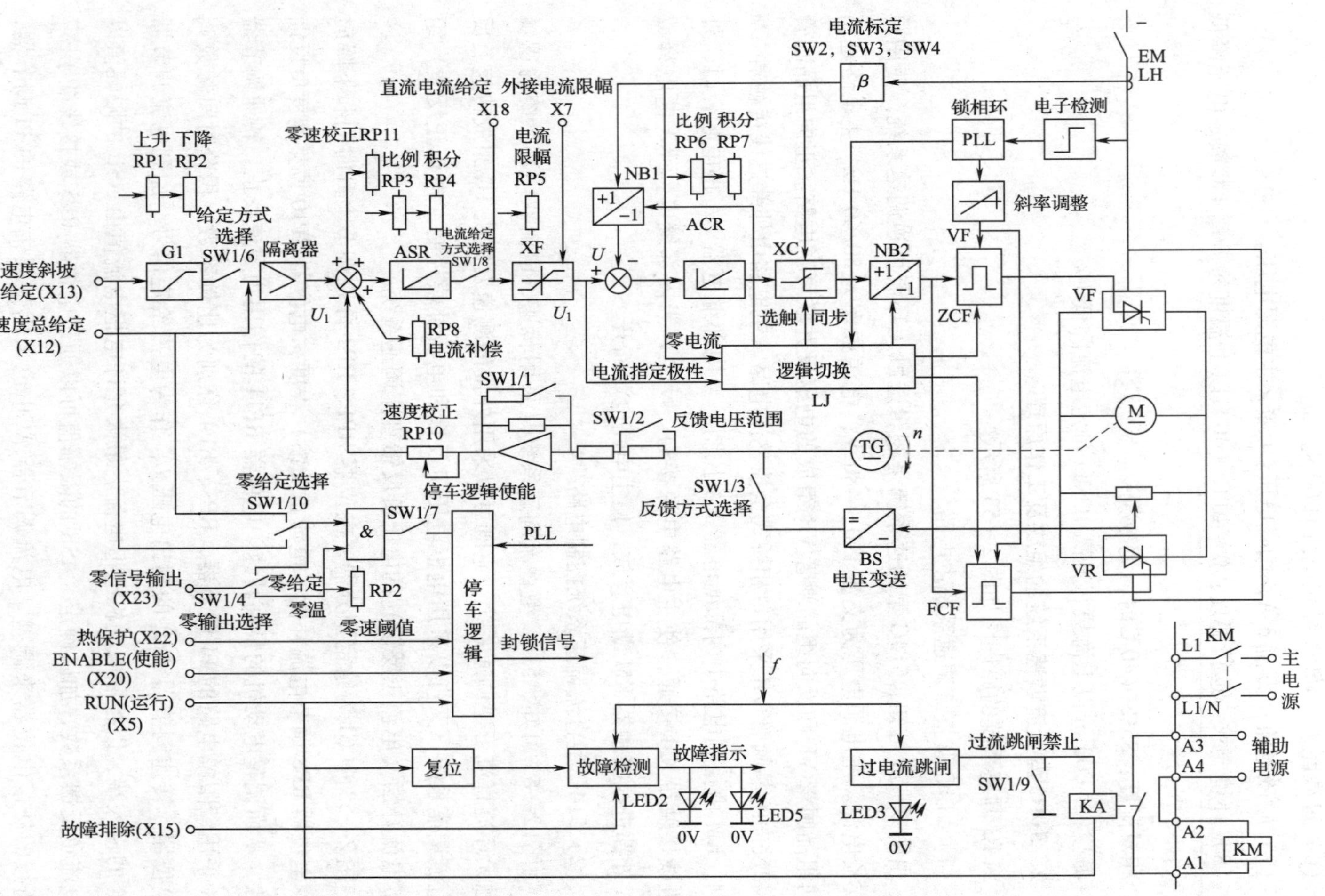

图2—53　514C 型调速系统的原理图（产品原图）

逻辑切换装置 LJ 负责对正向组晶闸管 VF、反向组晶闸管 VR 进行切换控制。在电动机处于正向电动或反向制动状态时开放正向组晶闸管 VF，封锁反向组晶闸管 VR；而在电动机处于反向电动或正向制动状态时开放反向组晶闸管 VR，封锁正向组晶闸管 VF。逻辑切换装置 LJ 对正、反两组晶闸管的切换是根据电动机各种运行状态所需的转矩极性，也即电枢电流的给定极性来进行控制的，所以将转速调节器 ASR 的输出电压即电流给定信号 U_i^* 作为逻辑切换装置 LJ 的第一个控制指令（逻辑切换申请指令）。同时，在 U_i^* 的极性改变之后，还必须等电枢电流减小为零后才能进行正、反组的切换，因此，零电流信号是逻辑切换装置 LJ 的第二个控制指令（逻辑切换许可指令）。

（3）514C 型直流调速系统保护电路

514C 型直流调速系统还设置了停车逻辑、故障检测和过电流跳闸等保护电路，当发生故障后能及时报警并采取保护措施。

1）停车逻辑电路。该电路的作用是发出封锁信号，将整个控制系统中的调节器全部封锁，使系统输出为零，电动机停止运行。图 2—53 中，X5 端为运行（RUN）控制端，当 X5 端为高电平（+24 V）时，内部继电器 KA 得电吸合，接触器 KM 接通，主电路上电；反之，当 X5 端为低电平（0 V）时，发出封锁信号，接触器 KM 断开。X20 端为使能（ENABLE）控制端，当 X20 端为高电平（+24 V）时发出使能信号，当 X20 端为低电平（0 V）时发出封锁信号。X22 端为电动机热保护控制输入端，接入电动机热敏元件，如未使用电动机热保护时，应将 X22 端对公共地短接，否则系统无法运行。当锁相环 PLL 发生故障时，也将发出封锁信号。

2）故障检测电路。该电路对电枢电流进行监视，当发生过电流（电枢电流达到限幅值）时，发出故障信号，并点亮“电流限幅”指示灯 LED5；当电枢电流保持或超过限幅值 60 s 后，点亮“故障跳闸”指示灯 LED2。

3）过电流跳闸电路。该电路在电枢电流超限且指示灯 LED3 点亮时能自动断开内部继电器 KA 的线圈回路，使 KA 失电跳闸，从而切断电路电源。但若“过流跳闸禁止”开关为“ON”时，此开关接通 0 V，使过电流跳闸电路不起作用，内部继电器 KA 始终得电不会跳闸。此外，当过电流达到 3.5 倍电流标定值以上（即发生短路）时，“过电流”指示灯 LED3 点亮并且内部继电器 KA 瞬时跳闸。

二、514C 型调速装置面板及接线端子等功能说明

514C 型调速装置的面板及接线端子布置图如图 2—54 所示。

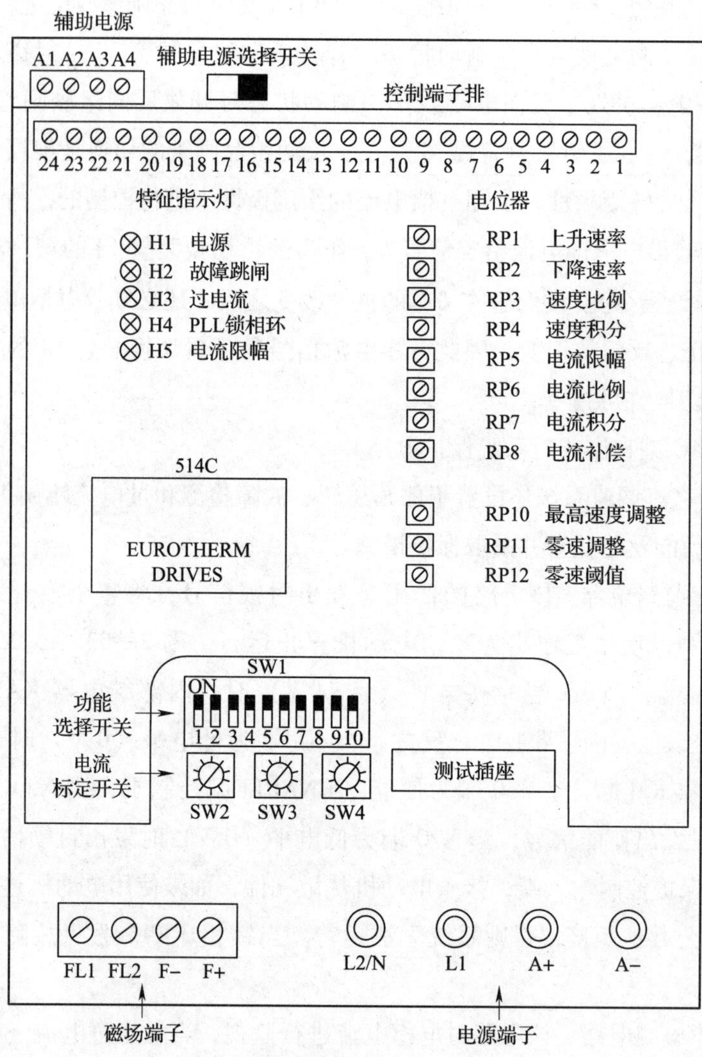

图2—54　514C型调速装置的面板及接线端子布置图

1．514C型调速装置电源接线端子的功能

514C型调速装置电源接线端子的功能说明见表2—3。

表2—3　　**电源接线端子功能表**

端子号	功能说明
L1	接交流主电源输入相线1
L2/N	接交流主电源输入相线2/中线
A1	接交流主电路接触器线圈
A2	接交流主电路接触器线圈

续表

端子号	功能说明
A3	接交流辅助电源中线
A4	接交流辅助电源相线
FL1	接励磁整流电路交流电源
FL2	接励磁整流电路交流电源
A +	接电动机电枢正极
A −	接电动机电枢负极
F +	接电动机励磁正极
F −	接电动机励磁负极

2. 514C 型调速装置控制端子的功能

514C 型调速装置控制接线端子分布图如图 2—54 所示。各控制接线端子功能说明见表 2—4。

表 2—4　　514C 型调速装置控制接线端功能表

端子号	功　能	说　明
X1	测速反馈信号输入端	接测速发电机输入信号，测速发电机最大电压为 350 V
X2	未使用	
X3	转速测量输出端	模拟量输出，0 ~ ±10 V，对应 0% ~100% 转速
X4	未使用	
X5	运行（RUN）控制端	+24 V 对应运行，0 V 对应停止运行
X6	电流测量输出	模拟量输出，0 ~ +7.5 V 对应 0% ~ ±150% 标定电流 SW1/5 = OFF 电流值双极性输出 SW1/5 = ON 电流值输出
X7	转矩/电流极限输入端	0 ~ +7.5 V 对应 0% ~ ±150% 标定电流
X8	0 V 公共端	模拟/数字量公共地
X9	给定积分输出端	0 ~ ±10 V，对应 0% ~ ±100% 斜率值
X10	正极性转速给定输入端	模拟量输入：0 ~ ±10 V，对应 0% ~ ±100% 转速
X11	0 V 公共端	模拟/数字信号公共地
X12	转速总给定输出端	模拟量输出：0 ~ ±10 V，对应 0% ~ ±100% 转速
X13	积分给定输入端	模拟量输入： 0 ~ +10 V，对应 0% ~100% 正转速度 0 ~ −10 V，对应 0% ~100% 反转速度
X14	+10 V 参考电压输出端	供转速/电流给定的 +10 V 参考电压
X15	故障排除输入端	故障检测电路复位 输入 +10 V 对应“故障排除”信号

续表

端子号	功　能	说　明
X16	-10 V参考电压输出端	供转速/电流给定的-10 V参考电压
X17	负极性转速给定输入端	模拟量输入： 0~+10 V，对应0%~100%反转速度 0~-10 V，对应0%~100%正转速度
X18	电流直接给定输入/输出端	模拟量输入/输出： SW1/8=OFF对应电流给定输入 SW1/8=ON对应电流给定输出 0~±7.5 V对应0%~±150%标定电流
X19	“正常”信号端	+24 V对应“正常无故障”
X20	使能（ENABLE）输入端	使能输入： +10~+24 V对应使能 0 V对应禁用
X21	转速总给定反向输出端	模拟量输出： 0~-10 V对应0%~100%正转速度
X22	电动机热敏电阻/低温传感器（热保护）输入端	热敏电阻或低温传感器： <200 Ω（对公共端）为正常 >1 800 Ω（对公共端）为过热
X23	零速/零给定输出端	+24 V为停止/零速给定 0 V为运行/无零速给定
X24	+24 V电源输出端	输出+24 V电源（20 mA仅供控制器使用）

注意：X24端子输出的+24 V电源仅能用于控制器自身，可被使用于RUN电路（X5端子）和ENABLE电路（X20端子）。绝对不要用这个+24 V电源去对任何控制器以外的电路或设备供电，如外部继电器、可编程序控制器（PLC）或其他任何仪器设备等。否则将导致控制器失灵、故障或损坏，导致所连接的设备损坏，甚至造成人身危险。

三、514C型调速装置的有关功能设置开关、电位器等功能说明

1. 514C型调速装置的功能设置开关说明

514C型调速装置功能设置开关如图2—54所示，其功能说明见表2—5和表2—6。

表 2—5　　测速发电机反馈电压范围功能开关设置表

SW1 -1	SW1 -2	反馈电压范围	备　注
OFF（断开）	ON（接通）	10 ~25 V	用电位器 RP10 调整达到最大转速时所对应的反馈电压数值
ON（接通）	ON（接通）	25 ~75 V	
OFF（断开）	OFF（断开）	75 ~125 V	
ON（接通）	OFF（断开）	125 ~325 V	

出厂时开关默认设置：SW1 -1 = OFF，SW1 -2 = ON。

表 2—6　　通用功能设置开关作用表

功能开关名称	状　态	作　用
转速反馈类型选择开关 SW1 -3	OFF（断开）	采用测速发电机反馈方式
	ON（接通）	采用电枢电压反馈方式
零输出选择开关 SW1 -4	OFF（断开）	零速度输出
	ON（接通）	零给定输出
电流测量输出选择开关 SW1 -5	OFF（断开）	双极性输出
	ON（接通）	单极性输出
给定积分隔离选择开关 SW1 -6	OFF（断开）	给定积分输出
	ON（接通）	给定积分隔离
停止逻辑使能开关 SW1 -7	OFF（断开）	禁止
	ON（接通）	使能
电流给定选择开关 SW1 -8	OFF（断开）	X18 端为直接电流给定输入
	ON（接通）	X18 端为电流给定输出
过流接触器跳闸禁止开关 SW1 -9	OFF（断开）	过流时接触器跳闸
	ON（接通）	过流时接触器不跳闸
转速给定信号选择开关 SW1 -10	OFF（断开）	总给定输入
	ON（接通）	积分给定输入

出厂时开关默认设置：SW1 -3 = ON，SW1 -4 = OFF，SW1 -5 = OFF，SW1 -6 = OFF，SW1 -7 = OFF，SW1 -8 = OFF，SW1 -9 = OFF，SW1 -10 = OFF。

2. 514C 型调速装置的电位器功能说明

514C 型调速装置的面板上电位器布置如图 2—54 所示，各电位器功能说明见表 2—7。

表 2—7　　面板电位器功能表

电位器名称	功　能
上升斜率电位器 RP1	调整上升时间（线性 1 ~40 s）
下降斜率电位器 RP2	调整下降时间（线性 1 ~40 s）
转速环比例系数电位器 RP3	调整转速环比例系数
转速环积分系数电位器 RP4	调整转速环积分系数
电流限幅电位器 RP5	调整电流限幅值
电流环比例系数电位器 RP6	调整电流环比例系数
电流环积分系数电位器 RP7	调整电流环积分系数
电流补偿电位器 RP8	在采用电枢电压负反馈时，可调节电流补偿（电流正反馈）值，使转速得到最佳控制，提高精度
RP9	未使用
最高转速调整电位器 RP10	调整电动机最大转速
零速偏移电位器 RP11	零给定时，调节零速
零速检测阈值电位器 RP12	调整零速的检测门槛电平

3. 514C 型调速装置的面板 LED 指示灯功能说明

514C 型调速装置的面板上 LED 指示灯布置如图 2—54 所示，各 LED 指示灯功能说明见表 2—8。

表 2—8　　514C 型调速装置面板 LED 指示灯功能表

指示灯	含义	显示方式	说　明
LED1（H1）	电源	正常时灯亮	交流辅助电源供电
LED2（H2）	故障跳闸	故障时灯亮	当电枢电流保持或超过限幅值 60 s，“故障跳闸”灯亮
LED3（H3）	过电流	故障时灯亮	电枢电流超过 3.5 倍电流标定值，“过电流”灯亮
LED4（H4）	PLL 锁相环	正常时灯亮	锁相环故障时闪烁
LED5（H5）	电流限幅	故障时灯亮	当电枢电流超过电流限幅值，“电流限幅”灯亮

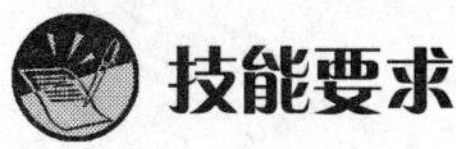

技能要求

逻辑无环流可逆直流调速系统接线、调试与故障分析及处理

一、操作要求

1. 按要求画出逻辑无环流可逆直流调速系统接线图并进行接线。
2. 按要求对逻辑无环流可逆直流调速系统进行调试、运行及测量分析。
3. 对逻辑无环流可逆直流调速系统进行故障分析与处理。

二、操作准备

本项目所需元件清单（见表 2—9）。

表 2—9　　项目所需元件清单

序号	名　称	规格型号	数量	备注
1	逻辑无环流可逆直流调速装置	欧陆 514C 型逻辑无环流直流调速装置	1	
2	直流电动机—发电机组	Z400/20－220 P_N =400 W，U_N =220 V， I_N =3.5 A，n_N =2 000 r/min 测速发电机： 55 V/2 000 r/min	1	
3	变阻箱	100～500 Ω	1	
4	万用表	指针式万用表或数字式万用表	1	

三、操作步骤

步骤 1　按要求画出逻辑无环流可逆直流调速系统接线图并进行接线

逻辑无环流可逆直流调速系统接线图如图 2—55 所示。图 2—55 中，电动机—发电机组和可变电阻箱 R 作为负载，电枢电流表、电枢电压表、励磁电流表、转速表用以监视调速系统运行状况。RP1、RP2 为正向转速给定电位器和反向转速给定电位器。RP3 为外接电流限幅调整电位器。根据图 2—55 所示的逻辑无环流可逆直流调速系统接线图，在调速装置上完成系统接线。接线完成后必须认真检查接线，只有接线正确并经过许可后才能进行通电调试。

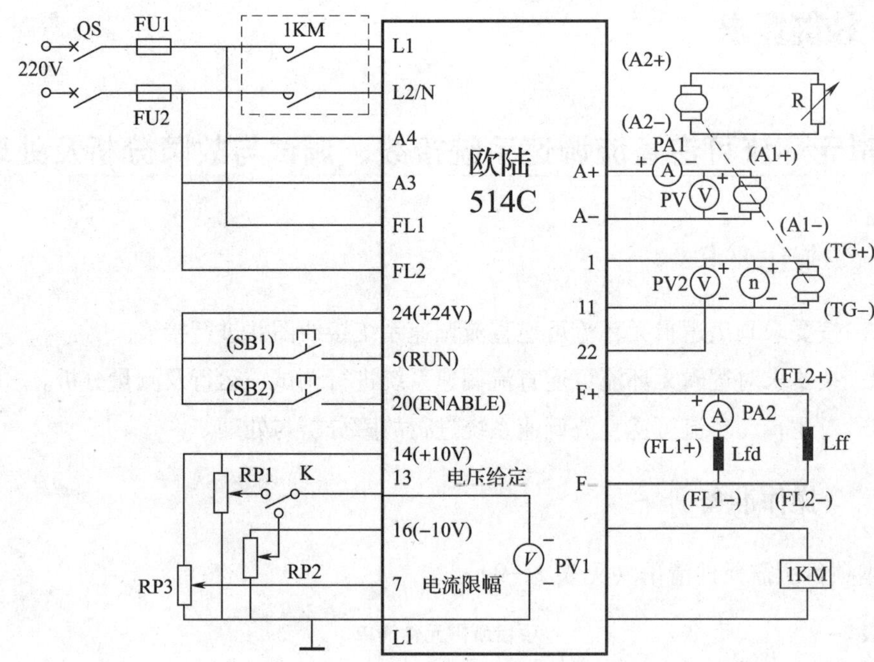

图2—55　逻辑无环流可逆直流调速系统接线图

步骤2　通电调试与运行

通电调试前应将可变电阻箱R阻值调为最大值，使R全部串入电路，将运行（RUN）控制端X5按钮（SB1）和使能（ENABLE）控制端X20按钮（SB2）断开。

接通电源开关QS，调节转速给定电位器RP1使转速给定电压U_n^*为0 V，调节外接电流限幅调整电位器RP3，使X7端对X11端为+7.5 V。调节电流补偿电位器RP8使电流补偿作用为零（即取消电流补偿作用）。按下运行（RUN）控制端X5按钮（SB1），使X5端处于高电平+24 V，接触器KM接通，主电路上电，然后按下使能（ENABLE）控制端X20按钮（SB2），使X20端处于高电平+24 V，系统使能，系统封锁解除。调节转速给定电位器RP1使转速给定电压U_n^*逐渐增加到所要求的最大给定电压值（如+8 V），电动机则随之升速，根据控制要求，调节最高转速调整电位器RP10使电动机最高转速为所要求的值（如1 600 r/min）。根据系统运行情况调节电位器RP3、RP4调节转速调节器ASR的PI参数，调节电位器RP6、RP7调节电流调节器ACR的PI参数，使系统稳定运行。然后使转速给定电压U_n^*从正值到负值（如+8 V ~ −8 V）变化，电动机将从正转到反转（如+1 600 r/min ~ −1 600 r/min）运行。

在通电调试过程中必须时刻观察电枢电流表、电枢电压表、励磁电流表、转速表以监视系统运行状况，如有不正常现象应立即采取相应措施加以解决，否则将可能造成事故，危及人身和设备安全。

步骤 3　系统特性测试与绘制

（1）调节特性曲线测试与绘制。调节转速给定电压 U_n^*，测量电动机转速 n 和测速发电机两端电压 U_{Tn}，并绘制调节特性曲线 $n=f(U_n^*)$。

n（r/min）							
U_n^*（V）							
U_{Tn}（V）							

（2）静特性曲线测试与绘制。调节转速给定电压 U_n^* 使电动机转速 n 为所要求的转速（如 $n=1\ 000$ r/min）时，改变负载可变电阻 R（即改变电动机负载），测量电动机电枢电流 I_d、电枢电压 U_d、转速 n 和测速发电机两端电压 U_{Tn}，并绘制静特性曲线 $n=f(I_d)$。

I_d（A）							
U_d（V）							
n（r/min）							
U_{Tn}（V）							

步骤 4　系统动态特性的观察

用双踪慢扫描示波器观察并记录：

（1）突加转速给定电压启动时电动机电枢电流 i_d 的动态波形和转速 n 的动态波形，即 $I_d=f(t)$，$n=f(t)$ 的动态波形。

（2）正向启动—正向停车，反向启动—反向停车，正向启动运行—反向运行，反向启动—正向运行时的 $I_d=f(t)$，$n=f(t)$ 的动态波形。

（3）电动机稳定运行，突加负载时电动机电枢电流 i_d 的动态波形和转速 n 的动态波形，即 $I_d=f(t)$，$n=f(t)$ 的动态波形。

（4）电动机稳定运行，突减负载时电动机电枢电流 i_d 的动态波形和转速 n 的动态波形，即 $I_d=f(t)$，$n=f(t)$ 的动态波形。

步骤 5　系统故障分析与处理

在直流调速系统装置中人为设置一个故障点，根据故障现象具体分析产生故障的可能原因，找出具体故障点并进行处理，使调速系统正常运行。

采用514C型直流调速装置的转速、电流双闭环可逆直流调速系统在日常运行过程发生故障时，可以观察面板LED指示灯状态，如LED2（H2）指示灯亮表示故障跳闸，此时故障原因可能是由于电枢电流大（保持或超过电流限幅值60 s）而引起的。如LED3（H3）指示灯亮表示过电流故障，此时故障原因可能是由于电枢电流特大（电枢电流超过3.5倍电流标定值）而引起的。在转速、电流双闭环可逆直流调速系统中经常发生的故障为电动机不启动，此时重点检查以下几项：

（1）直流调速系统主电路的交流进线电源是否正常，有无交流电压。直流输出回路是否开路。

（2）直流调速系统控制电路交流进线电源是否正常，有无交流电压。直流控制回路是否开路。

（3）直流调速系统中转速给定电路是否开路，有无转速给定电压。

四、注意事项

1．接线完成后必须认真检查接线，只有接线正确并经过许可后才能进行通电调试。

2．在通电调试过程中应观察电枢电流表、电枢电压表、励磁电流表、转速表以监视系统运行状况，如有不正常现象应立即采取相应措施加以解决，否则将可能造成事故。

3．技能操作实训中必须注意用电安全，杜绝人身和设备安全事故的发生。

第2节　交流变频调速系统

学习单元1　交流变频调速系统读图分析

➢ 熟悉交流变频调速系统工作原理

➢ 熟悉正弦波脉宽调制（SPWM）型变频器

➢ 熟悉通用变频器组成的交流变频调速系统

➢ 熟悉通用变频器组成的交流变频调速系统读图分析

知识要求

一、交流变频调速基本控制方式和机械特性

1. 变频调速基本控制方式

异步电动机的转速表达式为：

$$n = \frac{60f_1}{n_p}(1-s) = n_0(1-s)$$

由上式可知，只要改变异步电动机定子的电源频率 f_1，就可以改变异步电动机的同步转速 n_0，从而改变异步电动机的转速 n，这就是变频调速的基本工作原理。

由电动机原理可知，在三相异步电动机中存在下列关系：

$$E_q = 4.44 f_1 N_1 k_{N1} \Phi_m$$

如忽略定子阻抗压降，则：

$$U_1 \approx E_q = 4.44 f_1 N_1 k_{N1} \Phi_m$$

式中　U_1——定子相电压；

E_q——气隙磁通在定子每相绕组中感应电动势的有效值；

f_1——定子的电源频率；

N_1——定子每相绕组串联匝数；

k_{N1}——基波绕组系数；

Φ_m——每极气隙磁通量。

在异步电动机变频调速时希望保持每极气隙磁通量 Φ_m 为额定值不变。如磁通太弱就不能充分利用电动机的铁心，如要增大磁通，又会使铁心饱和，从而使励磁电流急剧升高，导致铁心损耗急剧增加，严重时会因过热而损坏电动机。由上式可知，如果定子电压 U_1 保持不变，只改变定子电源频率 f_1 调速，比如减小 f_1，则 Φ_m 将增加，就会使铁心饱和，从而使励磁电流急剧升高，导致铁心损耗急剧增加，严重时会因过热而损坏电动机。因此，异步电动机变频调速必须对电压和频率进行协调控制。下面分成基频以下和基频以上两种情况进行分析说明。

（1）基频（额定频率）以下调速控制方式

由上式可知，如要保持 Φ_m 不变，当频率 f_1 从额定值 f_{1N} 向下调节时，应同时

降低 E_q，使 $\frac{E_q}{f_1}$=常数，即采用恒定的电动势频率比的控制方式。但是感应电动势 E_q 难以直接控制，当感应电动势 E_q 较高时，可以忽略定子阻抗压降，近似认为定子相电压 $U_1 \approx E_q$，则得到：$\frac{U_1}{f_1}$=常数，即采用恒压频比的控制方式。

由于在低频时，U_1 和 E_q 都较小，定子阻抗压降所占的分量就比较显著，不能忽略，因而必须对 U_1 进行定子阻抗压降补偿，人为地把电压 U_1 提高一些，尽可能维持磁通 Φ_m 基本不变。带定子阻抗压降补偿的恒压频比的控制特性如图 2—56 中的特性曲线 b 所示。无定子阻抗压降补偿的恒压频比的控制特性如图 2—56 中的特性曲线 a 所示。

（2）基频以上调速控制方式

在基频以上调速时，频率可以从 f_{1N} 往上增加，如要维持 Φ_m 恒定，必须随频率 f_1 的增加而相应增加 U_1，但电压 U_1 一般不能超过电动机的额定电压 U_{1N}，只能保持在电动机的额定电压 U_{1N} 上。由上式可知，在基频以上调速时，使磁通 Φ_m 与频率成反比地降低，相当于直流电动机的弱磁升速的情况，如图 2—57 所示。把基频以下和基频以上两种情况结合起来可得到异步电动机变频调速控制特性如图 2—57 所示。在基频以下调速属于恒转矩调速，在基频以上调速属于恒功率调速。

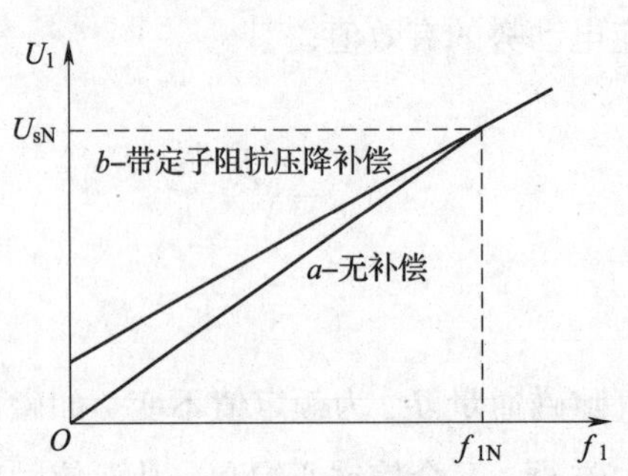

图 2—56　恒压频比的控制特性

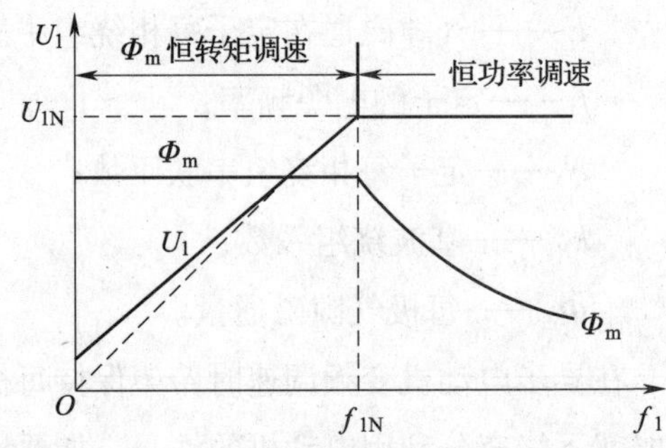

图 2—57　异步电动机变频调速的控制特性

2. 变频调速的机械特性

（1）恒压恒频时异步电动机的机械特性

根据电机学原理，当定子电压 U_1 和角频率 ω_1 都为恒定值时，异步电动机的电磁转矩 T_e 为：

$$T_e = \frac{P_m}{\Omega_1} = \frac{3n_p}{\omega_1} I_2'^2 \frac{R_2'}{s} = 3n_p \left(\frac{U_1}{\omega_1}\right)^2 \frac{s\omega_1 R_2'}{(sR_1 + R_2')^2 + s^2\omega_1^2 (L_{l1} + L_{l2}')^2}$$

式中　P_m——电磁功率；

ω_1——电源角频率；

Ω_1——同步机械角速度；

n_p——极对数；

U_1——定子电压；

R_1、R_2'——定子每相电阻和折合到定子侧的转子每相电阻；

L_{l1}、L_{l2}'——定子每相漏感和折合到定子侧的转子每相漏感。

恒压恒频时异步电动机的机械特性如图 2—58 所示。当 s 很小时，可忽略上式分母中含 s 项，转矩近似与 s 成正比，这时机械特性 $T_e=f(s)$ 是一段直线；当 s 接近 1 时，可忽略上式分母中的 R_2'，转矩近似与 s 成反比，这时机械特性 $T_e=f(s)$ 是一段双曲线。

（2）变频调速的机械特性

1）基频以下变频调速的机械特性。现以恒压频比控制为例说明基频以下变频调速的机械特性。恒压频比控制 U_1/f_1（ω）＝恒值的机械特性如图 2—59 所示。由图 2—59 可见，机械特性基本上是上下平移的，硬度较好，但最大转矩 T_{emax} 随着 f_1 降低而减小。

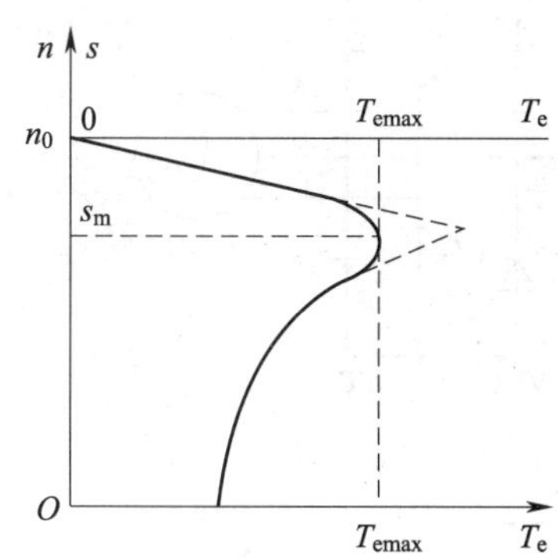

图 2—58　恒压恒频时异步电动机的机械特性

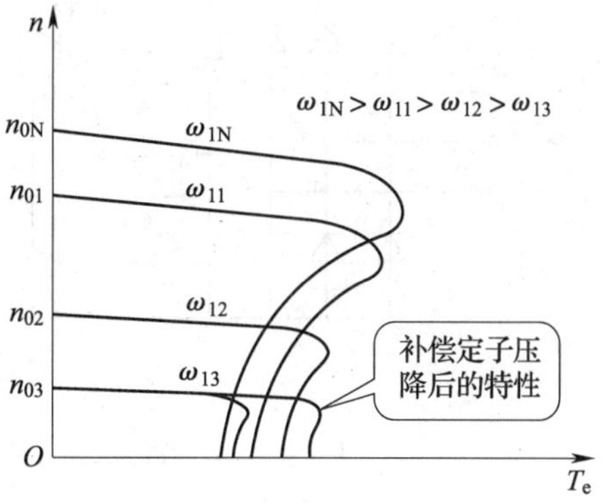

图 2—59　恒压频比控制变频调速的机械特性

2）基频以上变频调速的机械特性。基频以上变频调速的机械特性如图 2—60 所示。

由图 2—60 可见，机械特性基本上也是上下平移的。当角频率 ω_1 提高时，同步转速 n_0 随之提高，最大转矩 T_{emax} 减小，机械特性上移。

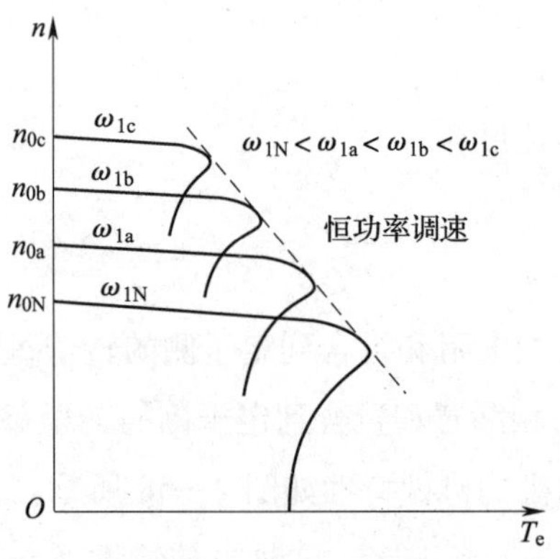

图 2—60　基频以上变频调速的机械特性

二、正弦波脉宽调制（SPWM）型变频器

1. SPWM 型变频器的工作原理

在交—直—交变频器中，当前应用最广的是 SPWM 型变频器。SPWM 型变频器的工作原理框图如图 2—61 所示。

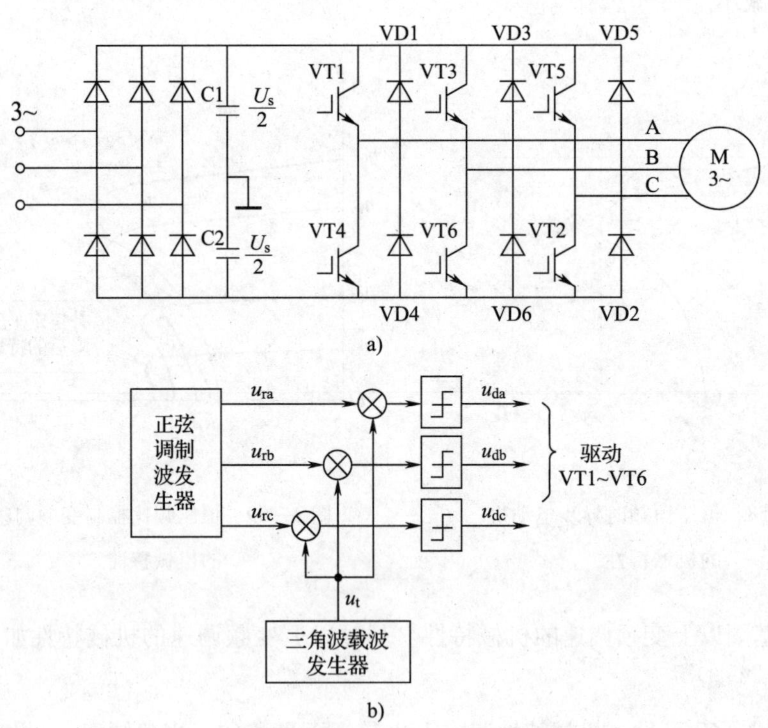

图 2—61　SPWM 型变频器的工作原理框图

SPWM 型变频器的主电路如图 2—61a 所示，整流器是采用二极管组成的三相桥式不可控整流电路，并采用大电容滤波，SPWM 型逆变器中六个功率开关器件 VT1 ~ VT6 采用全控型电力电子器件（如 IGBT），它们各有一只续流二极管反并联，分别为 VD1 ~ VD6。

SPWM 型变频器模拟控制电路如图 2—61b 所示。图中，正弦调制波发生器提供一组三相对称的正弦调制波信号 u_{ra}、u_{rb}、u_{rc}，其频率可在所要求的输出频率范围内调节，其电压的幅值可在一定范围内变化。三角波载波发生器提供的三角波载波信号 u_t 是共用的，分别与每相正弦调制波信号比较后，经过相应比较器，就可产生 SPWM 脉冲序列波 u_{da}、u_{db}、u_{dc}，作为 SPWM 型逆变器三相桥臂的六个功率开关器件的驱动控制信号。SPWM 控制方式可以是单极式也可以是双极式。

（1）单极式控制

单极式控制时，在正弦波的半个周期内每相只有一个开关器件开通或关断。例如，A 相正半周时 VT1 反复通断，而 VT4 关断。单极式正弦脉宽调制方法与波形如图 2—62 所示。

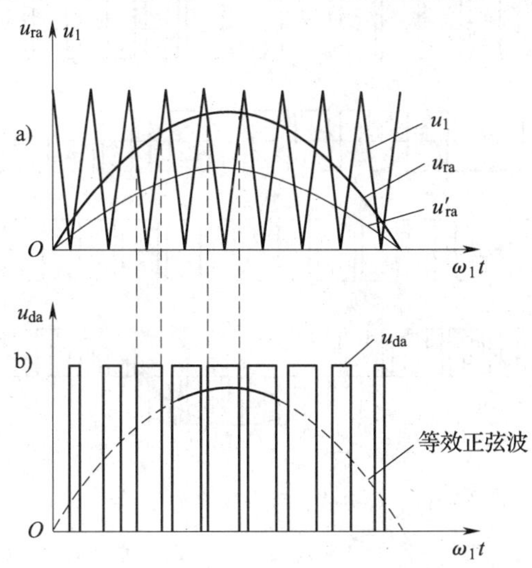

图 2—62　单极式正弦脉宽调制方法与波形

a）正弦调制波与三角波载波　b）输出 SPWM 波

当正弦调制波电压 u_{ra} 高于三角波载波 u_t 时，比较器的输出电压 u_{da} 为“高”电平，反之比较器的输出电压 u_{da} 为“低”电平。只要正弦调制波电压 u_{ra} 最大值小于三角波载波电压 u_t 最大值，由图 2—62a 所示的调制结果必然形成图 2—62b 所示的等幅不等宽而且中间宽两边窄的 SPWM 脉宽调制波形 $u_{da}=f(t)$。由于功率开关器件 VT1 在正半周内反复导通和断开，在 SPWM 型逆变器的输出端可获得重现 u_{da}形状的相电压，其幅值为 $U_s/2$，脉冲的宽度按正弦规律变化，如图 2—62b 所示。当改变正弦调制波电压的幅值，如降低其幅值 u'_{ra}时，各段脉冲的宽度都将变窄，从而使 SPWM 型逆变器输出基波电压的幅值也相应减小；改变正弦调制波电压的频率时，SPWM 型逆变器输出电压基波的频率也随着改变。在负半周中，可用类似的方法控制下桥臂的 VT4 输出负的脉冲电压序列。

（2）双极式控制

双极式控制时，SPWM 型逆变器同一桥臂上下两个功率开关器件交替导通与断开，处于互补的工作方式。如 A 相正半周时 VT1 与 VT4 交替导通与断开。三相 SPWM 逆变器双极式正弦脉宽调制方法与波形如图 2—63 所示。

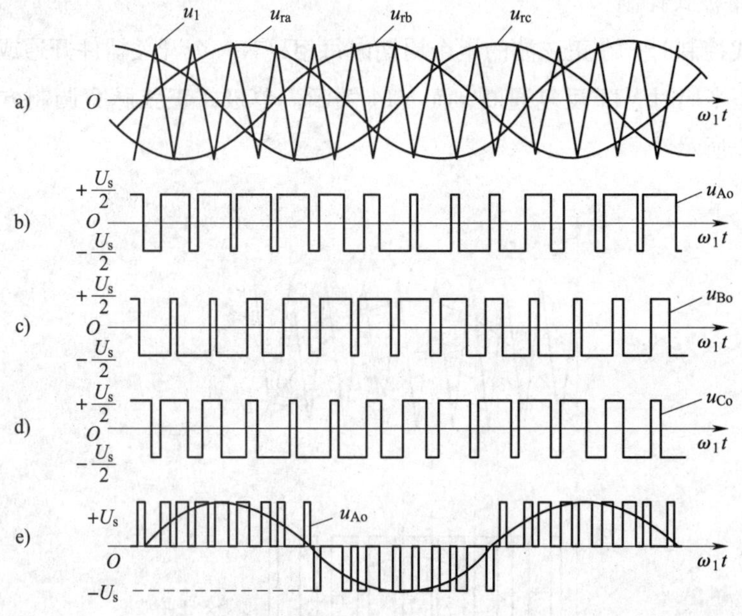

图 2—63 双极式正弦脉宽调制方法与波形

a）三相正弦调制波与三角波载波 b）u_{Ao}波形 c）u_{Bo}波形 d）u_{Co}波形 e）u_{Ao}波形

2. SPWM 型逆变器的调制方式

在 SPWM 型逆变器中，载波频率 f_t 与调制波频率 f_r 之比 N 称为载波比。根据载波比 N 的变化与否，SPWM 型逆变器有同步调制和异步调制之分。而为了使输出波形保持三相对称且谐波少，可采用同步调制与异步调制相结合的分段同步调制方式。

（1）同步调制

在同步调制方式中，载波比 N 等于常数，并在变频时使载波信号的频率与调制波信号的频率保持同步变化。在该调制方式中，调制波信号频率变化时载波比 N 不变，因而，逆变器输出电压半个周期内的矩形脉冲数是固定的，如果取 N 等于 3 的倍数，则同步调制能保证逆变器输出波形的正、负半波始终保持对称，并能严格保证三相输出波形间具有互差 120°的对称关系。但是当逆变器输出频率很低时，由于在半周期内输出脉冲的数目是固定的，所以，相邻两脉冲间的间距增大，谐波会显著增加，使负载电动机产生较大的脉动转矩和较强的噪声，给电动机的正常工作带来不利影响，这是同步调制方式的主要缺点。

（2）异步调制

在异步调制方式中，在逆变器的整个变频范围内，载波比 N 是变化的。一般在改变调制波信号频率 f_r 时保持三角载波频率 f_t 不变，因而提高了低频时的载波比。这样逆变器输出电压半周期内的矩形脉冲数可随输出频率的降低而增加，相应地可减少负载电动机的转矩脉动与噪声，改善了低频工作性能。但是异步调制方式在改善低频工作性能的同时，又会失去同步调制方式的优点，当载波比 N 随着输出频率的改变而连续变化时，它不可能一直是 3 的倍数，势必使逆变器输出电压的波形及其相位都发生变化，难以保持三相输出的对称关系，从而引起电动机工作的不平稳。

（3）分段同步调制

为了扬长避短，可将同步和异步两种调制方式结合起来，即为分段同步的调制方式。在一定频率范围内，采用同步调制，以保持输出波形对称的优点，当频率降低较多时，使载波比 N 分段有级地增加，以发挥异步调制方式的优点，这就是分段同步调制方式。具体地说，将逆变器输出的整个变频范围划分成若干个频段，在每个频段内都保持载波比 N 为恒定，而对不同频段取不同的载波比 N。在输出频率的高频段采用较低的载波比 N 值，在输出频率的低频段采用较高的载波比 N 值，使各频段开关频率的变化范围基本一致，以适应逆变器功率开关器件对开关频率的限制。

三、通用变频器的组成及性能规格

1. 通用变频器的组成

通用变频器由主电路和控制电路组成，主电路由整流电路、直流滤波电路、制动电路、逆变电路等组成，如图 2—64 所示。下面对主电路和控制电路作一介绍。

（1）整流电路

在通用变频器中，一般都采用二极管三相桥式不可控整流电路，把交流电压变为直流电压，如图 2—64 所示。小容量变频器也有采用单相 220 V 交流电源，其整流电路采用二极管单相桥式不可控整流电路。

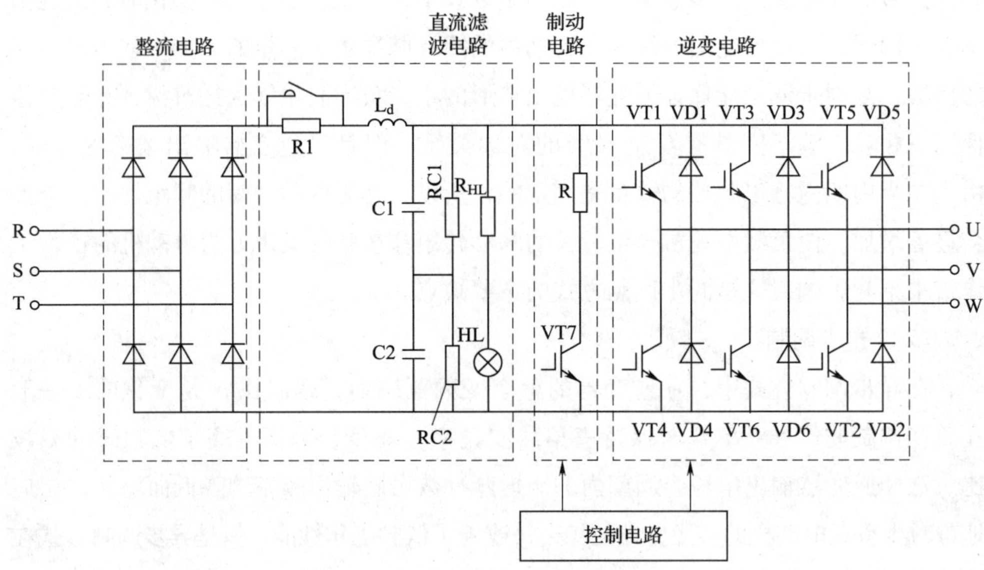

图 2—64　通用变频器的组成

（2）直流滤波电路

直流滤波电路采用大电容滤波，如图 2—64 所示中的 C1 和 C2。图中 RC1、RC2 为均压电阻，其作用是使两组电容器组 C1 和 C2 承受电压相等。为了限制冲击电流，在整流电路和滤波电路之间接入一个限流电阻 R1。为了减小电网交流侧高次谐波，使输入电流连续，并提高变频器的功率因数，常在直流滤波电路中串接直流电抗器 L_d。直流滤波电路还设有直流电压指示环节，如图 2—64 所示中的 R_{HL} 和 HL。

（3）逆变电路

逆变电路采用 SPWM 逆变电路，其功能是把直流电转换成频率、电压可调的三相交流电。目前，通用变频器中 SPWM 逆变电路中的功率开关器件大部分采用 IGBT，它由六只 IGBT 组成三相桥式结构，每个桥臂上反并联了反馈二极管。IGBT 器件需要有自己特有的驱动电路、保护电路和缓冲电路。

（4）制动电路

在通用变频器中常采用如图 2—64 所示的能耗制动电路，它由 VT7 和能耗制动电阻 R 组成。能耗制动电路采用斩波方式。能耗制动电路简单、经济，但能源利用率低。在再生回馈能量大的情况下可采用能量回馈制动电路，能量回馈制动电路可采用晶闸管有源逆变电路或 IGBT 组成逆变电路，将中间直流电路再生回馈能量回馈电网。这种能量回馈制动电路能源利用率高，但电路复杂、价格贵。

（5）控制电路

通用变频器的控制电路要完成控制脉宽调制的触发、控制频率和电压的协调关系、运行控制、输入输出信号处理、通信处理及检测等任务。目前通用变频器都采用数字式控制，微处理器（CPU）是控制电路的核心器件，它通过输入接口和通信接口取得外部控制信号，通过检测电路取得电压、电流等运行状态参数，根据设置的运行要求产生输出逆变器等所需要的各种驱动信号。微处理器的控制程序存储在存储器中，用户可通过参数设置改变所需要的控制程序，达到变频器的控制运行要求。

2. 通用变频器的性能规格

在使用通用变频器时，会接触到生产厂家提供的各种类型变频器的产品样本。这些产品样本中一般介绍变频器的系列型号、特长以及变频器性能规格和功能等内容。下面简单介绍一下通用变频器的主要性能规格，并对变频器的额定数据进行说明。

（1）输入侧（电源）的额定数据

变频器对输入侧（电源）的要求主要有额定电压、额定频率、电压与频率允许变动率三个方面。

1）额定电压。在我国，通用变频器的输入额定电压主要有下面几种：①三相交流 380 V，这类通用变频器应用最为广泛。②三相交流 220 V，主要用于某些进口设备中。③单相交流 220 V，主要用于小容量的通用变频器。

2）额定频率。额定频率一般为 50 Hz 或 60 Hz。

3）电压与频率允许变动率。它是指输入电压的幅值和频率允许波动的范围，一般电压允许波动为额定电压的 10% 左右，三相电源不平衡度小于等于 3%；而频率波动一般允许为额定频率的 5%。

（2）输出侧的额定数据

1）额定输出电流（A）。额定输出电流是反映变频器容量的最关键的参数，是变频器中功率开关器件所能承受的最大电流，是反映变频器负载能力的最关键的参数，是用户选择变频器的主要依据。

2）额定容量（kV·A）。额定容量为变频器在额定输出电压和额定输出电流下的三相视在输出功率（kV·A）。由于变频器的额定容量与额定输出电压有关，因此，变频器的额定容量不能确切表达变频器的负载能力，只能作为变频器负载能力的一种辅助参考值。

3）最大适配电动机的容量（kW）。最大适配电动机的容量是指变频器允许配用的最大电动机的容量。应该注意，最大适配电动机的容量一般是以 4 极标准异步电动机为对象。对 6 极以上电动机和变极电动机等特殊电动机就不能单单依据此项指标选择变频器。

由以上分析可知，选择变频器时，只有额定输出电流是反映变频器负载能力的最关键的参数，是用户选择变频器的主要依据。选择变频器时主要采用额定输出电流这个参数，要考虑变频器的额定输出电流是否满足电动机的运行要求，负载总电流不能超过变频器的额定输出电流。

4）过载能力。变频器的过载能力是以过电流与变频器的额定电流之比的百分数（%）表示。各种通用变频器的过载能力不完全相同，有的通用变频器的过载能力为 150% 额定电流、60 s，有的通用变频器的过载能力为 120% 额定电流、60 s。变频器的过载能力与异步电动机的过载能力相比较，通用变频器的过载能力小，允许过载时间短，在通用变频器应用时必须注意。

5）输出电压（最大）。由于变频器变频时，随着输出频率变化，输出电压也随之变化。变频器的性能规格表给出的输出电压是变频器的最大输出电压，变频器的最大输出电压不能大于输入交流电源电压。

6）输出频率。输出频率是指通用变频器输出频率的调节范围。

四、通用变频器组成的交流变频调速系统

1. 通用变频器的选择

（1）通用变频器类型的选择

选择通用变频器类型时，主要应考虑负载性质和通用变频器所采用的控制方式、制动方式及通信方式等因素。如风机、水泵类二次方转矩负载，变频器的控制方式一般采用 V/f 控制方式，则可选择风机、水泵用专用变频器。风机、水泵用专用变频器的过载能力一般为 125% 左右，采用 V/f 控制方式，具有节能控制、工频切换等专用功能，价格相对较低。又如恒转矩负载，调速性能要求高，此时变频器的控制方式要采用矢量控制方式，则需要选择具有矢量控制等控制方式的高性能通用变频器。该类高性能变频器的过载能力一般为 150% 左右，具有矢量控制功能，调速精度高，动态响应能力强，调速范围大。

当变频器与外部控制系统（如 PLC 控制系统）采用通信方式连接时，选择变频器时还需考虑变频器的通信能力及采用的通信协议等。

（2）通用变频器容量的计算与选择

通用变频器容量的选择由很多因素决定，如变频器驱动电动机方式、负载工

况、电动机容量（电动机额定电流）、加减速时间等。下面分两种情况就通用型变频器容量的计算与选择作一些简单的介绍。

1）驱动一台电动机连续运转情况。此时所需通用变频器容量应满足表 2—10 所列要求。

表 2—10　驱动一台电动机连续运转时必需的变额器容量

项目	计算公式
满足负载的输出要求	$\frac{kP_M}{\eta\cos\varphi}\leqslant$变频器容量（kV·A）
满足电动机容量要求	$k\times\sqrt{3}U_{MN}I_{MN}\times10^{-3}\leqslant$变频器容量（kV·A）
满足电动机电流要求	$kI_{MN}\leqslant$变频器额定电流（A）

注：P_M——负载要求的电动机输出功率（kW）；$\cos\varphi$——电动机功率因数；η——电动机效率；U_{MN}——电动机电压（V）；I_{MN}——电动机电流（A）；k——电流波形补偿系数。

2）驱动多台电动机情况。此时所需通用变频器容量应满足表 2—11 所列要求。

表 2—11　驱动多台电动机时必需的变额器容量

项目	计算公式（过载能力 150%、1 min）	
	电动机加速时间在 1 min 内	电动机加速时间在 1 min 以上
满足驱动时容量要求	$\frac{kP_M}{\eta\cos\varphi}[N_T+N_s(k_s-1)]=P_C\left[1+\frac{N_s}{N_T}(k_s-1)\right]\leqslant1.5\times$变频器容量（kV·A）	$\frac{kP_M}{\eta\cos\varphi}[N_T+N_s(k_s-1)]=P_C\left[1+\frac{N_s}{N_T}(k_s-1)\right]\leqslant$变频器容量（kV·A）
满足电动机电流要求	$N_TI_{MN}\left[1+\frac{N_s}{N_T}(k_s-1)\right]\leqslant1.5\times$变频器额定电流（A）	$N_TI_{MN}\left[1+\frac{N_s}{N_T}(k_s-1)\right]\leqslant$变频器额定电流（A）

注：P_M——负载要求的电动机输出功率（kW）；N_T——并列电动机台数；$\cos\varphi$——电动机功率因数；η——电动机效率；N_s——同时启动台数；I_{MN}——电动机额定电流（A）；k——电流波形补偿系数；P_C——连续容量；k_s——电动机启动电流/电动机额定电流。

这里要注意的是，由于电动机的启动/加速特性受到通用变频器的额定电流及过载能力的限制，因此工艺上对加速时间有特殊要求时，必须事先核算通用变频器的容量是否能满足所要求的加速时间，如不能则要加大通用变频器容量。另外，工艺上对减速时间有特殊要求时，也必须事先核算通用变频器的制动性能是否能满足所要求的减速时间，在选择通用变频器的容量时也要考虑通用变频器的制动性能，配置必要制动单元和制动电阻。

（3）通用变频器的选用及应用时注意事项

1）变频器型号选用时除了上面介绍的内容外还应考虑变频器使用的电网电压、环境条件等因素。

2）电网电压不正常时，将有害于变频器。电压过高，将会造成变频器损坏，因此电网电压不能超过使用手册的规定范围，以确保变频器的安全。

3）变频器安装应避免油雾、尘埃等有浮游物的恶劣环境，安装在清洁场所，或者安装在浮游物无法侵入的“全封闭型”控制柜内。安装在控制柜里时，要考虑变频器允许环境温度及通风冷却。

4）应根据变频器使用场所考虑变频器的防护等级。

5）矢量控制方式只能用于一台变频器驱动一台电动机，电动机的容量应该与变频器使用说明书中所规定的电动机容量相配合，选择变频器的容量时要注意这个问题。为了正确地使用矢量控制，在驱动前，变频器对电动机冷态参数还需进行输入或自动识别。

6）一台变频器驱动多台电动机时，只能选择 V/f 控制模式，不能采用矢量控制模式。

7）变频器允许的额定电流随着载波频率的上升而明显下降。在实际应用中，为了降低电动机噪声而将变频器载波频率重新设置提高时，必须注意变频器允许的额定电流是否能够满足负载运行要求，不能一味提高载波频率，造成变频器过热而损坏。

（4）通用变频器的主电路外围设备的配置及选择

通用变频器的主电路外围设备配置示意图如图 2—65 所示。下面对主要外围设备的配置作一说明。

1）进线断路器 QF。它除了接通用变频器交流电源外，还具有过电流保护等保护功能，能对变频器电路进行短路保护及其他保护，可自动切断电源供电，防止事故扩大。此外具有安全隔离作用，当变频器需要维修时，可安全切断电源。

2）进线接触器 KM1。通用变频器主电路不一定要配置进线接触器，没有进线接触器也可以使用。进线接触器用于远距离接通或断开变频器的电源，并可以和变频器的报警输出端子配合，当变频器因故障而跳闸时使变频器切断电源。

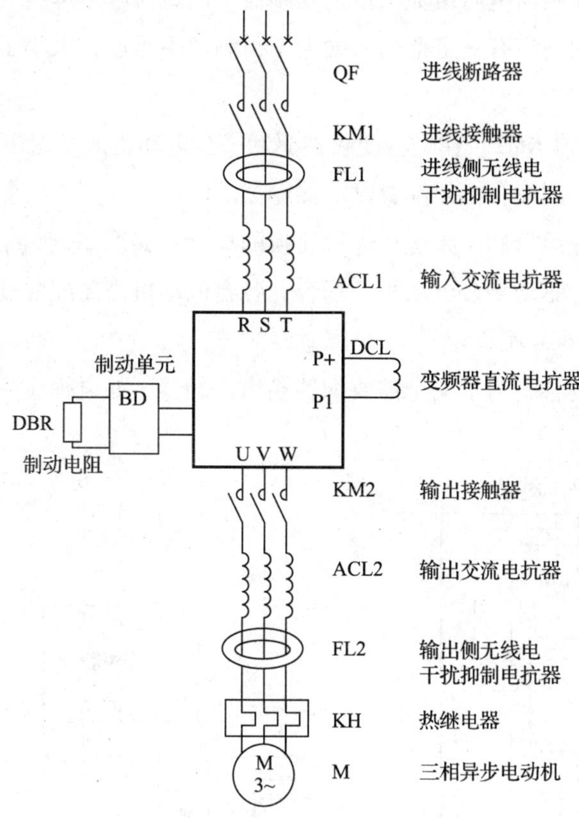

图 2—65　通用变频器的主电路外围设备配置示意图

3）输入交流电抗器 ACL1。输入交流电抗器 ACL1 用于改善通用变频器输入电流波形，有效抑制输入侧谐波干扰，削弱输入电路中的浪涌电压、电流对变频器的冲击，削弱电源电压不平衡的影响，有效降低通用变频器整流器件的电流最大瞬时值，提高整流器和滤波电解电容寿命，有效抑制通用变频器对局部电网的干扰，提高功率因数。

4）变频器直流电抗器 DCL。直流电抗器与交流电抗器的作用基本相似，它可以降低通用变频器整流器件的电流最大瞬时值，提高整流器和滤波电解电容寿命，降低母线交流脉动，提高功率因数。在改善功率因数方面，直流电抗器优于交流电抗器，在输入侧谐波干扰等方面，交流电抗器优于直流电抗器。

5）制动单元 BD 和制动电阻 DBR。制动单元和制动电阻的作用是把电动机发电制动的反馈能量转换为热能消耗，故称为能耗制动。小容量通用变频器的制动单元一般设置在变频器内部，外部只需接制动电阻。大容量变频器的能耗制动电路由外接的制动单元和制动电阻组成，接到变频器中间直流电路母线上。制动电阻的阻值不是随便选用的，它有一定范围。太大了，制动不迅速，太小了，制动单元可能会造成损坏。

6）输出接触器KM2。在一台变频器驱动一台电动机的情况下，一般不设置输出接触器，但在下列场合必须配置输出接触器。

①变频器变频运行和工频运行进行切换的场合，如图2—66a所示。

②一台变频器驱动多台电动机的场合，各台电动机需要配置输出接触器与变频器相连，如图2—66b所示。

③一些特殊场合，为了安全需要配置输出接触器，如电梯应用场合。

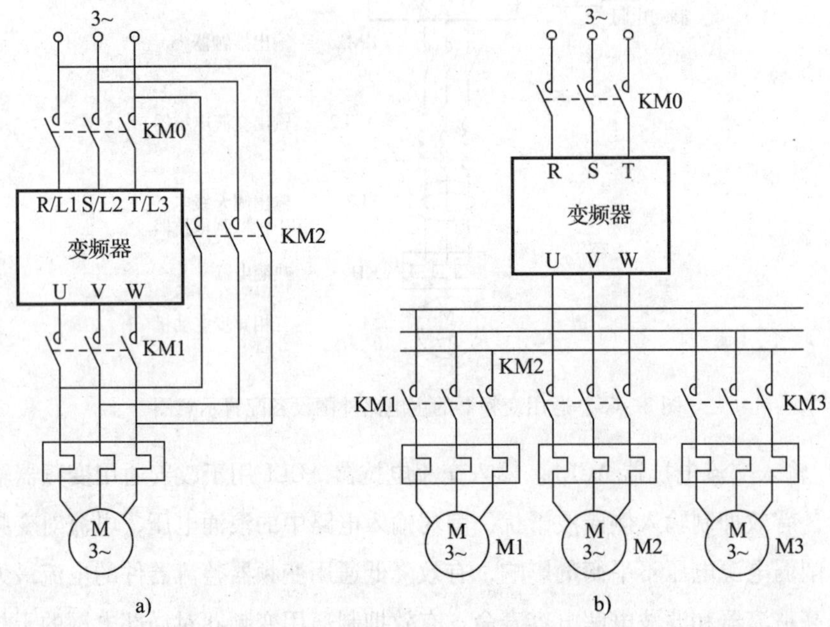

图2—66 变频器配置输出接触器应用场合

a）变频器变频运行和工频运行进行切换场合 b）一台变频器驱动多台电动机的场合

7）输出交流电抗器ACL2。为了减轻变频器输出dv/dt对外界的干扰，降低输出波形畸变对电动机和变频器的危害，尤其当变频器输出到电动机的电缆长度大于产品规定值时，有必要增设输出交流电抗器。

8）热继电器KH。在一台变频器驱动一台电动机的情况下，因为变频器内部有电子热保护功能，因此不需要设置热继电器。在一台变频器驱动多台电动机的场合，各台电动机需要配置热继电器。

五、三菱 FR 系列通用变频器及其应用

1. 概述

三菱 FR 系列通用变频器有 FR - A500 系列多功能高性能变频器，FR - F500 系列轻负载、风机水泵型变频器，FR - E500 系列经济型高性能变频器和 FR - S500E 系列简易型变频器等类型。三菱 FR 系列通用变频器的特点是采用三菱最新的柔性 PWM 控制技术，实现低噪声运行；具有可拆卸型冷却风扇和接线端子，维护方便；输入输出信号类型包括模拟信号、数字信号和网络连接；输入电压范围宽，三相输入电压范围为 323 ~ 528 V，单相输入电压范围 170 ~ 264 V；过载能力为 150%、60 s，200%、0.5 s（或 120%、60 s，150%、0.5 s），具有反时限特性；内置 PID 控制器和 RS - 485 通信接口，也可通过选件卡实现与 cc - link、DeviceNet TM、Profibus DP 和 Modbus plus 等现场总线通信；随机附带一个简易操作面板（FR - DU04），也可选用具有 LCD 显示带菜单功能的选件操作面板 FR - PU04。将操作面板拆下后即可与计算机连接，通过计算机可设置参数和监控运行。

现以三菱 FR - A540 系列变频器和 FR - F540 系列变频器为例介绍三菱 FR 系列通用变频器的性能及其应用。三菱 FR - A540 系列变频器采用先进的磁通矢量控制技术，适用于一般工业应用负载，其功率范围为 0.4 ~ 375 kW。400 V 系列变频器三相进线电压为 AC380 ~ 480 V，过载能力为 150%、60 s，200%、0.5 s，具有反时限特性，其型号规格见表 2—12。三菱 FR - F540 系列变频器采用最佳励磁控制方式，400 V 系列变频器三相进线电压为 AC380 ~ 480 V，过载能力为 120%、60 s，150%、0.5 s，具有反时限特性，其型号规格见表 2—13。

表 2—12　　FR - A540（400 V）系列变频器规格型号

型号 FR - A540 - □□k - CH		0.4	0.75	1.5	2.2	3.7	5.5	7.5	11	15	18.5	22	30	37	45	55
适用电动机容量（kW）（注 1）		0.4	0.75	1.5	2.2	3.7	5.5	7.5	11	15	18.5	22	30	37	45	55
输出	额定容量（kV · A）（注 2）	1.1	1.9	3	4.6	6.9	9.1	13	17.5	23.6	29	32.8	43.4	54	65	84
	额定电流（A）	1.5	2.5	4	6	9	12	17	23	31	38	43	57	71	86	110

续表

型号 FR－A540－□□k－CH		0.4	0.75	1.5	2.2	3.7	5.5	7.5	11	15	18.5	22	30	37	45	55
适用电动机容量（kW）（注1）		0.4	0.75	1.5	2.2	3.7	5.5	7.5	11	15	18.5	22	30	37	45	55
输出	过载能力（注3）	150% 60 s，200%　0.5 s（反时限特性）														
	电压（注4）	三相380～480 V 50/60 Hz														
	再生制动转矩 最大值·允许使用率	100%转矩·2%ED									20%转矩·连续（注5）					
电源	额定输入交流电压、频率	三相380～480 V 50/60 Hz														
	交流电压允许波动范围	323～528 V 50/60 Hz														
	允许频率波动范围	±5%														
	电源容量（kW·A）（注6）	1.5	2.5	4.5	5.5	9	12	17	20	28	34	41	52	66	80	100
保护结构（JEM 1030）		封闭型（IP20 NEMA1）（注7）											开放型（IP00）			
冷却方式		自冷			强制风冷											
大约重量（kg）连同DU		3.5	3.5	3.5	3.5	3.5	6.0	6.0	13.0	13.0	13.0	13.0	24.0	35.0	35.0	36.0

注：1. 适用电动机容量是指使用三菱标准4极电动机时的最大适用容量。

2. 额定输出容量是指假定400V系列变频器输出电压为440 V。

3. 过载能力是以过电流与变频器的额定电流之比的百分数（%）表示的。反复使用时，必须等待变频器和电动机降到100%负荷时的温度以下。

4. 最大输出电压不能大于电源电压，在电源电压以下可以任意设定最大输出电压。

5. 短时间额定5 s。

6. 电源容量随着电源侧的阻抗（包括输入电抗器和电线）的值而变化。

7. 取下选项用接线口，装入内置选项时，变为开放型（IP00）。

2. 三菱FR－A540系列变频器端子接线图与端子功能

三菱FR－A540系列变频器端子接线图如图2—67所示。变频器的端子分为主回路端子和控制回路端子两个部分。

（1）主回路端子功能

1）主回路交流电源输入端子R、S、T。

表 2—13　　FR－F540（400 V）系列变频器规格型号

<table>
<tr><td colspan="3">型号 FR－F540－□□k－CH</td><td>0.75</td><td>1.5</td><td>2.2</td><td>3.7</td><td>5.5</td><td>7.5</td><td>11</td><td>15</td><td>18.5</td><td>22</td><td>30</td><td>37</td><td>45</td><td>55</td></tr>
<tr><td colspan="3">适用电动机容量（kW）（注 1）</td><td>0.75</td><td>1.5</td><td>2.2</td><td>3.7</td><td>5.5</td><td>7.5</td><td>11</td><td>15</td><td>18.5</td><td>22</td><td>30</td><td>37</td><td>45</td><td>55</td></tr>
<tr><td rowspan="6">输出</td><td colspan="2">额定容量（kV・A）（注 2）</td><td>1.5</td><td>2.7</td><td>3.7</td><td>5.7</td><td>8.8</td><td>12.2</td><td>17.5</td><td>22.1</td><td>26.7</td><td>32.8</td><td>43.4</td><td>53.3</td><td>64.8</td><td>80.8</td></tr>
<tr><td colspan="2">额定电流（A）</td><td>2.0</td><td>3.5</td><td>4.8</td><td>7.5</td><td>11.5</td><td>16</td><td>23</td><td>29</td><td>35</td><td>43</td><td>57</td><td>70</td><td>95</td><td>106</td></tr>
<tr><td colspan="2">过载能力（注 3）</td><td colspan="14">120% 60 s，150%　0.5 s（反时限特性）</td></tr>
<tr><td colspan="2">电压（注 4）</td><td colspan="14">三相 380～480 V 50/60 Hz</td></tr>
<tr><td rowspan="2">再生制动转矩</td><td>最大值/时间</td><td colspan="14">15%（注 5）</td></tr>
<tr><td>允许使用率</td><td colspan="14">连续（注 5）</td></tr>
<tr><td rowspan="5">电源</td><td colspan="2">额定输入交流电压、频率</td><td colspan="14">三相 380～480 V 50/60 Hz</td></tr>
<tr><td colspan="2">交流电压允许波动范围</td><td colspan="14">323～528 V 50/60 Hz</td></tr>
<tr><td colspan="2">允许频率波动范围</td><td colspan="14">±5%</td></tr>
<tr><td rowspan="2">电源容量（kW・A）（注 6）</td><td>无直流电抗器</td><td>2.1</td><td>4.0</td><td>4.8</td><td>8.0</td><td>11.5</td><td>16</td><td>20</td><td>27</td><td>32</td><td>41</td><td>52</td><td>65</td><td>79</td><td>99</td></tr>
<tr><td>安装直流电抗器</td><td>1.2</td><td>2.6</td><td>3.3</td><td>5.0</td><td>8.1</td><td>10</td><td>16</td><td>19</td><td>24</td><td>31</td><td>41</td><td>50</td><td>61</td><td>74</td></tr>
<tr><td colspan="3">保护结构（JEM 1030）</td><td colspan="10">封闭型（IP20 NEMA1）（注 7）</td><td colspan="4">开放型（IP00）</td></tr>
<tr><td colspan="3">冷却方式</td><td colspan="2">自冷</td><td colspan="12">强制风冷</td></tr>
<tr><td colspan="3">大约重量（kg）连同 DU</td><td>3.0</td><td>3.0</td><td>3.0</td><td>3.0</td><td>5.5</td><td>6.0</td><td>7.0</td><td>13.0</td><td>13.0</td><td>13.0</td><td>24.0</td><td>24.0</td><td>35.0</td><td>36.0</td></tr>
</table>

注：1. 适用电动机容量是指使用三菱标准 4 极电动机时的最大适用容量。

2. 输出电压为 400 V 级时，额定输出容量是指 440 V 时的容量。

3. 过载能力是以过电流与变频器的额定电流之比的百分数（%）表示的。反复使用时，必须等待变频器和电动机降到 100% 负荷时的温度以下。

4. 最大输出电压不能大于电源电压，在电源电压以下可以任意设定最大输出电压。

5. 转矩是以 60 Hz 减速到停止时的平均值表示的，并且随着电动机的损耗有所变化。

6. 电源容量随着电源侧的阻抗（包括输入电抗器和电线）的值而变化。

7. 取下选项用接线口，装入内置选项时，变为开放型（IP00）。

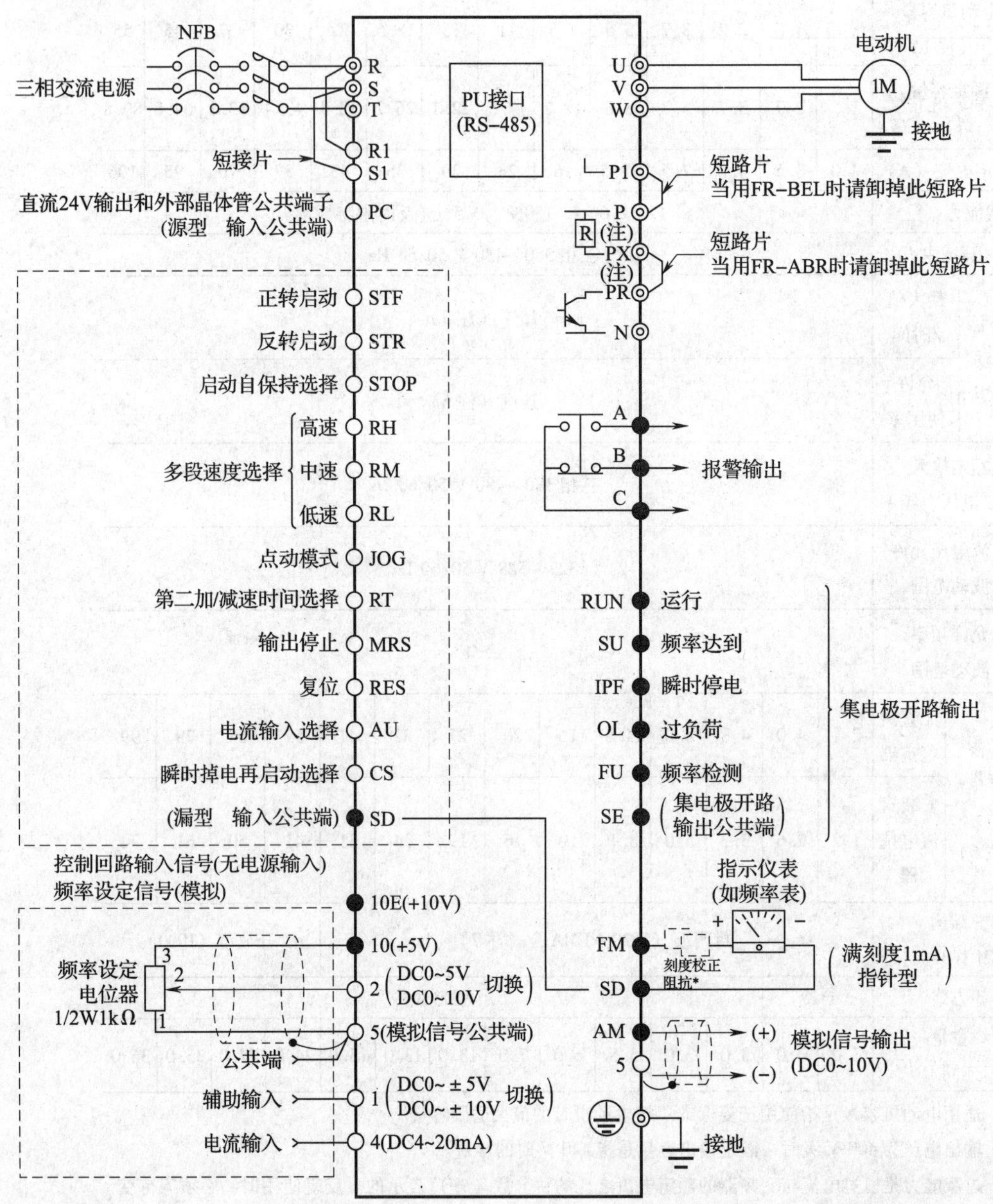

* 用操作面板(FR-DU04)或参数单元(FR-PU04)时没必要校正。仅当频率计不在附近又需要用频率计校正时使用。但是连接刻度校正阻抗后，频率计的指针有可能达不到满量程。这时请和操作面板或参数单元校正共同使用。

图 2—67　三菱 FR－A540 系列变频器端子接线图

2）变频器输出端子 U、V、W。

3）控制回路电源端子 R1、S1。

4）制动电阻连接用端子 P、PR。三菱 FR－A540 系列变频器中 0.4～7.5 kW 规格的变频器中 PX 和 PR 端子已用短路片连接。在内装的制动电阻器容量不够时，可选用外接高频制动电阻（FR－ABR）替代内置制动电阻。此时应拆开 PR 和 PX 之间的短路片，在 P－PR 之间连接选件高频制动电阻器（FR－ABR）。

5）制动单元连接用端子 P、N。连接选件 FR－BU 制动单元等。

6）改善功率因数 DC 电抗器的连接端子 P1、P。当采用 FR－BEL 改善功率因数 DC 电抗器选件时，应将 P1、P 之间的短路片拆开，在 P、P1 之间连接 FR－BEL 改善功率因数 DC 电抗器。

7）接地端子 ⏚。变频器外壳接地用，该端子必须接地。

（2）控制回路端子功能

控制回路端子可分为输入信号端子、模拟信号端子、输出信号端子三种类型。

1）输入信号端子

①STF、STR 信号端子：正、反转启动。STF 信号处于 ON 时正转，STF 信号处于 OFF 时停止。STR 信号处于 ON 时反转，STR 信号处于 OFF 时停止。当 STF、STR 信号同时处于 ON 时，相当于给出停止指令。

②STOP 信号端子：启动自保持选择。当 STOP 信号处于 ON 时，可选择启动信号自保持。

③RH、RM、RL 信号端子：多段速度选择。RH、RM、RL 输入信号端子功能分别为高速、中速、低速运行指令。日常应用中可用 RH、RM 和 RL 输入信号的组合来选择多段速度。

④JOG 信号端子：点动模式选择。当 JOG 信号处于 ON 时，选择点动运行方式。用（STF 和 STR）启动指令可以点动运行。

⑤RT 信号端子：第二加/减速时间选择。当 RT 信号处于 ON 时，选择第二加减速时间。

⑥ MRS 信号端子：输出停止指令。当 MRS 信号处于 ON（20 ms 以上）时，变频器输出停止。

⑦ RES 信号端子：复位指令。用于解除保护回路动作的保持状态。使 RES 和 SD 接通 0.1 s 以上，然后断开。

⑧AU 信号端子：电流输入选择。当 AU 信号处于 ON 时，变频器可用直流 4～

20 mA 作为频率设定信号。

⑨CS 信号端子：瞬时掉电再启动选择。当 CS 信号预先处于 ON 时，瞬时掉电再恢复时变频器便可自动启动，这种运行方式必须设定有关参数，因为出厂时已设定为不能再启动运行方式。

⑩SD 信号端子：公共输入端子（漏型）。接点接入端子和 FM 端子的公共端。直流 24 V、0.1 A（PC 端子）电源的输出公共端。

⑪PC 信号端子：直流 24 V 电源和外部晶体管公共端、接点输入公共端（源型）。该端子可用于直流 24 V、0.1 A 电源输出。当选择源型时，该端子作为接点输入的公共端。

2）模拟信号端子

①10，10E 信号端子：频率设定用电源。其中 10E 为 10 VDC，10 为 5 VDC。

②2 端子：频率设定（电压）输入端。输入 0 ~ 5 VDC（或 0 ~ 10 VDC）时，5 VDC（或 10 VDC）对应于最大输出频率，输入输出成比例。用参数单元进行输入直流 0 ~ 5 VDC（出厂设定）和 0 ~ 10 VDC 的切换。输入阻抗为 10 kΩ，允许最大电压为直流 20 V。

③4 端子：频率设定（电流）输入端。DC4 ~ 20 mA，20 mA 为最大输出频率，输入输出成比例。只有端子 AU 信号处于 ON 时，该输入信号有效。输入阻抗 250 Ω，允许最大电流为 30 mA。

④1 端子：辅助频率设定。输入 0 ~ ±5 VDC 或 0 ~ ±10 VDC 时，端子 2 或 4 的频率设定信号与这个信号相加。用参数单元进行输入直流 0 ~ 5 VDC（出厂设定）和 0 ~ 10 VDC 的切换。输入阻抗 10 kΩ，允许电压为 ±20 V。

⑤5 端子：频率设定公共端。频率设定信号（端 2、1 或 4）和模拟信号输出端子 AM 的公共端。

3）输出信号端子

①A、B、C 接点端子：异常报警输出端。指示变频器因保护功能动作而输出停止的接点。接点容量为 AC200 V、0.3 A 或 30 VDC、0.3 A。异常时：B – C 间不导通（A – C 间导通），正常时：B – C 间导通（A – C 间不导通）。

②RUN 集电极开路输出端：变频器正在运行。变频器输出频率为启动频率（出厂时为 0.5 Hz，可变更）以上时为低电平，集电极开路输出用晶体管处于 ON（导通状态）。正在停止或正在直流制动时为高电平，集电极开路输出用晶体管处于 OFF（不导通状态）。

③SU 集电极开路输出端：频率到达。输出频率达到设定频率的 ±10%（出厂

设定，可变更）时为低电平，集电极开路输出用晶体管处于 ON（导通状态）。正在加/减速或停止时为高电平，集电极开路输出用的晶体管处于 OFF（不导通状态）。

④OL 集电极开路输出端：过负荷报警。当失速保护功能动作时为低电平，集电极开路输出用晶体管处于 ON（导通状态）。失速保护功能解除时为高电平，集电极开路输出用晶体管处于 OFF（不导通状态）。

⑤IPF 集电极开路输出端：瞬时停电。瞬时停电，电压不足保护动作时为低电平，集电极开路输出用晶体管处于 ON（导通状态）。

⑥FU 集电极开路输出端：频率检测。输出频率为任意设定的检测频率以上时为低电平，集电极开路输出用晶体管处于 ON（导通状态）以下时为高电平，集电极开路输出用晶体管处于 OFF（不导通状态）。

⑦SE 端子：集电极开路输出公共端。端子 RUN、SU、OL、IPF、FU 的公共端子。

⑧AM 端子：模拟信号输出端。

⑨FM 端子：脉冲信号输出端，指示仪表用。

3. 三菱 FR－A540 系列变频器的操作模式及操作面板

（1）变频器的操作模式

三菱 FR－A540 系列变频器有 4 种操作模式：外部操作模式、PU 操作模式、外部/PU 组合操作模式和计算机通信操作模式。

1）外部操作模式：采用连接到变频器的端子板的外部操作信号（如频率设定电位器，正、反转启动信号等）控制变频器的运行。当电源接通时，启动信号（STF、STR）接通，则开始运行。

2）PU 操作模式：可用操作面板（PU）键盘上的正转键（FWD）、反转键（REV）、停止键（STOP）及频率设定等控制变频器的运行，这种操作模式不需外部操作信号。

3）外部/PU 组合操作模式：可采用连接到变频器的端子板的外部操作信号和（PU）操作面板组合控制变频器的运行。如启动信号（正、反转启动信号）由外部操作信号控制，频率设定用 PU 操作面板操作；启动信号（正、反转启动信号）由 PU 操作面板运行命令键操作，频率设定信号用外部操作信号控制，如用外部频率设定电位器设定。

4）计算机通信操作模式：通过 RS－485 通信电缆将个人计算机连接 PU 接口进行通信操作。

（2）三菱 FR－A540 系列变频器的操作面板及其操作

三菱 FR－A540 系列变频器的操作面板（FR－DU04）如图 2—68 所示。用操作面板（FR－DU04）可以设定运行频率、监视操作命令、设定参数、显示错误和参数复制。

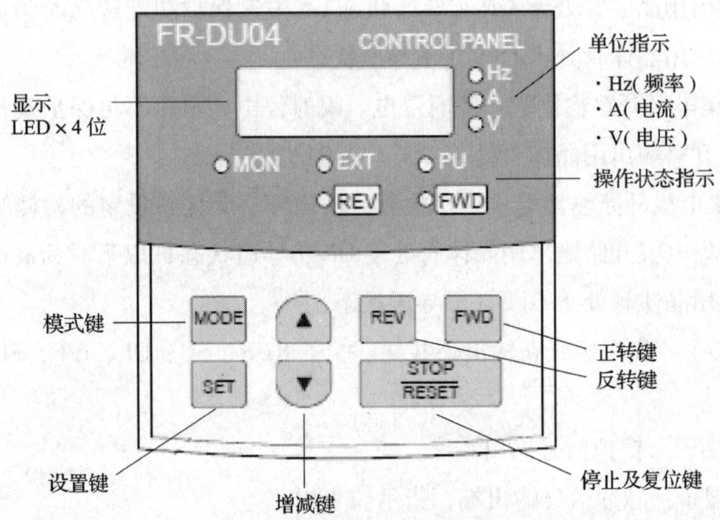

图 2—68 三菱 FR－A540 系列变频器的操作面板（PU）

1）操作面板上各部分的作用及其功能

①LED 显示器：用于显示各种状态下各种数据参数及信号等。

②单位指示：显示数据（频率、电流、电压）的计量单位，如 Hz 指示灯亮表示计量单位为频率，A 指示灯亮表示计量单位为电流，V 指示灯亮表示计量单位为电压。当 LED 显示器显示参数信号时，单位指示全灭。

③操作状态指示：MON 指示灯亮表示监示模式，EXT 指示灯亮表示外部操作，PU 指示灯亮表示 PU 操作，EXT 灯和 PU 灯同时亮表示 PU 和外部操作组合方式。REV 灯或 FWD 灯亮分别对应于 REV（反转）或 FWD（正转）操作。

④按键功能：

［MODE］键为模式键，用于选择操作模式或设定模式。FR－A540 系列变频器具有监示模式、频率设定模式、参数设定模式、运行模式和帮助模式等。

［SET］键为设置键，用于确定频率和参数的设定。

▲键和▼键为增减键，用于连续增加或降低运行频率。在参数设定模式中，可连续改变设定参数。

［FWD］键为正转键，用于给出正转指令。

［REV］键为反转键，用于给出反转指令。

STOP/RESET 为停止及复位键，用于停止变频器运行及用于保护功能动作输出停止时复位变频器。

2）变频器操作面板的基本操作方法

①按 MODE 键改变监视显示操作，如图 2—69 所示。

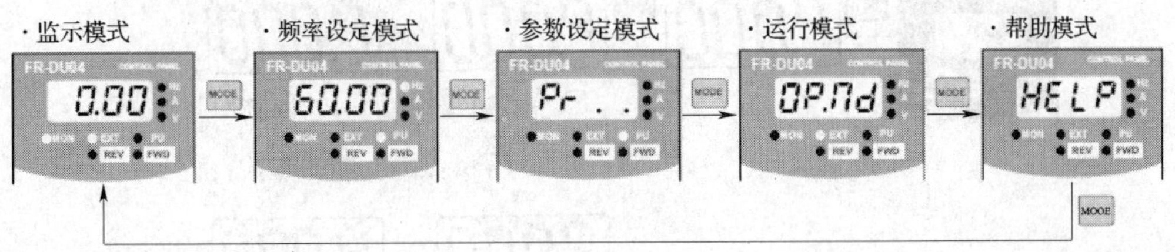

图 2—69　按 MODE 键改变监视显示操作

②监视显示模式操作。监视器显示运转中的指令：EXT 指示灯亮表示外部操作；PU 指示灯亮表示 PU 操作；EXT 和 PU 灯同时亮表示 PU 和外部操作组合方式。监视显示在运行中也能改变，如图 2—70 所示。

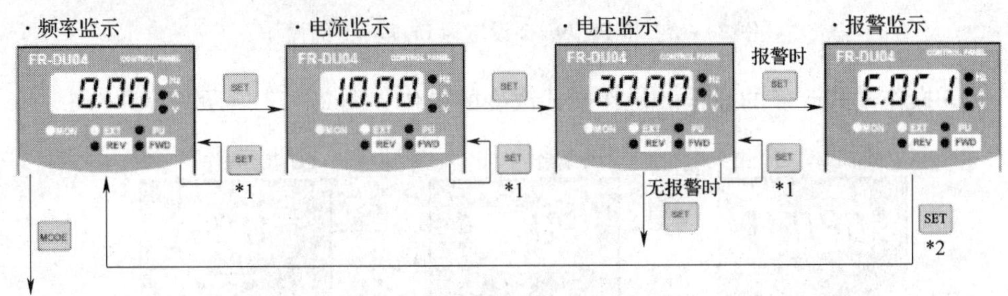

图 2—70　改变监视显示模式操作

③频率设定模式操作。将目前频率为 60 Hz 的频率设为 50 Hz 的操作步骤，如图 2—71 所示。

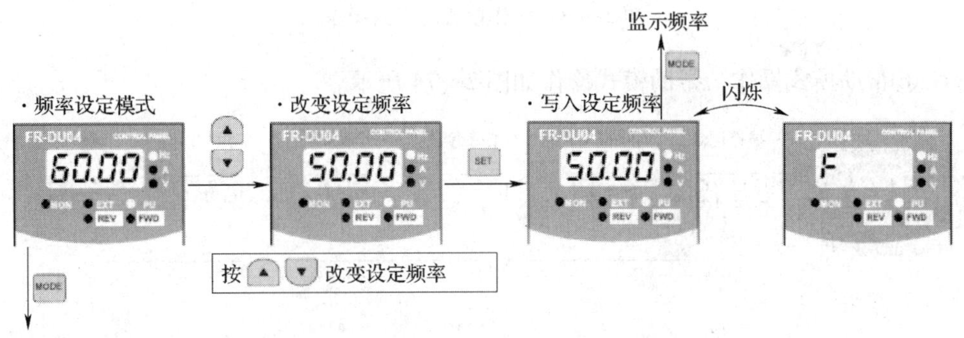

图 2—71　将目前频率为 60 Hz 的频率设为 50 Hz 操作步骤

④参数设定模式操作。一个参数值的设定既可以用数字键设定也可以用增减键，按下［SET］键 1.5 s 写入设定值并更新。例如，把 Pr. 79“运行模式选择”设定值从“2”（外部操作模式）变更到“1”（PU 操作模式）的操作如图 2—72 所示。

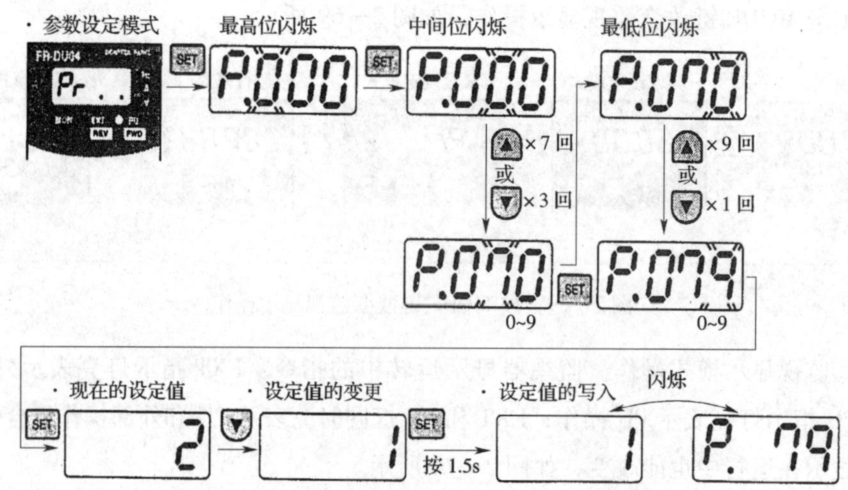

图 2—72　将 Pr. 79 = 2 设定为 Pr. 79 = 1 的操作

⑤操作模式改变的操作。操作模式改变的操作如图 2—73 所示。

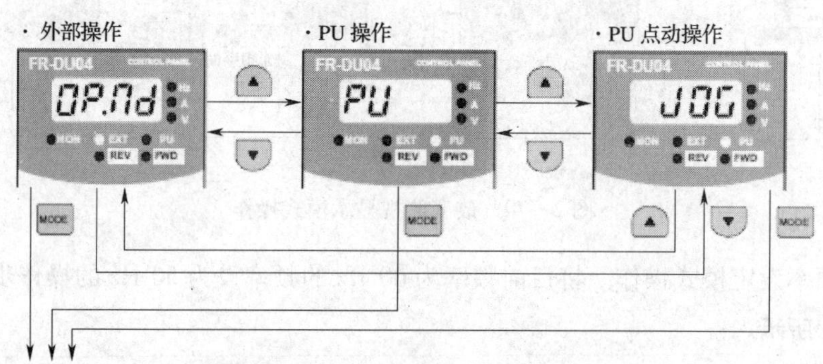

图 2—73　操作模式改变的操作

⑥帮助模式操作，帮助模式操作如图 2—74 所示。

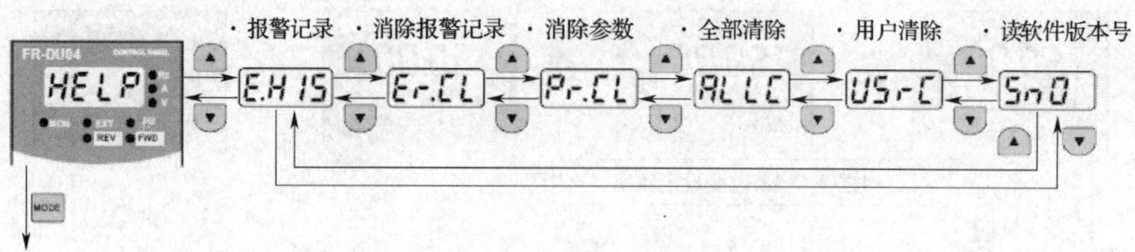

图 2—74　帮助模式操作

报警记录操作如图 2—75 所示。用▲/▼键能显示最近的 4 次报警。

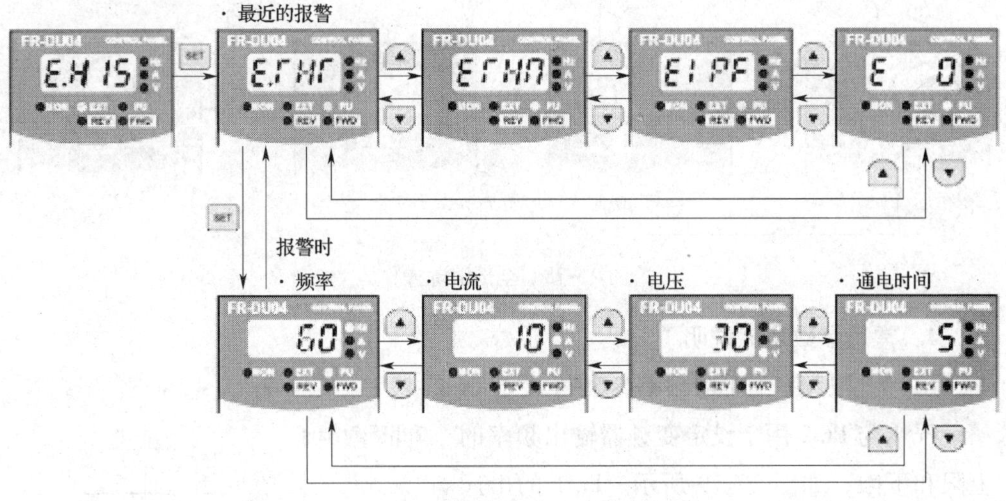

图 2—75　报警记录操作

清除所有报警记录操作如图 2—76 所示。

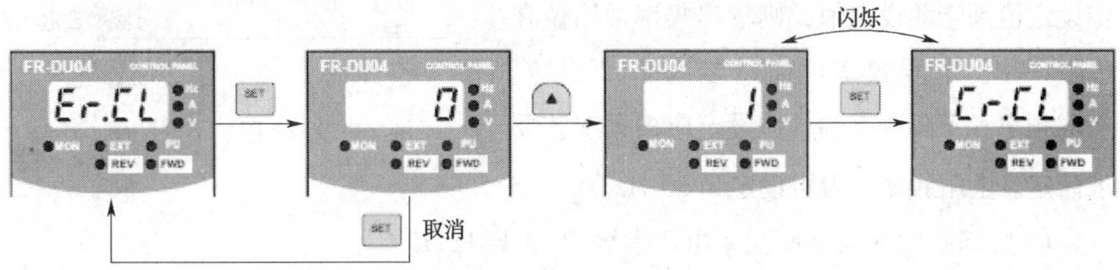

图 2—76　报警记录清除操作

参数清除操作将参数值初始化到出厂设定值，校准值不被初始化。参数消除操作如图 2—77 所示。Pr. 77 设定为“1”时（即选择参数写入禁止），参数值不能被消除。

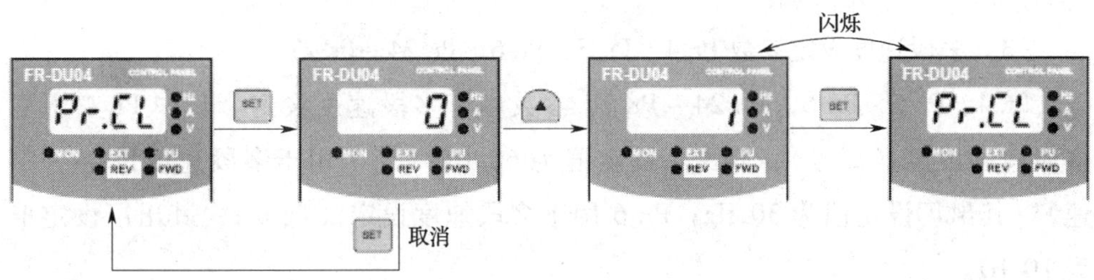

图 2—77　参数清除操作

全部清除操作将参数值和校准值全部初始化到出厂设定值。全部清除操作如图 2—78 所示。

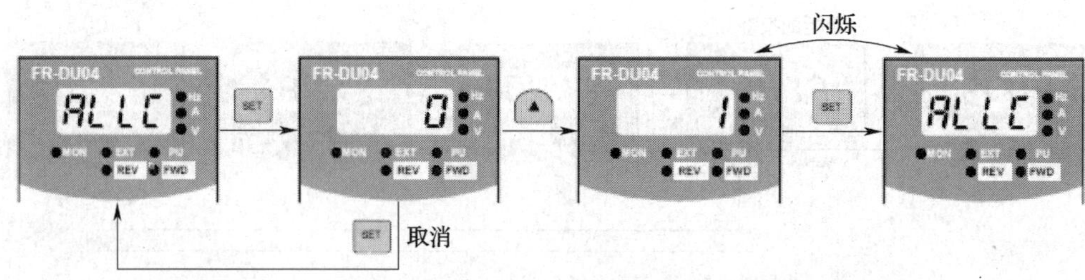

图2—78　全部清除操作

4. 常用参数功能说明

（1）上限频率与下限频率参数 Pr. 1 与 Pr. 2

Pr. 1 与 Pr. 2 用于设定变频器输出频率的上限和下限，如图 2—79 所示。Pr. 1 的出厂设定值为 120 Hz，Pr. 2 的出厂设定值为 0 Hz。上限频率可通过参数 Pr. 1 设定。如果频率给定设定值高于此设定值，则输出频率被钳位在上限频率。下限频率可通过参数 Pr. 2 设定。上限频率和下限频率的具体设定应根据工艺要求而定。上限频率一般可设定为 50 Hz。

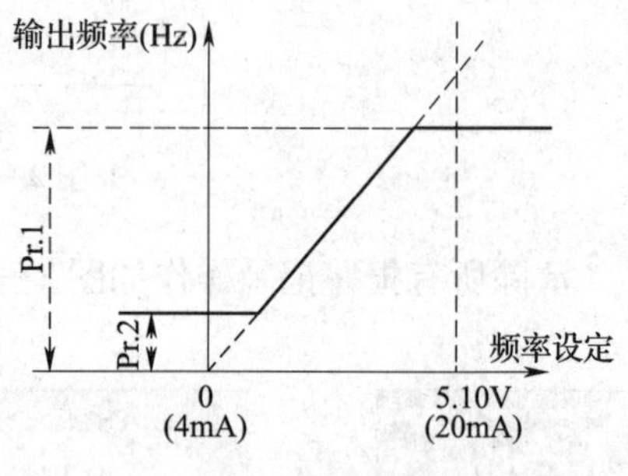

图2—79　上限、下限频率

（2）基底频率与基底频率电压参数 Pr. 3 与 Pr. 19

Pr. 3 用于设定基底频率，Pr. 19 用于设定基底频率电压。Pr. 3 的出厂设定值为 50 Hz，Pr. 19 的出厂设定值为 9999（9999 表示与电源电压相同）。一般基底频率可设定为电动机额定频率，如 50 Hz，基底频率电压设定为电动机额定电压，如 380 V 或 9999（9999 表示与电源电压相同）。当选择先进磁通矢量控制方式时，Pr. 3、Pr. 19 的设定无效。

（3）多段速度设定参数 Pr. 4、Pr. 5、Pr. 6、Pr. 24 ~ Pr. 27

Pr. 4、Pr. 5、Pr. 6、Pr. 24 ~ Pr. 27 参数用于多段速度设定。其中 Pr. 4 用于多段速度设定（高速），其出厂设定值为 60 Hz；Pr. 5 用于多段速度设定（中速），其出厂设定值为 30 Hz；Pr. 6 用于多段速度设定（低速），其出厂设定值为 10 Hz。

Pr. 24 ~ Pr. 27 用于多段速度设定（4 ~ 7 段速度设定），其出厂设定值为 9999（未选择）；可以通过多功能输入端 RH、RM、RL 等选择各种速度，具体见表 2—14。变频器多段速度控制与运行示意图如图 2—80 所示。

表 2—14　　多段速度设定参数

输入端子状态	RH = 1	RM = 1	RL = 1	RM = 1 RL = 1	RH = 1 RL = 1	RH = 1 RM = 1	RH = 1 RM = 1 RL = 1
参数号	Pr. 4	Pr. 5	Pr. 6	Pr. 24	Pr. 25	Pr. 26	Pr. 27

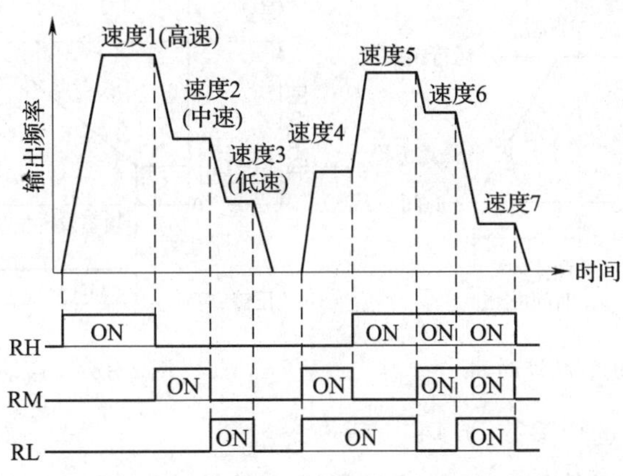

图 2—80　变频器多段速度控制与运行示意图

（4）加、减速时间等有关参数 Pr. 7、Pr. 8、Pr. 20、Pr. 21、Pr. 44、Pr. 45

Pr. 7 参数用于设定电动机加速时间，Pr. 8 参数用于设定电动机减速时间。Pr. 20 参数用于设定加/减速基准频率，其出厂设定值为 50 Hz。Pr. 21 参数用于设定加/减速时间单位，当 Pr. 21 =0 时，最小设定单位为 0. 1 s，当 Pr. 21 =1 时，最小设定单位为 0. 01s。Pr. 21 的出厂设定值为 0。Pr. 44、Pr. 45 两个参数用于设定电动机第二加/减速时间。用 Pr. 7、Pr. 44 两个参数设定的电动机加速时间是指从 0 Hz 到达 Pr. 20 参数所设定的加/减速基准频率的加速时间。用 Pr. 8、Pr. 45 两个参数设定的电动机减速时间是指从 Pr. 20 参数所设定的加/减速基准频率下降到 0 Hz 的减速时间，如图 2—81 所示。

（5）电子过电流保护参数 Pr. 9

该参数用于设定电动机电子过电流保护的电流值。该功能是为保护变频器所驱动的电动机。一般可设定为电动机的额定电流。当 Pr. 9 =0 时，电子过电流保护（电动机保护功能）无效。当变频器和电动机容量相差过大或设定过小，电子过电流保护特性将恶化，需要安装外部热继电器等进行保护。当变频器输出供给两台以上的多台电动机时，电子过电流保护功能不起作用，需要在每台电动机上安装外部热继电器等进行保护。

（6）启动频率参数 Pr. 13

该参数用于设定在启动信号 ON 时的开始频率。启动频率能设定在 0～60 Hz 之间，如图 2—82 所示。如果设定频率小于参数 Pr. 13 启动频率的设定值，变频器将不能启动。

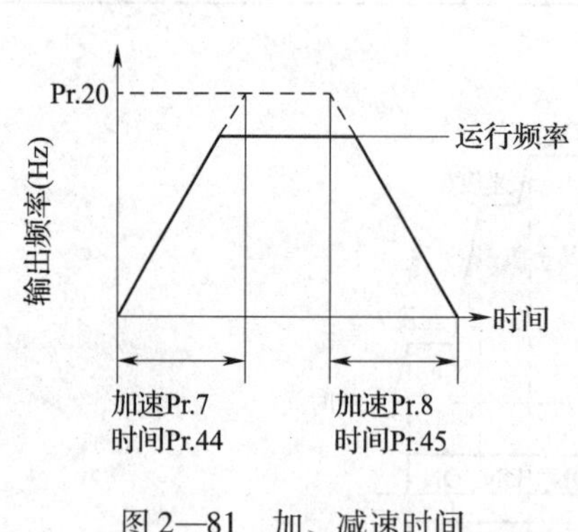

图 2—81　加、减速时间

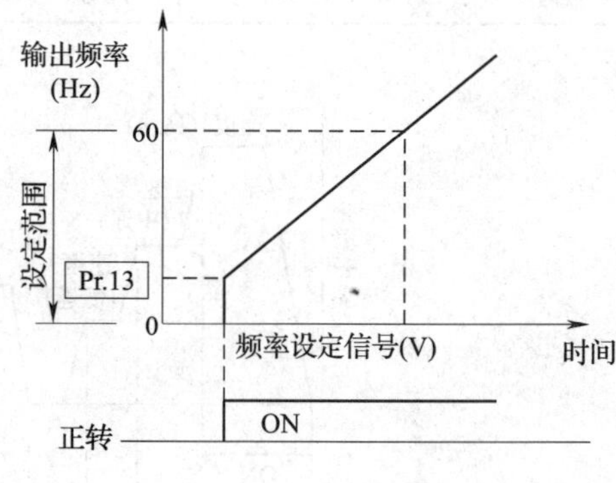

图 2—82　启动频率

（7）适用负荷选择参数 Pr. 14

该参数用于选择使用与负载特性最适宜的输出特性（V/f 特性）。其中，当 Pr. 14 = 0 时，适用恒转矩负载（如运输机械、台车）；当 Pr. 14 = 1 时，适用风机、水泵等变转矩负载；当 Pr. 14 = 2、3 时，适用提升类负载。Pr. 14 的出厂设定值为 0。当用 Pr. 80 和 Pr. 81 参数选择为先进磁通矢量控制方式时，参数 Pr. 14 设定无效。

（8）点动频率和点动加/减速时间参数 Pr. 15、Pr. 16

参数 Pr. 15 用于设定变频器点动频率，参数 Pr. 16 用于设定变频器点动加/减速时间。Pr. 15 的出厂设定值为 5. 00 Hz，Pr. 16 的出厂设定值为 0. 5 s。

（9）适用电动机参数 Pr. 71

该参数用于设定使用的电动机，以便能够按使用电动机设定电子过电流保护热特性。其中，当 Pr. 71 = 0 时为适合标准电动机的热特性，当 Pr. 71 = 1 时为适合三菱恒转矩电动机的热特性。Pr. 71 的出厂设定值为 0。

（10）0～5 V/0～10 V 选择参数 Pr. 73

该参数用于选择变频器模拟输入端子的规格等。其中，当 Pr. 73 = 0 时，端子 2 输入电压为 0～10 V，端子 1 输入电压为 0～±10 V；当 Pr. 73 = 1 时，端子 2 输入电压为 0～5 V，端子 1 输入电压为 0～±10 V；当 Pr. 73 = 2 时，端子 2 输入电压为 0～10 V，端子 1 输入电压为 0～±5 V；当 Pr. 73 = 3 时，端子 2 输入电压为 0～5 V，端子 1 输入电压为 0～±5 V。Pr. 73 的出厂设定值为 1。

技能要求

变频恒压供水系统读图分析

一、操作要求

近年来由于城市建设飞速发展，高层楼宇大量涌现，居民用水矛盾日益突出。为提高供水质量，特别是在高楼和宾馆的供水系统中，变频调速以其优异的调速和启、制动性能，高效率和节电效果，得到了广泛的应用。现以某居民小区的生活用水变频恒压供水系统为例，分析说明变频恒压供水系统的变频调速系统、PLC 控制系统工作原理及控制程序。生活用水变频恒压供水系统的电气控制原理图如图 2—83 所示。

二、操作步骤

步骤 1　了解变频恒压供水系统的组成及工作过程

由图 2—83 可知，变频恒压供水系统共有三台水泵，三台水泵电动机分别为 DY1、DY2、DY3。三台水泵电动机均可以工频运行和变频运行，三台水泵电动机的变频运行由一台变频器分别控制。本系统选用三菱公司的 FR－F540 系列变频器，该变频器是风机水泵专用型通用变频器。整个变频恒压供水控制系统采用 PLC 控制系统对三台水泵电动机的启动、停止、工频运行和变频运行切换进行控制以及对系统故障进行处理。PLC 控制系统选用三菱公司可编程序控制器 FX_{2N}－48MR。本系统采用独立的 PID 调节器来实现对供水管网压力的闭环控制，该调节器选用富士电机仪表有限公司 PXR5 型微型数字温控表。由该 PID 调节器的输出（4～20 mA 电流）作为 FR－F540 变频器的频率给定信号。供水管网中的压力则通过压力变送器转换为 4～20 mA 的电流信号反馈到 PID 调节器。变频恒压供水系统的控制方框图如图 2—84 所示。

由图 2—84 可知，压力给定信号在调节器面板中以键盘设置，供水管网中的压力通过压力变送器转换为 4～20 mA 的电流信号反馈到 PID 调节器。压力给定信号（SV）与压力反馈信号（PV）进行比较后，其偏差值通过 PID 调节器进行处理。PID 调节器的输出（4～20 mA 电流）作为变频器的频率给定信号以改变变频器输出频率，即改变水泵电动机的转速，从而实现压力的闭环控制。整个变频恒压供水控制系统由 PLC 控制系统控制，调节器输出的压力信号和变频器输出的频率信号送到 PLC 控制系统。PLC 控制系统根据压力和频率信号来决定对三台水泵电动机的启动、停止、工频运行和变频运行切换进行控制。

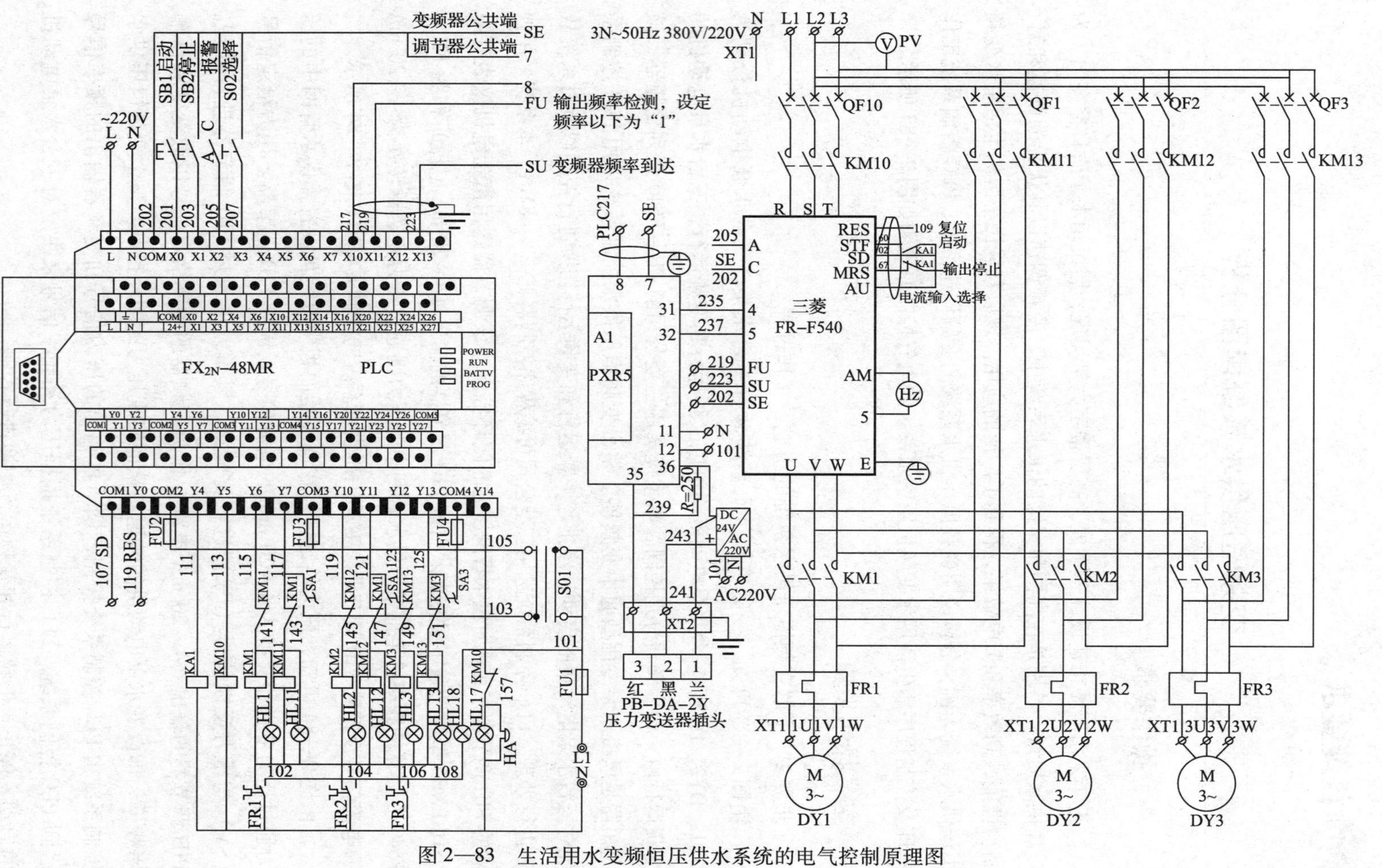

图 2—83　生活用水变频恒压供水系统的电气控制原理图

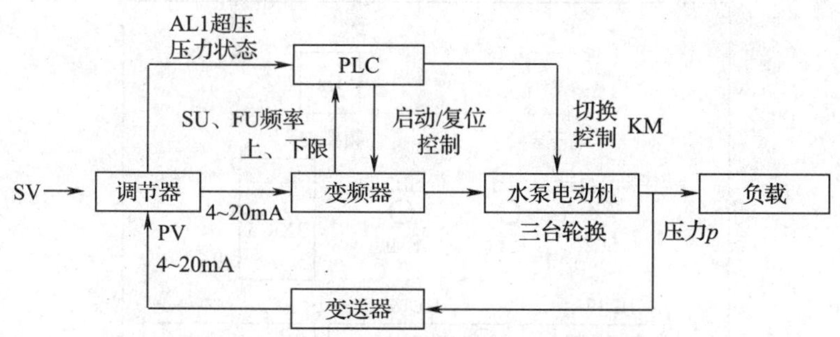

图 2—84　变频恒压供水系统的控制方框图

本变频恒压供水系统共有三台水泵。当居民用水流量少时，用一号泵电动机（DY1）作变频运行，电动机低速运行。当用水流量增加时，供水能力 Q_G小于用水流量 Q_u，则压力降低，压力反馈信号（PV）减小，而 PID 调节器的压力给定信号（SV）恒定，因此偏差信号 ΔP 增加，使 PID 调节器输出信号增加，即变频器的输入频率给定信号增加，从而使变频器的输出频率增加，使一号泵电动机（DY1）升速，管网压力随之增加。如果变频器输出频率已经达到额定频率，且经过一定时间后管网压力仍小于设定值，说明只用一台水泵供水能力还不够，则通过 PLC 控制一号泵电动机（DY1）转为工频运行，接通二号泵电动机（DY2）并由变频器控制，使二号泵电动机（DY2）作变频运行。此时，一号泵、二号泵同时供水，使管网压力继续上升直到达到压力平衡。当用水流量下降使压力升高时，通过 PID 调节器的调节作用使变频器输出频率降低，二号泵电动机（DY2）转速下降，使管网压力下降，达到新的平衡。如果变频器输出频率下降到下限值，管网压力仍大于设定值，说明用不到两台泵同时工作，则通过 PLC 控制一号泵电动机（DY1）停止工作，二号泵电动机（DY2）继续由变频器控制，做变频运行，维持管网压力。当用水流量又增加使压力下降时，变频器的输出频率又上升。如果变频器的输出频率达到额定频率，而管网压力仍小于设定值，则二号泵电动机（DY2）转为工频运行，接通三号泵电动机（DY2）并由变频器控制，使三号泵电动机（DY3）作变频运行。此时，二号泵、三号泵同时供水，二号泵电动机（DY2）为工频运行，三号泵电动机（DY3）为变频运行，使管网压力继续上升直到达到压力平衡。根据管网压力的变化，三台泵的工作状况可以轮流切换。

由图 2—83 可知，在本系统中设有运行和检修两种工作状态，由运行、检修状态选择开关 S01 决定，此选择开关安装在控制柜内。当 S01 转到运行位置时，系统可由 PLC 控制电动机自动运行；而当 S01 转到检修位置时，电动机不再受 PLC 控制，由检修工以手动操作。控制柜操作面板示意图如图 2—85 所示。

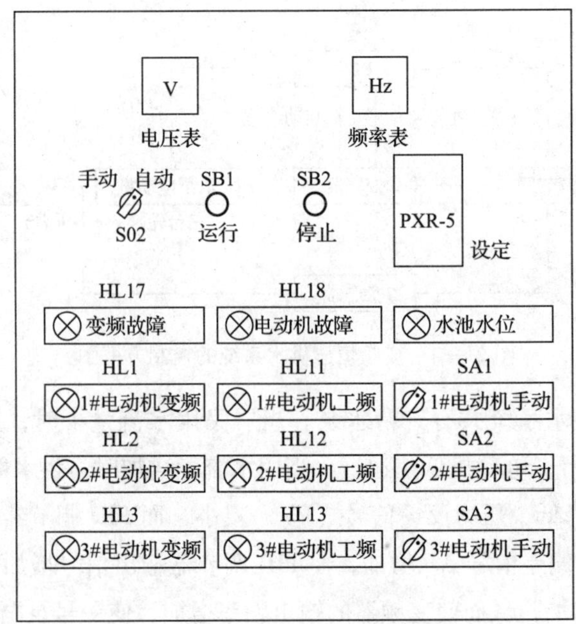

图2—85　控制柜操作面板示意图

当S01选择检修工作状态时，三台水泵电动机（DY1、DY2、DY3）只能受KM11～KM13控制，工作在工频运行状态，具体由控制柜操作面板上的“电动机手动”操作开关SA1、SA2和SA3选择，若选中某台水泵电动机手动接通，则KM11～KM13中相应的一个吸合，这台电动机为工频运行，对应的“电动机工频”指示灯点亮。

生活用水变频恒压供水系统的电气控制原理图中所用元器件清单（见表2—15）。

表2—15　　变频恒压供水系统的电气控制原理图中元器件清单

序号	元器件代号	元器件名称	型号规格
1	PLC	可编程序控制器	三菱 FX_{2N} －48MR
2	FR－F540	三菱变频器	三菱 FR－F540－11 K
3	A1	数字式压力表	FUJI PXR5
4	PB－DA－2Y	压力变送器	HSA PB－DA－2 YA 输出4～20 mA
5	DC	稳压器	AC220 V/DC24 V
6	SB1	启动按钮	
7	SB2	停止按钮	
8	S02	手动/自动选择开关	
9	QF1～QF3，QF10	断路器	

续表

序号	元器件代号	元器件名称	型号规格
10	KM1 ~ KM3，KM10 ~ KM13	接触器	
11	KA1	变频器启停继电器	
12	FR1，FR2，FR3	热继电器	
13	FU1 ~ FU4	熔断器	
14	HL1，HL2，HL3 HL11，HL12，HL13 HL17 HL18	泵 1 ~ 泵 3 变频指示灯 泵 1 ~ 泵 3 工频指示灯 变频器故障指示灯 电动机故障指示灯	
15	HA	变频器故障蜂鸣器	
16	SA1、SA2、SA3	检修选择按钮	
17	S01	检修开关	
18	DY1，DY2，DY3	水泵电动机	Y132M－4B，7.5 kW/15.4 A/380 V/1 440 r/min

步骤 2　了解变频调速系统及其工作原理

变频调速系统接线及工频、变频运行切换主电路的原理图如图 2—86 所示。

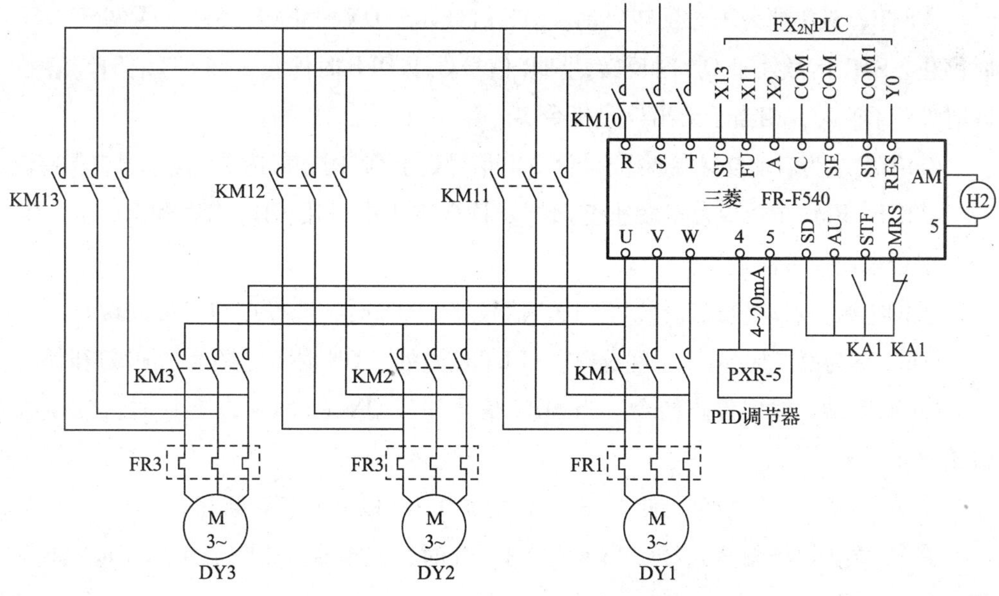

图 2—86　变频调速系统接线及工频、变频运行切换主电路的原理图

1. 三菱公司 FR－F540 变频器及其端子功能

三菱公司 FR－F540 系列变频器是风机水泵专用型通用变频器。根据水泵配用的电动机（7.5 kW、380 V、15.4 A、1 440 r/min），变频器型号选择为 FR－F540－11K－CH。FR－F540 系列变频器端子接线图如图 2—87 所示。现对 FR－F540 系列变频器端子功能做一说明。

（1）主回路端子功能

1）R、S、T 端为主回路交流电源输入。

2）U、V、W 端为变频器输出。

3）R1、S1 端为控制回路电源。

4）P、N 端连接制动单元。

5）P1、P 端连接改善功率因数 DC 电抗器。当采用 FR－BEL 改善功率因数 DC 电抗器选件时，应将 P1、P 之间的短路片拆开，在 P、P1 之间连接 FR－BEL 改善功率因数 DC 电抗器。

6）PX 和 PR 端为厂家设定用端子。

7）接地端子 ⏚ 。变频器外壳接地用，该端子必须接地。

（2）控制回路端子功能。控制回路端子可分为输入信号端子、模拟信号端子、输出信号端子等类型。

1）输入信号端子

①STF、STR 端为正、反转启动。STF 信号处于 ON 时正转，STF 信号处于 OFF 时停止。STR 信号处于 ON 时反转，STR 信号处于 OFF 时停止。当 STF、STR 信号同时处于 ON 时，相当于给出停止指令。

②STOP 端为启动自保持选择。当 STOP 信号处于 ON 时，可选择启动信号自保持。

③RH、RM、RL 端为多段速度选择。日常应用中可用 RH、RM 和 RL 输入信号的组合来选择多段速度。

④JOG 端为点动模式选择。当 JOG 信号处于 ON 时，选择点动运行方式。

⑤RT 端为第二加/减速时间选择。当 RT 信号处于 ON 时，选择第二加减速时间。

⑥ MRS 端为输出停止指令。当 MRS 信号处于 ON（20 ms 以上）时，变频器输出停止。

⑦ RES 端为复位指令。使 RES－SD 接通 0.1 s 以上，然后断开。

⑧AU 端为电流输入选择。当 AU 处于 ON 时，变频器可用直流 4～20 mA 作为频率设定信号。

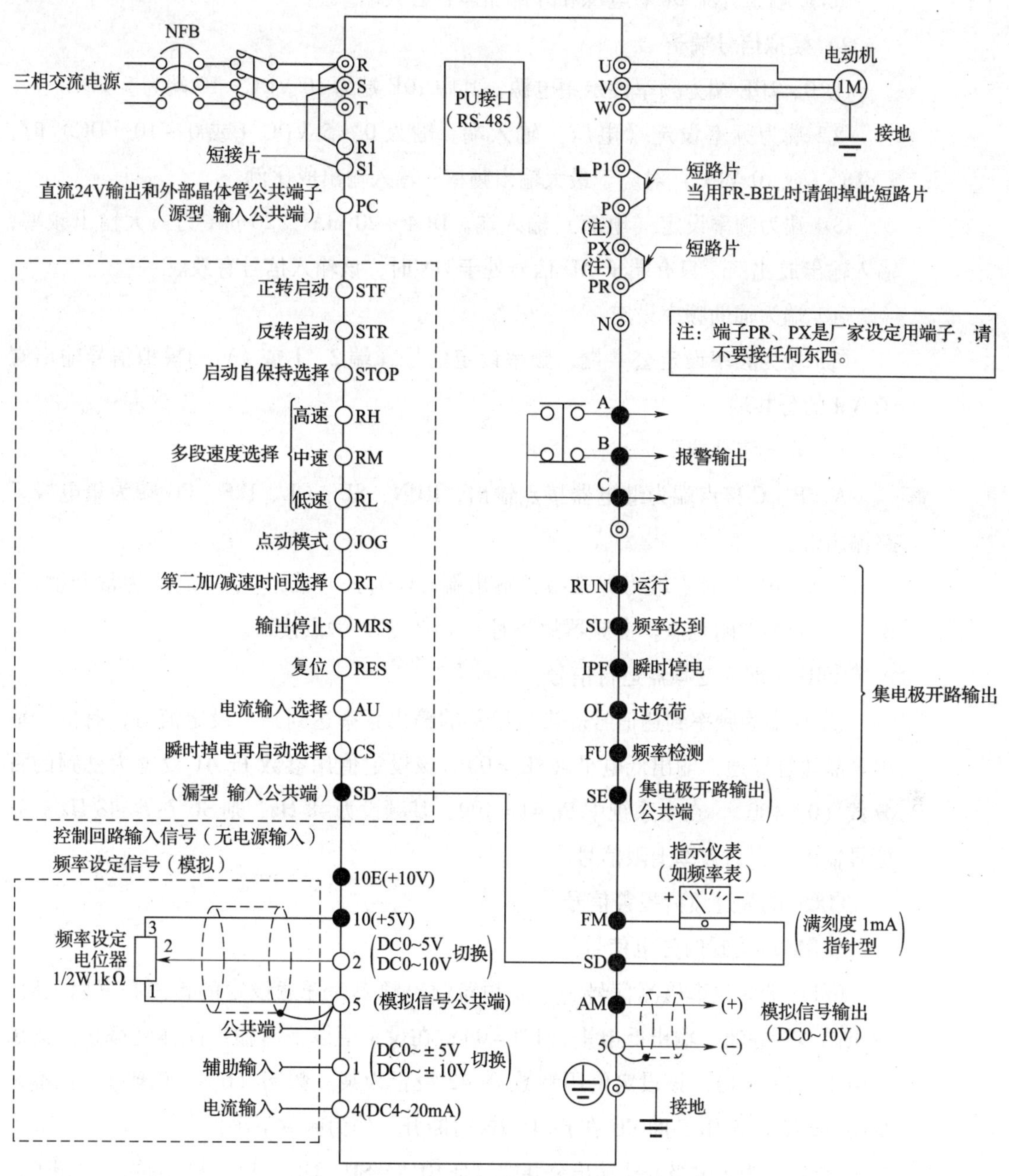

图 2—87　FR－F540 系列变频器端子接线图

⑨CS 端为瞬时停电再启动选择。当 CS 信号预先处于 ON 时，瞬时停电再恢复时变频器便可自动启动，这种运行方式必须设定有关参数。

⑩SD端为公共输入端子（漏型）。接点接入端子和FM端子的公共端。直流24 V、0.1 A（PC端子）电源的输出公共端。

⑪PC端为直流24 V电源和外部晶体管公共端。

2）模拟信号端子

①10，10E端为频率设定用电源。其中10E端为10 VDC，10端为5 VDC。

②2端为频率设定（电压）输入端。输入0~5 VDC（或0~10 VDC）时，5 VDC（或10 VDC）对应于最大输出频率，输入输出成比例。

③4端为频率设定（电流）输入端。DC4~20 mA，20 mA为最大输出频率，输入输出成比例。只有端子AU信号处于ON时，该输入信号有效。

④1端为辅助频率设定。

⑤5端为频率设定公共端。频率设定信号（端2、1或4）和模拟信号输出端子AM的公共端。

3）输出信号端子

A、B、C接点端为继电器接点输出，RUN、SU、OL、IPF、FU端为集电极开路输出端。

①A、B、C接点端为异常报警输出端。C为公共端，A、C之间为常开触点，B、C之间为常闭触点。变频器故障时，A-C常开触点接通。

②RUN端为变频器运行信号。

③SU端为频率到达信号。当变频器的输出频率达到某一设定值时，有信号输出。晶体管导通，输出低电平（SU=0）。该设定值用参数Pr.41设置为基频的百分数（0~100）。在本系统中Pr.41=100，基频设为48 Hz，则SU在$f \geq 48$ Hz时有信号输出，作为频率上限信号。

④OL端为过负荷报警信号。

⑤IPF端为瞬时停电信号。

⑥FU端为频率检测信号。当变频器输出频率为任意设定的检测频率以上时，输出晶体管导通，输出低电平（FU=0）；在设定值以下时输出晶体管截止，输出高电平（FU=1）。该设定值用参数Pr.42设置为某一频率（0~400 Hz）。在本系统中Pr.42=15 Hz，即FU在$f<15$ Hz时断开，作为频率下限信号。

⑦SE端为集电极开路输出公共端，是RUN、SU、OL、IPF、FU端的公共端子。

⑧FM端为脉冲信号输出端。接数字频率计等数字式指示仪表。

⑨AM端为模拟信号输出端。接0~10 V电压表。

FM、AM通过参数Pr.158设置，可输出16种运行参数的测量信号，如Pr.158=1

显示频率，Pr. 158 = 2 显示输出电流，Pr. 158 = 3 显示输出电压等。本系统中在 AM 端与 5#端子之间接一电压表，表面画成频率刻度，并设置 Pr. 158 = 1，输出 10 V 电压时对应的频率用参数 Pr. 55 设为 50 Hz。

2. 三菱公司 FR – F540 变频器的主要参数设置

（1）上限频率（Pr. 1）。设置变频器实际可输出的最高频率。本系统上限频率设置为 50 Hz。

（2）下限频率（Pr. 2）。设置变频器实际可输出的最低频率。在供水系统中，转速过低，会出现水泵“空转”的现象。本系统下限频率设置为 15 Hz。

（3）基底频率（Pr. 3）。基底频率即基频，本系统中电动机设计为升速至 48 Hz 时切换到工频运行，因此将基底频率设置为 48 Hz。

（4）启动频率（Pr. 13）。变频器开始启动时的输出频率。本系统将启动频率设置为 0.5 Hz，即采用出厂设定值。

（5）升速与降速时间（Pr. 7 与 Pr. 8）。一般来说，水泵不属于频繁地启动与制动的负载，因此，升速时间和降速时间可以适当地预置得长一些。本系统中升速与降速时间均设置为 10 s。

（6）输出状态检测（Pr. 41 和 Pr. 42）。在本系统中以 SU 端信号作为运行频率的上限信号，上限频率信号 SU 用频率到达动作范围（Pr. 41）设置，Pr. 41 设置为 100%。当变频器的输出频率达到基底频率的 100% 即 48 Hz 时 SU = 0（低电平）。以 FU 信号作为运行频率的下限信号，下限频率信号用频率检测信号（Pr. 42）设置，Pr. 42 设置为 15 Hz。当变频器的输出频率低于下限频率时 FU = 1（高电平）。这里要注意的是：变频器控制信号输出端是集电极开路输出的晶体管集电极，当控制输出为低电平时表示晶体管 ON（导通），而高电平表示晶体管 OFF（截止）。

（7）AM 端子功能选择（Pr. 158）。AM 端子的输出功能由参数 Pr. 158 设置，如 Pr. 158 = 1 显示频率；Pr. 158 = 2 显示输出电流；Pr. 158 = 3 显示输出电压；Pr. 158 = 6 显示转速等。本系统中变频器的频率显示通过模拟量信号输出端子 AM 输出，其频率输出信号为 0 ~ 10 V，允许负载电流 1 mA。实际选用 0 ~ 10 V 的电压表，将电压表面改为频率表使用。此时，AM 端子功能设置 Pr. 158 = 1 显示频率。

（8）频率监视基准（Pr. 55）。当 FM、AM 端子功能选择为频率时，用于设定基准参考频率。本系统中 Pr. 55 设置为 50 Hz。AM 端子输出信号为 10 V 时，对应频率为 50 Hz。

（9）A，B，C 端子功能选择（Pr. 195）。本系统中变频器故障报警使用了变频器的继电器输出 A、B、C 接点。A，B，C 端子的功能可由参数 Pr. 195 设置，本系统中 Pr. 195 设置为 99（即出厂设定）。其中 C 为触点公共端，A－C 为常开触点，B－C 为常闭触点。当变频器因保护功能动作时，A－C 常开触点接通。

（10）频率输入给定信号（Pr. 904，Pr. 905）。本系统中采用 4 ~ 20 mA 电流输入来作为变频器的频率给定信号。4 ~ 20 mA 电流对应输出频率的范围以参数 Pr. 904（频率设定电流偏置）和 Pr. 905（频率设定电流增益）来指定，4 mA 电流对应频率以 Pr. 904 设置，20 mA 电流对应频率以 Pr. 905 设置。本系统中使用出厂设定值 Pr. 904 = 0 Hz，Pr. 905 = 50 Hz。

（11）电动机的额定参数按电动机铭牌在参数 Pr. 80 ~ Pr. 83 中设置。

本系统中变频器的主要参数设置见表 2—16。

表 2—16　　FR－F540 系列变频器主要参数设置

<table>
<tr><th>功能</th><th>参数号</th><th>名称</th><th colspan="2">设定范围</th><th colspan="2">设定值</th></tr>
<tr><td rowspan="5">基本功能</td><td>1</td><td>上限频率</td><td colspan="2">0 ~ 120 Hz</td><td colspan="2">50 Hz</td></tr>
<tr><td>2</td><td>下限频率</td><td colspan="2">0 ~ 120 Hz</td><td colspan="2">15 Hz</td></tr>
<tr><td>3</td><td>基底频率</td><td colspan="2">0 ~ 400 Hz</td><td colspan="2">48 Hz</td></tr>
<tr><td>7</td><td>加速时间</td><td colspan="2">0 ~ 360 s</td><td colspan="2">10 s</td></tr>
<tr><td>8</td><td>减速时间</td><td colspan="2">0 ~ 360 s</td><td colspan="2">10 s</td></tr>
<tr><td>标准运行功能</td><td>13</td><td>启动频率</td><td colspan="2">0 ~ 60 Hz</td><td colspan="2">0.5 Hz</td></tr>
<tr><td rowspan="2">输出功能</td><td>41</td><td>频率到达动作范围</td><td colspan="2">0 ~ 100%</td><td colspan="2">100%</td></tr>
<tr><td>42</td><td>输出频率检测</td><td colspan="2">0 ~ 400 Hz</td><td colspan="2">15 Hz</td></tr>
<tr><td>显示功能</td><td>55</td><td>频率监视基准</td><td colspan="2">0 ~ 400 Hz</td><td colspan="2">50 Hz</td></tr>
<tr><td rowspan="4">电动机参数</td><td>80</td><td>电动机容量</td><td colspan="2">0 ~ 55 kW</td><td colspan="2">7.5 kW</td></tr>
<tr><td>81</td><td>电动机极数</td><td colspan="2">2、4、6、8、12、16</td><td colspan="2">4</td></tr>
<tr><td>83</td><td>电动机额定电压</td><td colspan="2">0 ~ 1 000 V</td><td colspan="2">380 V</td></tr>
<tr><td>84</td><td>电动机额定频率</td><td colspan="2">50 ~ 120 Hz</td><td colspan="2">50 Hz</td></tr>
<tr><td>子功能</td><td>158</td><td>AM 端子功能选择</td><td colspan="2">0，1，2，5，6，8，10 ~ 14，17，21</td><td colspan="2">1</td></tr>
<tr><td>端子安排功能</td><td>195</td><td>ABC 端子功能选择</td><td colspan="2">0 ~ 5，8，10，11，13 ~ 19，25，26，98 ~ 105，108，110，111，113 ~ 116，125，126，198，199，9999</td><td colspan="2">99</td></tr>
<tr><td rowspan="2">校准功能</td><td>904</td><td>频率设定电流偏置</td><td>0 ~ 20 mA</td><td>0 ~ 60 Hz</td><td>4 mA</td><td>0 Hz</td></tr>
<tr><td>905</td><td>频率设定电流增益</td><td>0 ~ 20 mA</td><td>1 ~ 400 Hz</td><td>20 mA</td><td>50 Hz</td></tr>
</table>

注：其他参数为出厂设定值。

3. 变频调速系统接线及工频、变频运行切换主电路的工作原理

由图 2—87 所示的变频调速系统接线及工频、变频运行切换主电路的原理图可知，变频器频率给定信号输入端子 4、5 与 PID 调节器的控制输出端相接，PID 调节器输出的 4 ~ 20 mA 电流作为变频器的外部频率给定信号输入到变频器。变频器控制端子 AU 直接接到控制输入公共端 SD，允许变频器选择 4 ~ 20 mA 电流作为输入信号。变频器复位端子 RES 接到 PLC 的输出端 Y0，当 Y0 有输出时变频器进行复位，所有的保护回路动作的保持状态被解除。变频器正转启动 STF 和输出停止 MRS 分别通过由 PLC 控制的中间继电器 KA1 的常开触点和常闭触点接到公共端 SD。当 KA1 吸合时，STF = 1、MRS = 0，变频器正转启动；当 KA1 失电释放时，STF = 0、MRS = 1，变频器停止输出。变频器控制输出端子 FU 和 SU 分别向 PLC 发出频率低于下限和频率达到上限的信号，由 PLC 进行判断是否需对水泵的状态进行切换。变频器故障输出端 A、C 也接到 PLC 输入端，当变频器异常时，继电器常开触点 A、C 之间接通，由 PLC 切断变频器和电动机的运行，同时发出报警信号。

根据变频恒压供水系统工艺要求，三台水泵电动机（DY1、DY2、DY3）均需要工频运行和变频运行，即需要在工频电源与变频器控制间进行切换控制。由图 2—87 所示的变频调速系统接线及工频、变频运行切换主电路的原理图可知，本系统采用 PLC 控制系统来控制三台水泵电动机（DY1、DY2、DY3）工频电源与变频器控制间的切换，即控制三台水泵电动机（DY1、DY2、DY3）的工频运行和变频运行。现以其中 1#水泵电动机（DY1）为例说明变频运行的电动机切换成工频运行时切换控制过程，图中的交流接触器 KM1 和 KM11 应具备电气和机械双重互锁环节，以确保安全可靠。变频运行的电动机切换成工频运行时，本系统中是采取先断开变频器输出，经 1 s 后切断 KM1，再接通 KM11 切换到工频。具体切换控制过程见 PLC 控制系统控制程序分析。

步骤 3 PLC 控制系统控制程序（梯形图）分析及工作过程分析

在本系统中，整个变频恒压供水控制系统由 PLC 控制系统控制，调节器输出的压力信号和变频器输出的频率信号送到 PLC 控制系统。PLC 控制系统根据调节器输出的压力信号和变频器输出的频率信号来决定对三台水泵电动机的启动、停止以及工频运行和变频运行切换进行控制。PLC 选用三菱公司的 FX 系列，型号为 FX_{2N} - 48MR，继电器输出，输入点 24 点，输出点 24 点。PLC 的接线图如图 2—83 所示，其输入/输出（I/O）端口分配表见表 2—17。

表2—17　　PLC控制系统输入/输出（I/O）端口分配表

输入点	输入元件	功能说明	输出点	输出元件	功能说明
X0	SB1	启动按钮	Y0	RES	变频器复位
X1	SB2	停止按钮	Y4	KA1	变频器正转启动/停止
X2	A，C	变频器异常报警	Y5	KM10	变频器电源
X3	S02	自动/手动选择开关	Y6	KM1	1#泵变频运行
X10	AL1	PID调节器压力报警	Y7	KM11	1#泵工频运行
X11	FU	变频器输出频率下限	Y10	KM2	2#泵变频运行
X13	SU	变频器输出频率上限	Y11	KM12	2#泵工频运行
			Y12	KM3	3#泵变频运行
			Y13	KM13	3#泵工频运行
			Y14	HL17、HA	变频器故障指示

PLC控制系统控制程序（梯形图）如图2—88所示。

当运行、检修状态选择开关S01在运行位置，且操作面板上的“自动/手动”选择开关S02选择自动时，水泵电动机（DY1、DY2、DY3）及变频器的工作状态由PLC控制。PLC上电时，输出Y0，对变频器复位2 s（用M10自保，2 s后切断）。按启动按钮SB1（X000），在复位已完成、变频器无故障时输出Y005（Y005 = ON），变频器交流电源进线接触器KM10吸合。在选择开关S02为“自动”（X003 = ON）的情况下进入步进初始状态S1，先输出Y006（Y006 = ON），KM1吸合，使1#水泵电动机（DY1）接到变频器输出端U、V、W上，即1#水泵电动机（DY1）电源由变频器提供，再延时1 s后输出Y004（Y004 = ON），KA1吸合，变频器控制端（STF = ON，MRS = OFF），变频器按设定的加速时间正转启动，1#水泵电动机（DY1）变频运行。

在1#水泵电动机（DY1）变频运行的过程中，PXR5不断将压力给定值与压力反馈值进行比较，并对其偏差值按PI控制规律进行运算，根据运算结果不断调整送到变频器的频率给定信号，使变频器输出随用水量的变化而不断调整，1#水泵电动机（DY1）转速也随之变化，使管网压力始终力图保持在给定值上。如用水量很大，1#水泵电动机（DY1）会不断升速，当升速到运行上限即频率达到48 Hz时，变频器的控制输出端SU = ON，使PLC的X013 = ON。PLC检测到X013 = ON后延时10 s，若在这10 s内因用水量减少而使管网压力回升的话，压力偏差减小会使频率给定信号回落，则SU信号即自动消失，PLC停止延时；而若10 s延时到后频率还在上限，但管网压力值仍未达到给定值，PXR5的压力报警信号AL1 = OFF使PLC

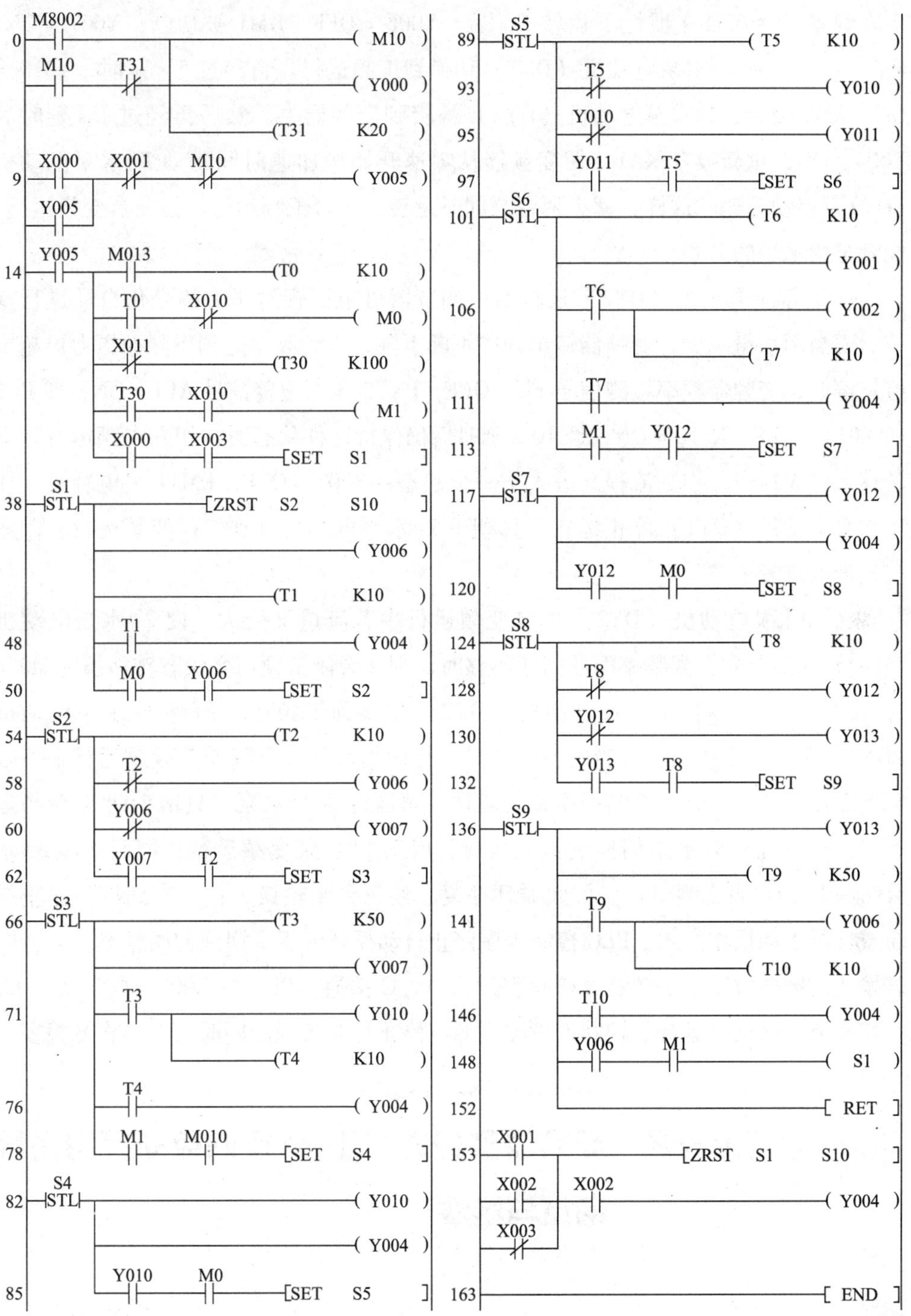

图 2—88　PLC 控制系统控制程序（梯形图）

的输入 X010 = OFF，则工频切换状态转移条件 M0 = 1，PLC 控制流程进入下一个状态：Y004 = OFF，切断 KA1，变频器停止输出，变频器的运行频率经一定时间后将下降到零。1#水泵在惯性下运转1 s后，Y006 = OFF，KM1被切断；Y007 = ON，KM11吸合，使1#水泵电动机（DY1）切换到工频运行。再经过5 s延时，Y010 = ON，KM2吸合，2#水泵电动机（DY2）被接到变频器上。然后再经过1 s延时后Y004 = ON，重新吸合KA1，使变频器从零速开始按加速时间驱动2#水泵电动机（DY2）启动升速。这样，就有两台泵同时运转，一台工频运行，另一台变频运行，能满足用水量的需要。

在2#水泵电动机（DY2）运行时，调节器可根据管网压力的变化自动进行调节。而当用水量减少，变频器输出频率不断下降，直到频率达到下限而压力仍超出给定值时，变频器频率检测信号FU = OFF，PXR5压力报警信号AL1 = ON，使PLC的X011 = OFF，X010 = ON，经10 s延时后仍保持这种状态时，切断工频运行状态转移条件M1 =1，控制流程又进入下一个状态：Y007 = OFF，KM11失电释放，使1#水泵电动机（DY1）停止运行，只剩下2#水泵电动机（DY2）变频运行，以适应较低的流量要求。

在2#水泵电动机（DY2）单泵变频运行中若流量又变大，使2#水泵电动机（DY2）已运行到上限频率而压力还不够时，则又会使工频切换状态转移条件M0 = 1，控制程序又会将2#水泵电动机（DY2）切换到工频运行而将3#水泵电动机（DY3）启动为变频运行。当两台泵同时运行而用水量又下降使变频泵运行在下限频率而压力还太大时，控制程序又会切除工频运行的2#水泵，只留3#水泵变频运行。然后又可将3#水泵切换到工频运行，启动1#水泵变频运行，继而切除3#水泵，只剩1#水泵变频运行。如此循环往复，使三台泵轮换工作。直到按下停止按钮或选择手动操作方式，PLC控制程序停止自动循环流程，回到初始状态。运行中若发生变频器故障，变频器故障报警触点A、C接通，PLC的X002 = ON，则PLC在切断所有电动机运行、切断变频器电源、停止控制流程的同时，发出声光报警。

学习单元2　变频器多段速及正、反向点动控制系统调试与维修

- 熟悉通用变频器多段速及正、反向点动控制系统设计与接线
- 熟悉通用变频器多段速及正、反向点动控制系统参数设置调试及运行

知识要求

一、西门子 MM440 系列通用变频器方框图和有关端子功能及其接线

1. 概述

西门子 MICROMASTER（MM4）系列变频器有 MICROMASTER410（MM410）、MICROMASTER420（MM420）、MICROMASTER430（MM430）、MICROMASTER440（MM440）四个系列变频器。MM410 系列变频器为“廉价型”变频器，MM420 系列变频器为“通用型”变频器，MM430 系列变频器为“水泵和风机专用型”变频器，MM440 系列变频器为“适用于一切传动装置的矢量型”变频器。变频器的功率范围从 0.12 ~ 250 kW（变转矩方式）或从 0.12 ~ 200 kW（恒转矩方式）。

MM440 系列变频器由微处理器控制，并采用绝缘栅双极型晶体管（IGBT）作为功率输出器件。它采用矢量控制系统，保证传动装置在出现突加负载时仍然具有很高的品质。其脉冲宽度调制的开关频率是可选的，因而可降低电动机运行的噪声。它具有全面而完全的保护功能，能为变频器和电动机提供良好的保护。

MM440 系列变频器可以作为许多生产设备的传动装置，如物料运输系统、纺织工业、电梯、起重设备、机械加工设备以及食品、饮料和烟草工业。它既可用于单机驱动系统，也可集成到自动化系统中，可以与 SIMATIC S7 - 200 连接，或集成到 SIMATIC 和 SIMOTION 的 TIA 系统中。MM440 系列变频器技术规格见表 2—18。

表 2—18　　MM440 系列变频器的技术规格

特性	技术规格
电源电压和功率范围	1 AC 200 ~ 240V 10%　CT：0.12 ~ 3.0 kW（0.16 ~ 4.0 hp） 3 AC 200 ~ 240V 10%　CT：0.12 ~ 45.0 kW（0.16 ~ 60.0 hp） VT：5.50 ~ 45.0 kW（7.50 ~ 60.0 hp） 3 AC 380 ~ 480V 10%　CT：0.37 ~ 200 kW（0.50 ~ 268 hp） VT：7.50 ~ 250 kW（10.0 ~ 335 hp） 3 AC 500 ~ 600V 10%　CT：0.75 ~ 75.0 kW（1.00 ~ 100 hp） VT：1.50 ~ 90.0 kW（2.00 ~ 120 hp）
输入频率	47 ~ 63 Hz
输出频率	0 ~ 650 Hz

续表

特性	技术规格
功率因数	0.95
变频器的效率	外形尺寸A～F：　96%～97% 外形尺寸FX和GX：　97%～98%
过载能力　恒转矩（CT）	外形尺寸A～F：　1.5×额定输出电流（即150%过载），持续时间60 s，间隔周期时间300 s以及2×额定输出电流（即200%过载），持续时间3 s，间隔周期时间300 s 外形尺寸FX和GX：　1.36×额定输出电流（即136%过载），持续时间57 s，间隔周期时间300 s以及1.6×额定输出电流（即160%过载），持续时间3 s，间隔周期时间300 s
过载能力　变转矩（VI）	外形尺寸A～F：　1.1×额定输出电流（即110%过载），持续时间60 s，间隔周期时间300 s以及1.4×额定输出电流（即140%过载），持续时间3 s，间隔周期时间300 s 外形尺寸FX和GX：　1.1×额定输出电流（即110%过载），持续时间59 s，间隔周期时间300 s以及1.5×额定输出电流（即150%过载），持续时间1 s，间隔周期时间300 s
合闸冲击电流	小于额定输入电流
最大启动频率	外形尺寸A～E：　每30 s一次 外形尺寸F：　每150 s一次 外形尺寸FX和GX：每300 s一次
控制方法	*V/f*控制，输出频率为0～650 Hz 线性*V/f*控制，带FCC（磁通电流控制）功能的线性*V/f*控制，抛物线*V/f*控制，多点*V/f*控制，适用于纺织工业的*V/f*控制，适用于纺织工业的带FCC功能的*V/f*控制，带独立电压设定值的*V/f*矢量控制 矢量控制，输出频率为0～200 Hz 无传感器矢量控制，无传感器矢量转矩控制，带编码器反馈的速度控制，带编码器反馈的转矩控制
脉冲调制频率	外形尺寸A～C：　1/3AC 200 V至5，5 kW（标准配置16 Hz） 外形尺寸A～F：　其他功率和电压规格：2～16 kHz（每级调整2 kHz)(标准配置4 kHz) 外形尺寸FX和GX：2～4 kHz（每级调整2 kHz）（标准配置2 kHz）（VT），4 kHz（CT）
固定频率	15个，可编程

续表

特性	技术规格
跳转频率	4 个，可编程
设定值的分辨率	0.01 Hz 数字输入，0.01 Hz 串行通信的输入，10 位二进制模拟输入（在 PID 方式下）
数字输入	6 个，可编程（带电位隔离），可切换为高电平/低电平有效（PNP/NPN）
模拟输入	2 个，可编程，两个输入可以作为第 7 和第 8 个数字输入进行参数化 0 ~ 10 V，0 ~ 20 mA 和 - 10 ~ + 10V（ADC1）0 ~ 10 V 和 0 ~ 20 mA（ADC2）
继电器输出	3 个，可编程 30 VDC/5 A（电阻性负载），250 V AC 2 A（电感性负载）
模拟输出	2 个，可编程（0 ~ 20 mA）
串行接口	RS 485 可选 RS 232
电磁兼容性	外形尺寸 A ~ C：　选择符合 EN55011 标准要求的 A 级或 B 级滤波器 外形尺寸 A ~ F：　变频器带有内置的 A 级滤波器 外形尺寸 FX 和 GX：带有 EMI 滤波器（作为选件供货）时，其传导性辐射满足 EN55011，A 级标准限定值的要求（必须安装进线电抗器）
制动	外形尺寸 A ~ F：　带内置制动单元（斩波器） 外形尺寸 FX 和 GX：　带外接制动单元（斩波器）
防护等级	IP20
温度范围	外形尺寸 A ~ F：　- 10 ~ + 50℃（14 ~ 122°F）（CT） - 10 ~ + 40℃（14 ~ 104°F）（VT） 外形尺寸 FX 和 GX：　0 ~ + 40℃（32 ~ 104°F）~ 55℃
存放温度	- 40 ~ + 70℃（ - 40 ~ 158°F）
相对湿度	< 95% RH - 无结露
工作地区的海拔高度	外形尺寸 A ~ F：　海拔 1 000 m 以下不需要降低额定值运行 外形尺寸 FX 和 GX：　海拔 2 000 m 以下不需要降低额定值运行
保护的特征	欠电压，过电压，过负载，接地，短路，电动机失步保护，电动机锁定保护，电动机过温，变频器过温，参数联锁
标准	外形尺寸 A ~ F：　UL cUL CE C-tick 外形尺寸 FX 和 GX：　UL（认证正在准备中），cUL（认证正在准备中），CE
CE 标记	符合 EC 低电压规范 73/23/EEC 和电磁兼容性规范 89/336/EEC 的要求

由表2—18可知，MM440通用型变频器具有6个多功能数字量输入端，两个模拟输入端，三个多功能继电器输出端，两个模拟量输出端。它具有矢量控制方式和 *V/f* 等控制方式。矢量控制方式有无传感器矢量控制（SLVC）和带编码器的矢量控制（VC）两种。*V/f* 控制方式又有线性 *V/f* 控制、带磁通电流控制（FCC）的 *V/f* 控制、带抛物线特性（平方特性）的 *V/f* 控制等。它具有直流注入制动，外形尺寸为A～F的MM440通用型变频器带内置的制动单元（斩波器），外形尺寸FX和GX的MM440通用型变频器需带外接制动单元（斩波器）。它还具有过电流保护、过电压/欠电压保护、变频器过热保护、电动机过热保护等功能。

2. MM440系列通用变频器方框图和有关端子功能

MM440系列通用变频器方框图如图2—89所示。

（1）主电路接线端子

1）主电路电源接线端子（L1、L2、L3）。

2）变频器输出接线端子（U、V、W）。

3）直流电抗器接线端子（DC/R+端和B+/DC+端）。当不用直流电抗器时，DC/R+端和B+/DC+端应短接。

4）制动电阻接线端子（B+/DC+端和B−端）。

5）外接制动单元和制动电阻接线端子（D/L−、C/L+）。

6）接地端子（PE）。

（2）控制回路外接接线端子

1）模拟量输入端子。1#为+10 V，2#为0 V；3#和4#为模拟量1（AIN1）输入端子；10#和11#为模拟量2（AIN2）输入端子。

2）数字量（开关量）输入端子。5#、6#、7#、8#、16#、17#分别为数字量（DIN1、DIN2、DIN3、DIN4、DIN5、DIN6）输入端子；9#为带隔离的+24 V，28#为带隔离的0 V。

3）模拟量输出端子。12#和13#为模拟量1（AIN1）输出端子；26#和27#为模拟量2（AIN1）输出端子。

4）多功能数字量（继电器）输出端子。18#、19#、20#为继电器1输出端子；21#、22#为继电器2输出端子；23#、24#、25#为继电器3输出端子。

5）电动机热保护输入端子。14#、15#为电动机热保护输入端子。

6）RS—485通信端口。29#、30#为RS−485通信端口。

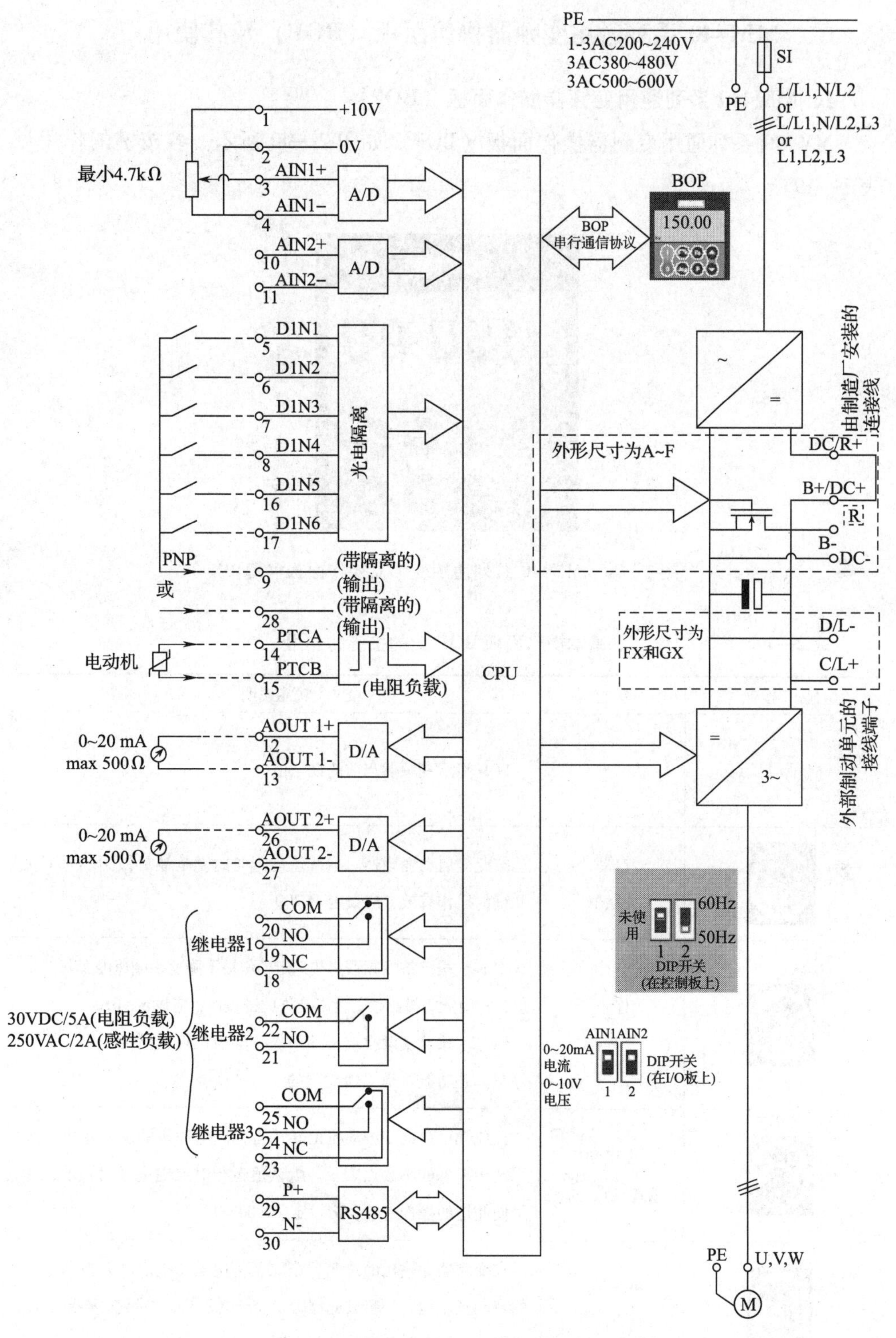

图 2—89 西门子 MM440 系列通用变频器方框图

二、MM440系列通用变频器操作面板（BOP）及其使用

1. MM440系列通用变频器操作面板（BOP）

MM440系列通用变频器操作面板（BOP）如图2—90所示。各按键的作用见表2—19。

图2—90　MM440系列通用变频器操作面板（BOP）

表2—19　　基本操作面板BOP上的按键的作用

显示/按钮	功能	功能说明
r0000	状态显示	LCD显示变频器当前的设定值
I	启动变频器	按此键启动变频器。默认值运行时此键是被封锁的。为了使此键的操作有效，应设定P0700=1
0	停止变频器	OFF1：按此键变频器将按选定的斜坡下降速率减速停车。默认值运行时此键被封锁，为了允许此键操作，应设定P0700=1 OFF2：按此键两次或长按一次，电动机将在惯性作用下自由停车。此功能总是“使能”的
	改变电动机的转动方向	按此键可以改变电动机的转动方向。电动机的反向用负号表示或用闪烁的小数点表示。默认值运行时此键是被封锁的，为了使此键的操作有效，应设定P0700=1
jog	电动机点动	在变频器无输出的情况下按此键将使电动机启动并按预设定的点动频率运行。释放此键时，变频器停车。如果变频器/电动机正在运行，按此键将不起作用

续表

显示/按钮	功能	功能说明
Fn	功能	此键用于浏览辅助信息。变频器运行过程中，在显示任何一个参数时按下此键并保持不动 2 s，将在变频器运行中从任何一个参数开始显示以下参数值 1. 直流回路电压（用 d 表示。单位：V） 2. 输出电流（A） 3. 输出频率（Hz） 4. 输出电压（用 o 表示。单位：V） 5. 由 P0005 选定的数值 连续多次按下此键将轮流显示以上参数 跳转功能。在显示任何一个参数（rXXXX 或 PXXXX）时短时间按下此键，将立即跳转到 r0000，如果需要，可以接着修改其他的参数，跳转到 r0000 后，按此键将返回原来的显示点 在出现故障或报警的情况下，按此键可以将操作板上显示的故障或报警信息复位
P	访问参数	按此键即可访问参数
▲	增加数值	按此键即可增加面板上显示的参数数值
▼	减少数值	按此键即可减少面板上显示的参数数值

2. MM440 系列通用变频器操作面板（BOP）操作方法

现以将参数 P0010 设置值由默认的 0 改为 30 数值及修改下标参数 P0304 的操作步骤为例，说明变频器操作面板（BOP）设置与更改变频器参数的方法。按照介绍的类似方法，可以用操作面板（BOP）更改任何一个变频器参数。

（1）将参数 P0010 设置值由默认的 0 改为 30 数值的操作步骤

1）变频器送电后，操作面板（BOP）显示 0.00。

2）按“P”键访问参数，操作面板（BOP）显示“r0000”。

3）按“▲”键直到操作面板（BOP）显示“P0010”。

4）按“P”键进入参数数值访问级，操作面板（BOP）显示参数默认的数值0。

5）按“▲”键或“▼”键 达到参数所需要的设定值，操作面板（BOP）显示需要的设定值“30”。

6）按“P”键确认并存储参数的数值，操作面板（BOP）显示“P0010”，参数P0010由原来的0改为30。

7）按“▼”键直到操作面板（BOP）显示“r0000”，或按功能键（Fn键）返回“r0000”。

（2）修改下标参数P0304的操作步骤

1）按“P”键访问参数，操作面板（BOP）显示“r0000”。

2）按“▲”键直到操作面板（BOP）显示“P0304”。

3）按“P”键进入参数数值访问级，操作面板（BOP）显示“r0000”。

4）按“P”键显示当前的设定值“400”。

5）按“▲”键或“▼”键达到参数所需要的设定值，操作面板（BOP）显示设定值“380”。

6）按“P”键确认和存储这一数值，操作面板（BOP）显示“P0304”。

7）按“▼”键直到操作面板显示出“r0000”。

按照上述方法可对变频器的其他参数进行设置，当所有参数设置完毕后，可按功能键（Fn键）返回“r0000”。

三、MM440系列通用变频器的操作运行方式及点动运行控制

1．变频器的操作运行控制方式

变频器的操作运行控制方式，一般有三种方式：数字面板操作运行控制、数字量（开关量）输入端操作运行控制、通信方式操作运行控制。

（1）数字面板操作运行控制

在变频器的数字面板上进行操作控制，一般用于变频器的调试。数字面板的操作很简单，只要按动数字面板上的运行（RUN）、停止（STOP）、正转、反转、点动等按键即可。

（2）数字量（开关量）输入端操作运行控制

通过变频器的数字量（开关量）输入端接收运行操作命令，控制变频器的启动、停止控制，正、反转运行及点动控制，是常用的操作控制方法。

（3）通信方式操作运行控制

通过变频器的外接通信接口接收PLC或基础自动化系统的运行操作命令，控

制变频器的启动、停止，正、反转及点动运行。

西门子 MM440 系列通用变频器，可以用功能参数 P0700 来选择。P0700 = 1 时，为数字面板操作运行控制方式；P0700 = 2 时，为数字量（开关量）输入端操作运行控制方式。

2. 数字量（开关量）输入端操作运行控制方法应用

现以数字量（开关量）输入端操作运行控制方法为例说明电动机的正转、反转运行控制。

对 MM440 系列通用变频器来说，数字量（开关量）输入端控制电动机的正转、反转运行有下面两种方法：

（1）两个数字量（开关量）输入端分别控制电动机的正转、反转运行

在这种运行控制方式中，一个数字量（开关量）输入端接通时，电动机正转，另一个数字量（开关量）输入端接通时电动机反转，数字量（开关量）输入端断开时，电动机停止运行。MM440 系列通用变频器，可任意用数字量输入端 5 端 ~ 8 端、16 端 ~ 17 端中的两个数字量（开关量）输入端（如 5 端、6 端）分别控制电动机的正转、反转运行，如图 2—91 所示。

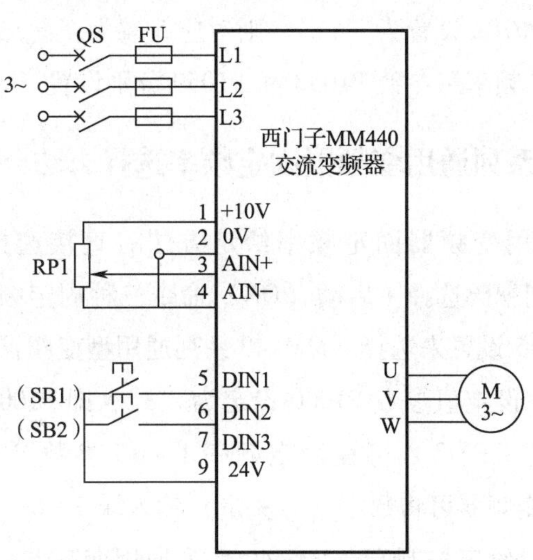

图 2—91　MM440 系列通用变频器电动机的正转、反转运行控制

此时如将对应于两个数字量（开关量）输入端 5 端、6 端的功能设置参数 P0701 设置为“1”，P0702 设置为“2”，这时对应 5 端为正转指令，对应 6 端为反转指令。

这种运行控制方式符合一般的操作习惯，缺点是正转和反转两个指令同时到达会产生冲突，变频器会判断为错误操作信号而不运行，甚至会输出故障

信号。

（2）两个数字量（开关量）输入端子分别控制电动机的运行与转向切换

在这种运行控制方式中，一个数字量（开关量）输入端子接通时，电动机运行（正转），数字量（开关量）输入端子断开时，电动机停止运行。另一个数字量（开关量）输入端子接通时电动机转向切换即反转运行，该数字量（开关量）输入端子不控制电动机的运行。MM440 系列通用变频器，可任意用多功能输入端 5 端～8 端、16 端～17 端中的两个数字量（开关量）输入端（如 5 端、6 端）分别控制电动机的运行与转向切换。变频器接线仍如图 2—91 所示，此时 5 端外接开关量输入端控制电动机的运行，6 端外接开关量输入端控制电动机的转向切换。此时要将对应于 5 端外接开关量输入端 P0701 设置为“1”，P0702 设置为“2”。这种运行控制方式避免了指令冲突现象。

3. 点动运行操作

MM440 系列通用变频器，可将数字量（开关量）输入端 5 端～8 端、16 端～17 端中任两个输入端（如 5 端、6 端）分别控制电动机的正向点动运行与反向点动运行。变频器接线仍如图 2—91 所示，将对应于 5 端的参数 P0701 设置为“10”，对应于 6 端的参数 P0702 设置为“11”，则对应 5 端为正向点动，对应 6 端为反向点动。正、反向点动频率用参数 P1058 和 P1059 分别设置。

四、MM440 系列通用变频器固定频率选择方法

MM440 系列通用变频器固定频率给定方法有直接选择、直接选择 + 启动（ON）命令、二进制编码选择 + 启动（ON）命令三种固定频率给定方法，具体可由参数 P0701～P0706 设置来选择。MM440 系列通用型变频器采用固定频率给定方法时，首先应将频率设定值参数 P1000 设定为“3”，即 P1000 = 3，此时相应的固定频率设定值（FF1～FF15）可在固定频率 1～15 参数 P1001～P1015 中设置。MM440 系列通用型变频器可将数字（开关量）输入端 5、6、7、8、16、17 等作为固定频率（多段速）给定控制端，MM440 系列通用变频器的固定频率（多段速）给定控制原理图如图 2—92 所示。

1. 直接选择

将 P0701～P0706 参数设置为 15。在这种操作方式下，一个数字量（开关量）输入端选择一个固定频率。如果有几个固定频率输入同时被激活，选定的固定频率值是它们的总和，如 FF1 + FF2 + FF3 + FF4 + FF5 + FF6。这里需要注意，此时必须设置变频器启动、停止等运行控制信号，才能使变频器投入运行。

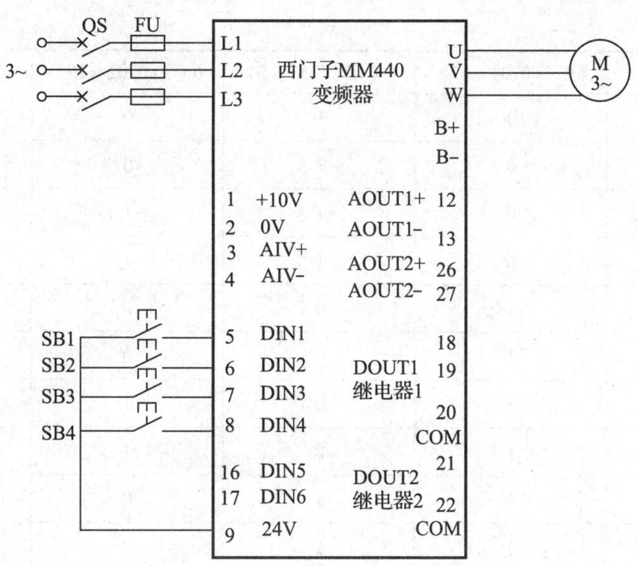

图 2—92　MM440 系列通用型变频器的固定频率（多段速）给定控制原理图

2. 直接选择 + 启动（ON）命令

将 P0701 ~ P0706 参数设置为 16。这种操作方式与直接选择操作方式的不同之处在于，采用直接选择 + 启动（ON）命令操作方式选择固定频率时，既有选定的固定频率，又带有启动（ON）命令，把它们组合在一起。一个数字量输入端选择一个固定频率。如果有几个固定频率输入同时被激活，选定的固定频率值是它们的总和，如 FF1 + FF2 + FF3 + FF4 + FF5 + FF6。这种操作方式不须再设置变频器启动、停止等运行控制信号，变频器就可运行。

3. 二进制编码选择 + 启动（ON）命令

将 P0701 ~ P0704 参数均设置为 17。在这种操作方式下，选择固定频率时，既有选定的固定频率，又带有启动（ON）命令，把它们组合在一起。此时最多可选择 15 个固定频率，各个固定频率的选择方式见表 2—20。表中，输入高电平代表“1”，输入低电平代表“0”。对应的 15 个预置固定给定信号由 P1001 ~ P1015 设置。

表 2—20　　　　二进制编码选择固定频率表

	8#（P0704 = 17）	7#（P0703 = 17）	6#（P0702 = 17）	5#（P0701 = 17）
FF1（P1001）	0	0	0	1
FF2（P1002）	0	0	1	0
FF3（P1003）	0	0	1	1

续表

	8#（P0704 = 17）	7#（P0703 = 17）	6#（P0702 = 17）	5#（P0701 = 17）
FF4（P1004）	0	1	0	0
FF5（P1005）	0	1	0	1
FF6（P1006）	0	1	1	0
FF7（P1007）	0	1	1	1
FF8（P1008）	1	0	0	0
FF9（P1009）	1	0	0	1
FF10（P1010）	1	0	1	0
FF11（P1011）	1	0	1	1
FF12（P1012）	1	1	0	0
FF13（P1013）	1	1	0	1
FF14（P1014）	1	1	1	0
FF15（P1015）	1	1	1	1
OFF（停止）	0	0	0	0

五、MM440 变频器有关参数功能说明

1. r0000：驱动装置的显示参数

本参数显示用户选定的由 P0005 定义的输出数据。

2. P0003：用户访问级参数

本参数用于定义用户访问参数组的等级。

其中，P0003 = 0：用户定义的参数表。

P0003 = 1：标准级，可以访问最经常使用的一些参数。

P0003 = 2：扩展级，允许扩展访问参数的范围，如变频器的 I/O 功能。

P0003 = 3：专家级，只供专家使用。

3. P0005：显示选择参数

本参数用于选择参数 r0000（驱动装置的显示）要显示的参数。

其中，P0005 = 21：实际频率。

P0005 = 22：实际转速。

P0005 = 25：输出电压。

P0005 = 26：直流回路电压。

P0005 = 27：输出电流。

4. P0010：调试参数过滤器

本参数用于对与调试相关的参数进行过滤，只筛选出那些与特定功能组有关的参数。

其中，P0010 = 0：变频器准备运行。

P0010 = 1：快速调试。

P0010 = 30：工厂的设定值，与 P0970 = 1 一起用于变频器参数复位（复位为默认设置值）。

5. P0100：使用地区参数

本参数用于确定功率设定值，例如铭牌的额定功率 P0307 的单位是（kW）还是（hp）。

其中，P0100 = 0：欧洲——（kW），频率默认值 50 Hz。

P0100 = 1：北美——（hp），频率默认值 60 Hz。

P0100 = 2：北美——（kW），频率默认值 60 Hz。

6. P0205：变频器的应用参数

本参数用于选择变频器的应用对象。

其中，P0205 = 0：用于恒转矩负载，P0205 = 1：用于变转矩负载。

7. P0304：电动机的额定电压参数

本参数用于设置电动机铭牌数据中的额定电压（V）。

8. P0305：电动机额定电流参数

本参数用于设置电动机铭牌数据中的额定电流（A）。

9. P0307：电动机额定功率参数

本参数用于设置电动机铭牌数据中的额定功率（kW/hp）。

10. P0308：电动机的额定功率因数参数

本参数用于设置电动机铭牌数据中的额定功率因数。

11. P0310：电动机的额定频率参数

本参数用于设置电动机铭牌数据中的额定频率（Hz）。

12. P0311：电动机的额定转速参数

本参数用于设置电动机铭牌数据中的额定转速（r/min）。

13. P0700：选择命令源参数

本参数用于选择数字的命令信号源。

其中，P0700 = 1：数字操作面板（BOP）设置。

P0700 = 2：由端子排输入。

14．P0701～P0706：数字输入1～数字输入6的功能参数

P0701～P0706用于选择数字输入1～数字输入6的功能。具体功能见下面的设置说明。

P0701～P0706 = 0：禁止数字输入。

P0701～P0706 = 1：ON/OFF1（接通正转/停车命令1）。

P0701～P0706 = 2：ON（reverse）/OFF1（接通反转/停车命令1）。

P0701～P0706 = 3：OFF2（停车命令2）。

P0701～P0706 = 4：OFF3（停车命令3）。

P0701～P0706 = 9：故障确认。

P0701～P0706 = 10：正向点动。

P0701～P0706 = 11：反向点动。

P0701～P0706 = 12：反转（转向切换）。

P0701～P0706 = 13：MOP升速（增加频率）。

P0701～P0706 = 14：MOP降速（减少频率）。

P0701～P0706 = 15：固定频率设置（直接选择）。

P0701～P0706 = 16：固定频率设置（直接选择 + ON命令）。

P0701～P0706 = 17：固定频率设置（二进制编码选择 + ON命令）。

P0701～P0706 = 25：直流注入制动。

P0701～P0706 = 29：由外部信号触发跳闸。

P0701～P0706 = 33：禁止附加频率设定值。

P0701～P0706 = 99：使能BICO参数化。

15．P0731～P0733：数字输出1～数字输出3的功能参数

P0731～P0733用于定义数字输出1（继电器1）～数字输出3（继电器1）的功能。具体功能见下面的设置说明。

P0731～P0733 = 52.0：变频器准备。

P0731～P0733 = 52.1：变频器运行准备就绪。

P0731～P0733 = 52.2：变频器正在运行。

P0731～P0733 = 52.3：变频器故障。

P0731～P0733 = 52.4：OFF2停车命令有效。

P0731～P0733 = 52.5：OFF3停车命令有效。

P0731～P0733 = 52.6：禁止合闸。

P0731 ~ P0733 = 52.7：变频器报警。

P0731 ~ P0733 = 52.8：设定值/实际值偏差过大。

P0731 ~ P0733 = 52.9：PID 控制（过程数据控制）。

P0731 ~ P0733 = 52.A：已达到最大频率。

P0731 ~ P0733 = 52.B：电动机电流极限报警。

P0731 ~ P0733 = 52.C：电动机抱闸（MHB）投入。

P0731 ~ P0733 = 52.D：电动机过载。

P0731 ~ P0733 = 52.E：电动机正向运行。

P0731 ~ P0733 = 52.F：变频器过载。

P0731 ~ P0733 = 53.0：直流注入制动投入。

P0731 ~ P0733 = 53.1：变频器频率低于跳闸极限值 P2167。

P0731 ~ P0733 = 53.2：变频器频率低于最小频率 P1080。

P0731 ~ P0733 = 53.3：电流大于或等于极限值。

P0731 ~ P0733 = 53.4：实际频率大于比较频率 P2155。

P0731 ~ P0733 = 53.5：实际频率低于比较频率 P2155。

P0731 ~ P0733 = 53.6：实际频率大于/等于设定值。

P0731 ~ P0733 = 53.7：电压低于门限值。

P0731 ~ P0733 = 53.8：电压高于门限值。

P0731 ~ P0733 = 53.A：PID 控制器的输出在下限幅值（P2292）。

P0731 ~ P0733 = 53.B：PID 控制器的输出在上限幅值（P2291）。

16. P0771：模拟输出 1 ~ 模拟输出 2 的功能参数

P0771 [0] ~ P0771 [1] 用于定义模拟输出 1 ~ 模拟输出 2 的功能。

其中，P0771 = 21：实际频率。

P0771 = 24：实际输出频率。

P0771 = 25：实际输出电压。

P0771 = 26：实际直流回路电压。

P0771 = 27：对应实际输出电流。

17. P1000：频率设定值的选择参数

本参数用于选择频率设定值的信号源。

其中，P1000 = 1：MOP 设定值。

P1000 = 2：模拟设定值。

P1000 = 3：固定频率设定值。

18．P1001～P1015：固定频率1～15参数

P1001～P1015用于设定固定频率1～15（即FF1～FF15）的设定值（Hz）。有下面三种选择固定频率的方法。

（1）直接选择（P0701～P0706＝15）

在这种操作方式下，一个数字输入选择一个固定频率；如果有几个固定频率输入同时被激活，选定的频率是它们的总和。如FF1＋FF2＋FF3＋FF4＋FF5＋FF6。

（2）直接选择＋启动（ON）命令（P0701～P0706＝16）

选择固定频率时，既有选定的固定频率，又带有启动（ON）命令，把它们组合在一起。在这种操作方式下，一个数字输入选择一个固定频率；如果有几个固定频率输入同时被激活，选定的频率是它们的总和。如FF1＋FF2＋FF3＋FF4＋FF5＋FF6。

（3）二进制编码选择＋启动（ON）命令（P0701～P0704＝17）

使用这种操作方式最多可选择15个固定频率，各个固定频率的选择见表2—21。

表2—21　　各个固定频率的选择

		DIN4	DIN3	DIN2	DIN1
	OFF	不激活	不激活	不激活	不激活
P1001	FF1	不激活	不激活	不激活	激活
P1002	FF2	不激活	不激活	激活	不激活
P1003	FF3	不激活	不激活	激活	激活
P1004	FF4	不激活	激活	不激活	不激活
P1005	FF5	不激活	激活	不激活	激活
P1006	FF6	不激活	激活	激活	不激活
P1007	FF7	不激活	激活	激活	激活
P1008	FF8	激活	不激活	不激活	不激活
P1009	FF9	激活	不激活	不激活	激活
P1010	FF10	激活	不激活	激活	不激活
P1011	FF11	激活	不激活	激活	激活
P1012	FF12	激活	激活	不激活	不激活
P1013	FF13	激活	激活	不激活	激活
P1014	FF14	激活	激活	激活	不激活
P1015	FF15	激活	激活	激活	激活

19．P1058 ~ P1059：正向、反向点动频率参数

P1058 ~ P1059 用于选择正向、反向点动频率。

20．P1060 ~ P1061：点动斜坡上升时间和下降时间参数

P1060 ~ P1061 用于选择点动斜坡上升时间和下降时间。

21．P1080：最低频率参数

本参数用于设定最低的电动机运行频率（Hz）。

22．P1082：最高频率参数

本参数用于设定最高的电动机运行频率（Hz）。

23．P1120：斜坡上升时间参数

本参数用于设定斜坡函数曲线不带平滑圆弧时，电动机从静止状态加速到最高频率 P1082 所用的时间，如图 2—93 所示。

24．P1121：斜坡下降时间参数

本参数用于设定斜坡函数曲线不带平滑圆弧时，电动机从最高频率 P1082 减速到静止停车所用的时间，如图 2—94 所示。

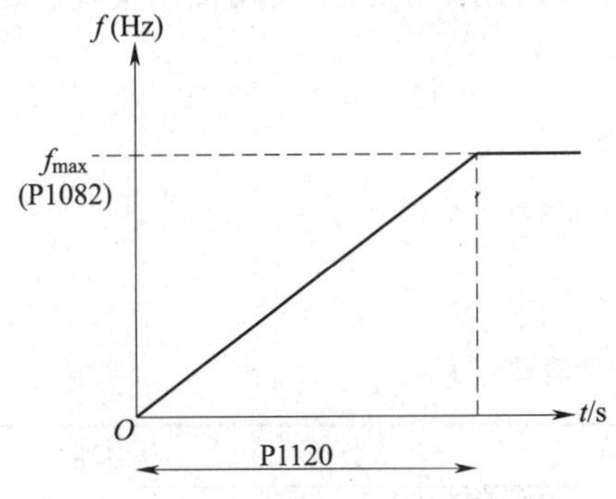

图 2—93　斜坡上升时间（P1120）

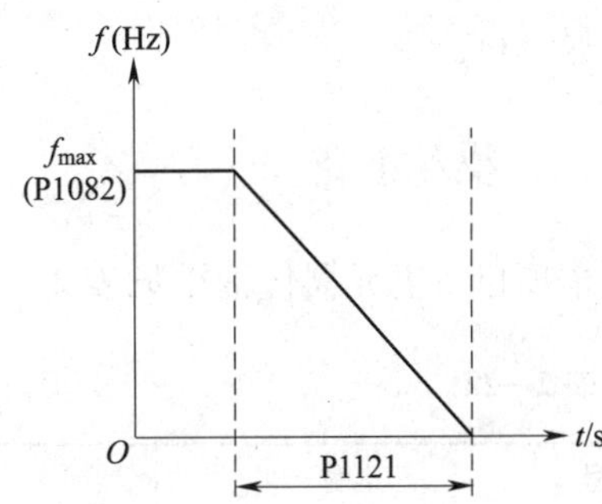

图 2—94　斜坡下降时间（P1121）

25．P1300：变频器的控制方式参数

本参数用于设定变频器的控制方式。

其中，P1300 = 0：线性特性的 V/f 控制。

P1300 = 1：带 FCC（磁通电流控制）功能的 V/f 控制。

P1300 = 2：带抛物线特性（平方特性）的 V/f 控制。

P1300 = 20：无传感器的矢量控制（SLVC）。

P1300 = 21：带传感器的矢量控制（VC）。

26．P2002：基准电流参数

本参数用于设定经由串行链路（相当于 4 000 Hz）传输时采用满刻度输出电流。

27. P3900：结束快速调试参数

本参数用于完成优化电动机的运行所需的计算，在完成计算以后，P3900 和 P0010 自动复位为 0。

其中，P3900 = 0：不用快速调试。

P3900 = 1：结束快速调试，并按工厂设置参数复位。

P3900 = 3：结束快速调试，只进行电动机数据的计算。

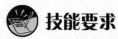

技能要求

变频器多段速及正、反向点动控制系统调试运行

一、操作要求

1. 按要求画出变频器多段速及正、反向点动控制系统接线图并进行接线。

2. 按要求进行变频器多段速及正、反向点动控制系统参数设置、调试、运行及测量分析。

二、操作准备

本项目所需元器件清单见表 2—22。

表 2—22　　　　项目所需元器件清单

序号	名称	规格型号	数量	备注
1	交流变频调速装置	西门子 MM440 交流变频调速装置	1	
2	三相交流异步电动机	YSJ7124 P_N = 370 W，U_N = 380 V I_N = 1.12 A n_N = 1 400 r/min f_N = 50 Hz	1	
3	万用表	指针式万用表或数字式万用表	1	

三、操作步骤

步骤 1　按要求画出变频器多段速及正、反向点动控制系统接线图，并在 MM440 系列变频调速装置上完成接线变频器多段速及正、反向点动控制系统的控制要求如下：

(1) 第一段转速为正向 15 Hz；第二段转速为正向 40 Hz；第三段转速为正向 10 Hz；第四段转速为反向 45 Hz；第五段转速为反向 20 Hz。加速上升时间为 10 s，减速下降时间为 5 s。

(2) 正、反向点动由正、反向点动按钮控制，正向点动转速为 6 Hz，反向点动转速为 6 Hz，点动上升时间为 20 s，点动下降时间为 15 s。

(3) 变频器的控制方式采用线性 V/f 控制方式。

(4) 控制系统还设有“变频器故障”和“变频器运行”两只指示灯，具体由变频器开关量输出（继电器）控制。“变频器故障”和“变频器运行”两只指示灯采用 DC24V 电源。

(5) 控制系统设有“变频器输出电流”仪表，具体由变频器模拟量输出控制。“变频器输出电流”仪表采用量程为 0～20 mA 的电流表改制。

按上述控制要求画出变频器多段速及正、反向点动控制系统接线图如图 2—95 所示。按图 2—95 所示的变频器多段速及正、反向点动控制系统接线图，在 MM440 系列变频调速装置上进行接线。在确定接线无误的情况下，经检查后合上电源开关通电。在变频器运行前首先应根据要求进行变频器参数设置，在变频器所需要参数设置完成后就可以进行变频器运行操作。

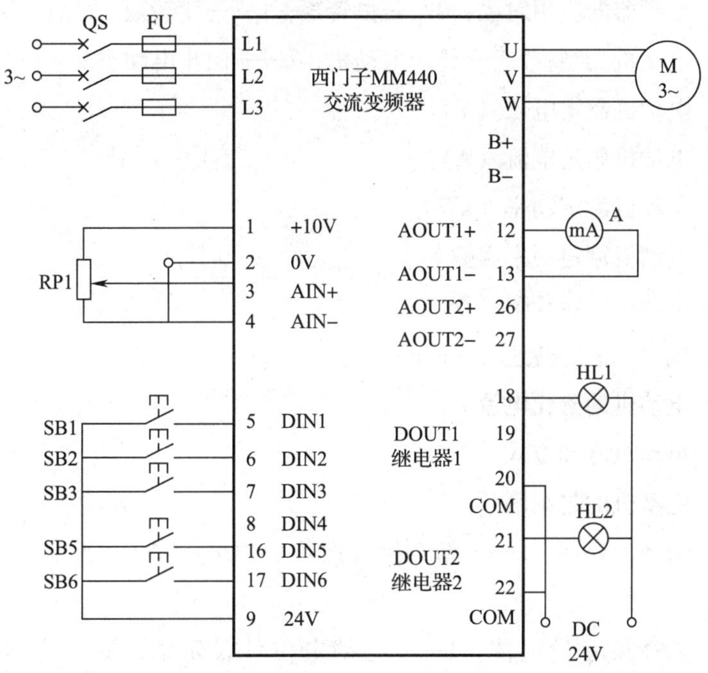

图 2—95　变频器多段速及正、反向点动控制系统接线图

步骤2　按控制要求进行变频器参数设置及调试与运行

MM440系列变频器参数设置及调试与运行一般要进行电源频率50/60 Hz的切换、快速调试、电动机数据的自动检测及工程应用的调试等几项工作。如果变频器在某种确定的状态下需要将变频器重新设置为出厂时的原始状态才可开始进行调试，则需要进行将变频器复位为工厂的默认设定值这一工作。调试时，首先应进行快速调试，快速调试是西门子MM440系列变频器在调试阶段最重要的工作之一，它对于变频器长期安全稳定运行是非常关键的。只有在变频器—电动机组合装置具有满意的调试结果以后才能进行实际应用项目的调试。

（1）按要求在MM440交流变频调速装置上将变频器复位为工厂的默认设定值。

P0010 = 30

P0970 = 1：恢复出厂设置。

（2）按要求在MM440交流变频调速装置上完成变频器快速调试工作。

快速调试是西门子MM440系列变频器在调试阶段最重要的工作之一，它对于变频器长期安全稳定运行是非常关键的。一般步骤如下：

P0003 = 3：专家级。

P0010 = 1：开始快速调试。

P100 = 0：功率单位为kW，f的默认值为50 Hz。

P0205：变频器的应用对象：0——恒转矩；1——变转矩。

P0300：电动机类型：1——异步电动机，2——同步电动机。

P0304：电动机额定电压（V）。

P0305：电动机额定电流（A）。

P0307：电动机额定动率（kW）。

P0308：电动机额定功率因数。

P0310：电动机额定频率（Hz）。

P0311：电动机额定转速（r/min）。

P0320：电动机的磁化电流。

P0335：电动机冷却方式。

P0640：电动机的过载因子。

P0700：选择命令源，1——基本操作面板（BOP）；2——控制端子（数字输入）控制。

P1000：选择频率设定值，1——电动电位计设定值；2——模拟设定值1；3——固定频率设定值。

P1080：电动机最小频率。

P1082：电动机最大频率。

P1120：斜坡上升时间。

P1121：斜坡下降时间。

P1300：控制方式，0——线性 V/f 控制；1——带 FCC 的 V/f 控制；2——抛物线 V/f 控制；3——多点 V/f 控制；20——无传感器矢量控制；21——带传感器矢量控制；22——无传感器的矢量转矩控制；23——带传感器的矢量转矩控制。

P1500：转矩设定值选择。

P3900：结束快速调试，1——结束快速调试并按工厂设置使参数复位；3——结束快速调试只进行电动机数据的计算。

在下面变频器的应用技能实例的快速调试中，P205、P320、P335、P640、P1500 等参数都采用工厂的默认设定值，故在快速调试参数设置表中未出现。

P0003 = 3

P0010 = 1：快速调试。

P0100 = 0：功率用（kW），频率默认设定值为 50 Hz。

P300 = 1：异步电动机。

P0304 = 380：电动机额定电压（V）。

P0305 = 1.12：电动机额定电流（A）。

P0307 = 0.37：电动机额定功率（kW）。

P0310 = 50：电动机额定频率（Hz）。

P0311 = 1 400：电动机额定转速（r/min）。

P0700 = 2：选择由控制端子运行控制。

P1000 = 3：选择由固定频率给定。

P1080 = 0：最低频率。

P1082 = 50：最高频率。

P1120 = 10：斜坡上升时间。

P1121 = 5：斜坡下降时间。

P1300 = 0：采用线性 V/f 控制。

P3900 = 1：结束快速调试。

（3）按要求在 MM440 交流变频调速装置上完成变频器多段速及正、反向点动控制系统参数设置。

变频器多段速及正、反向点动控制系统按上述控制要求运行参数设置如下：

P0003 = 3

P0005 = 22

P0701 = 17：固定频率设置（二进制编码选择 + ON 命令）。

P0702 = 17：固定频率设置（二进制编码选择 + ON 命令）。

P0703 = 17：固定频率设置（二进制编码选择 + ON 命令）。

P0704 = 17：固定频率设置（二进制编码选择 + ON 命令）。

P0705 = 10：正向点动。

P0706 = 11：反向点动。

P0731 = 52.3：变频器故障。

P0732 = 52.2：变频器正在运行。

P0771 = 27：变频器输出电流。

P1001 = 15：FF1 第一段固定频率为 15 Hz。

P1002 = 40：FF2 第二段固定频率为 40 Hz。

P1003 = 10：FF3 第三段固定频率为 10 Hz。

P1004 = −45：FF4 第四段固定频率为 −45 Hz。

P1005 = −20：FF5 第五段固定频率为 −20 Hz。

P1058 = 6：正向点动频率为 6 Hz。

P1059 = 6：反向点动频率为 6 Hz。

P1060 = 20：点动斜坡上升时间为 20 s。

P1061 = 15：点动斜坡下降时间为 15 s。

P2002 = 2.00：基准电流为 2 A。

（4）按控制要求进行变频器多段速及正、反向点动控制系统调试与运行。

步骤 3　按要求在 MM440 交流变频调速装置上完成变频器多段速及正、反向点动控制系统测量分析

变频器多段速及正、反向点动控制系统按控制要求调试与运行完成后，读出并记录以上各段速（固定频率）运行时所对应的转速、输出频率、输出电压、输出电流等数据以及“变频器输出电流”仪表的读数，并填入表 2—23。

表 2—23　　**读数并记录**

项目	第一段	第二段	第三段	第四段	第五段
频率（Hz）					
转速（r/min）					
电流（A）					

续表

项目	第一段	第二段	第三段	第四段	第五段
电压（V）					
变频器输出电流表读数（mA/A）					

四、注意事项

1．接线完成后必须认真检查接线，只有接线正确并经过许可后才能进行通电调试。

2．在通电调试过程中应观察变频器面板显示器以监视系统运行状况，如有不正常现象应立即采取相应措施加以解决，否则将可能造成事故。

3．技能操作实训中必须注意用电安全，杜绝人身和设备安全事故的发生。

学习单元 3　变频器采用直流制动的多段速及正、反向控制系统调试与维修

学习目标

➢ 熟悉变频器采用直流制动的多段速及正、反向控制系统设计与接线

➢ 熟悉变频器采用直流制动的多段速及正、反向控制系统的参数设置、调试、运行及测量分析

知识要求

一、变频器加减速、停车及直流制动

1．变频器的启动与加速时间

变频器启动时，变频器的输出频率从最低频率（一般为 0 Hz）按所设置的变频器加速时间（有些变频器称为上升时间）逐渐上升，变频器的输出电压也从最低电压开始逐渐上升，分别如图 2—96a、图 2—96b 所示。故采用变频器启动，可以限制启动电流，减小电流冲击，并且可减小对生产机械的冲击。整个启动过程中

的升速过程取决于变频器中所设置的加速时间（或上升时间），用户可以根据生产工艺的要求来设置加速时间（或上升时间）。

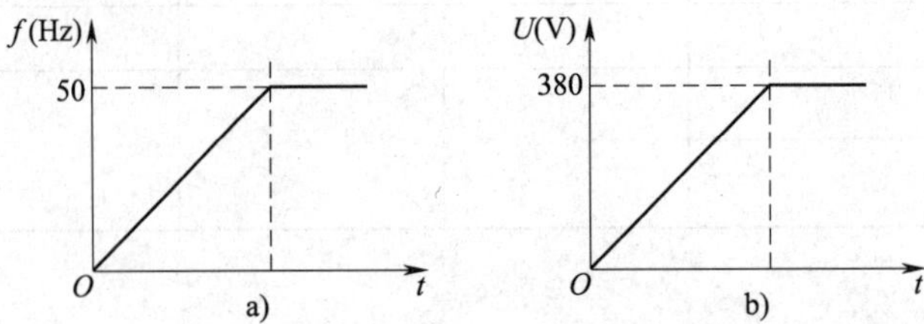

图 2—96　变频器变频启动时的输出频率、输出电压曲线

a）输出频率　b）输出电压

变频器的加速时间（或上升时间）是指变频器的输出频率从 0 Hz 上升到最高频率所需要的时间，如图 2—97 所示。如西门子 MM440 系列变频器就采用 P1120 参数来设置变频器的上升时间。

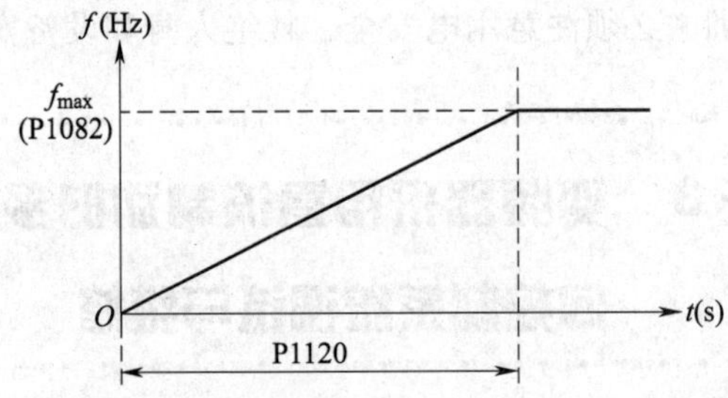

图 2—97　变频器的加速时间（或上升时间）

2. 变频器的变频减速停车与减速时间

减速时间（或下降时间）是指变频器的输出频率从最高频率下降到 0 Hz 所需要的时间，如图 2—98 所示。如西门子 MM440 系列变频器就采用 P1121 参数来设置变频器的下降时间。

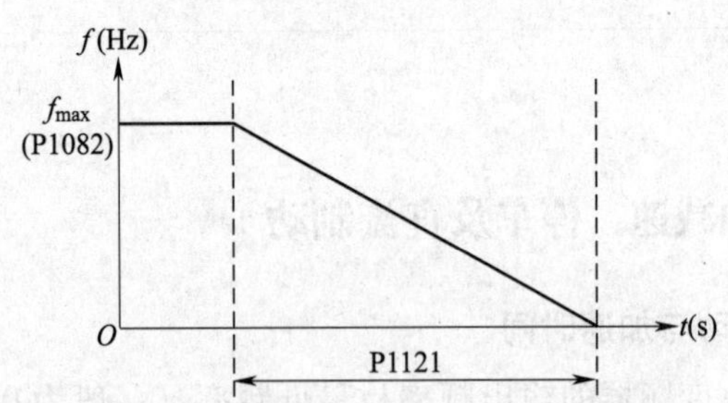

图 2—98　变频器的减速时间（或下降时间）

3. 变频器的加减速方式

根据负载和生产工艺的不同要求，变频器除了可以控制加减速时间外，还可以

采用不同加减速方式。常见加减速方式有线性加减速、S 字曲线加减速方式。

（1）线性加减速方式

加减速过程中，变频器的输出频率与时间呈线性关系，如图 2—99 中曲线①所示。大多数负载都可以选用线性加减速方式。

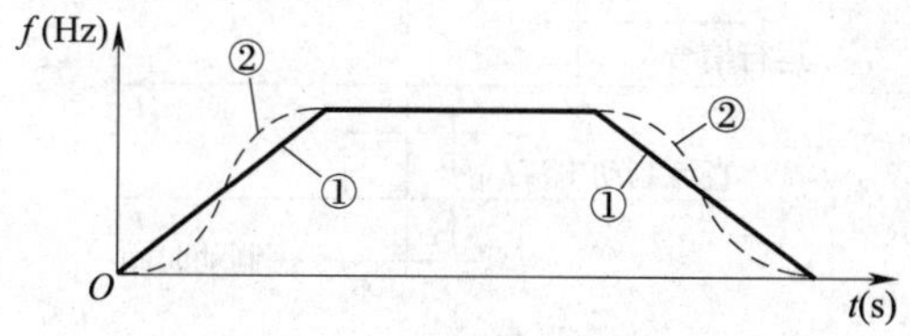

图 2—99　变频器的加减速方式

（2）S 字曲线加减速方式

在加速的起始和终止阶段，频率的上升较缓，加速过程呈 S 字曲线，在减速的起始和终止阶段，频率的下降较缓，减速过程呈 S 字曲线，如图 2—99 中曲线②所示。对加减速性能有较高要求的场合可采用 S 字曲线加减速方式。

4. 变频器的停车及直流制动

变频器的停车方式一般有变频减速停车、变频减速停车加直流制动和自由停车等方式，分别如图 2—100a、图 2—100b 及图 2—100c 所示。

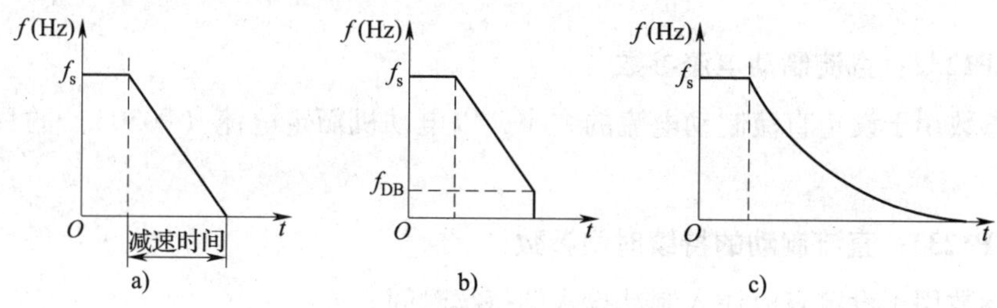

图 2—100　变频器的停车方式

a）变频减速停车　b）变频减速停车加直流制动　c）自由停车

下面对变频减速停车加直流制动的停车方式加以分析说明。变频减速停车加直流制动的停车方式主要用于要求准确停车控制的场合。变频器的直流制动就是变频器向异步电动机定子绕组内通入直流电流，使异步电动机处于能耗制动状态。变频减速停车加直流制动停车方式的特性曲线如图 2—101 所示。

由图 2—101 可知，在停车信号的作用下，变频器首先按照设置减速时间逐渐降低输出频率，当输出频率下降到直流制动的起始频率 f_{DB} 后则开始直流制动，使电动机停车。

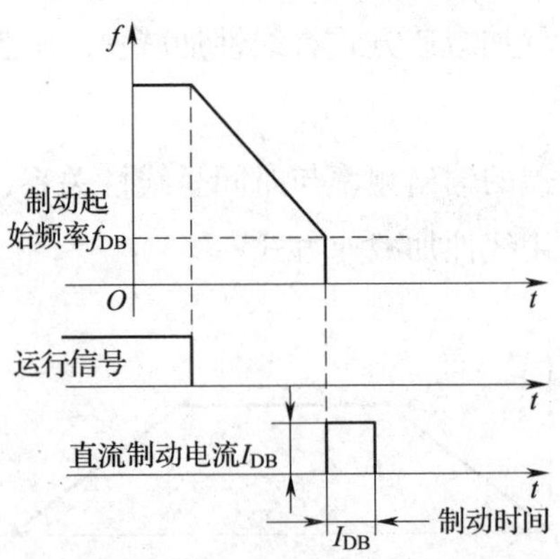

图 2—101　变频减速停车加直流制动停车方式的特性曲线

通用变频器中对直流制动功能的控制，一般需要设置直流制动的起始频率 f_{DB}、直流制动电流 I_{DB}、直流制动时间 t_{DB} 参数。西门子 MM440 系列变频器分别采用 P1234、P1232、P1233 参数来设置直流制动的起始频率 f_{DB}、直流制动电流 I_{DB}、直流制动时间 t_{DB}。

这里应注意的是，直流制动与电磁铁抱闸制动性质是不同的，电磁铁抱闸制动具有较大的静态制动力矩，因此对起重机等危险场合必须使用电磁铁抱闸制动。

二、MM440 变频器有关参数功能说明

1. P1232：直流制动电流参数

本参数用于设定直流制动电流的大小，以电动机额定电流（P0305）的百分比值表示。

2. P1233：直流制动的持续时间参数

本参数用于设定直流注入制动投入的持续时间。

3. P1234：直流制动的起始频率参数

本参数用于设定发出 OFF 命令后投入直流制动功能的起始频率。

4. P2001：基准电压参数

本参数用于设定经由串行链路（相当于 4 000 Hz）传输时采用满刻度输出电压。

三、变频器的通电调试及试运行

1. 通电前检查

首先检查变频器的安装空间和安装环境是否符合要求，检查变频器是否与驱动的电动机相配。然后检查变频器的主电路接线和控制电路接线是否符合要求。在检

查过程中，重点应检查以下几方面：

（1）交流进线电源只能接到变频器的电源输入端 L1、L2、L3（或 R、S、T），绝对不能接到变频器的输出端 U、V、W 上。交流进线电源线也不能接到变频器控制电路端子上。

（2）变频器与电动机之间的连接线长度不能超过变频器允许的最大接线距离，否则应加装交流输出电抗器。

（3）在变频器的变频运行与工频运行互相切换的控制线路中，输出接触器和工频切换接触器必须要有互锁措施。

（4）主电路地线和控制电路地线、公共端、零线的接法是否符合要求。

2. 变频器的有关功能参数设置

一般情况下，变频器需要设置以下几方面功能参数：

（1）变频器运行控制方面的有关功能参数。如变频器采用数字操作面板操作还是通过外接输入控制端子控制或通过通信端子控制。又如变频器的启动、停止、正转、反转、点动控制等运行控制功能。

（2）变频器频率给定方面的有关功能参数。如变频器的模拟量给定、多段速（固定频率）控制等。

（3）变频器控制方式及 V/f 特性曲线方面的有关功能参数。如变频器采用 V/f 控制方式还是无转速传感器的矢量控制方式或带转速传感器的矢量控制方式方面的有关功能参数。当采用 V/f 控制方式时，要进行 V/f 特性曲线功能参数设置。当采用矢量控制方式时，调试时要进行电动机数据自动检测（或自学习运行）。

（4）变频器加减速方面的有关功能参数。如变频器加速时间、减速时间、S 字特性曲线、直流制动等。

（5）变频器保护方面的有关功能参数。如变频器、电动机过载保护，防止失速保护等。

上述控制功能参数设置涉及很多具体参数内容，因此在参数设置前应根据系统控制的要求做好变频器的功能参数设置表编写工作。上述控制功能中有一些功能参数的设置，如变频器的加减速功能（加速时间、减速时间、S 字特性曲线、直流制动）需要在负载调试中调整与修改。

3. 变频器的调试与试运行

变频器的调试与试运行分成变频器的空载和带负载调试与试运行两步。

（1）变频器的空载调试与运行

变频器的功能参数设置完成以后，首先应进行变频器的空载调试与试运行。空载调试与试运行时首先应设置一个较低的频率给定，使电动机低速运转，检查电动机运转声音是否正常，旋转方向是否正确。然后再进行中高速调试与运行。对于正转、反转可逆系统，要在正转、反转两个方向进行空载调试与运行。运行中注意观察变频器显示的输出频率、输出电流等参数，检查电动机运转是否正常。

（2）变频器的带负载调试与运行

空载调试与运行完成后，将电动机和机械负载连接起来进行负载调试与运行。负载调试与运行的任务是使变频调速系统的各项性能指标尽可能满足生产工艺要求，使变频器和电动机能在最佳状态下运行。在负载调试与运行时，对变频器的加减速功能（加速时间、减速时间、S 字特性曲线、直流制动）设置参数进行调整与修改。按照生产工艺要求进行各种控制功能的调试与运行。运行中注意观察变频器显示的输出频率、输出电流等参数。负载调试与运行时机械设备已经开始运行，需要格外注意调试时的人身及设备安全，应该会同机械专业人员一起进行负载调试与运行。

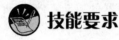

技能要求

变频器采用直流制动的多段速及正、反向控制系统调试运行

一、操作要求

1. 按要求画出变频器采用直流制动的多段速及正、反向控制系统接线图并进行接线。

2. 按要求进行变频器采用直流制动的多段速及正、反向控制系统参数设置、调试、运行及测量分析。

二、操作准备

本项目所需元器件清单见表 2—24。

表 2—24　　项目所需元器件清单

序号	名称	规格型号	数量	备注
1	交流变频调速装置	西门子 MM440 交流变频调速装置	1	
2	三相交流异步电动机	YSJ7124　$P_N = 370$ W，$U_N = 380$ V，$I_N = 1.12$ A，$n_N = 1\,400$ r/min，$f_N = 50$ Hz	1	
3	万用表	指针式万用表或数字式万用表	1	

三、操作步骤

步骤 1　按要求画出采用直流制动的多段速及正、反向控制系统接线图，并在 MM440 交流变频调速装置上完成接线

变频器采用直流制动的多段速及正、反向控制系统的控制要求如下：

（1）第一段转速为正向 10 Hz；第二段转速为正向 40 Hz；第三段转速为正向 20 Hz；第四段转速为反向 40 Hz；第五段转速为反向 20 Hz；加速上升时间为 8 s，减速下降时间为 6 s。

（2）变频器的控制方式采用线性 V/f 控制方式。

（3）变频器控制系统具有直流制动控制功能。具体要求：直流制动起始频率 5 Hz，直流制动时间 2 s，直流制动电流为 50% 电动机额定电流。

（4）控制系统还设有“直流注入制动投入”和“变频器运行”两只指示灯，具体由变频器开关量输出（继电器）控制。“直流注入制动投入”和“变频器运行”两只指示灯采用 DC24 V 电源。

（5）控制系统设有“变频器输出电流”仪表，具体由变频器模拟量输出控制。“变频器输出电流”仪表采用量程为 0 ~ 20 mA 的电流表改制。

按上述控制要求画出变频器采用直流制动的多段速及正、反向控制系统接线图，如图 2—102 所示。按图 2—102 所示的变频器采用直流制动的多段速及正、反向控制系统接线图在 MM440 系列变频调速装置上进行接线。在确定接线无误的情况下，经检查无误后合上电源开关通电。在变频器运行前首先应根据要求进行变频器参数设置，在变频器所需要参数设置完成后就可以进行变频器运行操作。

步骤 2　按控制要求进行变频器参数设置及调试与运行

（1）按要求在 MM440 交流变频调速装置上将变频器复位为工厂的默认设定值

P0010 = 30

P0970 = 1：恢复出厂设置。

（2）按要求在 MM440 交流变频调速装置上完成变频器快速调试工作

P0003 = 3

P0010 = 1：快速调试。

P0100 = 0：功率用（kW），频率默认设定值为 50 Hz。

P300 = 1：异步电动机。

P0304 = 380：电动机额定电压（V）。

P0305 = 1.12：电动机额定电流（A）。

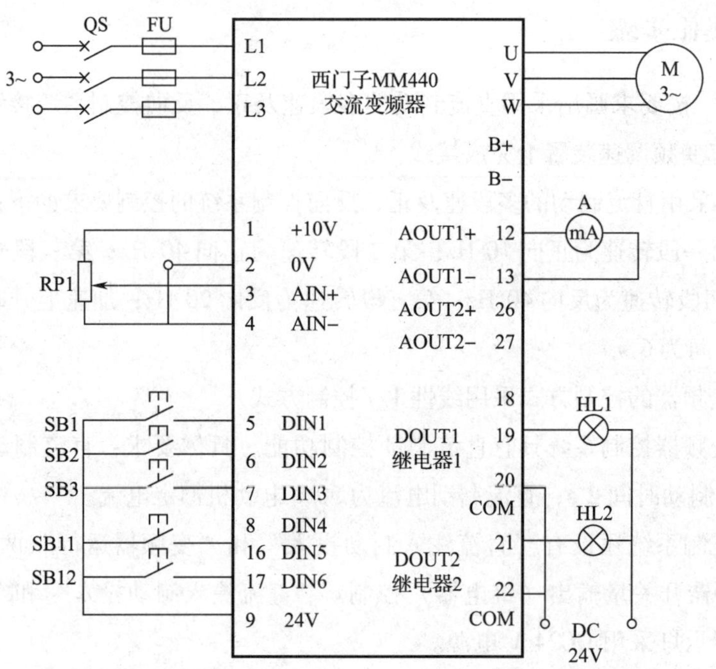

图2—102　变频器采用直流制动的多段速及正、反向控制系统

P0307 = 0.37：电动机额定功率（kW）。

P0310 = 50：电动机额定频率（Hz）。

P0311 = 1 400：电动机额定转速（r/min）。

P0700 = 2：选择由控制端子运行控制。

P1000 = 3：选择由固定频率给定。

P1080 = 0：最低频率。

P1082 = 50：最高频率。

P1120 = 8：斜坡上升时间（根据要求设定）。

P1121 = 6：斜坡下降时间（根据要求设定）。

P1300 = 0：采用线性 V/f 控制。

P3900 = 1：结束快速调试。

（3）按要求完成变频器采用直流制动的多段速及正、反向控制系统参数设置

变频器采用直流制动的多段速及正、反向控制系统按上述控制要求进行如下参数设置。

P0003 = 3

P0005 = 22

P0701 = 15：固定频率设置（直接选择）。

P0702 = 15：固定频率设置（直接选择）。

P0703 = 15：固定频率设置（直接选择）。

P0705 = 1：正向启动。

P0706 = 12：转向切换。

P0731 = 53.0：直流注入制动投入。

P0732 = 52.2：变频器正在运行。

P0771 = 27：变频器输出电流。

P1001 = 10：固定频率为 10 Hz。

P1002 = 40：固定频率为 40 Hz。

P1003 = 20：固定频率为 20 Hz。

P1004 = -40

P1005 = -20

P1232 = 50：直流制动电流为 50% 电动机额定电流。

P1233 = 2：直流制动的持续时间为 2 s。

P1234 = 5：直流制动的起始频率为 5 Hz。

P2002 = 2.00：基准电流为 2 A。

（4）按控制要求进行变频器采用直流制动的多段速及正、反向控制系统调试与运行

步骤 3　按要求在 MM440 交流变频调速装置上完成变频器采用直流制动的多段速及正、反向控制系统测量分析

变频器采用直流制动的多段速及正、反向控制系统按控制要求调试与运行完成后，读出并记录以上各段速（固定频率）运行时所对应的转速、输出频率、输出电压、输出电流等数据以及“变频器输出电流”仪表的读数，并填入表 2—25。

表 2—25　　**读数并记录**

项目	第一段	第二段	第三段	第四段	第五段
频率（Hz）					
转速（r/min）					
电流（A）					
电压（V）					
变频器输出电流表读数（mA/A）					

四、注意事项

1. 接线完成后必须认真检查接线，只有接线正确并经过许可后才能进行通电调试。

2. 在通电调试过程中应观察变频器面板显示器以监视系统运行状况，如有不正常现象应立即采取相应措施加以解决，否则将可能造成事故。

3. 技能操作实训中必须注意用电安全，杜绝人身和设备安全事故的发生。

学习单元4 电动小车交流变频调速系统调试维修

学习目标

➢ 熟悉具有正、反转控制、多段速、直流制动及正、反向点动等控制功能的电动小车的交流变频调速系统设计、接线

➢ 熟悉电动小车交流变频调速系统的参数设置调试、运行及故障分析处理

知识要求

一、变频器频率给定功能

通用型变频器的常用频率给定方式有以下几种。

1. 操作面板给定方式

这种给定方式是通过操作面板上的上升键（▲键）和下降键（▼键）来设定变频器的频率给定值的。

2. 模拟量给定方式

这种给定方式是通过变频器的模拟量输入端子，如MM440通用型变频器的模拟量输入端子（3端、4端）输入模拟量信号（电压或电流）进行变频器频率给定的。

3. 多段速（固定频率）给定方式

这种给定方式是通过变频器的多个开关量输入端子，如MM440通用型变频器开关量输入端子（5~8端、16~17端）进行控制的，对应变频器内部预先设置的频率给定值。

4. 通信给定方式

这种给定方式是通过变频器的通信端口进行频率给定的。

二、变频器的控制方式

通用变频器的控制方式一般有 *V/f* 控制和矢量控制等方式。*V/f* 控制方式又有各种类型 *V/f* 控制；矢量控制方式又有无传感器的矢量控制和带有传感器的矢量控制。在通用变频器实际应用时，应根据负载性质及系统控制性能要求选择与设置通用变频器的控制方式。例如，应用于控制性能要求不高的一般生产设备的通用变频器，它的控制方式一般可采用 *V/f* 控制方式。又如，应用于离心式风机/水泵的通用变频器，它的控制方式一般可采用带平方曲线特性的 *V/f* 控制方式。又如，应用于控制性能要求高的生产设备的通用变频器，它的控制方式应采用无传感器的矢量控制方式或带有传感器的矢量控制方式。通用变频器的控制方式是通过变频器的控制方式选择功能参数来完成的。MM440 通用型变频器是通过控制方式选择功能参数 P1300 来设定控制方式的，共有 12 种类型。其中，P1300 = 0 时为线性 *V/f* 控制；P1300 = 1 时为带 FCC（磁通电流控制）的 *V/f* 控制；P1300 = 2 时为带抛物线特性（平方曲线特性）的 *V/f* 控制，适用于离心式风机/水泵的驱动控制；P1300 = 20 时为无传感器的矢量控制；P1300 = 21 时为带有传感器的矢量控制；P1300 = 22 时为无传感器的矢量—转矩控制；P1300 = 23 时为带有传感器的矢量—转矩控制。

选择了矢量控制方式就必须将电动机铭牌上的额定数据以及有关数据输入变频器，同时必须进行电动机参数自动检测和识别。MM440 通用型变频器可通过选择电动机数据是否自动检测参数 P1910 等参数设定来进行电动机数据自动检测。采用矢量控制方式时要注意，一台通用变频器只能连接一台电动机，一台通用变频器连接多台电动机时不可以采用矢量控制方式。另外，采用矢量控制方式时，电动机的容量应该与通用变频器使用说明书中所规定的电动机容量相配合，选择通用变频器的容量时要注意这个问题。

三、变频器的常用保护功能

通用变频器内部有针对变频器自身及电动机的一系列保护功能，其中的许多基本保护功能用户是不能进行参数设置和修改的，但也有一部分保护功能可以通过变频器的参数设置来修改其保护功能作用方式。下面对通用变频器的常用保护功能做一说明。

1. 变频器的过电流保护

变频器的过电流保护是指变频器输出侧发生相间短路或接地等外部故障、变频器内部故障和电动机快速启动时过电流，当超过变频器的过电流设定值时，变频器将由于过电流保护动作而停止输出（也称为跳闸）。

2. 电动机的过载保护

对电动机进行过载保护的目的，是使电动机不因过热而烧坏。过载保护具有反时限特性，电动机的过载电流越大，保护动作的时间也越短。变频器一般配置了电子热保护功能，通常是以电动机的温度变化模型来仿真计算电动机温升并提供保护的。电动机的温度变化模型不仅与电动机额定电流有关，也与电动机的散热方式有关。当一台变频器驱动多台电动机时，变频器中电子热保护功能无效，这时应在每台电动机上安装外部过载保护（如热继电器）保护。

3. 变频器的过电压保护和欠电压保护

变频器的过电压保护是指电动机急速减速或电源电压过高使直流回路的电压超出规定值时，变频器将由于过电压保护动作而停止输出（跳闸）。在实际应用中，变频器的过电压保护往往是由于电动机急速减速引起过电压保护动作。变频器的欠电压保护是指电源电压过低（如瞬时断电、瞬时低电压和电源缺相）及变频器整流电路故障使直流回路的电压低于规定值时，变频器将由于欠电压保护动作而停止输出。

4. 防止失速控制功能

当电动机的负载惯性较大时，如果变频器的加速时间设置太短，在加速时会因为拖动系统（电动机）的转速跟不上变频器输出频率变化而引起变频器过电流保护动作使变频器停止输出（也称为跳闸）；在减速时，如果变频器的减速时间设置太短，在减速时会因为拖动系统的动能释放得太快而引起变频器过电压保护动作使变频器停止输出（跳闸）；在运行时由于瞬时负载太大，可能会引起变频器过电流保护动作使变频器停止输出（跳闸）。这些情况下变频器的保护动作使变频器停止输出（跳闸），电动机会失去正常速度并且停止运行，称为在加速、减速和运行期间失速。在许多实际应用中，电动机失速是不希望发生甚至是不允许发生的。因此，部分变频器针对上述电动机失速的情况专门设计了防止失速控制功能。在加速过程中，当电流超过了设定值时，变频器的输出频率将不再增加，暂缓加速，待电流下降到上限值以下后再继续加速，这样就不会因为过电流保护动作而停止输出（跳闸）而失速了，这就是加速中防止失速功能的含义。同理，在减速过程中，如果直流电压超过了上限值，变频器的输出频率将不再下降，暂缓减速，待直流电压下降到上限值以下后再继续减速，这样就不会因为过电压保护动作而停止输出（跳闸）而失速了，这就是减速中失速防止功能的含义。

四、MM440 变频器有关参数功能说明

1. P1300：变频器的控制方式参数

本参数用于设定变频器的控制方式。

其中，P1300 = 0：线性特性的 V/f 控制。

P1300 = 1：带 FCC（磁通电流控制）功能的 V/f 控制。

P1300 = 2：带抛物线特性（平方特性）的 V/f 控制。

P1300 = 20：无传感器的矢量控制（SLVC）。

P1300 = 21：带传感器的矢量控制（VC）。

2. P1910：选择电动机数据是否自动检测（识别）参数

本参数用于完成电动机数据的自动检测，默认设置值为 0。其中，当 P1910 = 0 时，禁止自动检测功能；当 P1910 = 1 时，所有参数都自动检测，并改写参数数值；当 P1910 = 2 时，所有参数都自动检测，但不改写参数数值；当 P1910 = 3 时，饱和曲线自动检测，并改写参数数值。

3. P2001：基准电压参数

本参数用于设定经由串行链路（相当于 4 000 Hz）传输时采用满刻度输出电压。

五、变频器的故障、报警信息及排除

MM440 通用型变频器在日常运行中发生故障时，变频器会跳闸，并在显示屏出现一个故障码。因此，MM440 通用型变频器在日常运行中发生故障后，可以利用基本操作面板（BOP）查看变频器故障信息，然后根据故障信息代码进行变频器故障分析，确定变频器的故障类型。在基本操作面板（BOP）上以 Fxxxx 表示故障信号，如“F0001”故障信息表示过电流故障信号。以 Axxxx 表示报警信号，如“A0501”表示电流限幅报警信号。MM440 通用型变频器部分故障信号和报警信号分别见表 2—26 和表 2—27 所示。

为了使 MM440 通用型变频器的故障码复位，可以按下基本操作面板（BOP）上的 Fn 键，也可以重新给变频器加上电源电压。

在 MM440 通用型变频器应用中，如果变频器的运行控制“ON”命令发出以后，电动机不启动，此时应重点检查以下几项：

1. 检查参数 P0010 设置是否正确，只有 P0010 = 0，变频器才能运行。

2. 检查命令源选择参数 P0700 设置是否正确，当采用数字输入端控制时，P0700 = 2；当采用基本操作面板（BOP）控制时，P0700 = 1。

表2—26　　MM440通用型变频器部分故障信号

故障	引起故障的可能原因	故障诊断和应采取的措施	反应
F0011 电动机过温	电动机过载	检查以下各项： 1. 负载的工作间隙周期必须正确 2. 标称的电动机温度超限值（P0626，P0628）必须正确 3. 电动机温度报警电平（P0624）必须匹配 如果P0601 = 0或1，请检查以下各项： 1. 检查电动机的铭牌数据是否正确（如果没有进行快速调试） 2. 正确的等值电路数据可以通过电动机数据自动检测（P1910 = 1）来得到 3. 检查电动机的重量是否合理，必要时加以修改 4. 如果用户实际使用的电动机不是西门子生产的标准电动机，可以通过参数P0626、P0627、P0628修改标准过温值 如果P0601 = 2，请检查以下各项： 1. 检查r0035中显示的温度值是否合理 2. 检查温度传感器是否是KTY84（不支持其他型号的传感器）	Off1
F0012 变频器温度信号丢失	变频器（散热器）的温度传感器断线		Off2
F0015 电动机温度信号丢失	电动机的温度传感器开路或短路，如果检测到的信号已经丢失，温度监控开关便切换为监控电动机的温度模型		Off2
F0020 电源断相	如果三相输入电源电压中的一相丢失，便出现故障，但变频器的脉冲仍然允许输出，变频器仍然可以带负载	检查输入电源各相的线路	Off2
F0021 接地故障	相电流的总和超过变频器额定电流的5%时将引起这一故障		Off2

续表

故障	引起故障的可能原因	故障诊断和应采取的措施	反应
F0022 功率组件故障	在下列情况下将引起硬件故障（r0947－22 和 r0949－1） （1）直流回路过流：IGBT 短路 （2）制动斩波器短路 （3）接地故障 （4）I/O 板插入不正确 外形尺寸 A～C（1），（2），（3），（4） 外形尺寸 D～E（1），（2），（4） 外形尺寸 F（2），（4） 由于所有这些故障只指定了功率组件的一个信号来表示，不能确定实际上是哪一个组件出现了故障 外形尺寸 FX 和 GX 当 r0947－22 和故障值 r0949－12，或 13，或 14（根据 UCE 而定）时，控制 UCE 故障	检查 I/O 板。它必须完全插入	Off2
F0023 输出故障	输出的一相断线		Off2
F0024 整流器过温	通风风量不足 冷却风机没有运行 环境温度过高	检查以下各项： 1．变频器运行时冷却风机必须处于运转状态 2．脉冲频率必须设定为默认值 3．环境温度可能高于变频器允许的运行温度	Off2

3．检查频率设定值选择参数 P1000 设置是否正确，并根据频率设定值选择参数 P1000 设置的不同，检查设定值是否存在或输入的频率设定值参数号是否正确。例如，模拟量给定方式 P1000＝2 时，端子 3 与端子 4 之间应有 0～10 V 的输入电压。

4．检查变频器的运行控制“ON”信号是否正常。

如果在上述检查工作完成后电动机仍然不启动，此时只好将变频器复位到工厂设定的默认参数值。具体设定参数 P0010＝30 和 P0970＝1，并按下基本操作面板（BOP）上的 P 键，变频器就可以复位到工厂设定的默认参数值。然后将电动机的额定数据输入变频器，这时可在变频器的数字输入端 5 和数字输入端 9 之间用开关接通，变频器（电动机）运行在与模拟量输入给定电压相对应的设定频率上。

表2—27　　MM440通用型变频器部分报警信号

报警	引起故障的可能原因	故障诊断和应采取的措施
A0501 电流限幅	电动机的功率与变频器的功率不匹配 电动机的连接导线太短 接地故障	检查以下各项： 1. 电动机的功率（P0307）必须与变频器功率（P0206）相对应 2. 电缆的长度不得超过最大允许值 3. 电动机电缆和电动机内部不得有短路或接地故障 4. 输入变频器的电动机参数必须与实际使用的电动机一致 5. 定子电阻值（P0350）必须正确无误 6. 电动机的冷却风道是否堵塞，电动机是否过载 可采取的措施： 1. 增加斜坡上升时间 2. 减少“提升”的数值
A0502 过压限幅	达到了过压限幅值 斜坡下降时如果直流回路控制器无效（P1240 = 0）就可能出现这一报警信号	1. 电源电压（P0210）必须在铭牌数据限定的数值以内 2. 禁止直流回路电压控制器（P1240 = 0），并正确地进行参数化 3. 斜坡下降时间（P1121）必须与负载的惯性相匹配 4. 要求的制动功率必须在规定的限度以内
A0503 欠压限幅	供电电源故障 供电电源电压（P0210）和与之相应的直流回路电压（r0026）低于规定的限定值（P2172）	1. 电源电压（P0210）必须在铭牌数据限定的数值以内 2. 对于瞬间的掉电或电压下降必须是不敏感的 使能动态缓冲（P1240 = 2）
A0504 变频器过温	变频器散热器的温度（P0614）超过了报警电平，将使调制脉冲的开关频率降低和/或输出频率降低（取决于P0610的参数值）	检查以下各项： 1. 环境温度必须在规定的范围内 2. 负载状态和“工作·停止”周期时间必须适当

续表

报警	引起故障的可能原因	故障诊断和应采取的措施
		3. 变频器运行时，风机必须投入运行 4. 脉冲频率（P1800）必须设定为默认值
A0505 变频器 FT 过温	如果进行了参数化（P0290），超过报警电平（P0294）时，输出频率和/或脉冲频率将降低	1. 检查“工作·停止”周期的工作时间应在规定范围内 2. 电动机的功率（P0307）必须与变频器的功率相匹配

技能要求

电动小车交流变频调速系统调试维修

一、操作要求

1．按要求画出电动小车交流变频调速系统接线图并进行接线。

2．按要求进行电动小车交流变频调速系统参数设置、调试、运行、测量分析及故障分析处理。

二、操作准备

本项目所需元器件清单见表 2—28。

表 2—28　　项目所需元器件清单

序号	名称	规格型号	数量	备注
1	交流变频调速装置	西门子 MM440 交流变频调速装置	1	
2	三相交流异步电动机	YSJ7124 P_N = 370 W，U_N = 380 V，I_N = 1.12 A， n_N = 1 400 r/min， f_N = 50 Hz	1	
3	万用表	指针式万用表或数字式万用表	1	

三、操作步骤

步骤1　按工艺要求画出电动小车交流变频调速系统接线图，并在MM440交流变频调速装置上完成接线

电动小车交流变频调速系统工艺控制要求如下：

（1）电动小车的运行过程是频繁的正、反转运行，具体过程按正向中速—正向高速—正向低速—反向高速—反向低速—正向中速的顺序循环进行。电动小车运行速度要求如下。

正向运行：转速（中速）为15 Hz；转速（高速）为45 Hz；转速（低速）为6 Hz。

反向运行：转速（高速）为45 Hz；转速（低速）为6 Hz。

加速上升时间为5 s，减速下降时间为3 s。

（2）变频器的控制方式采用无转速传感器的矢量控制方式。

（3）变频调速系统具有直流制动控制功能。具体要求：直流制动起始频率为5 Hz，直流制动时间为1.5 s，直流制动电流为50%电动机额定电流。

（4）为了满足工艺要求，交流变频调速系统设有正、反向点动控制。正、反向点动控制由正、反向点动按钮控制，正向点动频率为8 Hz，反向点动频率为8 Hz，点动上升时间为10 s，点动下降时间为10 s。

（5）变频调速系统还设有“变频器故障”和“变频器运行”两只指示灯，具体由变频器开关量输出（继电器）控制。“变频器故障”和“变频器运行”两只指示灯采用DC24 V电源。

（6）变频调速系统设有“变频器输出电压”仪表，具体由变频器模拟量输出控制。“变频器输出电压”仪表采用量程为0～20 mA的电流表改制。

按上述控制要求画出电动小车交流变频调速系统接线图（见图2—103）。按图2—103所示的电动小车交流变频调速系统接线图在MM440系列变频调速装置上进行接线。在确定接线无误的情况下，经检查无误后合上电源开关通电。在变频器运行前首先应根据要求进行变频器参数设置，在变频器所需要的参数设置完成后就可以进行变频器运行操作。

步骤2　按控制要求进行变频器参数设置及调试与运行

（1）按要求在MM440交流变频调速装置上将变频器复位为工厂的默认设定值。

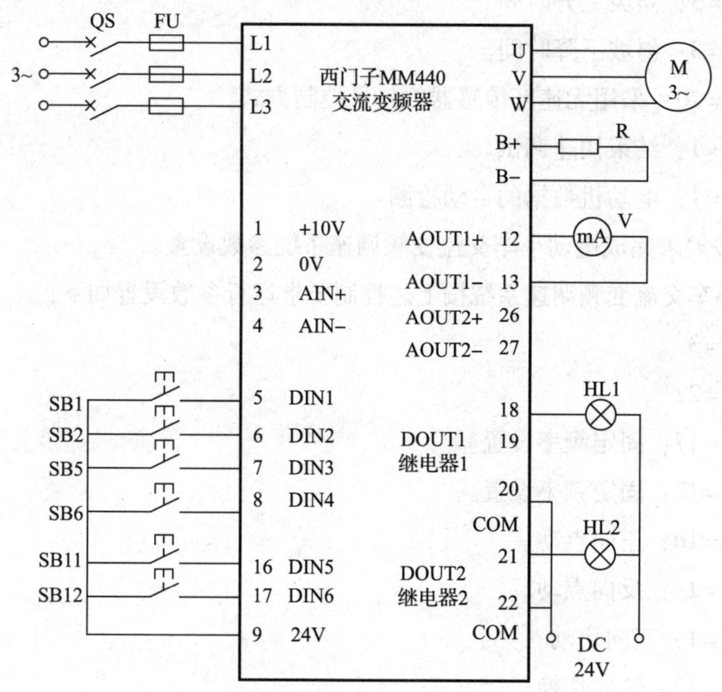

图 2—103　电动小车交流变频调速系统接线图

P0010 = 30

P0970 = 1：恢复出厂设置。

（2）按要求在 MM440 交流变频调速装置上完成变频器快速调试工作。

P0003 = 3

P0010 = 1：快速调试。

P0100 = 0：功率用（kW），频率默认设定值为 50 Hz。

P300 = 1：异步电动机。

P0304 = 380：电动机额定电压（V）。

P0305 = 1.12：电动机额定电流（A）。

P0307 = 0.37：电动机额定功率（kW）。

P0310 = 50：电动机额定频率（Hz）

P0311 = 1400：电动机额定转速（r/min）

P0700 = 2：选择由控制端子运行控制。

P1000 = 3：选择由固定频率给定。

P1080 = 0：最低频率。

P1082 = 50：最高频率。

P1120 = 5：斜坡上升时间。

P1121 = 3：斜坡下降时间。

P1300 = 20：采用无速度传感器的矢量控制方式。

P3900 = 1：结束快速调试。

P1910 = 1：电动机数据的自动检测。

（3）按要求完成电动小车交流变频调速系统参数设置。

电动小车交流变频调速系统按上述控制要求运行参数设置如下：

P0003 = 3

P0005 = 22

P0701 = 17：固定频率设置。

P0702 = 17：固定频率设置。

P0703 = 10：正向点动。

P0704 = 11：反向点动。

P0705 = 1：正向启动。

P0706 = 12：转向切换。

P0731 = 52.3：变频器故障。

P0732 = 52.2：变频器正在运行。

P0771 = 25：变频器输出电压。

P1001 = 15：固定频率为 15 Hz。

P1002 = 45：固定频率为 45 Hz。

P1003 = 6：固定频率为 6 Hz。

P1058 = 8：正向点动频率为 8 Hz。

P1059 = 8：反向点动频率为 8 Hz。

P1060 = 10：点动斜坡上升时间为 10 s。

P1061 = 10：点动斜坡下降时间为 10 s

P1232 = 50：直流制动电流为50%电动机额定电流。

P1233 = 1.5：直流制动的持续时间为 1.5 s。

P1234 = 5：直流制动的起始频率为 5 Hz。

P2001 = 400：基准电压为 400 V。

（4）按控制要求进行变频器采用直流制动的多段速及正、反向控制系统调试与运行。

步骤 3 按要求在 MM440 交流变频调速装置上完成电动小车交流变频调速系

统测量分析

电动小车交流变频调速系统按控制要求调试与运行完成后，读出并记录以上各段速（固定频率）运行时所对应的转速、输出频率、输出电压、输出电流等数据以及“变频器输出电压”仪表的读数，并填入表 2—29。

表 2—29　　读数并记录

项目	正向中速	正向高速	正向低速	反向高速	反向低速
频率（Hz）					
转速（r/min）					
电流（A）					
电压（V）					
变频器输出电流表读数（mA/A）					

步骤 4　按要求在 MM440 交流变频调速装置上完成电动小车交流变频调速系统故障分析处理

四、注意事项

1. 接线完成后必须认真检查接线，只有接线正确并经过许可后才能进行通电调试。

2. 在通电调试过程中应观察变频器面板显示器以监视系统运行状况，如有不正常现象应立即采取相应措施加以解决，否则将可能造成事故。

3. 技能操作实训中必须注意用电安全，杜绝人身和设备安全事故的发生。

第 3 节　交流伺服系统

学习单元 1　交流伺服系统读图与分析

学习目标

➢ 掌握交流伺服系统工作原理的读图与分析方法

➢ 掌握交流伺服系统工作状态的分析技能

知识要求

一、伺服系统概述

伺服系统是以机械运动为目的的驱动设备，它是以电动机为控制对象，以控制器为核心，以电力电子功率变换装置为执行机构，在自动控制理论的指导下组成的电气传动自动控制系统。这类系统控制电动机的转矩、转速和转角，将电能转换为机械能，实现运动机械的运动要求。

1. 伺服控制系统组成

机电一体化的伺服控制系统的结构、类型繁多，但从自动控制理论的角度来分析，伺服控制系统一般包括控制器、被控对象、执行环节、检测环节、比较环节5部分，这些也是一个典型伺服系统的主要组成部分。比较环节是将输入的指令信号与系统的反馈信号进行比较，以获得输出与输入间偏差信号的环节，通常由专门的电路或计算机来实现；控制器是将比较环节输出的偏差信号进行变换处理，并用来控制执行元件动作；执行环节就是按控制信号的要求驱动被控对象工作，如各种电动机或液压、气动伺服机构等；被控对象是指一些参数量，比如位移、速度、加速度、力及力矩等；检测环节是指能够对输出进行测量的装置，一般包括传感器和转换电路。如图2—104所示为伺服控制系统的组成。

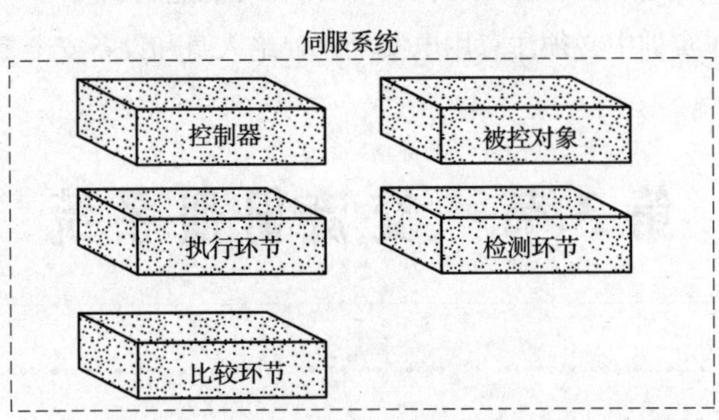

图2—104 自动控制理论下伺服控制系统的组成图

电气伺服控制系统由电气元件及被控对象两部分组成。电气元件是指各种驱动晶体管、控制电路及伺服电动机。驱动晶体管起功率放大的作用，它为执行装置提供电源；控制电路对外部信号进行检测、比较、A/D及D/A转换；伺服电动机带动负载转动或发生位移。被控对象就是执行装置输出的参数，与自动控制系统中的被控对象类似。如图2—105所示为电气控制中伺服设备组成框图。

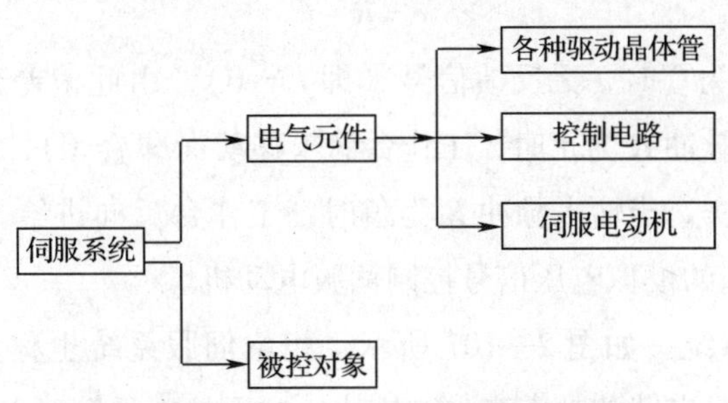

图 2—105　电气控制中伺服设备组成框图

2. 伺服系统的分类

由于组成伺服系统的元件及控制方法多样，所以其分类方法也各不相同。伺服系统主要可按照 4 种方法分类：按照参数特性分类、按照驱动元件类型分类、按照控制原理分类以及按照机床加工系统分类。本节首先介绍脉冲伺服系统、相位伺服系统、幅值伺服系统及数字伺服系统，然后讲述步进伺服系统、直流伺服系统及交流伺服系统，接着介绍了开环伺服系统、半闭环伺服系统及闭环伺服系统，最后介绍主轴伺服系统及进给伺服系统。通过对各类伺服系统的详细说明，使读者对伺服系统分类有深刻认识。

（1）按参数特性分类

1）脉冲伺服系统。如图 2—106 所示，脉冲伺服系统也称为脉冲比较伺服系统，它主要应用在数控机床中，数字脉冲由插补器给出。机床位置检测装置有磁尺、光栅、光电编码器，都以数字脉冲作为数字信号，并以光电编码器作为位置反馈装置。

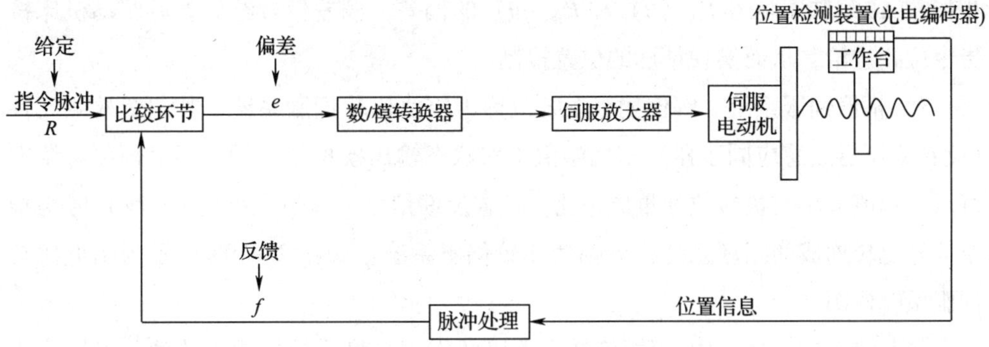

图 2—106　脉冲伺服系统框图

由于给定量 R 与反馈量 f 都为脉冲信号，因而可对其直接进行比较，得到位置偏差信号 e。

$$e = R - f$$

当输入脉冲 R 为 0 时，无反馈信号（即 $f=0$），由此偏差公式可得 $e=0$，工作台静止；当输入脉冲 R 为正时，工作台尚未移动（即 $f=0$），由此式得 $e>0$，工作台正向进给；同样，当输入脉冲 R 为负时，工作台反向进给。数字量 e 经数/模（D/A）转换后得到的模拟电压信号控制伺服电动机。

2）相位伺服系统。如图 2—107 所示，相位伺服系统也称为相位比较伺服系统。相位伺服系统具有载波频率高、响应快、抗干扰性强等特点，适用于连续控制系统，也适用于感应式检测元件（如旋转变压器、感应同步器）。

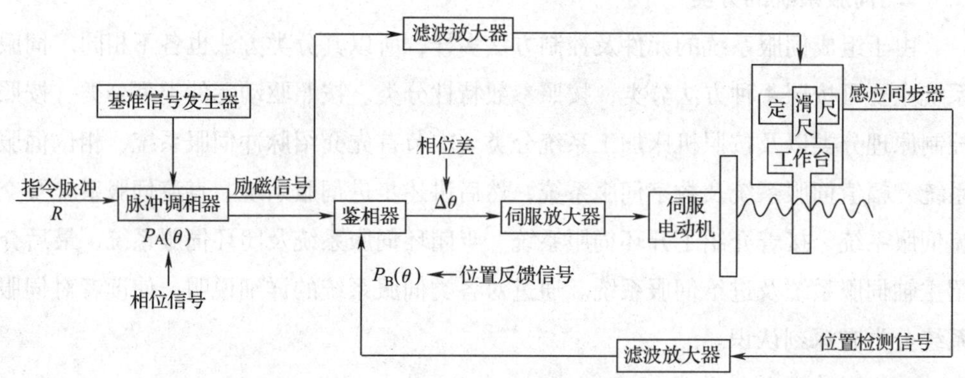

图 2—107 相位伺服系统框图

脉冲调相器将进给指令脉冲 R 转换成相位信号，即变换成重复频率为 f 的相位信号 P_A（θ）。感应同步器采用相位工作状态，即用定尺检测相位信号。感应同步器输出经滤波放大后产生位置反馈信号 P_B（θ），P_B（θ）代表机床的实际位置；相位差 $\Delta\theta$ 反映了信号 P_A（θ）和 P_B（θ）的偏差，偏差信号经放大后驱动机床按指令位置进给，从而实现精确的位置控制。

3）幅值伺服系统。幅值伺服系统也称为幅值比较伺服系统，其位置检测元件（旋转变压器或感应同步器）采用幅值工作状态输出模拟量信号。幅值伺服系统的特点是幅值大小与机械位移量成正比。位置反馈信号由幅值大小决定，该信号与指令信号比较构成的闭环系统称为幅值比较伺服系统。如图 2—108 所示为幅值比较伺服系统框图。

在鉴幅式伺服系统中，数/模转换电路的作用是将比较器输出的数字量转化为直流电压信号。鉴幅系统工作前，插补装置和测量元件的信号处理电路没有脉冲输出，即比较器的输出为零，这时执行元件不能带动工作台移动。出现进给脉冲信号之后，比较器的输出不再为零，执行元件开始带动工作台移动。同时，鉴幅式工作

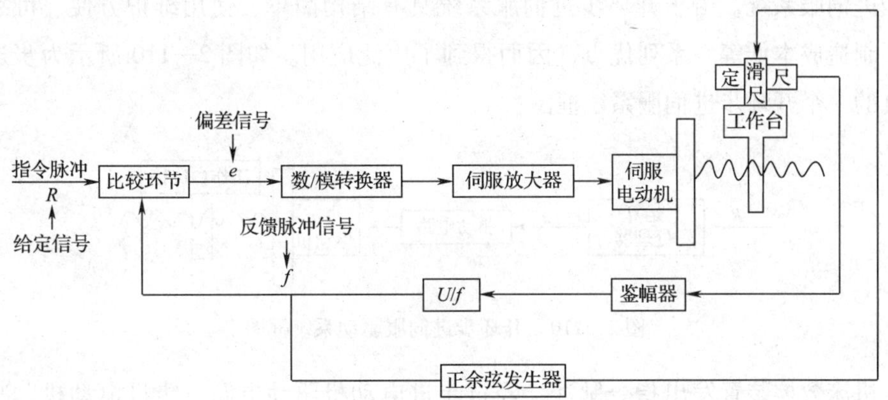

图 2—108　幅值比较伺服系统框图

测量元件又将工作台的位移检测出来，经信号处理电路转换成相应的数字脉冲信号。数字脉冲信号与进给脉冲进行比较，若两者相等，则比较器的输出为零，工作台停止；若两者不相等，说明工作台实际移动的距离不等于指令信号要求的工作台移动距离，则执行元件继续带动工作台移动，直到比较器输出为零时停止。

4）数字伺服系统。数字伺服系统是指以计算机为控制器的伺服系统，数字计算机具有快速强大的数值计算能力、逻辑判断及信息加工能力，还能提供更复杂、更全面的控制方案，为现代控制理论的应用提供了功能强大的工具。如图 2—109 所示为一个单机控制的数字伺服系统的硬件框图。

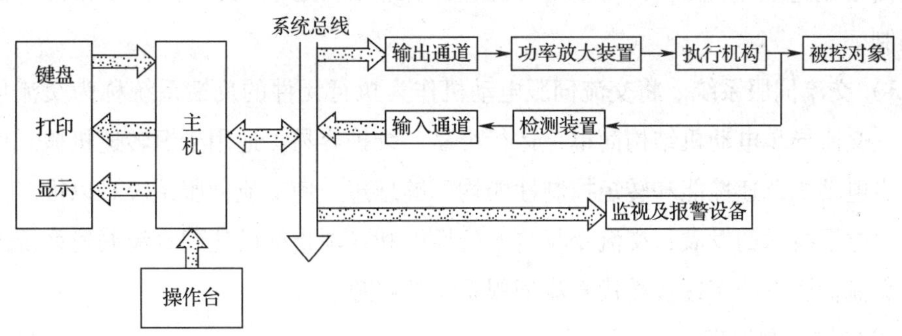

图 2—109　单机控制的数字伺服系统的硬件框图

数字伺服系统的微处理器将系统信息快速、准确地显示在主机上；可实现打印各部分信息内容；键盘给主机输入信息，使得信息输入更加便捷；通过总线实现主机与各个输出、输入通道的通信。

（2）按驱动元件类型分类

1）步进伺服系统。采用步进电动机作为动力元件，无反馈装置的系统称为开环步进伺服系统。由于开环步进伺服系统具有结构简单、使用维护方便、可靠性高、制造成本低等一系列优点，因而得到了广泛应用。如图2—110所示为步进电动机的一个开环步进伺服系统框图。

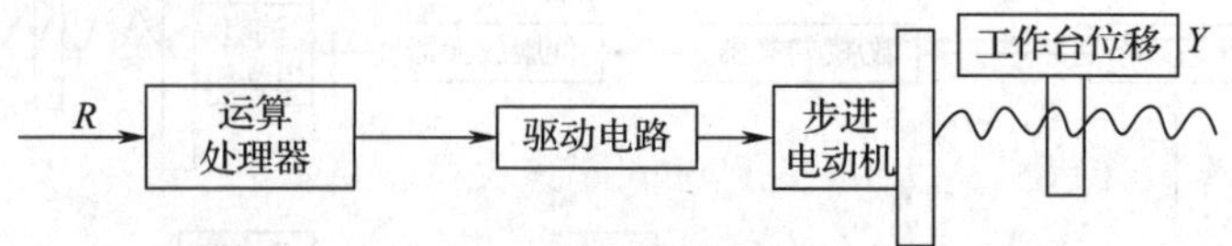

图2—110 开环步进伺服驱动系统框图

机床数控装置发出指令脉冲，经过步进电动机驱动电路、步进电动机、减速器、丝杆螺母转换成机床工作台的移动。开环系统无位置和速度反馈回路，省去了检测装置。开环系统简单可靠，不需要进行复杂的反馈设计和校正。

2）直流伺服系统。将直流伺服电动机作为执行元件的反馈系统称为直流伺服系统。直流伺服系统常用的伺服电动机有两类：小惯量直流伺服电动机和永磁直流伺服电动机。由于小惯量伺服直流系统结构复杂，已逐渐被永磁直流伺服电动机代替。永磁式直流电动机的额定转速很低（可在1 r/min甚至0.1 r/min下平稳运行），因此，低速的电动机转轴可以和负载直接耦合，从而省去了减速器，简化了结构，并提高了传动精度。永磁式直流电动机具有宽调速、启动转矩大和响应速度快的优点，在要求性能高的数控机床上被广泛采用。但永磁式直流伺服电动机由于制造成本高、维护麻烦、机械换向困难等缺点，其单机容量和转速都受到限制。

3）交流伺服系统。将交流伺服电动机作为执行元件的反馈系统称为交流伺服系统。交流异步电动机结构简单、运行可靠、维护容易，适用于恒转速机械。但交流异步电动机调速性能和转矩控制性能均不够理想，使交流伺服系统难以推广。随着电力电子技术的发展，交流变频技术的性能和各项指标已达到直流调速系统的指标，交流伺服系统有逐步替代直流伺服系统的趋势。

（3）按控制原理分类

根据反馈元件及反馈方式对伺服系统进行分类，可将其分为开环、半闭环和闭环伺服系统。

1）开环伺服系统。如图2—111所示为开环伺服系统结构框图，该系统输出量不影响被控制量的变化，但输入量直接影响输出量，输入量经过处理器与驱动电路作用于被控对象。当出现扰动时，在没有人干预的情况下，系统不能自动回到初始状态。由于开环控制系统没有形成控制回路，又称为无反馈控制系统。

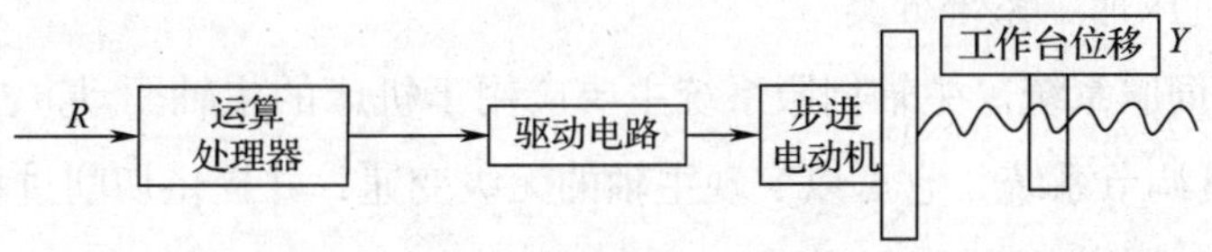

图 2—111　开环伺服系统结构框图

2）半闭环伺服系统。如图 2—112 所示为半闭环伺服系统结构框图，半闭环伺服系统与开环伺服系统的最大区别是：系统形成控制回路，输出影响输入，系统有了速度检测和位置检测元件并添加了比较环节。

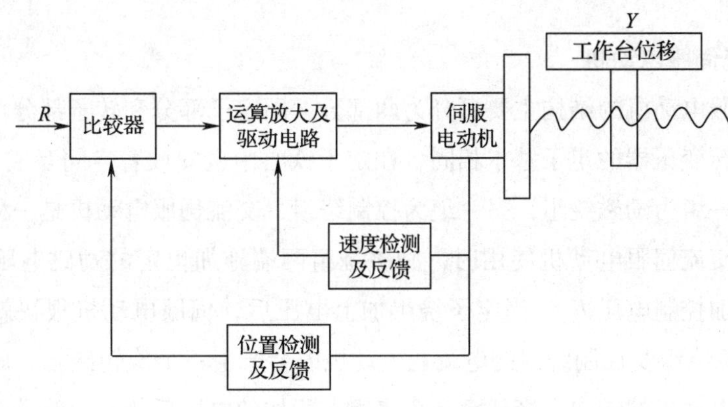

图 2—112　半闭环伺服系统结构框图

3）闭环伺服系统。图 2—113 所示为闭环伺服系统结构框图，闭环系统与半闭环系统最大的区别是位置检测及反馈环节的检测点不同。闭环系统所反馈的量是整个系统的执行环节，可以认为对系统中任何一处造成的误差闭环控制都能做出补偿，而半闭环只对驱动环节进行监控和补偿。

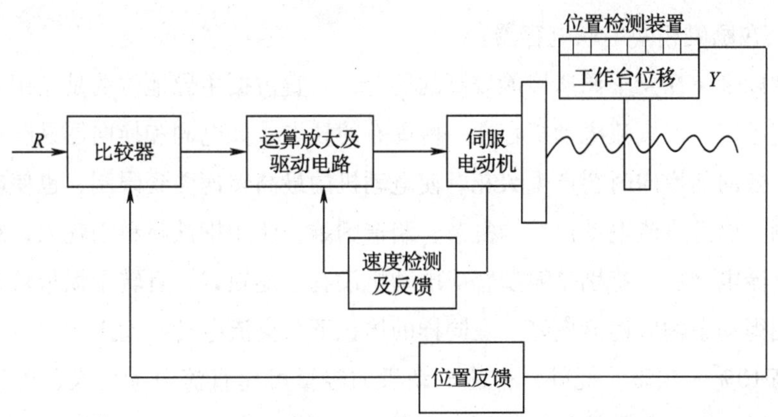

图 2—113　闭环伺服系统结构框图

（4）按机床加工系统分类

1）主轴伺服系统。主轴伺服系统主要应用于机床的主轴驱动。主轴伺服系统是一个速度可调节系统，它可以实现主轴的无级变速，并提供切削过程的转矩和功率，无须丝杆或其他直线运动装置。

2）进给伺服系统。进给伺服系统特指机床的进给伺服系统，包括速度控制环和位置控制环。进给伺服系统完成机床各坐标的进给运动，具有定位和轮廓跟踪功能，是机床控制中要求最高的伺服系统。

二、交流伺服系统的工作原理

1. 交流伺服电动机

交流伺服电动机的结构主要可分为两部分，即定子部分和转子部分。其中定子的结构与旋转变压器的定子基本相同，在定子铁心中也安放着空间互成90°的两相绕组。其中一组为励磁绕组，另一组为控制绕组，交流伺服电动机是一种两相的交流电动机。交流伺服电动机使用时，励磁绕组两端施加恒定的励磁电压 U_f，控制绕组两端施加控制电压 U_k。当定子绕组加上电压后，伺服电动机很快就会转动起来。通入励磁绕组及控制绕组的电流在电动机内会产生一个旋转磁场，旋转磁场的转向决定了电动机的转向，当任意一个绕组上所加的电压反相时，旋转磁场的方向就发生改变，电动机的转向也发生改变。为了在电动机内形成一个圆形旋转磁场，要求励磁电压 U_f 和控制电压 U_k 之间应有90°的相位差，常用的方法有：

（1）利用三相电源的相电压和线电压构成90°的移相。

（2）利用三相电源的任意线电压。

（3）采用移相网络。

（4）在励磁相中串联电容器。

长期以来，在要求调速性能较高的场合，一直占据主导地位的是应用直流电动机的调速系统。但直流电动机存在一些固有的缺点，如电刷和换向器易磨损，需经常维护，换向器换向时会产生火花，使电动机的最高转速受到限制，也使应用环境受到限制，而且直流电动机结构复杂，制造困难，所用钢铁材料消耗大，制造成本高。而交流电动机，特别是笼型感应电动机没有上述缺点，且转子惯量较直流电动机小，使得动态响应性能更好。在同样的体积下，交流电动机输出功率可比直流电动机提高10%～70%。此外，交流电动机的容量可比直流电动机大，可达到更高的电压和转速。现代数控机床都倾向采用交流伺服驱动，交流伺服驱动已有取代直流伺服驱动之势。

交流伺服电动机分为异步和同步两种。

异步型交流伺服电动机指的是交流感应电动机。它有三相和单相之分，也有笼型和线绕型，通常多用笼型三相感应电动机。其结构简单，与同容量的直流电动机相比，质量轻 1/2，价格仅为直流电动机的 1/3。缺点是不能经济地实现范围很广的平滑调速，必须从电网吸收滞后的励磁电流。因而令电网功率因数变坏。

同步型交流伺服电动机虽较感应电动机复杂，但比直流电动机简单。它的定子与感应电动机一样，都在定子上装有对称三相绕组。而转子却不同，按不同的转子结构又分电磁式及非电磁式两大类。非电磁式又分为磁滞式、永磁式和反应式多种。其中磁滞式和反应式同步电动机存在效率低、功率因数较差、制造容量不大等缺点。数控机床中多用永磁式同步电动机。与电磁式相比，永磁式优点是结构简单、运行可靠、效率较高；缺点是体积大、启动特性欠佳。但永磁式同步电动机采用高剩磁感应、高矫顽力的稀土类磁铁后，可比直流电动机外形尺寸约小 1/2，质量减轻 60%，转子惯量减到直流电动机的 1/5。它与异步电动机相比，由于采用了永磁体励磁，消除了励磁损耗及有关的杂散损耗，所以效率高。又因为没有电磁式同步电动机所需的集电环和电刷等，其机械可靠性与感应（异步）电动机相同，而功率因数却大大高于异步电动机，从而使永磁同步电动机的体积比异步电动机小些。这是因为在低速时，感应（异步）电动机由于功率因数低，输出同样的有功功率时，它的视在功率却要大得多，而电动机的主要尺寸是由视在功率决定的。

2．交流伺服控制器

（1）控制单元基本原理

交流伺服控制器主要由速度控制、电流控制器和 PWM 生成电路组成。控制方式上交流伺服控制用脉冲串和方向信号实现。交流伺服控制系统有三种控制方式：速度控制、位置控制和转矩控制。

如图 2—114 所示，速度控制器比较速度指令和速度反馈信号，并输出电流指令信号，该信号表征电流幅值。但由于电动机是交流电动机，要求在其定子绕组中通入交流电流，因此必须将速度控制器输出的直流信号指令交流化。位置检测器输出的磁极位置信号在乘法器中与直流电流指令值相乘，输出端就获得了交流电流指令值。交流电流指令值与电流反馈信号相比较后，差值送入电流控制器。电流控制器输出一定频率和幅值的电流信号，并用来对电流脉冲宽度进行调制，最后将调制后的脉宽信号作为逆变器的输入，逆变器输出一个波形与交流电流指令相似但幅值要高得多的正弦电流，该正弦电流与永磁体相互作用产生电磁转矩，推动交流伺服电动机转动。

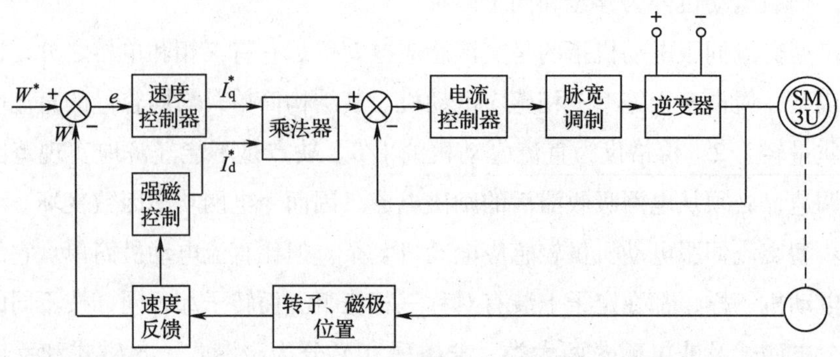

图 2—114　交流伺服控制框图

1）速度控制。速度控制方式主要以模拟量来控制。如果对位置和速度有一定的精度要求，用速度或位置模式较好；如果上位控制器有比较好的闭环控制功能，则可选用速度控制。根据电动机的类型，调速控制系统也分不同类型，如异步电动机的变频调速和同步电动机的变频调速，异步电动机的变频调速分为笼型异步电动机的变频调速和 PWM 型变频调速。下面以 PWM 型变频调速为例来详细说明交流伺服控制原理。

如图 2—115 所示为 PWM 调速系统示意图，主电路由不可控整流器 UR、平波电容器 C 和逆变器 UI 构成。逆变器输入为固定不变的直流电压 U_d，通过调节逆变器输出电压的脉冲宽度和频率来实现调压和调频，同时减小三相电流波形畸变的输出。这种电路特点如下：

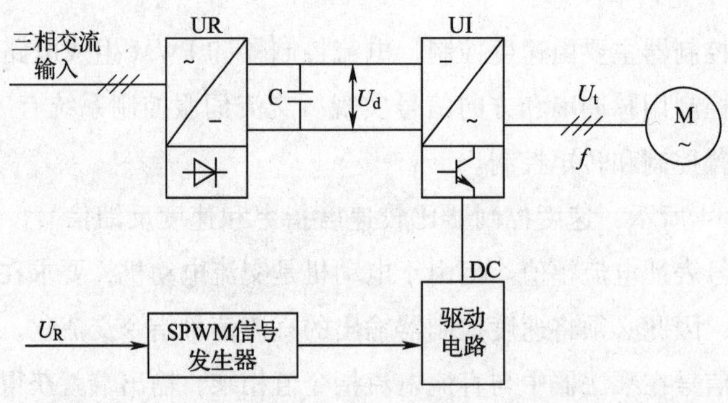

图 2—115　PWM 调速系统示意图

①由于主要电路只有一个功率控制级 UI，因而结构简单。

②由于使用了不可控整流桥，因而电网功率因数跟逆变器的输出大小无关。

③逆变器在调频时实现调压，与中间直流环节的元件参数无关，从而加快了系统的动态响应。实际的变频调速系统一般都需要加上完善的保护以确保系统安全运行。

2）位置控制。在有上位控制装置的外环 PID 控制时速度模式也可以进行定位，但必须把电动机的位置信号或直接负载的位置信号给上位反馈以做运算用。位置模式也支持直接负载外环检测位置信号，电动机轴端的编码器只检测电动机转速。由于位置模式对速度和位置都有严格的控制，因而其主要应用于定位装置，如数控机床、印刷机械等。

3）转矩控制。转矩控制方式实际上就是通过外部模拟量的输入或直接的参数赋值来设定电动机轴输出转矩。比如 10 V 对应 5 N·m，当外部模拟量设定为 5 V 时，电动机轴输出为 2.5 N·m。如果电动机轴负载低于 2.5 N·m 时电动机正转，外部负载等于 2.5 N·m 时电动机不转，大于 2.5 N·m 电动机反转（通常在有重力负载情况下产生）。可以通过即时改变模拟量的设定来改变设定力矩的大小，也可以通过通信方式改变对应参数的数值来实现。转矩控制主要应用在对材质的受力有严格要求的缠绕和放卷装置中，如绕线装置或拉光纤设备。

（2）功率放大单元原理

在交流伺服系统中，功率放大电路主要包括整流环节和逆变环节，本节主要介绍功率放大电路的逆变环节。

如图 2—116 所示为三相桥式逆变电路图，该三相桥式逆变电路每个周期共有 6 种工作状态，采用 180°导电型。每种工作状态都有三只晶闸管同时导通。这 6 种工作状态分别是：（VT1，VT2，VT3）；（VT2，VT3，VT4）；（VT3，VT4，VT5）；（VT4，VT5，VT6）；（VT5，VT6，VT1）；（VT6，VT1，VT2）。VD1 ~ VD6 是续流二极管。逆变电路的作用是将直流电逆变成频率可调的三相交流电。在分析逆变器工作时，通常要分析稳定工作状态和换相过程两种状态，稳定工作状态持续时间长；在换相过程中，希望逆变管 VT1 ~ VT6 能够顺利快速地换相并且无差错。

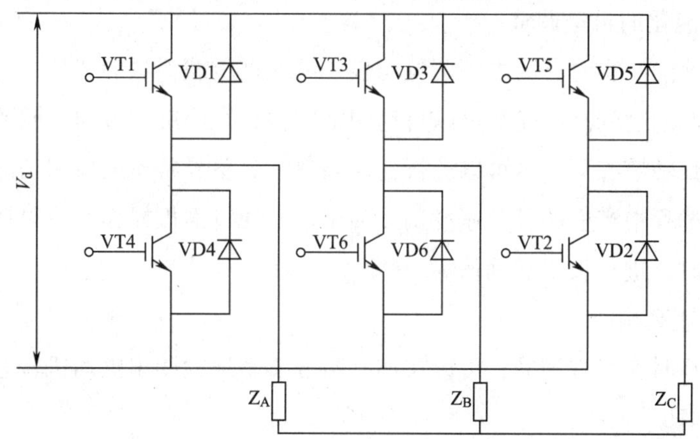

图 2—116　三相桥式逆变电路图

学习单元2　交流伺服系统接线与基本操作设置

学习目标

➢ 掌握交流伺服电动机、驱动器安装接线

➢ 掌握基本参数设置

知识要求

一、松下 MINAS_ A4 交流伺服电动机、驱动器概述

松下 MINAS_ A4 系列高性能 AC 伺服电动机、驱动器可满足从 50 W 到 5 kW 的各种电动机容量要求，是高速驱动机器。驱动器采用高性能 CPU，高达 1 kHz 的速度响应频率，实现了运转机器的高速化并大幅缩短了生产时间。

其电动机标准对应全闭环控制并具备自动调谐功能，电动机标配 2 500 p/r 增量编码器或高分辨率 17 位绝对值/增量式通用编码器。通过上位控制器可进行回转速度显示等监控、参数的设定、试运行（JOG 运行）、复制参数等操作，使用简便。它还具备自动增益调整功能和在低刚度且电动机高速旋转的机器上仍可稳定停止的减振控制功能。

1. 伺服系统特点

（1）智能化的自动调整

具有高性能的实时自动增益调整功能，可根据负载惯量的变化，与自适应滤波器配合，从低刚度到高刚度都可以自动调整增益；在因旋转方向不同而产生不同负载转矩的垂直轴情况下，也可以进行自动调整；具备异常速度检测功能，因此可以将增益调整过程中产生的异常速度调整到正常；通过面板操作，可以在监控实时调整情况的同时，进行设置和确认。

（2）高速高响应

内置了瞬时速度观测器，可以快速、高分辨率地检测出电动机转速，响应频率最高可达 1 kHz。

无论是易振动的传送带驱动机械，还是高刚性的丝杆传动机械，都可以用自动调整功能实现高速定位。

（3）超低振动

内置自适应滤波器，可以根据机械共振频率不同而自动地调整陷波频率器频率；可以控制由于机械不稳定及共振频率变化而发生的噪声；内置了不同于自适应滤波器的两个独立通道的滤波器，这两个陷波滤波器可以以 1 kHz 为单位，分别设置陷波的频率和幅值。

（4）振动抑制控制

内置了两个通道的振动抑制滤波器，可以以 0. 1 Hz 为单位，分别设置振动频率，也可以抑制刚性较低的机械在启动和停止时产生的振动。

两个通道的振动频率，可以根据旋转方向的不同而自动地切换，或者也可以分别对应于外部输入信号切换而产生的机械位置变化而导致的振动频率。

即使设置的振动频率和滤波器的数值不确切，也不会导致不稳定的状况。

2. 驱动器、电动机铭牌内容型号说明

（1）驱动器铭牌（见图 2—117）

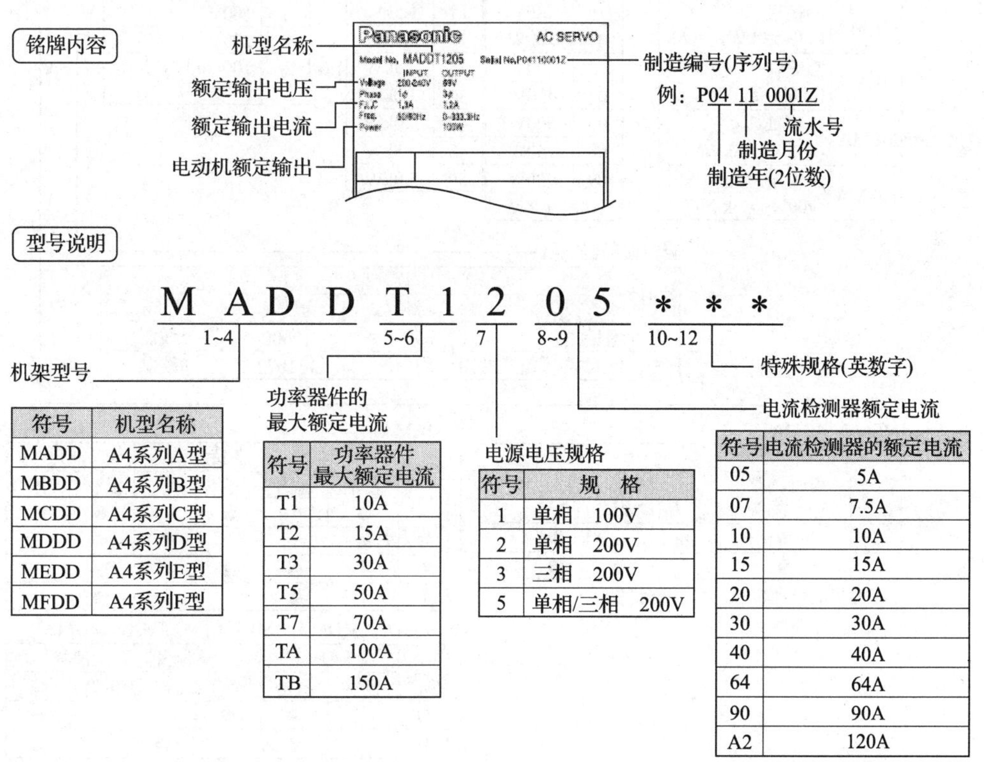

符号	机型名称
MADD	A4系列A型
MBDD	A4系列B型
MCDD	A4系列C型
MDDD	A4系列D型
MEDD	A4系列E型
MFDD	A4系列F型

符号	功率器件最大额定电流
T1	10A
T2	15A
T3	30A
T5	50A
T7	70A
TA	100A
TB	150A

符号	规　格
1	单相　100V
2	单相　200V
3	三相　200V
5	单相/三相　200V

符号	电流检测器的额定电流
05	5A
07	7.5A
10	10A
15	15A
20	20A
30	30A
40	40A
64	64A
90	90A
A2	120A

图 2—117　驱动器铭牌

（2）电动机铭牌（见图2—118）

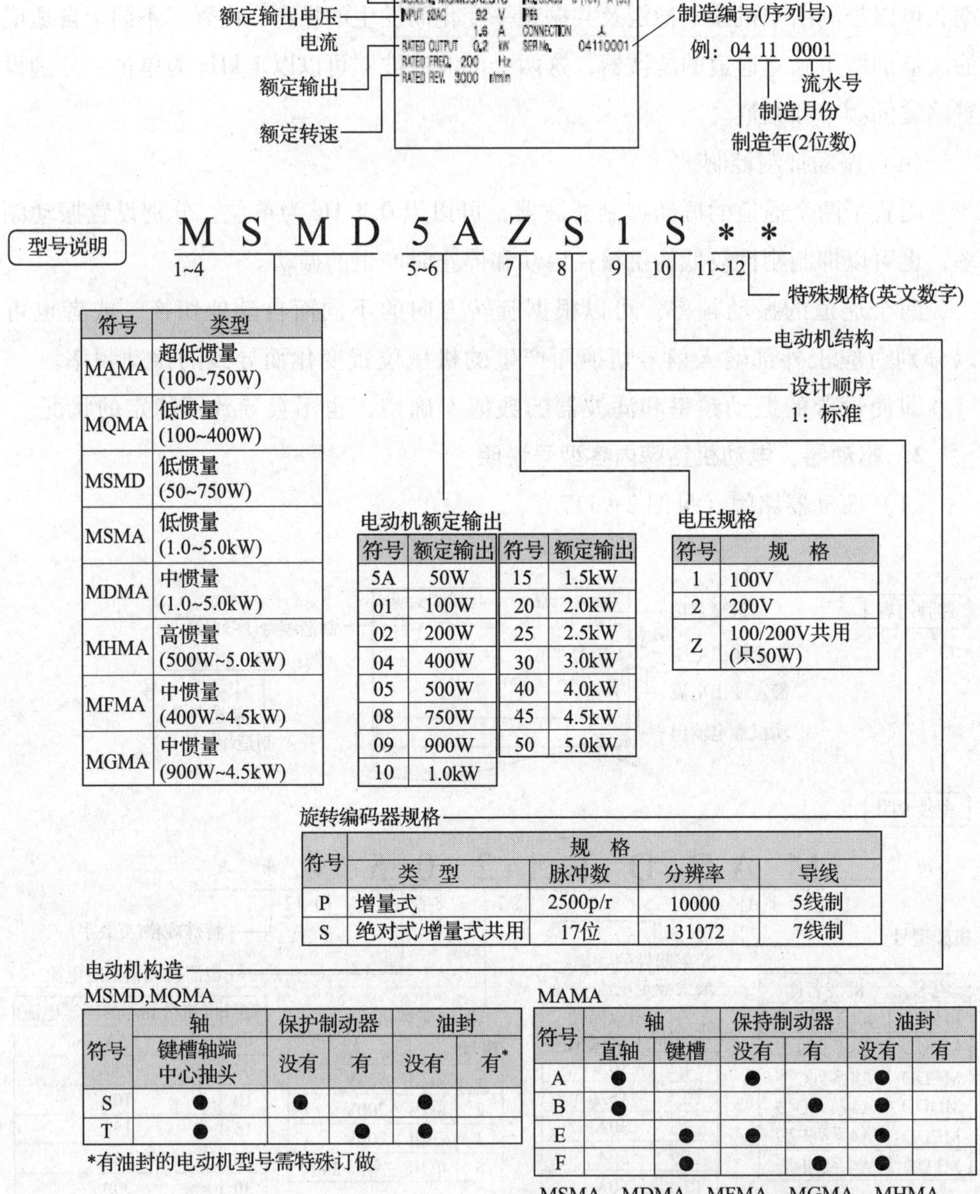

符号	类型
MAMA	超低惯量(100~750W)
MQMA	低惯量(100~400W)
MSMD	低惯量(50~750W)
MSMA	低惯量(1.0~5.0kW)
MDMA	中惯量(1.0~5.0kW)
MHMA	高惯量(500W~5.0kW)
MFMA	中惯量(400W~4.5kW)
MGMA	中惯量(900W~4.5kW)

电动机额定输出

符号	额定输出	符号	额定输出
5A	50W	15	1.5kW
01	100W	20	2.0kW
02	200W	25	2.5kW
04	400W	30	3.0kW
05	500W	40	4.0kW
08	750W	45	4.5kW
09	900W	50	5.0kW
10	1.0kW		

电压规格

符号	规　格
1	100V
2	200V
Z	100/200V共用(只50W)

旋转编码器规格

符号	规　格			
	类　型	脉冲数	分辨率	导线
P	增量式	2500p/r	10000	5线制
S	绝对式/增量式共用	17位	131072	7线制

电动机构造

MSMD,MQMA

符号	轴	保护制动器		油封	
	键槽轴端中心抽头	没有	有	没有	有*
S	●	●		●	
T	●		●	●	

*有油封的电动机型号需特殊订做

MAMA

符号	轴		保持制动器		油封	
	直轴	键槽	没有	有	没有	有
A	●		●		●	
B	●			●	●	
E		●	●		●	
F		●		●	●	

MSMA，MDMA，MFMA，MGMA，MHMA

符号	轴		保持制动器		油封	
	直轴	键槽	没有	有	没有	有
G		●	●			●
H		●		●		●

图2—118　电动机铭牌

3. 基本技术规格（见表 2—30）

表 2—30　　　　基本技术规格

<table>
<tr><th colspan="4">项目</th><th>规格</th></tr>
<tr><td rowspan="10">基本规格</td><td rowspan="4">输入电源</td><td rowspan="2">100 V 系列</td><td>主回路电源</td><td>单相 100 ~ 115 V +10%/ −15% 50/60 Hz</td></tr>
<tr><td>控制回路电源</td><td>单相 100 ~ 115 V +10%/ −15% 50/60 Hz</td></tr>
<tr><td rowspan="2">200 V 系列</td><td>主回路电源</td><td>单/三相 200 ~ 230 V +10%/ −15% 50/60 Hz</td></tr>
<tr><td>控制回路电源</td><td>单相 200 ~ 230 V +10%/ −15% 50/60 Hz</td></tr>
<tr><td colspan="3">控制方式</td><td>IGBT PWM 正弦波控制</td></tr>
<tr><td colspan="3">反馈</td><td>17 位（分辨率：131072），7 线制绝对式编码器
2 500 p/r（分辨率：10000），5 线制增量式编码器</td></tr>
<tr><td colspan="2" rowspan="4">环境条件</td><td>温度</td><td>工作温度：0 ~ 55℃；保存温度：−20 ~ 80℃</td></tr>
<tr><td>湿度</td><td>工作/保存：≤90% RH（无结露）</td></tr>
<tr><td>振动</td><td>≤5.88 m/s^2，10 ~ 60 Hz（不允许工作在共振点）</td></tr>
<tr><td>海拔高度</td><td>≤1 000 m</td></tr>
<tr><td rowspan="5">功能</td><td rowspan="2">控制信号</td><td colspan="2">输入</td><td>10 点输入：
①伺服使能（SRV − ON）
②控制模式选择（C − MODE）
③增益切换（GAIN）
④报警清除（A − CLR）
其余与控制模式有关</td></tr>
<tr><td colspan="2">输出</td><td>6 点输出：
①伺服报警（ALM）
②伺服准备好（S − RDY）
③制动器释放（BRK − OFF）
④零速检测（ZSP）
⑤转矩控制（TLC）
其余与控制模式有关</td></tr>
<tr><td rowspan="2">模拟量信号</td><td colspan="2">输入</td><td>3 点输入：
①16 位 A/D（1 点输入）
②10 位 A/D（2 点输入）</td></tr>
<tr><td colspan="2">输出</td><td>2 点输出（监视器用）：
①速度监视器（SP）：可以检测电动机的实际转速或指令转速
②转矩监视器（IM）：可以检测转矩指令、偏差脉冲数或全闭环偏差脉冲数</td></tr>
<tr><td>脉冲信号</td><td colspan="2">输入</td><td>①2 点输入：通过光电耦合电路接收差分信号或集电极开路信号
②2 点输入：通过差分专用电路接收差分信号</td></tr>
</table>

续表

项目				规格
功能	脉冲信号	输出		4 点输出： 编码器信号（A/B/Z 相）或外部反馈装置信号（EXA/EXB/EXZ 相）输出差分信号；Z 相或 EXZ 相也可以输出集电极开路信号
	通信功能	RS－232C		主机 1：1 通信
		RS－485		主机 1：n 通信，$n\leqslant 15$
	内部功能	控制模式		通过参数选择以下 7 种模式：①位置控制；②速度控制；③转矩控制；④位置/速度控制；⑤位置/转矩控制；⑥速度/转矩控制；⑦全闭环控制
		显示面板与操作按键		①5 个键（MODE，SET，UP，DOWN，SHIFT）； ②6 位 LED 显示
		再生放电制动电阻		A、B 型驱动器：没有内置制动电阻（可外接） C～F 型：内置制动电阻（也可再外接制动电阻）
		动态制动器		内置
		自动增益调整		具有自动增益调整功能，有两种方式
		输入屏蔽功能		可屏蔽：①驱动进制输入②转矩限制输入③指令脉冲禁止输入④零速箝位输入
		软启动/停止功能		0～10 s/1 000 r/min，加速/减速分布设置，更具有 S 型加减速
		零速箝位		零速箝位输入时进入伺服锁定（速度控制、转矩控制时）
		指令脉冲分/倍频		（1～10 000）$\times 2^{0\sim17}$/（1～10 000）的计算结果
		保护功能	硬件	过电压、欠电压、过速度、过载、过热、过电流、编码器异常
			软件	位置偏差过大、指令脉冲分频、EEPROM 异常
		故障历史记忆功能		可记忆包括当前在内的 14 个历史故障

二、松下 MINAS_A4 交流伺服电动机、驱动器各部分名称和有关端子功能的说明

1. 各部分名称

（1）驱动器

根据驱动器的机架型号，MINAS_A4 系列交流伺服驱动器可以分为 A、B、C、D、E、F，机架的类型决定了驱动器各部分的差异，如图 2—119 所示。

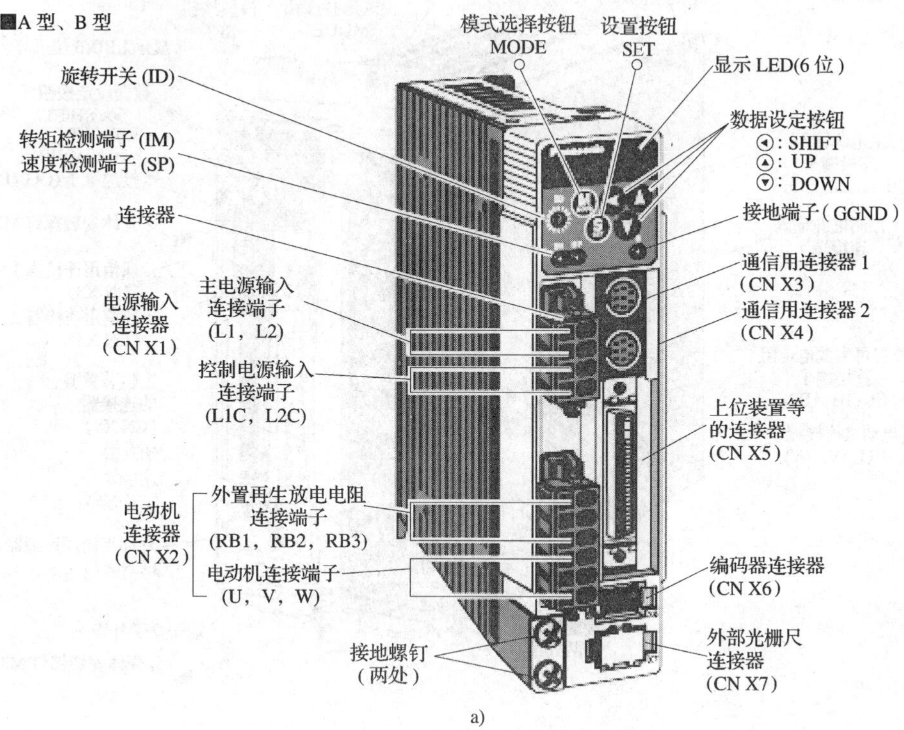

■A 型、B 型
模式选择按钮
MODE
设置按钮
SET
显示 LED(6 位)
旋转开关 (ID)
数据设定按钮
◁: SHIFT
△: UP
▽: DOWN
转矩检测端子 (IM)
速度检测端子 (SP)
连接器
接地端子(GGND)
通信用连接器 1
(CN X3)
电源输入
连接器
(CN X1)
主电源输入
连接端子
(L1, L2)
通信用连接器 2
(CN X4)
控制电源输入
连接端子
(L1C, L2C)
上位装置等
的连接器
(CN X5)
电动机
连接器
(CN X2)
外置再生放电电阻
连接端子
(RB1, RB2, RB3)
电动机连接端子
(U, V, W)
编码器连接器
(CN X6)
接地螺钉
(两处)
外部光栅尺
连接器
(CN X7)

a)

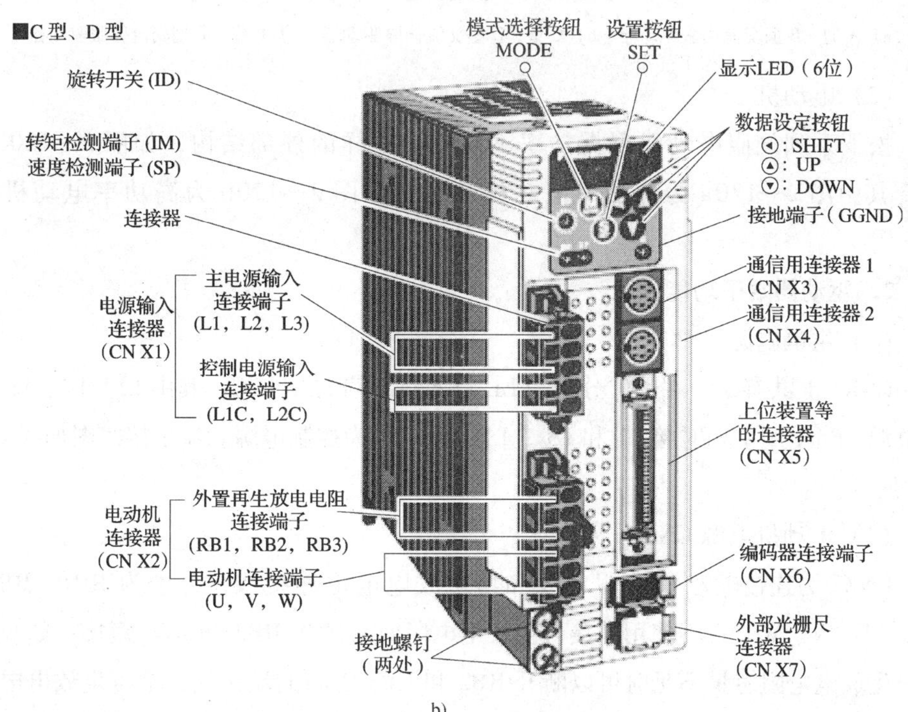

■C 型、D 型
模式选择按钮
MODE
设置按钮
SET
显示LED(6位)
旋转开关 (ID)
数据设定按钮
◁: SHIFT
△: UP
▽: DOWN
转矩检测端子 (IM)
速度检测端子 (SP)
接地端子(GGND)
连接器
通信用连接器 1
(CN X3)
电源输入
连接器
(CN X1)
主电源输入
连接端子
(L1, L2, L3)
通信用连接器 2
(CN X4)
控制电源输入
连接端子
(L1C, L2C)
上位装置等
的连接器
(CN X5)
电动机
连接器
(CN X2)
外置再生放电电阻
连接端子
(RB1, RB2, RB3)
电动机连接端子
(U, V, W)
编码器连接端子
(CN X6)
接地螺钉
(两处)
外部光栅尺
连接器
(CN X7)

b)

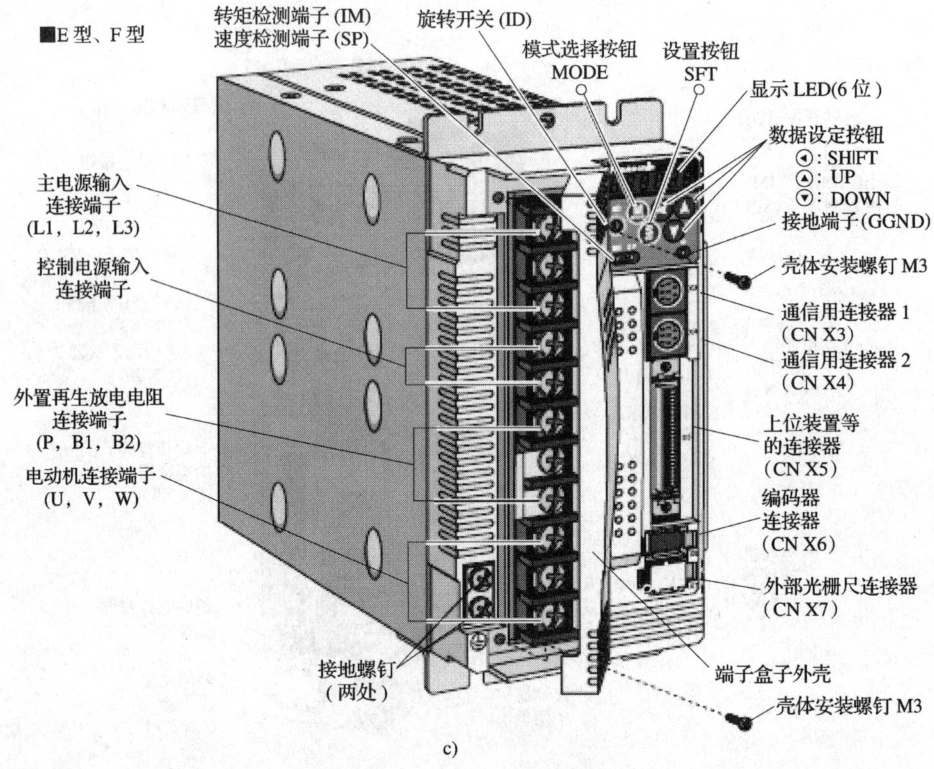

c)

图 2—119　驱动器各部分说明

a）A 型、B 型交流伺服驱动器　b）C 型、D 型交流伺服驱动器　c）E 型、F 型交流伺服驱动器

（2）电动机

松下系列伺服电动机根据功率不同有不一样的外部结构，如图 2—120 所示，其中图 2—120a 为低功率电动机的结构，图 2—120b 为高功率电动机结构。

2. 驱动器端子功能说明

（1）供电电源 CNX1

CNX1 上共有 5 个端子，分别为 L1、L2、L3、L1C、L2C；其中 L1、L2、L3 为主电源，当使用单相时接 L1 和 L3；L1C 和 L2C 为控制电源。端子接线图如图 2—121 所示。

（2）电动机电源 CNX2

CNX2 为连接电动机的驱动线和再生放电电阻连接线，分别为 RB1、RB2、RB3、U、V、W。在不使用外接再生放电电阻时必须将 RB2 和 RB3 短接；如果内置再生放电电阻容量不足时可以断开 RB2 和 RB3 之间的端接线，把再生放电电阻接在 RB1 和 RB2 之间。端子接线图如图 2—122 所示。

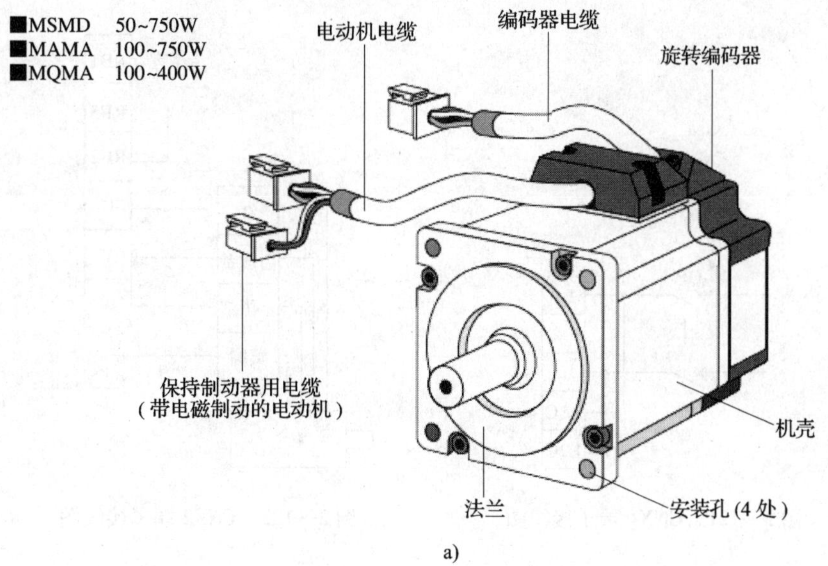

a)

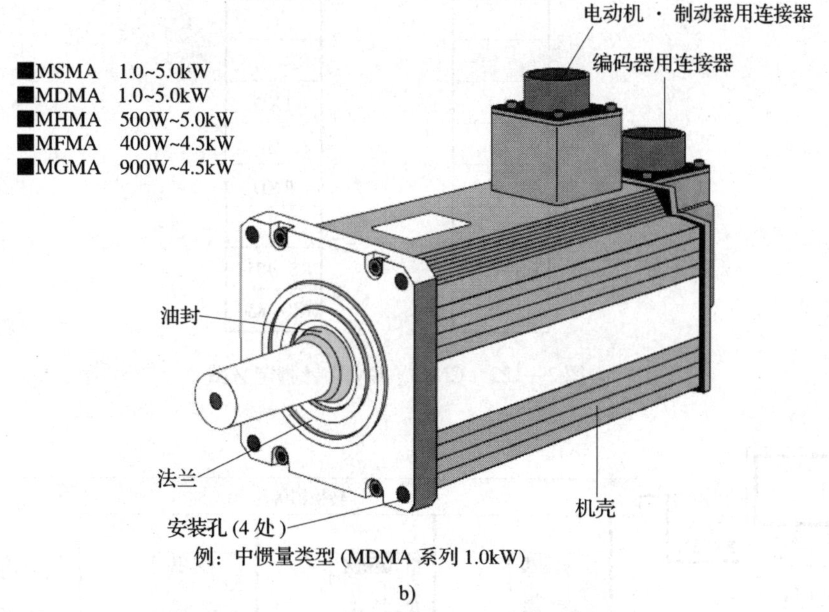

b)

图 2—120　伺服电动机各部分说明

a）MSMD 系列 50 W 电动机　b）MDMA 系列 1.0 kW 电动机

（3）RS－485 通信 CNX3 与 RS－232 通信 CNX4

松下 A4 系列伺服驱动器具有两种通信接口，在主机之间可以有三种连接方式。CNX3 和 CNX4 均为 8 芯圆形插头，其针脚定义如图 2—123 所示。

1）RS－232 通信。RS－232 通信以一对一的方式连接主机和驱动器，按 RS－232 的传输通信规则进行通信，连接方式如图 2—124 所示。

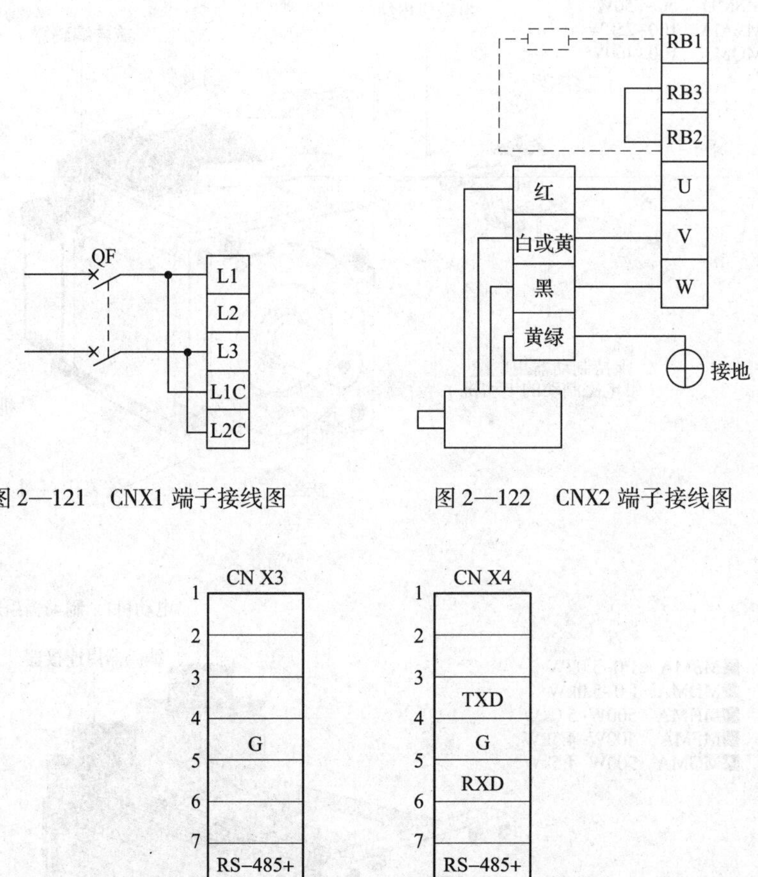

图 2—121 CNX1 端子接线图

图 2—122 CNX2 端子接线图

图 2—123 CNX3、CNX4 针脚定义图

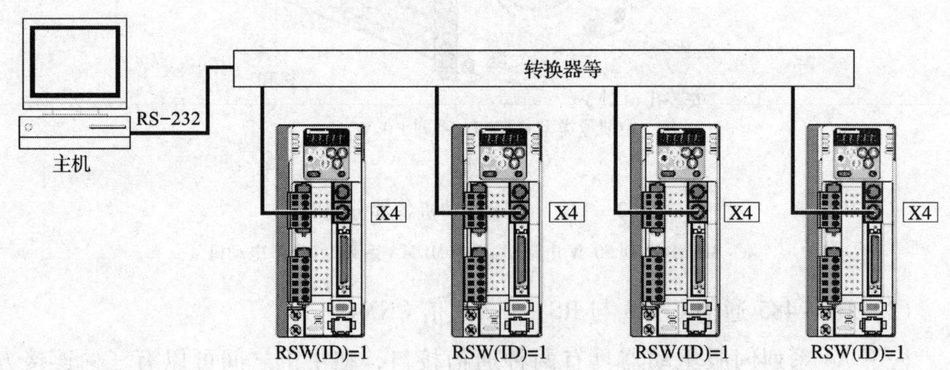

图 2—124 一对一连接方式

2）RS－232 与 RS－485 通信。一台主机与数台 A4 驱动器连接时，通过主机与 RS－232 的通信连接到 CNX4 上，驱动器互相之间用 RS－485 通信连接。将连接

主机的驱动器前面板 RSW 设定为 0，其他的驱动器分别设定为 1 ~ F 的各值。连接方式如下图 2—125 所示。

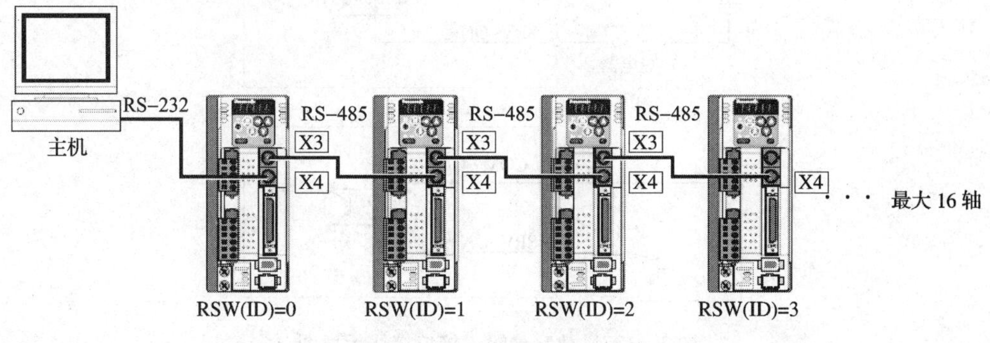

图 2—125　一对多连接方式

3）RS－485 通信。用 RS－485 通信连接一台主机和数台驱动器，设定各驱动器的前面板 RSW 为 1 ~ F 的各值，连接方式如图 2—126 所示。

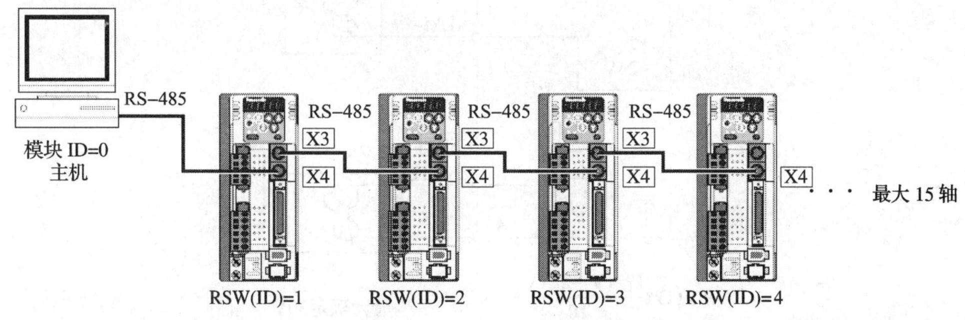

图 2—126　RS－485 连接方式

（4）上位机控制信号 CNX5

CNX5 为上位控制器对驱动器的各个控制信号输入输出接口，该连接器是一个 50 芯的插头，主要由数字量输入、输出，模拟量输入、输出，脉冲输入、输出等组成，每个针脚的定义会随驱动器的工作方式不同而不同，详见后续学习单元的描述。

1）数字量输入接口。其接线示意图如图 2—127 所示，数字量输入可使用开关/继电器触点或集电极开路输出晶体管，外接电压为 12 ~ 24 V，最低不能小于 11.4 V，内部电阻起限流作用，防止数字电路电流过大而损坏二极管。

2）数字量输出。数字量输出电路结构为集电极开路的达林顿晶体管，输出晶体管的发射极有可独立连接输出和与控制信号电源侧（COM－）共同输出的两种类型。如图 2—128 所示为数字量输出电路接口接线示意图。

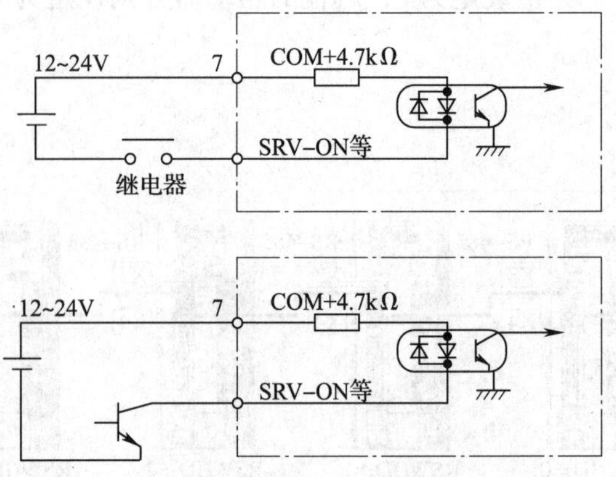

图2—127　数字量输入接口接线示意图

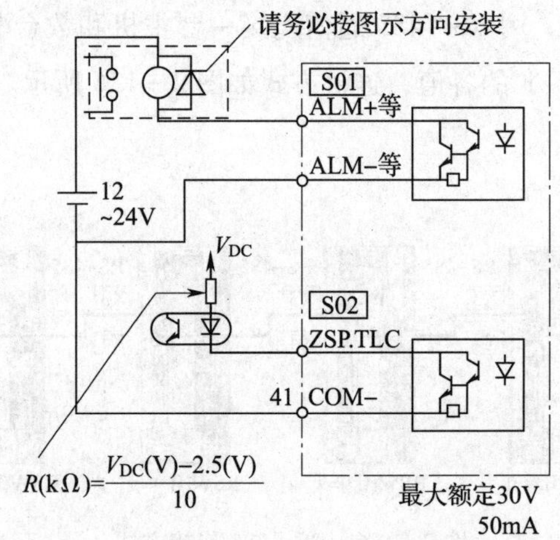

图2—128　数字量输出接口接线示意图

3）指令脉冲输入接口。A4系列伺服驱动器具有两个指令脉冲输入接口PI1和PI2，PI1可以是长线驱动方式也可以是集电极开路方式，而PI2则只能作为长线驱动方式使用。

①PI1长线驱动方式：这种方式不易受噪声干扰，输入脉冲频率最大可到500 kpps，是推荐使用的方式，可增加信号传送的可靠性。如图2—129所示为该方式的接线图。

②PI1集电极开路方式1：使用驱动器外部控制信号用电源（V_{DC}）时，输入脉冲频率最大可到200 kpps，此种方式需要使用与V_{DC}值相对应的限流电阻（R），当V_{DC}=12 V时，R=1 kΩ（1/2 W）；当V_{DC}=24 V时，R=2 kΩ（1/2 W）。如图2—130所示为此种方式下脉冲输入的接线图。

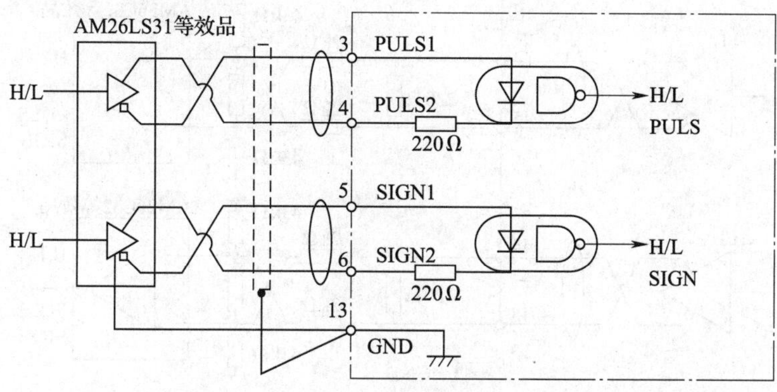

图 2—129　PI1 长线驱动方式的接线图

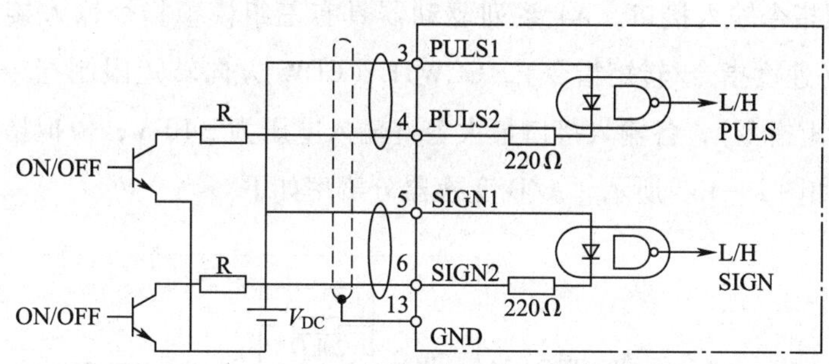

图 2—130　PI1 带限流电阻的集电极开路方式的接线图

③PI1 集电极开路方式 2：当使用外部控制信号电源 24 V 并不加限流电阻时，输入脉冲频率最大可到 2 kpps，如图 2—131 所示为此种方式下脉冲输入的接线图。

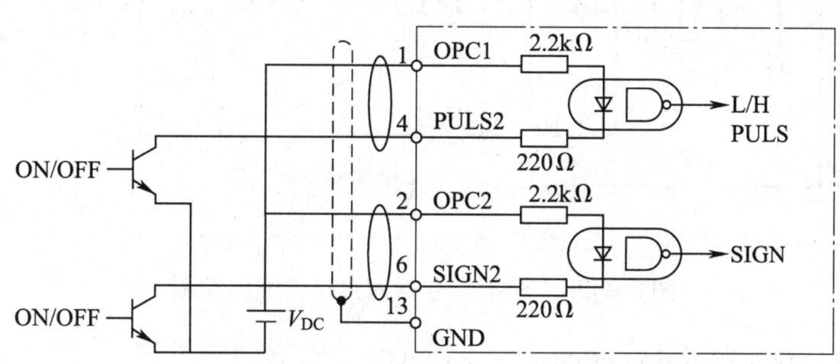

图 2—131　PI1 不带限流电阻集电极开路方式的接线图

④PI2 脉冲输入接口：此脉冲输入接口最高输入频率可高达 2 Mpps，以长线驱动方式接收脉冲，如图 2—132 所示为此种方式下的接线图。

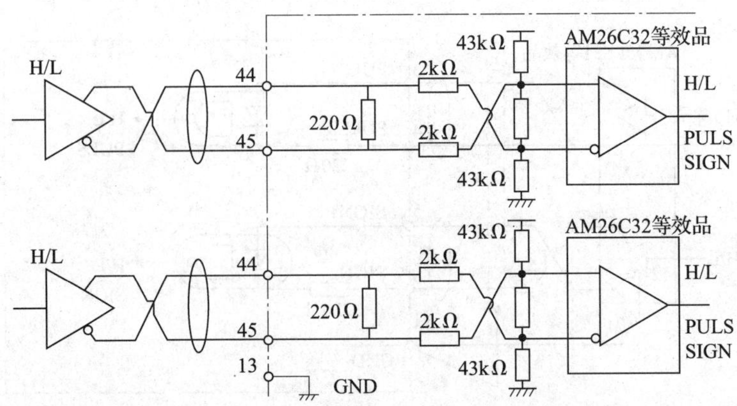

图2—132 PI2长线驱动方式的接线图

4）模拟指令输入接口。A4系列驱动器具有三组模拟指令输入接口，分别是SPR/TRQR（速度指令/转矩指令）、CCWTL（CCW方向转矩限制指令）和CWTL（CW方向转矩指令），各输入接口最大容许输入电压为±10 V，模拟指令输入接口接线示意图如图2—133所示，A/D变换器分辨率如下。

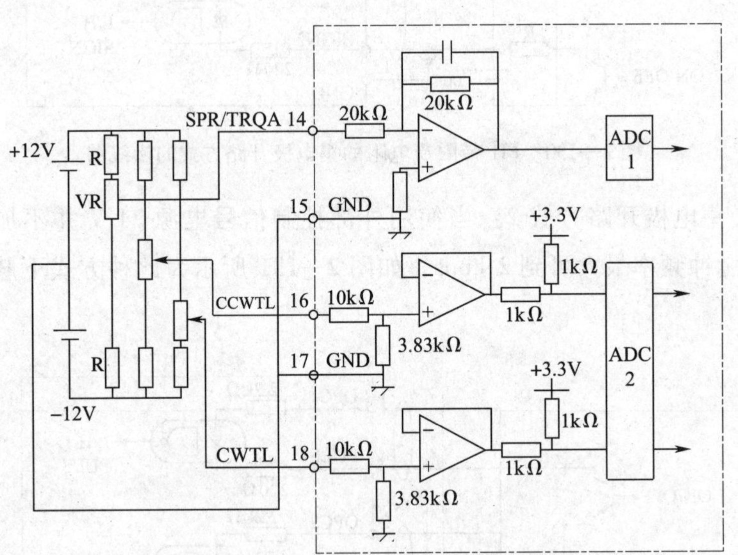

图2—133 模拟指令输入接口接线示意图

①ADC1：16位（SPR/TRQR），±10 V。

②ADC2：10位（CCWTL，CWTL），0～3.3 V。

5）模拟监视器输出接口。A4驱动器有速度监视器信号输出（SP）和转矩监视信号输出（IM）两种，信号输出范围±10 V，输出阻抗为1 kΩ。速度监视器信号输出的分辨率为6 V/3 000 r/min，设定（Pr. 07 = 3）时速度换算后的分辨率为16 mV/8 r/min；转矩监视器信号输出分辨率根据3 V/额定（100%）转矩关系、转矩换算后的分辨率为0.4%/12 mV。如图2—134所示为模拟监视器输出接口接线示意图。

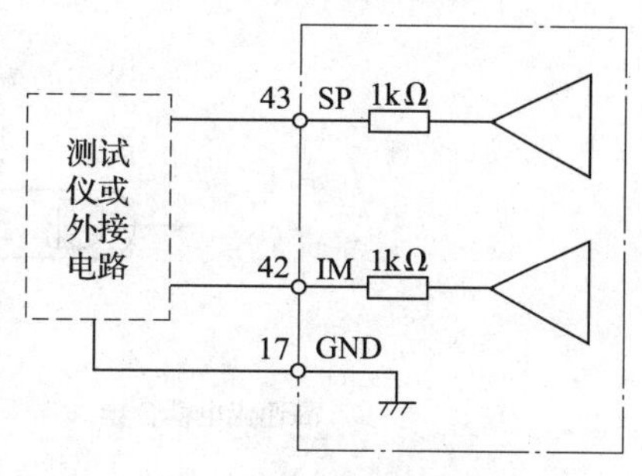

图2—134　模拟监视器输出接口接线示意图

6）编码器脉冲输出接口。在A4系列伺服驱动器中，编码器脉冲输出分为长线（差动）输出和集电极开路输出两种方式。

①长线驱动器（差动输出）脉冲输出接口：用来输出经过分频处理后的编码器信号（A相、B相、Z相），A相和B相脉冲相位差90°，Z相为电动机旋转一周输出一个脉冲，接线示意图如图2—135所示。

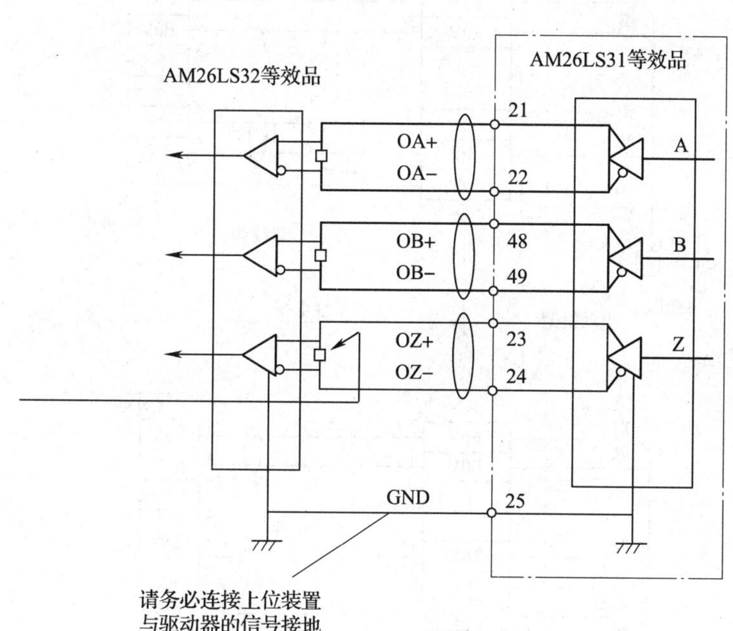

图2—135　编码器长线驱动器脉冲输出接口接线示意图

②集电极开路脉冲输出接口：该接口输出编码器信号中的Z相信号，为电动机每转一周输出一个脉冲，采用非绝缘输出，由于Z相信号的脉冲宽度较窄，请使用高速光电耦合器接收，如图2—136所示为集电极开路脉冲输出接口的接线示意图。

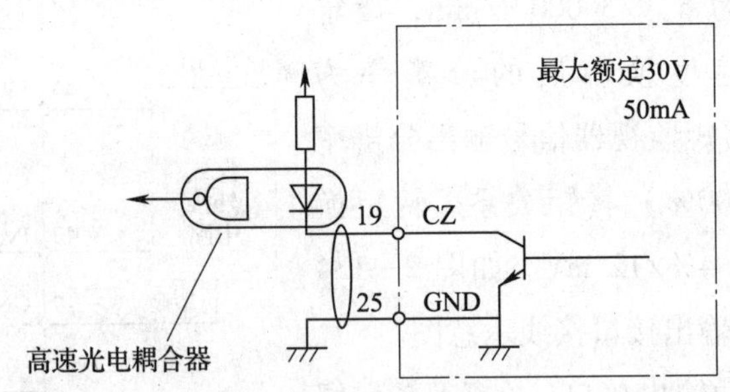

图2—136　编码器集电极开路脉冲输出接口接线示意图

（5）电动机编码器 CNX6

松下 A4 系列伺服电动机具有两种类型的编码器反馈，一种为2 500 p/r 增量式编码器，另一种为17位绝对式/增量式共用编码器，编码器连接如图2—137所示。

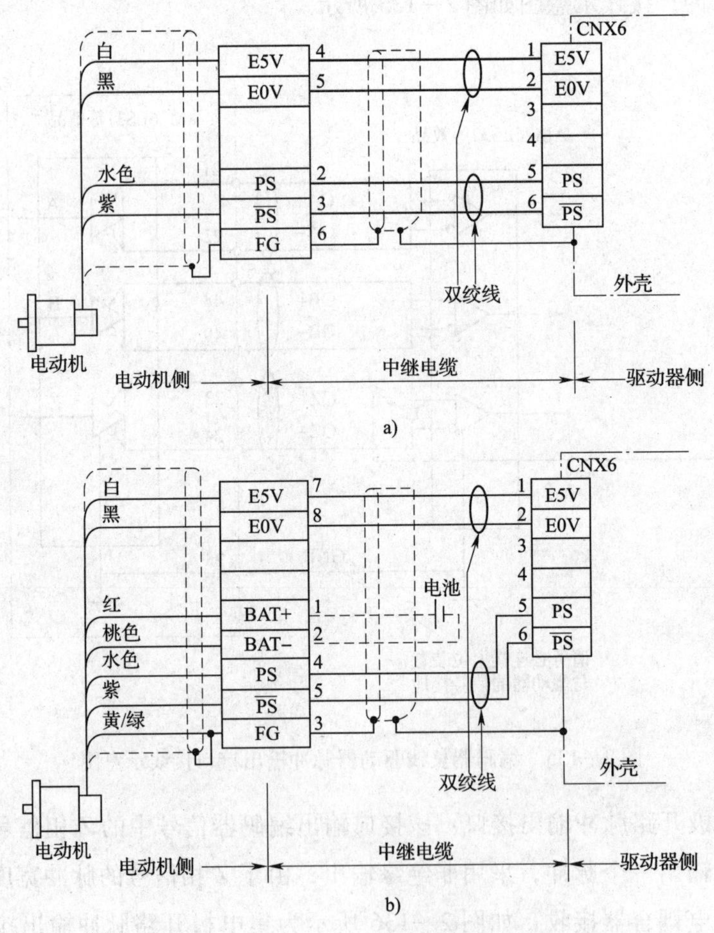

图2—137　编码器连接

a）增量式编码器连接　b）绝对式/增量式共用编码器连接

三、松下 MINAS_A4 交流伺服驱动器操作面板

1. 驱动器操作面板的构成

如图 2—138 所示，驱动器操作面板由一个 6 位 LED 显示器和 5 个按钮组成。

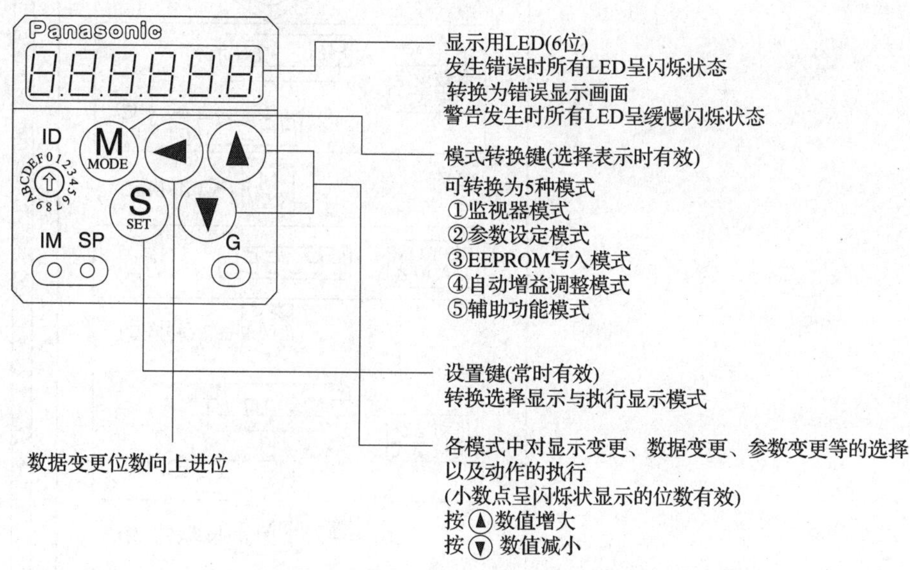

图 2—138　驱动器操作面板组成结构图

2. 操作面板的显示模式及相互转换的方式

操作面板的显示模式分为：监视器模式、参数设定模式、EEPROM 写入模式、自动增益调整模式、辅助功能模式，各模式之间的转换方式及显示内容如图 2—139 所示。

（1）监视器模式

在监视器模式下可以显示驱动器当前的多种状态，如位置偏差、电动机转速、转矩输出等，如图 2—140 所示为监视器模式下的各个显示状态。

（2）参数设定模式

参数设定模式是利用操作面板对驱动器内部的各参数进行读取和设定的模式，通过选择参数 ID 可以修改该参数的设定值。如图 2—141 所示为参数 ID 选择的操作过程及参数设定的操作过程。需要注意的是，在修改参数时如遇到对电动机影响较大的参数值（特别是速度环路增益、位置环路增益等参数），切勿一次修改太大数值，尽可能分数次进行修改。

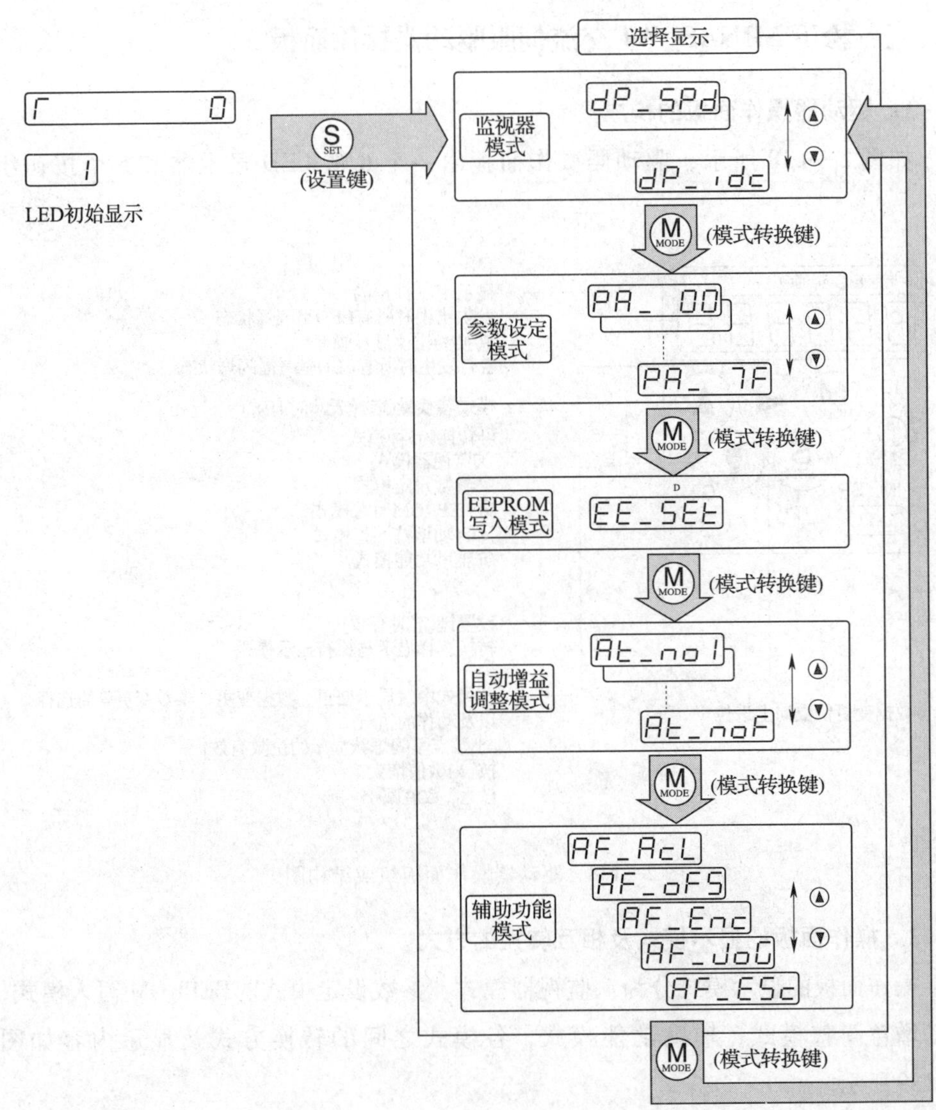

图 2—139　各模式之间的转换方式及显示内容

（3）EEPROM 写入模式

在参数设定后为了保存所设定的数值需要对驱动器进行 EEPROM 写入的操作，如图 2—142 所示为 EEPROM 写入的操作流程。在写入结束显示为 rESEt 画面后，请关闭控制电源进行复位。发生写入错误时，请重新进行写入操作，重复数次仍发生错误时，可能有故障发生。EEPROM 写入操作中请勿关闭电源，以免导致写入错误数据，如果发生此类情况，请重新设定全部参数，并确认后再行写入。

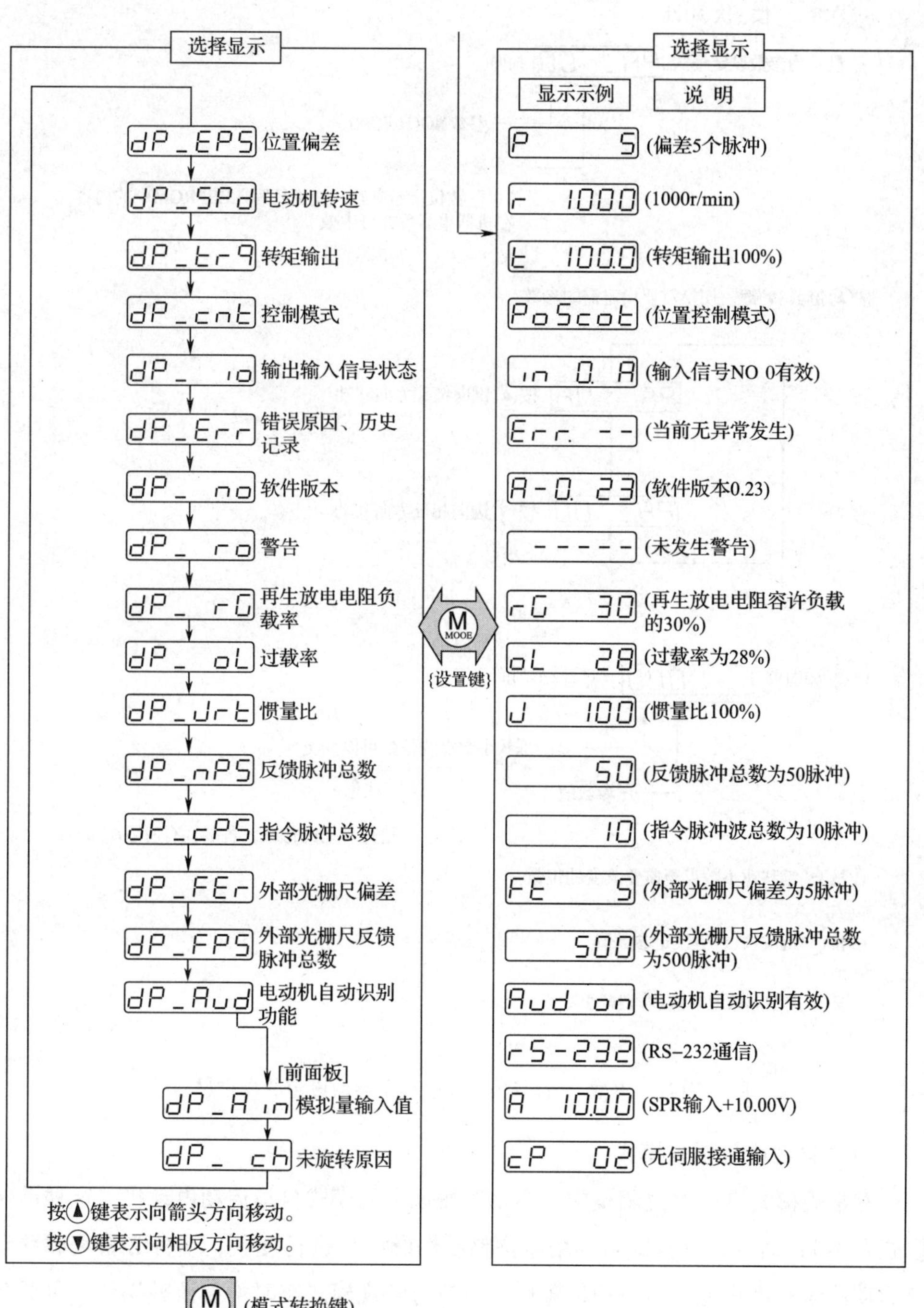

图 2—140　监视器模式下的各个显示状态

从LED初始状态开始

按Ⓢ键后，按一次Ⓜ键

显示为参数设定模式 PA_ 00. 画面

参数NO(16进制)

<注意>

“⌐”数位所示参数，变更后写入EEPROM中的内容，在机器重启后方可生效

按▲键或▼键，切换需要设定需的参数

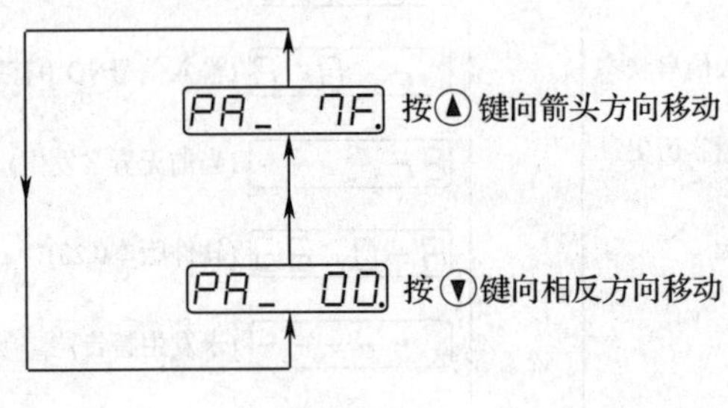

PA_ 7F.
按▲键向箭头方向移动
PA_ 00.
按▼键向相反方向移动

a)

按Ⓢ键出现 1 000. 执行显示画面

呈闪烁状小数点的位数可以变更

参数值

<注意>

进位移动的位数，各参数有所限制

①按◀键移动小数点至需要改变的位数

②按▲键或按▼键设定参数值

按▲键增加数值，按▼键减小数值

b)

图 2—141　参数 ID 选择的操作过程及参数设定的操作过程

（4）自动增益调整模式

在常规模式自动增益调整中，驱动器按规定的模式自动启动电动机，这种动作模式可用 Pr. 25（常规模式自动增益调整动作设定）进行变更，请务必将负载移动至启动此动作模式也无妨碍的位置后，再执行常规模式实时增益调整操作。负载会导致调整后发生振动，请务必注意安全，并灵活应用 Pr. 26（软件限制设定）、Pr. 70（位置偏差过大设定）和 Pr. 73（过速度等级限制设定）等保护功能。如图 2—143 所示为自动增益调整的操作流程。

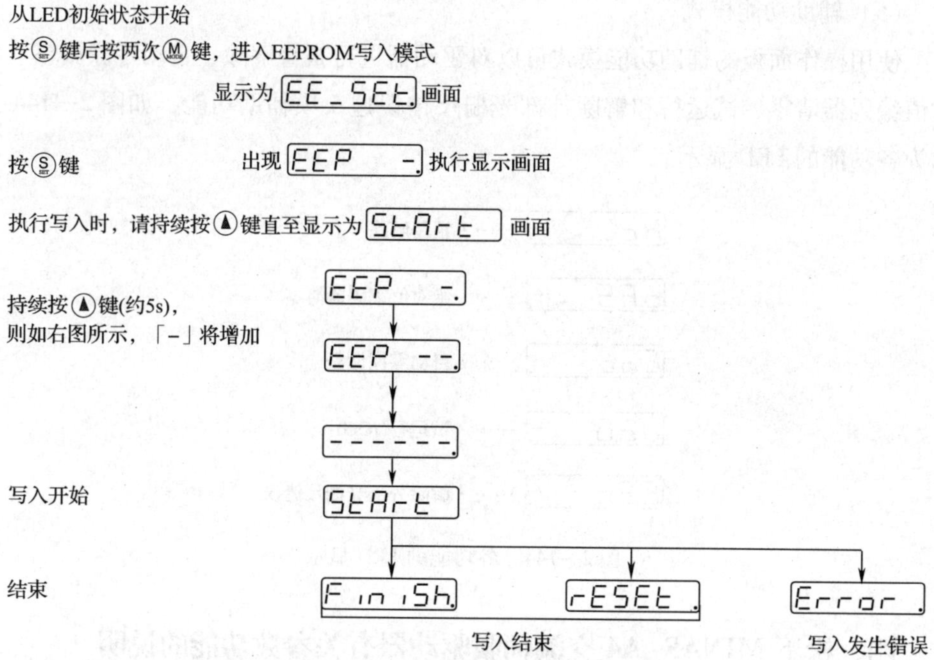

从LED初始状态开始
按Ⓢ键后按两次Ⓜ键，进入EEPROM写入模式
显示为 EE_SEt. 画面
按Ⓢ键
出现 EEP - . 执行显示画面
执行写入时，请持续按▲键直至显示为 StArt 画面
EEP -.
持续按▲键(约5s)，
则如右图所示，「-」将增加
EEP --.
------.
写入开始
StArt
结束
FinISh.
rESEt .
Error .
写入结束
写入发生错误

图 2—142　EEPROM 写入的操作流程

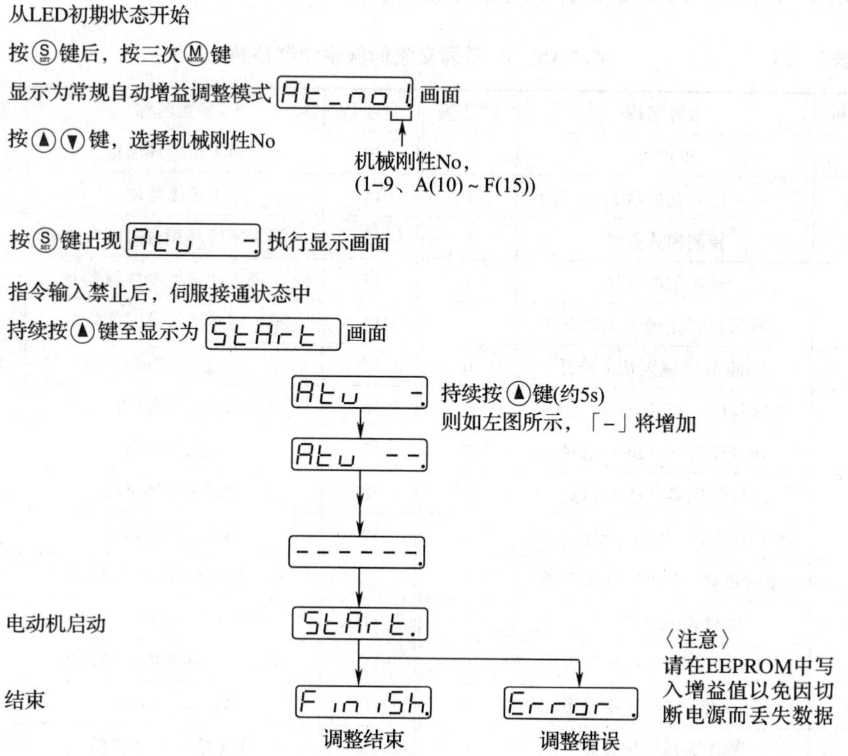

从LED初期状态开始
按Ⓢ键后，按三次Ⓜ键
显示为常规自动增益调整模式 At_no 1 画面
按▲▼键，选择机械刚性No
机械刚性No，
(1-9、A(10)～F(15))
按Ⓢ键出现 Atu - 执行显示画面
指令输入禁止后，伺服接通状态中
持续按▲键至显示为 StArt 画面
Atu -.
持续按▲键(约5s)
则如左图所示，「-」将增加
Atu --.
------.
电动机启动
StArt.
〈注意〉
请在EEPROM中写入增益值以免因切断电源而丢失数据
结束
FinISh.
Error .
调整结束
调整错误

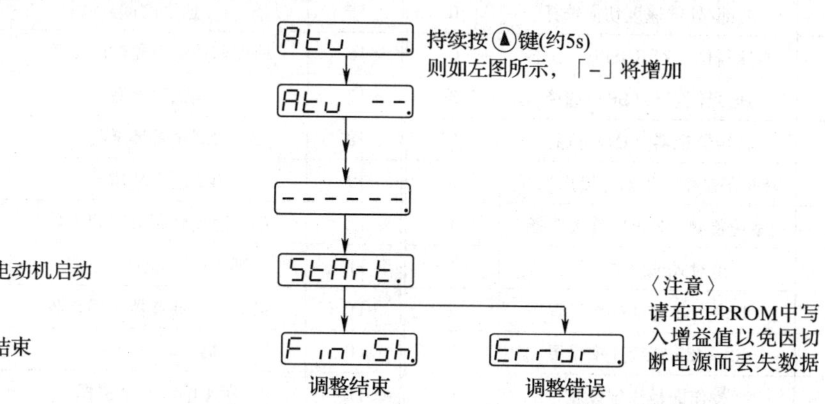

图 2—143　自动增益调整的操作流程

（5）辅助功能模式

使用操作面板的辅助功能模式可以对驱动器进行报警解除、自动零漂调整、绝对值编码器清零、试运行和解除外部光栅尺错误这 5 项辅助功能，如图 2—144 所示为各功能的 LED 显示。

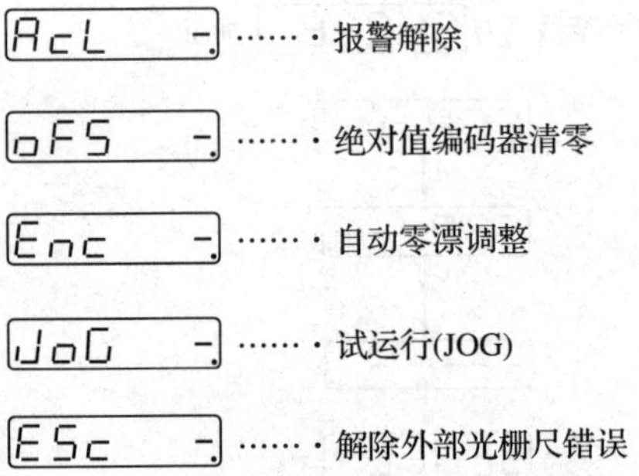

AcL -……·报警解除

oFS -……·绝对值编码器清零

Enc -……·自动零漂调整

JoG -……·试运行(JOG)

ESc -……·解除外部光栅尺错误

图 2—144　各功能的 LED 显示

四、松下 MINAS_A4 交流伺服驱动器有关参数功能的说明

MINAS_A4 系列交流伺服驱动器参数见表 2—31。

表 2—31　　MINAS_A4 系列交流伺服驱动器参数

编号 Pr	参数名称	默认值	编号 Pr	参数名称	默认值
00	轴地址	1	10	第 1 位置环增益	(27)
01	LED 初始状态	1	11	第 1 速度环增益	(30)
02	控制模式选择	1	12	第 1 速度环积分时间常数	(18)
03	转矩限制选择	1	13	第 1 速度检测滤波器	(0)
04	行程限位禁止输入无效设置	1	14	第 1 转矩滤波器时间常数	(75)
05	内部/外部速度切换选择	0	15	速度前馈	(300)
06	零速箝位（ZEROSPD）选择	0	16	速度前馈滤波器时间常数	(50)
07	速度监视器（SP）选择	3	17	制造商参数	0
08	转矩监视器（IM）选择	0	18	第 2 位置环增益	(32)
09	转矩限制中（TLC）输出选择	0	19	第 2 速度环增益	(30)
0A	零速检测（ZSP）输出选择	1	1A	第 2 速度环积分时间常数	(1 000)
0B	绝对式编码器设置	1	1B	第 2 速度检测滤波器	(0)
0C	RS-232 转动速率设置	2	1C	第 2 转矩滤波器时间常数	(75)
0D	RS-485 转动速率设置	2	1D	第 1 陷波频率	1 500
0E	操作面板锁定设置	0	1E	第 1 陷波宽度选择	2
0F	制造商参数	0	1F	制造商参数	0

续表

编号 Pr	参数名称	默认值	编号 Pr	参数名称	默认值
20	惯量比	(100)	42	指令脉冲输入方式	1
21	实时自动增益设置	1	43	指令脉冲禁止输入无效设置	1
22	实时自动增益的机械刚性选择	4	44	反馈脉冲分倍频分子	2 500
23	自适应滤波器模式	1	45	反馈脉冲分倍频分母	0
24	振动抑制滤波器切换选择	0	46	反馈脉冲逻辑取反	0
25	常规自动调整模式设置	0	47	外部反馈装置 Z 相脉冲设置	0
26	制造商参数	0	48	指令脉冲分倍频第 1 分子	0
27	速度观测器	(0)	49	指令脉冲分倍频第 2 分子	0
28	第 2 陷波频率	1 500	4A	指令脉冲分倍频分子倍率	0
29	第 2 陷波宽度选择	2	4B	指令脉冲分倍频分母	10 000
2A	第 2 陷波深度选择	0	4C	平滑滤波器	1
2B	第 1 振动抑制滤波器频率	0	4D	FIR 滤波器	0
2C	第 1 振动抑制滤波器	0	4E	计数器清零方式	1
2D	第 2 振动抑制滤波器频率	0	4F	制造商参数	0
2E	第 2 振动抑制滤波器	0	50	速度指令增益	500
2F	自适应滤波器频率	0	51	速度指令逻辑取反	1
30	第 2 增益动作设置	(1)	52	速度指令零漂调整	0
31	第 1 控制切换模式	(0)	53	第 1 内部速度	0
32	第 1 控制切换延迟时间	(30)	54	第 2 内部速度	0
33	第 1 控制切换水平	(50)	55	第 3 内部速度	0
34	第 1 控制切换迟滞	(33)	56	第 4 内部速度	0
35	位置环增益切换时间	(20)	57	速度指令滤波器	0
36	第 2 控制切换模式	0	58	加速时间设置	0
37	第 2 控制切换延迟时间	0	59	减速时间设置	0
38	第 2 控制切换水平	0	5A	S 形加减速时间设置	0
39	第 2 控制切换迟滞	0	5B	转矩指令选择	0
3A	制造商参数	0	5C	转矩指令增益	30
3B	制造商参数	0	5D	转矩指令逻辑取反	0
3C	制造商参数	0	5E	第 1 转矩限制	500
3D	JOG 速度设置	3 000	5F	第 2 转矩限制	500
3E	制造商参数	0	60	定位完成范围	131
3F	制造商参数	0	61	零速	50 V
40	指令脉冲输入选择	0	62	到达速度	1 000
41	指令脉冲旋转方向设置	0	63	定位完成信号输出设置	0

续表

编号 Pr	参数名称	默认值	编号 Pr	参数名称	默认值
64	制造商参数	0	72	过载水平	0
65	主电源关断时欠电压报警时序	1	73	过速水平	0
66	行程限位时报警时序	0	74	第 5 内部速度	0
67	主电源关断时报警时序	0	75	第 6 内部速度	0
68	伺服报警相关时序	0	76	第 7 内部速度	0
69	伺服 OFF 相关时序	0	77	第 8 内部速度	0
6A	电动机停止时机械制动器延迟时间	0	78	外部反馈脉冲分倍频分子	0
6B	电动机运转时机械制动器延迟时间	0	79	外部反馈脉冲分倍频分子倍频	0
6C	外接制动电阻设置	0/3	7A	外部反馈脉冲分倍频分母	10 000
6D	紧停时转矩限制	0	7B	混合控制偏差过大水平	100
6E	主电源关断检测时间	35	7C	外部反馈脉冲方向设置	0
6F	制造商参数	0	7D	制造商参数	0
70	位置偏差过大水平	25 000	7E	制造商参数	0
71	模拟量指令偏差过大水平	1 500	7F	制造商参数	0

五、松下 MINAS_A4 交流伺服电动机、驱动器的安装要求

1. 电动机的安装

（1）安装场所

电动机寿命取决于安装场所的好坏，请安装在符合下列条件的场所。

1）无淋雨和直射阳光的屋内。

2）不要在有硫化氢、亚硫酸、氯气、氨、硫磺、酸、碱、盐等腐蚀性环境及易燃性气体环境和可燃物等附近使用。

3）无磨削液、油雾、铁粉、切屑等的场所。

4）通风良好，无潮气、油、水的侵入，远离火炉等热源的场所。

5）便于检查和清扫的场所。

6）无振动的场所。

7）请勿在封闭环境中使用电动机，封闭环境会导致电动机高温，减少使用寿命。

（2）安装方法

可以水平或垂直安装电动机，但必须遵守以下要求：水平安装时请将电缆出口

向下，以免油、水渗入电动机内部；垂直安装时，附有减速机的电动机轴向上安装时，应使用有油封的电动机，以免减速机油渗入电动机内部。

（3）油和水的防护对策

勿将电缆浸在油和水中使用；应将电缆出口部向下设置；勿在电动机机身易被油或水溅落的环境中使用。

（4）电缆的应力

勿使电缆的引出部和连接部因弯曲和自重产生应力；特别是在移动电动机时应将电动机附属电缆固定，并使用可收存于电缆盘中的延长中继电缆，尽量减少电缆的弯曲应力；尽量加大电缆弯曲半径（最小弯曲半径在 20 mm 以上）。

（5）输出轴的容许负荷

要确保安装及运转时施加在轴端的径向负荷和推力负荷都在各机型规定的容许值范围内，并据此设置机械系统；务必在安装刚性联轴器时加以注意（过大弯曲负载会导致轴承损坏或降低使用寿命）；尽量使用电动机专用的高刚性挠性联轴节，以便将微小轴移而产生的径向负荷控制在容许值范围内。

2. 驱动器的安装

驱动器为立式安装，请垂直安装驱动器，并保证其周围有足够的通风空间。如图 2—145 所示为多个驱动器安装时的空间间隔要求。

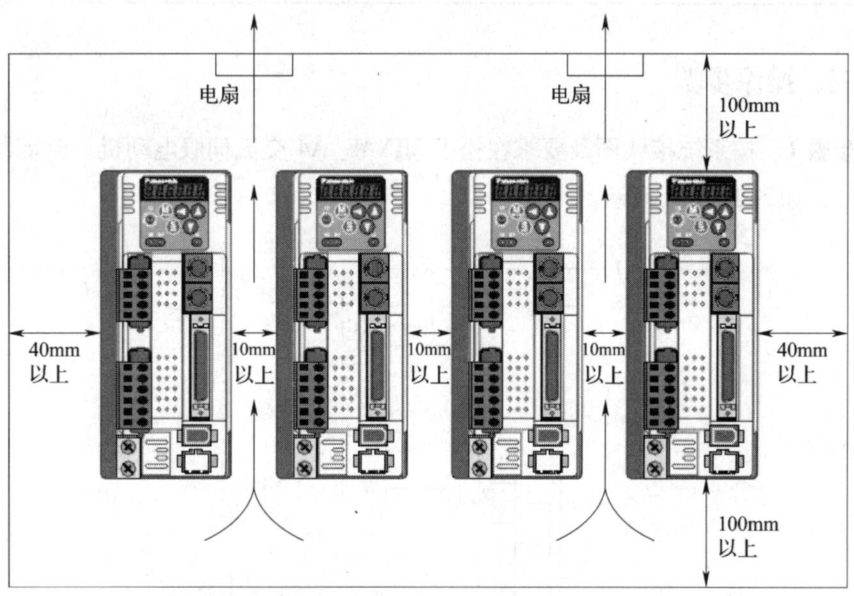

图 2—145　多个驱动器安装时的空间间隔要求

技能要求

交流伺服系统试运行操作

一、操作要求

1. 按图样要求接线。
2. 通过面板对伺服系统进行试运行操作。

二、操作准备

本项目所需元器件清单见表 2—32。

表 2—32　项目所需元器件清单

序号	名称	规格型号	数量	备注
1	交流伺服驱动器	松下 MINAS_ A4	1个	
2	伺服电动机	松下 MINAS_ A4	1套	
3	断路器		1套	
4	万用表		1只	
5	旋具		1套	
6	导线		若干	

三、操作步骤

步骤1　按系统接线图及要求在松下 MINAS_ A4 交流伺服电动机、驱动器上完成接线，如图 2—146 所示。

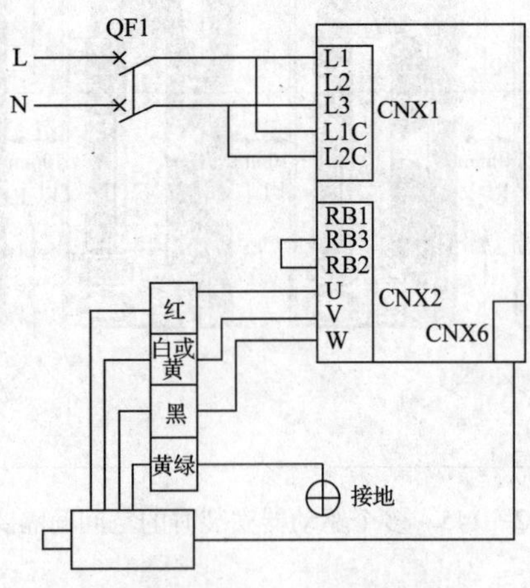

图 2—146　试运行系统接线图

步骤 2　试运行前的检查

（1）检查接线。接线是否有误，是否有短路；检查地线、检查连接器是否有松动，卸除 CNX5 插头的连接。

（2）检查电源电压。使用万用表测量 L1 和 L3、L1C 和 L2C 之间的电压是否在额定电压范围内。

（3）检查电动机。检查电动机是否固定牢固，并和机械系统断开连接。

（4）检查参数。Pr. 11 ~ Pr. 14 和 Pr. 20 要恢复出厂初始值，Pr. 03 = 1，Pr. 04 = 1，Pr. 06 = 0。

步骤 3　通过前面板操作对系统进行试运行

按照如下步骤进行操作：

（1）按 Ⓢ 键后，按 4 次 Ⓜ 键进入辅助功能模式，再按 ▲、▼ 键使 LED 显示为 [AF_JoG]。

（2）按 Ⓢ 键，LED 显示 [JoG　-]，持续按住 ▲ 键直至显示为 [rEAdy.] 画面。在持续按 ▲ 键的过程中 LED 的显示过程如图 2—147 所示。若在持续按 ▲ 键的过程中出现 [Error.]，检查主电源连接或伺服驱动器。

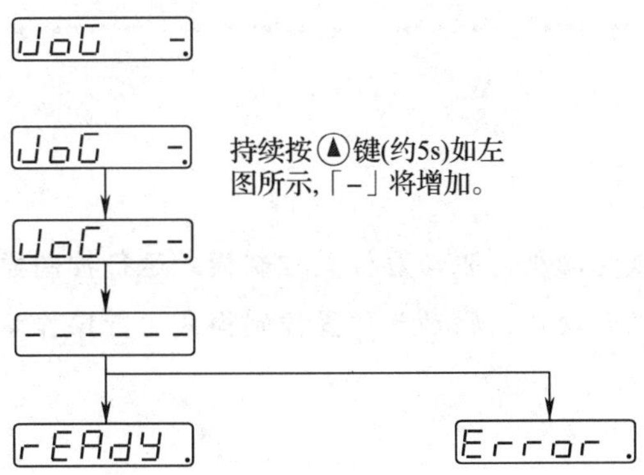

图 2—147　持续按 ▲ 键时 LED 所显示的内容

（3）持续按 ◀(SHIFT) 键，直到 LED 显示为 [Sr-U_on] 画面。在持续按 ◀(SHIFT) 键的过程中，LED 的显示过程如图 2—148 显示。若在持续按 ◀(SHIFT) 键的过程中出现 [Error.]，检查主电源连接或伺服驱动器。

（4）按 ▲ 键，电动机进行 CCW 方向运转，按 ▼ 键则电动机进行 CW 方向运转，运转速度为 Pr3D（JOG 速度）所设定的值。不按 ▲、▼ 键，则电动机停止运转。

（5）试运行结束要按 Ⓢ 键退出。

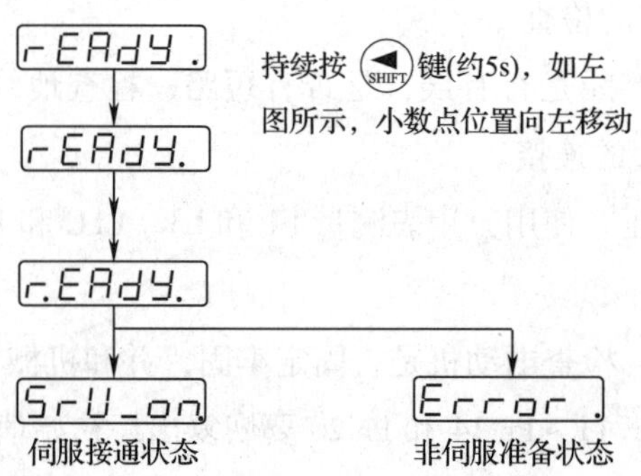

图 2—148　持续按 SHIFT 键时 LED 所显示的内容

四、注意事项

1．接线完成后必须认真检查接线，只有接线正确并经过许可后才能进行通电调试。

2．技能操作实训中必须注意用电安全，杜绝人身和设备安全事故的发生。

学习单元 3　位置控制模式运行

学习目标

➢ 掌握交流伺服电动机、驱动器位置控制模式运行控制操作接线

➢ 掌握交流伺服电动机、驱动器位置控制模式运行操作参数设置

知识要求

一、松下 MINAS_A4 交流伺服驱动器位置控制有关接线及参数功能说明

位置控制模式一般是通过外部输入的脉冲频率来确定转动速度大小，通过脉冲的个数来确定转动角度的，也有些伺服位置控制可以通过通信方式直接对速度和位移进行赋值。由于位置模式对速度和位置都有很严格的控制，所以一般应用于定位装置。应用领域如数控机床、印刷机械等。

1．位置控制模式下 CNX5 的配线示例

位置控制模式下（CNX5）的配线示例如图 2—149 所示。

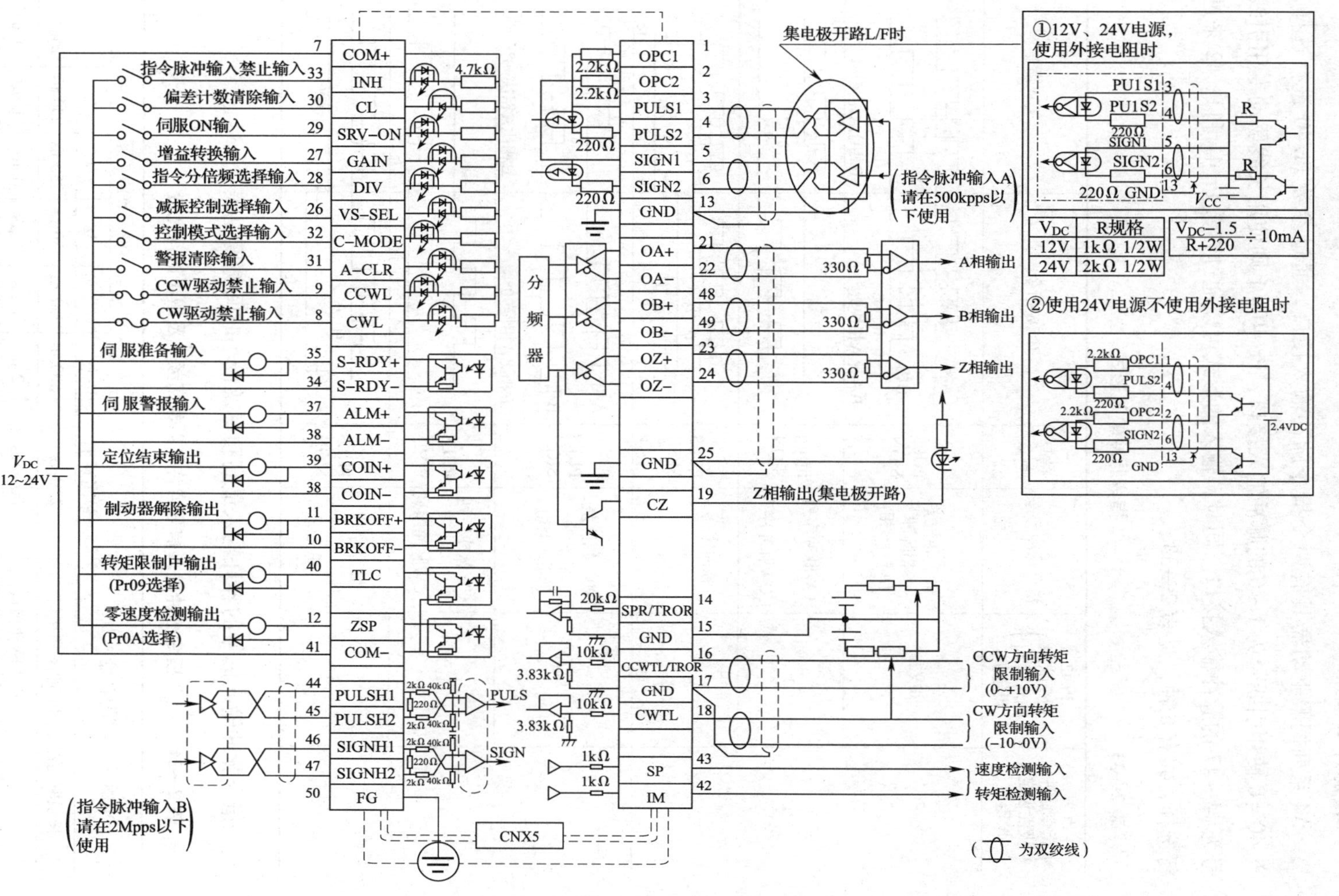

V_{DC}	R规格
12V	1kΩ 1/2W
24V	2kΩ 1/2W

$\frac{V_{DC}-1.5}{R+220}\div 10mA$

图 2—149　位置控制模式下 CNX5 的配线示例

2. 脉冲串输入

A4 系列伺服驱动器具有两个指令脉冲输入接口，通过参数 Pr. 40 进行选择，Pr. 40 = 0 使用引线号为 1 ~ 6 的脉冲输入接口，Pr. 40 = 1 则使用长线驱动专用引线号为 44 ~ 47 的脉冲输入接口。同时，输入的形式可以通过参数 Pr. 41 和 Pr. 42 来进行选择，共有 6 种，见表 2—33。

表 2—33　　指令脉冲输入形式

Pr.41（指令脉冲极性设定设定值）	Pr.42（指令脉冲输入模式设定值）	指令脉冲形态	信号名称	CCW指令	CW指令
0	0或2	90° 相位差 2相脉冲 (A相+B相)	PULS SIGN	A相 B相 t_1 t_1 t_1 t_1 B相比A相快90°	t_1 t_1 t_1 t_1 B相比A相慢90°
	1	CW脉冲序列 + CCW脉冲序列	PULS SIGN	t_2 t_2 t_3	t_2 t_2
	3	脉冲序列 + 符号	PULS SIGN	t_4 t_5 "H" t_6 t_6	t_4 t_5 "L" t_6 t6
1	0或2	90° 相位差 2相脉冲 (A相+B相)	PULS SIGN	A相 B相 t_1 t_1 t_1 t_1 B相比A相慢90°	t_1 t_1 t_1 t_1 B相比A相快90°
	1	CW脉冲序列 + CCW脉冲序列	PULS SIGN	t_2 t_2 t_3	t_2 t_2
	3	脉冲序列 + 符号	PULS SIGN	t_4 t_5 "L" t_6 t_6	t_4 t_5 "H" t_6 t_6

指令脉冲输入信号的容许输入最高频率及最小时间宽度见表 2—34。

表 2—34　　指令脉冲输入信号容许输入最高频率及最小时间宽度

PULS/SIGN 信号的输入 I/F		容许输入最高频率	最小时间宽度					
			t_1	t_2	t_3	t_4	t_5	t_6
长线驱动器专用脉冲序列接口		2 Mpps	500 ns	250 ns	250 ns	250 ns	250 ns	250 ns
脉冲序列接口	长线驱动接口	500 kpps	2 μs	1 μs	1 μs	1 μs	1 μs	1 μs
	集电极开路接口	200 kpps	5 μs	2. 5 μs	2. 5 μs	2. 5 μs	2. 5 μs	2. 5 μs

3. 电子齿轮功能

指令脉冲序列包含了两方面的信息，一是指明电动机运行的位移，二是指明电动机运行的方向。通常指令脉冲单位是 0. 001 mm 或 0. 01 mm 等，而伺服系统的位置反馈脉冲当量由检测器（如光电脉冲编码器）的分辨率及电动机每转对应的机械位移量等决定。当指令脉冲单位与位置反馈脉冲当量二者不一致时，就可使用电子齿轮使二者完全匹配。使用了电子齿轮功能，可以任意决定一个输入脉冲所相当的电动机位移量。发出指令脉冲的上位控制装置无须关注机械减速比和编码器脉冲数就可以进行控制。另外，电子齿轮的另一个功能就是当上位控制器的脉冲发生能力（最高可输出频率）不足以获得所需速度时，可以用电子齿轮功能来对指令脉冲作 $\times m$ 倍频。

在 A4 系列伺服驱动器中，指令脉冲的分倍频即电子齿轮功能在参数 Pr. 48、Pr. 49、Pr. 4A、Pr. 4B 中设置，其中 Pr. 48、Pr. 49 是指令脉冲分倍频分子，可通过 X5 插头的 28 针脚 DIV 进行选择，DIV 断路使用 Pr. 48 所设定的分倍频分子，DIV 和 COM – 连接则使用 Pr. 49 所设定的分倍频分子。

如果编码器分辨率（10 000 或 $2^{17}=131\ 072$）记作 F（单位：脉冲 pulse），而电动机每转一圈所需脉冲数是 f（单位：脉冲 pulse），那么指令分倍频的分子 Pr. 48 或 Pr. 49、分子倍率 Pr. 4A 和分母 Pr. 4B 必须满足：

$$F = f \times \frac{(\text{Pr. 48 或 Pr. 49}) \times 2^{\text{Pr. 4A}}}{\text{Pr. 4B}}$$

根据公式，如果指令脉冲 $f=5\ 000$，即 5 000 个脉冲驱动电动机转一圈，那么当编码器反馈脉冲为 10 000 p/r 的时候，Pr. 48 可以设定为 10 000，Pr. 4A 为 0，Pr. 4B 为 5 000。

如果 Pr. 48 或 Pr. 49 设置为 0 时，则（Pr. 48 或 Pr. 49）$\times 2^{\text{Pr. 4A}}$ 自动设置为编码器分辨率，电动机每转脉冲数由 Pr. 4B 来设定。

4. 相关参数

位置控制模式相关参数详细说明见表 2—35。

表 2—35　　　　位置控制模式相关参数详细说明

Pr. No	参数名称	设定范围（默认值）	功能内容
00	轴名	0 ~ 15 (1)	多轴情况下，与使用 RS – 232/485 的计算机等上位机进行通信中，需识别主机访问哪个轴，本参数可以确认轴名和号码 面板上的旋转开关 ID 的设定值在控制电源接通时下载到驱动器中 本参数设定值对伺服控制无影响

续表

<table>
<tr><th>Pr. No</th><th>参数名称</th><th>设定范围（默认值）</th><th>功能内容</th></tr>
<tr><td>01</td><td>LED 初始状态</td><td>0～17（1）</td><td>电源开通后的初始状态时，选择前面板 7 段 LED 所显示的数据
<table>
<tr><th>设定值</th><th>内容</th></tr>
<tr><td>0</td><td>位置偏差</td></tr>
<tr><td>1</td><td>电动机转速</td></tr>
<tr><td>2</td><td>转矩输出</td></tr>
<tr><td>3</td><td>控制模式</td></tr>
<tr><td>4</td><td>输出、输入信号状态</td></tr>
<tr><td>5</td><td>错误原因，历史记录</td></tr>
<tr><td>6</td><td>软件版本</td></tr>
<tr><td>7</td><td>警告</td></tr>
<tr><td>8</td><td>再生负载率</td></tr>
<tr><td>9</td><td>过载负载率</td></tr>
<tr><td>10</td><td>惯量比</td></tr>
<tr><td>11</td><td>反馈脉冲总和</td></tr>
<tr><td>12</td><td>指令脉冲总和</td></tr>
<tr><td>13</td><td>外部光栅尺偏差</td></tr>
<tr><td>14</td><td>外部光栅尺反馈脉冲总和</td></tr>
<tr><td>15</td><td>电动机自动识别功能</td></tr>
<tr><td>16</td><td>模拟输入数值</td></tr>
<tr><td>17</td><td>不旋转原因</td></tr>
</table></td></tr>
<tr><td>02</td><td>控制模式设定</td><td>0～6（1）</td><td>设定使用的控制模式
<table>
<tr><th rowspan="2">设定值</th><th colspan="2">控制模式</th></tr>
<tr><th>第 1 模式</th><th>第 2 模式</th></tr>
<tr><td>0</td><td>位置</td><td>—</td></tr>
<tr><td>1</td><td>速度</td><td>—</td></tr>
<tr><td>2</td><td>转矩</td><td>—</td></tr>
<tr><td>3</td><td>位置</td><td>速度</td></tr>
<tr><td>4</td><td>位置</td><td>转矩</td></tr>
<tr><td>5</td><td>速度</td><td>转矩</td></tr>
<tr><td>6</td><td>全闭环</td><td>—</td></tr>
</table>
当设定为 3、4、5 的复合模式时，通过控制模式选择输入（C－MODE，X5 插头第 32 引脚）可选第 1、第 2 中的一个
C－MODE 与 COM－开路时：选择第 1 模式
C－MODE 与 COM－短接时：选择第 2 模式</td></tr>
</table>

续表

<table>
<tr><th>Pr. No</th><th>参数名称</th><th>设定范围
（默认值）</th><th>功能内容</th></tr>
<tr><td>03</td><td>转矩限制选择</td><td>0～3
（1）</td><td>可以设置逆时针（CCW）和顺时针（CW）两个方向转矩限制信号（CCWTL，X5 插头第 16 引脚；CWTL，第 18 引脚）的输入是否有效
<table>
<tr><th>Pr. 03 值</th><th>CCW</th><th>CW</th></tr>
<tr><td>0</td><td>CCWTL</td><td>CWTL</td></tr>
<tr><td>1</td><td colspan="2">CCW、CW 方向的限制值都由 Pr. 5E 设定</td></tr>
<tr><td>2</td><td>由 Pr. 5E 设定</td><td>由 Pr. 5F 设定</td></tr>
<tr><td>3</td><td colspan="2">GAIN/TL－SEL 与 COM－开路：由 Pr. 5E 设定
GAIN/TL－SEL 与 COM－短接：由 Pr. 5F 设定</td></tr>
</table></td></tr>
<tr><td>04</td><td>驱动禁止
输入设定</td><td>0～2
（1）</td><td>设置两个行程限位信号（CWL，X5 插头第 8 引脚；CCWL，第 9 引脚）的输入是否有效
0：行程限位发生动作时，按 Pr. 66 设定的数值发生动作
1：行程限位信号输入无效
2：CCWL 或 CWL 信号与 COM－断开的时候会发生 Err38 行程限位禁止输入信号出错报警
设定此参数值必须在控制电源断电重启之后才能修改、写入成功</td></tr>
<tr><td>07</td><td>速度监视器
（SP）</td><td>0～9
（3）</td><td>设定模拟速度监视器信号输入（SP：X5 插头第 43 引脚）的定义、输入电压电平和速度的关系
<table>
<tr><th>设定值</th><th>SP 的信号</th><th>输入电压电平和速度的关系</th></tr>
<tr><td>0</td><td rowspan="5">电动机实际速度</td><td>6 V/47 r/min</td></tr>
<tr><td>1</td><td>6 V/188 r/min</td></tr>
<tr><td>2</td><td>6 V/750 r/min</td></tr>
<tr><td>3</td><td>6 V/3 000 r/min</td></tr>
<tr><td>4</td><td>1. 5 V/3 000 r/min</td></tr>
<tr><td>5</td><td rowspan="5">指令速度</td><td>6 V/47 r/min</td></tr>
<tr><td>6</td><td>6 V/188 r/min</td></tr>
<tr><td>7</td><td>6 V/750 r/min</td></tr>
<tr><td>8</td><td>6 V/3 000 r/min</td></tr>
<tr><td>9</td><td>1. 5 V/3 000 r/min</td></tr>
</table></td></tr>
</table>

续表

<table>
<tr><th>Pr. No</th><th>参数名称</th><th>设定范围（默认值）</th><th>功能内容</th></tr>
<tr><td>08</td><td>转矩监视器（IM）选择</td><td>0 ~ 12
(0)</td><td>设定模拟转矩监视器信号（IM：X5 插头第 42 引脚）定义、输出电平和转矩或偏差脉冲的关系
<table>
<tr><th>设定值</th><th>IM 的信号</th><th>输出电平和转矩或偏差脉冲数的关系</th></tr>
<tr><td>0</td><td>扭矩指令</td><td>3 V/额定（100%）转矩</td></tr>
<tr><td>1</td><td rowspan="5">位置偏差</td><td>3 V/31 Pulse</td></tr>
<tr><td>2</td><td>3 V/125 Pulse</td></tr>
<tr><td>3</td><td>3 V/500 Pulse</td></tr>
<tr><td>4</td><td>3 V/2 000 Pulse</td></tr>
<tr><td>5</td><td>3 V/8 000 Pulse</td></tr>
<tr><td>6</td><td rowspan="5">全闭环偏差</td><td>3 V/31 Pulse</td></tr>
<tr><td>7</td><td>3 V/125 Pulse</td></tr>
<tr><td>8</td><td>3 V/500 Pulse</td></tr>
<tr><td>9</td><td>3 V/2 000 Pulse</td></tr>
<tr><td>10</td><td>3 V/8 000 Pulse</td></tr>
<tr><td>11</td><td rowspan="2">转矩指令</td><td>3 V/200% 转矩</td></tr>
<tr><td>12</td><td>3 V/400% 转矩</td></tr>
</table></td></tr>
<tr><td>0B</td><td>绝对式编码器设定</td><td>0 ~ 2
(1)</td><td>设定 17 位绝对式编码器的使用方法
<table>
<tr><th>设定值</th><th>内容</th></tr>
<tr><td>0</td><td>作为绝对式编码器使用</td></tr>
<tr><td>1</td><td>作为增量式编码器使用</td></tr>
<tr><td>2</td><td>作为绝对式编码器使用，忽略多次旋转的计数器溢出</td></tr>
</table>
当使用 2 500 p/r 增量式编码器时，此参数设定无效</td></tr>
<tr><td>40</td><td>指令脉冲输入选择</td><td>0 ~ 1
(0)</td><td>选择使用光电耦合器还是使用长线驱动器专用输入来输入指令脉冲
0：通过光电耦合电路输入：X5 插头，1 ~ 6 引脚
1：通过长线驱动器专用电路输入：X5 插头 44 ~ 47 引脚</td></tr>
<tr><td>41</td><td>指令脉冲极性设置</td><td>0 ~ 1
(0)</td><td rowspan="2">设置对指令脉冲输入的旋转方向，指令脉冲输入形式</td></tr>
<tr><td>42</td><td>指令脉冲输入模式设置</td><td>0 ~ 3
(1)</td></tr>
<tr><td>43</td><td>指令脉冲禁止输入无效</td><td>0 ~ 1
(1)</td><td>选择指令脉冲禁止输入（INH：X5 插头第 33 引脚）的有效/无效
0：有效
1：无效
INH 输入和 COM - 之间为开路时，指令脉冲输入为禁止。不使用 INH 输入时，请将此参数设置为 1。INH 和 COM - 之间不必连接</td></tr>
</table>

续表

<table>
<tr><th>Pr. No</th><th>参数名称</th><th>设定范围
（默认值）</th><th>功能内容</th></tr>
<tr><td>44</td><td>脉冲输出
分频分子</td><td>1 ~ 32 767
（2500）</td><td rowspan="2">设置从脉冲输出（X5 插头第 21 引脚、第 22 引脚（OA）和第 48 引脚、第 49 引脚（OB）引脚）进行输出的脉冲数
当 Pr. 45 = 0 时，OA 和 OB 各自的电动机每转程的输出脉冲数可由 Pr. 44 设置。因此分倍频 4 倍后的脉冲输出分辨率为 Pr. 44 × 4
当 Pr. 45 ≠ 0 时，每转程的脉冲输出分辨率 = Pr. 44/Pr. 45 × 编码器分辨率</td></tr>
<tr><td>45</td><td>脉冲输出
分频分母</td><td>0 ~ 32 767
（0）</td></tr>
<tr><td>46</td><td>脉冲输出
逻辑反转</td><td>0 ~ 3
（0）</td><td>设置脉冲输出（X5 插头 48 和 49 引脚）的 B 相逻辑和输出源。通过本参数可对 B 相脉冲逻辑取反，改变 A 相脉冲和 B 相脉冲的相位关系
<table>
<tr><td rowspan="2">设置值</td><td rowspan="2">A 相
（OA）</td><td>电动机 CCW 旋转时</td><td>电动机 CW 旋转时</td></tr>
<tr><td></td><td></td></tr>
<tr><td>0. 2</td><td>B 相（OB）
非反转</td><td></td><td></td></tr>
<tr><td>1. 3</td><td>B 相（OB）
反转</td><td></td><td></td></tr>
</table>
<table>
<tr><th>Pr. 46</th><th>B 相逻辑</th><th>输出源</th></tr>
<tr><td>0</td><td>非反转</td><td>编码器位置</td></tr>
<tr><td>1</td><td>反转</td><td>编码器位置</td></tr>
<tr><td>2※1</td><td>非反转</td><td>外部光栅尺位置</td></tr>
<tr><td>3※1</td><td>反转</td><td>外部光栅尺位置</td></tr>
</table>
Pr. 46 = 2，3 的输出源仅在全闭环控制时有效</td></tr>
<tr><td>48</td><td>第 1 指令分
倍频分子</td><td>0 ~ 10 000
（0）</td><td rowspan="4">设置指令脉冲分倍频（电子齿轮）功能</td></tr>
<tr><td>49</td><td>第 2 指令分
倍频分子</td><td>0 ~ 10 000
（0）</td></tr>
<tr><td>4A</td><td>指令分倍
频分子</td><td>0 ~ 17
（0）</td></tr>
<tr><td>4B</td><td>指令分倍
频分母</td><td>0 ~ 10 000
（10 000）</td></tr>
</table>

技能要求

位置控制模式的接线、操作及运行

一、操作要求

1．按图样要求接线。

2．通过面板设定参数。

3．根据控制要求编制 PLC 程序。

4．运行装置并记录参数。

二、操作准备

本项目所需元器件清单见表 2—36。

表 2—36　　项目所需元器件清单

序号	名称	规格型号	数量	备注
1	交流伺服驱动器	松下 MINAS_ A4	1 个	
2	伺服电动机	松下 MINAS_ A4	1 套	
3	三菱 PLC	FX_{2N} - 32MT	1 套	
4	开关电源	S - 100 - 24	1 个	
5	断路器		1 个	
6	按钮		2 个	
7	丝杆工作台		1 套	
8	万用表		1 个	
9	旋具		1 套	
10	导线		若干	

三、操作步骤

步骤 1　按系统接线图及要求在 MINAS_ A4 交流伺服电动机、驱动器实训装置上完成接线，如图 2—150 所示

步骤 2　按要求在 MINAS_ A4 交流伺服电动机、驱动器实训装置上完成位置控制模式运行操作参数设置

位置控制模式参数设置见表 2—37。

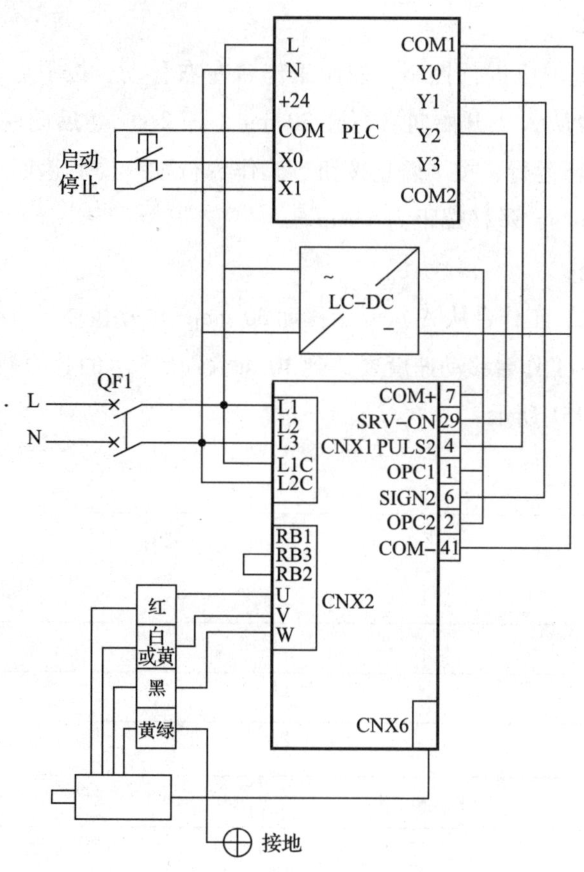

图 2—150　位置控制模式接线图

表 2—37　　位置控制模式参数设置

Pr. No	参数名称	设定值	说明
02	控制模式设定	0	位置控制模式
03	转矩限制选择	1	转矩限制由 Pr. 5E 设定
04	驱动禁止输入设定	1	驱动禁止输入设定无效
40	指令脉冲输入选择	0	通过光电耦合电路输入指令脉冲
41	指令脉冲极性设置	0	指令脉冲形式：脉冲串 + 符号
42	指令脉冲输入模式设置	3	
48	第 1 指令分倍频分子	0	使用 Pr. 4B 设置值作为每转脉冲数，即驱动器每收到 5 000 个脉冲电动机旋转一周
49	第 2 指令分倍频分子	0	
4A	指令分倍频分子	0	
4B	指令分倍频分母	5 000	

步骤 3　按要求对 PLC 进行编程，控制伺服驱动器完成定位任务

（1）控制要求

以 PLC 作为上位机进行控制，控制工作台左右移动。按下启动按钮，电动机旋转，拖动工作台从 A 点开始向右行驶 30 mm，停 2 s，然后向左行驶返回 A 点，再停 2 s，如此循环运行，按下停止按钮，工作台行驶一周后返回 A 点。要求工作台移动速度 10 mm/s，丝杆螺距为 5 mm。

（2）PLC 程序

根据控制要求，工作台从 A 点开始移动 30 mm，电动机要转 6 周，因此 PLC 要发 30 000 个脉冲，工作台移动速度要达到 10 mm/s 所产生的脉冲频率为 10 000 Hz。PLC 程序如图 2—151 所示。

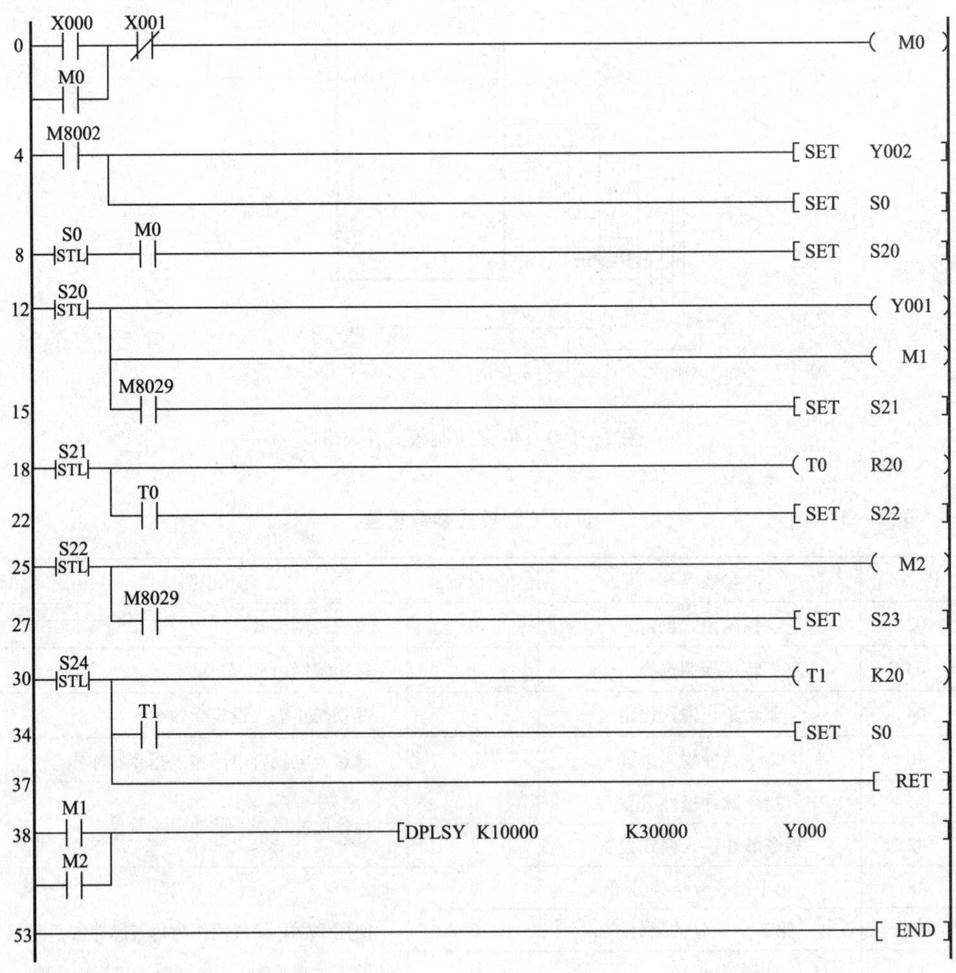

图 2—151　PLC 程序

步骤 4　按要求在 MINAS_ A4 交流伺服电动机、驱动器实训装置上完成驱动器调试工作

启动运行，观察电动机的运行情况，每次转动时是否转 6 周，停止位置是否和启动位置重叠。

四、注意事项

1．接线完成后必须认真检查接线，只有接线正确并经过教师许可后才能进行通电调试。

2．在通电调试过程中应观察变频器面板显示器以监视系统运行状况，如有不正常现象应立即采取相应措施加以解决，否则将可能造成事故。

3．技能操作实训中必须注意用电安全，杜绝人身和设备安全事故的发生。

学习单元 4　速度控制模式运行

学习目标

➢ 掌握交流伺服电动机、驱动器速度控制模式运行控制操作接线

➢ 掌握交流伺服电动机、驱动器速度控制模式运行操作参数设置

知识要求

一、松下 MINAS_ A4 交流伺服电动机、驱动器速度控制有关参数功能的说明

松下 A4 系列伺服系统速度控制模式是最常用的电动机控制模式之一。本单元主要从速度控制模式下如何进行速度设定、X5 插头的主要接线和相关参数等方面进行讲解。

1．速度控制模式下 CNX5 的配线示例

速度控制模式下 CNX5 的配线示例如图 2—152 所示。

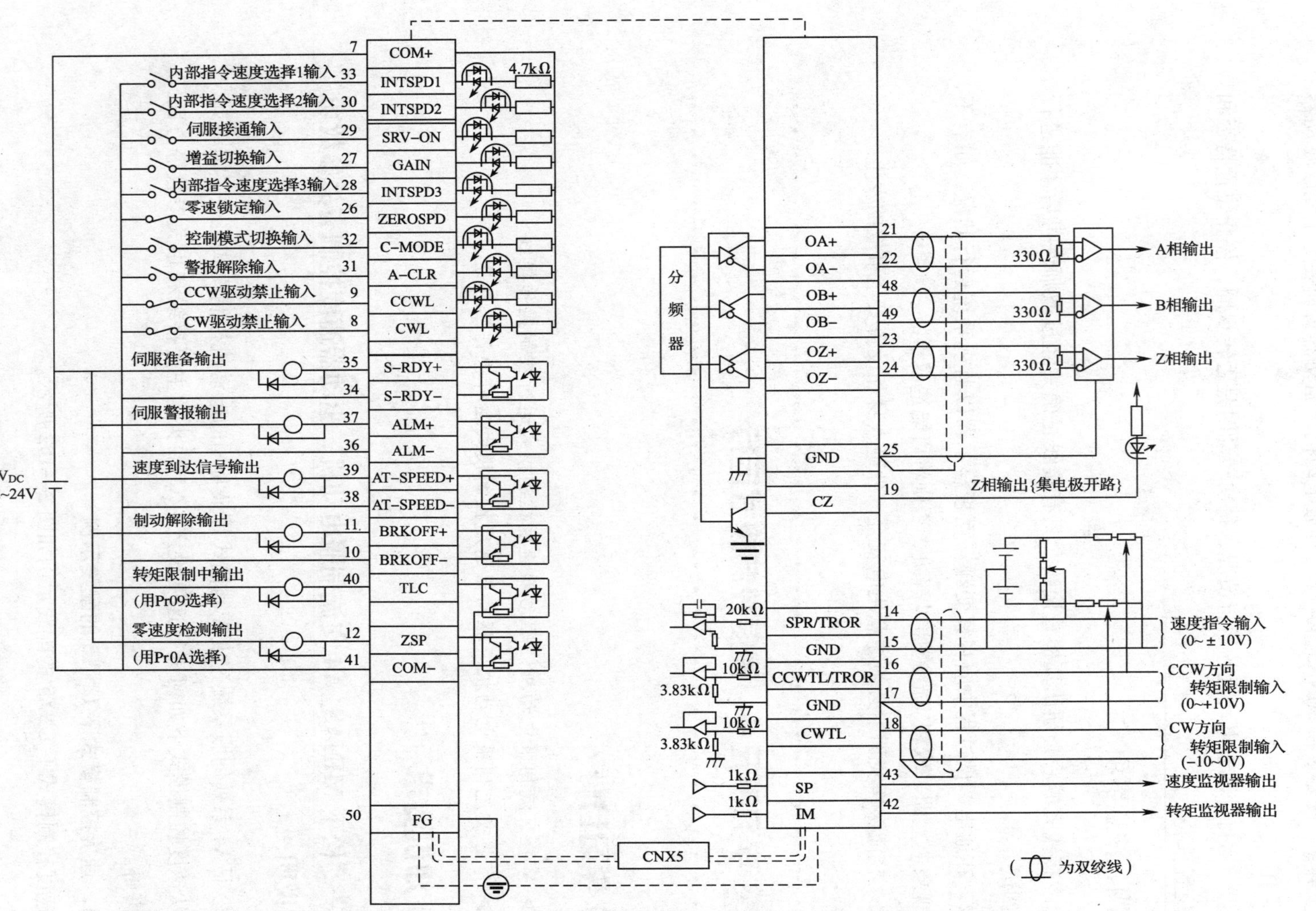

图2—152　速度控制模式下CNX5的配线示例

2. 速度设定

电动机运行速度的控制有两种方式：一是按照内部参数设定的速度运行，二是按模拟量设定的速度运行。

如图 2—153 所示，伺服电动机旋转分逆时针和顺时针，则对应的输入电压应分别为 +10 V和 -10 V。通过参数 Pr. 50 来进行电压与转速关系的设置，标准的出厂设置为500（r/min）/V，所以6 V 的输入即为 3 000 r/min。需要注意的是，模拟量输入电压切勿超过 ±10 V。

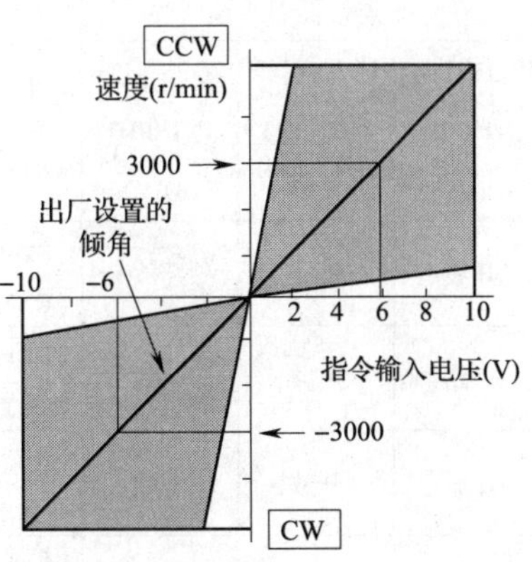

图 2—153　模拟量输入电压与转速关系图

在选择速度指令的时候，可以通过参数 Pr. 05 的设置来选择，见表 2—38。

表 2—38　**Pr. 05 参数设置与速度指令的选择关系**

设定值	速度设置方法
0	外部速度指令（SPR：CNX5 14 引线）
1	内部速度设置第 1 速 ~ 第 4 速（Pr. 53 ~ Pr. 56）
2	内部速度设置第 1 速 ~ 第 3 速（Pr. 53 ~ Pr. 55），外部速度指令（SPR）
3	内部速度设置第 1 速 ~ 第 6 速（Pr. 53 ~ Pr. 56，Pr. 74 ~ Pr. 77）

当 Pr. 05 =0 时，速度指令使用模拟量输入方式，即 X5 插头的第 14 引脚。

当 Pr. 05 =1 或2 时，通过 X5 插头的第33 引线和第30 引线的状态来选择内部速度。

当 Pr. 05 =3 时，通过 X5 插头的第 33 引线、第 30 引线和第 28 引线的状态来选择内部速度。

速度选择关系表见表 2—39 所示。

表 2—39　**速度选择关系表**

X5 连接器引线号			Pr. 05（速度设置内外切换）			
第 33 引线 INTSPD1（INH）	第 30 引线 INTSPD2（CL）	第 28 引线 INTSPD3（DIV）	0	1	2	3
开放	开放	开放	模拟速度指令（CNX5 14 引线）	速度设置第 1 速（Pr. 53）	速度设置第 1 速（Pr. 53）	速度设置第 1 速（Pr. 53）
短路	开放	开放	模拟速度指令（CNX5 14 引线）	速度设置第 2 速（Pr. 54）	速度设置第 2 速（Pr. 54）	速度设置第 2 速（Pr. 54）

续表

X5 连接器引线号			Pr. 05（速度设置内外切换）			
第 33 引线 INTSPD1（INH）	第 30 引线 INTSPD2（CL）	第 28 引线 INTSPD3（DIV）	0	1	2	3
开放	短路	开放	模拟速度指令（CNX5 14 引线）	速度设置第 3 速（Pr. 55）	速度设置第 3 速（Pr. 55）	速度设置第 3 速（Pr. 55）
短路	短路	开放	模拟速度指令（CNX5 14 引线）	速度设置第 4 速（Pr. 56）	模拟速度指令（CNX5 14 引线）	速度设置第 4 速（Pr. 56）
开放	开放	短路	模拟速度指令（CNX5 14 引线）	速度设置第 1 速（Pr. 53）	速度设置第 1 速（Pr. 53）	速度设置第 5 速（Pr. 74）
短路	开放	短路	模拟速度指令（CNX5 14 引线）	速度设置第 2 速（Pr. 54）	速度设置第 2 速（Pr. 54）	速度设置第 6 速（Pr. 75）
开放	短路	短路	模拟速度指令（CNX5 14 引线）	速度设置第 3 速（Pr. 55）	速度设置第 3 速（Pr. 55）	速度设置第 7 速（Pr. 76）
短路	短路	短路	模拟速度指令（CNX5 14 引线）	速度设置第 4 速（Pr. 56）	模拟速度指令（CNX5 14 引线）	速度设置第 8 速（Pr. 77）

3. 内部速度选择控制时序

如图 2—154 所示为内部速度指令的 4 级变速运转时序及加减速曲线，电动机的驱动/停止控制输入使用零速箝位输入（X5 插头的第 26 引脚）和伺服 ON（X5 插头的第 29 引脚）。

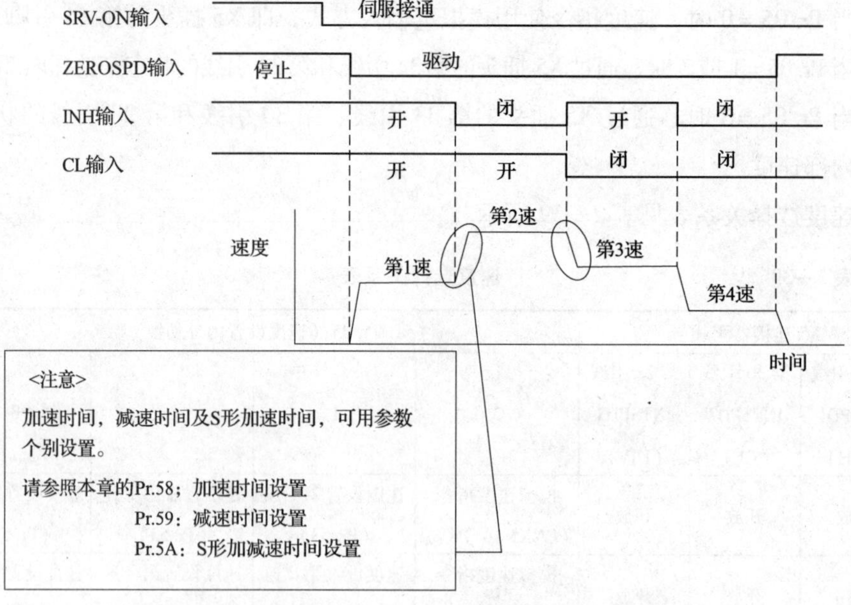

图 2—154 电动机 4 级变速运转时序及加减速曲线图

4. 相关参数

速度控制模式相关参数详细说明见表 2—40。

表 2—40　　　速度控制模式相关参数详细说明

<table>
<tr><th>Pr. No</th><th>参数名称</th><th>设定范围
（默认值）</th><th>功能内容</th></tr>
<tr><td>00</td><td>轴名</td><td>0 ~ 15
（1）</td><td>多轴情况下，与使用 RS—232/485 的计算机等上位机进行通信中，需识别主机访问哪个轴，本参数可以确认轴名和号码
面板上的旋转开关 ID 的设定值在控制电源接通时下载到驱动器中
本参数设定值对伺服控制无影响</td></tr>
<tr><td>01</td><td>LED 初始状态</td><td>0 ~ 17
（1）</td><td>电源开通后的初始状态时，选择前面板 7 段 LED 所显示的数据
<table>
<tr><th>设定值</th><th>内容</th></tr>
<tr><td>0</td><td>位置偏差</td></tr>
<tr><td>1</td><td>电动机转速</td></tr>
<tr><td>2</td><td>转矩输出</td></tr>
<tr><td>3</td><td>控制模式</td></tr>
<tr><td>4</td><td>输出、输入信号状态</td></tr>
<tr><td>5</td><td>错误原因，历史记录</td></tr>
<tr><td>6</td><td>软件版本</td></tr>
<tr><td>7</td><td>警告</td></tr>
<tr><td>8</td><td>再生负载率</td></tr>
<tr><td>9</td><td>过载负载率</td></tr>
<tr><td>10</td><td>惯量比</td></tr>
<tr><td>11</td><td>反馈脉冲总和</td></tr>
<tr><td>12</td><td>指令脉冲总和</td></tr>
<tr><td>13</td><td>外部光栅尺偏差</td></tr>
<tr><td>14</td><td>外部光栅尺反馈脉冲总和</td></tr>
<tr><td>15</td><td>电动机自动识别功能</td></tr>
<tr><td>16</td><td>模拟输入数值</td></tr>
<tr><td>17</td><td>不旋转原因</td></tr>
</table></td></tr>
</table>

续表

<table>
<tr><th>Pr. No</th><th>参数名称</th><th>设定范围
（默认值）</th><th>功能内容</th></tr>
<tr><td>02</td><td>控制模式
设定</td><td>0～6
（1）</td><td>设定使用的控制模式
<table>
<tr><th rowspan="2">设定值</th><th colspan="2">控制模式</th></tr>
<tr><th>第 1 模式</th><th>第 2 模式</th></tr>
<tr><td>0</td><td>位置</td><td>—</td></tr>
<tr><td>1</td><td>速度</td><td>—</td></tr>
<tr><td>2</td><td>转矩</td><td>—</td></tr>
<tr><td>3</td><td>位置</td><td>速度</td></tr>
<tr><td>4</td><td>位置</td><td>转矩</td></tr>
<tr><td>5</td><td>速度</td><td>转矩</td></tr>
<tr><td>6</td><td>全闭环</td><td>—</td></tr>
</table>
当设定为 3、4、5 的复合模式时，通过控制模式选择输入（C－MODE，X5 插头第 32 引脚）可选第 1、第 2 中的一个
C－MODE 与 COM－开路时：选择第 1 模式
C－MODE 与 COM－短接时：选择第 2 模式</td></tr>
<tr><td>03</td><td>转矩限制
选择</td><td>0～3
（1）</td><td>可以设置逆时针（CCW）和顺时针（CW）两个方向转矩限制信号（CCWTL，X5 插头第 16 引脚；CWTL，第 18 引脚）的输入是否有效
<table>
<tr><th>Pr. 03 值</th><th>CCW</th><th>CW</th></tr>
<tr><td>0</td><td>CCWTL</td><td>CWTL</td></tr>
<tr><td>1</td><td colspan="2">CCW、CW 方向的限制值都由 Pr. 5E 设定</td></tr>
<tr><td>2</td><td>由 Pr. 5E 设定</td><td>由 Pr. 5F 设定</td></tr>
<tr><td>3</td><td colspan="2">GAIN/TL－SEL 与 COM－开路：由 Pr. 5E 设定
GAIN/TL－SEL 与 COM－短接：由 Pr. 5F 设定</td></tr>
</table></td></tr>
<tr><td>04</td><td>驱动禁止
输入设定</td><td>0～2
（1）</td><td>设置两个行程限位信号（CWL，X5 插头第 8 引脚；CCWL，第 9 引脚）的输入是否有效
0：行程限位发生动作时，按 Pr. 66 设定的实训发生动作
1：行程限位信号输入无效
2：CCWL 或 CWL 信号与 COM－断开的时候会发生 Err38 行程限位禁止输入信号出错报警
设定此参数值必须在控制电源断电重启之后才能修改、写入成功</td></tr>
<tr><td>05</td><td>速度设置
内外切换</td><td>0～3
（0）</td><td>速度控制只需接点输入，即可实现内部速度设定功能</td></tr>
</table>

续表

<table>
<tr><th>Pr. No</th><th>参数名称</th><th>设定范围
（默认值）</th><th>功能内容</th></tr>
<tr><td>06</td><td>ZEROSPD</td><td>0 ~ 2
（0）</td><td>设定零速箝位输入（ZEROSPD：X5 插头的第 26 引脚）功能
<table>
<tr><th>设定值</th><th>ZEROSPD 输入（26 引线）功能</th></tr>
<tr><td>0</td><td>忽视 ZEROSPD 输入，判断为处于非零速箝位状态</td></tr>
<tr><td>1</td><td>ZEROSPD 输入有效，与 COM 之间为开路状态时，视速度指令为零</td></tr>
<tr><td>2</td><td>为速度指令的符号。与 COM - 之间为开路状态时，通过连接 CCW，COM - 可将 CW 方向设定为指令方向</td></tr>
</table></td></tr>
<tr><td>07</td><td>速度监视器
（SP）</td><td>0 ~ 9
（3）</td><td>设定模拟速度监视器信号输入（SP：X5 插头第 43 引脚）的定义、输入电压电平和速度的关系
<table>
<tr><th>设定值</th><th>SP 的信号</th><th>输入电压电平和速度的关系</th></tr>
<tr><td>0</td><td rowspan="5">电动机实际速度</td><td>6 V/47 r/min</td></tr>
<tr><td>1</td><td>6 V/188 r/min</td></tr>
<tr><td>2</td><td>6 V/750 r/min</td></tr>
<tr><td>3</td><td>6 V/3 000 r/min</td></tr>
<tr><td>4</td><td>1. 5 V/3 000 r/min</td></tr>
<tr><td>5</td><td rowspan="5">指令速度</td><td>6 V/47 r/min</td></tr>
<tr><td>6</td><td>6 V/188 r/min</td></tr>
<tr><td>7</td><td>6 V/750 r/min</td></tr>
<tr><td>8</td><td>6 V/3 000 r/min</td></tr>
<tr><td>9</td><td>1. 5 V/47 r/min</td></tr>
</table></td></tr>
<tr><td>08</td><td>转矩监视器
（IM）选择</td><td>0 ~ 12
（0）</td><td>设定模拟转矩监视器信号（IM：X5 插头第 42 引脚）定义、输出电平和转矩或偏差脉冲的关系
<table>
<tr><th>设定值</th><th>IM 的信号</th><th>输出电平和转矩或偏差脉冲数的关系</th></tr>
<tr><td>0</td><td>扭矩指令</td><td>3 V/额定（100%）转矩</td></tr>
<tr><td>1</td><td rowspan="5">位置偏差</td><td>3V/31 Pulse</td></tr>
<tr><td>2</td><td>3V/125 Pulse</td></tr>
<tr><td>3</td><td>3V/500 Pulse</td></tr>
<tr><td>4</td><td>3V/2 000 Pulse</td></tr>
<tr><td>5</td><td>3V/8 000 Pulse</td></tr>
<tr><td>6</td><td rowspan="5">全闭环偏差</td><td>3 V/31 Pulse</td></tr>
<tr><td>7</td><td>3 V/125 Pulse</td></tr>
<tr><td>8</td><td>3 V/500 Pulse</td></tr>
<tr><td>9</td><td>3 V/2 000 Pulse</td></tr>
<tr><td>10</td><td>3 V/8 000 Pulse</td></tr>
<tr><td>11</td><td rowspan="2">转矩指令</td><td>3 V/200% 转矩</td></tr>
<tr><td>12</td><td>3 V/400% 转矩</td></tr>
</table></td></tr>
</table>

续表

<table>
<tr><th>Pr. No</th><th>参数名称</th><th>设定范围
（默认值）</th><th>功能内容</th></tr>
<tr><td>0A</td><td>ZSP 输出
选择</td><td>0 ~ 8
（1）</td><td>零速度检测输出（TLC：X5 插头的第 12 引脚）的功能分配
<table>
<tr><th>设定值</th><th>功能</th><th>备注</th></tr>
<tr><td>0</td><td>转矩限制中输出</td><td rowspan="9">左述各输出功能的详细情况请参照输出信号（共通）及其功能「TLC，ZSP 输出选择」表</td></tr>
<tr><td>1</td><td>零速度检测输出</td></tr>
<tr><td>2</td><td>过再生/过载/绝对式电池/电扇锁定/外部光栅尺中任意的警告输出</td></tr>
<tr><td>3</td><td>过再生警告发生输出</td></tr>
<tr><td>4</td><td>过载警告输出</td></tr>
<tr><td>5</td><td>绝对式电池警告输出</td></tr>
<tr><td>6</td><td>电扇锁定警告输出</td></tr>
<tr><td>7</td><td>外部光栅尺警告输出</td></tr>
<tr><td>8</td><td>速度一致输出</td></tr>
</table></td></tr>
<tr><td>0B</td><td>绝对式编码器设定</td><td>0 ~ 2
（1）</td><td>设定 17 位绝对式编码器的使用方法
<table>
<tr><th>设定值</th><th>内容</th></tr>
<tr><td>0</td><td>作为绝对式编码器使用</td></tr>
<tr><td>1</td><td>作为增量式编码器使用</td></tr>
<tr><td>2</td><td>作为绝对式编码器使用，忽略多次旋转的计数器溢出</td></tr>
</table>
当使用 2 500 p/r 增量式编码器时，此参数设定无效</td></tr>
<tr><td>44</td><td>脉冲输出
分频分子</td><td>1 ~ 32 767
（2 500）</td><td rowspan="2">设置从脉冲输出（X5 插头第 21 引脚、第 22 引脚（OA）和第 48 引脚、第 49 引脚（OB）引脚）进行输出的脉冲数
当 Pr. 45 = 0 时，OA 和 OB 各自的电动机每转程的输出脉冲数可由 Pr. 44 设置
因此分倍频 4 倍后的脉冲输出分辨率为 Pr. 44 × 4
当 Pr. 45 ≠ 0 时，每转程的脉冲输出分辨率 = Pr. 44/Pr. 45 × 编码器分辨率</td></tr>
<tr><td>45</td><td>脉冲输出
分频分母</td><td>0 ~ 32 767
（0）</td></tr>
</table>

续表

<table>
<tr><th>Pr. No</th><th>参数名称</th><th>设定范围（默认值）</th><th>功能内容</th></tr>
<tr><td>46</td><td>脉冲输出逻辑反转</td><td>0 ~ 3
（0）</td><td>设置脉冲输出（X5 插头第 48 引脚和第 49 引脚）的 B 相逻辑和输出源。通过本参数可对 B 相脉冲逻辑取反，改变 A 相脉冲和 B 相脉冲的相位关系
<table>
<tr><td>设置值</td><td>A 相（OA）</td><td>电动机 CCW 旋转时</td><td>电动机 CW 旋转时</td></tr>
<tr><td>0. 2</td><td>B 相（OB）非反转</td><td></td><td></td></tr>
<tr><td>1. 3</td><td>B 相（OB）反转</td><td></td><td></td></tr>
</table>
<table>
<tr><th>Pr. 46</th><th>B 相逻辑</th><th>输出源</th></tr>
<tr><td>0</td><td>非反转</td><td>编码器位置</td></tr>
<tr><td>1</td><td>反转</td><td>编码器位置</td></tr>
<tr><td>2</td><td>非反转</td><td>外部光栅尺位置</td></tr>
<tr><td>3</td><td>反转</td><td>外部光栅尺位置</td></tr>
</table>
Pr. 46 = 2，3 的输出源仅在全闭环控制时有效</td></tr>
<tr><td>50</td><td>速度指令输入增益</td><td>10 ~ 2 000
（500）</td><td>设置速度指令输入（SPR：X5 插头的第 14 引脚）的施加电压和电动机速度的关系</td></tr>
<tr><td>51</td><td>速度指令输入反转</td><td>0 ~ 1
（1）</td><td>转换速度指令输入的极性，在不改变上位装置侧指令信号的极性而需要改变电动机旋转方向等情况下使用
<table>
<tr><th>设定值</th><th>电动机旋转方向</th></tr>
<tr><td>0</td><td>（+）指令从轴端的 CCW 方向</td></tr>
<tr><td>1</td><td>（+）指令从轴端的 CW 方向</td></tr>
</table>
本参数的标准出厂设置为 1，以（+）指令向 CW 方向旋转
Pr. 06 = 2 时，本参数无效
设定为速度控制模式的驱动器与外部的位置设备组合构成伺服驱动系统时，从位置设备组件发出的速度指令信号极性与本参数的极性设置不符时，会导致电动机发生异常动作，应加以注意</td></tr>
</table>

续表

<table>
<tr><th>Pr. No</th><th>参数名称</th><th>设定范围
（默认值）</th><th>功能内容</th></tr>
<tr><td>52</td><td>速度指令
零漂</td><td>－2 047 ~
2 047
（0）</td><td>根据本参数进行速度限制输入（SPR：X5 插头的第 14 引脚）的零漂调整
每一个设定值约有 0. 3 mV 的偏置量</td></tr>
<tr><td>53</td><td>速度设置
第 1 速</td><td rowspan="4">－20 000 ~
20 000
（0）</td><td rowspan="8">用参数 Pr. 05 设置内部速度设定为有效时的内部指令速度从第 1 速到第 4 速为 Pr. 53 ~ Pr. 56、第 5 速到第 8 速为 Pr. 74 ~ Pr. 77，直接使用单位（r/min）进行设置。
设定值的极性表示内部指令速度的极性
+　轴端的 CCW 方向指令
－　轴端的 CW 方向指令</td></tr>
<tr><td>54</td><td>速度设置
第 2 速</td></tr>
<tr><td>55</td><td>速度设置
第 3 速</td></tr>
<tr><td>56</td><td>速度设置
第 4 速</td></tr>
<tr><td>74</td><td>速度设置
第 1 速</td><td rowspan="4">－20 000 ~
20 000
（0）</td></tr>
<tr><td>75</td><td>速度设置
第 2 速</td></tr>
<tr><td>76</td><td>速度设置
第 3 速</td></tr>
<tr><td>77</td><td>速度设置
第 4 速</td></tr>
<tr><td>57</td><td>速度指令滤
波器设置</td><td>0 ~ 6 400
（1）</td><td>设定速度指令输入（SPR：X5 插头的第 14 引脚）的一阶延迟滤波器时间常数</td></tr>
<tr><td>58</td><td>加速时间
设置</td><td rowspan="2">0 ~ 50 000
（0）</td><td rowspan="2">单位：2 ms/（1 000 r/min）
驱动器内部，根据加速、减速速度指令可进行速度控制
输入阶梯状的速度指令或内部速度设置的模式使用时，可进行软启动
速度指令
速度
t_a　t_d
t_a　Pr. 58　×2 ms/（1 000 r/min）
t_d　Pr. 59　×2 ms/（1 000 r/min）</td></tr>
<tr><td>59</td><td>减速时间
设置</td></tr>
</table>

续表

Pr. No	参数名称	设定范围（默认值）	功能内容
5A	S 形加减速时间设置	0～500 （0）	直线加速/减速中，用于启动、停止时等加速度变化会造成冲击发生等用途时，需向速度指令中附加模拟 S 形加减速，令机器平滑运转 速度 t_s t_s t_s t_s t_a t_d 1. 一般直线部分的加速/减速时间各用 Pr. 58、Pr. 59 设置 2. 以直线加减速时的拐点为中心，按时间间隔将 S 部分的时间用 Pr. 5A 设置（单位：2 ms） 按 t_a：Pr. 58　t_d：Pr. 50　t_s：Pr. 5A　$\frac{t_a}{2} > t_s$ 及 $\frac{t_d}{2} > t_s$；的设置使用

技能要求

速度控制模式的接线、操作及运行

一、操作要求

1. 按图样要求接线。
2. 通过面板设定参数。
3. 运行装置并记录参数。

二、操作准备

本项目所需元器件清单见表 3—41。

表 3—41　　项目所需元器件清单

序号	名称	规格型号	数量	备注
1	交流伺服驱动器	松下 MINAS_ A4	1 个	
2	伺服电动机	松下 MINAS_ A4	1 套	
3	三菱 PLC	FX_{2N}－32MT	1 套	
4	开关电源	S－100－24	1 个	
5	断路器		1 个	

续表

序号	名称	规格型号	数量	备注
6	按钮		2 个	
7	限位开关		3 个	
8	丝杆工作台		1 套	
9	万用表		1 个	
10	旋具		1 套	
11	导线		若干	

三、操作步骤

步骤 1　按系统接线图及要求在 MINAS_ A4 交流伺服电动机、驱动器实训装置上完成接线，如图 2—155 所示

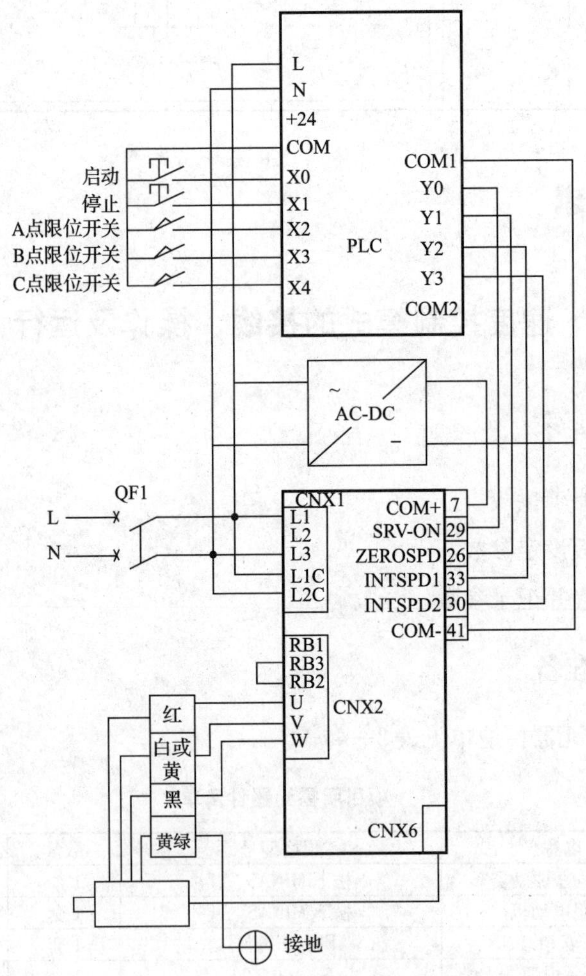

图 2—155　速度控制模式接线图

步骤 2　按要求在 MINAS_ A4 交流伺服电动机、驱动器实训装置上完成速度控制模式运行操作参数设置

速度控制模式参数设置见表 2—42。

表 2—42　　　　**速度控制模式参数设置**

Pr. No	参数名称	设定值	说明
02	控制模式设定	1	速度控制模式
03	转矩限制选择	1	转矩限制由 Pr. 5E 设定
04	驱动禁止输入设定	1	驱动禁止输入设定无效
05	速度控制内外切换	1	内部速度设置第 1 速 ~ 第 4 速
06	指令脉冲极性设置	1	ZEROSPD 输入有效，与 COM - 之间为开路状态时，视速度指令为零
53	速度设置第 1 速	1 000	A 点到 B 点的速度
54	速度设置第 2 速	500	B 点到 C 点的速度
55	速度设置第 3 速	-1 500	C 点返回 B 点的速度
56	速度设置第 4 速	-100	B 点返回 A 点的速度
58	加速时间	1	2 ms/1 000 r/min
59	减速时间	2	4 ms/1 000 r/min

步骤 3　按要求对 PLC 进行编程，控制伺服驱动器完成运行速度控制

（1）控制要求

以 PLC 作为上位机进行控制，控制工作台左右移动。按下启动按钮，电动机旋转，拖动工作台从 A 点开始以 1 000 r/min 的速度向右行驶到 B 点，停 2 s，然后以 500 r/min 的速度继续向右行驶至 C 点，再停 2 s，以 1 500 r/min 的速度返回 B 点，停 2 s，再以 100 r/min 的速度返回 A 点。如此循环运行，按下停止按钮，工作台行驶一周后返回 A 点。

（2）PLC 程序

PLC 程序如图 2—156 所示。

步骤 4　按要求在 MINAS_ A4 交流伺服电动机、驱动器实训装置上完成驱动器调试工作

按下启动按钮，观察工作台运行方向，查看伺服驱动器上 LED 显示的速度是否和设定的速度一致。

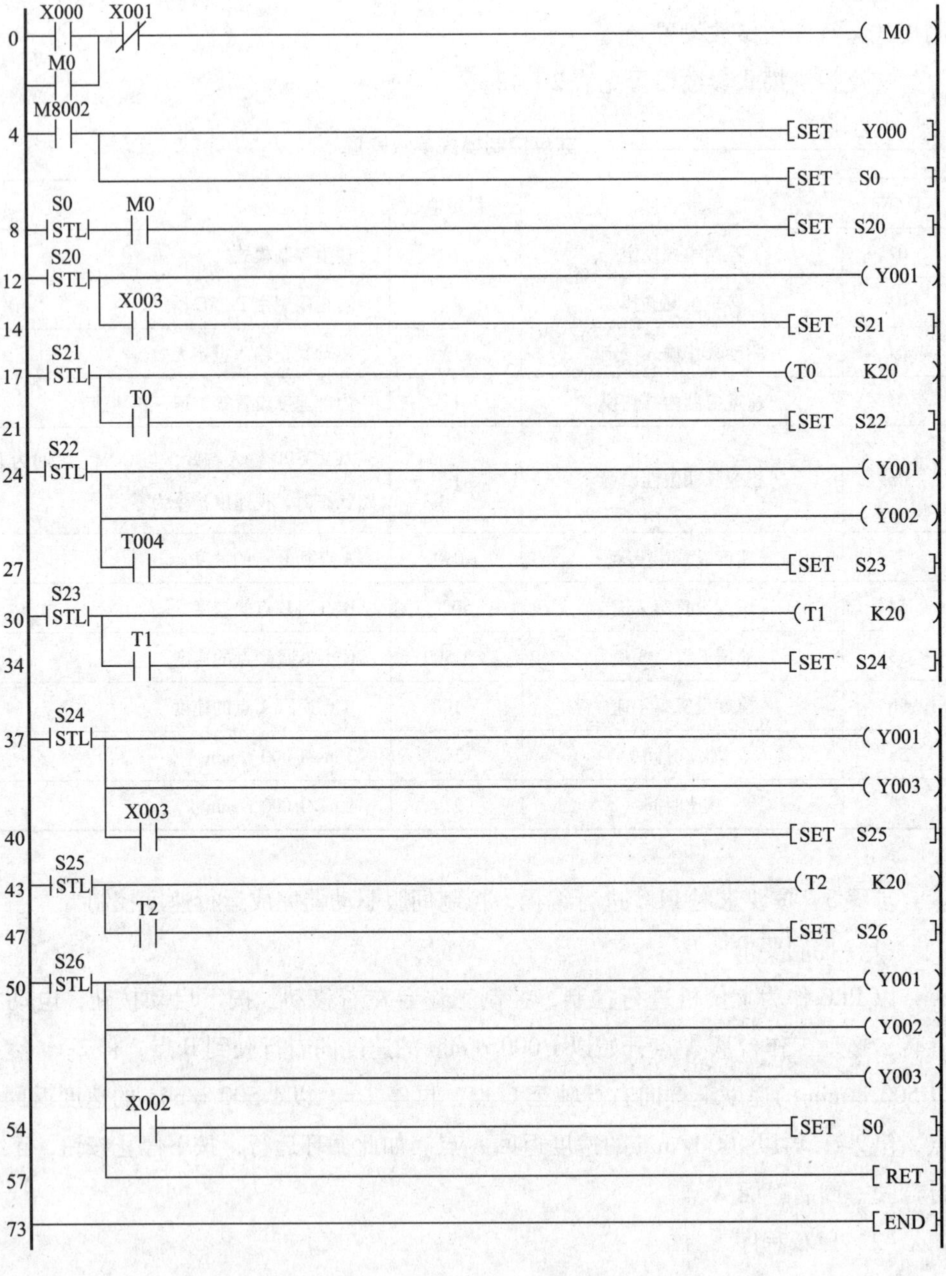

```
0   X000  X001(NC)                                  ( M0 )
    M0
4   M8002                                           [SET Y000]
                                                    [SET S0]
8   S0 STL   M0                                     [SET S20]
12  S20 STL                                         ( Y001 )
14        X003                                      [SET S21]
17  S21 STL                                         (T0  K20 )
21        T0                                        [SET S22]
24  S22 STL                                         ( Y001 )
                                                    ( Y002 )
27        T004                                      [SET S23]
30  S23 STL                                         (T1  K20 )
34        T1                                        [SET S24]
37  S24 STL                                         ( Y001 )
                                                    ( Y003 )
40        X003                                      [SET S25]
43  S25 STL                                         (T2  K20 )
47        T2                                        [SET S26]
50  S26 STL                                         ( Y001 )
                                                    ( Y002 )
                                                    ( Y003 )
54        X002                                      [SET S0]
57                                                  [RET]
73                                                  [END]
```

图 2—156 PLC 程序

四、注意事项

1. 接线完成后必须认真检查接线，只有接线正确并经过教师许可后才能进行通电调试。

2. 在通电调试过程中应观察变频器面板显示器以监视系统运行状况，如有不正常现象应立即采取相应措施加以解决，否则将可能造成事故。

3. 技能操作实训中必须注意用电安全，杜绝人身和设备安全事故的发生。

学习单元 5　转矩控制模式运行

学习目标

➢ 掌握交流伺服电动机、驱动器转矩控制模式运行控制操作接线

➢ 掌握交流伺服电动机、驱动器转矩控制模式运行操作参数设置

知识要求

松下 MINAS_A4 交流伺服电动机、驱动器转矩控制有关参数功能的说明

转矩控制模式，就是让伺服电动机按给定的转矩进行旋转以保持电动机电流环的输出恒定。如果外部负载转矩大于或等于电动机设定的输出转矩则电动机的输出转矩会保持设定转矩不变，电动机会跟随负载来运动。如果外部负载转矩小于电动机设定的输出转矩则电动机会一直加速直到超出电动机或驱动的最大允许转速后报警停止。

本单元重点讲解在转矩模式下如何进行转矩控制、速度限制、相关接线和参数。

1. 转矩控制模式下 CNX5 的配线示例

转矩控制模式下 CNX5 的配线示例如图 2—157 所示。

2. 转矩控制

A4 系列伺服驱动器使用模拟量输入来给定转矩指令，如图 2—156 所示为转矩指令与输入电压的关系，输入电压范围为 ±10 V，输入电压为正时，输出转矩也为正，驱动电动机按照逆时针方向旋转；输入电压为负时，输出转矩也为负，驱动电动机按照顺时针方向旋转。此电压比例可由 Pr. 5C 来设定，设定范围 10 ~ 100，单位为0. 1 V/100%，出厂设定为 30，即 3 V/100%。

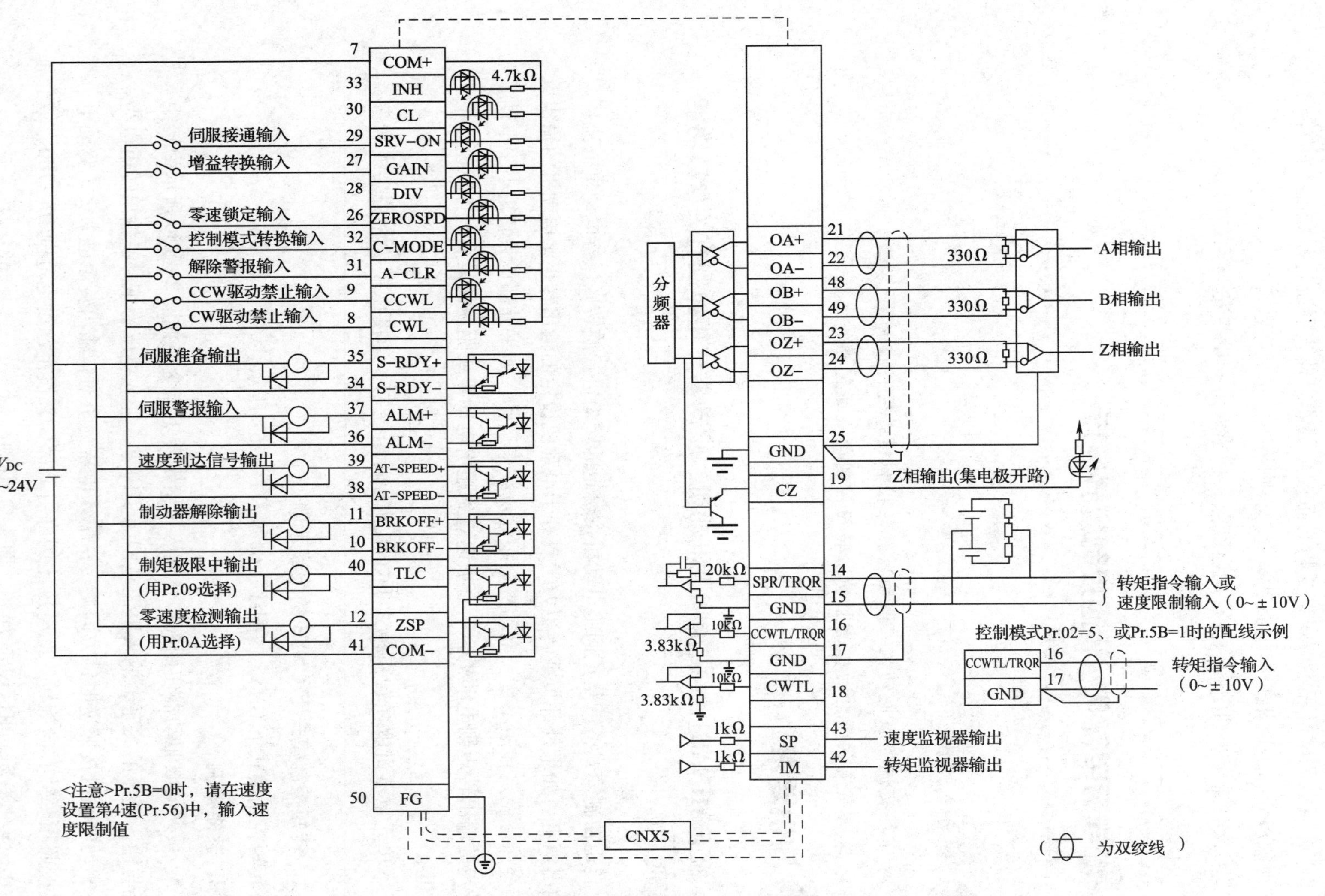

图 2—157　转矩控制模式下 CNX5 的配线示例

模拟量转矩指令的输入接口也是可选择的，根据参数 Pr. 5B 的设定值，可以通过 X5 插头的第 14 引脚和第 16 引脚输入，当 Pr. 5B =0 时，由第 14 引脚（SPR/TRQR/SPL）输入；当 Pr. 5B =1 时，由第 16 引脚（CCWTL/TRQR）输入。

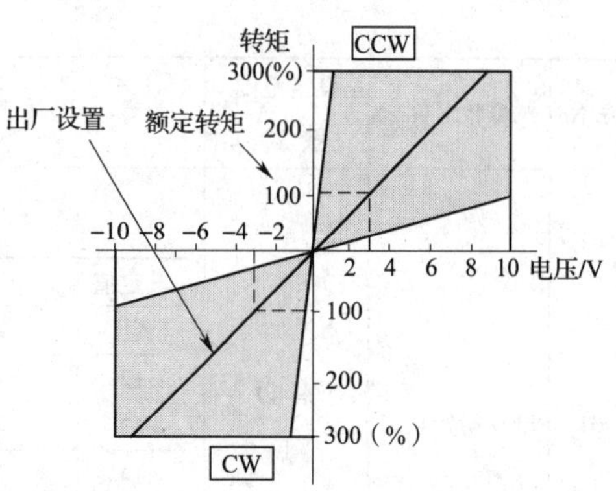

图 2—156　模拟量转矩指令与输入电压关系图

3. 速度限制

速度限制用于设定转矩控制模式下电动机的最高转速，可以通过两种方法设定。当 Pr. 5B = 0 时，速度限制取决于 Pr. 56 的设定值；当 Pr. 5B =1 时，速度限制取决于 X5 插头第 14 引脚的模拟量输入电压值，电压与转速的关系同前一单元“速度控制模式”中的“速度设定”。

4. 相关参数

转矩控制模式相关参数详细说明见表 2—43。

表 2—43　　转矩控制模式相关参数详细说明

<table>
<tr><th>Pr. No</th><th>参数名称</th><th>设定范围
（默认值）</th><th colspan="2">功能内容</th></tr>
<tr><td>00</td><td>轴名</td><td>0 ~ 15
（1）</td><td colspan="2">多轴情况下，与使用 RS－232/485 的计算机等上位机进行通信中，需识别主机访问哪个轴，本参数可以确认轴名和号码
面板上的旋转开关 ID 的设定值在控制电源接通时下载到驱动器中
本参数设定值对伺服控制无影响</td></tr>
<tr><td rowspan="13">01</td><td rowspan="13">LED 初始状态</td><td rowspan="13">0 ~ 17
（1）</td><td colspan="2">电源开通后的初始状态时，选择前面板 7 段 LED 所显示的数据</td></tr>
<tr><td>设定值</td><td>内容</td></tr>
<tr><td>0</td><td>位置偏差</td></tr>
<tr><td>1</td><td>电动机转速</td></tr>
<tr><td>2</td><td>转矩输出</td></tr>
<tr><td>3</td><td>控制模式</td></tr>
<tr><td>4</td><td>输出、输入信号状态</td></tr>
<tr><td>5</td><td>错误原因，历史记录</td></tr>
<tr><td>6</td><td>软件版本</td></tr>
<tr><td>7</td><td>警告</td></tr>
<tr><td>8</td><td>再生负载率</td></tr>
<tr><td>9</td><td>过载负载率</td></tr>
<tr><td>10</td><td>惯量比</td></tr>
</table>

续表

<table>
<tr><th>Pr. No</th><th>参数名称</th><th>设定范围
（默认值）</th><th>功能内容</th></tr>
<tr><td>01</td><td>LED 初始状态</td><td>0～17
（1）</td><td>续表
<table>
<tr><th>设定值</th><th>内容</th></tr>
<tr><td>11</td><td>反馈脉冲总和</td></tr>
<tr><td>12</td><td>指令脉冲总和</td></tr>
<tr><td>13</td><td>外部光栅尺偏差</td></tr>
<tr><td>14</td><td>外部光栅尺反馈脉冲总和</td></tr>
<tr><td>15</td><td>电动机自动识别功能</td></tr>
<tr><td>16</td><td>模拟输入数值</td></tr>
<tr><td>17</td><td>不旋转原因</td></tr>
</table></td></tr>
<tr><td>02</td><td>控制模式设定</td><td>0～6
（1）</td><td>设定使用的控制模式
<table>
<tr><th rowspan="2">设定值</th><th colspan="2">控制模式</th></tr>
<tr><th>第1模式</th><th>第2模式</th></tr>
<tr><td>0</td><td>位置</td><td>—</td></tr>
<tr><td>1</td><td>速度</td><td>—</td></tr>
<tr><td>2</td><td>转矩</td><td>—</td></tr>
<tr><td>3</td><td>位置</td><td>速度</td></tr>
<tr><td>4</td><td>位置</td><td>转矩</td></tr>
<tr><td>5</td><td>速度</td><td>转矩</td></tr>
<tr><td>6</td><td>全闭环</td><td>—</td></tr>
</table>
当设定为3、4、5的复合模式时，通过控制模式选择输入（C－MODE，X5插头第32引脚）可选第1、第2中的一个
C－MODE与COM－开路时：选择第1模式
C－MODE与COM－短接时：选择第2模式</td></tr>
<tr><td>03</td><td>转矩限制选择</td><td>0～3
（1）</td><td>可以设置逆时针（CCW）和顺时针（CW）两个方向转矩限制信号（CCWTL，X5插头第16引脚；CWTL，第18引脚）的输入是否有效
<table>
<tr><th>Pr03值</th><th>CCW</th><th>CW</th></tr>
<tr><td>0</td><td>CCWTL</td><td>CWTL</td></tr>
<tr><td>1</td><td colspan="2">CCW、CW方向的限制值都由Pr5E设定</td></tr>
<tr><td>2</td><td>由Pr5E设定</td><td>由Pr5F设定</td></tr>
<tr><td>3</td><td colspan="2">GAIN/TL－SEL与COM－开路：由Pr5E设定
GAIN/TL－SEL与COM－短接：由Pr5F设定</td></tr>
</table></td></tr>
</table>

续表

<table>
<tr><th>Pr. No</th><th>参数名称</th><th>设定范围（默认值）</th><th>功能内容</th></tr>
<tr><td>04</td><td>驱动禁止输入设定</td><td>0～2
（1）</td><td>设置两个行程限位信号（CWL，X5 插头第 8 引脚；CCWL，第 9 引脚）的输入是否有效
0：行程限位发生动作时，按 Pr66 设定的实训发生动作
1：行程限位信号输入无效
2：CCWL 或 CWL 信号与 COM－断开的时候会发生 Err38 行程限位禁止输入信号出错报警
设定此参数值必须在控制电源断电重启之后才能修改、写入成功</td></tr>
<tr><td>06</td><td>ZEROSPD</td><td>0～2
（0）</td><td>设定零速箝位输入（ZEROSPD：X5 插头的第 26 引脚）功能
<table>
<tr><th>设定值</th><th>ZEROSPD 输入（26 引线）功能</th></tr>
<tr><td>0</td><td>忽视 ZEROSPD 输入，判断为处于非零速箝位状态</td></tr>
<tr><td>1</td><td>ZEROSPD 输入有效，与 COM 之间为开路状态时，视速度指令为零</td></tr>
<tr><td>2</td><td>为速度指令的符号。与 COM－之间为开路状态时，通过连接 CCW，COM－可将 CW 方向设定为指令方向</td></tr>
</table></td></tr>
<tr><td>07</td><td>速度监视器（SP）</td><td>0～9
（3）</td><td>设定模拟速度监视器信号输入（SP：X5 插头第 43 引脚）的定义、输入电压电平和速度的关系
<table>
<tr><th>设定值</th><th>SP 的信号</th><th>输入电压电平和速度的关系</th></tr>
<tr><td>0</td><td rowspan="5">电动机实际速度</td><td>6 V/47 r/min</td></tr>
<tr><td>1</td><td>6 V/188 r/min</td></tr>
<tr><td>2</td><td>6 V/750 r/min</td></tr>
<tr><td>3</td><td>6 V/3 000 r/min</td></tr>
<tr><td>4</td><td>1. 5 V/3 000 r/min</td></tr>
<tr><td>5</td><td rowspan="5">指令速度</td><td>6 V/47 r/min</td></tr>
<tr><td>6</td><td>6 V/188 r/min</td></tr>
<tr><td>7</td><td>6 V/750 r/min</td></tr>
<tr><td>8</td><td>6 V/3 000 r/min</td></tr>
<tr><td>9</td><td>1. 5 V/3 000 r/min</td></tr>
</table></td></tr>
</table>

续表

<table>
<tr><th>Pr. No</th><th>参数名称</th><th>设定范围
（默认值）</th><th>功能内容</th></tr>
<tr><td>08</td><td>转矩监视器（IM）选择</td><td>0～12
（0）</td><td>设定模拟转矩监视器信号（IM：X5 插头第 42 引脚）定义、输出电平和转矩或偏差脉冲的关系
<table>
<tr><th>设定值</th><th>IM 的信号</th><th>输出电平和转矩或偏差脉冲数的关系</th></tr>
<tr><td>0</td><td>扭矩指令</td><td>3 V/额定（100%）转矩</td></tr>
<tr><td>1</td><td rowspan="5">位置偏差</td><td>3 V/31 Pulse</td></tr>
<tr><td>2</td><td>3V/125 Pulse</td></tr>
<tr><td>3</td><td>3V/500 Pulse</td></tr>
<tr><td>4</td><td>3V/2 000 Pulse</td></tr>
<tr><td>5</td><td>3V/8 000 Pulse</td></tr>
<tr><td>6</td><td rowspan="5">全闭环偏差</td><td>3 V/31 Pulse</td></tr>
<tr><td>7</td><td>3 V/125 Pulse</td></tr>
<tr><td>8</td><td>3 V/500 Pulse</td></tr>
<tr><td>9</td><td>3 V/2 000 Pulse</td></tr>
<tr><td>10</td><td>3 V/8 000 Pulse</td></tr>
<tr><td>11</td><td rowspan="2">转矩指令</td><td>3 V/200% 转矩</td></tr>
<tr><td>12</td><td>3 V/400% 转矩</td></tr>
</table></td></tr>
<tr><td>0A</td><td>ZSP 输出选择</td><td>0～8
（1）</td><td>零速度检测输出（TLC：X5 插头的第 12 引脚）的功能分配
<table>
<tr><th>设定值</th><th>功能</th><th>备注</th></tr>
<tr><td>0</td><td>转矩限制中输出</td><td rowspan="9">左述各输出功能的详细情况请参照输出信号（共通）及其功能「TLC，ZSP 输出选择」表</td></tr>
<tr><td>1</td><td>零速度检测输出</td></tr>
<tr><td>2</td><td>过再生/过载/绝对式电池/电扇锁定/外部光栅尺中任意的警告输出</td></tr>
<tr><td>3</td><td>过再生警告发生输出</td></tr>
<tr><td>4</td><td>过载警告输出</td></tr>
<tr><td>5</td><td>绝对式电池警告输出</td></tr>
<tr><td>6</td><td>电扇锁定警告输出</td></tr>
<tr><td>7</td><td>外部光栅尺警告输出</td></tr>
<tr><td>8</td><td>速度一致输出</td></tr>
</table></td></tr>
</table>

续表

<table>
<tr><th>Pr. No</th><th>参数名称</th><th>设定范围
（默认值）</th><th>功能内容</th></tr>
<tr><td>0B</td><td>绝对式编码器设定</td><td>0 ~ 2
（1）</td><td>设定17位绝对式编码器的使用方法。
<table>
<tr><th>设定值</th><th>内容</th></tr>
<tr><td>0</td><td>作为绝对式编码器使用</td></tr>
<tr><td>1</td><td>作为增量式编码器使用</td></tr>
<tr><td>2</td><td>作为绝对式编码器使用，忽略多次旋转的计数器溢出</td></tr>
</table>
当使用2 500 p/r增量式编码器时，此参数设定无效</td></tr>
<tr><td>44</td><td>脉冲输出分频分子</td><td>1 ~ 32 767
（2 500）</td><td rowspan="2">设置从脉冲输出（X5插头第21引脚、第22（OA）引脚和第48引脚、第49（OB）引脚）进行输出的脉冲数
当Pr45 = 0时，OA和OB各自的电动机每转程的输出脉冲数可由Pr44设置。因此分倍频4倍后的脉冲输出分辨率为Pr44 × 4
当Pr45 ≠ 0时，每转程的脉冲输出分辨率 = Pr44/Pr45 × 编码器分辨率</td></tr>
<tr><td>45</td><td>脉冲输出分频分母</td><td>0 ~ 32 767
（0）</td></tr>
<tr><td>46</td><td>脉冲输出逻辑反转</td><td>0 ~ 3
（0）</td><td>设置脉冲输出（X5插头第48引脚和第49引脚）的B相逻辑和输出源。通过本参数可对B相脉冲逻辑取反，改变A相脉冲和B相脉冲的相位关系
<table>
<tr><th rowspan="2">设置值</th><th rowspan="2">A相
（OA）</th><th>电动机CCW旋转时</th><th>电动机CW旋转时</th></tr>
<tr><td></td><td></td></tr>
<tr><td>0. 2</td><td>B相（OB）
非反转</td><td></td><td></td></tr>
<tr><td>1. 3</td><td>B相（OB）
反转</td><td></td><td></td></tr>
</table>
<table>
<tr><th>Pr46</th><th>B相逻辑</th><th>输出源</th></tr>
<tr><td>0</td><td>非反转</td><td>编码器位置</td></tr>
<tr><td>1</td><td>反转</td><td>编码器位置</td></tr>
<tr><td>2</td><td>非反转</td><td>外部光栅尺位置</td></tr>
<tr><td>3</td><td>反转</td><td>外部光栅尺位置</td></tr>
</table>
Pr46 = 2，3的输出源仅在全闭环控制时有效</td></tr>
</table>

续表

<table>
<tr><th>Pr. No</th><th>参数名称</th><th>设定范围
（默认值）</th><th>功能内容</th></tr>
<tr><td>50</td><td>速度指令
输入增益</td><td>10 ~ 2 000
（500）</td><td>设置速度指令输入（SPR：X5 插头的第 14 引脚）的施加电压和电动机速度的关系。</td></tr>
<tr><td>52</td><td>速度指令零漂</td><td>－2 047 ~
2 047
（0）</td><td>根据本参数进行速度限制输入（SPR：X5 插头的第 14 脚）的零漂调整
每一个设定值约有 0.3 mV 的偏置量</td></tr>
<tr><td>56</td><td>速度设置
第 4 速</td><td>－20 000 ~
20 000（0）</td><td>设定速度限制值，单位：rpm</td></tr>
<tr><td>57</td><td>速度指令滤
波器设置</td><td>0 ~ 6 400
（1）</td><td>设定速度限制输入（SPR：X5 插头的第 14 引脚）的一阶延迟滤波器时间常数，单位：μs</td></tr>
<tr><td>5B</td><td>转矩指令选择</td><td>0 ~ 1
（0）</td><td>选择转矩指令和速度限制的输入
<table><tr><th>Pr5B</th><th>转矩指令</th><th>速度限制</th></tr><tr><td>0</td><td>SPR/TRQR/SPL</td><td>Pr56</td></tr><tr><td>1</td><td>CCWTL/TRQR</td><td>SPR/TRQR/SPL</td></tr></table></td></tr>
<tr><td>5C</td><td>转矩指令
输入增益</td><td>10 ~ 100
（30）</td><td>设定转矩输入指令的施加电压与电动机转矩的关系
单位：0.1 V/100%</td></tr>
<tr><td>5D</td><td>转矩指令
输入转换</td><td>0 ~ 1
（0）</td><td>转换转矩指令输入的极性
<table><tr><th>设定值</th><th>电动机转矩的发生方向</th></tr><tr><td>0</td><td>（＋）指令，轴端的 CCW 方向</td></tr><tr><td>1</td><td>（－）指令，轴端的 CW 方向</td></tr></table></td></tr>
<tr><td>5E</td><td>第 1 转矩
极限设定</td><td>0 ~ 500
（500）</td><td>转矩控制模式时，由 Pr. 5E 限制 CW/CCW 两个方向的最大转矩，忽略 Pr. 03 及 Pr. 5F
设定值为相对额定转矩的百分比
转矩[%]　CCW
300(最大)
200
Pr5E=150时
100(额定值)
速度
100
(额定值) (最大)
200
300
CW</td></tr>
</table>

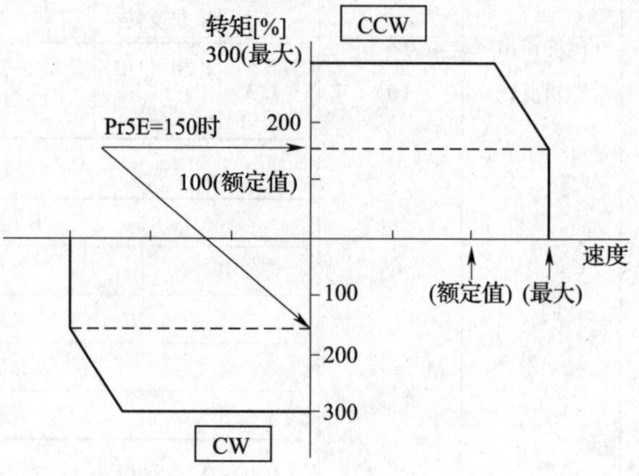

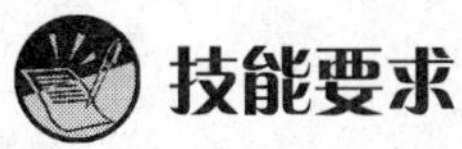

技能要求

转矩控制模式的接线、操作及运行

一、操作要求

1. 按图样要求接线。
2. 通过面板设定参数。
3. 运行装置并记录参数。

二、操作准备

本项目所需元器件清单见表 2—44。

表 2—44　　项目所需元器件清单

序号	名称	规格型号	数量	备注
1	交流伺服驱动器	松下 MINAS_ A4	1 个	
2	伺服电动机	松下 MINAS_ A4	1 套	
3	开关电源	S－100－24	1 个	
4	断路器		1 个	
5	按钮	自锁	1 个	
6	电位器	2 kΩ 1/2 W	2 个	
7	丝杆工作台		1 套	
8	限位开关		2 个	
9	万用表		1 个	
10	旋具		1 套	
11	导线		若干	

三、操作步骤

步骤 1　按系统接线图及要求在 MINAS_ A4 交流伺服电动机、驱动器实训装置上完成接线，如图 2—159 所示

步骤 2　按要求在 MINAS_ A4 交流伺服电动机、驱动器实训装置上完成转矩控制模式运行操作参数设置

转矩控制模式参数设置见表 2—45。

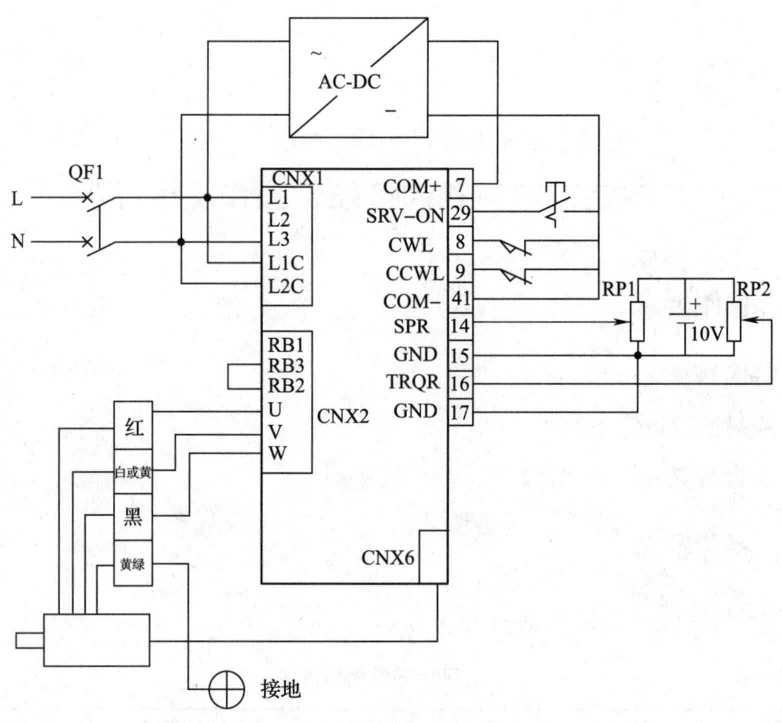

图 2—159　转矩控制模式接线图

表 2—45　　　　　　　　　　**转矩控制模式参数设置**

PrNo	参数名称	设定值	说明
02	控制模式设定	2	转矩控制模式
04	驱动禁止输入设定	0	驱动禁止输入设定无效
06	指令脉冲极性设置	0	ZEROSPD 输入无效
50	速度指令输入增益	100	设定 100 r/min/V，即 10 V 时转速为 1 000 r/min
5B	转矩指令选择	1	速度限制和转矩限制均通过模拟量电压输入
5C	转矩指令输入增益	50	设定 5 V/100%，即 10 V 时输出转矩为额定转矩的 200%
5E	转矩限制	250	限制最高转矩为额定转矩的 250%

步骤 3　按要求在 MINAS_A4 交流伺服电动机、驱动器实训装置上完成驱动器调试工作

调节 RP1 和 RP2 电位器使 2 路模拟量给定电压为 0 V；按下连接在 server－on（第 29 引脚）上的自锁按钮使伺服处于励磁状态；调节 RP1 电位器使速度限制给定模拟电压为 3 V，即速度限制转速为 300 r/min；调节 RP2 电位器逐渐增加转矩

指令的给定模拟电压，当输出转矩克服工作台阻力时电动机开始转动，继续增大输出转矩，转速越来越快直到速度限定值 300 r/min。

四、注意事项

1. 接线完成后必须认真检查接线，只有接线正确并经过许可后才能进行通电调试。

2. 在通电调试过程中应观察变频器面板显示器以监视系统运行状况，如有不正常现象应立即采取相应措施加以解决，否则将可能造成事故。

3. 技能操作实训中必须注意用电安全，杜绝人身和设备安全事故的发生。

第3章 电子电路调试与维修

第1节 电子线路板测绘与分析

学习单元 双面印制电路板的测绘

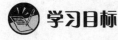

学习目标

- 了解双面印制板电路图识读和测绘的基础知识
- 熟悉双面印制电路板布线图

知识要求

一、双面印制板电路图识读

随着电子机器的多功能化、小型化发展，电路板上需要负担更多的功能，因此在单面线路无法承载的情况下，双面配线技术不断发展。1953 年，Motorola 公司最早采用图案成形与镀通孔互接的制造方法，即在不附铜箔的纸酚醛板上披覆一层黏着剂，再用银镜反应方式进行制造。此种电镀法在当初属于甚为复杂的制造法，并因用来导通孔壁的银会产生迁移现象，故未能普及。此后，利用 Pd/Sn 铬合盐类的敏化成（Sensitizing）方法开发后，于二十世纪 60 年代逐渐广为应用。

双面图案的互接，原本有跳线（Jumper）法、金属扣眼法、Press Pin 法、镀通法（Plated Through Hole，简称 PTH）法。如图 3—1 所示为双面印制板。基于效率、可靠度等考量，目前双面板制造商几乎都采用 PTH 法。

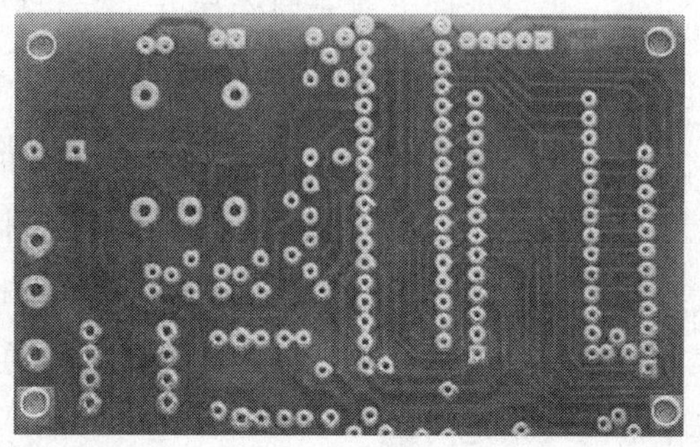

图 3—1　双面印制板

PTH 电路板主要的制造方法，有利用通孔电镀与蚀刻铜箔的方式，将基板表面局部无用的铜箔除掉，而形成电路的减成法（Substractive Process）以及在无导体的基板表面另加阻剂，以化学铜进行局部导体线路的加成法（Additive Process），目前仍以前者应用较为普遍。

PTH 的减成法中又可分为全板电镀（Panel Plating）法与线路电镀（Pattern Plating）法两种方式。前者当初以镀金、镀锡铅再经蚀刻方式为主，然而因产生总浮空（Overhang）等问题，陆续有使用干膜（Dry Film）的盖孔法（Tenting）或塞孔法出现。二十世纪 80 年代后半期，利用电着光阻的析出方式（Electro - Deposited Process，ED 法）成功开发，随着均匀电镀法及在含有电镀层的铜箔层上精密蚀刻的技术日趋成熟，全板电镀法被广泛采用。线路电镀法则是在制程板上先进行洗铜电镀，再进行金板电镀、负片影像转移、图壁电镀等制成外层裸铜板，此种制造方法虽然流程较长，但属于较安全的做法，因此仍被大量采用。至于加成法在双面板的应用中比例相当低，但从节省能源及均匀性的观点来看，却相当受欢迎。加成法主要可分为在无铜箔的基板表面以化学铜做线路的全加成法（Full - Additive），以及采用超薄铜皮（UCF）基板与阻剂进行的负片法线路镀铜与锡铅，再经剥膜、蚀刻而成的部分加成法（Partial - Additive）。此种制程方法在二十世纪 60 年代即已出现，但因材料、制程技术及电镀物性等问题，普及程度相当低。不过，近年随着上述问题的改善及应用的潮流走势，加成法与从加成法衍生出的增层法（Build up Process）等会越来越普及。

二、掌握双面印制板电路图测绘方法

1. 双面印制板电路上下层之间在位置上是对准的，并有过孔将各层之间的线路连通，实现交叉布线。

2. 将双面电路板绘制成电路原理图，可以分为两步。

第一步：先把主要元器件如IC等的符号按电路板的位置画到纸上，适当布置并画下各脚连线及外围元件，完成草图。

第二步：分析原理，按习惯画法把电路图整理好。也可以借助电路原理图软件，排上元器件后进行连线，然后利用其自动排版功能进行整理。

双面板两面的线条要准确对位，可以用镊子的两个尖定位、手电光透射、万用表测量通断等方法，确定焊点和线条的连通和走向，必要时还需拆下元器件来观察其下面的线条走向。

三、双面印制电路板布线图

1. 印制电路中不允许有交叉电路，对于可能交叉的线条，可以用“钻”“绕”两种办法解决。即让某引线从别的电阻、电容、三极管脚下的空隙处“钻”过去，或从可能交叉的某条引线的一端“绕”过去，在特殊情况下如果电路很复杂，为简化设计也允许用导线跨接，解决交叉电路问题。

2. 电阻、二极管、管状电容器等元件有“立式”“卧式”两种安装方式。立式指的是元件体垂直于电路板安装、焊接，其优点是节省空间，卧式指的是元件体平行并紧贴于电路板安装、焊接，其优点是元件安装的机械强度较好。这两种不同的安装元件，在印制电路板上的元件孔距是不一样的。

3. 同一级电路的接地点应尽量靠近，并且本级电路的电源滤波电容也应接在该级接地点上。特别是本级晶体管基极、发射极的接地点不能离得太远，否则因两个接地点间的铜箔太长会引起干扰与自激，采用“一点接地法”的电路，工作较稳定，不易自激。

4. 总地线必须严格按高频—中频—低频一级级地从弱电到强电顺序排列的原则，切不可随便翻来覆去乱接，级与级间宁可接线长点，也要遵守这一规定。特别是变频头、再生头、调频头的接地线安排要求更为严格，如有不当就会产生自激以致无法工作。

5. 强电流引线（公共地线、功放电源引线等）应尽可能宽些，以降低布线电阻及其电压降，减小寄生耦合而产生的自激。

6. 阻抗高的走线要尽量短，阻抗低的走线可长一些，因为阻抗高的走线容易发射和吸收信号，引起电路不稳定。电源线、地线、无反馈元件的基极走线、发射极引线等均属低阻抗走线，射极跟随器的基极走线、收录机两个声道的地线必须分开，各自成一路，一直到功效末端再合并起来，如两路地线乱连，极易产生串音，使分离度下降。

第 2 节　电平检测电路控制扭环形计数器电路

学习单元 1　电平检测电路控制扭环形计数器电路读图分析

学习目标

- 熟悉运算放大器组成的电平检测电路原理
- 掌握计数器电路原理

知识要求

一、运算放大器的基本结构

运算放大器（常简称为“运放”）是具有很高放大倍数的电路单元。在实际电路中，通常结合反馈网络共同组成某种功能模块。由于早期应用于模拟计算机中，用以实现数学运算，故得名“运算放大器”，此名称一直延续至今。运放是一个从功能的角度命名的电路单元，可以由分立的器件实现，也可以用半导体芯片实现。随着半导体技术的发展，如今绝大部分的运放是以单片的形式存在。运放的种类繁多，广泛应用于几乎所有的电子行业当中。

采用集成电路工艺制作的运算放大器，除保持原有很高的增益和输入阻抗特点之外，还具有精巧、廉价和可灵活使用等优点，因而在有源滤波器、开关电容电路、数—模和模—数转换器、直流信号放大、波形的产生和变换，以及信号处理等方面应用十分广泛。

直流放大电路在工业技术领域中，特别是在一些测量仪器和自动化控制系统中应用非常广泛。如在一些自动控制系统中，首先要把被控制的非电量（如温度、转速、压力、流量、照度等）用传感器转换为电信号，再与给定量比较，得到一个微弱的偏差信号。因为这个微弱的偏差信号的幅度和功率均不足以驱动执行机构，所以需要把这个偏差信号放大到需要的程度，再去驱动执行机构或送到仪表中去显示，从而达到自动控制和测量的目的。被放大的信号多数为变化比较缓慢的直流信号，放大交流信号的放大器由于存在电容器等元件，不能有效地耦合交流信号，所以也就不能实现对交流信号的放大。能够有效地放大缓慢变化的直流信号最常用的器件是运算放大器。运算放大器最早被发明作为模拟信号的运算（实现加减乘除、比例、微分、积分等）单元，是模拟电子计算机的基本组成部件，由真空电子管组成。目前所用的运算放大器，是把多个晶体管组成的直接耦合的具有高放大倍数的电路，集成在一块微小的硅片上。

1. 运算放大器的基本结构

运算放大器的电路结构主要有三种形式。一是单端输入、单端输出，斩波稳定式直流放大器等采取这种形式。二是差分输入、单端输出，大多数集成运算放大器采取这种形式。三是差分输入、差分输出，直流放大器和部分集成放大器采取这种形式。

（1）频率补偿

运算放大器是多级放大电路，通常在较高的频率上仍具有大于 1 的增益，而内部电路产生的附加相移却已达到或超过 180°。因而，在反馈运用条件下会产生自激振荡。采用频率补偿，即采用附加电容、附加电阻等方式可减小相移，使放大器稳定。最常用的补偿方法是单极点补偿。它是在高增益中间放大级加反馈电容。频率补偿所用的电容应满足下述条件：

$$C_f \geqslant g_m/2\pi f_u \tag{1}$$

式中，g_m是差动输入级的跨导，f_u是放大器的稳定单位增益频带宽度。对于通用型运算放大器来说，f_u约为 1 MHz，g_m通常设计得很小，例如 200 μΩ，补偿电容只需要数十皮法，它可以和放大器制作在同一芯片上。

（2）大信号响应

在大的输入信号脉冲驱动下，运算放大器的输出电压随时间变化的最大速率称为电压摆率，通常用符号 SR 表示。因为差动输入级被驱动到饱和状态时，它提供给补偿电容的充电电流与允许的放电电流不能超过输入级偏置电流 I_{01}，因此

$$SR = I_{01}/C_f \tag{2}$$

大多数运算放大器的电压摆率在 1 V/μs 以下，然而在某些改进的设计中电压摆率可达到 100 V/μs 以上。

（3）理想运算放大器

理想运算放大器是指开环增益 A 和输入阻抗 R_i 均趋近于无穷大，输出阻抗 R_o

趋近于零的运算放大器。采用理想运算放大器这一概念可以使电路分析简化。例如，在如图 3—2 所示的含有反向放大器的电路中，假定差分输入端的电压为 u_ε，放大后的输出电压由负反馈电阻 R_f 反馈回输入端。若放大器的增益为无穷大，则必定迫使相消后的输入电压 u_ε 为零。这个物理现象通常称为虚短路特性。因此，对于含有理想运算放大器的电路，可以假定差分输入端的电压和电流均为零，输入阻抗无穷大。因为实际的运算放大器，其直流增益通常在 10 倍以上，差分输入电阻为兆欧量级。因此，利用理想运算放大器作为近似条件，对于低频率电路（如模拟运算器）的分析来说其结果与实际情况基本符合。

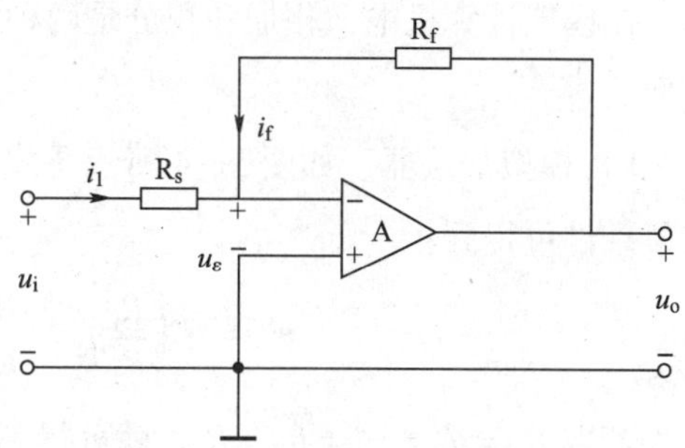

图 3—2　反向放大器

（4）运算放大器的基本电路

运算放大器常被用来实现电信号的反相放大、同相放大和差分输入/输出放大。引入反馈很容易控制其放大倍数。对于如图 3—2 所示的反相放大器电路，利用虚短路特性可以写出 $i_1=u_i/R_s$，$i_f=-u_o/R_f$。由于放大器输入电流为零，故 $i_1=i_f$，于是可求得电压增益

$$K=u_o/u_i=-R_f/R_s \tag{3}$$

这表明放大器增益只取决于电阻 R_f/R_s 的比值。

如图 3—3 所示的同相放大器电路的电压增益为

$$K=u_o/u_i=1+R_1/R_2 \tag{4}$$

如图 3—3b 所示是图 3—3a 在 $R_1=0$ 时的情况。这时 R_2 是多余的，整个放大器变成一个跟随器，其电压增益 $K=1$。

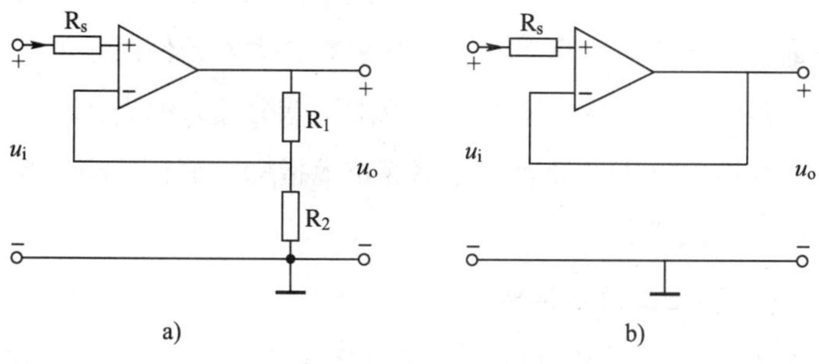

图 3—3　同相放大器

a）同相放大器　b）增益为 1 的同相放大器

在模拟计算机中，相加和积分是两种基本运算。它们都能用运算放大器电路来实现。

1）模拟加法器。如图3—4所示是模拟加法器的电路。利用理想运算放大器的近似条件可得到：

$$u_o = -\left(\frac{R_f}{R_1}u_1 + \frac{R_f}{R_2}u_2 + \cdots + \frac{R_f}{R_n}u_n\right) \tag{5}$$

若取 $R_1 = R_2 = \cdots = R_n = R_f$，就可得到简单的求和关系式：

$$u_o = -(u_1 + u_2 + \cdots + u_n) \tag{6}$$

2）模拟积分器。如图3—5所示是模拟积分器电路。假定电容器 C_f 上的起始电压是零，由虚短路特性可知，$i_1 = u_i/R_1 = i_f$。又因为 $u_o = -u_c = -1/C_f\int_0^t i_f \mathrm{d}t$。于是：

$$u_o = -1/R_1C_f\int_0^t u_i \mathrm{d}t \tag{7}$$

若 C_f 起始电压不为零，式（5）还要附加一个起始电压。

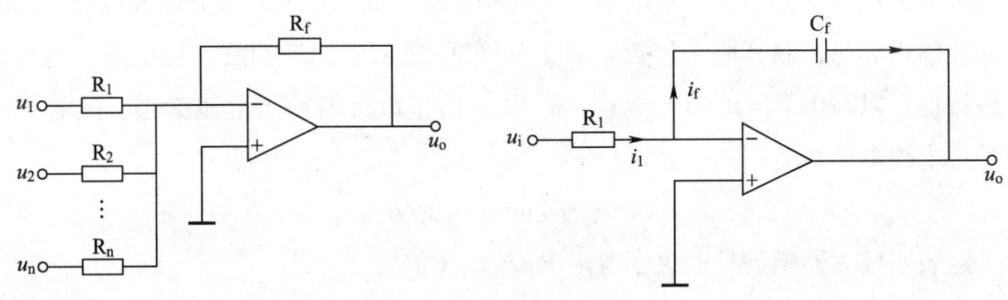

图3—4　模拟加法器电路　　图3—5　模拟积分器电路

（5）实际的运算放大器

在许多应用中，理想运算放大器的近似分析常常不够精确。实际运算放大器的增益是有限值，而且随频率的升高而降低；其输入阻抗不是无穷大，输出阻抗也不等于零。这些都会引起模拟运算误差并限制运算放大器的使用频率。作为直流放大单元，运算放大器的零点漂移、输出动态范围、差分输入的失调电压、失调电流和共模抑制比，以及输出电压的最大变化率等技术指标，都会影响运算效果。这些因素在实际应用中需加以考虑。

2. 运算放大器的主要技术指标

（1）共模输入电阻（RINCM）：该参数表示运算放大器工作在线性区时，输入共模电压范围与该范围内偏置电流的变化量之比。

（2）直流共模抑制比（CMRDC）：该参数用于衡量运算放大器对作用在两个

输入端的相同直流信号的抑制能力。

（3）交流共模抑制比（CMRAC）：CMRAC 用于衡量运算放大器对作用在两个输入端的相同交流信号的抑制能力，是差模开环增益除以共模开环增益的函数。

（4）增益带宽积（GBW）：增益带宽积是一个常量，定义在开环增益随频率变化的特性曲线中以 -20 dB/十倍频程滚降的区域。

（5）输入偏置电流（IB）：该参数指运算放大器工作在线性区时流入输入端的平均电流。

（6）输入偏置电流温漂（TCIB）：该参数代表输入偏置电流在温度变化时产生的变化量。TCIB 通常以 pA/°C 为单位表示。

（7）输入失调电流（IOS）：该参数是指流入两个输入端的电流之差。

（8）输入失调电流温漂（TCIOS）：该参数代表输入失调电流在温度变化时产生的变化量。TCIOS 通常以 pA/°C 为单位表示。

（9）差模输入电阻（RIN）：该参数表示输入电压的变化量与相应的输入电流变化量之比，电压的变化导致电流的变化。在一个输入端测量时，另一输入端接固定的共模电压。

（10）输出阻抗（ZO）：该参数是指运算放大器工作在线性区时，输出端的内部等效小信号阻抗。

（11）输出电压摆幅（VO）：该参数是指输出信号不发生箝位的条件下能够达到的最大电压摆幅的峰值，VO 一般定义在特定的负载电阻和电源电压下。

（12）功耗（Pd）：表示器件在给定电源电压下所消耗的静态功率，Pd 通常定义在空载情况下。

（13）电源抑制比（PSRR）：该参数用来衡量在电源电压变化时运算放大器保持其输出不变的能力，PSRR 通常用电源电压变化时所导致的输入失调电压的变化量表示。

（14）转换速率/压摆率（SR）：该参数是指输出电压的变化量与发生这个变化所需时间之比的最大值。SR 通常以 V/μs 为单位表示，有时也分别表示成正向变化和负向变化。

（15）电源电流（ICC、IDD）：该参数是在指定电源电压下器件消耗的静态电流，这些参数通常定义在空载情况下。

（16）单位增益带宽（BW）：该参数指开环增益大于 1 时运算放大器的最大工作频率。

（17）输入失调电压（VOS）：该参数表示使输出电压为零时需要在输入端作

用的电压差。

（18）输入失调电压温漂（TCVOS）：该参数指温度变化引起的输入失调电压的变化，通常以 μV/°C 为单位。

（19）输入电容（CIN）：CIN 表示运算放大器工作在线性区时任何一个输入端的等效电容（另一输入端接地）。

（20）输入电压范围（VIN）：该参数指运算放大器正常工作（可获得预期结果）时，所允许的输入电压的范围，VIN 通常定义在指定的电源电压下。

（21）输入电压噪声密度（eN）：对于运算放大器，输入电压噪声可以看作是连接到任意一个输入端的串联噪声电压源，通常以 $nV/\sqrt{Hz}$为单位。

（22）输入电流噪声密度（iN）：对于运算放大器，输入电流噪声可以看作是两个噪声电流源连接到每个输入端和公共端，通常以 $pA/\sqrt{Hz}$为单位。

3. 运算放大器的常用类型

按照集成运算放大器的参数来分，集成运算放大器可分为以下几类。

（1）通用型运算放大器

通用型运算放大器就是以通用为目的而设计的放大器。这类器件的主要特点是价格低廉、产品量大面广，其性能指标适合于一般性使用。例 μA741（单运放）、LM358（双运放）、LM324（四运放）及以场效应管为输入级的 LF356 都属于此类。它们是应用最为广泛的集成运算放大器。

（2）高阻型运算放大器

这类集成运算放大器的特点是差模输入阻抗非常高，输入偏置电流非常小，一般 $rid>1\ G\Omega\sim1\ T\Omega$，IB 为几皮安到几十皮安。实现这些指标的主要措施是利用场效应管高输入阻抗的特点，用场效应管组成运算放大器的差分输入级。用 FET 做输入级，不仅输入阻抗高，输入偏置电流低，而且具有高速、宽带和低噪声等优点，但输入失调电压较大。常见的集成器件有 LF355、LF347（四运放）及更高输入阻抗的 CA3130、CA3140 等。

（3）低温漂型运算放大器

在精密仪器、弱信号检测等自动控制仪表中，总是希望运算放大器的失调电压要小且不随温度的变化而变化。低温漂型运算放大器就是为此而设计的。常用的高精度、低温漂运算放大器有 OP07、OP27、AD508 及由 MOSFET 组成的斩波稳零型低漂移器件 ICL7650 等。

（4）高速型运算放大器

在快速 A/D 和 D/A 转换器、视频放大器中，要求集成运算放大器的转换速率

SR 一定要高，单位增益带宽 BWG 一定要足够大，像通用型集成运放是无法适用于高速应用场合的。高速型运算放大器的主要特点是具有高的转换速率和宽的频率响应。常见的运放有 LM318、μA715 等，其 SR = 50 ~ 70 V/μs，BWG > 20 MHz。

（5）低功耗型运算放大器

由于电子电路集成化的最大优点是使复杂电路小型轻便，所以随着便携式仪器应用范围的扩大，必须使用低电源电压供电、低功率消耗的运算放大器才行。常用的运算放大器有 TL－022C、TL－060C 等，其工作电压为 ±2 ~ ±18 V，消耗电流为 50 ~ 250 μA。有的产品功耗已达微瓦级，例如 ICL7600 的供电电源为 1.5 V，功耗为 10 mW，可采用单节电池供电。

（6）高压大功率型运算放大器

运算放大器的输出电压主要受供电电源的限制。在普通的运算放大器中，输出电压的最大值一般仅为几十伏，输出电流仅有几十毫安。若要提高输出电压或增大输出电流，集成运放外部必须要加辅助电路。高压大电流集成运算放大器外部不需附加任何电路，即可输出高电压和大电流。例如 D41 集成运放的电源电压可达 ±150 V，μA791 集成运放的输出电流可达 1 A。

4. 运算放大器的线性应用

线性应用是指运算放大器工作在线性状态，即输出电压与输入电压是线性关系，主要用以实现对各种模拟信号的比例、求和、积分、微分等数学运算，以及有源滤波、采样保持等信号处理工作，分析方法是应用“虚断”和“虚短”这两条依据。线性应用的条件是必须引入深度负反馈。集成运算放大器线性应用的基本电路以及输出电压与输入电压的关系（电压传输关系）见表 3—1。

表 3—1　集成运算放大器线性应用的基本电路以及输出电压与输入电压的关系

名称	电路	电压传输关系	说明
反相比例运算	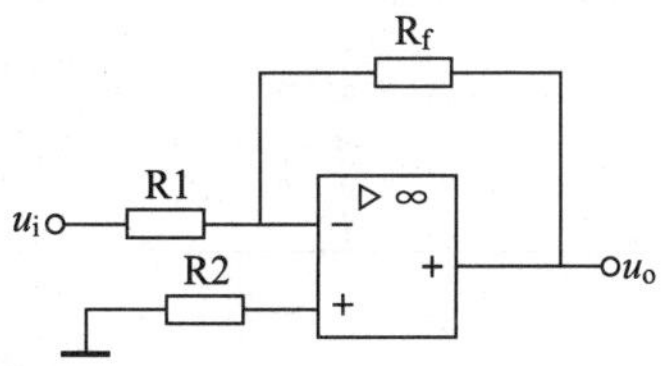	$u_o = -\frac{R_f}{R_1}u_i$ $R_2 = R_1 // R_f$	电压并联负反馈 $u_- = u_+ = 0$ R2 为平衡电阻
同相比例运算	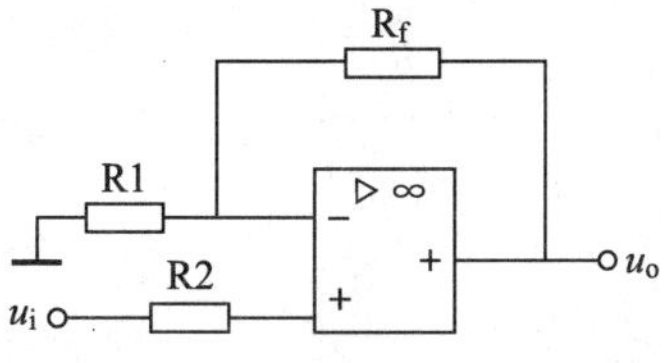	$u_o = \left(1 + \frac{R_f}{R_1}\right)u_i$ $R_2 = R_1 // R_f$	电压串联负反馈 $u_- = u_+ = u_i$ R2 为平衡电阻

续表

名称	电路	电压传输关系	说明
电压跟随器	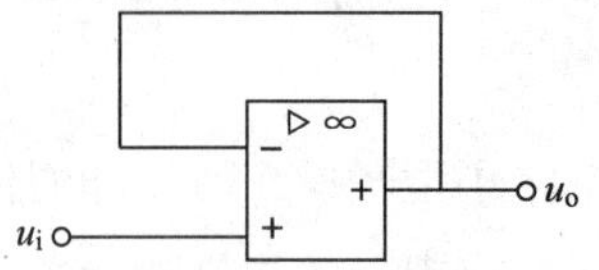	$u_o = u_i$	电压串联负反馈 $u_- = u_+ = u_i$
反相加法运算	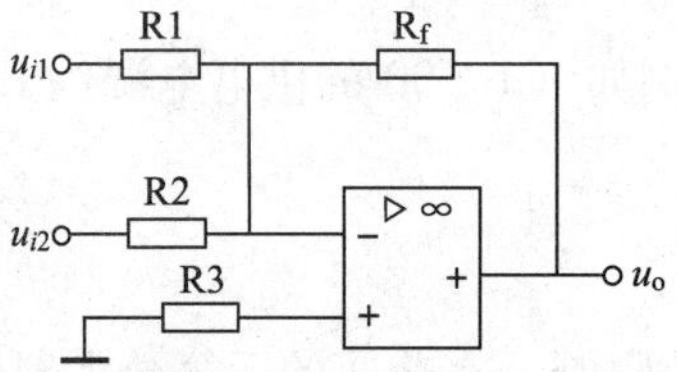	$u_o = -\left(\frac{R_f}{R_1}u_{i1} + \frac{R_f}{R_2}u_{i2}\right)$ $R_3 = R_1//R_2//R_f$	电压并联负反馈 $u_- = u_+ = 0$ R2为平衡电阻
减法运算	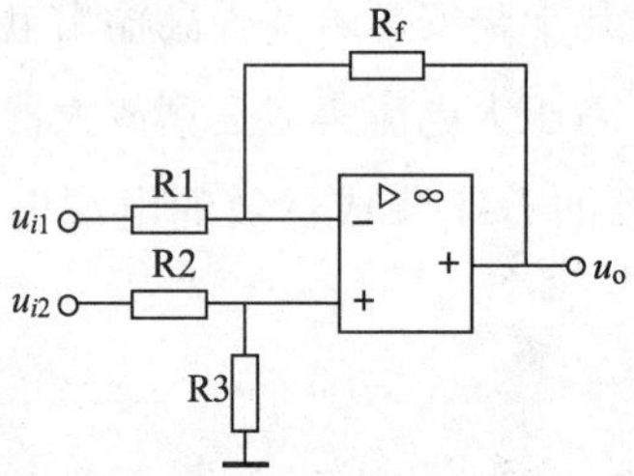	$u_o = -\frac{R_f}{R_1}u_{i1} + \left(1 + \frac{R_f}{R_1}\right)\frac{R_3}{R_2 + R_3}u_{i2}$ 当$R_f = R_1$，$R_3 = R_2$时 $u_o = \frac{R_f}{R_1}(u_{i2} - u_{i1})$ $R_2//R_3 = R_1//R_f$	R_f对u_{i1}电压并联负反馈，对u_{i2}电压串联负反馈 $u_- = u_+ = 0$ 运用叠加定理分析
积分运算	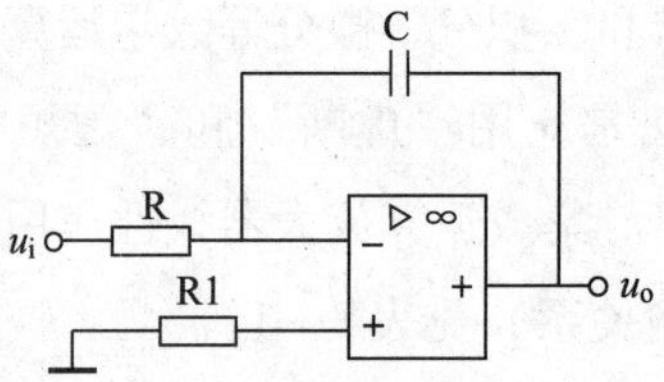	$u_o = -\frac{1}{RC}\int u_i \mathrm{d}t$ $R_1 = R$	电压并联负反馈 $u_- = u_+ = 0$ R1为平衡电阻
微分运算	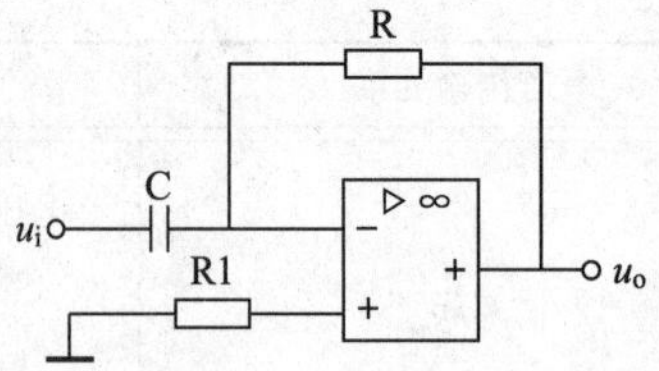	$u_o = -RC\frac{\mathrm{d}u_i}{\mathrm{d}t}$ $R_1 = R$	电压并联负反馈 $u_- = u_+ = 0$ R1为平衡电阻
有源低通滤波器	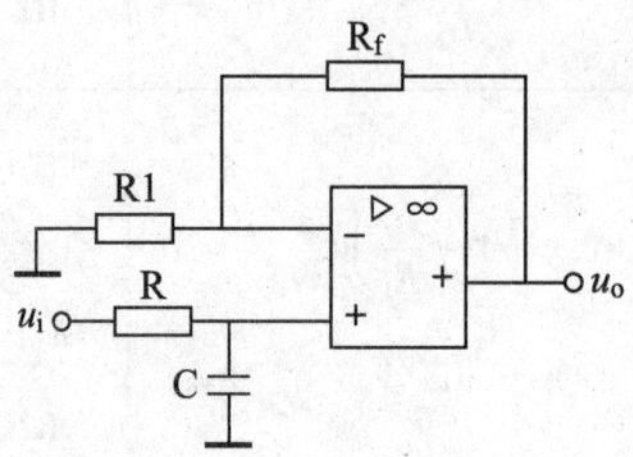	$\frac{u_o}{u_i} = \frac{1 + \frac{R_f}{R_1}}{\sqrt{1 + \left(\frac{\omega}{\omega_c}\right)^2}}$	电压并联负反馈 $u_- = u_+ = 0$ $\omega_c = \frac{1}{RC}$

续表

名称	电路	电压传输关系	说明
有源高通滤波器	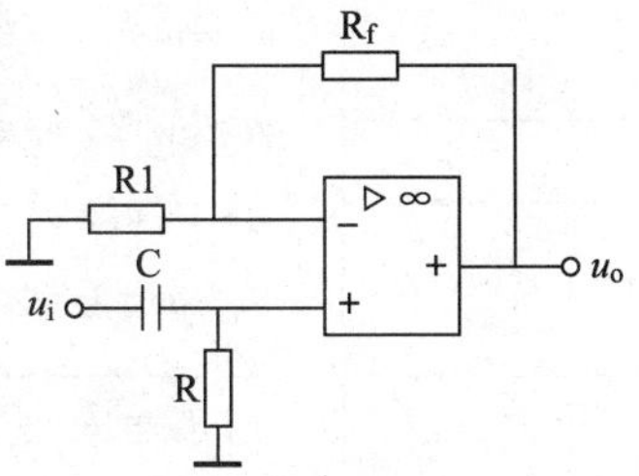	$\frac{u_o}{u_i}=\frac{1+\frac{R_f}{R_1}}{\sqrt{1+\left(\frac{\omega_c}{\omega}\right)^2}}$	电压并联负反馈 $u_-=u_+=0$ $\omega_c=\frac{1}{RC}$

5. 运算放大器的非线性应用

非线性应用是指运算放大器工作在饱和（非线性）状态，输出为正的饱和电压或负的饱和电压，即输出电压与输入电压是非线性关系，主要用以实现电压比较、非正弦波发生等，分析依据是 $i_+=i_-=0$，$u_+>u_-$ 时 $u_o=+U_{OM}$，$u_+<u_-$ 时 $u_o=-U_{OM}$，其中 $u_+=u_-$ 为转折点。非线性应用的条件是工作在开环状态或引入正反馈。集成运算放大器非线性应用的基本电路以及电压传输关系见表 3—2。

表 3—2　　集成运算放大器非线性应用的基本电路以及输出电压与输入电压的关系

名称		电路	电压传输关系	说明
任意电压比较器	反相输入	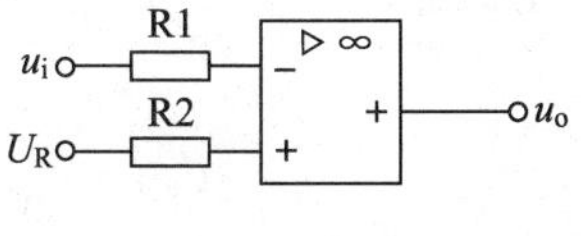	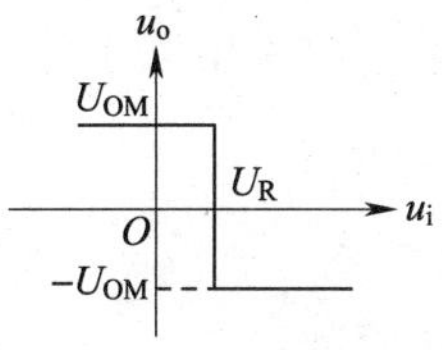	$u_-=u_i$，$u_+=U_R$ $u_i<U_R$ 时，$u_o=U_{OM}$ $u_i>U_R$ 时，$u_o=-U_{OM}$ $U_R=0$ 时为过零比较器
	同相输入	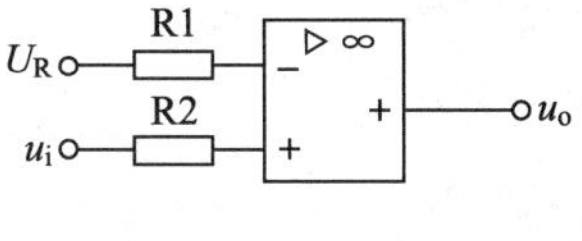	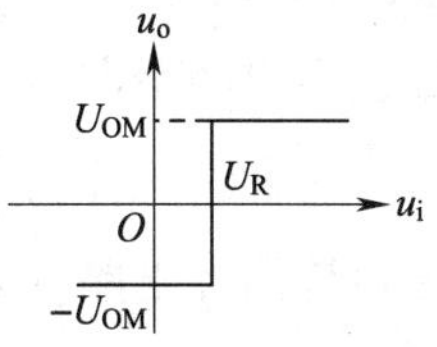	$u_+=u_i$，$u_-=U_R$ $u_i>U_R$ 时，$u_o=U_{OM}$ $u_i<U_R$ 时，$u_o=-U_{OM}$ $U_R=0$ 时为过零比较器
限幅电压比较器	反相输入	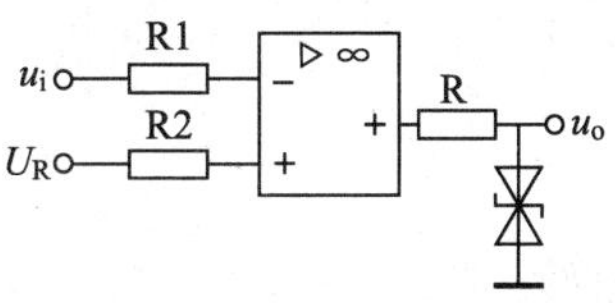	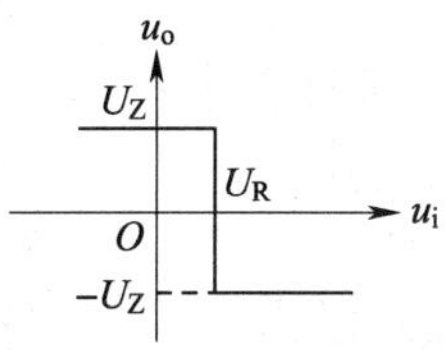	$u_-=u_i$，$u_+=U_R$ $u_i<U_R$ 时，$u_o=U_Z$ $u_i>U_R$ 时，$u_o=-U_Z$ $U_R=0$ 时为过零比较器

续表

名称		电路	电压传输关系	说明
限幅电压比较器	同相输入	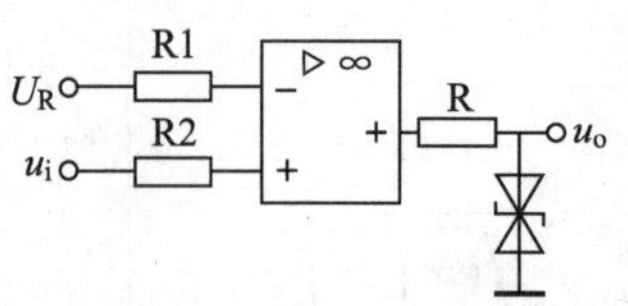	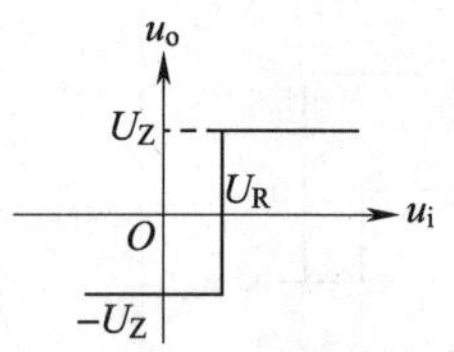	$u_+ = u_i$，$u_- = U_R$ $u_i > U_R$ 时，$u_o = U_Z$ $u_i < U_R$ 时，$u_o = -U_Z$ $U_R = 0$ 时为过零比较器
滞回比较器		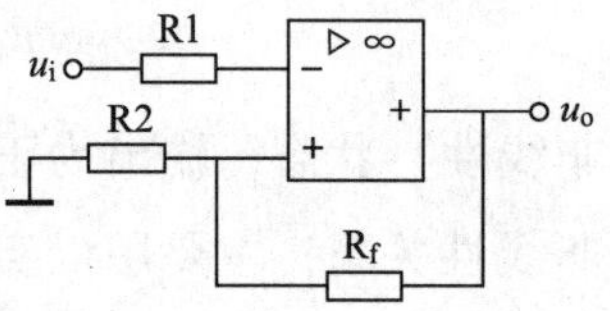	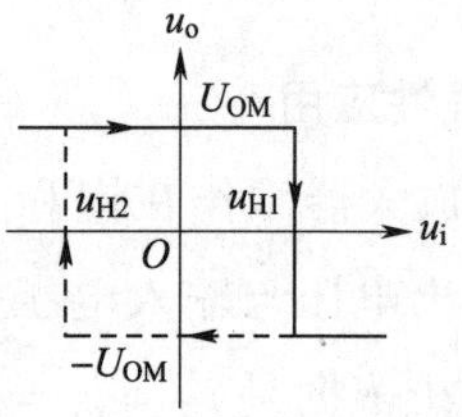	上门限电压 $u_{H1} = \frac{R_2}{R_2 + R_f} U_{OM}$ 下门限电压 $u_{H2} = -\frac{R_2}{R_2 + R_f} U_{OM}$ 回差电压 $u_H = u_{H1} - u_{H2} = \frac{2R_2}{R_2 + R_f} U_{OM}$

6. 运算放大器在波形产生方面的应用

电子电路工作时有各种波形的电压和电流信号，不同的波形有不同的用途，包含不同的信息。最常用的测试信号是正弦波和方波。这两种波形产生电路的工作原理不同：在正弦波发生器中，放大电路工作在线性状态，而在方波发生器中，放大电路工作在非线性状态。

（1）正弦波发生器

正弦波振荡电路的工作原理：

1）产生正弦波自激振荡的条件。所谓自激振荡，是指电路通电后，在没有输入信号的情况下，电路输出端有规则的正弦波信号输出，这种情况称为正弦自激振荡。产生自激振荡的电路必须是闭环电路，其方框图如图3—6所示。

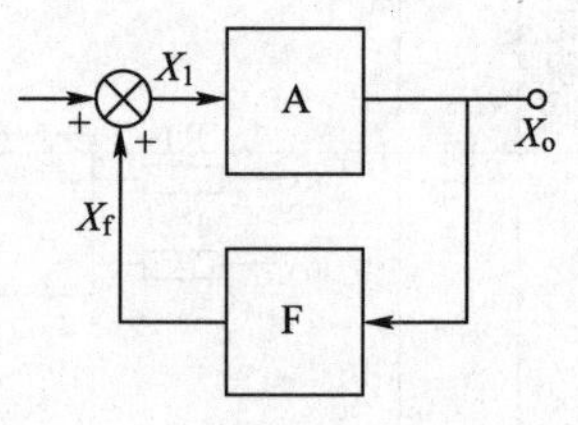

图3—6　自激振荡电路框图

图中：A 是基本放大器的放大倍数，F 是正反馈网络的反馈系数。满足自激振荡的条件是：

$$\dot{A} \cdot \dot{F} = 1$$

$$\begin{cases} |\dot{A} \cdot \dot{F}| = 1; & \text{幅值条件} \\ \Phi_{\dot{A}} + \Phi_{\dot{F}} = 180°; & \text{相位条件} \end{cases}$$

在上述条件得以满足时，有 $\dot{X}_i' = \dot{X}_f$。当 $\dot{X}_i = 0$ 时，也有输出电压 $\dot{X}_o = \dot{X}_i' \cdot A$。

2）正弦波自激振荡电路的组成部分。以如图 3—7 所示的 RC 串并联式正弦波振荡电路为例来介绍。

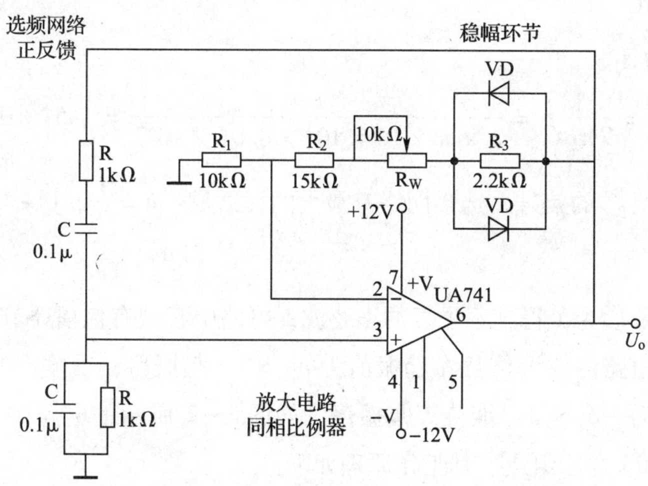

图 3—7　RC 串并联式正弦波振荡电路

正弦波自激振荡电路由以下四部分组成：

①放大电路。由运算放大器组成的同相比例器担任放大电路。由于同相比例器采用了电压串联负反馈，具有高的输入电阻和低的输出电阻，可以减小因为放大器输入电阻并入选频网络而引起的振荡频率误差，也可以稳定放大电路的电压放大倍数 A_{uf}。放大电路的增益由 R_W 可变电阻调节。R_W 阻值调大使 A_{uf} 变大。A_{uf} 的计算公式如下：

$$A_{uf} = 1 + \frac{R_f}{R_1}$$

当二极管 D1、D2 不导通时，$R_f = R_2 + R_W + R_3$。

当 $R_W = 10\ \text{k}\Omega$ 时，$R_f = R_2 + R_W + R_3 = 15\ \text{k}\Omega + 10\ \text{k}\Omega + 2.2\ \text{k}\Omega = 27.2\ \text{k}\Omega$，$A_{uf} = 3.72$。

当 $R_W = 0$ 时，$R_f = R_2 + R_3 = 17.2\ \text{k}\Omega$，$A_{uf} = 2.72$。

所以，A_{uf} 的调节范围是 2.72 ~ 3.72。应调节 R_W 使 $|\dot{A}_{uf} \cdot \dot{F}| = 1$，满足振荡幅值条件。

②正反馈。正反馈信号取自 U_o，经选频网络连接至同相比例器的输入端（运放的同相输入端），$U_f = U_+$。

③选频网络。选频网络的频率特性由下式表述：

$$F=\frac{U_+}{U_o}=\frac{1}{3+j\left(\frac{f}{f_o}-\frac{f_o}{f}\right)}$$

式中：$f_o=\frac{1}{2\pi RC}$

可计算得 f_o：

$$f_o=\frac{1}{2\pi RC}=\frac{1}{2\times\pi\times10\times10^3\times0.01\times10^{-6}}=1.59\ \text{kHz}$$

对于频率为 f_o 的信号，选频网络有最大的反馈量：$F=\frac{1}{3}$，$U+$ 与 U_o 的相位差为 0°。

④稳幅环节。为了得到不失真的正弦波，电路中必须有稳幅环节。稳幅环节的作用是使放大电路的放大倍数在起振前为 $A_{uf}>3$；起振后，当输出的正弦电压 U_o 达到一定幅值后，$A_{uf}=3$，维持等幅振荡。如图 3—7 所示的电路中，稳幅环节由 VD1、VD2 和 R3 并联组成。其工作原理如下：

在电路产生自激振荡前，$U_o=0$，这时 VD1、VD2 截止，同相比例器的负反馈电阻由 $R_f=R_2+R_W+R_3$ 组成，电压放大倍数略大于 3，使电路产生增幅振荡；振荡产生后，随着 U_o 的增大，VD1、VD2 逐渐导通，由于二极管导通后的内阻极小，设二极管内阻分别为 r_{D2}、r_{D1}，则有：

$R_f=R_2+R_W+(r_{VD1}//r_{VD2}//R_3)$，由于 r_{VD2}、r_{VD1} 的并联，使 R_f 变小，因此使 A_{uf} 逐渐减小为 3，电路维持等幅振荡，避免了输出限幅失真。当 U_o 改变时，随 U_o 幅值的改变，VD1、VD2 自动改变导通电阻，使 $A_{uf}=3$。

（2）矩形波发生器

数字电路中的信号波形通常是矩形波。矩形波的各项参数如图 3—8 所示。

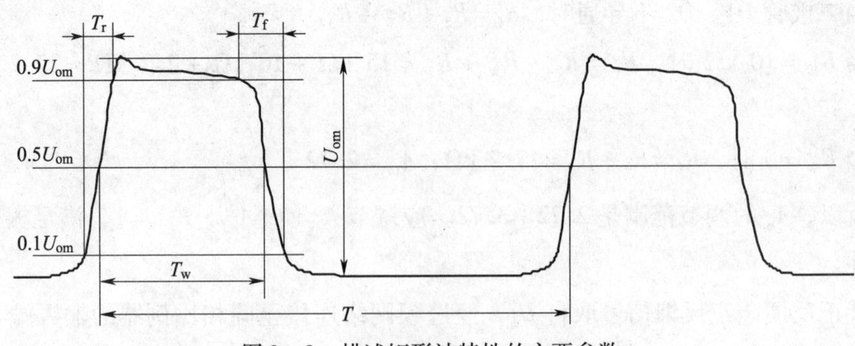

图 3—8　描述矩形波特性的主要参数

图中各项参数的含义如下：

脉冲幅度 U_{om}——脉冲电压的最大变化幅度；

脉冲周期 T——周期性重复的脉冲序列中，两个相邻脉冲之间的时间间隔，有时也使用频率 $f=\frac{1}{T}$来表示；

脉冲宽度 T_w——从脉冲前沿 $0.5U_{om}$处到脉冲后沿 $0.5U_{om}$处之间的时间；

上升时间 T_r——脉冲前沿从 $0.1U_{om}$处上升到 $0.9U_{om}$处所需的时间；

下降时间 T_f——脉冲后沿从 $0.9U_{om}$处下降到 $0.1U_{om}$处所需的时间；

占空比 q——脉冲宽度与脉冲周期的比值，即 $q=\frac{T_w}{T}$。

方波：正负半周宽度相同，占空比 $q=50\%$ 的矩形波称为方波。如图 3—9 所示。

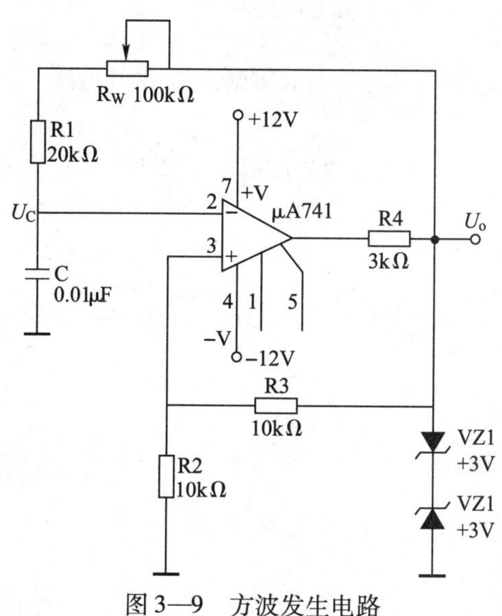

图 3—9　方波发生电路

1）工作原理。如图 3—9 所示，由运放组成的滞回比较器起开关作用，由 RC 网络组成反馈和定时电路。电容充电时，输出波形的正半周；电容放电时，输出波形的负半周。因为充、放电时间相同，所以输出的是方波（$q=50\%$）。

如图 3—10 所示，电容 C 充电时，充电电流经过 R_W的上半部分和 VD1 通路，电容放电时，放电电流经过 VD2 和 R_W的下半部分通路。因此，调节 R_W，便可得到正负半周不同的充、放电时间常数，从而调节矩形波的占空比。

2）计算公式

①对如图 3—9 所示的方波发生器，U_o端输出方波周期为：

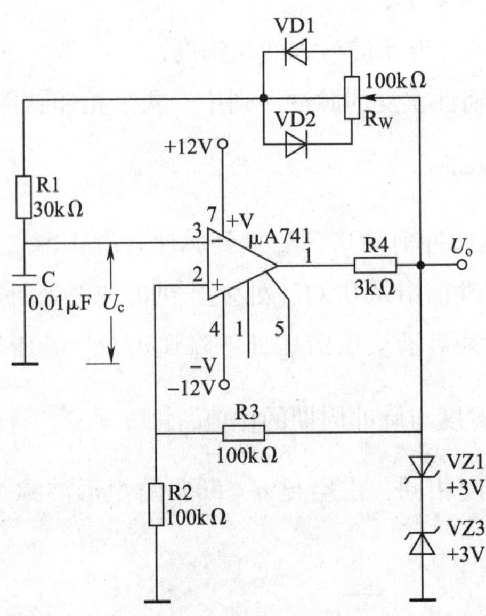

图 3—10　占空比可调的方波发生电路

$$T = 2R_1 C\ln\left(1 + \frac{2R_2}{R_3}\right)$$

按照图中数据计算，可得：

$$T = 2(R_1 + R_W)C\ln\left(1 + \frac{2R_2}{R_3}\right) = 2 \times 120\ \text{k}\Omega \times 0.01\ \mu\text{F} \times \ln\left(1 + \frac{2 \times 10\ \text{k}\Omega}{10\ \text{k}\Omega}\right)$$

$$= 2.6\ \text{ms}$$

方波频率为 379 Hz。

U_C端输出三角波的峰值为：$U_C = \pm U_{om}\left(\frac{R_2}{R_2 + R_3}\right)$

②对如图 3—10 所示占空比可调的矩形波发生器，其振荡周期为：

$$T = (R_W + r_{D1} + r_{D2} + 2R_1)C\ln\left(1 + \frac{2R_2}{R_3}\right)$$

占空比为：$q = \frac{T_W}{T} = \frac{R_W' + r_{D1} + R_1}{R_W + r_{D1} + r_{D2} + 2R_1}$

式中：r_{VD1}、r_{VD2}是二极管 VD1、VD2 的正向导通电阻。阻值一般为几十欧姆至几千欧姆，与流过二极管的正向电流的大小有关，锗管比硅管小。具体数值可实测或由公式 $r_D \approx \frac{26\ \text{mV}}{I_D}$计算。

如图 3—10 所示电路占空比调节范围为 10% ~90% 。

二、计数器

计数器是数字系统中用得较多的基本逻辑器件。它不仅能记录输入时钟脉冲的个数，还可以实现分频、定时、产生节拍脉冲和脉冲序列等。例如，计算机中的时序发生器、分频器、指令计数器等都要使用计数器。计数器的种类很多。按时钟脉冲输入方式的不同，可分为同步计数器和异步计数器；按进位体制的不同，可分为二进制计数器和非二进制计数器；按计数过程中数字增减趋势的不同，可分为加计数器、减计数器和可逆计数器。

1. 二进制计数器

（1）异步二进制加法计数器

考虑实现四位二进制加法计数器。计数器状态表见表 3—3。

表 3—3　　二进制加法计数器的状态表

计数脉冲数	二进制数				十进制数
	Q_3	Q_2	Q_1	Q_0	
0	**0**	**0**	**0**	**0**	0
1	**0**	**0**	**0**	**1**	1
2	**0**	**0**	**1**	**0**	2
3	**0**	**0**	**1**	**1**	3
4	**0**	**1**	**0**	**0**	4
5	**0**	**1**	**0**	**1**	5
6	**0**	**1**	**1**	**0**	6
7	**0**	**1**	**1**	**1**	7
8	**1**	**0**	**0**	**0**	8
9	**1**	**0**	**0**	**1**	9
10	**1**	**0**	**1**	**0**	10
11	**1**	**0**	**1**	**1**	11
12	**1**	**1**	**0**	**0**	12
13	**1**	**1**	**0**	**1**	13
14	**1**	**1**	**1**	**0**	14
15	**1**	**1**	**1**	**1**	15
16	**0**	**0**	**0**	**0**	16

表 3—3 中还给出了对应的十进制数。可看出，每来一个脉冲，最低位触发器就翻转一次；而其他位的触发器在邻近的低位触发器从 1 变为 0 进位时翻转。例如

选4个主从型JK触发器，每个触发器J、K两脚均悬空，相当于1，具有计数功能。但只有最低位的C端接被计数的脉冲输入，其他位的C端依次接邻近低位来的Q端作为脉冲输入，如图3—11所示。工作波形如图3—12所示。

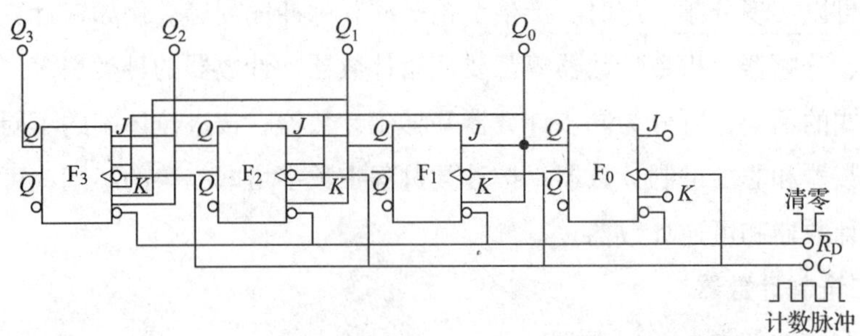

图3—11　由主从JK触发器组成的四位加法计数器

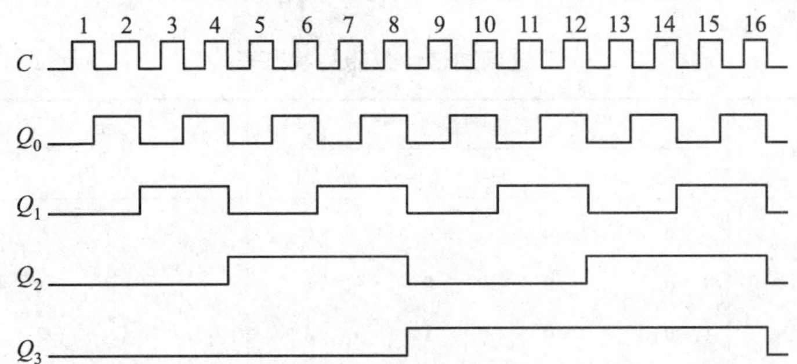

图3—12　二进制加法计数器输出波形图

如图3—11所示，计数脉冲不是同时加到各位触发器的C端，而是只加到一个或其中部分触发器的C端，其他的触发器则取逻辑电路中其他信号作为其脉冲输入，它们的状态变换不是同时的，称之为异步方式。

（2）同步二进制加法计数器

用主从型JK触发器实现四位二进制加法计数器。同步方式需要各触发器同步翻转，不存在先后次序。根据表3—3，列写各触发器的端子逻辑关系表达式：

1）第0位触发器 F_0，每来一个脉冲翻转一次，故 $J_0=K_0=1$（悬空）。

2）第1位触发器 F_1，当且仅当 $Q_0=1$ 时，再来一个脉冲翻转，故 $J_1=K_1=Q_0$。

3）第2位触发器 F_2，当且仅当 $Q_1=Q_0=1$ 时，再来一个脉冲翻转，故 $J_2=K_2=Q_1Q_0$。

4）第3位触发器 F_3，当且仅当 $Q_2=Q_1=Q_0=1$ 时，再来一个脉冲翻转，故 $J_3=K_3=Q_2Q_1Q_0$。

由上述逻辑关系式可实现同步加法计数器，工作波形与异步方式相同。考虑到实际触发器状态翻转的时间，同步计数器的计数速度要比异步计数器快一些。

对于四位计数器来说，由于输入第十六个脉冲时，计数器返回到初始状态。称之为计数器的溢出。因此 n 位二进制计数器所计的最大数目是 2^n-1。

2. 计数器分析

如图 3—13 所示为一个由 4 个 JK 触发器组成的同步计数器，其电路中所有的触发器的 CP 端都连接在一起。

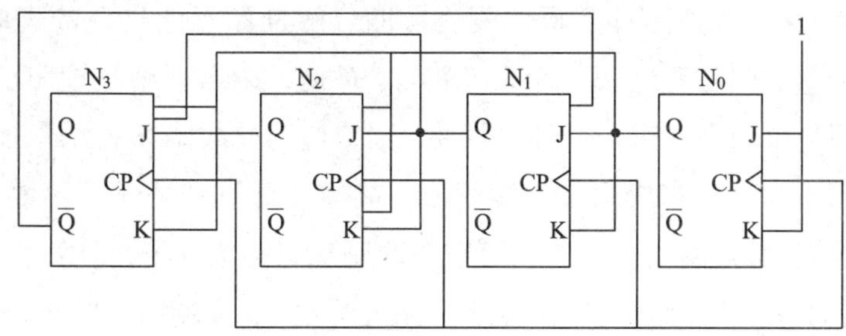

图 3—13　同步十进制加法计数器

对计数器的分析，可以采用状态表及状态图。表 3—4 所列是如图 3—13 所示同步十进制加法计数器的状态表。

表 3—4　　同步十进制加法计数器的状态表

现态 $(Q_3Q_2Q_1Q_0)$ n	J_3K_3	J_2K_2	J_1K_1	J_0K_0	次态 $(Q_3Q_2Q_1Q_0)$ $n+1$
0000	00	00	00	11	0001
0001	01	00	11	11	0010
0010	00	00	00	11	0011
0011	01	11	11	11	0100
0100	00	00	00	11	0101
0101	01	00	11	11	0110
0110	00	00	00	11	0111
0111	11	11	11	11	1000
1000	00	00	00	11	1001
1001	01	00	01	11	0000
1010	00	00	00	11	1011
1011	01	11	01	11	0100

续表

现态 $(Q_3Q_2Q_1Q_0)$ n	J_3K_3	J_2K_2	J_1K_1	J_0K_0	次态 $(Q_3Q_2Q_1Q_0)$ n+1
1100	00	00	00	11	1101
1101	01	00	01	11	0100
1110	00	00	00	11	1111
1111	11	11	01	11	0000

表 3—4 左起第一列是计数器的现态，四位触发器可能出现的现态有 $2^4=16$ 种，第二列到第五列是对应每一个现态的 J、K 值，第六列则是按照 J、K 值求得的次态，即每一个现态在来一个计数脉冲之后对应的计数器下一个状态。

首先把第一列的现态按照二进制列出，就像列真值表一样（习惯上总是按二进制规律写出)。然后对于每一行，可以在这一现态的情况下，计算出每个触发器此时的 J、K 取值。为了计算 J、K 值，必须先写出 J、K 端的逻辑式，这一逻辑式可以由电路中每个 J、K 端和各个输出端的连接情况得出。J、K 端若有多个输入，可以认为这一触发器的 J、K 端是带有与门的。如图 3—13 所示，J、K 的逻辑式为：

$$J_3=Q_2Q_1Q_0 \qquad K_3=Q_0$$

$$J_2=Q_1Q_0 \qquad K_2=Q_1Q_0$$

$$J_1=\overline{Q_3}Q_0 \qquad K_1=Q_0$$

$$J_0=1 \qquad K_0=1$$

按照上述逻辑式，就可以计算出每个触发器在这一现态情况下的 J、K 值。例如对于第一行，现态为 $Q_3=0$，$Q_2=0$，$Q_1=0$，$Q_0=0$，代入上式可得：

$$J_3=Q_2Q_1Q_0=0 \qquad K_3=Q_0=0$$

$$J_2=Q_1Q_0=0 \qquad K_2=Q_1Q_0=0$$

$$J_1=\overline{Q_3}Q_0=0 \qquad K_1=Q_0=0$$

$$J_0=1 \qquad K_0=1$$

把上述取值填入状态表后，根据当时每个触发器的 J、K 值，按照 JK 触发器的特征，就可以得出来了一个 CP 脉冲之后，每个触发器的下一个状态（次态）了。

例如对于第一行，前面三个触发器的 J、K 都为 0，因此这三个触发器都保持原来的状态不变，只有最低位的 Q_0 因为 $J_0=1$，$K_0=1$，所以翻转，由 0 翻转为 1。为了计算方便，先逐列填入 J、K 值，例如对于 J_3，只要看 Q_2、Q_1、Q_0 是否全为 1，因此很快得出只有 0111 和 1111 两种现态下 $J_3=1$，其余情况下都为 0；对于 K_3 则只要按照 Q_0 的状态填上就可。对于 J_2、K_2，因为 $J_2=K_2=Q_1Q_0$，则只要在 Q_1、

Q_0全为1的每一行上填写$J_2=K_2=1$，其余均填0即可。对于J_1，因为$J_1=\overline{Q_3}\,Q_0$，那只要在现态为0XX1的各行，填上1就可以了，其余均填上0。K_1也只要照抄Q_0的状态填上就可，J_0、K_0则全填上1。填完J、K后，下一步就是逐行按照J、K值计算次态。

例如第二行$J_3=0$，$K_3=1$，则触发器置0，即Q_3的次态为0；$J_2=K_2=0$，则触发器保持不变，即Q_2的次态与现态相同，仍然为0；$J_1=1$，$K_1=1$则触发器翻转，Q_1的现态为0则次态翻转为1，Q_0因为$J_0=K_0=1$故每次都翻转。由此可得对应0001的次态为0010，其余各行的次态都可按相同的方法得出。

虽然由表3—4所列的状态表可知道计数器的状态转换情况，但是还不能直观地看清计数过程，计数过程可以用状态图来表示，如图3—14所示。

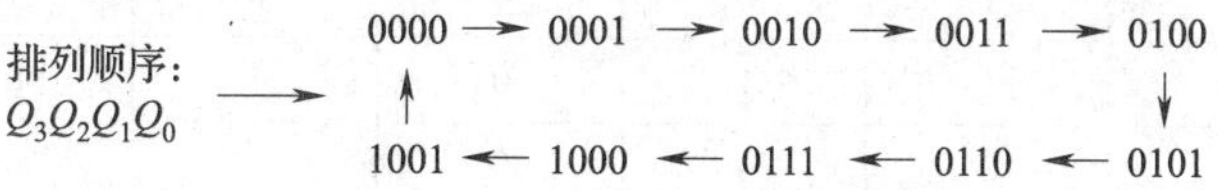

排列顺序：$Q_3Q_2Q_1Q_0$ ⟶

0000 → 0001 → 0010 → 0011 → 0100
↑　　　　　　　　　　　　　　　↓
1001 ← 1000 ← 0111 ← 0110 ← 0101

图3—14　十进制计数器状态图

状态图是由状态表得出的，状态图一般从初始状态，例如$Q_3Q_2Q_1Q_0=0000$画起，从状态图第一行可知0000的次态为0001，然后把0001作为现态，找到第二行可知0001的次态为0010，再把0010作为现态可见其次态为0011……这样逐一分析，就可得出状态图。

从如图3—14所示的状态图可见，计数器是按照8421码做十进制计数，正常情况为0000—0001……1000—1001为一个循环，这十种状态称为"有效状态"，但是电路还有1010、1011、1100、1101、1111这6种状态，在正常计数时这6种状态是不会出现的，因此称其为无效状态。可是在刚通电启动时，电路的初始状态是不确定的，因此这6种状态可能在启动时出现，也可能在正常计数时遇到干扰出现无效状态。由状态图可见，这一电路在经过了一到两个CP之后，就能自动进入有效状态，继续正常工作，因此这一电路是具有自启动能力的。显然，一个计数器只有所有的状态都能连接在一起，电路才是具有自启动能力的。应该指出的是并不是所有的计数电路都具有自启动能力，有时无效状态自成循环，在状态图中不与有效循环相连，这种电路就没有自启动能力。

3. 计数器设计

计数器设计是要求一个电路按照给定的状态图工作，设计这个电路，是已知状态图求电路。在同步计数器中，CP是全部连在一起的，需要决定的只是每个触发器的J、K端接在什么地方，也就是要求得出J、K的逻辑函数式。下面以同步十进制计数器为例来说明设计方法，这一方法称为“次态卡诺图法”。

一般来讲，在设计一个计数器时，提出的只是对有效状态的循环要求，例如一个 8421BCD 码的十进制计数器，正常循环就是如图 3—14 所示的 10 个有效状态。无效状态的情况暂不考虑。

由此可得状态转换要求见表 3—5。

表 3—5　　8421BCD 码的十进制计数器状态表

现态				次态			
Q_{3n}	Q_{2n}	Q_{1n}	Q_{0n}	Q_{3n+1}	Q_{2n+1}	Q_{1n+1}	Q_{0n+1}
0	0	0	0	0	0	0	1
0	0	0	1	0	0	1	0
0	0	1	0	0	0	1	1
0	0	1	1	0	1	0	0
0	1	0	0	0	1	0	1
0	1	0	1	0	1	1	0
0	1	1	0	0	1	1	1
0	1	1	1	1	0	0	0
1	0	0	0	1	0	0	1
1	0	0	1	0	0	0	0
1	0	1	0	×	×	×	×
1	0	1	1	×	×	×	×
1	1	0	0	×	×	×	×
1	1	0	1	×	×	×	×
1	1	1	0	×	×	×	×
1	1	1	1	×	×	×	×

表 3—5 左边是计数器的现态，与真值表一样可以按照二进制排列，右边是按照状态图得出的次态，对于无效状态，由于没有提出明确的次态要求，可以用无关项 × 表示。

该状态表的含义是：把每个触发器的次态看成是所有触发器现态的逻辑函数，由此可以像设计一个组合逻辑电路一样，把每个触发器的次态看成是输出量，把所有触发器的现态看成是输入量，这样就可以列出每个触发器的次态与所有触发器的现态之间的逻辑函数式，再把这些函数式与触发器的特性方程比较，就可以得出每个触发器的 J、K 端的函数式了。

4 个触发器的次态函数式可以用如图 3—15 所示的次态卡诺图化简。

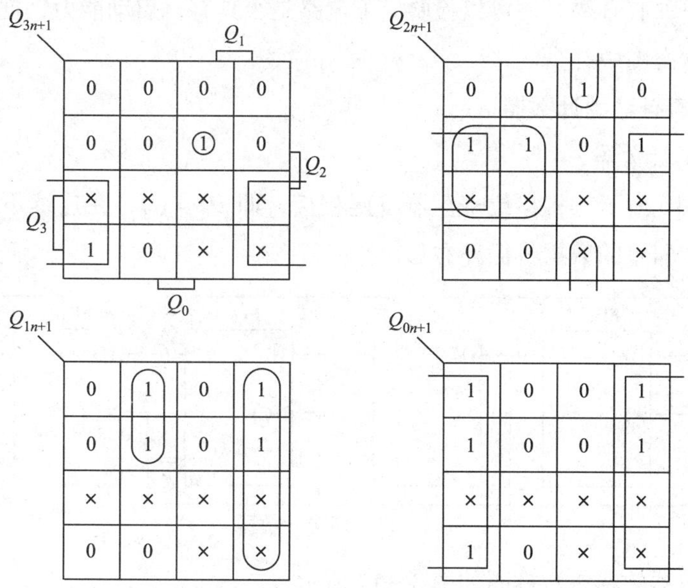

图 3—15　8421BCD 码十进制计数器次态卡诺图

通过卡诺图得出函数式如下：

$$Q_{3n+1} = Q_0Q_1Q_2\overline{Q_3} + \overline{Q_0}Q_3$$

$$Q_{2n+1} = Q_0Q_1\overline{Q_2} + \overline{Q_0}Q_2 + \overline{Q_1}Q_2 = Q_0Q_1\overline{Q_2} + (\overline{Q_0} + \overline{Q_1})Q_2$$

$$= Q_0Q_1\overline{Q_2} + \overline{Q_0Q_1}Q_2$$

$$Q_{1n+1} = Q_0\overline{Q_3}\,\overline{Q_1} + \overline{Q_0}Q_1$$

$$Q_{0n+1} = \overline{Q_0} = \overline{Q_0} + \bar{1}Q_0$$

把上述 4 个函数式与 JK 触发器的特性方程 $Q_n+1 = J\overline{Q_n} + \bar{K}Q_n$ 相比较，得出每个触发器的 JK 函数式，例如：

$$Q_{3n+1} = Q_0Q_1Q_2\overline{Q_3} + \overline{Q_0}Q_3 = J_3\overline{Q_{3n}} + \overline{K_3}Q_{3n}$$

比较等式两边后可得：$J_3 = Q_0Q_1Q_2$　　$K_3 = Q_0$

用同样的方法可得：$J_2 = Q_0Q_1$　　$K_2 = Q_0Q_1$

$J_1 = Q_0\overline{Q_3}$　　$K_1 = Q_0$

$J_0 = 1$　　$K_0 = 1$

可以看到，上述 8 个函数式与如图 3—13 所示得出的函数式是完全相同的。在此需说明的是：在用卡诺图化简时，通常为了使函数式简单，总是把化简的圈画得越大越好，但是在这里化简时，为了能与 JK 触发器的特性方程比较，函数式需要把 Q_n 与 $\overline{Q_n}$ 列成两项，因此化简时不要把圈画过 Q_n 与 $\overline{Q_n}$ 的分界线。在得出 J、K 的函数式之后，就可以画出逻辑电路图，显然这一电路就如图 3—13 所示。在得出了电路图之后，如有必要，还可以检验一下电路是否具有自启动能力，把无效状态的转换情况在状态图中补全。

4. 移位寄存器型计数器

（1）环形计数器

如图 3—16 所示，将移位寄存器首尾相接，即 $D_0 = Q_3$，在连续不断地输入时钟信号时寄存器里的数据将循环右移。

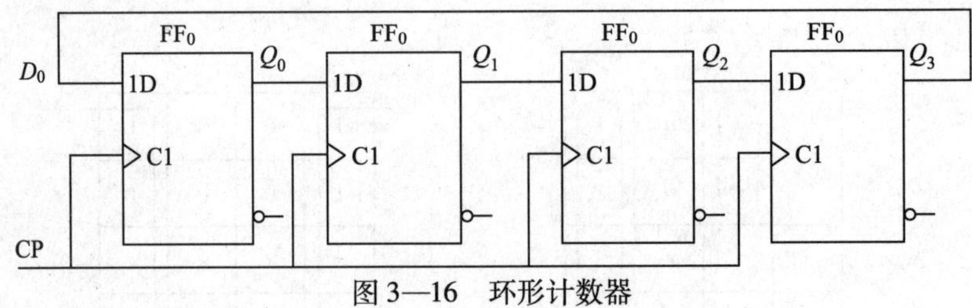

图 3—16　环形计数器

环形计数器的状态转换图如图 3—17 所示。

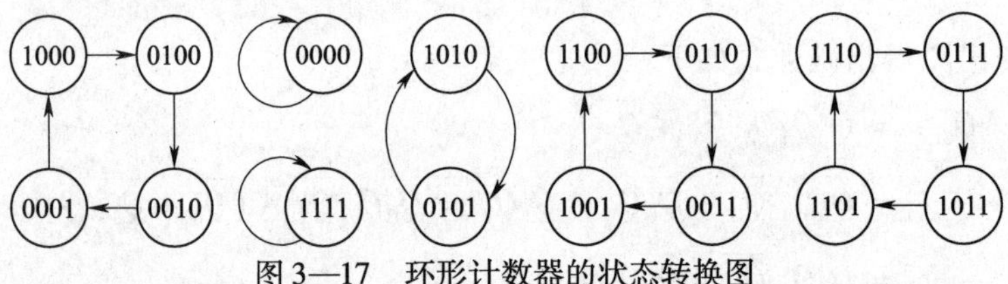

图 3—17　环形计数器的状态转换图

能自启动的环形计数器电路通过在输出与输入之间接入适当的反馈逻辑电路，可以将不能自启动的电路修改为能够自启动的电路，如图 3—18 和图 3—19 所示。

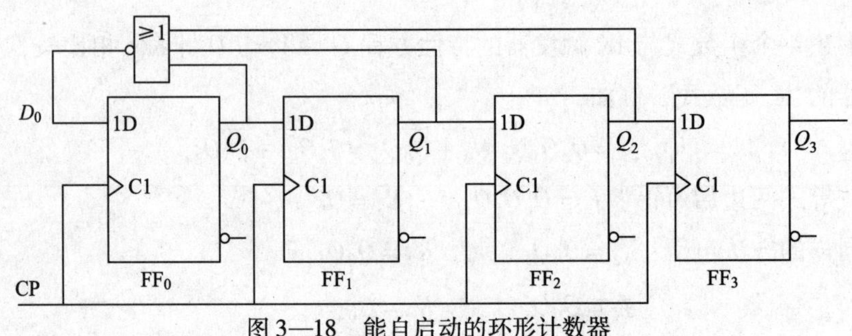

图 3—18　能自启动的环形计数器

状态方程：

$$\begin{cases} Q_n^{n+1} = \overline{Q_1 + Q_2 + Q_3} \\ Q_1^{n+1} = Q_0 \\ Q_2^{n+1} = Q_1 \\ Q_3^{n+1} = Q_1 \end{cases}$$

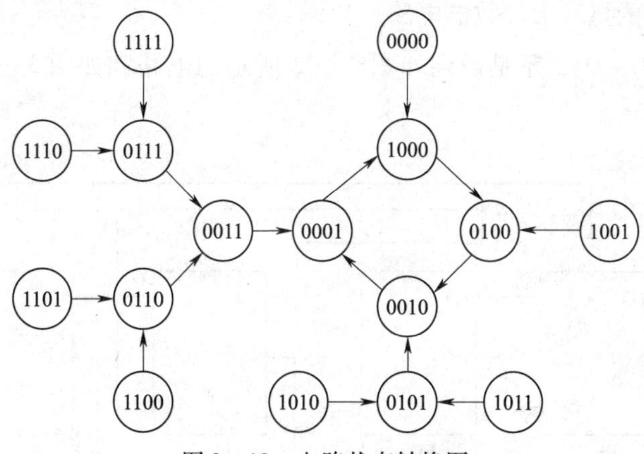

图 3—19　电路状态转换图

（2）扭环形计数器

若将反馈逻辑函数取为 $D_0 = \overline{Q}_{n-1}$ 则得到扭环形计数器，也称为约翰逊计数器。显然，如图 3—20 所示的扭环形计数器不能自动启动。

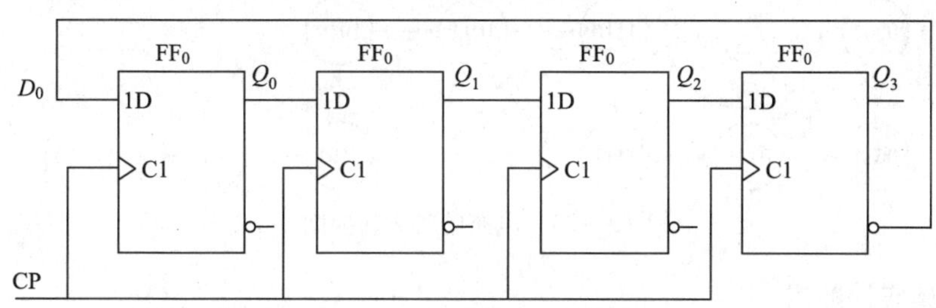

图 3—20　扭环形计数器

用 n 位移位寄存器构成的扭环形计数器可以得到含 $2n$ 个有效状态的循环，状态利用率较环形计数器提高了一倍。如图 3—21 所示，可看到由于电路在每次状态转换时只有一位触发器改变状态，因而在将电路状态译码时不会产生竞争—冒险现象。

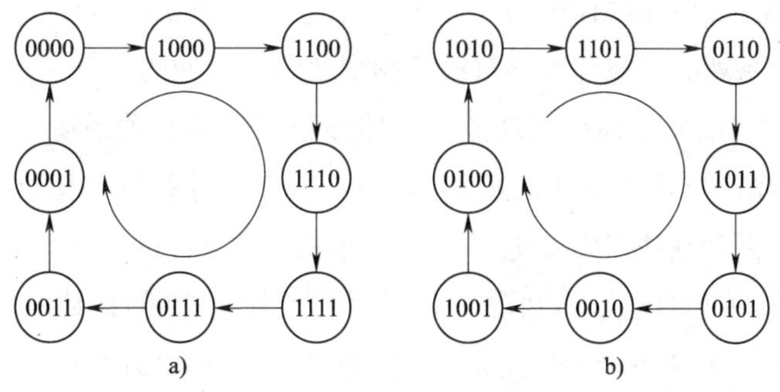

图 3—21　电路状态转换图

a）有效循环　b）无效循环

能自动启动的扭环形计数器电路。

令 $D_0 = Q_1 Q_2 + Q_3$，于是得到如图3—22所示的电路和如图3—23所示的状态转换图。

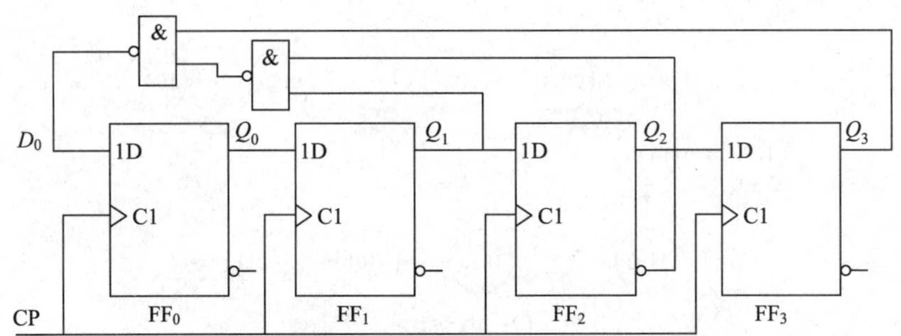

图3—22　能自动启动的扭环形计数器

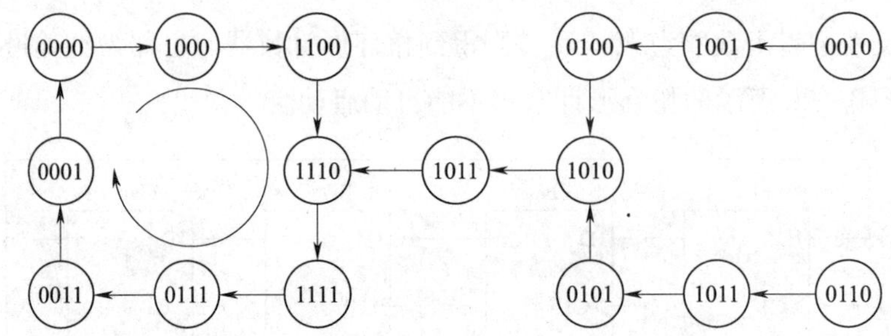

图3—23　电路的状态转换图

5. 集成计数器

集成计数器的种类繁多，按照CP是否同步有同步和异步计数器之分，其中异步计数器又称为串行计数器，大多用于单纯的二进制计数器。同步计数器则形式多样，计数形式有加法型、减法型、加减可逆型、二进制型、十进制（BCD）型和可预置型等多种。有的计数器还采用基本译码输出或数码管译码输出，有的把多位BCD计数器做在一起采用扫描输出等，可灵活选用。

CMOS4000系列的集成计数器对最高频率及时钟脉冲的上升、下降时间都有一定的要求，否则可能发生误计数现象，具体参数可查阅有关手册。4000系列的最高频率为2～5 MHz（电源电压高则频率高），因此在计数频率超过1 MHz时可以考虑选用74HC系列高速CMOS电路。4000系列时钟脉冲的上升、下降时间一般不得大于5～15 μs（电源电压高则要求时间短），因此在低频计数时应注意如果CP的边沿不够陡峭，电路可能无法正常计数。某些集成计数器内部带有施密特输入整形电路，则对CP的边沿没有限制。

（1）CD4017十进制计数/分配器FSC/TI/MOT（见图3—24）。

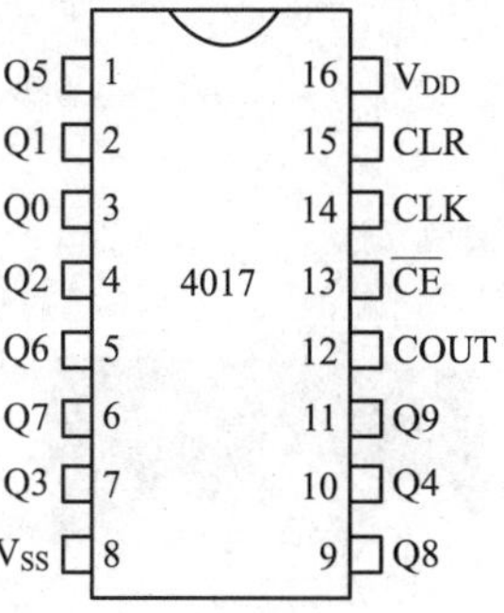

图 3—24　CD4017 十进制计数/分配器

（2）CD4029 可预置可逆计数器 NSC/MOT/TI（见图 3—25）。

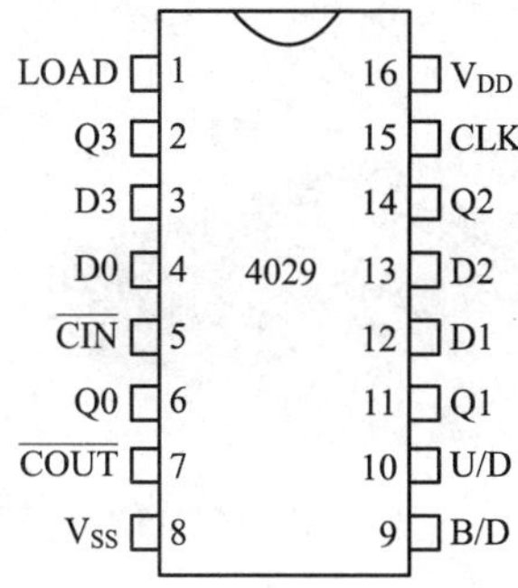

图 3—25　CD4029 可预置可逆计数器

（3）CD40192 可预置 BCD 加/减计数器（双时钟）NSC \ TI（见图 3—26）。

（4）CD4520 双四位二进制同步加计数器（见图 3—27）。

（5）CD4522 可预置 BCD 同步 1/N 计数器（见图 3—28）。

（6）CD4553 三位 BCD 计数器（见图 3—29）。

CD4553 是三位十进制计数器，但只有一个输出端，要完成三位输出，应采用扫描输出方式，通过它的选通脉冲信号，依次控制三位十进制的输出，从而实现扫描显示方式。

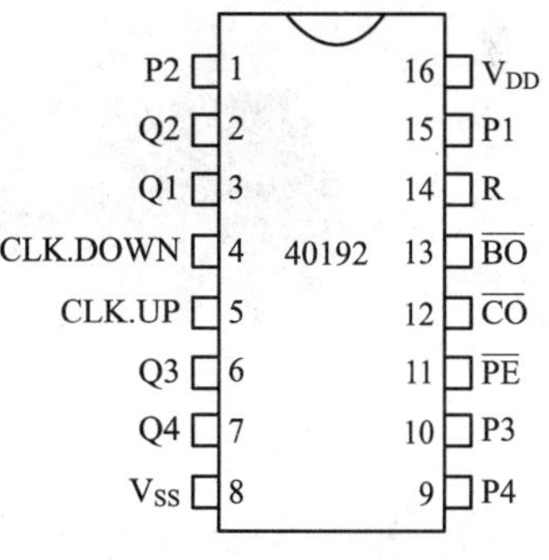

图 3—26　CD40192 可预置 BCD 加/减计数器

引脚功能如下。

CLOCK：计数脉冲输入端，下降沿有效。

CIA、CIB：内部振荡器的外界电容端子。

MR：计数器清零（只清计数器部分），高电平有效。

图3—27　CD4520双四位二进制同步加计数器

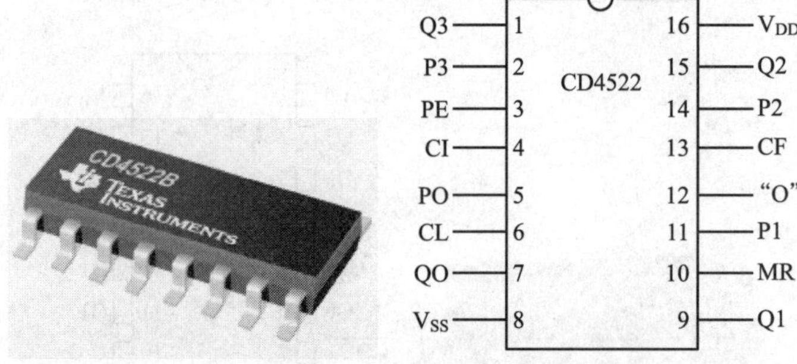

图3—28　CD4522可预置BCD同步1/N计数器

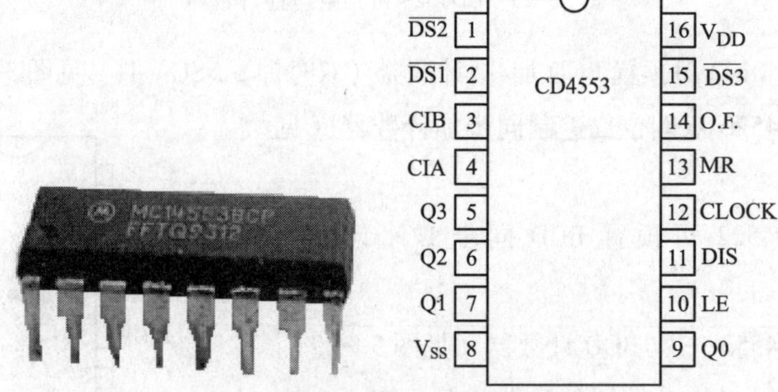

图3—29　CD4553三位BCD计数器

LE：锁定允许。当该端为低电平时，三组计数器的内容分别进入三组锁存器；当该端为高电平时，锁存器锁定，计数器的值不能进入。

DIS：该端接地时，计数脉冲才能进行计数。

DS1、DS2、DS3：位选通扫描信号的输出，这三端能循环地输出低电平，供显示器作为位通控制。

Q0、Q1、Q2、Q3：BCD码输出端，它能分时轮流输出三组锁存器的BCD码。

CD4553 内部虽然有三组 BCD 码计数器（计数最大值为 999），但 BCD 的输出端却只有一组 Q0 ~ Q3，通过内部的多路转换开关能分时输出个、十、百位的 BCD 码，相应地，也输出三位位选通信号。

例如：当 Q0 ~ Q3 输出个位的 BCD 码时，DS1 端输出低电平；当 Q0 ~ Q3 输出十位的 BCD 码时，DS2 端输出低电平；当 Q0 ~ Q3 输出百位的 BCD 码时，DS3 端输出低电平时，周而复始、循环不止。

真值表见表 3—6，CD4553 引脚图如图 3—30 所示，参考电压最大额定值见表 3—7。

表 3—6　　真值表

输入				输出
主复位	时钟	禁止	锁定允许	
0	↑	0	0	没有变化
0	↓	0	0	进行
0	×	1	×	没有变化
0	1	↑	0	进行
0	1	↓	0	没有变化
0	0	×	×	没有变化
0	×	×	↑	锁存
0	×	×	1	锁存
1	×	×	0	$Q_0=Q_1=Q_2=Q_3=0$

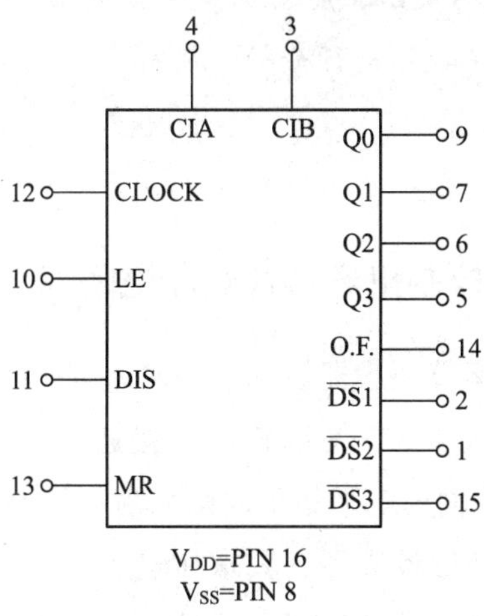

图 3—30　CD4553 引脚图

表 3—7　　参考电压最大额定值

符号	参数	数值	单位
V_{DD}	直流供电电压范围	-0.5 ~ +18.0	V
Vin，Vout	输入或输出电压范围（直流或瞬态）	-0.5 ~ V_{DD} +0.5	V
I_{in}	每个引脚的输入电流（直流或瞬态）	±10	mA
I_{out}	每个引脚的输出电流（直流或瞬态）	+20	mA
PD	功耗	500	mW
TA	环境温度范围	-55 ~ +125	℃
Tstg	储存温度范围	-65 ~ +150	℃

学习单元 2　电平检测电路控制扭环形计数器电路的安装调试及维修

学习目标

➢ 掌握电平检测电路、振荡电路、计数器电路的设计方法，能对电路参数进行选择

➢ 精通各种仪器仪表的使用，能对电平检测电路控制扭环形计数器电路中的关键点进行测试，并对测试数据进行分析、判断

知识要求

一、电平检测电路控制扭环形计数器电路的工作要求

如图 3—31 所示，用运算放大器设计一个回差可调的具有滞回特性的电平检测电路，要求当输入电平 u_i 大于 3.7 V 时输出 u_o 接近 $-U_{DD}$；输入电平 u_i 小于 2 V 时输出 u_o 接近 $+U_{DD}$。并用此输出电平经负向限幅后去控制 555 振荡电路的输出。将 40175 四 D 触发器接成扭环形计数器，要求在输入电平 u_i 大于 3.7 V 时停止计数，输入电平 u_i 小于 2 V 时计数。用双踪显示方式分别测量 CP、Q_1、Q_2、Q_3、Q_4 的波形。

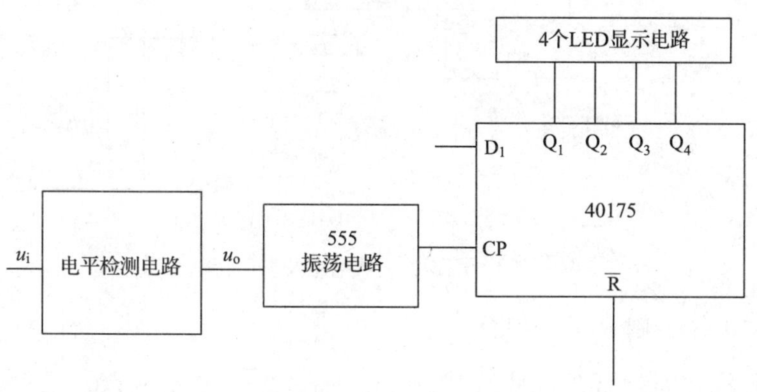

图 3—31　电平检测电路控制扭环形计数器电路框图

二、电平检测电路控制扭环形计数器的电路设计

1．设计一个由 555 集成电路组成的多谐振荡器，R_1 为 220 kΩ、R_2 为 10 kΩ、电容为 1.5 μF，频率为 4 Hz。

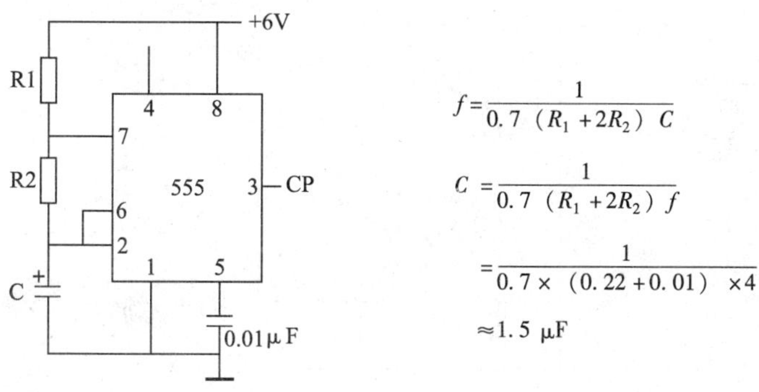

$$f=\frac{1}{0.7\ (R_1+2R_2)\ C}$$

$$C=\frac{1}{0.7\ (R_1+2R_2)\ f}$$

$$=\frac{1}{0.7\times\ (0.22+0.01)\ \times 4}$$

$$\approx 1.5\ \mu\text{F}$$

图 3—32　555 集成电路及计算

2．设计运算放大器电路，滞回特性可采用反相输入端输入检测信号 U_i，在同相端输入参考电平 U_R，运算放大器的电源采用 12 V 电源。电路图如图 3—33 所示为运算放大器部分。

运放 LM358 采用 12 V 电源时，输出需要用二极管限幅电路去掉负电压输出信号。输出限幅值约为 $U_{om}=10$ V。

$$K=\frac{2U_{om}}{\Delta U_T}-1=\frac{2\times 10}{3.7-2}-1=11,K=\frac{R_1}{R_2}=11$$

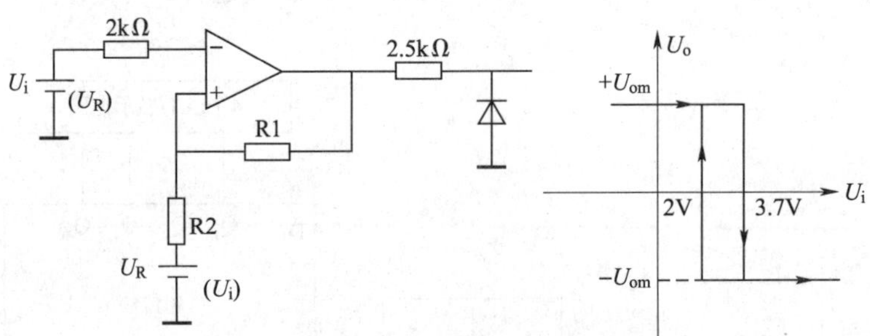

图 3—33　运算放大器电路及滞回特性图

R_2取 10 kΩ，则 $R_1 = 110$ kΩ

$$U_R = \left(1 + \frac{1}{K}\right) U'_R = \left(1 + \frac{1}{11}\right) \times \frac{3.7 + 2}{2} = 3.1\ \text{V}$$

3. 设计完整的电路如图 3—34 所示。

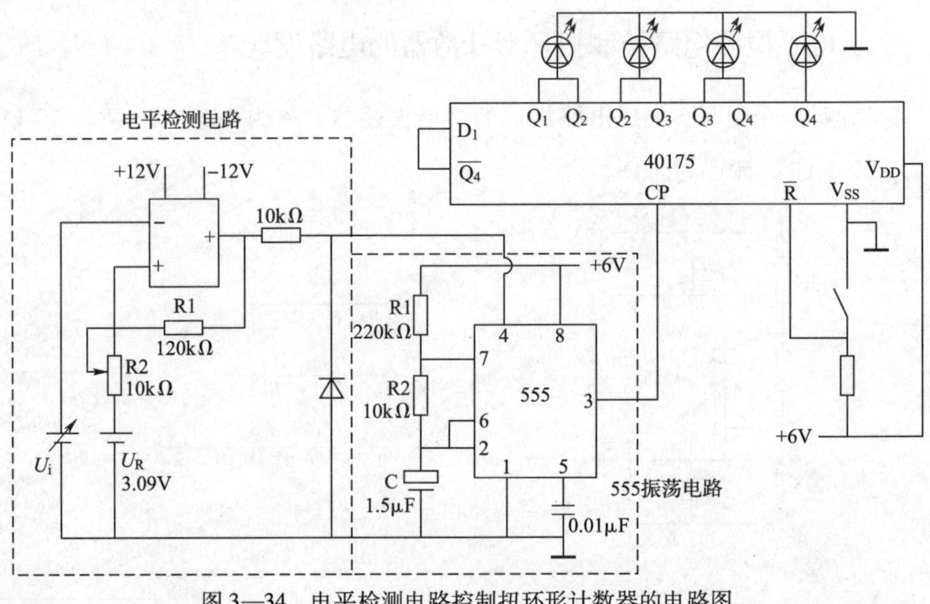

图 3—34　电平检测电路控制扭环形计数器的电路图

技能要求

电平检测电路控制扭环形计数器的安装调试及故障排除

一、操作要求

1. 能进行电平检测电路、振荡电路、计数器电路的设计。

2. 能对电平检测电路控制扭环形计数器电路的参数进行选择。

3. 会使用各种仪器仪表，对电平检测电路控制扭环形计数器电路中的关键点进行测试。

4. 能对电平检测电路控制扭环形计数器电路测试数据进行分析、判断。

5. 能对电平检测电路控制扭环形计数器电路进行故障诊断和故障排除。

二、操作准备

本项目所需元器件清单（见表 3—8）

表 3—8　　项目所需元器件清单

序号	名称	规格型号	数量	备注
1	单相交流电源	220 V	1 台	
2	电子实训装置	自选	1 台	
3	电子元件（电阻、电容、二极管、稳压管、集成芯片等）	自选	1 套	
4	连接导线（连接元器件用）	自选	100 根	
5	万用表	自选	1 台	
6	双踪示波器	自选	1 台	

三、操作步骤

步骤 1　电平检测电路控制扭环形计数器电路的安装接线

按如图 3—34 所示接线。

步骤 2　接通电源并进行必要的检查并调试

调试振荡电路。用示波器测量 555 输出是否产生振荡。应该先把示波器的 Y 轴灵敏度置于 2 ~ 5 V/格（视电源电压而定），输入耦合置于 DC 挡（直接耦合），扫描方式置于自动挡（AUTO），然后调整扫描时间至合适挡位就可以看到波形。只要看到示波器的扫描线或光点上下跳动就说明有了振荡。

调试电平检测电路。调整参考电平 U_R 为 2.2 V，再调节输入电平从 0 开始逐渐增大，用示波器观察运放的输出何时翻转，记录翻转点的电平值；然后调节输入电平，使之逐渐减小，再次记录运放输出翻转时对应的输入电平值。如果两个电平值之间的回差偏大，则应该减小电阻 R2，反之则应该增大 R2（图中 R2 可改用电位器）；如果两个电平值都偏大，则应该减小参考电平，反之则增大参考电平，直至翻转电平达到要求。

调试扭环形计数器电路。40175 在接成右移的扭环形计数器后，输出状态应该如图 3—35 所示。

由于电路没有自启动能力，如果进入无效状态，可清零后再试。

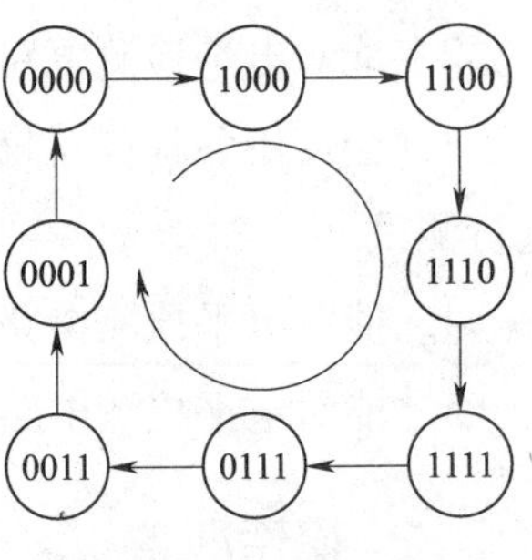

图 3—35　扭环形计数器状态图

步骤 3　用双踪示波器观察电路各主要点的波形

把振荡频率提高 100 倍，用双踪示波器实测 555 集成电路组成的多谐振荡器 D 端的输出波形，如图 3—36 所示。

用双踪示波器观察 40175 集成块输出端 Q_1、Q_2、Q_3、Q_4及 CP 脉冲变化的波形，波形图如图 3—37 所示。

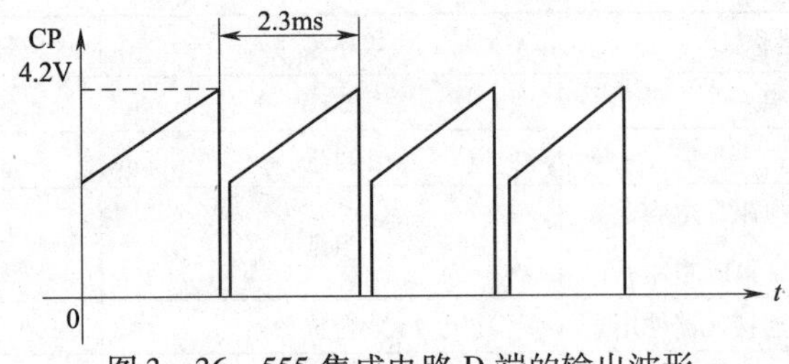

图 3—36　555 集成电路 D 端的输出波形

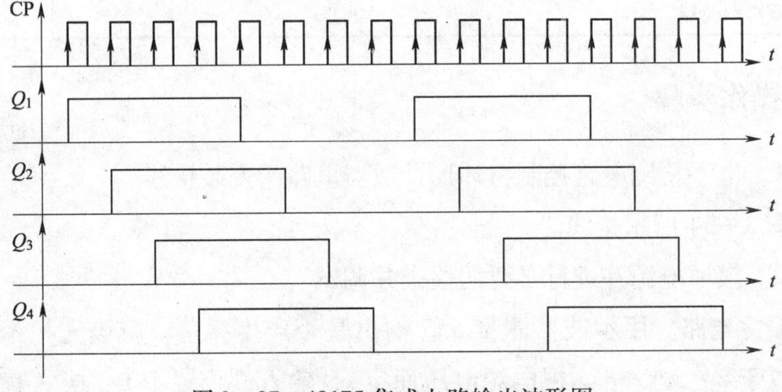

图 3—37　40175 集成电路输出波形图

步骤 4　常见故障诊断和故障排除方法见表 3—9

表 3—9　　**常见故障诊断和故障排除**

序号	故障现象	故障分析	排除步骤	注意事项
1	示波器的扫描线有波动干扰	看各集成块及元件的接地点是否接好	用示波器测量各集成块电源端及接地端是否接通	
2	555 振荡电路无输出	1．检查 555 的 R 是否为高电平 2．检查振荡器电容器是否接反	1．将 555 的 R 接为高电平 2．将振荡器电容器接正	

续表

序号	故障现象	故障分析	排除步骤	注意事项
3	555 振荡电路波形不稳定，波动大	1. 工作电压过大或过小 2. 5 脚上的电容是否损坏	1. 调整工作电压在 5 V 左右 2. 更换 5 脚上电容 0.01 μF	
4	40175 输出显示不工作	检查计数器电路是否正常	1. CD40175 的 CP 端是否有脉冲信号 2. CD40175 的 R 端是否为 1	

四、注意事项

1. 接线或改线时要关闭电源。接线要准确，要仔细检查，确定无误后才能接通电源。由于该电路用到输入电平和参考电平两个输入电压，如果有现成的稳压源当然最好，但此时必须把电源的接地端都接在一起。

如果没有多余的稳压电源，可以使用电位器得到可调电压，此时 U_R 电位器阻值小一些为好；否则在翻转点电平变化时，由于电位器输出端电流的变动，会使已经调整好的 U_R 值产生较大变动。

2. 通电后，应注意观察，若发现有异常现象（如元器件发烫、冒烟、异味等）应立即关闭电源，找出原因，排除故障。

3. 调试阶段应做好记录，结束后必须关闭电源，并将仪器、设备等按规定整理好。

第 3 节　组合逻辑控制移位寄存器电路

学习单元 1　组合逻辑控制移位寄存器电路读图分析

学习目标

- 熟悉组合逻辑控制电路的原理
- 熟悉寄存器电路的原理
- 掌握组合逻辑控制移位寄存器电路的工作原理

知识要求

一、组合逻辑电路

数字电路根据逻辑功能的不同特点，可以分成两大类，一类叫组合逻辑电路，另一类叫做时序逻辑电路。组合逻辑电路在逻辑功能上的特点是任意时刻的输出仅仅取决于该时刻的输入。而时序逻辑电路在逻辑功能上的特点是任意时刻的输出不仅取决于当时的输入信号，而且还取决于电路原来的状态。

1. 集成逻辑门电路

（1）基本逻辑关系和逻辑门

逻辑电路用到的基本逻辑关系有与逻辑、或逻辑和非逻辑，相应的逻辑门为与门、或门及非门。

1）与逻辑及与门。与逻辑指的是：只有当决定某一事件的全部条件都具备之后，该事件才发生，否则就不发生的一种因果关系。如图3—38所示为与逻辑电路。

只有当开关A与B全部闭合时，灯泡Y才亮；若开关A或B其中有一个不闭合，灯泡Y就不亮。这种因果关系就是与逻辑关系，可表示为$Y=A \cdot B$，读作“A与B”。在逻辑运算中，与逻辑称为逻辑乘。

与门是指能够实现与逻辑关系的门电路。与门具有两个或多个输入端，一个输出端。其逻辑符号如图3—39所示，为简便起见，输入端只用A和B两个变量来表示。

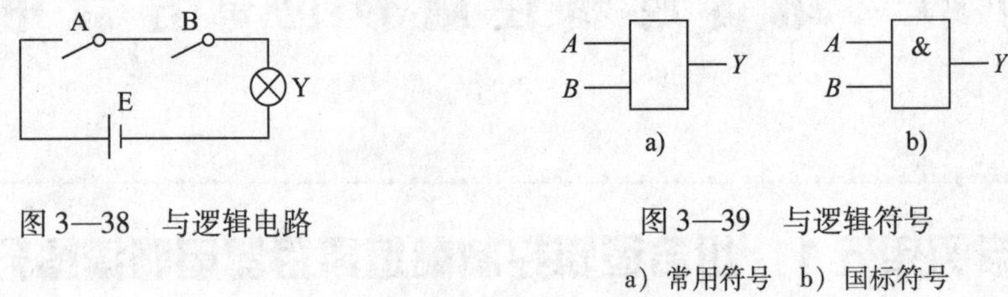

图3—38　与逻辑电路

图3—39　与逻辑符号
a）常用符号　b）国标符号

与门的输出和输入之间的逻辑关系用逻辑表达式表示为：

$$Y=A \cdot B=AB$$

两输入端与门的真值表见表3—10。

波形图如图3—40所示。

由此可见，与门的逻辑功能是，输入全部为高电平时，输出才是高电平，否则为低电平。

表 3—10　　与门的真值表

A　B	Y
0　0	0
0　1	0
1　0	0
1　1	1

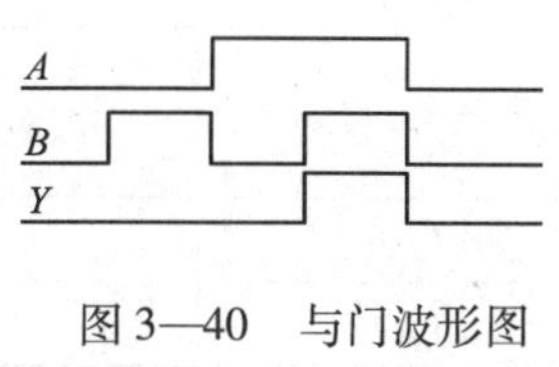

图 3—40　与门波形图

2）或逻辑及或门。或逻辑指的是：在决定某事件的诸条件中，只要有一个或一个以上的条件具备，该事件就会发生；当所有条件都不具备时，该事件才不发生的一种因果关系。

如图 3—41 所示为或逻辑电路。

只要开关 A 或 B 其中任一个闭合，灯泡 Y 就亮；A、B 都不闭合，灯泡 Y 才不亮。这种因果关系就是或逻辑关系。可表示为：$Y = A + B$，读作"A 或 B"。在逻辑运算中或逻辑称为逻辑加。

或门是指能够实现或逻辑关系的门电路。或门具有两个或多个输入端，一个输出端。其逻辑符号如图 3—42 所示。

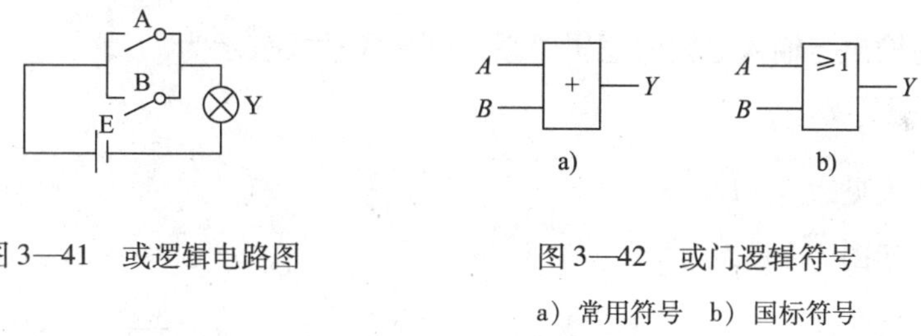

图 3—41　或逻辑电路图

图 3—42　或门逻辑符号

a）常用符号　b）国标符号

或门的输出与输入之间的逻辑关系用逻辑表达式表示为：

$$Y = A + B$$

两输入端或门电路的真值表见表 3—11。

波形图如图 3—43 所示。

由此可见，或门的逻辑功能是，输入有一个或一个以上为高电平时，输出就是高电平；输入全为低电平时，输出才是低电平。

3）非逻辑及非门。非逻辑是指：决定某事件的唯一条件不满足时，该事件就发生；而条件满足时，该事件反而不发生的一种因果关系。如图 3—44 所示为非逻辑电路。

表 3—11　　或门真值表

A　B	Y
0　0	0
0　1	1
1　0	1
1　1	1

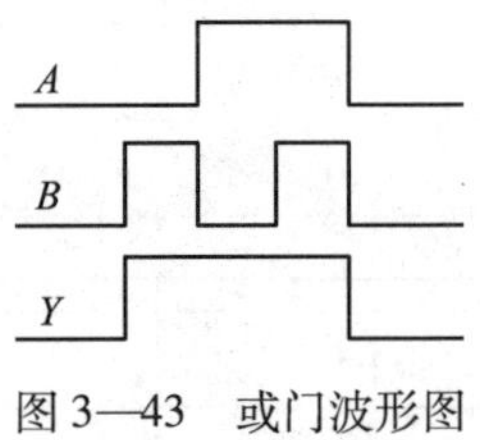

图 3—43　或门波形图

当开关 A 闭合时，灯泡 Y 不亮；当开关 A 断开时，灯泡 Y 才亮。这种因果关系就是非逻辑关系。可表示为 $Y=\overline{A}$，读作"A 非"或"非 A"。在逻辑代数中，非逻辑称为"求反"。

非门是指能够实现非逻辑关系的门电路。它有一个输入端，一个输出端。其逻辑符号如图 3—45 所示。

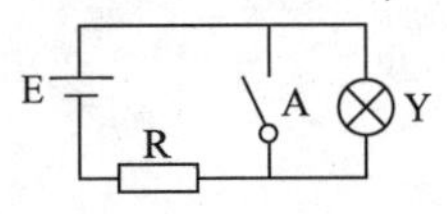

图 3—44　非逻辑电路

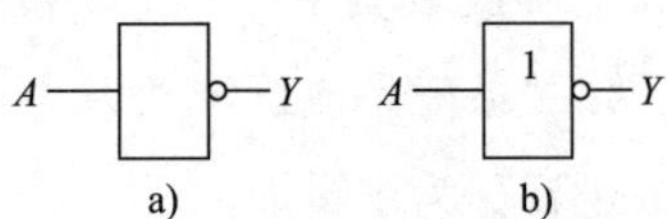

图 3—45　非门逻辑符号

a）常用符号　b）国标符号

非门的输出与输入之间的逻辑关系用逻辑表达式表示为

$$Y=\overline{A}$$

其真值表见表 3—12。

波形图如图 3—46 所示。

表 3—12　　非门真值表

A	Y
0	1
1	0

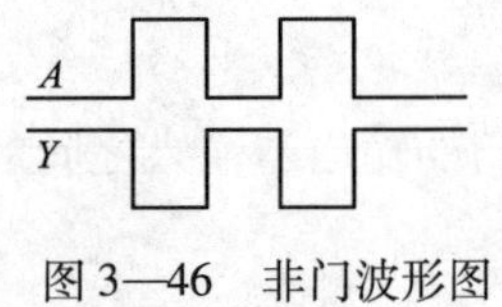

图 3—46　非门波形图

由此可见，非门的逻辑功能为，输出状态与输入状态相反，通常又称作反相器。

（2）复合逻辑门

与门、或门和非门可以组合成其他逻辑门。与门、或门、非门组成的逻辑门叫做复合门。常用的复合门有与非门、或非门、异或门、与或非门等。

1）与非门。将一个与门和一个非门按如图 3—47 所示连接，就构成了一个与非门。

与非门有多个输入端，一个输出端。三端输入与非门的逻辑符号如图 3—48 所示。

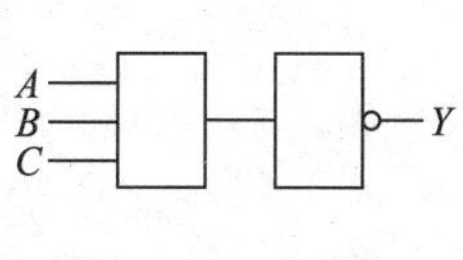

图 3—47　与非门

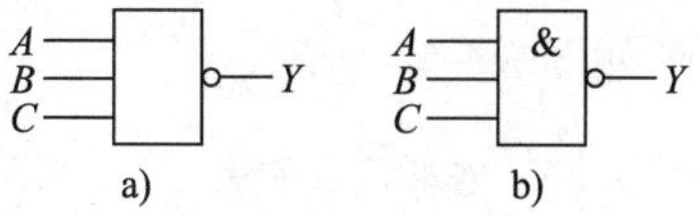

a)　b)

图 3—48　与非门逻辑符号

a）常用符号　b）国标符号

它的逻辑表达式为：

$$Y=\overline{A\cdot B\cdot C}=\overline{ABC}$$

真值表见表 3—13。

波形图如图 3—49 所示。

表 3—13　　与非门真值表

A　B　C	Y
0　0　0	1
0　0　1	1
0　1　0	1
0　1　1	1
1　0　0	1
1　0　1	1
1　1　0	1
1　1　1	0

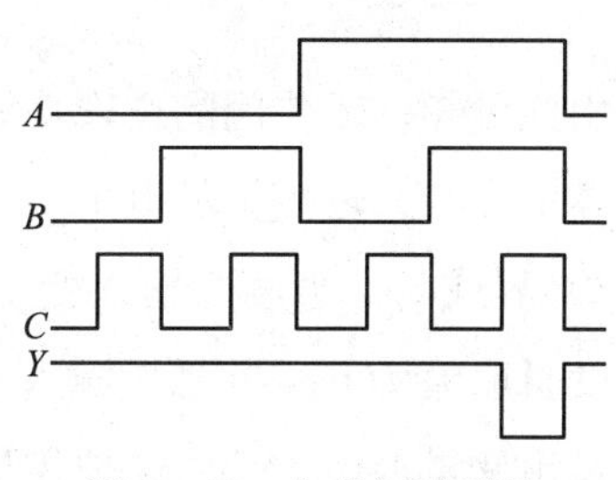

图 3—49　与非门波形图

由此可知，与非门的逻辑功能为：当输入全为高电平时，输出为低电平；当输入有低电平时，输出为高电平。

2）或非门。把一个或门和一个非门连接起来就可以构成一个或非门，如图 3—50 所示。

或非门也可有多个输入端和一个输出端。三端输入或非门的逻辑符号如图 3—51 所示。

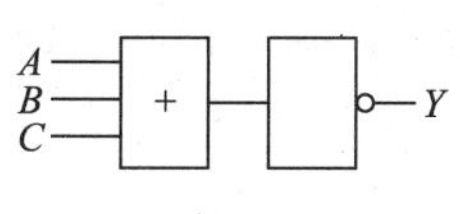

图 3—50　或非门

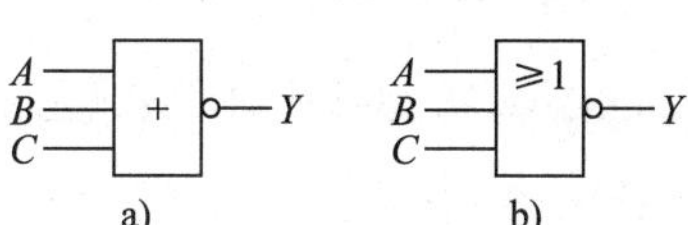

图 3—51　或非门逻辑符号

a）常用符号　b）国标符号

它的逻辑表达式为：

$$Y=\overline{A+B+C}$$

真值表见表 3—14。

波形图如图 3—52 所示。

表 3—14 或非门真值表

A B C	Y
0 0 0	1
0 0 1	0
0 1 0	0
0 1 1	0
1 0 0	0
1 0 1	0
1 1 0	0
1 1 1	0

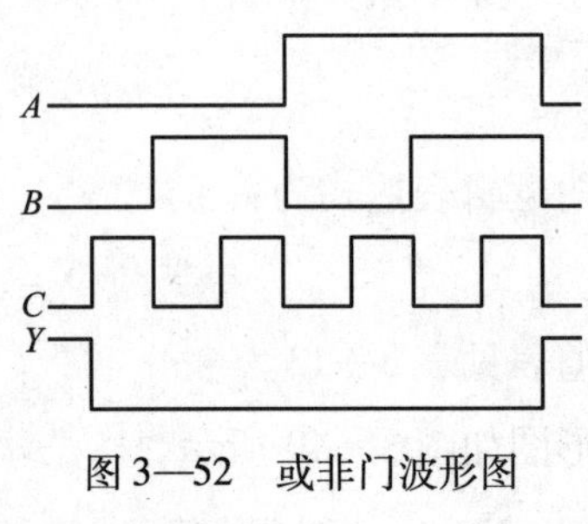

图 3—52 或非门波形图

由此可知，或非门的逻辑功能为：当输入全为低电平时，输出为高电平；当输入有高电平时，输出为低电平。

3）异或门。当两个输入变量的取值相同时，输出变量取值为 0；当两个输入变量的取值相异时，输出变量取值为 1。这种逻辑关系称为异或逻辑。能够实现异或逻辑关系的逻辑门叫异或门。异或门只有两个输入端和一个输出端，其逻辑符号如图 3—53 所示。

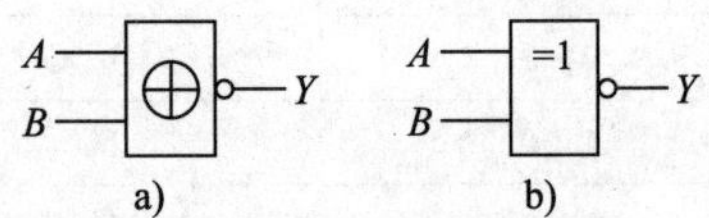

图 3—53 异或门逻辑符号

a）常用符号 b）国标符号

异或门的逻辑表达式为：

$$Y=A\cdot\overline{B}+\overline{A}\cdot B=A\oplus B$$

式中，符号⊕表示异或逻辑。

异或门真值表见表 3—15。

波形图如图 3—54 所示。

异或门的逻辑功能可简述为：输入相异，输出为高电平；输入相同，输出为低电平。

4）与或非门。把两个与门、一个或门和一个非门连接起来，就构成了与或非门。它有多个输入端、一个输出端，逻辑符号如图 3—55 所示。

表 3—15　异或门真值表

A B	Y
0 0	0
0 1	1
1 0	1
1 1	0

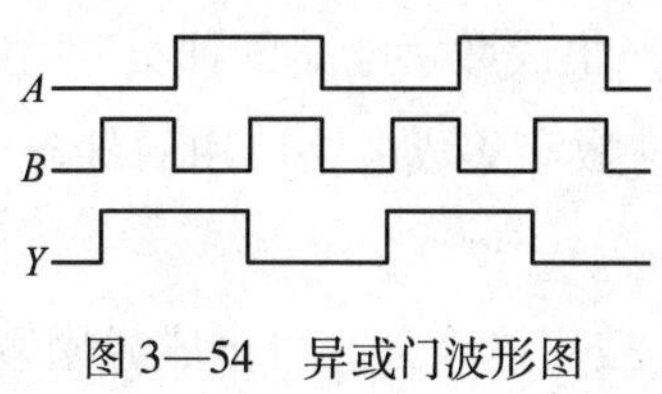

图 3—54　异或门波形图

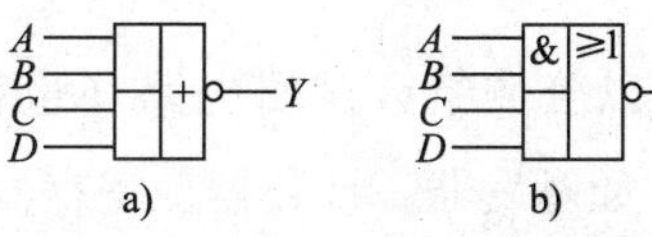

图 3—55　与或非门逻辑符号

a）常用符号　b）国标符号

其逻辑表达式为：

$$Y=\overline{AB+CD}$$

真值表见表 3—16。

波形图如图 3—56 所示。

表 3—16　与或非门真值表

输入	输出
A B C D	Y
0 0 0 0	1
0 0 0 1	1
0 0 1 0	1
0 0 1 1	0
0 1 0 0	1
0 1 0 1	1
0 1 1 0	1
0 1 1 1	0
1 0 0 0	1
1 0 0 1	1
1 0 1 0	1
1 0 1 1	0
1 1 0 0	0
1 1 0 1	0
1 1 1 0	0
1 1 1 1	0

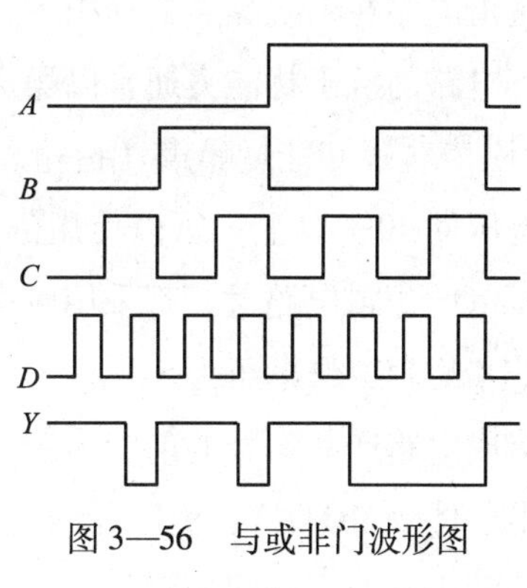

图 3—56　与或非门波形图

与或非门的逻辑功能是：当任一组与门输入端全为高电平或所有输入端全为高电平时，输出为低电平；当任一组与门输入端有低电平或所有输入端全为低电平时，输出为高电平。

（3）集成数字电路的种类

随着数字集成电路应用的日益广泛，数字电路产品的种类越来越多，其分类方法很多。

1）按用途来分，可分成通用型的集成电路（中小规模集成电路）产品、微处理（MPU）产品和特定用途的集成电路产品三大类。其中可编程序逻辑器件就是特定用途产品的一个重要分支。

2）按逻辑功能来分，可以分成组合逻辑电路（也称组合电路），如门电路、编译码器等；时序逻辑电路，如触发器、计数器、寄存器等。

3）按电路结构来分，可分成TTL型和CMOS型两大类。

常用的TTL54/74数字电路系列，它们的电源电压都是5.0 V，逻辑“0”输出电压为不高于0.2 V，逻辑“1”输出电压为不低于3.0 V，而抗扰度为1.0 V。

CMOS型数字集成电路与TTL型数字电路相比，前者的工作电源电压范围宽，静态功耗低、抗干扰能力强、输入阻抗高。工作电压范围为3～18 V（也有7～15 V的，如国产的C000系列），输入端均有保护二极管和串联电阻构成的保护电路，输出电流（指内部各独立功能的输出端）一般是10 mA，所以在实际应用时输出端需要加上驱动电路，但输出端若连接的是CMOS电路，则因CMOS电路的输入阻抗高，在低频工作时，一个输出端可以带动50个以上的接入端。CMOS电路抗干扰能力是指电路在干扰噪声的作用下，能维持电路原来的逻辑状态并正确进行状态的转换。电路的抗干扰能力通常以噪声容限来表示，即直流电压噪声容限、交流（指脉冲）噪声容限和能量噪声（指输入端积累的噪声能量）三种。直流噪声容限可达电源电压的40%以上，所以使用的电源电压越高，抗干扰能力越强。这是工业中使用CMOS逻辑电路时，都采用较高供电电压的原因。TTL相应的噪声容限只有0.8 V（因TTL工作电压为5 V）。

数字集成电路产品型号的前缀为公司代号，如MC、CD、uPD、HFE分别代表摩托罗拉半导体（MOTA）、美国无线电（RCA）、日本电气（NEC）、飞利浦等公司。各产品的中间数字相同的型号均可互换。一般习惯（不严格）通称为74XX、74HCXX、54XX、40XX、45XX。如果电路对元件要求比较严格，就要对厂家提供的资料进行分析再做决定。

（4）常用集成门电路

1）编译码器电路。在数字电路系统中，编译码器的功能是将一种数码变换成另一种数码。编译码器的输出状态是其输入变量各种组合的结果。编译码器的输出既可操作或控制系统其他部分，也可驱动显示器，实现数字、符号的显示。

编译码器通常是一种组合电路，其工作状态的改变无须依赖时序脉冲。这里介绍的译码器分为数码译码器和显示译码器两大类，其中包括一些多功能译码电路，如将计数、锁存和译码单元集成在同一芯片上的产品（这种计数器和时序脉冲有关）；也包括与译码操作相反的编码器。

①八位优先编码器 CD4532。CD4532 的引脚排列如图 3—57 所示。

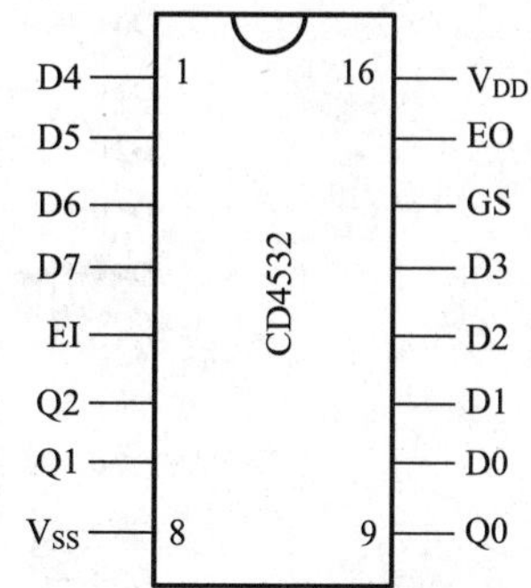

图 3—57　CD4532 的引脚图

它有 8 个编码输入端 D7 ~ D0，依次按级优先输入并转换成三位二进制码输出 Q2 ~ Q0。D7 是最高级优先，D0 是最低级优先。EI 为片选输入。当 $EI=0$ 时，禁止输入，输出全部为 0；当 $EI=1$ 时，允许输入。GS 为群选择端，只要 $D7 \sim D0$ 中有一个或一个以上为 1，则 $GS=1$，表示优先输入的存在。如果 $D7 \sim D0$ 无优先输入，则 $EO=1$。表 3—17 是 CD4532 的真值表。

表 3—17　　CD4532 的真值表

输入									输出				
EI	*D7*	*D6*	*D5*	*D4*	*D3*	*D2*	*D1*	*D0*	*GS*	*Q2*	*Q1*	*Q0*	*EO*
0	×	×	×	×	×	×	×	×	0	0	0	0	0
1	0	0	0	0	0	0	0	0	0	0	0	0	1
1	1	×	×	×	×	×	×	×	1	1	1	1	0
1	0	1	×	×	×	×	×	×	1	1	1	0	0
1	0	0	1	×	×	×	×	×	1	1	0	1	0
1	0	0	0	1	×	×	×	×	1	1	0	0	0
1	0	0	0	0	1	×	×	×	1	0	1	1	0
1	0	0	0	0	0	1	×	×	1	0	1	0	0
1	0	0	0	0	0	0	1	×	1	0	0	1	0
1	0	0	0	0	0	0	0	1	1	0	0	0	0

用 CD4532 组成的 0 ~ 9 键盘输入、二进制输出编码器电路如图 3—58 所示。

0 ~ 9 键盘输入与输出 Y3 ~ Y0 一一对应，同时电路还具有群选择端 GS。表 3—18 列出了 CD4532 组成的 0 ~ 9 键盘编码器的真值表。

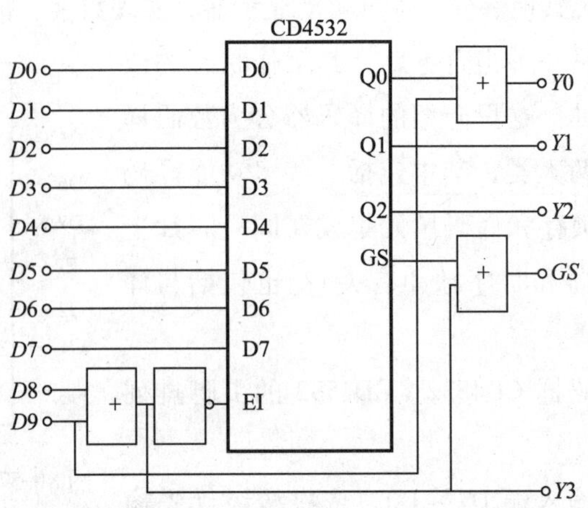

图3—58　CD4532组成的编码器电路

表3—18　　　　CD4532组成的0~9键盘编码器的真值表

输入										输出					
D9	*D8*	*D7*	*D6*	*D5*	*D4*	*D3*	*D2*	*D1*	*D0*	*GS*	*Y3*	*Y2*	*Y1*	*Y0*	*GS'*
1	×	×	×	×	×	×	×	×	×	0	1	0	0	1	1
0	1	×	×	×	×	×	×	×	×	0	1	0	0	0	1
0	0	1	×	×	×	×	×	×	×	1	0	1	1	1	1
0	0	0	1	×	×	×	×	×	×	1	0	1	1	0	1
0	0	0	0	1	×	×	×	×	×	1	0	1	0	1	1
0	0	0	0	0	1	×	×	×	×	1	0	1	0	0	1
0	0	0	0	0	0	1	×	×	×	1	0	0	1	1	1
0	0	0	0	0	0	0	1	×	×	1	0	0	1	0	1
0	0	0	0	0	0	0	0	1	×	1	0	0	0	1	1
0	0	0	0	0	0	0	0	0	1	1	0	0	0	0	1

②BCD-十进制译码器CD4028。BCD码是一种有“权”码（也称“8421”码），它用4位二进制数表示十进制数0~9。数字系统一般用二进制运算，而运算结果常以十进制码的形式出现。

CD4028可将BCD码译成十进制码。利用其中的3位二进制输入，可得到八进制码的输出。输出可驱动LED等，显示出相应BCD码的十进制数。CD4028的引脚排列如图3—59所示。

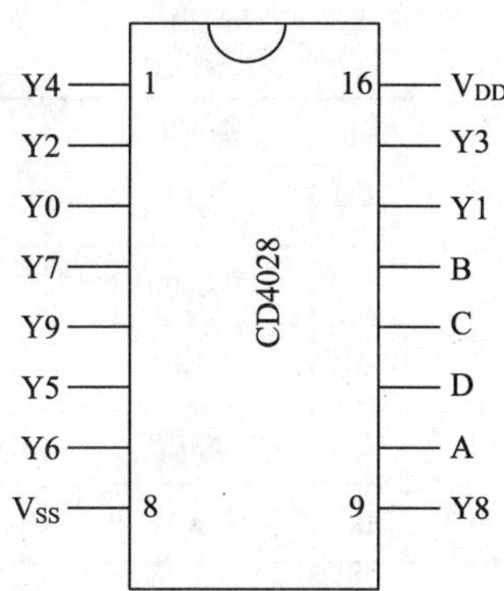

图 3—59　CD4028 引脚排列图

表 3—19 是 CD4028 的真值表。注意：输入二进制码中，*A* 是最低位，*D* 是最高位。

表 3—19　　　　CD4028 的真值表

输入				输入									
D	*C*	*B*	*A*	*Y0*	*Y1*	*Y2*	*Y3*	*Y4*	*Y5*	*Y6*	*Y7*	*Y8*	*Y9*
0	0	0	0	1	0	0	0	0	0	0	0	0	0
0	0	0	1	0	1	0	0	0	0	0	0	0	0
0	0	1	0	0	0	1	0	0	0	0	0	0	0
0	0	1	1	0	0	0	1	0	0	0	0	0	0
0	1	0	0	0	0	0	0	1	0	0	0	0	0
0	1	0	1	0	0	0	0	0	1	0	0	0	0
0	1	1	0	0	0	0	0	0	0	1	0	0	0
0	1	1	1	0	0	0	0	0	0	0	1	0	0
1	0	0	0	0	0	0	0	0	0	0	0	1	0
1	0	0	1	0	0	0	0	0	0	0	0	0	1

另外，CD4028 还有拒绝伪码的功能，即当输入代码超过“1001”（十进制数 9）时，输出端呈“0”电平。

③四位锁存、4－16 线译码器 CD4514/4515。CD4514/4515 是一对姐妹产品，可将 4 位二进制码输入译成 16 状态输出。CD4514 输出“1”电平有效；CD4515 输出“0”电平有效。它们的引出端功能完全相同，其引脚排列及真值表如图 3—60 所示。

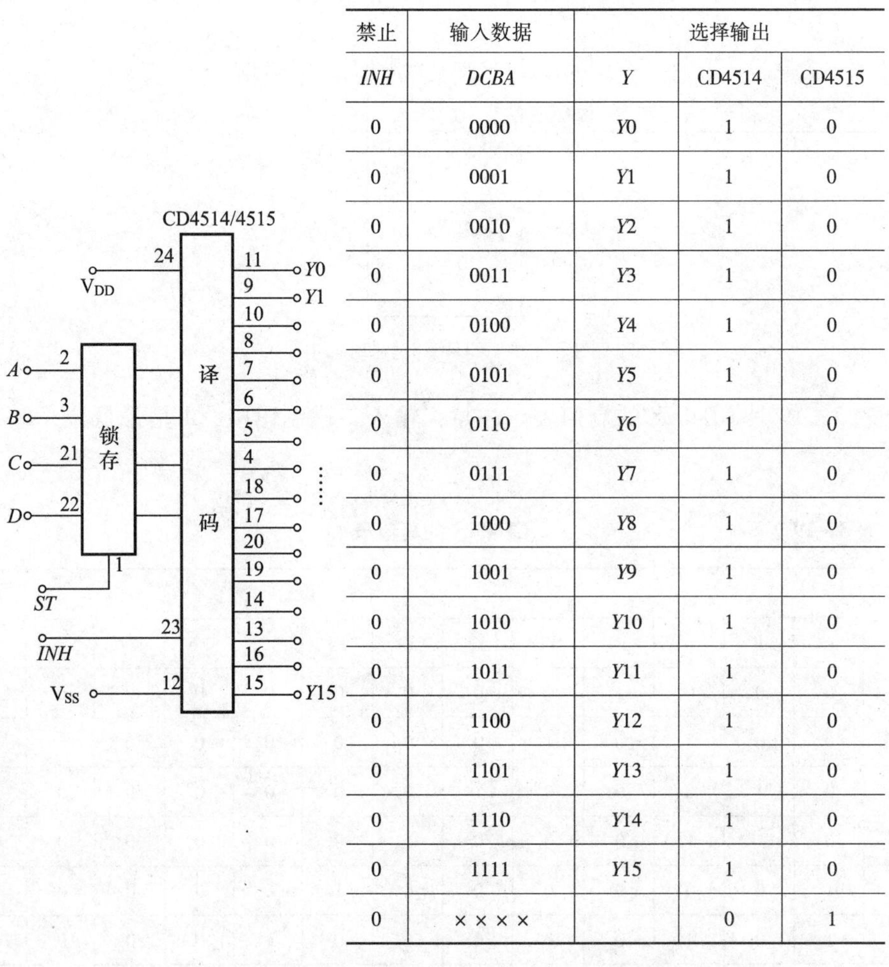

禁止	输入数据	选择输出		
INH	*DCBA*	*Y*	CD4514	CD4515
0	0000	*Y*0	1	0
0	0001	*Y*1	1	0
0	0010	*Y*2	1	0
0	0011	*Y*3	1	0
0	0100	*Y*4	1	0
0	0101	*Y*5	1	0
0	0110	*Y*6	1	0
0	0111	*Y*7	1	0
0	1000	*Y*8	1	0
0	1001	*Y*9	1	0
0	1010	*Y*10	1	0
0	1011	*Y*11	1	0
0	1100	*Y*12	1	0
0	1101	*Y*13	1	0
0	1110	*Y*14	1	0
0	1111	*Y*15	1	0
0	××××		0	1

图 3—60　CD4514/4515 引脚排列图及真值表

数据锁存功能由 ST 端施加电平实现。*ST* = 0 时，输入级门被封锁，输入数据的变化不能被译码，*Y*0 ~ *Y*15 保持 *ST* 置“0”前的电平。INH 为禁止端，高电平有效。

④双二进制 4 选 1 译码/分离器 CD4555/4556。两位二进制码有 4 种状态。该译码器可用于 4 选 1 译码电路。CD4555 输出有效电平为“1”，CD4556 输出有效电平则为“0”。做译码器使用时，EN 端为允许端。两种电路可级联使用，以扩展输入和输出线路。CD4555 和 CD4556 还可做数据分离器用，数据从 EN 端输入，从相应的输出端（由输入端编码决定）输出。这两种电路逻辑结构一样，都包含两组独立而相同的单元。其引脚功能及其真值表如图 3—61 所示。

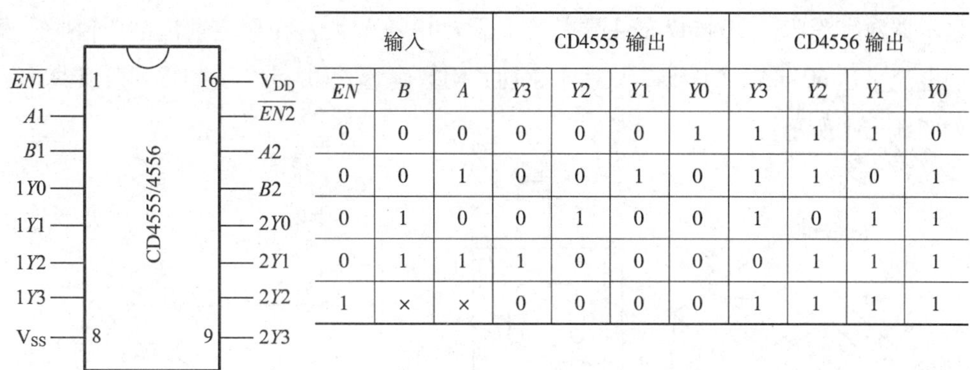

输入			CD4555 输出				CD4556 输出			
$\overline{EN}$	*B*	*A*	*Y*3	*Y*2	*Y*1	*Y*0	*Y*3	*Y*2	*Y*1	*Y*0
0	0	0	0	0	0	1	1	1	1	0
0	0	1	0	0	1	0	1	1	0	1
0	1	0	0	1	0	0	1	0	1	1
0	1	1	1	0	0	0	0	1	1	1
1	×	×	0	0	0	0	1	1	1	1

图 3—61　CD4555/4556 引脚排列图及真值表

做分离器应用时，$\overline{EN}$输入的数据被分离到有关输出端，分离输出由输入端 *A*、*B* 的电平状态决定。例如 *AB* 为“11”时，$\overline{EN}$的数据由 *Y*3 输出；又如 *AB* 为“00”时，$\overline{EN}$的数据由 *Y*0 输出。分离器应用真值表见表 3—20。

表 3—20　　　　　　　　　　分离器应用真值表

输入	选择		输出							
$\overline{EN}$	*B*	*A*	CD4555				CD4556			
			*Y*3	*Y*2	*Y*1	*Y*0	*Y*3	*Y*2	*Y*1	*Y*0
数据	0	0	0	0	0	数据	1	1	1	数据
	0	1	0	0	数据	0	1	1	数据	1
	1	0	0	数据	0	0	1	数据	1	1
	1	1	数据	0	0	0	数据	1	1	1

⑤LED 数码管。在数字电路中用来显示阿拉伯数字的显示器常用的有液晶显示器（LCD）和发光二极管（LED）两种。由于驱动 LCD 需要异或门合成对称的方波信号和显示交流信号，其原理相对复杂一些，限于篇幅，这里只介绍 LED 的驱动方式。LED 数码管外形如图 3—62 所示。一般由 8 段笔画组成，这 8 段笔画实际上是 8 只 LED。

若 8 只 LED 的阳极连在一起作为一个引出端，则称其为“共阳数码管”；若 8 只 LED 的阴极连在一起作为一个引出端，则称其为“共阴数码管”，如图 3—63 所示。

⑥BCD—7 段译码/大电流驱动器 CD4547。CD4547 输出 BCD 码数据，输出驱动 7 段显示器。当 BCD 码超过 1001（即十进制数 9）时，输出全部为“0”电平，

显示器数字消隐。CD4547的主要特点是驱动电流较大，在额定输出电压值时，驱动电流可达60 mA。CD4547只适于驱动共阴数码管。CD4547引脚排列及其真值表如图3—64所示。

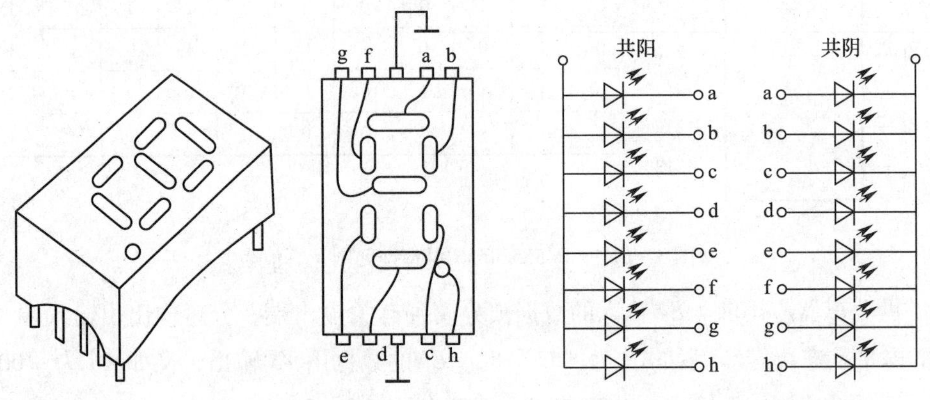

图3—62　LED数码管外形图　　　　图3—63　LED引脚图

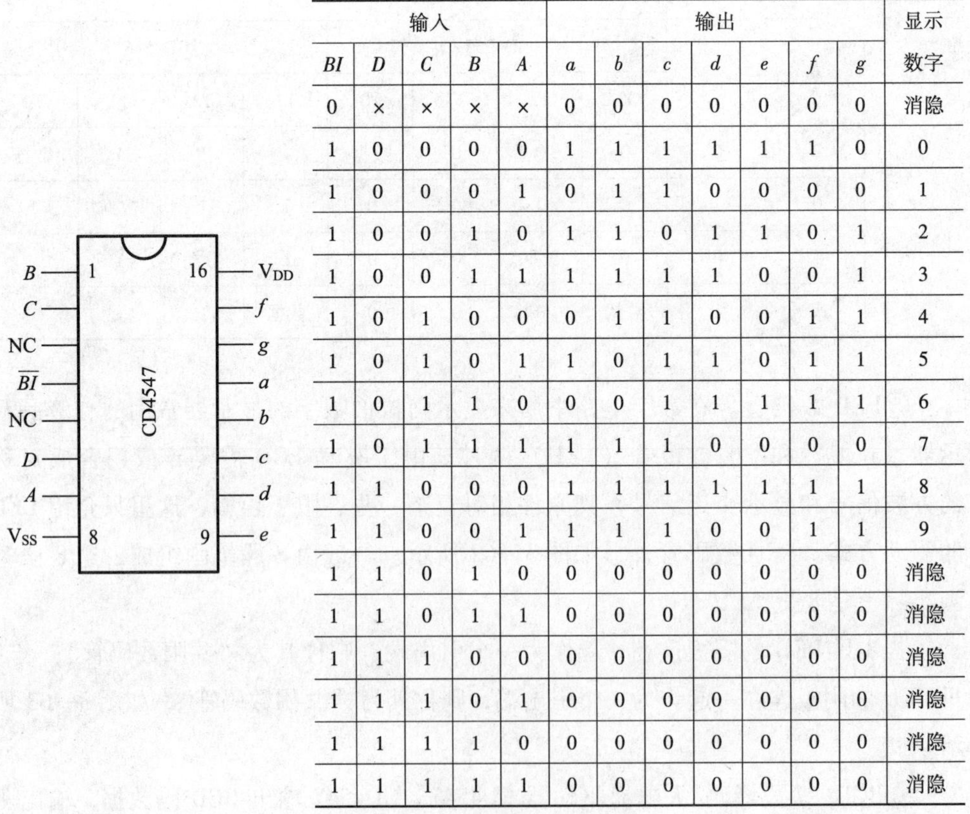

输入					输出							显示数字
BI	*D*	*C*	*B*	*A*	*a*	*b*	*c*	*d*	*e*	*f*	*g*	
0	×	×	×	×	0	0	0	0	0	0	0	消隐
1	0	0	0	0	1	1	1	1	1	1	0	0
1	0	0	0	1	0	1	1	0	0	0	0	1
1	0	0	1	0	1	1	0	1	1	0	1	2
1	0	0	1	1	1	1	1	1	0	0	1	3
1	0	1	0	0	0	1	1	0	0	1	1	4
1	0	1	0	1	1	0	1	1	0	1	1	5
1	0	1	1	0	0	0	1	1	1	1	1	6
1	0	1	1	1	1	1	1	0	0	0	0	7
1	1	0	0	0	1	1	1	1	1	1	1	8
1	1	0	0	1	1	1	1	0	0	1	1	9
1	1	0	1	0	0	0	0	0	0	0	0	消隐
1	1	0	1	1	0	0	0	0	0	0	0	消隐
1	1	1	0	0	0	0	0	0	0	0	0	消隐
1	1	1	0	1	0	0	0	0	0	0	0	消隐
1	1	1	1	0	0	0	0	0	0	0	0	消隐
1	1	1	1	1	0	0	0	0	0	0	0	消隐

图3—64　CD4547引脚排列图及真值表

⑦BCD—锁存/7 段译码/驱动器 CD4511、CD4513、CD4543、CD4544。为避免在计数过程中显示器数字翻动，要在计数和译码单元之间设置锁存单元。这里介绍的四种显示译码器以传输门和反相器作锁存单元，控制传输门的导通或截止状态，就可实现 BCD 数据传输或锁存。

4 种显示译码器都驱动 7 段显示器，并含有灯测试功能。所不同的是 CD4511 和 CD4513 以反相器作为输出级，通常用以驱动 LED 或荧光数码管；而其余两种电路以“异或”门作为输出级，可方便地驱动共阳、共阴数码管或 LCD 显示器。CD4511 显示数 6 时，$a=0$；显示数 9 时，$d=0$。其他三种电路显示数 6 时，$a=1$，显示数 9 时，$d=1$。CD4513 和 CD4544 具有消隐无效零功能端，多位级联使用时，置 RBI 和 RBO 端规定的电平，就可自行消隐多位数的无效零。如一个 8 位数可显示为 0038. 5310，该数消隐无效零后，就可显示为 38. 531。4 种电路的异同点见表 3—21。

表 3—21　　4 种电路的异同点

型号	功能特点	输出级	显示区别	
			a 段（6）	d 段（9）
CD4511	消隐输入，驱动共阴 LED	反相器	0	0
CD4513	串行消零，驱动共阴 LED	反相器	1	1
CD4543	消隐输入，可驱动共阳、共阴 LED	异域门	1	1
CD4544	串行消零，可驱动共阳、共阴 LED	异域门	1	1

4 种 IC 的引脚排列如图 3—65 所示。

其中，LE 是锁存、传输控制端；BI 为消隐功能端，该端施加某一电平后，迫使笔段输出为低电平，字形消隐。此外，4 种电路有拒绝伪码的特点，当输入数据越过十进制数 9（1001）时，显示字形自行消隐。

对于 CD4511、CD4513 来说，$LE=1$ 时，数据被锁存；$LE=0$ 时，数据传输至输出端。$BI=1$ 时，显示器正常显示；$BI=0$ 时，显示消隐。LT 为灯测试端，$LT=1$ 时，显示器正常显示；$LT=0$ 时，显示器一直显示数“8”，各笔段都被点亮，而对其他输入状态的变化不做反应。利用 LT 端功能，可检查显示器是否有故障。CD4511、CD4513 只能驱动共阴 LED 数码管。

对于 CD4543、CD4544 来说，$LE=1$ 时，数据传输至输出端；$LE=0$ 时，数据被锁存。$BI=1$ 时，显示消隐；$BI=0$ 时，显示器正常显示。驱动液晶显示器时，DFI 接显示交流信号；驱动共阳 LED 数码管时，DFI 接“1”；驱动共阴 LED 数码管时，DFI 接“0”。

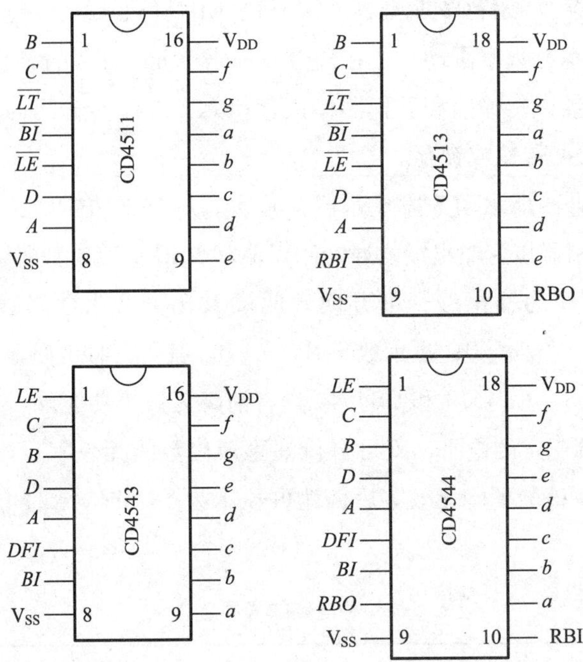

图 3—65　CD4511、CD4513、CD4543、CD4544 引脚排列图

CD4513 和 CD4544 还具有自行消隐无效零的功能。多位级联无效零有两种：一种是整数前的零，如 087.04 应显示 87.04；另一种是小数点后的无效零，如 87.040 应显示 87.04。要消隐整数前的无效零，可将最高位的 RBI 接 V_{DD}，它的 RBO 接次位的 RBI，如此依次级联至最低位。消隐小数后无效零时，将最低位的 RBI 接 VDD，其 RBO 接相邻高位的 RBI，依此类推至最高位。详细工作原理由于比较繁复，此处从略。如不需消隐无效零，可将 RBI 接至 V_{SS} 即可。

⑧二—十进制计数/锁存/7 段译码/驱动器 CD40110。CD40110 引脚排列及其真值表如图 3—66 所示。

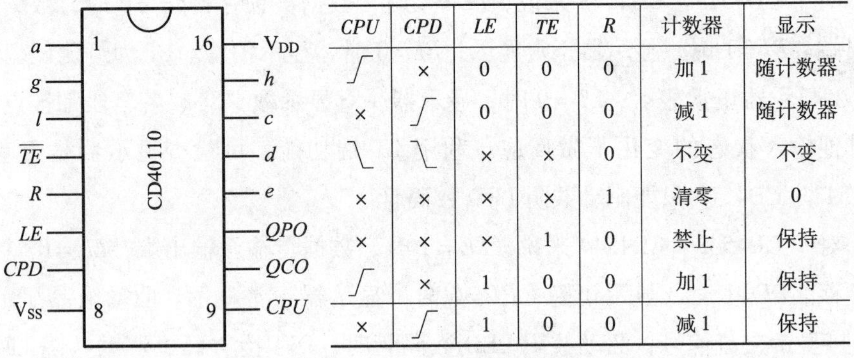

CPU	CPD	LE	$\overline{TE}$	R	计数器	显示
↑	×	0	0	0	加 1	随计数器
×	↑	0	0	0	减 1	随计数器
↓	↓	×	×	0	不变	不变
×	×	×	×	1	清零	0
×	×	×	1	0	禁止	保持
↑	×	1	0	0	加 1	保持
×	↑	1	0	0	减 1	保持

图 3—66　CD40110 引脚排列图及真值表

其内部计数器按二—十进制加/减方式工作，译码器输出驱动 7 段显示器，输出驱动电流可达 10 mA。引脚 R 为清零端，$R=1$ 时，计数器复零。DFI 为显示交流信号输入端。CP 为时钟端（CPU 为加法计数时钟，CPD 为减法计数时钟）。QCO 输出进位脉冲，QBO 输出借位脉冲。$\overline{\text{TE}}$为触发器使能端，$\overline{TE}=0$ 时计数器工作，$\overline{TE}=1$ 时，计数器处于禁止状态，即不计数。LE 为锁存控制端。

⑨十进制计数/7 段译码器 CD4026、CD4033。CD4026 和 CD4033 的逻辑功能和电路结构基本相同。其内部可分为计数器和 7 段显示译码器两部分。输出以“1”为有效电平。CD4026 适用于时钟计时电路，利用“C”端的功能可方便地实现除以 60 或除以 12 线路。CD4033 的 RBI 和 RBO 端可做多位显示自行消隐无效零用。

CD4026 和 CD4033 的引脚排列如图 3—67 所示。

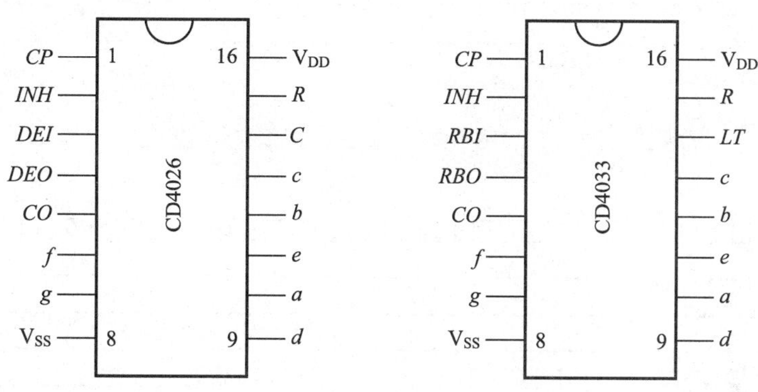

图 3—67　CD4026 和 CD4033 的引脚排列图

其中，引脚 $R=1$ 时，计数器复零，显示器显示数“0”。$INH=0$ 时，时钟脉冲从 CP 端引入，时钟脉冲的上升沿使计数器翻转；$INH=1$ 时，计数器停止计数，显示的数字同时被保持。LT（CD4033）$=1$ 时，笔段输出 $a\sim g$ 都出现高电平，显示数“8”作为灯测试；$a\sim g$ 引脚与显示器对应端连接。CO 输出计数器时钟 CP 的十分频信号，作为级联下级计数时钟脉冲用。DEI 和 DEO（CD4026）是控制显示的输入端和输出端，二者同相。当 $DEI=1$ 时，电路笔段输出真值电平；当 $DEI=0$ 时，显示器消隐，此时 $a\sim g$ 都为“0”电平。

“C”（CD4026）输出端不受 DEI 电平状态的控制。该端是计数内容为“2”的译码输出，当计数内容为“2”时，该端输出低电平。RBI 和 RBO（CD4033）是串行消隐输入端和串行消隐输出端。当计数器计数到零且 $RBI=0$ 电平时，显示器消隐数字零。CD4026 的波形如图 3—68 所示；CD4033 的波形如图 3—69 所示。

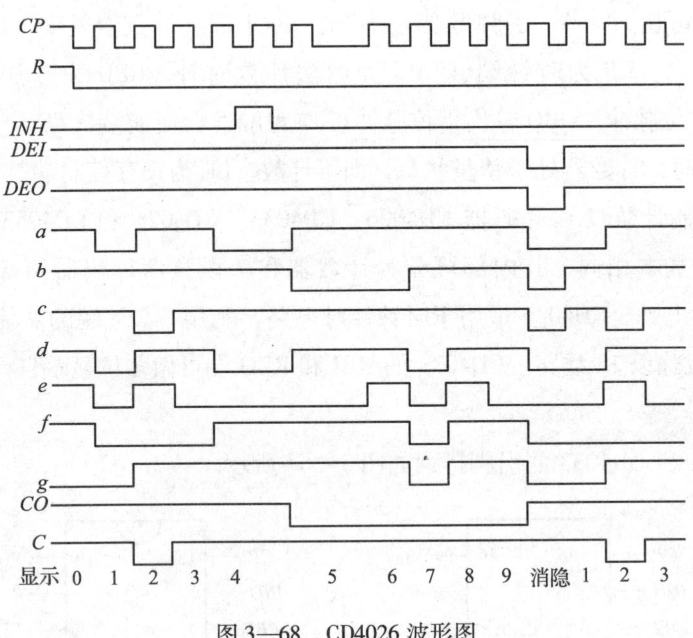

图3—68　CD4026波形图

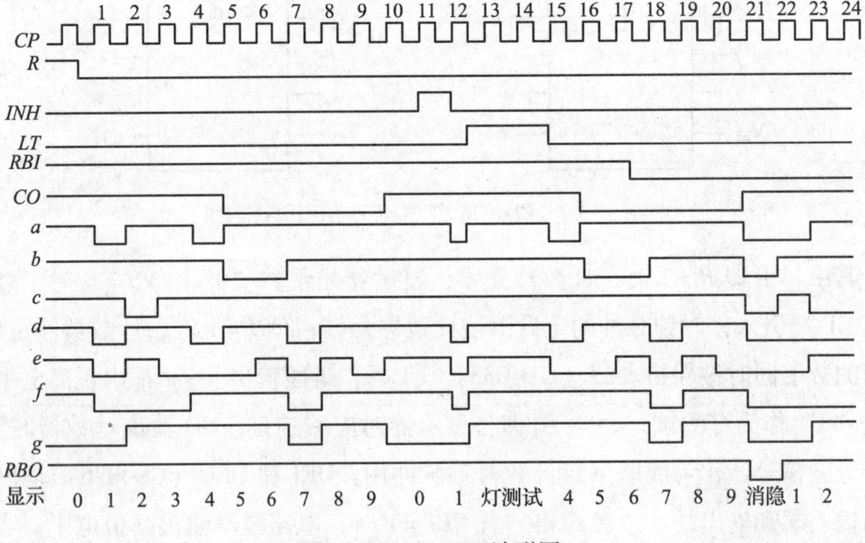

图3—69　CD4033波形图

2）数据选择器电路。数据选择器又称多路转换器或多路开关，其功能是在地址码（或叫选择控制）电位的控制下，从几个数据输入中选择一个并将其送到公共输出端。数据选择器的功能类似一个多掷开关，常用的有四选一、八选一及十六选一等几种。如图3—70所示，图中有4路数据 D_0 ~ D_3，通过选择控制信号 A_1、A_0（地址码），从4路数据中选中某一路数据送至输出端Y。一个 n 个地址端的数据选择器，具有 2^n 个数据选择功能。

CD4512 八选一数据选择器有 8 个数据输入端 X0 ~ X7 和三个选择码输入端 ABC 及两个控制端、一个禁止端 INH 和一个输出端 Z。在 $INH=1$ 时，禁止有效，电路输出为 0；在 $INH=0$ 时，电路按照逻辑工作，即按照选择码选择某一路输入信号输出。另一个是三态控制端 OE，当 $OE=1$ 时，电路截止，输出为高阻状态；当 $OE=0$ 时，电路正常工作。八选一数据选择器 CD4512 的引脚排列及真值表如图 3—71 所示。

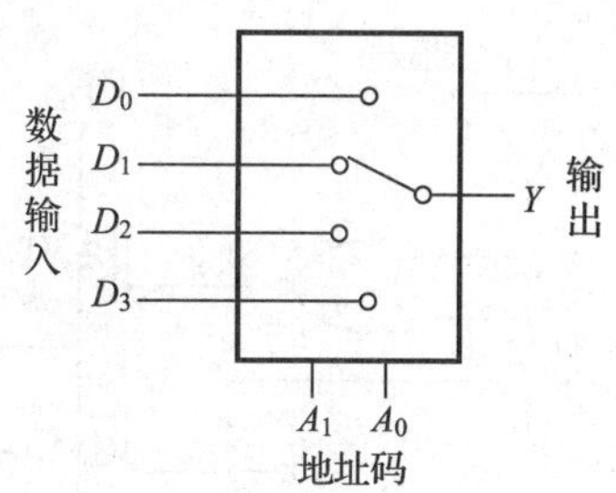

图 3—70　四选一数据选择器示意图

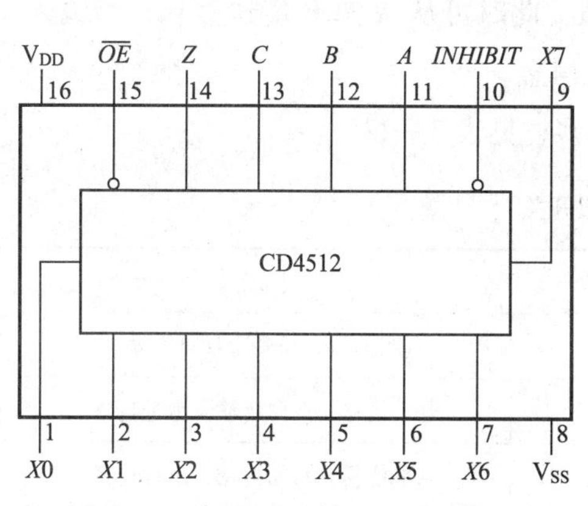

选择码输入端			控制端		输出端
C	B	A	INH	$\overline{OE}$	Z
0	0	0	0	0	X0
0	0	1	0	0	X1
0	1	0	0	0	X2
0	1	1	0	0	X3
1	0	0	0	0	X4
1	0	1	0	0	X5
1	1	0	0	0	X6
1	1	1	0	0	X7
①	①	①	1	0	0
①	①	①	①	1	Hi - Z

图 3—71　CD4512 引脚排列图及真值表

3）模拟开关电路。模拟开关是一种三稳态电路，它可以根据选通端的电平决定输入端与输出端的状态。当选通端处在选通状态时，输出端的状态取决于输入端的状态；当选通端处于截止状态时，则不管输入端电平如何，输出端都呈高阻状态。模拟开关在电子设备中主要起接通信号或断开信号的作用。由于模拟开关具有功耗低、速度快、无机械触点、体积小和使用寿命长等特点，因而，在自动控制系统和计算机中得到了广泛应用。模拟开关电路由两个或非门、两个场效应管及一个非门组成，如图 3—72 所示为三稳态电路及其真值表。

模拟开关的工作原理。当选通端 E 和输入端 A 同为 1 时，则 S2 端为 0，S1 端为 1，这时 VT1 导通，VT2 截止，输出端 B 输出为 1，$A=B$，相当于输入端和输出端接通。当选通 E 为 1 时，而输入端 A 为 0 时，则 S2 端为 1，S1 端为 0，这时 VT1

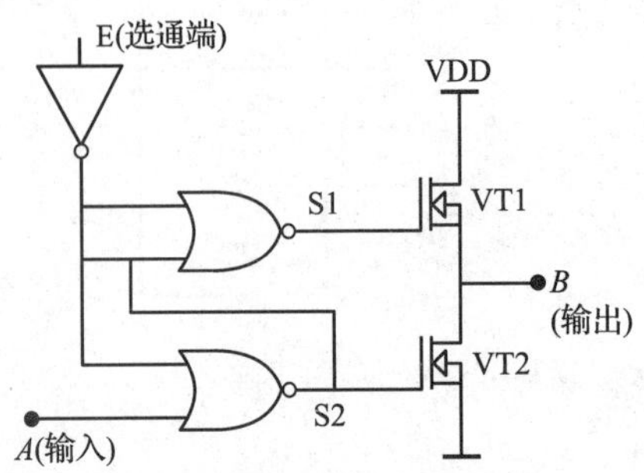

选通端 E	输入端 A	输出端 B
1	0	0
1	1	1
0	0	高阻状态
0	1	高阻状态

图 3—72　三稳态电路及其真值表

截止，VT2 导通，输出端 B 为 0，$A=B$，也相当于输入端和输出端接通。当选通端 E 为 0 时，这时 VT1 和 VT2 均为截止状态，电路输出呈高阻状态。所以，只有当选通端 E 为高电平时，模拟开关才会被接通，此时可从 A 向 B 传送信息；当输入端 A 为低电平时，模拟开关关闭，停止传送信息。

常用的 CMOS 模拟开关集成电路种类很多，见表 3—22。

表 3—22　常用的模拟开关

类别	型号	名称	特点
模拟开关	CD4066	四双向模拟开关	四组独立开关，双向传输
多路模拟开关	CD4051	八选一模拟开关	电平位移，双向传输，地址选择
	CD4052	双四选一模拟开关	电平位移，双向传输，地址选择
	CD4053	三路两组双向模拟开关	电平位移，双向传输，地址选择
	CD4067	单十六通道模拟开关	电平位移，双向传输，地址选择
	CD4097	双八通道电路模拟开关	电平位移，双向传输，地址选择
	CD4529	双四路或单八路模拟开关	电平位移，双向传输，地址选择

CD4066 是一种双向模拟开关，在集成电路内有 4 个独立的控制数字及模拟信号传送的模拟开关。每个开关有一个输入端和一个输出端，它们可以互换使用。还有一个选通端（又称控制端），当选通端为高电平时，开关导通；当选通端为低电平时，开关截止。使用时选通端是不允许悬空的。如图 3—73 所示为 CD4066 的引脚排列图。

4）数字运算电路。数字运算电路用来对数字量进行各种算术及逻辑运算，常用的有全加器、比较器及运算逻辑单元等。

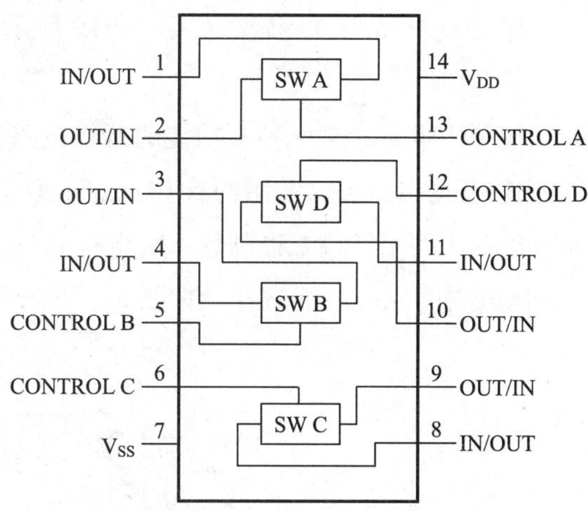

图 3—73　CD4066 引脚排列图

①全加器。全加器是一种实现被加数、加数和来自低位的进位数三者相加的运算器，基本功能是实现二进制加法。常用的有 CC4008 型 4 位二进制集成全加器，由具有段间快速超前进位的 4 个全加器段组成。它包括能提供快速并行进位的电路，并允许使用多个 CC4008 进行高速运算。CC4008 输入包括 4 组加数数据输入 A0 ~ A3 和被加数数据输入 B0 ~ B3 及来自前级的进位数据输入 CI，输出包括 4 个总和数据输出 F0 ~ F3 及可用于级联 CC4008 中的高速并行进位数据输出。CC4008 引脚图和逻辑图如图 3—74 所示。

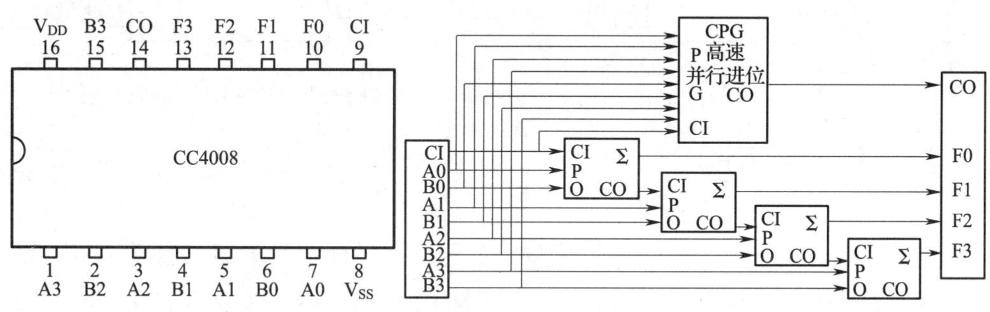

图 3—74　CC4008 引脚图和逻辑图

②比较器。集成数字比较器一般做成 4 位数字比较器，用来对两个 4 位二进制数进行比较。常用的有 CD4585 型 4 位数值比较器，其输入包括 A0 ~ A3 和 B0 ~ B3 两个 4 位二进制数，输出有 $Y>$、$Y=$、$Y<$ 三个比较结果。$Y>1$ 表示 $A>B$，$Y=1$ 表示 $A=B$，$Y<1$ 表示 $A<B$。电路的三个级联输入端 $I>$、$I=$ 、$I<$ 是用来扩展运

算位数的，以便与低 4 位电路送来的输出信号 $Y>$、$Y=$、$Y<$ 相级联；如果不用，应该分别输入 0、1、0，电路就只做 4 位比较。如图 3—75 所示为 CD4585 的引脚排列图。

5）运算逻辑单元。运算逻辑单元是一种多功能的运算电路，可以完成两个二进制的多种算术运算、比较及逻辑运算。常用的有 CD40181 型 4 位算术逻辑单元，其输入包括 A0 ~ A3 和 B0 ~ B3 两个 4 位二进制数，输出有 F0 ~ F3，C 是进位输入及进位输出端，S0 ~ S3 是电路的 4 位功能选择。如图 3—76 所示为 CD40181 的引脚排列图。

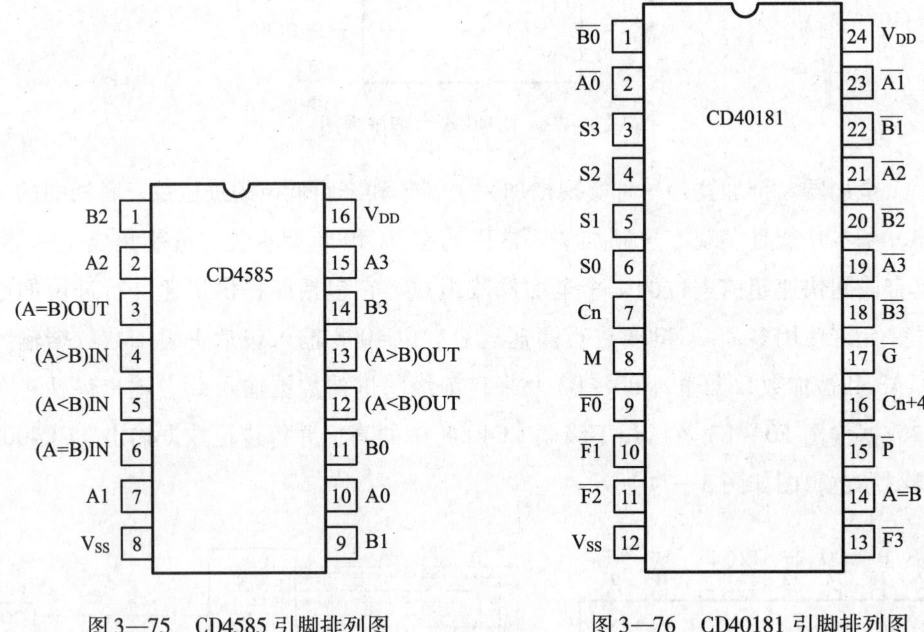

图 3—75　CD4585 引脚排列图　　图 3—76　CD40181 引脚排列图

2. 逻辑函数的简化

（1）逻辑代数的基本定律

逻辑代数又称布尔（Boolean）代数，是分析和设计逻辑电路的数学工具。尽管逻辑代数和普通代数一样也用字母表示变量，但变量的取值只能是逻辑 1 和逻辑 0。这里，0 和 1 不是数字符号，而是代表两种相反的逻辑状态。因此，逻辑代数所表示的是逻辑关系，而不是数量关系。另外，逻辑运算与算术运算也有很大的区别，例如，在数学运算中，$1+1=2$，而逻辑运算中，$1+1=1$。

逻辑运算的一些法则。

1）基本运算法则

①$0 \cdot A=0$

②$1 \cdot A = A$

③$A \cdot A = A$

④$A \cdot \overline{A} = 0$

⑤$0 + A = A$

⑥$1 + A = 1$

⑦$A + A = A$

⑧$A + \overline{A} = 1$

⑨$\overline{\overline{A}} = A$

2）交换律

①$AB = BA$

②$A + B = B + A$

3）结合律

①$ABC = (AB)C = A(BC)$

②$A + B + C = A + (B + C) = (A + B) + C$

4）分配律

①$A(B + C) = AB + AC$

②$A + BC = (A + B)(A + C)$

证：$(A + B)(A + C) = A + AB + AC + BC$

$= A + A(B + C) + BC$

$= A[1 + (B + C)] + BC = A + BC$

5）吸收律

①$A(A + B) = A$

证：$A(A + B) = A + AB = A(1 + B) = A$

②$A(\overline{A} + B) = AB$

③$A + AB = A$

④$A + \overline{A}B = A + B$　　（消去法）

证：$A + \overline{A}B = (A + \overline{A})(A + B) = A + B$

⑤$AB + A\overline{B} = A$　　（并项法）

⑥$(A + B)(A + \overline{B}) = A$

证：$(A + B)(A + \overline{B}) = A + AB + A\overline{B} + B\overline{B} + A + AB + A\overline{B} = A$

6）反演律（狄摩根定律）

①$\overline{AB}=\overline{A}+\overline{B}$

证：

A	B	$\overline{A}$	$\overline{B}$	$\overline{AB}$	$\overline{A}+\overline{B}$
0	0	1	1	1	1
1	0	0	1	1	1
0	1	1	0	1	1
1	1	0	0	0	0

②$\overline{A+B}=\overline{A}\,\overline{B}$

证：

A	B	$\overline{A}$	$\overline{B}$	$\overline{A+B}$	$\overline{A}\,\overline{B}$
0	0	1	1	1	1
1	0	0	1	0	0
0	1	1	0	0	0
1	1	0	0	0	0

（2）逻辑电路中的几个概念和规定

1）逻辑状态表示方法。按双值逻辑规定，“条件”和“结果”只有两种对立状态，如电位的高和低，灯泡的亮和灭等。若一种状态用“1”表示，与之对应的状态就用“0”表示。这里的“1”和“0”并不表示数量大小，为了与数制中的“1”和“0”相区别，一般称它为逻辑“1”和逻辑“0”。

2）正逻辑和负逻辑。根据“1”和“0”代表逻辑状态的含义不同，有正、负逻辑之分。如认定“1”表示事件发生，“0”表示事件不发生，则形成正逻辑系统；反之则为负逻辑系统。同一逻辑电路既可用正逻辑表示，也可用负逻辑表示。

3）逻辑函数表示法。若输入逻辑变量 A、B、C 等取值确定后，输出逻辑变量 Y 的值也随之确定，则称 Y 是 A、B、C 的逻辑函数，$Y=\mathrm{F}$（A、B、C）。逻辑函数有多种表示形式，常见的有逻辑表达式、真值表、逻辑图和时序图。

①逻辑表达式：是把逻辑变量表示成输入逻辑变量运算组合的函数式。

②真值表：是输入逻辑变量的各种取值和相应函数值列在一起而组成的表格。

③逻辑图：在逻辑电路中，并不要求画出具体电路，而是采用一个特定的符号

表示基本单元电路，这种用来表示基本单元电路的符号称为逻辑符号。用逻辑符号表示的逻辑电路的原理图称为逻辑图。

④时序图：是把一个逻辑电路的输入变量的波形和输出变量的波形，依时间顺序画出来的图。

（3）逻辑函数的化简方法

由逻辑状态表写出的逻辑式，以及由此而画出的逻辑图，往往比较复杂。如果化简，就可以少用元件，可靠性也因此而提高。

1）应用逻辑代数运算法则化简

①并项法。应用 $A+\overline{A}=1$，将两项合并为一项，并可消去一个或两个变量。如：

$$
\begin{aligned}
Y &= ABC+A\overline{B}\overline{C}+AB\overline{C}+A\overline{B}C \\
&= AB（C+\overline{C}）+A\overline{B}（C+\overline{C}） \\
&= AB+A\overline{B}=A（B+\overline{B}）=A
\end{aligned}
$$

②配项法。应用 $B=B（A+\overline{A}）$，将 $（A+\overline{A}）$ 与某乘积项相乘，而后展开、合并化简。如：

$$
\begin{aligned}
Y &= AB+\overline{A}\overline{C}+B\overline{C} \\
&= AB+\overline{A}\overline{C}+B\overline{C}（A+\overline{A}） \\
&= AB+\overline{A}\overline{C}+AB\overline{C}+\overline{A}B\overline{C} \\
&= AB（1+\overline{C}）+\overline{A}\overline{C}（1+B）=AB+\overline{A}\overline{C}
\end{aligned}
$$

$$
\begin{aligned}
Y &= AB+\overline{A}C+BCD=AB+\overline{A}C+BC+BCD \\
&= AB+\overline{A}C+BC
\end{aligned}
$$

③加项法。应用 $A+A=A$，在逻辑式中加相同的项，而后合并化简。如：

$$
\begin{aligned}
Y &= ABC+\overline{A}BC+A\overline{B}C \\
&= ABC+\overline{A}BC+A\overline{B}C+ABC \\
&= BC（A+\overline{A}）+AC（B+\overline{B}）=BC+AC
\end{aligned}
$$

④吸收法。应用 $A+AB=A$，消去多余因子。如：

$$
Y=\overline{B}C+A\overline{B}C（D+E）=\overline{B}C
$$

2）应用卡诺图化简方法

逻辑函数还可以用卡诺图表示。所谓卡诺图，就是逻辑函数的一种图形表示。对 n 个变量的卡诺图来说，由 $2n$ 个小方格组成，每一小方格代表一个最小项。在卡诺图中，几何位置相邻（包括边缘、四角）的小方格在逻辑上也是相邻的。

如图 3—77 所示分别为二变量、三变量和四变量卡诺图。在卡诺图的行和列分别标出变量及其状态。变量状态的次序是 00、01、11、10，而不是二进制递增的次序 00、01、10、11。这样排列是为了使任意两个相邻最小项之间只有一个变量改变（即满足相邻性）。小方格也可用二进制数对应于十进制数编号，如图中的四变量卡诺图，也就是变量的最小项可用 m_0、m_1、m_2 等来编号。

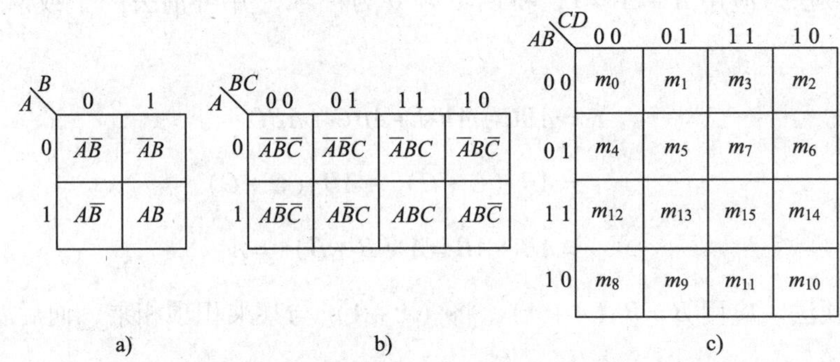

图 3—77 卡诺图

a）二变量 b）三变量 c）四变量

应用卡诺图化简逻辑函数时，要先将逻辑式中的最小项（或逻辑状态表中取值为 1 的最小项）分别用 1 填入相应的小方格内，其他的则填 0 或空着不填。如果逻辑式不是由最小项构成，一般应先化为最小项或将其列出逻辑状态表后填写。

应用卡诺图化简逻辑函数时应遵循以下原则：

第一，将所有取值为 1 的相邻小方格圈起来，但是每个圈内 1 的个数必须为 $2n$ 个，即 1，2，4，8……。注意边缘相邻，即最上行与最下行是相邻的、最左列与最右列也是相邻的，另外四角也是相邻的。

第二，圈的个数应最少，圈内小方格个数应尽可能多。

第三，某取值为 1 的小方格可重复被圈多次，但每圈内必须至少包含一个未曾圈过的最小项。

相邻的两个最小项可合并为一项并消去一个因子，相邻的 4 个最小项可合并为一项并消去两个因子，依次类推。将合并的结果相加，即为所求的最小“与或”表达式。

3. 集成组合逻辑电路

任意时刻的输出信号仅决定于该时刻的输入信号，而与电路原始状态无关的数字电路称为组合逻辑电路，简称组合电路。

组合电路的分析方法一般是，根据给定的逻辑电路，逐级写出信号的逻辑表达式或真值表，进而分析电路的逻辑功能。

组合电路的设计，一般可依下列步骤进行：根据命题要求列出真值表；根据真值表列出逻辑表达式；化简逻辑表达式，根据化简的逻辑表达式，画出逻辑电路图。

常用的组合逻辑电路有编码器、译码器、加法器（包括半加器和全加器）以及多路选择器和分配器等。

（1）编码器

编码是指按一定的规律，把输入信号转换为二进制代码，每一组二进制代码被赋予固定的含意。用来完成编码的数字电路称为编码器。

8421BCD 编码器是常用的一种编码器。它要求将与十进制数 0、1、2……9 对应的 10 个状态，转换成 8421BCD 码输出。其框图如图 3—78 所示，10 个输入端分别表示被编码的数，4 个输出端 D、C、B、A 表示 8421BCD 码，DCBA 的权分别为 8、4、2、1。

图 3—78　8421BCD 编码器框图

表 3—23 是其编码真值表。

表 3—23　　编码真值表

十进数	*D*	*C*	*B*	*A*
0	0	0	0	0
1	0	0	0	1
2	0	0	1	0
3	0	0	1	1
4	0	1	0	0
5	0	1	0	1
6	0	1	1	0
7	0	1	1	1
8	1	0	0	0
9	1	0	0	1

由真值表可见，当输入为“8”或“9”时，输出D为“1”，即$D=8+9$。同理可以写出C、B、A端的逻辑表达式。若要求用与非门来实现编码，则输出端的逻辑表达式为：

$$D=8+9=\overline{\overline{8}\times\overline{9}}$$

$$C=4+5+6+7=\overline{\overline{4}\times\overline{5}\times\overline{6}\times\overline{7}}$$

$$B=2+3+6+7=\overline{\overline{2}\times\overline{3}\times\overline{6}\times\overline{7}}$$

$$A=1+3+5+7+9=\overline{\overline{1}\times\overline{3}\times\overline{5}\times\overline{7}\times\overline{9}}$$

由以上表达式可得8421BCD编码器如图3—79所示。开关K置于某输入端，某输入端如（2端）为低电平“0”，而其他输入端通过电阻R接正电源，故为高电平“1”，输出端对应的便为某数的8421BCD代码。由逻辑表达式可知，用或门也能完成编码功能。此时开关K接通某输入端，则该端为高电平“1”。其他各端经电阻R接地，均处于低电平“0”。

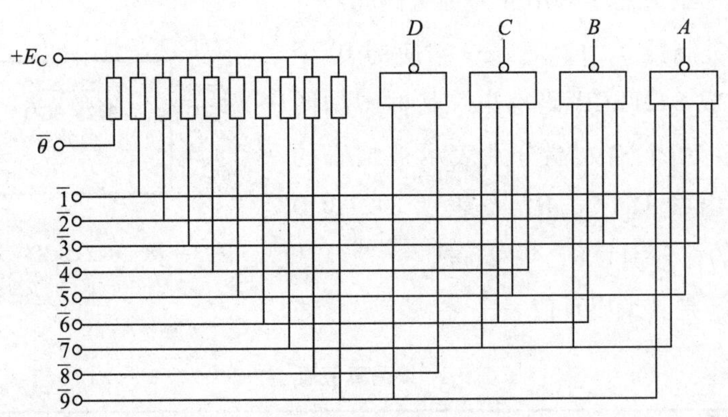

图3—79　8421BCD编码器

（2）译码器

将代码表示的原意“翻译”出来的过程叫译码，实现译码功能的电路称为译码器。

二—十进制译码器用途较广，其作用是把二进制代码译成十进制数字。实用中，常需直接显示出十进制数字。为此，可采用发光二极管（LED）、液晶（LCD）显示器以及荧光数码管等器件。由LED构成的数码管分段示意图如图3—80所示。

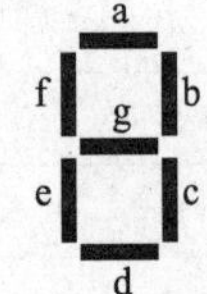

图3—80　数码管分段示意图

可见，这种数码管共有7段笔画，每一段为一发光二极管，分别用 a ~ g 的 7 个字母表示。7 段 LED 显示的 0 ~ 9 这 10 个数字的字形，如图 3—81 所示发光示意图。

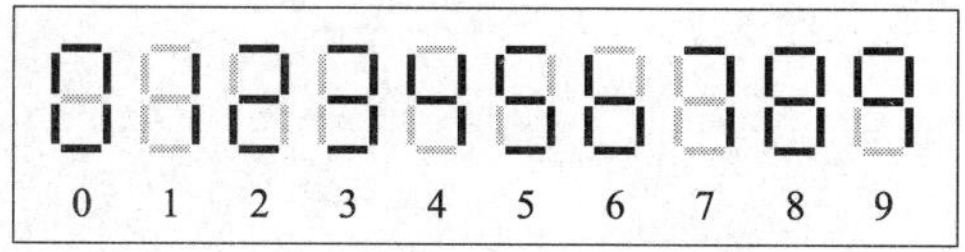

图 3—81　数码管发光示意图

7 段 LED 又有共阴连接和共阳连接两种方式，如图 3—82 所示，图中的 a ~ g 为段信号输入端，以保证能按要求使相应的 LED 发光。图中的 D 为位信号输入端，借以确定该位的数码管是否能发光。例如，在共阴接法中，当 D 接高电位时，数码管不会发光；在 D 接低电位时，数码管才可能发光。

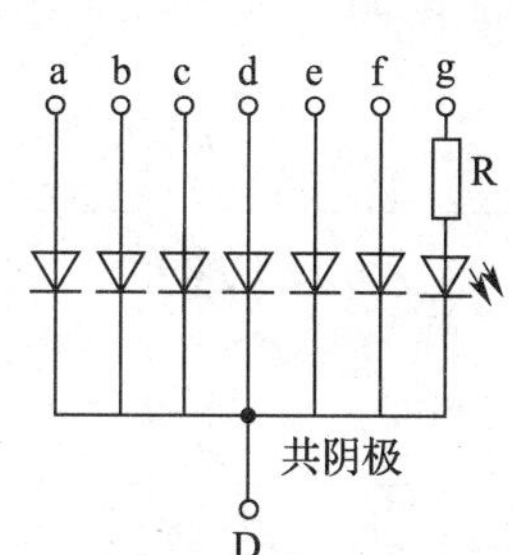

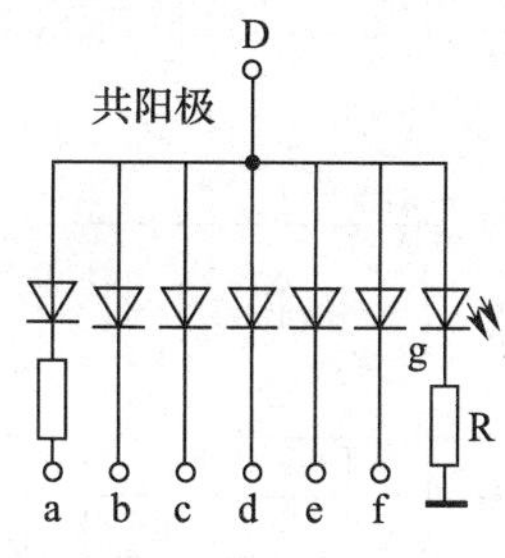

图 3—82　数码管 LED 内部接法

BCD—7 段 LED（共阴）译码器的真值表见表 3—24，这里，某段输入信号为“1”时，该段 LED 发光，且伪输入当任意项处理。

表 3—24　　7 段 LED（共阴）译码器的真值表

序号	*D*	*C*	*B*	*A*	*a*	*b*	*c*	*d*	*e*	*f*	*g*	字形
0	0	0	0	0	1	1	1	1	1	1	0	8
1	0	0	0	1	0	1	1	0	0	0	0	8
2	0	0	1	0	1	1	0	1	1	0	1	8
3	0	0	1	1	1	1	1	1	0	0	1	8
4	0	1	0	0	0	1	1	0	0	1	1	8
5	0	1	0	1	1	0	1	1	0	1	1	8
6	0	1	1	0	0	0	1	1	1	1	1	8
7	0	1	1	1	1	1	1	0	0	0	0	8
8	1	0	0	0	1	1	1	1	1	1	1	8
9	1	0	0	1	1	1	1	0	0	1	1	8

由上表并经化简，可得 $a \sim g$ 段的最简式为：

$$a=\bar{D}\bar{C}\bar{B}\bar{A}+\bar{D}\bar{C}B\bar{A}+\bar{D}\bar{C}BA+\bar{D}C\bar{B}A+\bar{D}CBA+D\bar{C}\bar{B}\bar{A}+D\bar{C}\bar{B}A+\overline{C\bar{A}+\bar{D}\bar{C}BA}$$

$$b=C\bar{B}A+C\,\overline{B\bar{A}}$$

$$c=\overline{CB\bar{A}}$$

$$d=\overline{CBA+\overline{CB}A+\bar{C}\bar{B}A}$$

$$e=\overline{A+C\bar{B}}$$

$$f=BA+\bar{D}\bar{C}A+\bar{C}B$$

$$g=\overline{\bar{D}\bar{C}\bar{B}+CBA}$$

根据以上逻辑表达式，可画出 BCD—7 段 LED（共阴）译码驱动电路如图 3—83 所示。图中，与发光二极管串联的电阻是限流电阻，改变该电阻可改变 LED 的发光强度。

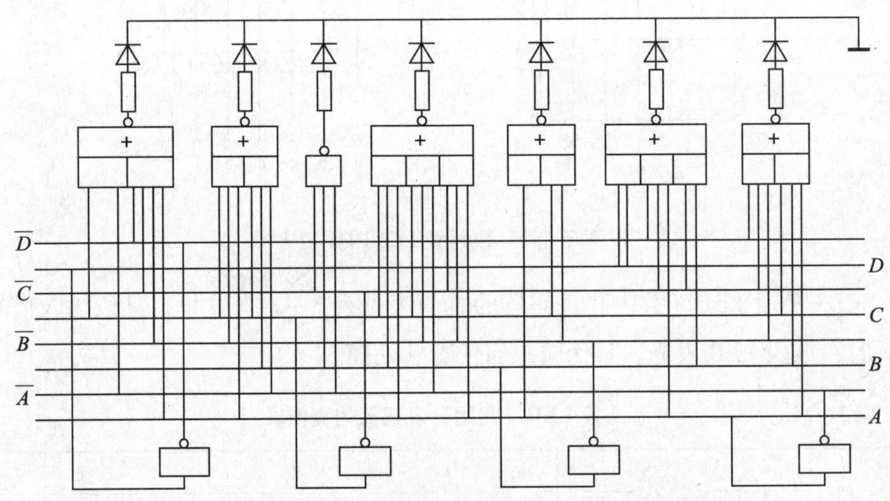

图 3—83　BCD—7 段 LED（共阴）译码驱动电路

（3）加法器

数字系统中，二进制运算可转换为加法运算，所以加法器是一种重要的逻辑部件。

1）半加器。二进制数码相加，如果只考虑本位的两个数相加和向高位的进位而不计及低进位时，这种运算称为半加运算，完成此功能的部件称为半加器。

设 a_i、b_i 分别是欲相加的两个二进制数中第 i 位数码，s_i 是相加后第 i 位得到的结果，c_i 是向高位的进位，根据二进制加法法则，可得半加器真值表见表 3—25。

表 3—25　　半加器真值表

a_i	b_i	s_i	c_i
0	0	0	0
0	1	1	0
1	0	1	0
1	1	0	1

由真值表很容易得出 s_i 与 c_i 的逻辑表达式为：

$$s_i = \overline{a_i}b_i + a_i\overline{b_i} = a_i \oplus b_i,\ c_i = a_i b_i$$

用异或门和与门构成的半加器电路图如图 3—84a 所示，半加器的逻辑符号如图 3—84b 所示。

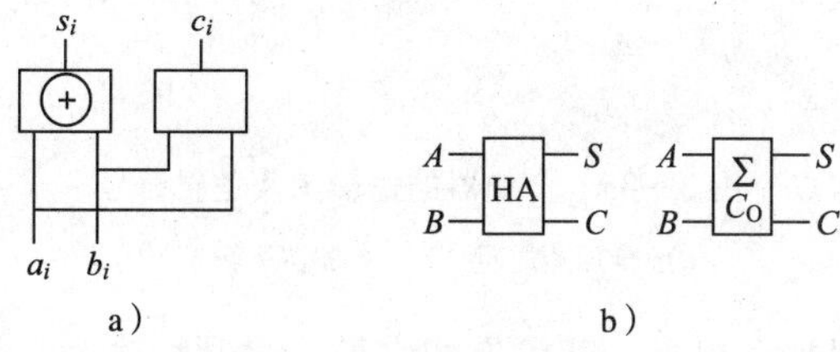

图 3—84　半加器逻辑图及逻辑符号

a）半加器逻辑图　b）半加器逻辑符号

2）全加器。不但完成本位二进制码 a_i 和 b_i 相加，而且还考虑到低一位进位 c_{i-1} 的逻辑部件称为全加器。它的输入为 a_i、b_i、c_{i-1}，输出为 s_i、c_i。由二进制加法法则得全加器的真值表见表 3—26。

表 3—26　　全加器的真值表

a_i	b_i	c_{i-1}	s_i	c_i
0	0	0	0	0
0	0	1	1	0
0	1	0	1	0
0	1	1	0	1
1	0	0	1	0
1	0	1	0	1
1	1	0	0	1
1	1	1	1	1

由真值表得 s_i、c_i的逻辑表达式分别为：

$$s_i=\overline{a_ib_i}c_{i-1}+\overline{a_i}b_i\overline{c_{i-1}}+a_i\overline{b_i}\overline{c}_{i-1}+a_ib_ic_{i-1}=\overline{(a_i\oplus b_i)}c_{i-1}+(a_i\oplus b_i)\overline{c}_{i-1}$$

$$=a_i\oplus b_i\oplus c_{i-1}$$

$$c_i=\overline{a_i}b_ic_{i-1}+a_i\overline{b}_ic_{i-1}+a_ib_i\overline{c}_{i-1}+a_ib_ic_{i-1}=(a_i\oplus b_i)c_{i-1}+a_ib_i$$

据此，得到全加器的逻辑图如图 3—85a 所示。如图 3—85b 所示为全加器的逻辑符号。

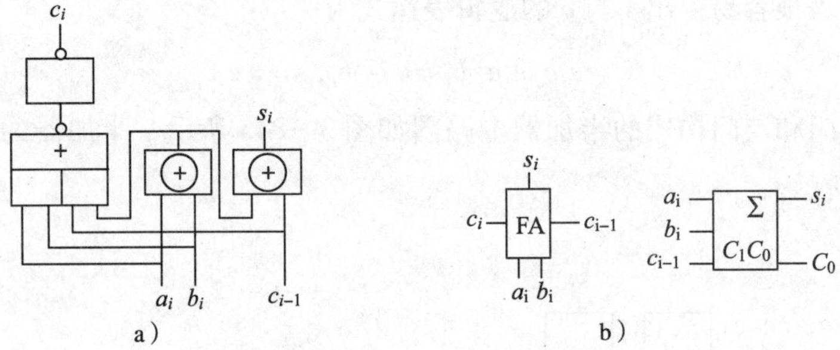

图 3—85　全加器的逻辑图及逻辑符号

a）全加器逻辑　b）全加器逻辑符号

如把多个全加器组合起来，即可完成多位二进制加法。如图 3—86 所示为两个 4 位二进制数相加的逻辑电路图。

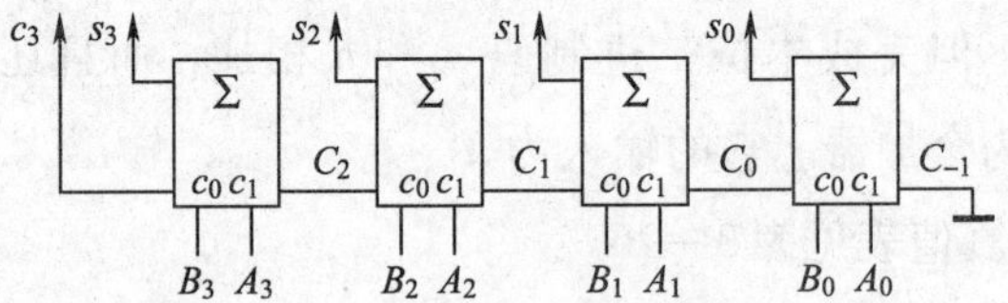

图 3—86　两个 4 位二进制数相加的逻辑电路图

（4）选择器

数据选择器，又称多路选择器，其功能是分时地从多个（路）输入数据中选择一个（路）作为输出。如图 3—87 所示是 CT74LS153 集成双四选一数据选择器的一个逻辑图。

图中，$D_3\sim D_0$是 4 个数据输入端；A_1和 A_0是地址码选择端；$\overline{S}$ 是选通端或称使能端，低电平有效；Y 是输出端。由逻辑图可写出逻辑式：

$$Y=D_0\overline{A_1}\,\overline{A_0}S+D_1\overline{A_1}A_0S+D_2A_1\overline{A_0}S+D_3A_1A_0S$$

由逻辑式列出选择器的功能表，见表 3—27。

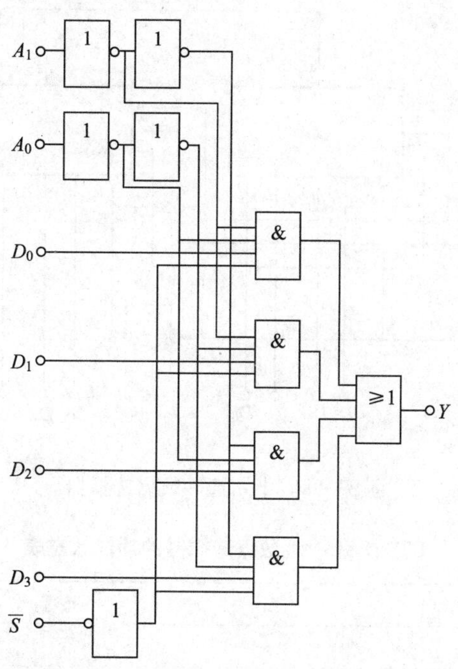

图 3—87　CT74LS153 双四选一数据选择器

表 3—27　　由逻辑式列出选择器的功能表

选择		选通	输出
A_1	A_0	$\overline{S}$	Y
×	×	1	0
0	0	0	D_0
0	1	0	D_1
1	0	0	D_2
1	1	0	D_3

当 $\overline{S}=1$ 时，$Y=0$，禁止选择；$\overline{S}=0$ 时，正常工作。

有 4 个数据输入端，就需要两个地址码选择端，因为它们有 4 种组合；如果有 8 个数据输入端，就需要三个地址码选择端，如 CT74LS151 便是八选一数据选择器。

如图 3—88 所示是用两块 CT74LS151 芯片构成的具有十六选一功能的数据选择器。$\overline{S}$ 用做片选端，当 $\overline{S}=0$ 时，选中（1）号片；$\overline{S}=1$ 时，选中（2）号片。表 3—28 是 CT74LS151 型数据选择器的功能状态表。

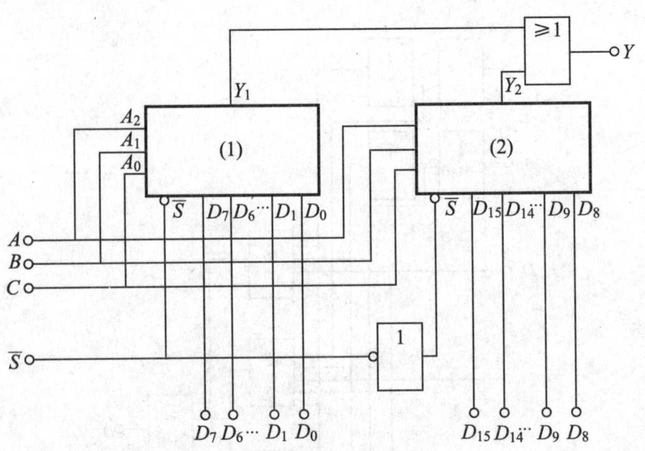

图 3—88　十六选一数据选择器

表 3—28　　　　CT74LS151 型数据选择器的功能状态表

选择			选通	输出
A_2	A_1	A_0	$\overline{S}$	Y
×	×	×	1	**0**
0	0	0	0	D_0
0	0	1	0	D_1
0	1	0	0	D_2
0	1	1	0	D_3
1	0	0	0	D_4
1	0	1	0	D_5
1	1	0	0	D_6
1	1	1	0	D_7

同译码器相类似，数据选择器的另一重要应用在于实现组合逻辑函数。观察 Y 的逻辑表达式，若使能端 $\overline{S}=0$，则输出 Y 与地址码选择输入端 A_1、A_0及数据输入端 $D_3 \sim D_0$的关系可写成更简单的形式：

$$Y=D_0\overline{A}_1\ \overline{A}_0+D_1\ \overline{A}_1A_0+D_2A_1\ \overline{A}_0+D_3A_1A_0$$

而数据端 $D_3 \sim D_0$ 输入信号可综合成一个输入端，也可赋予固定的逻辑值 1 或 0。这样可实现变量数不大于 3 的任意组合逻辑函数。一般地，用具有 n 位地址输入的数据选择器和附加逻辑门，可以产生任何一种输入变量数不大于 $n+1$ 的组合逻辑函数。

用 CT74LS153 型四选一数据选择器可实现逻辑函数 $Y=AB+BC+AC$。

将该逻辑式用最小项表示：$Y=AB+BC+CA=\overline{A}BC+A\overline{B}C+AB\overline{C}+ABC$

将输入变量 B、C 分别对应地接到数据选择器的选择端 A_1、A_0；选择器的数据输入端 $D_3\sim D_0$综合起来对应输入变量 A。于是：

$$Y=0\cdot\overline{B}\,\overline{C}+A\overline{B}C+AB\overline{C}+1\cdot BC$$

即 $D_0=0$、$D_1=A$、$D_2=A$、$D_3=1$。于是，再将数据输入端 D_1、D_2接 A，D_0接 0，D_3接 1，即可实现输出 Y，如图 3—89 所示。

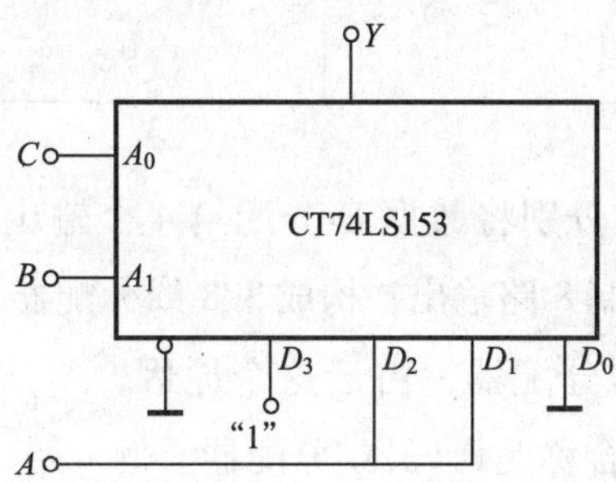

图 3—89　利用 CT74LS153 实现组合逻辑函数

（5）分配器

数据分配器，又称多路分配器，其功能是能将一路数据分时送到多路输出。如图 3—90 所示为一个 4 路输出数据分配器的逻辑图。

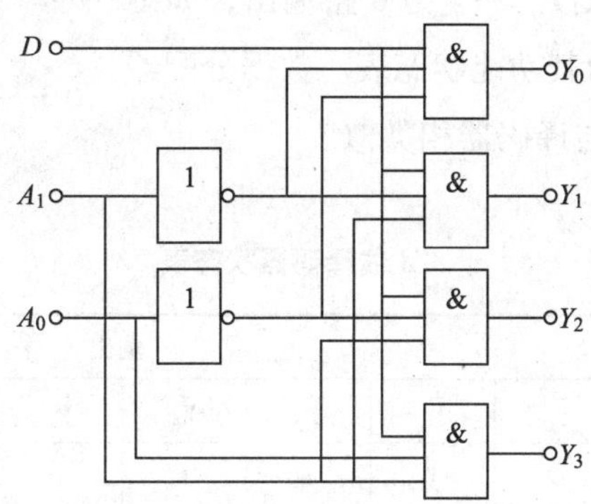

图 3—90　4 路输出分配器的逻辑图

图 3—90 中，D 是数据输入端；A_1和 A_0是控制端；$Y_0\sim Y_3$是 4 个输出端。

由逻辑图可写出逻辑式：

$$Y_0=\overline{A}_1\overline{A}_0D \qquad Y_1=\overline{A}_1A_0D$$

$$Y_2=A_1\overline{A}_0D \qquad Y_3=A_1A_0D$$

由逻辑式列出分配器的功能状态表见表 3—29。

表3—29　　由逻辑式列出分配器的功能状态表

选择		选通	输出
A_1	A_0	$\overline{S}$	Y
×	×	1	0
0	0	0	D_0
0	1	0	D_1
1	0	0	D_2
1	1	0	D_3

A_1和A_0有4种组合，分别将数据D分配给4个输出端，构成2/4线分配器。若有三个控制端，则可控制8路输出，构成3/8线分配器。

译码器可以用做数据分配器，由于这个原因，在某些芯片手册上将二者合称为译码器/分配器。例如，利用3/8线译码器CT74LS138构成3/8线分配器，其连接方案如下：

将3/8线译码器的输入端A_2、A_1、A_0作为分配器的分配控制端，输入数据D与译码器的一个低电压有效的控制端相连，则$\overline{Y}_0$～$\overline{Y}_7$为8路输出，如图3—91所示，表3—30为其功能状态表。数据分配器在需要时可进行扩展，与译码器相类似。

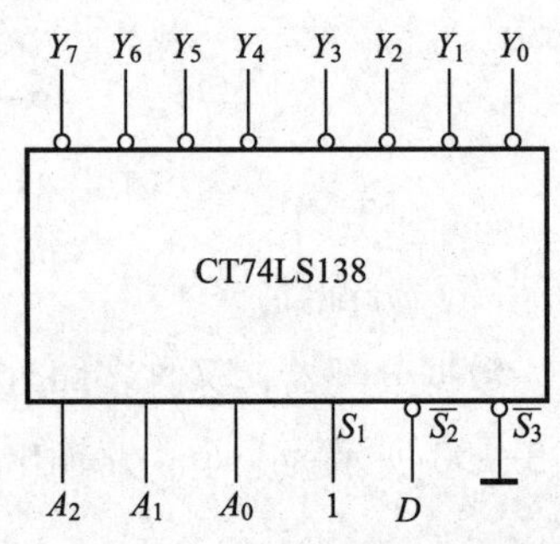

图3—91　利用CT74LS138构成3/8线分配器

表3—30　　3/8线译码器状态表

输入			输出							
A_2	A_1	A_0	$\overline{Y}_0$	$\overline{Y}_1$	$\overline{Y}_2$	$\overline{Y}_3$	$\overline{Y}_4$	$\overline{Y}_5$	$\overline{Y}_6$	$\overline{Y}_7$
0	0	0	D	1	1	1	1	1	1	1
0	0	1	1	D	1	1	1	1	1	1
0	1	0	1	1	D	1	1	1	1	1
0	1	1	1	1	1	D	1	1	1	1
1	0	0	1	1	1	1	D	1	1	1
1	0	1	1	1	1	1	1	D	1	1
1	1	0	1	1	1	1	1	1	D	1
1	1	1	1	1	1	1	1	1	1	D

二、寄存器

1. 数据寄存器

如图 3—92 所示是用 D 触发器组成的 4 位数码寄存器。$A_3A_2A_1A_0$为待存数据，送至各触发器 D 输入端。当接收脉冲正沿到时，待存数据送入寄存器，使 $Q_3Q_2Q_1Q_0 = A_3A_2A_1A_0$。当取数脉冲到达时，将所存数据取走。每当 $A_3A_2A_1A_0$各端的新数据被接收脉冲打入寄存器后，原存的旧数据便被自动刷新。

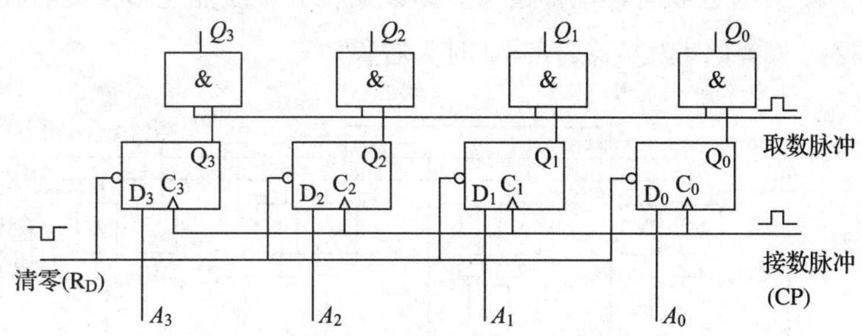

图 3—92　用 D 触发器组成的 4 位数码寄存器

2. 移位寄存器

数字计算机进行算术和逻辑运算时，常常需要把数据向左或向右移位。如 3—93a 所示表示的是 4 位左移寄存器。如图 3—93b 所示为其工作波形图。

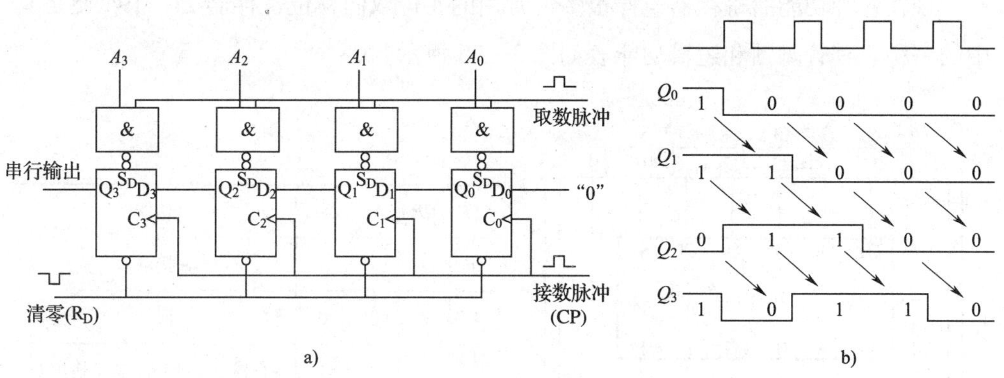

图 3—93　移位寄存器电路图及波形图

a）4 位左移寄存器　b）工作波形图

其工作原理如下：

工作开始时，用存数脉冲通过直接置位端将 $A_3A_2A_1A_0$各位待存数据同时打入寄存器，使 $Q_3Q_2Q_1Q_0=A_3A_2A_1A_0$。因为前位的输出接至后位的输入，而且最低位数据由 D_0端不断补入，因此所存数据在移位脉冲作用下，逐拍由右向左移动，数据既可顺序由 Q_3按位输出，又可同时由 $Q_3Q_2Q_1Q_0$同时输出，前者称为“并行输入串行输出”工作方式，后者称为“并行输入并行输出”工作方式。若不通过直接置位端将数据置入，而是让数据全部由 D 端逐位移入，然后从 Q_3或 $Q_3Q_2Q_1Q_0$输出，那么就是“串行输入串行输出”或“串行输入并行输出”的工作方式。

如图 3—94 所示是双向移位寄存器。即数据在其中既能左移又能右移。移位方向由 K 端控制：$K=1$ 时为左移，$K=0$ 时为右移。

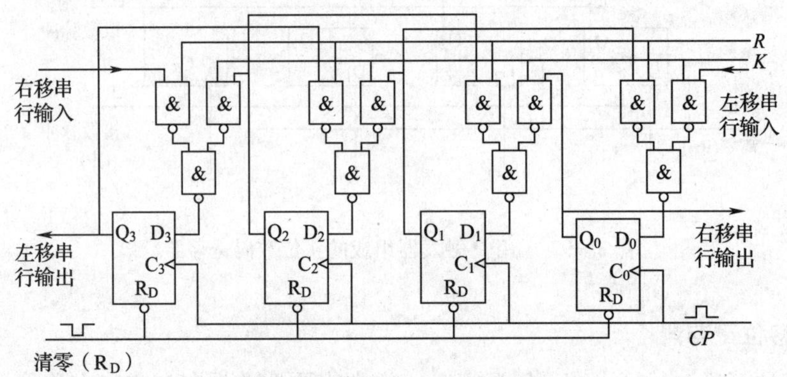

图 3—94　双向移位寄存器

现在各种功能的寄存器组件很多，常用的 4 位双向移位寄存器 74LS194 便是其中的一种。其管脚图和逻辑功能表如图 3—95 所示。

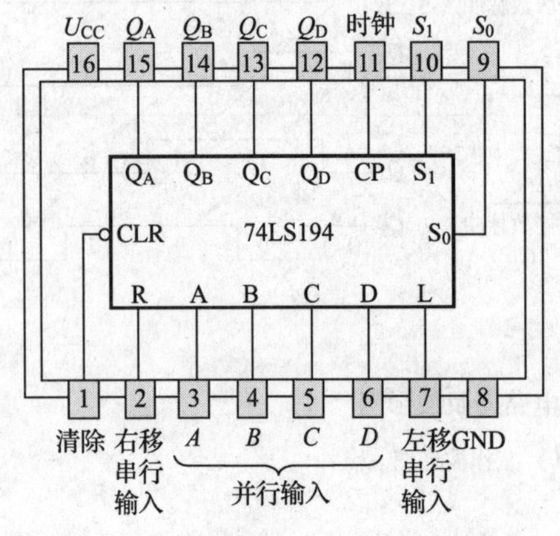

CLR	CP	S_1	S_0	功能
0	×	×	×	直接清零
1	↑	0	0	保持
1	↑	0	1	右移（Q_A向 Q_D顺序移位）
1	↑	1	0	左移（Q_D向 Q_A顺序移位）
1	↑	1	1	并行输入

图 3—95　4 位双向移位寄存器管脚图和逻辑功能表

由逻辑功能表可见控制端 S_1S_0 状态的不同组合决定了工作方式。

学习单元 2　组合逻辑控制移位寄存器电路安装调试及维修

学习目标

➤ 能掌握振荡电路、逻辑控制电路的设计方法，能选择电路参数

➤ 精通各种仪器仪表的使用，能对组合逻辑控制移位寄存器电路中的关键点进行测试，并对测试数据进行分析、判断

知识要求

一、组合逻辑控制移位寄存器电路的工作要求

如图 3—96 所示，用 4011 及 4012 与非门完成逻辑控制电路的设计、接线与调试，使得输入的 4 位二进制数 *DCBA* 小于等于十进制数 6 时，移位寄存器左移；输入的 4 位二进制数 *DCBA* 大于 6 时，移位寄存器右移。用 4 个发光二极管观察移位情况。最后把电路接成右移的扭环形计数器，把 CP 的频率提高 100 倍，用双踪示波器观察并记录右移时 CP、Q_0、Q_1 的波形。

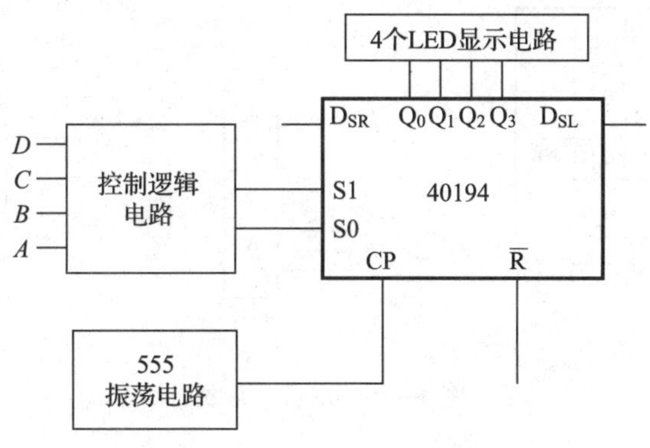

图 3—96　组合逻辑控制移位寄存器电路框图

二、组合逻辑控制移位寄存器的电路设计

1. 设计振荡电路

如图 3—97 所示为由一个 555 集成电路组成的多谐振荡器，R_1 为 220 kΩ、R_2 为 10 kΩ、电容为 1 μF，频率为 6 Hz。

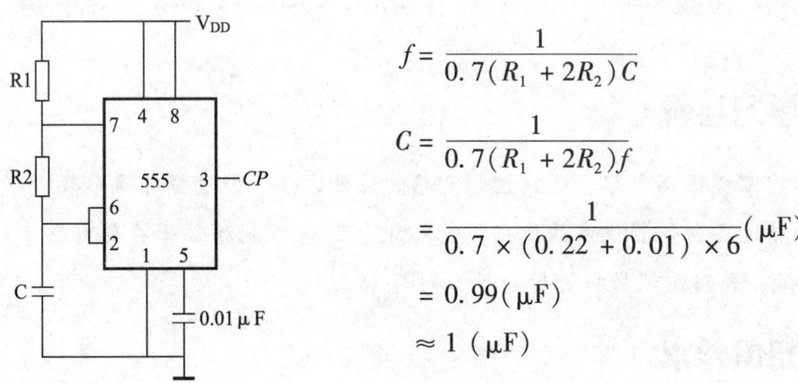

$$f=\frac{1}{0.7(R_1+2R_2)C}$$

$$C=\frac{1}{0.7(R_1+2R_2)f}$$

$$=\frac{1}{0.7\times(0.22+0.01)\times 6}(\mu F)$$

$$=0.99(\mu F)$$

$$\approx 1\ (\mu F)$$

图 3—97　555 电路接线图及计算

2. 设计逻辑电路

用与非门电路使得输入的 4 位二进制数 $DCBA$ 小于等于 6 时，移位寄存器左移；输入的 4 位二进制数 $DCBA$ 大于 6 时，移位寄存器右移。电路图如图 3—98 所示。

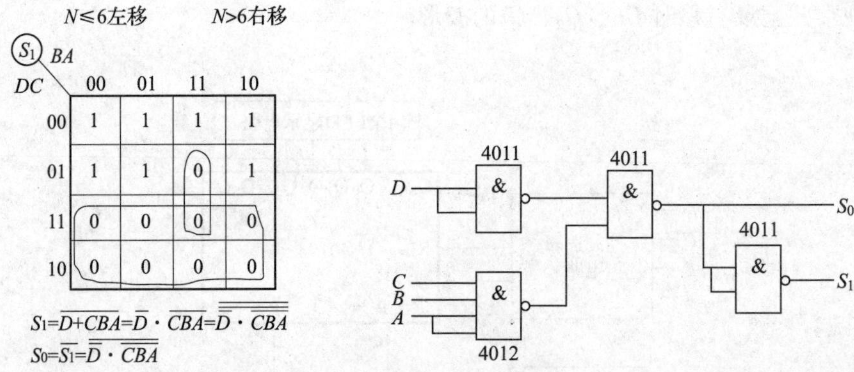

图 3—98　逻辑电路图

3. 设计完整的电路（见图 3—99）

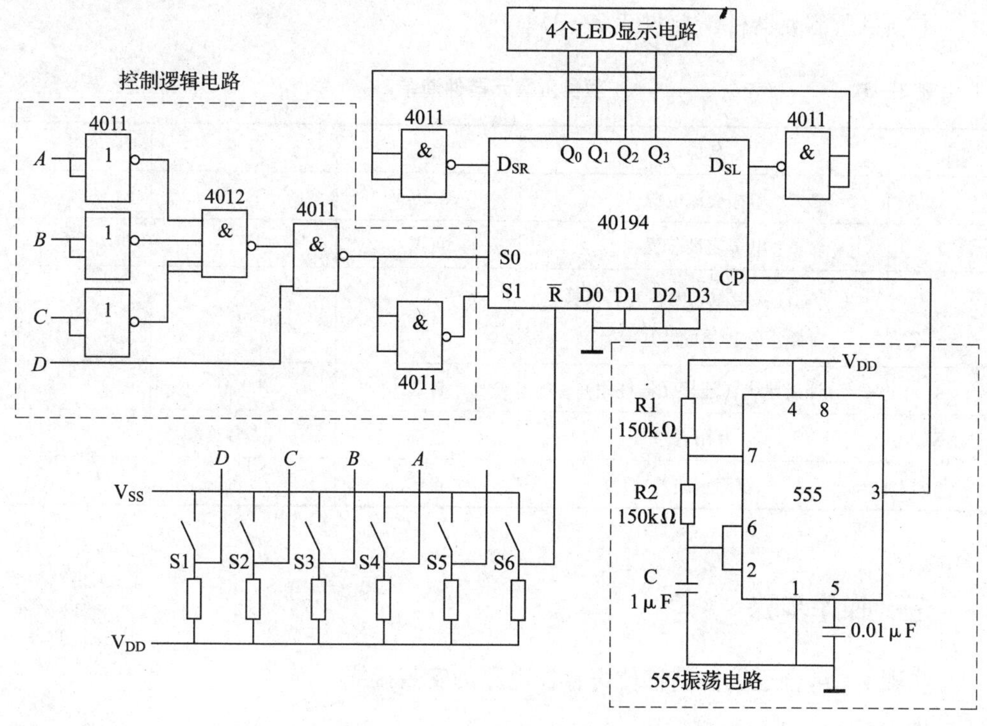

图 3—99　组合逻辑控制移位寄存器电路图

技能要求

组合逻辑控制移位寄存器电路的安装调试及故障排除

一、操作要求

1. 能进行振荡电路、逻辑控制电路的设计。

2. 能对组合逻辑控制移位寄存器电路的参数进行选择。

3. 会使用各种仪器仪表，能对组合逻辑控制移位寄存器电路中的关键点进行测试。

4. 能对组合逻辑控制移位寄存器电路的测试数据进行分析、判断。

5. 组合逻辑控制移位寄存器电路的故障诊断和故障排除。

二、操作准备

本项目所需元器件清单见表 3—31。

表 3—31　　　　项目所需元器件清单

序号	名称	规格型号	数量	备注
1	单相交流电源	AC220 V	1 台	
2	电子实训装置	自选	1 台	
3	电子元件（电阻、电容、二极管、稳压管、集成芯片等）	自选	1 套	
4	连接导线（连接元器件用）	自选	100 根	
5	万用表	自选	1 台	
6	双踪示波器	自选	1 台	

三、操作步骤

步骤 1　组合逻辑控制移位寄存器电路的安装接线

按如图 3—99 所示接线。

步骤 2　接通电源并进行必要的检查及调试

调试振荡电路，用示波器测量 555 输出是否产生振荡。应该先把示波器的 Y 轴灵敏度置于 2 ~5 V/格（视电源电压而定），输入耦合置于 DC 挡（直接耦合），扫描方式置于自动挡（AUTO），然后调整扫描时间至合适挡位就可以看到波形。只要看到示波器的扫描线或光点上下跳动就说明产生振荡。

调试逻辑控制电路，用示波器测量 S1、S0 两点的电平，在输入 *DCBA* 的值小于等于 6 时，应该是 $S1 = 1$、$S0 = 0$；在输入 *DCBA* 的值大于 6 时，应该是 $S1 = 0$、$S0 = 1$。

调试移位寄存器，当 *DCBA* 值小于等于 6 时，在 D_{SL}端随机输入 0、1 电平应该看到信号左移；在输入 *DCBA* 的值大于 6 时，在 D_{SR}端随机输入 0、1 电平应该看到信号右移。如果觉得输入串行信号不方便，可以把 Q_3通过非门接到 D_{SR}端上，Q_0通过非门接到 D_{SL}端上（即令 $D_{SR} = \overline{Q_3}$、$D_{SL} = \overline{Q_0}$，注意拆除原来接的电平开关），把电路接成双向扭环形计数器，调试就更加方便。

由于电路没有自启动能力，如果进入无效状态，可以在 $\overline{\mathrm{R}}$ 端清零后再试。

步骤 3　用双踪示波器观察电路各主要点的波形

把振荡频率提高 100 倍，用双踪示波器实测 555 集成电路组成的多谐振荡器 Q 端的输出波形，如图 3—100 所示。

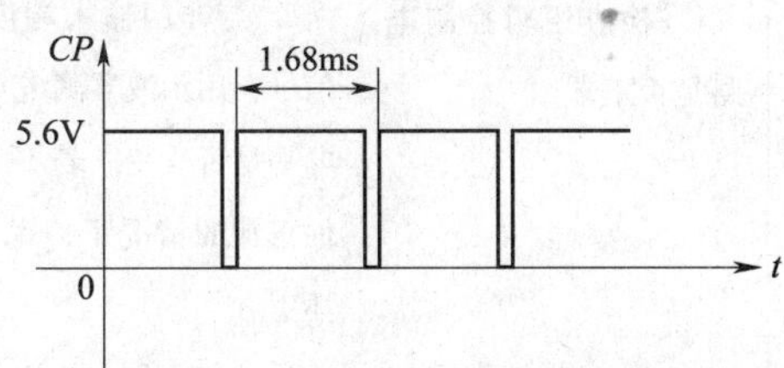

图 3—100　555 电路 Q 端的输出波形图

把移位寄存器接成右移的扭环形计数器，用双踪示波器观察 40194 集成块输出端 Q_0、Q_1 随 *CP* 脉冲变化的波形。波形图如图 3—101 所示。

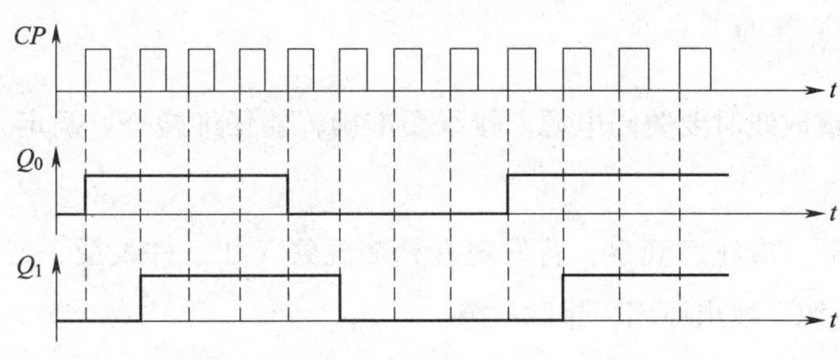

图 3—101　移位寄存器输出波形

步骤 4　常见故障诊断和故障排除

常见故障诊断和故障排除见表 3—32。

表 3—32　**常见故障诊断和故障排除**

序号	故障现象	故障分析	排除步骤	注意事项
1	示波器的扫描线有波动干扰	看各集成块及元件的接地点是否接好	用示波器测量各集成块电源端及接地端是否接通	
2	555 振荡电路无输出	1. 检查 555 的 R 端是否为高电平 2. 检查振荡器电容器是否接反	1. 将 555 的 R 端接为高电平 2. 将振荡器电容器接正	
3	555 振荡电路波形不稳定，波动大	1. 工作电压过大或过小 2. 5 脚上的电容是否损坏	1. 调整工作电压在 5 V 左右 2. 将 5 脚上的电容更换为 0.01 μF	

续表

序号	故障现象	故障分析	排除步骤	注意事项
4	40194输出显示不工作	1．检查逻辑控制电路是否正常	1．与非门输入端依次加入触发信号，用示波器测量与非门输出端电平是否改变。若不变，在外围元件正常的情况下，说明CD4011损坏	
		2．检查移位寄存器电路是否正常	2．CD40194的R端是否为1，D_{SR}端及D_{SL}端电平是否正常	

四、注意事项

1．接线或改线时要关闭电源。接线要准确，要仔细检查，确定无误后才能接通电源。

2．通电后，应注意观察，若发现有异常现象（如元件发烫、冒烟、异味等）应立即关闭电源，找出原因，排除故障。

3．调试阶段应做好记录，结束后必须关闭电源，并将仪器、设备等按规定整理。

第4节　A/D转换电路

学习单元1　A/D转换电路读图分析

学习目标

➢ 熟悉A/D转换电路的类型

➢ 掌握A/D转换电路的工作原理

一、A/D 转换技术的类型

随着数字技术的飞速发展与普及，在现代控制、通信及检测等领域，为了提高系统的性能指标，对信号的处理广泛采用了数字计算机技术。由于系统的实际对象往往都是一些模拟量（如电压、电流、温度、压力、位移等），要使计算机或数字仪表能识别、处理这些信号，必须首先将这些模拟信号转换成数字信号；而经计算机分析、处理后输出的数字量，也往往需要将其转换为相应模拟信号才能为执行机构所接受。这样，就需要一种能在模拟信号与数字信号之间起桥梁作用的电路——模/数（A/D）和数/模（D/A）转换器。

将模拟信号转换成数字信号的电路，称为模数转换器（简称 A/D 转换器或 Analog to Digital Converter，ADC）；将数字信号转换为模拟信号的电路称为数模转换器（简称 D/A 转换器或 Digital to Analog Converter，DAC）；A/D 转换器和 D/A 转换器已成为计算机系统中不可缺少的接口电路。

为确保系统处理结果的精确度，A/D 转换器和 D/A 转换器必须具有足够的转换精度；如果要实现快速变化信号的实时控制与检测，A/D 与 D/A 转换器还要求具有较高的转换速度。转换精度与转换速度是衡量 A/D 与 D/A 转换器的重要技术指标。

随着集成技术的发展，现已研制和生产出许多单片的和混合集成型的 A/D 和 D/A 转换器，它们具有越来越先进的技术指标。本节主要介绍 A/D 转换器的电路结构、工作原理及其应用。

A/D 转换的作用是将时间连续、幅值也连续的模拟量转换为时间离散、幅值也离散的数字信号，因此 A/D 转换一般要经过采样、保持、量化及编码 4 个过程。在实际电路中，这些过程有的是合并进行的，例如，采样和保持、量化和编码往往都是在转换过程中同时实现的。

1. 采样和保持

采样是将随时间连续变化的模拟量转换为时间离散的模拟量。如图 3—102 所示为采样电路结构。其中，传输门受采样信号 $S(t)$ 控制，在 $S(t)$ 的脉宽 τ 期间，传输门导通，输出信号 $v \to u_o(t)$ 为输入信号 $v \to u_i(t)$，而在

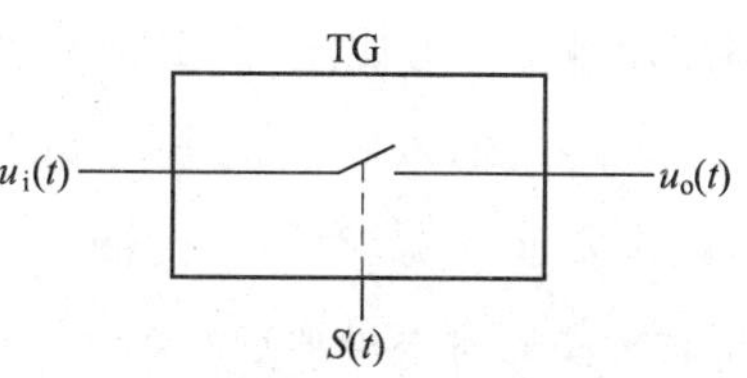

图 3—102　采样电路结构

（$T_s-\tau$）期间，传输门关闭，输出信号 $v\rightarrow u_o$（t）$=0$。采样电路中各信号波形如图3—103所示。

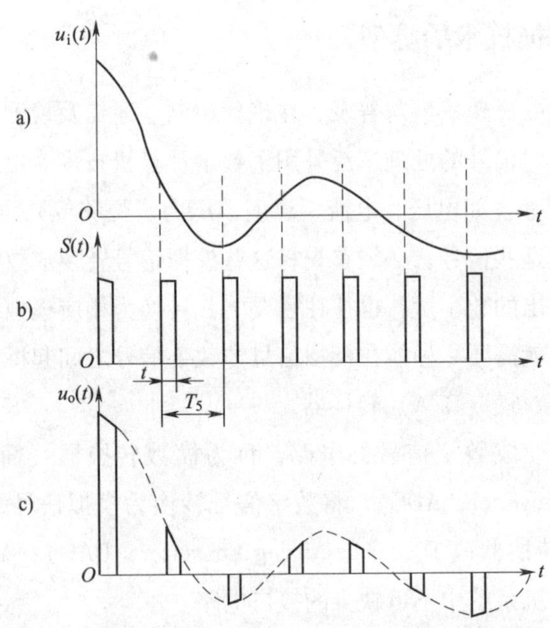

图3—103　采样电路中的信号波形

a）模拟信号波形　b）采样信号　c）数字信号

通过分析可以看到，采样信号 S（t）的频率越高，所采得信号经低通滤波器后越能真实地复现输入信号。但带来的问题是数据量增大，为保证有合适的采样频率，它必须满足采样定理。

采样定理：设采样信号 S（t）的频率为 f_s，输入模拟信号 u_i（t）的最高频率分量的频率为 $f_{i\max}$，则 f_s 与 $f_{i\max}$ 必须满足下面的关系 $f_s \geqslant 2f_{i\max}$，工程上一般取 $f_s >$（$3\sim5$）$f_{i\max}$。

将采样电路每次采得的模拟信号转换为数字信号都需要一定的时间，为了给后续的量化编码过程提供一个稳定值，每次采得的模拟信号必须通过保持电路从而保持一段时间。

采样与保持过程往往是通过采样—保持电路同时完成的。采样—保持电路的电路图及输出波形如图3—104所示。

电路由输入放大器N1、输出放大器N2、保持电容 C_H 和开关驱动电路组成。电路中要求N1具有很高的输入阻抗，以减少对输入信号源的影响。为使保持阶段 C_H 上所存电荷不易泄放，N2也应具有较高输入阻抗，N2还应具有低的输出阻抗，这样可以提高电路的带负载能力。一般还要求电路中 $A_{u_1}\cdot A_{u_2}=1$。

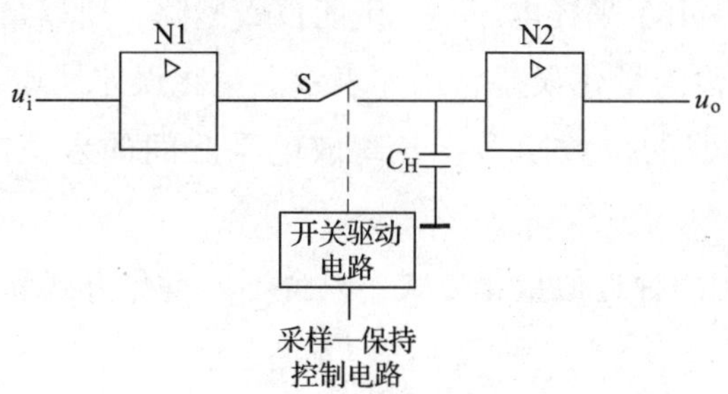

图3—104　采样—保持电路图

现结合如图3—105所示采样—保持电路的波形图分析其工作原理。在 $t=t_0$ 时，开关S闭合，电容被迅速充电，由于 $A_{u_1}\cdot A_{u_2}=1$，因此 $u_O=u_I$，在 $t_0\sim t_1$ 时间间隔内是采样阶段。在 $t=t_1$ 时刻S断开。若N2的输入阻抗为无穷大、S为理想开关，这样可认为电容 C_H 没有放电回路，其两端电压保持为 u_O 不变，图中 t_1 到 t_2 的平坦段，就是保持阶段。

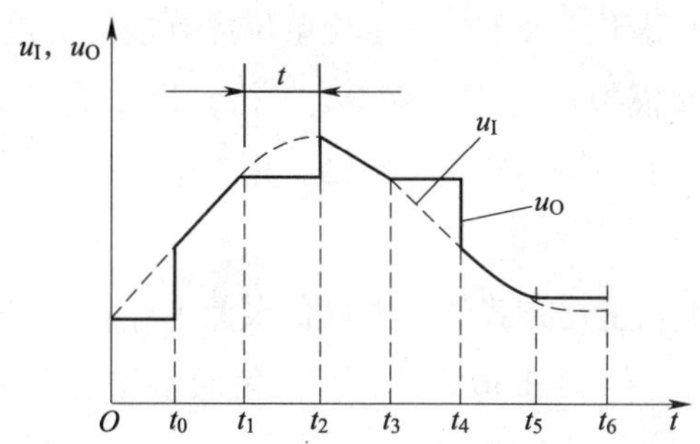

图3—105　采样—保持电路波形图

采样—保持电路已有多种型号的单片集成电路产品，如双极型工艺的有AD585、AD684；混合型工艺的有AD1154、SHC76等。

2. 量化与编码

数字信号不仅在时间上是离散的，而且在幅值上也是不连续的。任何一个数字量的大小只能是某个规定的最小数量单位的整数倍。为将模拟信号转换为数字量，在A/D转换过程中，还必须将采样—保持电路的输出电压，按某种近似方式归化到相应的离散电平上，这一转化过程称为数值量化，简称量化。量化后的数值最后还需通过编码过程用一个代码表示出来。经编码后得到的代码就是A/D转换器输出的数字量。

量化过程中所取最小数量单位称为量化单位，用Δ表示。它是数字信号最低位为1时所对应的模拟量，即1 LSB（最低有效位）。

在量化过程中，由于采样电压不一定能被Δ整除，所以量化前后不可避免地存在误差，此误差称为量化误差，用 ε 表示。量化误差属原理误差，它是无法消除的。A/D 转换器的位数越多，各离散电平之间的差值越小，量化误差越小。

量化过程常采用两种近似量化方式：只舍不入量化方式和四舍五入的量化方式。

（1）只舍不入量化方式

以三位 A/D 转换器为例，设输入信号 u_1 的变化范围为 0 ~ 8 V，采用只舍不入量化方式时，取 Δ = 1 V，量化中不足量化单位部分舍弃，如数值在 0 ~ 1 V 之间的模拟电压都当做 0Δ，用二进制数 000 表示，而数值在 1 ~ 2 V 之间的模拟电压都当做 1Δ，用二进制数 001 表示。

（2）四舍五入量化方式

如采用四舍五入量化方式，则取量化单位 Δ = 8 V/15，量化过程将不足半个量化单位部分舍弃，对于等于或大于半个量化单位部分按一个量化单位处理。它将数值在 0 ~4 V/15 之间的模拟电压都当做 0Δ 对待，用二进制 000 表示，而数值在 4 V/15 ~12 V/15 之间的模拟电压均当做 1Δ，用二进制数 001 表示等。

（3）比较

采用前一种只舍不入量化方式的最大量化误差 $|\varepsilon_{max}|$ = 1 LSB；而采用后一种有舍有入量化方式 $|\varepsilon_{max}|$ = 1 LSB/2，后者量化误差比前者小，故为多数 A/D 转换器所采用。

二、A/D 转换器的种类

A/D 转换器的种类很多，按其工作原理不同分为直接 A/D 转换器和间接 A/D 转换器两类。直接 A/D 转换器可将模拟信号直接转换为数字信号，这类 A/D 转换器具有较快的转换速度，其典型电路有并行比较型 A/D 转换器、逐次比较型 A/D 转换器。而间接 A/D 转换器则是先将模拟信号转换成某一中间电量（时间或频率），然后再将中间电量转换为数字量输出。此类 A/D 转换器的速度较慢，典型电路是双积分型 A/D 转换器、电压频率转换型 A/D 转换器。

1. 并行 A/D 转换

（1）电路结构

三位并行比较型 A/D 转换器原理电路如图 3—106 所示。它由电阻分压器、电压比较器、寄存器及编码器组成。

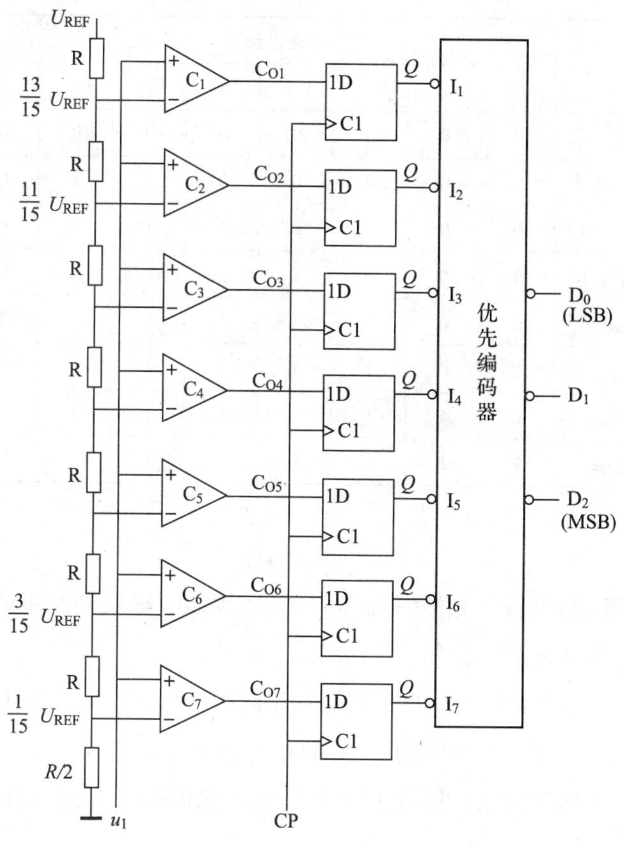

图 3—106　三位并行 A/D 转换器

（2）工作原理

图中的 8 个电阻将参考电压 U_{REF}分成 8 个等级，其中 7 个等级的电压分别作为 7 个比较器 $C_1 \sim C_7$的参考电压，其数值分别为 $U_{REF}/15$、$3U_{REF}/15$…、$13U_{REF}/15$。输入电压为 u_1，它的大小决定各比较器的输出状态，如当 $0 \leqslant u_1 < U_{REF}/15$ 时，$C_7 \sim C_1$的输出状态都为 0；当 $3U_{REF}/15 \leqslant u_1 < 5U_{REF}/15$ 时，比较器 C_6和 C_7的输出 $C_{06} = C_{07} = 1$，其余各比较器的状态均为 0。根据各比较器的参考电压值，可以确定输入模拟电压值与各比较器输出状态的关系。比较器的输出状态由 D 触发器锁存，经优先编码器编码，得到数字量输出。优先编码器优先级别最高是 I_7，最低的是 I_1。

设 u_1变化范围是 $0 \sim U_{REF}$，输出三位数字量为 $D_2D_1D_0$，三位并行比较型 A/D 转换器的输入、输出关系见表 3—33。

表 3—33　　三位并行 A/D 转换器输入与输出关系对照表

模拟输入	比较器输出状态							数字输出		
	C_{O1}	C_{O2}	C_{O3}	C_{O4}	C_{O5}	C_{O6}	C_{O7}	D_2	D_1	D_0
$0 \leqslant u_1 < U_{REF}/15$	0	0	0	0	0	0	0	0	0	0
$U_{REF}/15 \leqslant u_1 < 3U_{REF}/15$	0	0	0	0	0	0	1	0	0	1
$3U_{REF}/15 \leqslant u_1 < 5U_{REF}/15$	0	0	0	0	0	1	1	0	1	0
$5U_{REF}/15 \leqslant u_1 < 7U_{REF}/15$	0	0	0	0	1	1	1	0	1	1
$7U_{REF}/15 \leqslant u_1 < 9U_{REF}/15$	0	0	0	1	1	1	1	1	0	0
$9U_{REF}/15 \leqslant u_1 < 11U_{REF}/15$	0	0	1	1	1	1	1	1	0	1
$11U_{REF}/15 \leqslant u_1 < 13U_{REF}/15$	0	1	1	1	1	1	1	1	1	0
$13U_{REF}/15 \leqslant u_1 < U_{REF}$	1	1	1	1	1	1	1	1	1	1

（3）特点

1）由于转换是并行的，其转换时间只受比较器、触发器和编码电路延迟时间的限制，因此转换速度最快。

2）随着分辨率的提高，元件数目要按几何级数增加。一个 n 位转换器，所用比较器的个数为 2^n-1，如 8 位的并行 A/D 转换器就需要 $2^8-1=255$ 个比较器。由于位数越多，电路越复杂，因此制成分辨率较高的集成并行 A/D 转换器比较困难。

3）精度取决于分压网络和比较电路。

4）动态范围取决于 U_{REF}。

单片集成并行比较型 A/D 转换器的产品很多，如 AD 公司的 AD9012（TTL 工艺，8 位）、AD9002（ECL 工艺，8 位）、AD9020（TTL 工艺，10 位）等。

（4）改进方法

为了解决提高分辨率和减少元件数的矛盾，可以采取分级并行转换的方法。10 位分级并行 A/D 转换原理如图 3—107 所示。图中输入模拟信号 u_1，经过采样—保持电路后分两路，一路先经过第一级 5 位并行 A/D 转换进行粗转换得到输出数字量的高 5 位；另一路送至减法器，与高 5 位 D/A 转换得到的模拟电压相减。由于相减所得到的差值电压小于 1V LSB，为保证第二级 A/D 转换器的转换精度，将差值放大 $2^5=32$ 倍，送至第二级 5 位并行比较 A/D 转换器，得到低 5 位输出。这种方法虽然在速度上作了牺牲，却使元件数大为减少，在需要兼顾分辨率和速度的情况下常被采用。

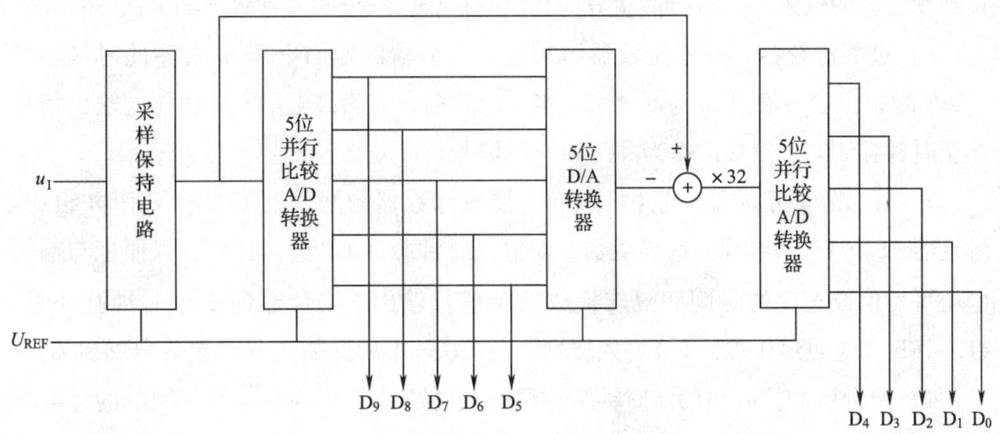

图 3—107　分级并行转换 10 位 A/D 转换器

2. 双积分 A/D 转换

（1）电路结构

如图 3—108 所示是这种转换器的原理电路，它由积分器（由集成运放 A 组成）、过零比较器（C）、时钟脉冲控制门（G）和计数器（$FF_0 \sim FF_n$）等几部分组成。

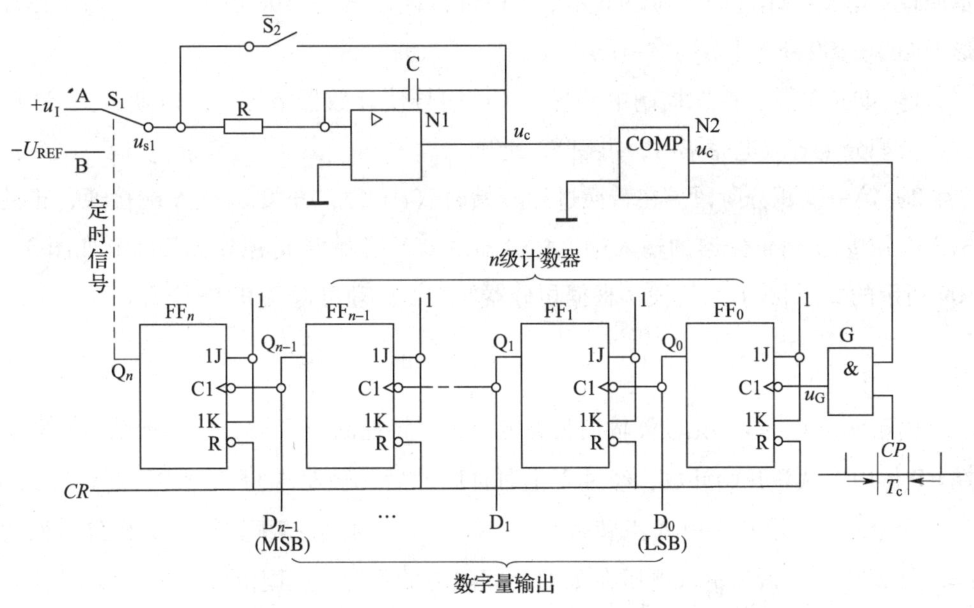

图 3—108　双积分 A/D 转换器

1）积分器。积分器是转换器的核心部分，它的输入端所接开关 S1 由定时信号 Q_n 控制。当 Q_n 为不同电平时，极性相反的输入电压 u_I 和参考电压 U_{REF} 将分别加到积分器的输入端，进行两次方向相反的积分，积分时间常数 $\tau = RC$。

2）过零比较器。过零比较器用来确定积分器的输出电压 u_O 过零的时刻。当 $u_O \geqslant 0$ 时，比较器输出 u_C 为低电平；当 $u_O < 0$ 时，u_C 为高电平。比较器的输出信号接至时钟控制与门（G）作为关门和开门信号。

3）计数器和定时器。它由 $n+1$ 个接成计数器的触发器 $FF_0 \sim FF_n$ 串联组成。触发器 $FF_0 \sim FF_{n-1}$ 组成 n 级计数器，对输入时钟脉冲 CP 进行计数，以便把与输入电压平均值成正比的时间间隔转换成数字信号输出。当计数到 2^n 个时钟脉冲时，$FF_0 \sim FF_{n-1}$ 均回到 0 态，而 FF_n 翻转到 1 态，$Q_n = 1$ 后开关 S_1 从位置 A 转接到 B。

4）时钟脉冲控制与门。时钟脉冲源标准周期 Tc，作为测量时间间隔的标准时间。当 $u_C = 1$ 时，门打开，时钟脉冲通过时钟控制与门加到触发器 FF_0 的输入端。

（2）工作原理

双积分 ADC 的基本原理是对输入模拟电压和参考电压分别进行两次积分，将输入电压平均值变成与之成正比的时间间隔，然后利用时钟脉冲和计数器测出此时间间隔，进而得到相应的数字量输出。由于该转换电路是对输入电压的平均值进行变换，所以它具有很强的抗工频干扰能力，在数字测量中得到广泛应用。

下面以输入正极性的直流电压 u_I 为例，说明电路将模拟电压转换为数字量的基本原理。电路工作过程分为以下几个阶段进行，如图 3—108 所示。各处的工作波形如图 3—109 所示。

1）准备阶段。首先控制电路提供 CR 信号使计数器清零，同时使开关 S2 闭合，待积分电容放电完毕后，再使 S2 断开。

2）第一次积分阶段。在转换过程开始时（$t = 0$），开关 S_1 与 A 端接通，正的输入电压 u_I 加到积分器的输入端。积分器从 0 V 开始对 u_I 积分，其波形如图 3—109 所示的 u_O 斜线 $O - U_P$ 段。根据积分器的工作原理可得（其中 $\tau = RC$）：

$$u_O = -\frac{1}{\tau}\int_0^t u_I \mathrm{d}t$$

由于 $u_O < 0$，过零比较器输出为高电平，时钟控制门 G 被打开。于是，计数器在 CP 作用下从 0 开始计数。经过 2^n 个时钟脉冲后，触发器 $FF_0 \sim FF_{n-1}$ 都翻转到 0 态，而 $Q_n = 1$，开关 S_1 由 A 点转接到 B 点，第一次积分结束，第一次积分时间为 $t = T_1 = 2^n T_c$。令 u_1 为输入电压在 T_1 时间间隔内的平均值，则由式

$$u_O = -\frac{1}{\tau}\int_0^t u_I \mathrm{d}t$$

可得第一次积分结束时积分器的输出电压 U_p 为：

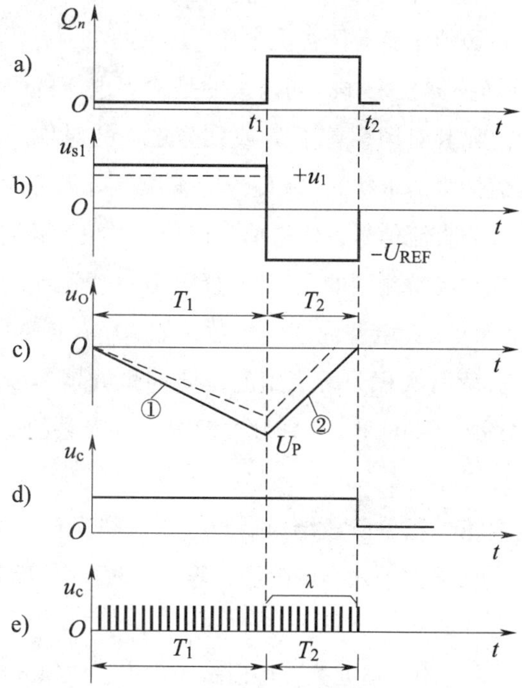

图 3—109　双积分 A/D 转换器各处工作波形

a）清零脉冲波形　b）、c）积分波形　d）、e）脉冲

$$U_P = \frac{T_1}{\tau} U_1 = -\frac{2^n T_c}{\tau} U_1$$

3）第二积分阶段。当 $t = t_1$时，S_1转接到 B 端，具有与 u_1相反极性的基准电压 $-U_{REF}$加到积分器的输入端；积分器开始向相反方向进行第二次积分；当 $t = t_2$时，积分器输出电压 $u_O \geqslant 0$，比较器输出 $u_C = 0$，时钟脉冲控制门 G 被关闭，计数停止。在此阶段结束时 u_O的表达式可写为：

$$u_O(t_2) = U_p - \frac{1}{\tau}\int_{t_1}^{t_2}(-U_{REF})\,dt = 0$$

设 $T_2 = t_2 - t_1$，于是有$\frac{U_{REF} T_2}{\tau} = \frac{2^n T_c}{\tau} U_1$。设在此期间计数器所累计的时钟脉冲个数为 λ，则 $T_2 = \lambda T_c$，即：

$$T_2 = = \frac{2^n T_c}{U_{REF}} U_1$$

可见，T_2与 U_1成正比，T_2就是双积分 A/D 转换过程中的中间变量。

上式表明，在计数器中所得的数 λ（$\lambda = Q_n - 1, \cdots, Q_1, Q_0$），与在采样时间 T_1内输入电压的平均值 U_1成正比。只要 $U_I < U_{REF}$，转换器就能正常地将输入模拟

电压转换为数字量，并能从计数器中读取转换的结果。如果取 $U_{REF}=2^n$ V，则 $\lambda=U_1$，计数器所计的数在数值上就等于被测电压。

由于双积分 A/D 转换器在采样时间内采的是输入电压的平均值，因此具有很强的抗工频干扰能力。尤其对周期等于 T_1 或几分之一的对称干扰（所谓对称干扰是指整个周期内平均值为零的干扰），从理论上来说，有无穷大的抑制能力。即使当工频干扰幅度大于被测直流信号，使得输入信号正、负变化时，仍有良好的抑制能力。由于在工业系统中经常碰到的是工频（50 Hz）或工频的倍频干扰，故通常选定采样时间 T_1 总是等于工频电源周期的倍数，如 20 ms 或 40 ms 等。另一方面，由于在转换过程中，前后两次积分所采用的是同一积分器，因此在两次积分期间（一般在几十到数百毫秒之间），R、C 和脉冲源等元件参数的变化对转换精度的影响均可忽略。

最后必须指出，在第二积分阶段结束后，控制电路又使开关 S2 闭合，电容 C 放电，积分器回零。电路再次进入准备阶段，等待下一次转换开始。

（3）特点

1）计数脉冲个数 λ 与 R、C 无关，可以减小由 R、C 积分非线性带来的误差。

2）对脉冲源 CP 要求不变，只要在 T_1+T_2 时间内稳定即可。

3）转换精度高。

4）转换速度慢，不适于高速应用场合。

单片集成双积分式 A/D 转换器有 ADC－EK8B（8 位，二进制码）、ADC－EK10B（10 位，二进制码）、MC14433（7/2 位，BCD 码）等。

3. 逐次逼近 A/D 转换

（1）电路结构

逐次逼近 A/D 包括 n 位逐次比较型 A/D 转换器，如图 3—110 所示。它由控制逻辑电路、时序产生器、移位寄存器、D/A 转换器及电压比较器组成。

（2）工作原理

逐次逼近转换过程和用天平称物重非常相似。天平称重物的过程是，从最重的砝码开始试放，与被称物体进行比较，若物体质量大于砝码，则该砝码保留，否则移去。再加上第二个次重砝码，由物体的质量是否大于砝码的质量来决定第二个砝码是留下还是移去，照此一直加到最小一个砝码为止。将所有留下的砝码质量相加，就得此物体的质量。仿照这一思路，逐次逼近型 A/D 转换器，就是将输入模拟信号与不同的参考电压做多次比较，使转换所得的数字量在数值上逐次逼近输入模拟量对应值。

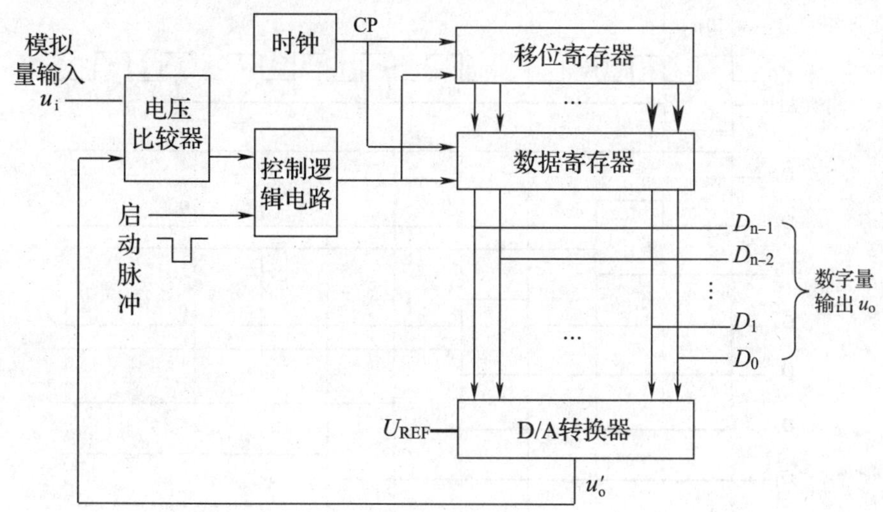

图 3—110　逐次比较型 A/D 转换器框图

对照电路由启动脉冲启动后，在第一个时钟脉冲作用下，控制电路使时序产生器的最高位置 1，其他位置 0，其输出经数据寄存器将 1000……0，送入 D/A 转换器。输入电压首先与 D/A 转换器输出电压（$U_{REF}/2$）相比较，如 $u_i \geqslant U_{REF}/2$，比较器输出为 1，若 $u_i < U_{REF}/2$，则为 0。比较结果存于数据寄存器的 D_{n-1} 位。然后在第二个 CP 作用下，移位寄存器的次高位置 1，其他低位置 0。如最高位已存 1，则此时 u'_o =（3/4）U_{REF}。于是 u_i 再与（3/4）U_{REF} 相比较，如 $u_i \geqslant$（3/4）U_{REF}，则次高位 D_{n-2} 存 1，否则 $D_{n-2}=0$；如最高位为 0，则 $u'_o = U_{REF}/4$，与 u_o 进行比较，如 $u_i \geqslant U_{REF}/4$，则 D_{n-2} 位存 1，否则存 0。依次类推，逐次比较得到输出数字量。

为了进一步理解逐次比较 A/D 转换器的工作原理及转换过程。下面用实例加以说明。

设如图 3—110 所示电路为 8 位 A/D 转换器，输入模拟量 $u_A = 6.84$ V，D/A 转换器基准电压 $U_{REF} = 10$ V。根据逐次比较 D/A 转换器的工作原理，可画出在转换过程中 CP、启动脉冲、$D_7 \sim D_0$ 及 D/A 转换器输出电压 u'_o 的波形，如图 3—111 所示。

由图 3—111 所示可见，当启动脉冲低电平到来后转换开始，在第一个 CP 作用下，数据寄存器将 $D_7 \sim D_0 = 10\,000\,000$ 送入 D/A 转换器，其输出电压 $u'_o = 5$ V，u_A 与 u'_o 比较，$u_A > u'_o$ 存 1；第二个 CP 到来时，寄存器输出 $D_7 \sim D_0 = 11\,000\,000$，$u'_o$ 为 7.5 V，u_A 再与 7.5 V 比较，因 $u_A < 7.5$ V，所以 D_6 存 0；输入第三个 CP 时，

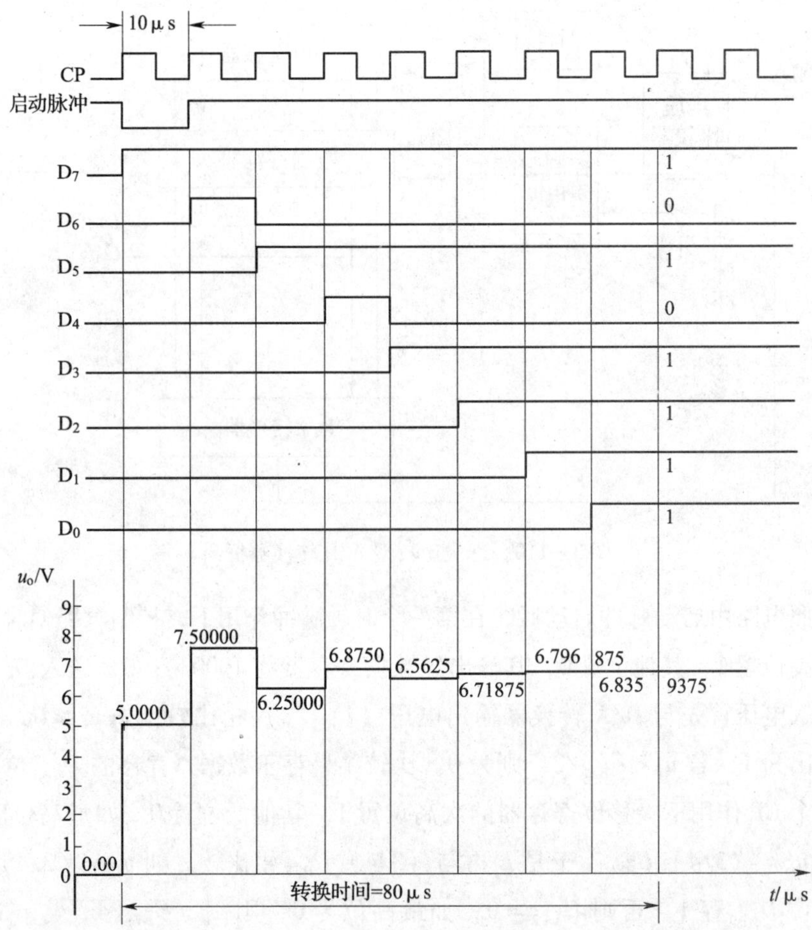

图 3—111　8 位逐次比较型 A/D 转换器及脉冲波形图

$D_7 \sim D_0$ = 10 100 000，u'_o = 6. 25 V；u_A 再与 u'_o 比较……如此重复比较下去，经 8 个时钟周期，转换结束。由图中 u'_o 的波形可见，在逐次比较过程中，与输出数字量对应的模拟电压 u'_o 逐渐逼近 u_A 值，最后得到 A/D 转换器转换结果 $D_7 \sim D_0$ 为 10101111。该数字量所对应的模拟电压为 6. 835 937 5 V，与实际输入的模拟电压 6. 84 V 的相对误差仅为 0. 06%。

4. 特点

（1）转换速度为（$n+1$）T_{cp}，速度快。

（2）调整 U_{REF}，可改变其动态范围。

三、A/D 转换的主要技术指标

A/D 转换器的主要技术指标有转换精度、转换速度等。选择 A/D 转换器时，除考虑这两项技术指标外，还应注意满足其输入电压的范围、输出数字的编码、工作温度范围和电压稳定度等方面的要求。

1. 分辨率

A/D 转换器的分辨率以输出二进制（或十进制）数的位数来表示。它说明 A/D转换器对输入信号的分辨能力。从理论上讲，n 位输出的 A/D 转换器能区分 2^n 个不同等级的输入模拟电压，能区分输入电压的最小值为满量程输入的 $1/2^n$。在最大输入电压一定时，输出位数越多，分辨率越高。例如，A/D 转换器输出为 8 位二进制数，输入信号最大值为 5 V，那么这个转换器应能区分出输入信号的最小电压为 $5/2^8=5/256=19.53$ mV。

2. 转换精度

转换精度（转换误差）是指对应于某个数字量的理论模拟值与实际模拟输入值（通常取模拟量范围的中间值）之差，一般以最低位（LSB）的倍数来表示，例如 1 LSB 等。

3. 转换时间

转换时间是指 A/D 转换器从转换控制信号到来开始，到输出端得到稳定的数字信号所经过的时间。A/D 转换器的转换时间与转换电路的类型有关。不同类型的转换器转换速度相差甚远。其中并行比较 A/D 转换器的转换速度最高，8 位二进制输出的单片集成 A/D 转换器转换时间可在 50 ns 以内，逐次比较型 A/D 转换器次之，它们的转换时间多数在 10 ~ 50 μs 以内，间接 A/D 转换器的速度最慢，如双积分 A/D 转换器的转换时间大都在几十毫秒至几百毫秒之间。在实际应用中，应从系统数据总的位数、精度要求、输入模拟信号的范围以及输入信号极性等方面综合考虑 A/D 转换器的选用。

四、A/D 转换集成电路的介绍

常用的逐次渐近型 A/D 转换集成电路有 ADC0809、AD7574（8 位）、AD571（10 位）及 AD574（12 位）等。双积分型 A/D 有 EK8B（8 位）、EK10B（10 位）等。并行型 A/D 有 CA3304（4 位）、CA3318（8 位）等。此外，为了用数码管显示模拟量，常用的还有 $3\frac{1}{2}$位、$4\frac{1}{2}$位等集成 A/D 转换电路，如 MC14433 等，可以通过译码器驱动数码管。

1. ADC0809

ADC0809 是美国国家半导体公司生产的 CMOS 工艺 8 通道、8 位逐次逼近式

A/D模数转换器。其内部有一个8通道多路开关，它可以根据地址码锁存译码后的信号，只选通8路模拟输入信号中的一个进行A/D转换，是目前国内应用最广泛的8位通用A/D芯片。

（1）主要特性

1）8路输入通道、8位A/D转换器，即分辨率为8位。

2）具有转换启停控制端。

3）转换时间为100 μs（时钟为640 kHz时），130 μs（时钟为500 kHz时）。

4）单个+5 V电源供电。

5）模拟输入电压范围0～+5 V，不需零点和满刻度校准。

6）工作温度范围为-40～+85℃

7）低功耗，约15 mW。

（2）内部结构

ADC0809是CMOS单片型逐次逼近式A/D转换器，内部结构如图3—112所示，它由8路模拟开关、地址锁存与译码器、比较器、8位开关树型A/D转换器、逐次逼近寄存器、逻辑控制和定时电路组成。

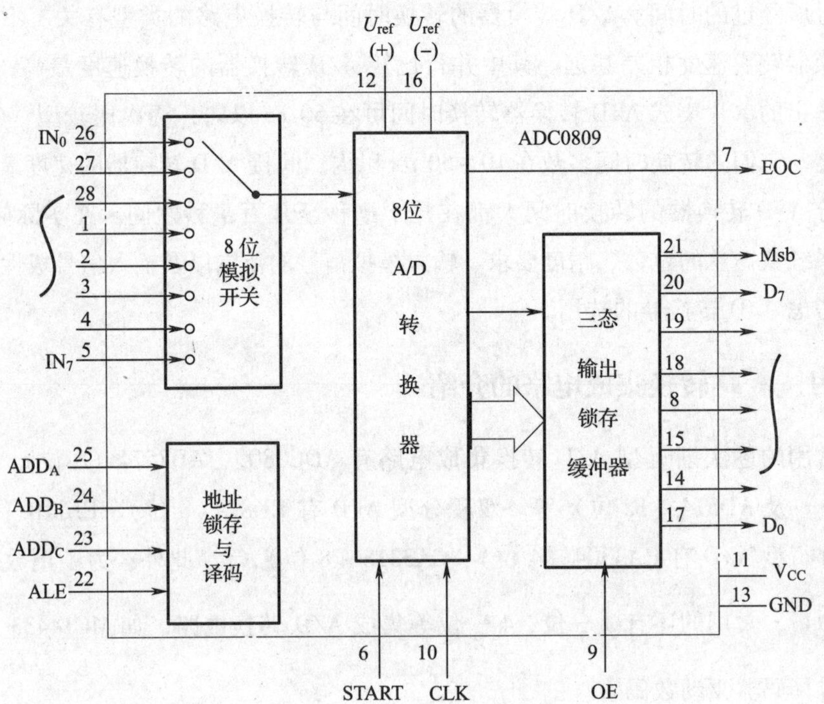

图3—112 ADC0809内部结构及引脚

(3) 外部特性（引脚功能）

ADC0809 芯片有 28 条引脚，采用双列直插式封装，如图 3—113 所示。下面说明各引脚功能。

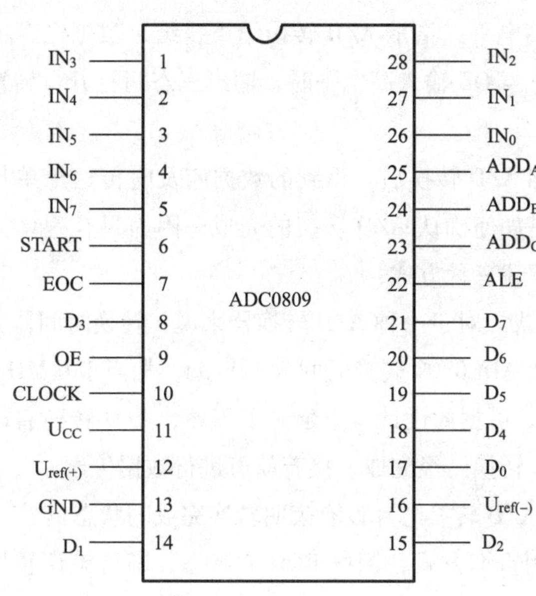

图 3—113　ADC0809 引脚图

$IN_0 \sim IN_7$：8 路模拟量输入端。

$D_1 \sim D_7$：8 位数字量输出端。

ADD_A、ADD_B、ADD_C：三位地址输入线，用于选通 8 路模拟输入中的一路。

ALE：地址锁存允许信号，输入，高电平有效。

START：A/D 转换启动脉冲输入端，输入一个正脉冲（脉宽至少 100 ns）使其启动（脉冲上升沿使 ADC0809 复位，下降沿启动 A/D 转换）。

EOC：A/D 转换结束信号，输出，当 A/D 转换结束时，此端输出一个高电平（转换期间一直为低电平）。

OE：数据输出允许信号，输入，高电平有效。当 A/D 转换结束时，此端输入一个高电平，才能打开输出三态门，输出数字量。

CLK：时钟脉冲输入端。要求时钟频率不高于 640 kHz。

U_{ref}（+）、U_{ref}（−）：基准电压。

U_{CC}：电源，单一 +5 V。

GND：地。

（4）ADC0809的工作过程

首先输入三位地址，并使ALE=1，将地址存入地址锁存器中。此地址经译码选通8路模拟输入之一送入比较器。START上升沿将逐次逼近寄存器复位。下降沿启动A/D转换，之后输入EOC输出信号变低，指示转换正在进行。直到A/D转换完成，EOC变为高电平，指示A/D转换结束，结果数据已存入锁存器，这个信号可用做中断申请。当OE输入高电平时，输出三态门打开，转换结果的数字量输出到数据总线上。

转换数据传送到A/D转换后，得到的数据应及时传送给单片机进行处理。数据传送的关键问题是如何确认A/D转换的完成，因为只有确认完成后，才能进行传送。为此可采用下述三种方式：

1）定时传送方式。对于一种A/D转换器来说，转换时间作为一项技术指标是已知和固定的。例如ADC0809转换时间为128 μs，相当于6 MHz的MCS－51单片机共64个机器周期。可据此设计一个延时子程序，A/D转换启动后即调用此子程序，延迟时间一到，转换已经完成，接着就可进行数据传送。

2）查询方式。A/D转换芯片设有表明转换完成的状态信号，例如ADC0809的EOC端。因此可以用查询方式，测试EOC的状态，即可确认转换是否完成，并接着进行数据传送。

3）中断方式。把表明转换完成的状态信号（EOC）作为中断请求信号，以中断方式进行数据传送。

不管使用上述哪种方式，只要确定转换完成，即可通过指令进行数据传送。先送出口地址并且信号有效时，OE信号有效，把转换数据送上数据总线供单片机接收。

ADC0809有28个引脚，电源采用＋5 V，输入端有如下几个：CLK是时钟输入端，最高工作频率为640 kHz。IN_0、IN_1、IN_2、…、IN_7是8路模拟量输入端，由三位地址A_2、A_1、A_0来选择输入端，三位地址000选中IN_0，001选中IN_1……，111选中IN_7。ALE为地址锁存输入端（1输入，0锁存）。$U_{ref(+)}$、$U_{ref(-)}$分别为正负参考电压输入端，通常取$U_{ref(+)}$为5 V，$U_{ref(-)}$接地。START是A/D转换的启动端，下降沿启动。

ADC0809的输出端有以下几个：D_7（MSB）～D_0（LSB）是数字量输出端，三态输出。OE是输出使能端，EOC是转换结束信号输出端，可以用于向单片机申请中断或供单片机查询。

ADC0809使用时不需要调整零位和满量程，未经过调整的误差为$\pm\frac{1}{2}$ LSB，转换时间为100 μs。此外，ADC0808的功能与ADC0809相同，但误差为±1 LSB。ADC0816和ADC0817都是输入16通道的A/D转换器，性能与ADC0809基本相同。

2. MC14433

一般的A/D转换器输出的是自然二进制数，可供计算机进行数据处理，但不能直接用数码管显示。如果要用数码管直接显示A/D转换的结果，需采用输出的数字量是二—十进制编码的专用电路，如MC14433等，如图3—114所示。

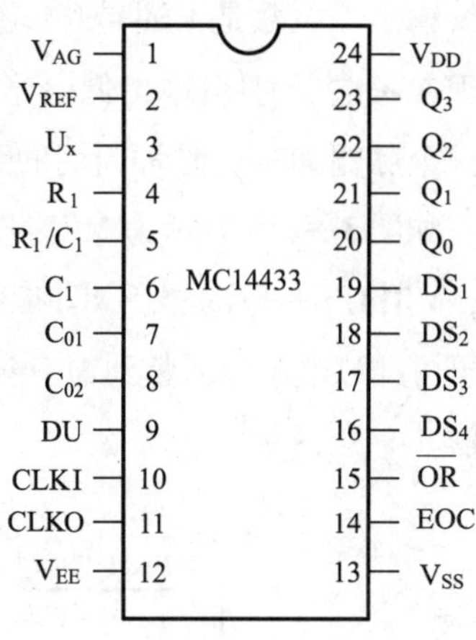

图3—114　MC14433引脚图

MC14433是$3\frac{1}{2}$位BCD码输出的双积分A/D转换集成电路，输出$3\frac{1}{2}$位BCD码的意义是输出的数字量用扫描方式产生4位二—十进制码，通过译码器可以用4位数码管直接显示A/D转换的结果；但是最高位数码管只能显示十进制的0和1，算是半位，故称$3\frac{1}{2}$位。

MC14433有24个引脚，参考电压为200 mV或2 V，对应的输入模拟量为0～199.9 mV或0～1.999 V，转换速度为1～10次/s。其电源端、输入端、输出端的功能如下：

（1）电源

V_{DD}接+5 V，V_{EE}接−5 V，V_{SS}为输出低电子的基准，V_{ss}接地则输出的低电平为0 V，V_{ss}接−5 V则输出的低电平为−5 V。V_{AG}为模拟量接地点。

（2）输入端

V_{REF}为输入参考电压，U_x为输入模拟量，V_{AG}为模拟量接地点。R_1、R_1/C_1、C_1三个端子为积分电阻与积分电容外接端，R_1、R_1/C_1之间接470 kΩ电阻器（2 V量程）或27 kΩ（200 mV量程）；R_1/C_1、C_1之间接0.1 μF电容器。C_{01}、C_{02}之间接0.1 μF的失调补偿电容。CLKI、CLKO之间接300～470 kΩ的电阻，用来调节时钟频率。DU端为更新转换结果的控制端，DU为0时锁存转换结果；DU为1时把转换结果刷新，通常在电路中与输出端子EOC相连，做到每转换一次即刷新一次输出。

（3）输出端

Q_3、Q_2、Q_1、Q_0为BCD码输出端，其中的Q_2在输出千位数时还作为输出模拟量的正、负极性信号。DS_1、DS_2、DS_3、DS_4是位输出信号，分别表示千、百、

十、个位的 BCD 码选通信号，当 DS_1、DS_2、DS_3、DS_4 依次选通时，对应的 Q_3、Q_2、Q_1、Q_0分别输出千、百、十、个位的 BCD 码（$\overline{DS_1}$ 选通时，Q_3、Q_2、Q_1、Q_0 不仅输出千位数是 1 还是 0，还输出正负极性信号）。$\overline{OR}$输出为溢出信号，当输入大于参考电压时$\overline{OR}$输出低电平。EOC 为转换周期结束信号，每次转换结束后，输出一个脉宽为半个时钟周期的正脉冲。

如图 3—115 所示为 MC14433 用于数字显示的电路，图中的 4511 是数码管译码器，MC1413 是驱动器。MC1403 是精密电压基准，输出电压温漂小，且输出的 2.5 V 电压可经过电位器调整到 MC14433 所需的 2 V 参考值，数值显示采用共阳极 LED 显示器。

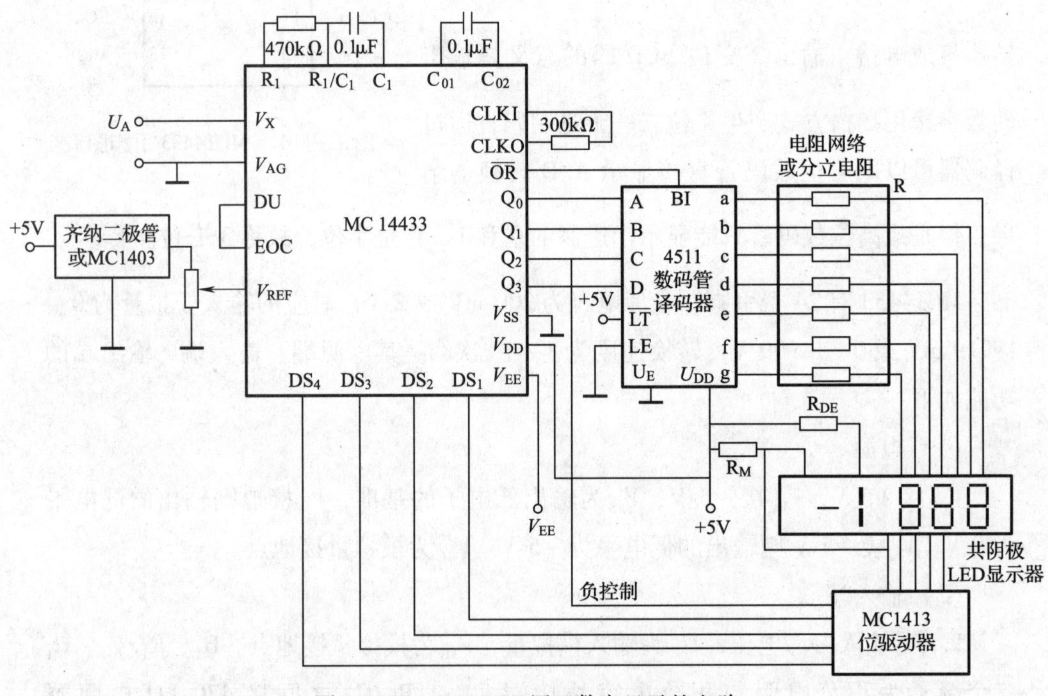

图 3—115　MC14433 用于数字显示的电路

五、A/D 转换采样保持电路的工作原理介绍

1. 采样保持电路的工作原理

电路中的信号总是在不断变化的，而 A/D 转换需要一定的时间，因此在转换过程中，应该设法使得输入量保持不变，才能使转换工作正常进行。在 A/D 转换时，模拟量是连续变化的，要把某一时刻输入的模拟信号采样并保持，就需要由采样保持电路来做这一工作。采样保持电路是利用电容器来存储模拟量的，其工作原理电路如图 3—116a 所示。

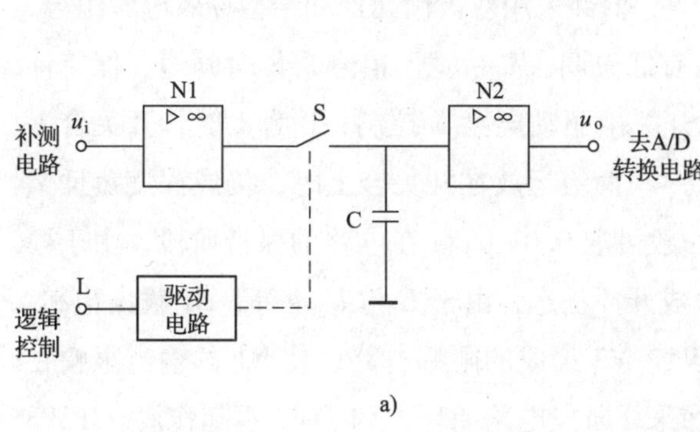

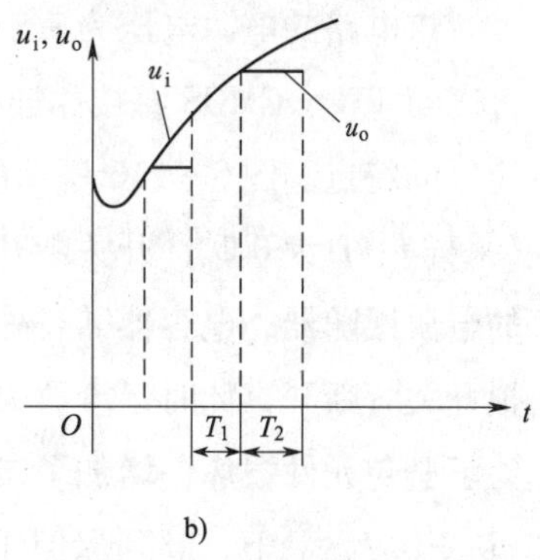

图 3—116　采样保持电路

a）电路图　b）波形图

当图 3—116a 所示的模拟开关 S 合上时，输入的模拟量经过运算放大器 N1 对电容器 C 充电，只要运放的输出电阻很小，充电的时间就很短。在 N1 的电压放大倍数为 1 时，可以认为输入电压就等于电容上的电压，这就是采样过程。然后，模拟开关 S 断开，只要运算放大器 N2 的输入电阻为极大，电容器电压就可以保存较长时间不变，这就是保持的过程。在 N2 的电压放大倍数为 1 时，可以认为 N2 的输出电压在这段时间内始终保持采样结束时的电压，在这段时间内，后级的 A/D 转换电路就可以正常工作。采样保持电路的输入、输出波形如图 3—116b 所示，图中 T_1 阶段为采样阶段，T_2 阶段为保持阶段。为了减小测量电路对被测电路的影响，要求电路的输入电阻为极大；又为了采样迅速，要求 N1 的输出电阻为极小。同时，为了电容器电压在保持阶段不下降，因此要求运算放大器 N2 的输入电阻为极大，电容器本身的漏电流极小。

2．采样保持集成电路

采样保持电路有现成的集成芯片可供选用，如图 3—117 所示为 IF398 采样保持电路的应用电路图。

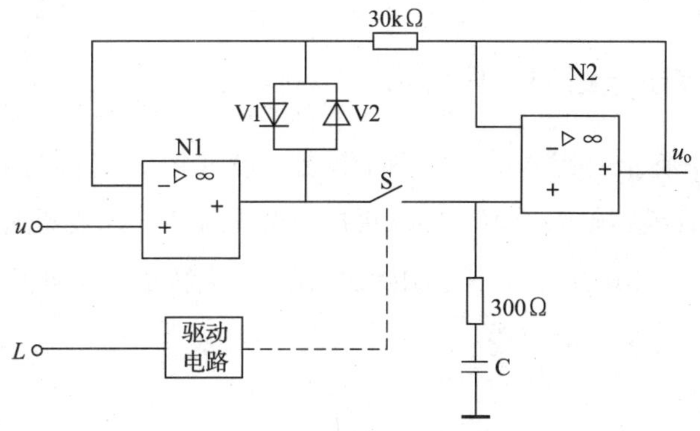

图 3—117　采样保持电路的应用

该电路的电源电压为 ±5 ~ ±18 V，内部采用双极性元件和结型场效应管组合，可以与 TTL、CMOS 直接相连接，具有低失调、高带宽、信号采集时间短、保持性能好的特点。图 3—116 所示的模拟开关由驱动电路 L 控制，L 为 1 时，开关合上（采样）；L 为 0 时，开关断开（保持）。两级运放在开关合上时，接成深度负反馈的电压跟随器，电容器需要外接，一般可取 0.01 μF。在电路的保持阶段，由于模拟开关 S 断开，此时运算放大器 N1 成开环状态，由于 U_i 与 U_0 不等，N1 输出饱和。为了避免元件损坏，增加了二极管 V1、V2 组成的限幅电路，使 N1 的输出限幅在（U_i ±0.7）V 上，起到保护作用。在采样阶段电路闭环，V1、V2 不起作用。IF398 共有 8 个引脚，除了上面提到的 6 个引脚外，还有失调调节（不用可悬空）及逻辑基准（一般接地）两个端子。此外，与 IF398 功能完全相同的电路还有 IF298、IF198，其区别在于工作温度比 IF398 高。

学习单元 2　A/D 转换电路安装调试及维修

学习目标

➢ 掌握振荡电路、单脉冲控制电路、逻辑控制电路的设计方法，能对电路参数进行选择

➢ 精通各种仪器仪表的使用，能对 A/D 转换电路中的关键点进行测试，并对测试数据进行分析、判断

知识要求

一、A/D 转换电路的工作要求

如图 3—118 所示，用 4011 与非门集成块设计控制逻辑门电路，通过控制 40193 来改变 A/D 模拟输入通道。要求每按一次单脉冲，计数器加 1，模拟输入通道从 IN_0 逐次转换至 IN_5 后返回 IN_0。用双踪示波器观察并记录 40193 集成块输出端 Q_A、Q_B、Q_C 随 CP + 变化的波形。

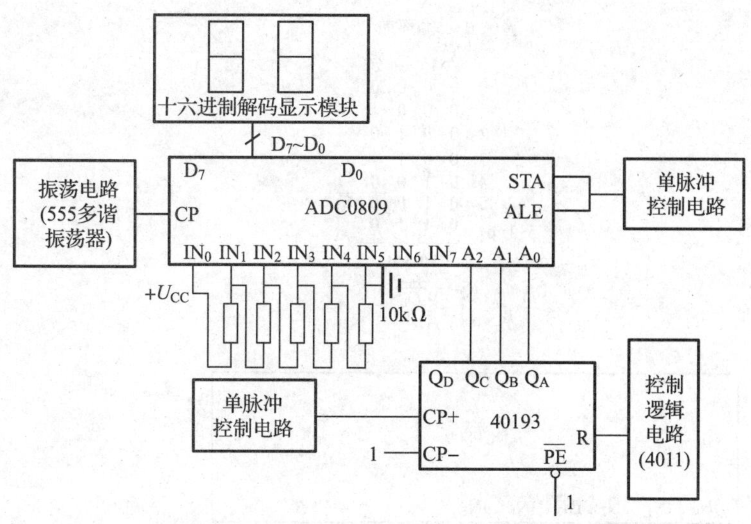

图 3—118　A/D 转换电路框图

二、A/D 转换电路的设计

1. 设计振荡电路

由一个 555 集成电路组成的多谐振荡器，R_1 为 2.5 kΩ、R_2 为 1 kΩ、电容 C_2 为 0.01 μF，频率为 32 Hz。其振荡电路及计算如图 3—119 所示。

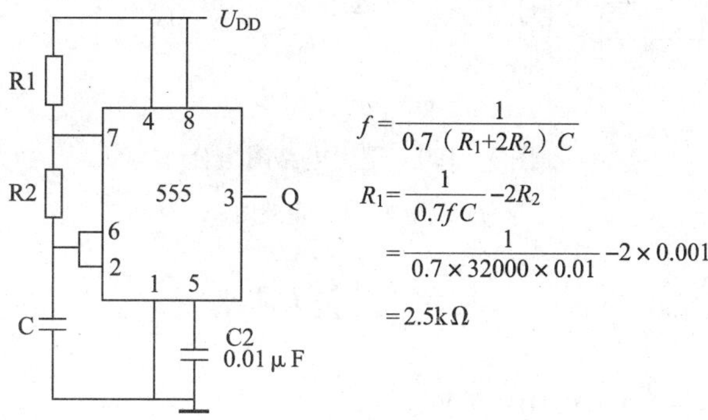

$$f=\frac{1}{0.7\,(R_1+2R_2)\,C}$$

$$R_1=\frac{1}{0.7fC}-2R_2=\frac{1}{0.7\times 32000\times 0.01}-2\times 0.001=2.5\text{k}\Omega$$

图 3—119　555 振荡电路图及计算

2. 设计逻辑电路

用 4011 与非门集成块设计控制逻辑门电路，通过控制 40193 来改变 A/D 模拟输入通道。要求每按一次单脉冲，计数器加 1，模拟输入通道从 IN_0 逐次转换至 IN_5 后返回 IN_0。逻辑电路图组合如图 3—120 所示。

以下为计算量化单位及对应 IN_0 ~ IN_5 应该输出的十六进制数以验证功能的方法（见表 3—34）。

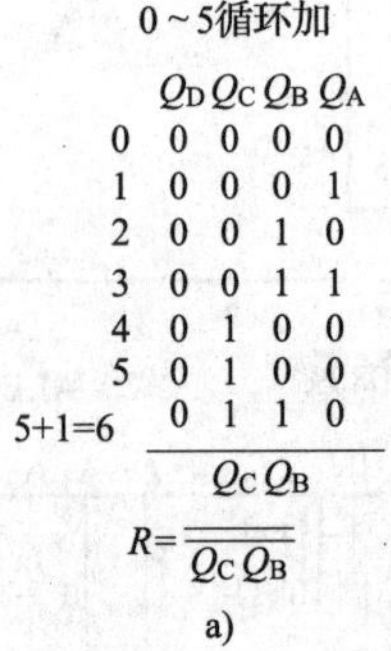

a)

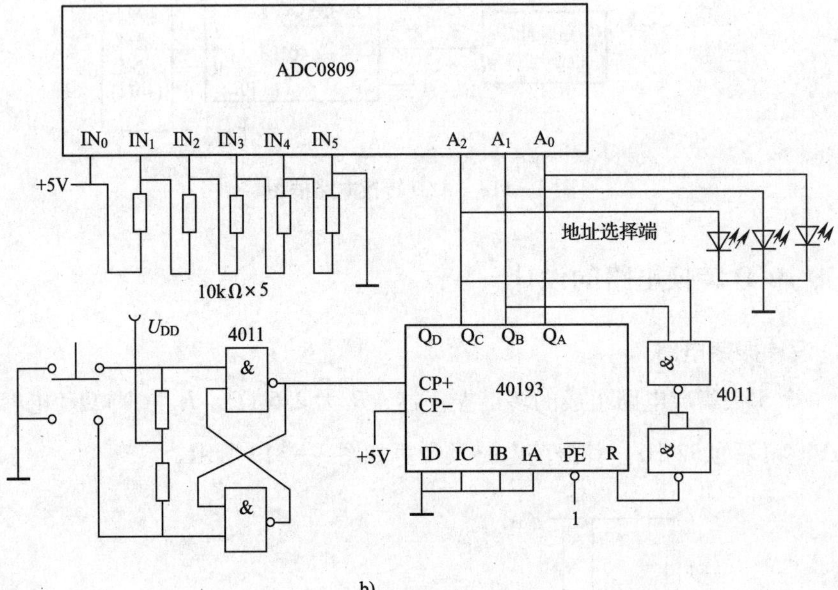

b)

图3—120　逻辑电路图组合

a）真值表　b）电路图

$$u_o = \frac{U_{ref}}{2^n}\sum_{i=0}^{n-1} D_i 2^i$$

一个量化单位为 $-\frac{-5}{256}$ V = 0.019 5 V

表3—34　　IN_0～IN_5应输出的十六进制数

地址	选中	显示	
000	IN_0（5 V）	FF	16×15+15=255
001	IN_1（4 V）	CC	16×12+12=204
010	IN_2（3 V）	99	16×9+9=153
011	IN_3（2 V）	66	16×6+6=102
100	IN_4（1 V）	33	16×3+3=51
101	IN_5（0 V）	00	16×0+0=0

3. 设计完整的电路

A/D 转换电路如图 3—121 所示。

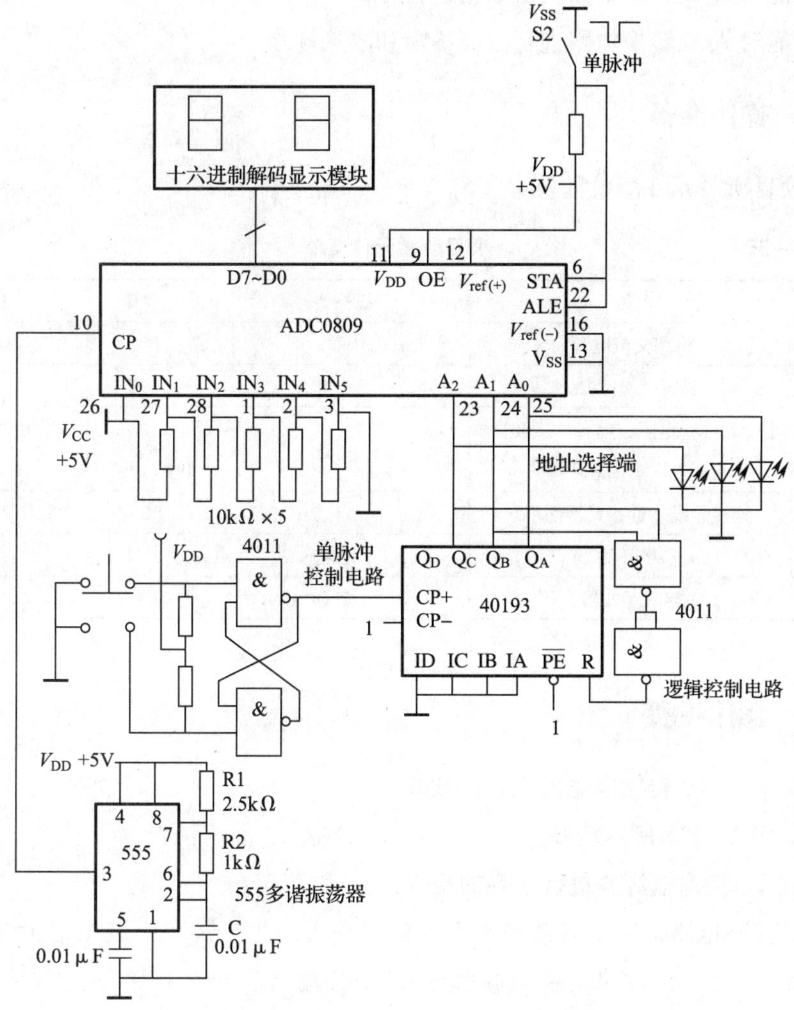

图 3—121　A/D 转换电路图

技能要求

A/D 转换电路的安装调试及故障排除

一、操作要求

1. 能进行振荡电路、单脉冲控制电路、逻辑控制电路的设计。

2. 能对 A/D 转换电路的参数进行选择。

3. 会使用各种仪器仪表，能对 A/D 转换电路中的关键点进行测试。

4. 能对 A/D 转换电路测试数据进行分析、判断。

5. 能对 A/D 转换电路进行故障诊断和故障排除。

二、操作准备

本项目所需元件清单见表 3—35。

表 3—35　项目所需元件清单

序号	名称	规格型号	数量	备注
1	单相交流电源	AC220 V	1 台	
2	电子实训装置	自选	1 台	
3	电子元件（电阻、电容、二极管、稳压管、集成芯片等）	自选	1 套	
4	连接导线（连接元器件用）	自选	100 根	
5	万用表	自选	1 台	
6	双踪示波器	自选	1 台	

三、操作步骤

步骤 1　A/D 转换电路的安装接线

按如图 3—121 所示接线。

步骤 2　接通电源并进行必要的检查并调试

调试振荡电路，用示波器测量 555 输出是否产生振荡。应该先把示波器的 Y 轴灵敏度置于 2 ~ 5 V/格（视电源电压而定），输入耦合置于 DC 挡（直接耦合），扫描方式置于自动挡（AUTO），然后调整扫描时间至合适挡位就可以看到波形。只要看到示波器的扫描线或光点上下跳动就说明有了振荡，电路基本正常。

调试控制电路，用 4011 与非门集成块设计控制逻辑门电路，通过控制 40193 来改变 A/D 模拟输入通道。用双踪示波器观察单脉冲按钮。每按一次，计数器加 1，模拟输入通道从 IN_0 逐次转换至 IN_5 后返回 IN_0。40193 集成块输出端 Q_A、Q_B、Q_C 随 CP + 的变化。

步骤 3　用双踪示波器观察电路各主要点的波形

将振荡频率提高 100 倍，用双踪示波器实测 555 集成电路组成的多谐振荡器 Q 端的输出波形，如图 3—122 所示。

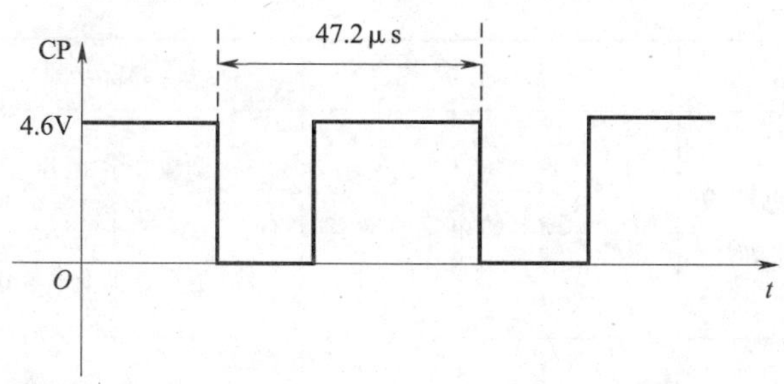

图 3—122　555 多谐振荡器 Q 端输出波形图

用双踪示波器观察单脉冲。每按一次按钮，40193 集成块输出端 Q_A、Q_B、Q_C及 CP + 变化的波形，波形图如图 3—123 所示。

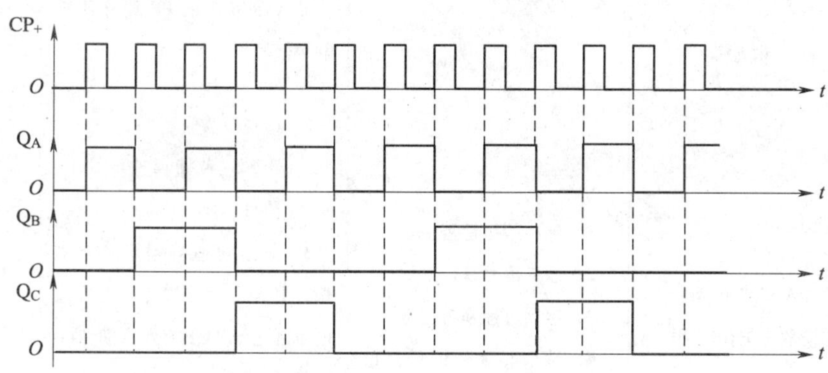

图 3—123　40193 集成电路输出端 Q_A、Q_B、Q_C及 CP + 波形图

步骤 4　常见故障诊断和故障排除

A/D 转换电路常见故障诊断和故障排除见表 3—35。

表 3—35　　**常见故障诊断和故障排除**

序号	故障现象	故障分析	排除步骤	注意事项
1	示波器的扫描线有波动干扰	看各集成块及元件的接地点是否接好	用示波器测量各集成块电源端及接地端是否接通	
2	555 振荡电路无输出	1. 检查 555 的 R 端是否为高电平 2. 检查振荡器电容器是否接反	1. 将 555 的 R 端接为高电平 2. 将振荡器电容器接正	

续表

序号	故障现象	故障分析	排除步骤	注意事项
3	555振荡电路波形不稳定，波动大	1. 工作电压过大或过小 2. 5脚上的电容是否损坏	1. 调整工作电压在5 V左右 2. 更换5脚上电容0.01 μF	
4	40193无输出	1. 检查逻辑控制电路是否正常 2. 检查计数器电路是否正常	1. 与非门输入端依次加入触发信号，用示波器测量与非门输出端电平是否改变。若不变，在外围元件正常情况下，说明CD4011损坏，应更换CD4011 2. CD40193的$\overline{PE}$端及R端电平信号	
5	ADC0809 A/D转换器不工作	1. 脉冲信号是否正常 2. 通道信号是否正常 3. 启动过程是否正常 4. 读取转换数据是否正常	1. 检查振荡信号 2. 检测三位通道选择端C、B、A信号 3. 先送通道号到C、B、A端，由ALE信号锁存通道号地址，再让START有效启动A/D转换，使ALE、START有效，锁存通道并启动A/D转换 4. 当转换结束时，EOC端输出高电平	

四、注意事项

1. 接线或改线时应关闭电源。接线要准确，在通电前，应检查电源和接地是否短接，检测电路是否连接错误，检测是否有线断路，确定无误后才能接通电源。

2. 接通电源后，检测各元件电源和接地端的电平是否正确。触摸芯片，若发现有异常现象（如元件发烫、冒烟、有异味等）应立即关闭电源，找出原因，排除故障。

3. 确认各元件没有问题后，进行整体调试。调试阶段应做好记录，结束后必须关闭电源，并将仪器、设备等按规定整理好。